KB166715

제1장 계약제도

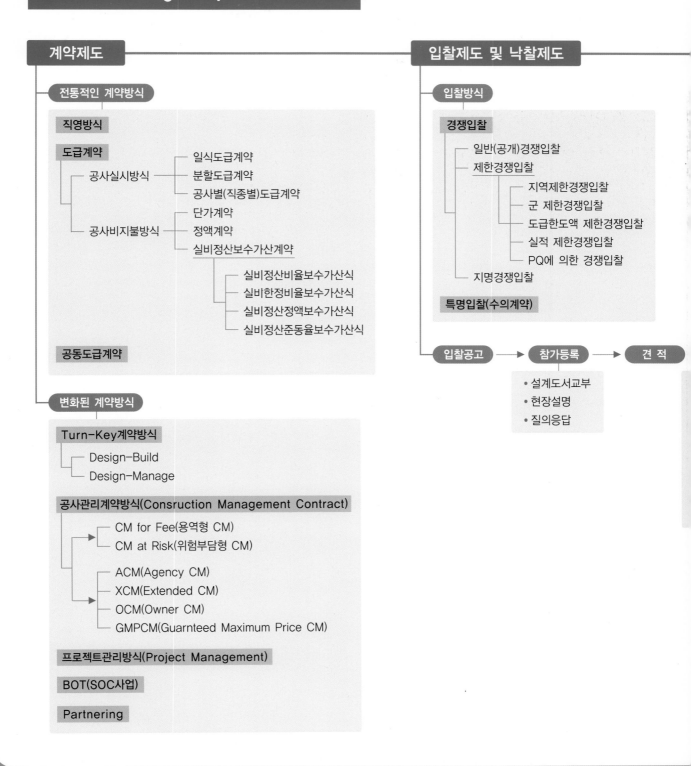

계약제도

전통적인 계약방식

직영방식

도급계약
- 공사실시방식
  - 일식도급계약
  - 분할도급계약
  - 공사별(직종별)도급계약
- 공사비지불방식
  - 단가계약
  - 정액계약
  - 실비정산보수가산계약
    - 실비정산비율보수가산식
    - 실비한정비율보수가산식
    - 실비정산정액보수가산식
    - 실비정산준동율보수가산식

공동도급계약

변화된 계약방식

Turn-Key계약방식
- Design-Build
- Design-Manage

공사관리계약방식(Consruction Management Contract)
- CM for Fee(용역형 CM)
- CM at Risk(위험부담형 CM)
- ACM(Agency CM)
- XCM(Extended CM)
- OCM(Owner CM)
- GMPCM(Guarnteed Maximum Price CM)

프로젝트관리방식(Project Management)

BOT(SOC사업)

Partnering

입찰제도 및 낙찰제도

입찰방식

경쟁입찰
- 일반(공개)경쟁입찰
- 제한경쟁입찰
  - 지역제한경쟁입찰
  - 군 제한경쟁입찰
  - 도급한도액 제한경쟁입찰
  - 실적 제한경쟁입찰
  - PQ에 의한 경쟁입찰
- 지명경쟁입찰

특명입찰(수의계약)

입찰공고 → 참가등록 → 견 적
- 설계도서교부
- 현장설명
- 질의응답

문제점

1. 예정가격 미비
2. 기술능력향상방안미흡
3. 저가심의제 미비
4. 기술경쟁체제 미흡
5. 가격위주 입찰제도
6. 경쟁제한요소

대 책

1. 표준품셈, 노임단가 현실화
2. 기술능력향상방안 개발
3. 저가심의기준 확립
4. 기술경쟁체제 개발
5. 능력위주 입찰제도
6. 경쟁제한요소 배제
7. ┐
8. │
9. │ 변화된 계약방식
10. │
11. ┘
12. 기술개발보상제도 활성화
13. 신기술지정제도 활성화
14. 감리제도 활성화
15. 전자입찰제도 활성화
16. Fast track Method 활성화
17. 대안입찰제도 활성화
18. PQ제도 활성화
19. 성능발주방식

기타제도

1. NSC 방식
   (발주자 지명하도급 발주방식)
2. 직할시공제
3. 건설공사 직접시공 의무제
4. 시공능력평가제도
5. 총사업비관리제도
6. 표준시장단가제도
7. 물가변동

→ 입찰등록 → 계 약

- 입찰(총액, 내역)
- 개찰
- 낙찰
  ┬ 최저가
  ├ 저가심의제
  ├ 부찰제
  ├ 제한적최저가
  └ 적격낙찰제도

제2장 건설관리 ── 제1절 공사관리(공정관리)

공정표

종 류

① 횡선식(Bar chart)
② 사선식
③ PERT
④ CPM
⑤ PDM
⑥ Overlapping
⑦ LOB(LSM)
⑧ TACT공정관리

PERT와 CPM의 비교

구 분	PERT	CPM
배 경	해 군	Dupont
목 적	공기단축	공사비 절감
일정계산	Event 중심	Activity중심
시간견적	3점 추정	1점 추정
대 상	신규사업	반복사업
여유시간	Slack	Float
M C X	무	유

PERT

- **낙관치** (to : Optimistic time)
- **정상치** (tm : Most likely time)
- **비관치** (tp : Pessimistic time)

기대공기(te) = $\dfrac{to+4tm+tp}{6}$

(Expected time)

분산(σ^2) = $\left(\dfrac{tp-to}{6}\right)^2$

Network

기본원칙

① 공정원칙
② 단계원칙
③ 활동원칙
④ 연결원칙

구성요소

① Event
② Activity
③ Dummy
④ Path
⑤ Critical Path

일정계산

① EST
② EFT
① LST
② LFT
③ TF
④ FF
⑤ DF(IF)

공기단축

MCX(최소비용계획)

① Cost Slope = $\dfrac{\Delta C}{\Delta T}$

② 공기단축순서
- C.P 상
- 단축가능작업
- C.S 小
- 단축한계까지
- Sub C.P 확인
- Sub C.P 동시단축고려
- 앞의 순서 반복

자원배당

목 적
① 자원변동의 최소화
② 일일 동원자원 최소화
③ 유휴시간 제거
④ 공사비(자원) 균등

순 서
① 공정표 작성
② 일정계산
③ EST 부하도
④ LST 부하도
⑤ 균배도(산붕도, 평준화, leveling)

방 법
① 자원이 제한된 경우
② 자원의 제한이 없는 경우

진도관리

공기지연
지연형태

EVMS
① 계획공사비
② 달성공사비
③ 실투입비
④ 일정분산
⑤ 비용분산
⑥ 일정수행지수
⑦ 비용수행지수

공기와 시공속도

공기와 기성고
① 공기와 매일기성고
② 공기와 누계기성고

최적시공속도
• = 경제적 시공속도
• = 최적공기

채산시공속도
손익분기점(B.E.P)

※ Mile stone(중간관리일)
   Lag

제2장 건설관리 ── 제1절 공사관리(품질관리)

7가지 Tool

- 관리도
- 히스토그램
- 파레토
- 특성요인도
- 산포도
- 그래프(Check List)
- 층별

품질관리비

- 품질시험비
- 품질관리활동비

수립대상

품질관리 계획

- 500억↑
- 30,000m²↑
- 계약

품질시험 계획

- 5억↑ 토목
- 660m²↑ 건축
- 2억↑ 전문

품질시험 계획

시설 및 건설기술인 배치기준

- 특급 : 1,000억 ↑, 50,000m^2 ↑ , 50m^2 ↑, 특1(3년), 중1, 초1
- 고급 : 품질관리계획 + 특급 제외 , 50m^2 ↑, 고1(2년), 중1, 초1
- 중급 : 100억 ↑, 50,000m^2 ↑ , 20m^2 ↑, 중1(1년), 초1
- 초급 : 5억 ↑ 토목
  660m^2 ↑ 건축 , 20m^2 ↑, 초1
  2억 ↑ 전문

교 육

- 기본 : 최초→35시간↑
- 전문 : 최초, 계속, 승급→35시간↑

품질관리자 업무

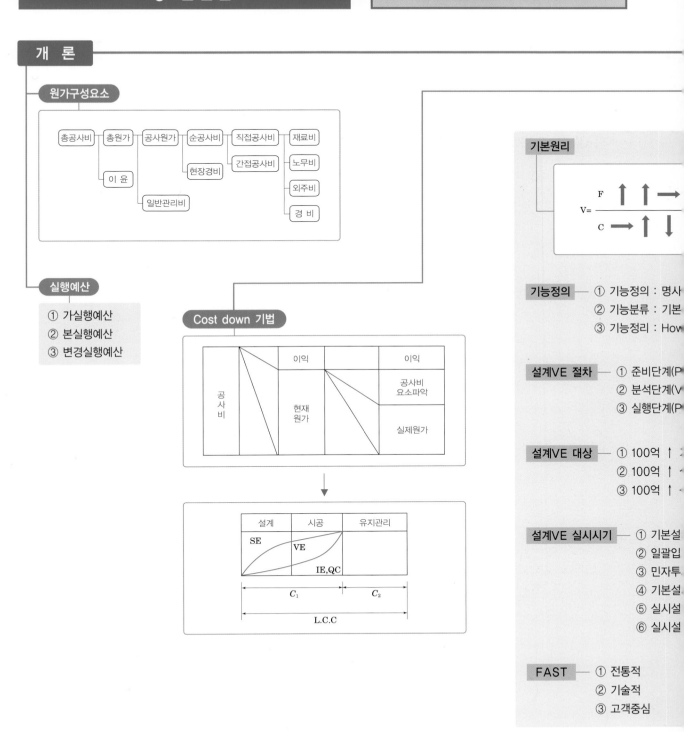

원가관리기법

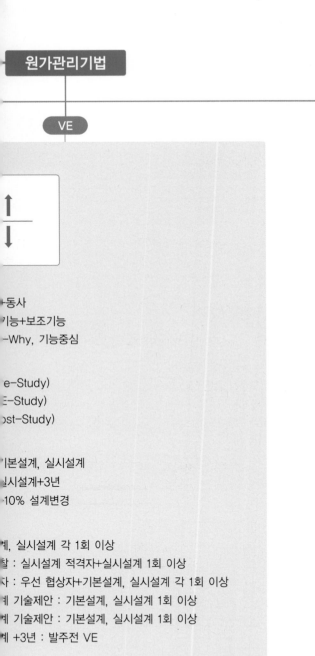

VE

L.C.C

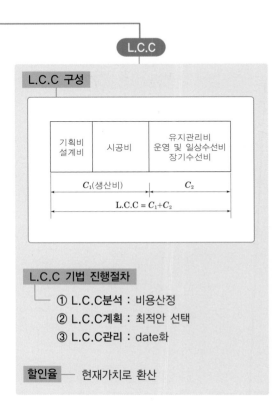

L.C.C 구성

기획비 설계비	시공비	유지관리비 운영 및 일상수선비 장기수선비
C_1(생산비)		C_2
L.C.C = C_1+C_2		

L.C.C 기법 진행절차

① L.C.C분석 : 비용산정
② L.C.C계획 : 최적안 선택
③ L.C.C관리 : date화

할인율 — 현재가치로 환산

↑
↓

+동사
기능+보조기능
-Why, 기능중심

e-Study)
E-Study)
ost-Study)

기본설계, 실시설계
실시설계+3년
10% 설계변경

계, 실시설계 각 1회 이상
찰 : 실시설계 적격자+실시설계 1회 이상
자 : 우선 협상자+기본설계, 실시설계 각 1회 이상
계 기술제안 : 기본설계, 실시설계 1회 이상
계 기술제안 : 기본설계, 실시설계 1회 이상
계 +3년 : 발주전 VE

제2장 건설관리 ── 제1절 공사관리(안전관리)

법령

MSDS
- 근로자 배치
- 대상물질 도입
- 정보 변경

지하안전평가
- 20m↑ 굴착
- 터널
- 소규모 : 10m↑~20m⇓ 굴착

설계안전성검토
- 1, 2종 시설물
- 10m↑ 굴착
- 폭발물
- 10층↑~16층⇓ 건축물
- 16층↑ 리모델링/해체공사
- 수직증축형 리모델링
- 31m↑ 비계/브라켓 비계
- 작업발판일체형 거푸집
- 5m↑ 거푸집 및 동바리
- 터널지보공/2m↑ 흙막이 지보공
- 동력이용 가설구조물
- 10m↑ 외부작업 작업발판
- 복합형 가설구조물

밀폐공간 보건작업 프로그램
- 산소결핍, 유해가스

안전관리계획서

수립대상공사
- 1, 2종 시설물
- 폭발물
- 10층↑ 리모델링/해체공사
- 천공기(10층↑)
- 타워크레인
- 작업발판일체형 거푸집
- 터널지보공/2m↑ 흙막이지보공
- 10m↑ 외부작업 작업발판
- 10m↑ 굴착
- 10층↑~16층⇓ 건
- 수직증축형 리모델
- 항타/항발기
- 31m↑ 비계/브라켓
- 5m↑ 거푸집 및 동
- 동력이용 가설구조
- 복합형 가설구조물

안전관리비

가설구조물의 구조적 안전성 확인
- 31m↑ 비계/브라켓 비계
- 작업발판일체형 거푸집
- 5m↑ 거푸집 및 동바리
- 터널지보공/2m↑ 흙막이 지보공
- 동력이용 가설구조물
- 10m↑ 외부작업 작업발판
- 복합형 가설구조물

안전교육
- 매일 공사 착수 전
- 공법이해, 시공순서, 시공기술상 주의사항
- 기록 · 관리

정기안전 점검
- 건설공사 안전관리 업무수행지침 별표1

유해위험방지계획서

수립대상공사

- 31m↑ 건축물/인공구조물
- 30,000m² ↑ 건축물
- 5,000m² ↑
  (문화 및 집회/판매/운수/종교/종합병원/관광숙박/지하도상가/냉동·냉장창고)
- 5,000m² ↑ 냉동·냉장 창고 설비/단열
- 50m↑ 다리
- 터널
- 다목적댐/발전용댐/2천만톤 이상 용수댐/지방상수도댐
- 10m↑ 굴착

안전관리자 선임

- 120억(토목150억)↑~800억⇊ : 1명
  (유해위험 : 50억↑~120억(토목150억)⇊ : 1명)
- 800억+700(2)+800+1,000→1명씩 추가

교 육

- 정기 : 매분기 6시간↑
- 채용 : 1시간↑
- 작업변경 : 1시간↑
- 특별 : 24시간↑(T/C:8시간↑)
- 기초 : 4시간↑
- 안전관리자 : 신규 34시간↑(보수 24시간↑)

산업안전보건관리비

종 류 \ 대상액	5억 미만	5억 이상~50억 미만		50억 이상
		비 율	기초액	
일반건설공사(갑)	2.93%	1.86%	5,349,000	1.97%
일반건설공사(을)	3.09%	1.99%	5,499,000	2.10%
중건설공사	3.43%	2.35%	5,400,000	2.44%
철도, 궤도 신설공사	2.45%	1.57%	4,411,000	1.66%
특수 및 기타건설공사	1.85%	1.20%	3,250,000	1.27%

건축물
링

비계
바리
물

제2장 건설관리

제2절 시공계획 및 총론

시공관리/계획

사전검토항목
설계도서 검토, 계약조건 검토, 입지조건 검토, 지반조사, 공해 및 기상, 관계법규

공법채택
안전성, 경제성, 시공성

공사관리 5요소
공정관리, 품질관리, 원가관리, 안전관리, 환경관리

생산수단 6M
Man, Material, Machine, Money, Method, Memory

가 설
동력, 용수, 수송, 양중

※ Man
노무절감, 전문인력, 인력 Pool, 노무생산성, 현장원편성, 숙련도, 적정인원배치, 작업조건

※ Material
자재건식화, 자재관리, 자재선정조달, 적기적정량반입, 표준화, 유니트화, 자재규격, 수급계획

※ Machine
기계화, 초기투자비, 양중관리, 경제적수명, 로봇시공, 장비가동률, T/C, 자동화, 무인화

※ Money
자금, 실적공사비, 달성가치, 원가절감, 실행예산, VE, LCC, 기성고관리

※ Method
시공법, 공법선정, 요구성능, PC공법, 복합화공법, 신공법, 최적공법

※ Memory
기술축적

시공의 발전추세 (환경변화, 생산성향상, 나아갈방향)

제도
변화된 계약방식(T/K, CM, PM, BOT, Partnering)

　　　　　　　+

기술개발보상, 신기술지정, 감리제도, 전자입찰, Fast track method, 대안입찰, P.Q

계
골조 P.C화, 마감 건식화

료
MC화, 마감 Unit화

관리

4요소
- **공정** : CPM, PDM, MCX, EVMS, TACT 공정관리
- **품질** : 7가지 Tool
- **원가** : VE, LCC
- **안전** : 안전시설공법, 설계안전성검토, 안전관리계획서, 산업안전보건관리비

4M
- **Man** : 성력화, 전문인력양성
- **Material** : 자재건식화, MC화
- **Machine** : 기계화, Robot화

기술
- EC
- CM
- CIC
- IB
- PMIS(=PMDB)
- CALS, CITIS
- WBS
- Expert System

타
- **경영관리** : Project financing, Risk management, Claim, MBO, Bench marking, Constructability
- **생산성관리** : MC화, Lean construction, Just in time, Robot화

제3장 토 공

토공계획

토량배분

$$L = \frac{운반(흐트러진)\ 토량(m^3)}{자연\ 상태의\ 토량(m^3)} \qquad C = \frac{완성(다진후)\ 토량(m^3)}{자연\ 상태의\ 토량(m^3)}$$

구 분	자연상태 토량	흐트러진 토량	다진 후 토량
자연상태 토량	1	L	C
흐트러진 토량	1/L	1	C/L

유토곡선

목 적

- 시공방법결정
- 토량배분
- 평균운반거리 산정
- 토공기계 산정
- 운반토량산정

성 질

- 절, 성토구간(하→성토, 상→절토)
- 극소점(성토→절토, 우→좌)
- 극대점(절토→성토, 좌→우)
- 평균운반거리
- 절토량, 성토량
- 사토량, 운반토량

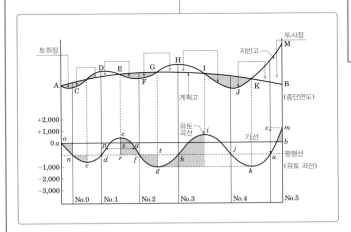

토취장 선정
- 토질, 토량, 작업용이, 성토구배, 경제력, 제반문제

사토장 선정
- 토량, 작업용이, 사토구배, 배수, 경제력, 제반문제

절·성토

성토재료

- 장비주행성
- 시공용이
- 전단강도↑
- 지지력↑
- 압축성↓
- 투수성↓

절토형식

- 단일구배
- 암층, 토질에 따라 변화
- 소단

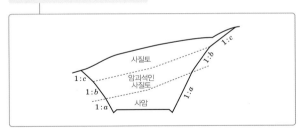

편성·편절 접합부

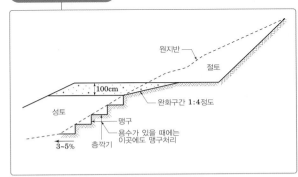

비탈면 붕괴

원인
- 세굴
- 표면수 침투
- 상하성토재 상이
- 수압상승

다짐
- 피복토 설치
- 피복토 미설치

부등침하

원인
- 침하량 차이
- 지반강도 차이
- 배수불량
- 다짐 불충분

우수침투　지표수침투
G.L　G.L
뒷채움 시공불량 (다짐·배수)　뒷채움 재불량　원지반과 뒷채움의 침하량 차이
연약지반 지지력불량　원지반　층따기

대책
- 연약지반처리
- 시공상 대책 ── 굵은골재 최대지수 100mm 이하
- 지지력 증대 ── #4체 통과량 25~100%
- 포장강성 증대 ── #200체 통과량 0~20%
　　　　　　　── 소성지수 10 이하

발파 방법

- 시험발파
- 심빼기
  - V컷
  - 스윙컷
  - 피라미드컷
  - 번컷
  - 노컷
- 소할발파
- 폭약을 쓰지 않는 발파
- 수중발파
- Bench cut

흙으로 전색　도화선　폭약　암괴
[천공법]

흙으로 전색　폭약　암괴　최소직경
[복토법]

흙으로 전색　도화선　암괴
[사혈법]

조절 발파

• Lime drilling
제1열 제2열 제3열
50%장약 100%장약
자유면
0.5~0.7B　B

• Pre Splitting
제1열 제2열 제3열
50%장약　주발파공(100%장약)
자유면
1차 폭발　2차 폭발

• Cushion Blasting
표준(100%장약)
자유면
공간(모래·점토)　장약

• Smooth Blasting
정밀화약　보통폭파공
자유면
동시 폭파

제5장 기초공

제1절 기초일반

사전조사
- 설계도서 검토
- 계약조건 검토
- 입지조건 검토
- 지반조사 검토
- 공해 및 기상 검토
- 관계법규 검토

$+ \alpha$

- 지하수
- 유적지
- 지하매설물
- 사토장
- 장비 Cycle

지반조사

Sounding
- 동적관입시험(사질토)
- 정적관입시험(점성토)

Boring
- 오거식
- 수세식
- 회전식
- 충격식

→ 토질주상도

Sampling
- 예민비

지하탐사법
- 짚어보기
- 시험굴착
- 물리적 탐사법

지내력시험
- 평판재하시험
- 말뚝재하시험(정·동재하)
- 말뚝박기시험(시항타)

기초 종류

기초개념
- 최소근입깊이
- 하중지지
- 침하 허용치 이내
- 시공가능, 경계성

얕은기초(직접기초)

$$\frac{D_f}{B} \leq 1 \ (B:기초폭, \ D_f:깊이)$$

Footing 기초 종류
- 독립
- 복합
- 연속
- 켄틸레바 Footing 기초
- Mat 기초

굴착방법

얕은 기초 극한 지지력

전반전단파괴　　국부전단파괴　　관입전단파괴

특수기초(Sturry, Wall, 강판널말뚝, 다주식)

깊은기초 $\frac{D_f}{B} > 1$

기성 Pie 기초
- 타격식(Diesel, Drop, Steam Ham
- 진동식(Vibro Hammer)
- 매설식(Pre-Boring, 사수, 압입, 중

Pier 기초 (현장타설)
- 기계굴착
  - Earth Drill
  - RCD
  - Benoto(All Casing)
- 인력굴착(심초공법)
- 관입말뚝
- 치환말뚝(CIP, PIP, MIP, SCW)

Caisson
- Open Caisson
- 뉴매틱 Caisson
- Box Caisson(항만 안벽, 방파제)

기성콘크리트 파일

항타시 유의사항

- 인접말뚝피해 최소화
- 말뚝박기 순서
- 최종관입량
- Pile 중파
- 길이 변경 검토
- 시험항타(1,500m² → 2본, 3,000m² → 3본)
- 말뚝박기 간격 : 2.5d 이상, 75cm 이상
- 두부정리
- 세우기 : 수직도 유지
- 말뚝위치 확인
- 천공 지름
- 공벽붕괴 방지
- 수직도 유지
- 선단지지력 확보

Pre boring, SIP, DRA
공법문제시 추가

두부파손원인

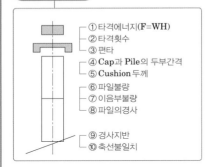

- ① 타격에너지($F=WH$)
- ② 타격횟수
- ③ 편타
- ④ Cap과 Pile의 두부간격
- ⑤ Cushion 두께
- ⑥ 파일불량
- ⑦ 이음부불량
- ⑧ 파일의경사
- ⑨ 경사지반
- ⑩ 축선불일치

하자종류

- 두부파손
- 균열
- 중파
- 선단지지력 미확보
- 이음불량
- 수직, 수평불량

※ Underpining 공법
※ 부마찰력

현장콘크리트 파일

기계굴착

공법	굴착기계	공벽보호
Earth drill 공법	Drilling bucket	안정액(Bentonite)
Benoto 공법	Hammer grab	Casing
R·C·D 공법	특수bit+suction pump	정수압(0.2kg/cm²)

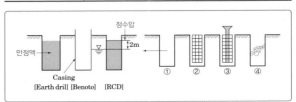

Casing
[Earth drill] [Benoto] [RCD]

관입굴착

- Compressol Pile
- Franky Pile
- Simplex Pile
- Pedestal Pile
- Raymond Pile

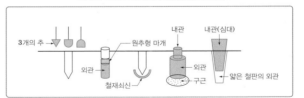

치환말뚝

- CIP : 자갈충진+모르타르
- PIP : 흙제거 +모르타르
- MIP : 흙+시멘트 페이스트

시공시 유의사항

- Slime 처리
- 공벽 유지
- 선단 지반 교란방지
- 수직도 유지
- 굴착기계 인발시 공벽붕괴 방지
- 안정액 관리
- 규격 관리
- 건설공해 관리
- 콘크리트 품질관리

※ SCW 공법
※ 부력 방지 대책
※ 차수공법 비교

제4장 토 질

제2절 사면안정

사면 분류

유한사면

- 단순 사면
- 직립 사면
- 복합 사면

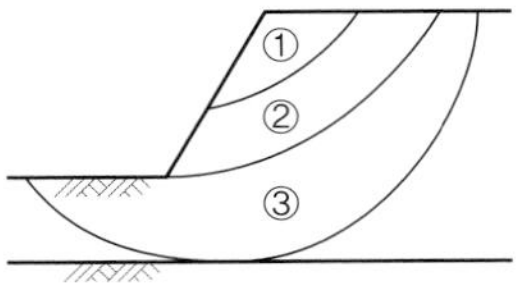

유한사면

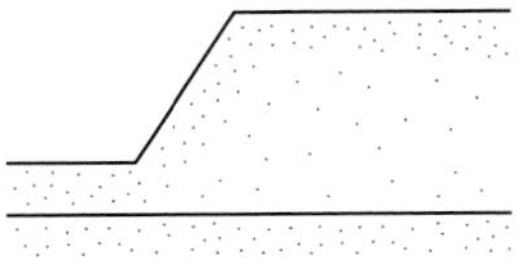

단순사면

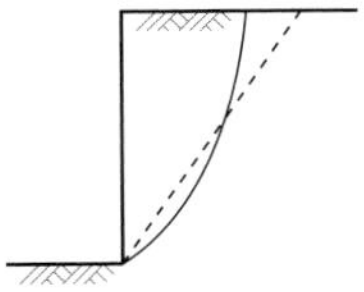

직립사면

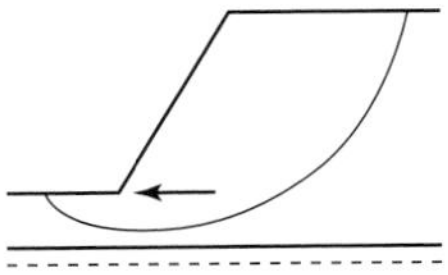

복합사면

무한사면

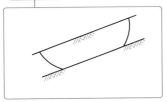

사면파괴 형태

단순사면

① 사면내 파괴

② 사면선단 파괴

③ 사면저부 파괴

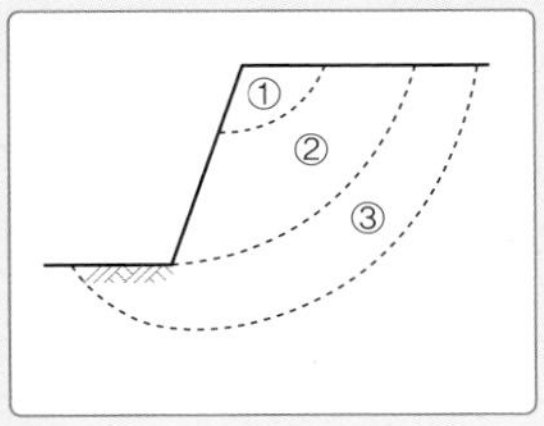

무한사면

- 사면과 평형

암반사면

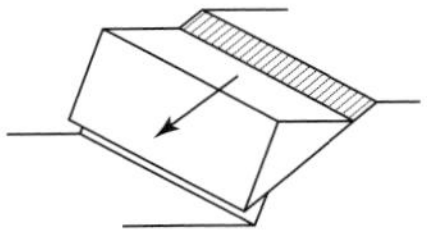

평면파괴

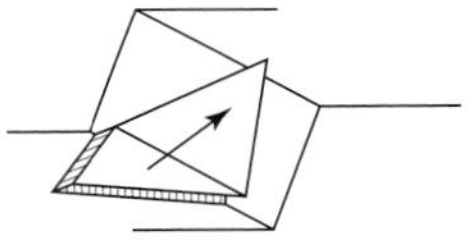

쐐기파괴

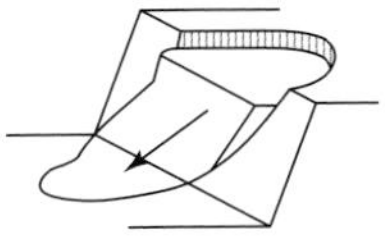

원호파괴

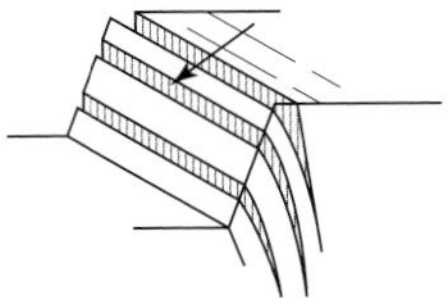

전도파괴

사면안정 해석

무한사면

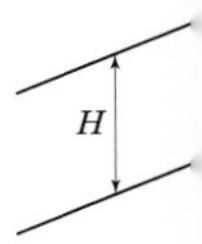

H

무한

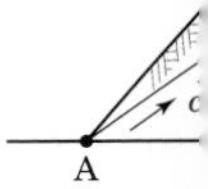

유한사면

O

A

유한사면

유한사면

- 극한 평형법
- 극한 해석법
- 수치 해석법
- 모형 실험

암반사면

- 평사투형 해
- 한계평형 하

사면붕괴 원인

원 인

- 자연적 원인
- 인위적 원인

성토면 붕괴원인

- 재료 불량
- 배수시설 미비
- 진동
- 다짐 불량
- 사면구배 불량
- 성토고 불량

절토사면(암반)

- 지질구조 결함
- 용수처리 불량
- 사면구배 불량
- 절토고 불량
- 동결 융해

사면안정 공법(대책)

억제 공법

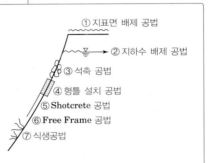

① 지표면 배제 공법
② 지하수 배제 공법
③ 석축 공법
④ 형틀 설치 공법
⑤ Shotcrete 공법
⑥ Free Frame 공법
⑦ 식생공법

억지 공법

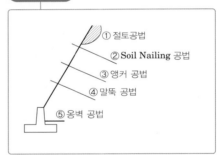

① 절토공법
② Soil Nailing 공법
③ 앵커 공법
④ 말뚝 공법
⑤ 옹벽 공법

일시적 방법

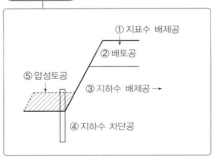

① 지표수 배제공
② 배토공
③ 지하수 배제공 →
④ 지하수 차단공
⑤ 압성토공

（왼쪽 부분）

W θ
T
N
면

W C
c c
c
점착력
（평면활동면）

W
B C
τ
τ
τ
（원호활동면）

·찰원법, 절편법）

법
법

제4장 토 질

제1절 토질일반

흙의 성질

흙의 구성

- 공극비(간극비)

$$e = \frac{V_v}{V_s}$$

- 공극율(간극율)

$$n = \frac{V_v}{V} \times 100(\%)$$

- 함수비

$$W = \frac{W_w}{W_s} \times 100(\%)$$

- 함수율

$$W' = \frac{W_w}{W} \times 100(\%)$$

- 포화도

$$S = \frac{V_w}{V_v} \times 100(\%)$$

흙의 연경도

- 수축한계(SL)
- 소성한계(PL)
- 액성한계(LL)
- 소성지수(PI)=$LL-PL$
- 액성지수(LI) = $\dfrac{\omega-PL}{PI}$
- 수축지수(SI)=$PL-SL$
- Slacking, Swelling
- Bulking
- 수체원리
- 함수당량

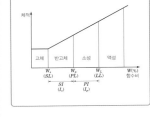

흙의 분류

입경분류

- 토립자
- 체분석, 비중계
- 입경가적곡선

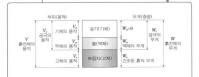

- 삼각좌표
- 입도분석

Atterberg 분류

- 소성도표
- 콘시스텐시지수, 액성지수
- 활성도

공학적 분류

- 통일 분류법
- AASHTO(개정 PR법)
- 군지수
- CAA

흙의 물의 흐름

흙의 투수

모관성

침 투

- Quick sand
- 한계동수 경사도
- 침윤선

유선망

흙의 동해

동상현상

원 인

- 실트점토
- 0℃이하 지속
- 모관수(물의

대 책

- 동결심도↑
- 지하수위↓
- 모관수 상승
- 동결온도↓
- 단열재 처리

연화현상

흙의 압밀

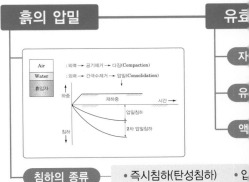

침하의 종류

- 즉시침하(탄성침하)
- 압

유효

자

유

액

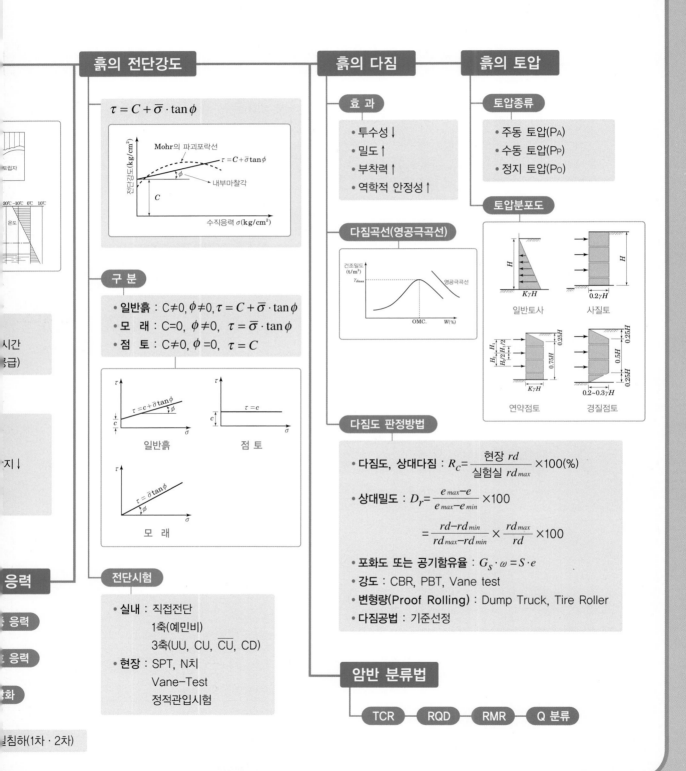

흙의 전단강도

$$\tau = C + \overline{\sigma} \cdot \tan\phi$$

Mohr의 파괴포락선
전단강도(kg/cm²)
$\tau = C + \overline{\sigma}\tan\phi$
내부마찰각
ϕ
C
수직응력 σ(kg/cm²)

구 분

- 일반흙 : $C \neq 0$, $\phi \neq 0$, $\tau = C + \overline{\sigma} \cdot \tan\phi$
- 모 래 : $C = 0$, $\phi \neq 0$, $\tau = \overline{\sigma} \cdot \tan\phi$
- 점 토 : $C \neq 0$, $\phi = 0$, $\tau = C$

$\tau = c + \overline{\sigma}\tan\phi$
c
σ
일반흙

$\tau = c$
c
σ
점 토

$\tau = \overline{\sigma}\tan\phi$
ϕ
σ
모 래

전단시험

- 실내 : 직접전단
  1축(예민비)
  3축(UU, CU, $\overline{\text{CU}}$, CD)
- 현장 : SPT, N치
  Vane-Test
  정적관입시험

흙의 다짐

효 과

- 투수성↓
- 밀도↑
- 부착력↑
- 역학적 안정성↑

다짐곡선(영공극곡선)

건조밀도 (t/m³)
γ_{dmax}
영공극곡선
OMC. W(%)

다짐도 판정방법

- 다짐도, 상대다짐 : $R_c = \dfrac{\text{현장 } rd}{\text{실험실 } rd_{max}} \times 100(\%)$

- 상대밀도 : $D_r = \dfrac{e_{max} - e}{e_{max} - e_{min}} \times 100$

  $= \dfrac{rd - rd_{min}}{rd_{max} - rd_{min}} \times \dfrac{rd_{max}}{rd} \times 100$

- 포화도 또는 공기함유율 : $G_s \cdot \omega = S \cdot e$
- 강도 : CBR, PBT, Vane test
- 변형량(Proof Rolling) : Dump Truck, Tire Roller
- 다짐공법 : 기준선정

흙의 토압

토압종류

- 주동 토압(PA)
- 수동 토압(PP)
- 정지 토압(PO)

토압분포도

H
$K\gamma H$
일반토사

H
$0.2\gamma H$
사질토

H_2 H_1
$H_2/2$ $H_1/2$
$0.25H$
$0.75H$
$K\gamma H$
연약점토

$0.25H$
$0.5H$
$0.25H$
$0.2\sim0.3\gamma H$
경질점토

암반 분류법

TCR ─ RQD ─ RMR ─ Q 분류

제5장 기초공

제2절 연약지반 개량공법

개 론

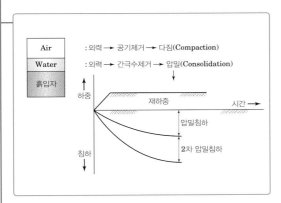

: 외력 → 공기제거 → 다짐(Compaction)

: 외력 → 간극수제거 → 압밀(Consolidation)

공법 종류

사질토

- **진동 다짐 공법** : 수평
- **모래다짐 말뚝 공법** : 상하
- **전기 충격 공법** : 고압방전
- **폭파 다짐 공법** : Dynamite
- **약액 주입 공법** : JSP, LW 공법
- **동 다짐 공법** : 가장자리→중앙

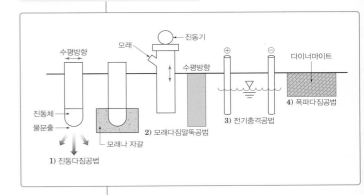

연약지반 기준

	N치	qu(접지압)	CBR
사질토	10 이하	1kg/cm^2	
점성토	4 이하	0.6kg/cm^2	2% 이하
Fill Dam	20 이하		

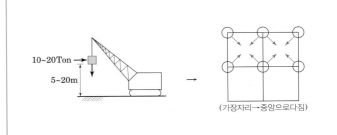

- **치환 공법** : 굴착, 미끄럼, 폭파 치환 공법

- **압밀 공법**
  - Proloading 공법
  - 압성토 공법
  - 사면 선단재하공법

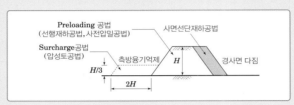

- **탈수 공법(연직배수, Vertical drain 공법)**
  - Sand drain 공법
  - Paper drain 공법
  - Pack drain 공법

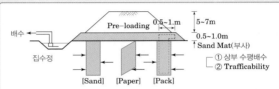

- **배수 공법**
  - **중력식 :** 집수정, Deep Well
  - **강제식 :** 진공식 Deep Well, Well Point

- **고결 공법** : 생석회, 소결, 동결
- **동치환 공법** : 쇄석기둥

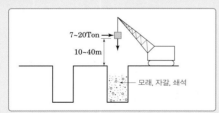

- **전기 침투 공법** : "⊕극 → ⊖극
- **대기압 공법(진공배수, 진공압밀 공법)** — **토공사 진공배수공법**

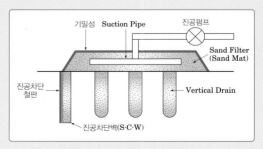

제8장 도로 포장공

포장파손

아스팔트 포장

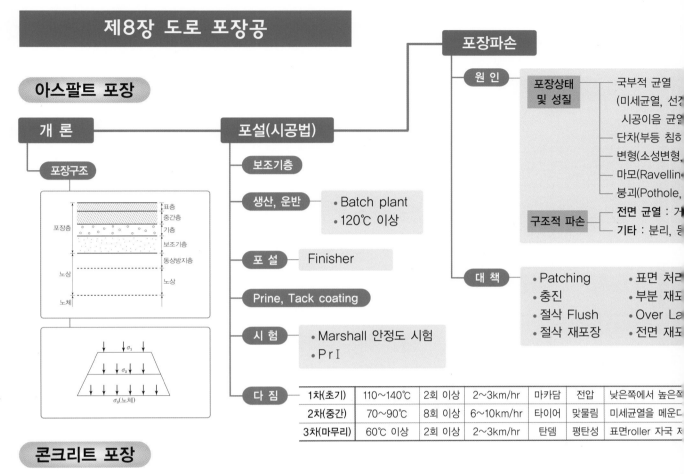

개 론

- 포장구조

포설(시공법)

- 보조기층
- 생산, 운반
  - Batch plant
  - 120℃ 이상
- 포 설 — Finisher
- Prine, Tack coating
- 시 험
  - Marshall 안정도 시험
  - PrI
- 다 짐

원 인

- 포장상태 및 성질
  - 국부적 균열 (미세균열, 선
  - 시공이음 균열
  - 단차(부등 침하
  - 변형(소성변형,
  - 마모(Ravelling
  - 붕괴(Pothole,
- 구조적 파손
  - 전면 균열 : 가
  - 기타 : 분리, 동

대 책

- Patching
- 충진
- 절삭 Flush
- 절삭 재포장
- 표면 처리
- 부분 재포
- Over La
- 전면 재포

	1차(초기)	110~140℃	2회 이상	2~3km/hr	마카담	전압	낮은쪽에서 높은쪽
	2차(중간)	70~90℃	8회 이상	6~10km/hr	타이어	맞물림	미세균열을 메운다
	3차(마무리)	60℃ 이상	2회 이상	2~3km/hr	탄뎀	평탄성	표면roller 자국 제

콘크리트 포장

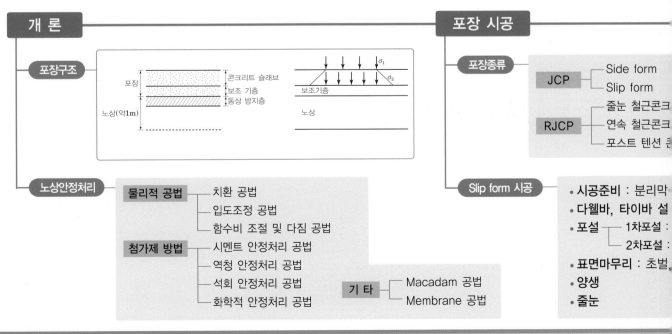

개 론

- 포장구조

- 노상안정처리
  - **물리적 공법**
    - 치환 공법
    - 입도조정 공법
    - 함수비 조절 및 다짐 공법
  - **첨가제 방법**
    - 시멘트 안정처리 공법
    - 역청 안정처리 공법
    - 석회 안정처리 공법
    - 화학적 안정처리 공법
  - **기 타**
    - Macadam 공법
    - Membrane 공법

포장 시공

- 포장종류
  - **JCP**
    - Side form
    - Slip form
  - **RJCP**
    - 줄눈 철근콘크
    - 연속 철근콘크
    - 포스트 텐션 콘

- Slip form 시공
  - 시공준비 : 분리막
  - 다웰바, 타이바 설
  - 포설 — 1차포설 :
    — 2차포설 :
  - 표면마무리 : 초벌,
  - 양생
  - 줄눈

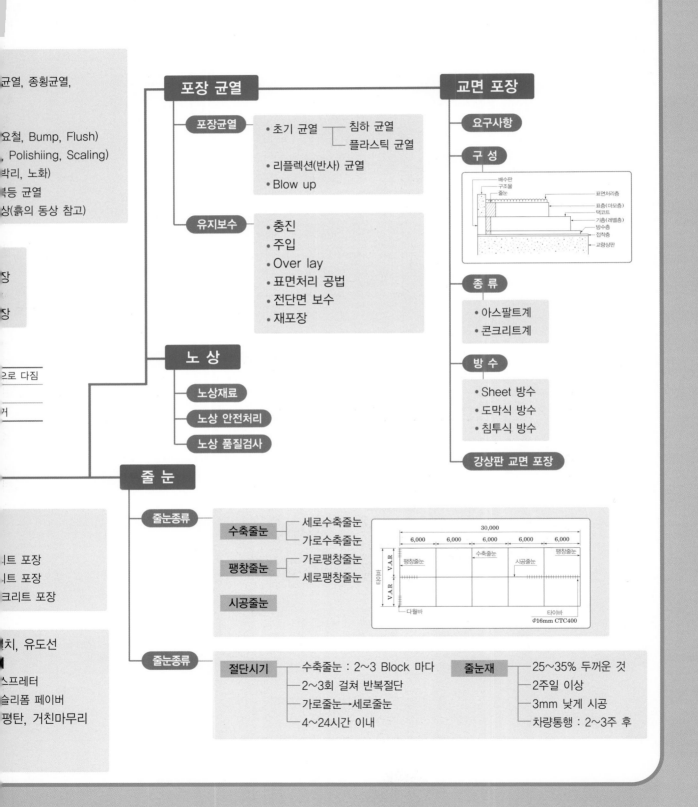

포장 균열

- 포장균열
  - 초기 균열 — 침하 균열
    - 플라스틱 균열
  - 리플렉션(반사) 균열
  - Blow up

- 유지보수
  - 충진
  - 주입
  - Over lay
  - 표면처리 공법
  - 전단면 보수
  - 재포장

교면 포장

- 요구사항
- 구 성

  (구성 단면도: 배수판, 구조물, 줄눈, 표면처리층, 표층(마모층), 택코트, 기층(레벨층), 방수층, 접착층, 교량상판)

- 종 류
  - 아스팔트계
  - 콘크리트계

- 방 수
  - Sheet 방수
  - 도막식 방수
  - 침투식 방수

- 강상판 교면 포장

노 상

- 노상재료
- 노상 안전처리
- 노상 품질검사

왼쪽 일부 (잘림)

균열, 종횡균열,

요철, Bump, Flush)
, Polishiing, Scaling)
박리, 노화)
복등 균열
상(흙의 동상 참고)

장

장

로 다짐

거

니트 포장
니트 포장
크리트 포장

치, 유도선

스프레터
슬리폼 페이버
평탄, 거친마무리

줄 눈

- 줄눈종류

수축줄눈	세로수축줄눈
	가로수축줄눈
팽창줄눈	가로팽창줄눈
	세로팽창줄눈
시공줄눈	

  (도표: 30,000 / 6,000 6,000 6,000 6,000 6,000, 타이, V.A.R, 팽창줄눈, 수축줄눈, 시공줄눈, 팽창줄눈, 다월바, 타이바, Φ16mm CTC400)

- 줄눈종류

절단시기	줄눈재
수축줄눈 : 2~3 Block 마다	25~35% 두꺼운 것
2~3회 걸쳐 반복절단	2주일 이상
가로줄눈→세로줄눈	3mm 낮게 시공
4~24시간 이내	차량통행 : 2~3주 후

제7장 강구조공사

접 합

방 법

- 용접기구

용접방법(재료)	Torch(운봉)	봉내밀기	Flux(shield)
수동(피복 Arc W′)	인력	인력	피복
반자동(CO₂ Arc W′)	인력	기계(Coil)	CO_2 gas
자동(Submerged Arc W′)	기계(Rail)	기계(Coil)	분말

- **용접형식** : 맞댐용접(Butt W′), 모살용접(Fillet W′)

예 열

- **일반사항** : −20℃ X, 230℃ 이하
- **예열온도** : 양측 100mm, 20℃ 이상
- **예열방법** : 75mm

결 함

- **종류** : blow hole, fish eye, slag 감싸들기, 용입불량, over lap, pit, crack, crater, Under cut, 각장부족, 목두께 부족, over hung, lamellar Tearing
- **원인** : 人 + 재료 + 기계 + 기타
- **대책** : 원인반대 + $\alpha1$ + $\alpha2$

시공시 유의사항

예열, 고력볼트와 용접 병용,
개선정밀도, 청소,
잔류응력과 변형, 뒤깍기,
돌림용접/End Tab,
용접재료 건조, 기온, 기후,
용접순서, 재해예방

검 사

- **육안검사** : 균열, 피트, 요철,
  언더컷깊이, 오버랩,
  필립용접 크기
- **비파괴검사** : 방사선 투과법(RT),
  초음파탐상법(UT),
  자분 탐상법(MT),
  침투 탐상법(PT)

용접변형

- **종류** : 각변형, 종굽힘 변형,
  회전 변형, 비틀림 변형,
  종수축, 횡수축, 좌굴
- **원인** : 人 + 재료 + 기계 + 기타
- **대책** : 억제법, 역변형법, 냉각법, 가열법, 피닝법,
  용접순서 : 후퇴법, 대칭법, 비석법, 교호법

제6장 철근콘크리트

제3절 콘크리트공사

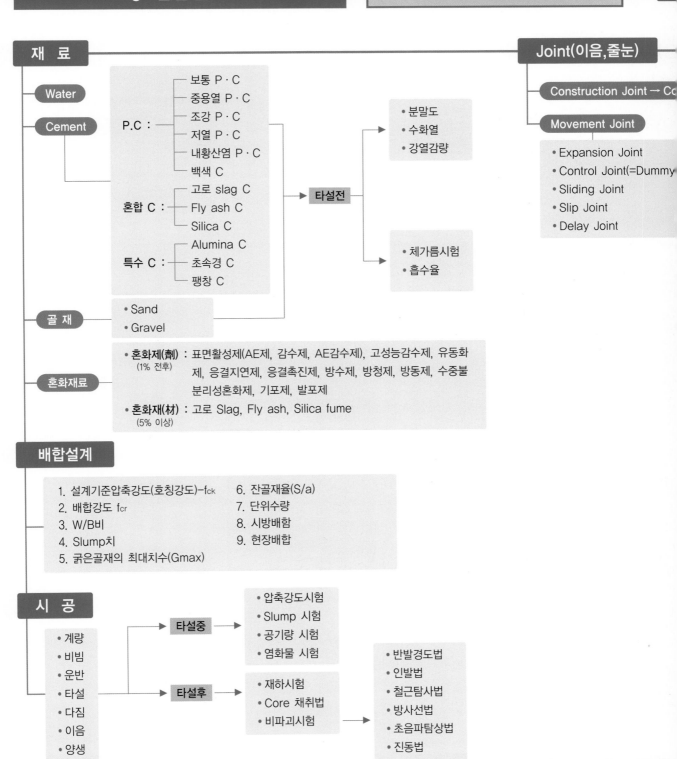

재 료

- **Water**
- **Cement**

P.C :
- 보통 P·C
- 중용열 P·C
- 조강 P·C
- 저열 P·C
- 내황산염 P·C
- 백색 C

혼합 C :
- 고로 slag C
- Fly ash C
- Silica C

특수 C :
- Alumina C
- 초속경 C
- 팽창 C

타설전 →
- 분말도
- 수화열
- 강열감량

- 체가름시험
- 흡수율

- **골 재**
  - Sand
  - Gravel

- **혼화재료**
  - 혼화제(劑) : 표면활성제(AE제, 감수제, AE감수제), 고성능감수제, 유동화제, 응결지연제, 응결촉진제, 방수제, 방청제, 방동제, 수중불분리성혼화제, 기포제, 발포제 (1% 전후)
  - 혼화재(材) : 고로 Slag, Fly ash, Silica fume (5% 이상)

배합설계

1. 설계기준압축강도(호칭강도)−f_{ck}
2. 배합강도 f_{cr}
3. W/B비
4. Slump치
5. 굵은골재의 최대치수(Gmax)
6. 잔골재율(S/a)
7. 단위수량
8. 시방배함
9. 현장배합

시 공

- 계량
- 비빔
- 운반
- 타설
- 다짐
- 이음
- 양생

타설중 →
- 압축강도시험
- Slump 시험
- 공기량 시험
- 염화물 시험

타설후 →
- 재하시험
- Core 채취법
- 비파괴시험 →
  - 반발경도법
  - 인발법
  - 철근탐사법
  - 방사선법
  - 초음파탐상법
  - 진동법

Joint(이음,줄눈)

- **Construction Joint → Co**
- **Movement Joint**
  - Expansion Joint
  - Control Joint(=Dummy
  - Sliding Joint
  - Slip Joint
  - Delay Joint

조 ── • 구조
      • hcp
      • 공극

d joint

(Joint)

균 열

종 류
- **자기수축균열** : 수화반응 시
- **소성수축균열** : 콘크리트 양생 시작 전, 마감시작 전
- **소성침하균열** : 콘크리트다짐과 마무리가 끝난 후
- **건조수축균열** : 콘크리트 타설 완료 후
- **탄산화수축균열** : 중성화 과정 시

원 인
- **미경화 con´c (경화전)** : 거푸집의 변형, 진동, 충격, 소성수축, 소성침하, 수화열
- **경화 con´c (경화후)** : 염해, 중성화, AAR, 동결융해, 온도변화, 건조수축, 철근부식

대 책
- 재료   • 거푸집
- 배합 + • 철근
- 시공

보수보강공법
표면처리공법(단면복구공법), 충전공법, 주입공법, 강판부착공법, Prestress공법, 치환공법, 탄소섬유 시트, 단면증가공법

내구성(열화)

원 인
균열 원인 중 경화 con´c와 동일

대 책
균열 대책과 동일

con´c 성질

미경화 con´c
- W (시공연도)
- Co (반죽질기)
- P (성형성)
- P (압송성)
- V (점성)
- C (다짐성)
- F (마감성)
- M (유동성)

경화 con´c
- Creep 변형
- **체적변화** : 수분, 온도

※ 특수 con´c
- 한중 콘크리트 ──┐
- 서중 콘크리트   ├─→
- Mass 콘크리트 ──┘
- 고강도 콘크리트

→ • 시공시 유의사항
  • 양생방법
  • 균열제어 방법

제6장 철근콘크리트 · 제2절 거푸집공사

요구조건

① 외력에 변형이 없을 것
② 치수 및 형상 정확
③ 수밀성
④ 가격이 저렴할 것
⑤ 가공 및 조립 해체 용이
⑥ 내구성, 반복사용
⑦ 구성재 종류 간단
⑧ 경량화, 운반 및 취급 용이
⑨ 소재 청소, 보수 용이

종류

일반거푸집
- Wood Form(합판거푸집)
- Metal Form(철재거푸집)

특수거푸집 =전용거푸집, =System form
- **벽** : 대형 panel F(Gang F)+가설/마감 발판=Climbing F
- **바닥** : Table F(수평), Flying shore F(수평, 수직)
- **벽+바닥** : Tunnel F(모노쉘형, 트윈쉘형)
- **연속** : ┌ 수직 : Sliding F, Slip F
              └ 수평 : Traveling F
- **무지주** : Bow beam, Pecco beam
- **바닥판** : Deck plate, Waffle F, Half pc slab

기타거푸집
- W식 거푸집
- Stay in place 거푸집
- Lath 거푸집
- 무폼타이 거푸집
- 무보강재 거푸집
- 고무풍선 거푸집
- 투수 거푸집
- 제물치장 거푸집
- RSC Form
- ACS Form
- Aluminum Form
- 철제비탈형 거푸집

거푸집 및 동바리 구조계산

구조계산
연직하중+수평하중+측압

연직하중
- 고정하중=철근콘크리트 중량+거푸집 중량
  $(24kN/m^3)$ $(0.4kN/m^2)$
- 활하중=$2.5kN/m^2$
  (전동식카드 : $3.75kN/m^2$)
- 고정하중+활하중=$5kN/m^2$
  (전동식카트 : $6.25kN/m^2$)

수평하중
- 동바리 수평하중=고정하중×2% 이상
  동바리 단위길이당 1.5kN/m 이상 중 큰 값
- 벽체거푸집 : $0.5kN/m^2$
- 풍압, 유수압, 지진 등 하중 고려

측압

설계하중
- 연직하중+수평하중+측압+풍화중+특수하중
- 연직하중=고정하중+작업하중
  =$5kN/m^2$(전동식 : $6.25kN/m^2$)
- 고정하중=철근콘크리트하중+거푸집하중
- 작업하중=시공하중+충격하중

측 압

con´c Head(
con´c 측압의

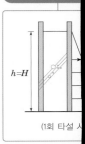

(1회 타설 시

con´c 측압산
- 일반콘크리트
- Slump 175m
  ┌ 기둥
  └ 벽체(

구 분		
타설 높이	4.2m	
	4.2m	

모든 벽

단, Cw ≤ P ≤

측압에 영향을
- Slump 大
- 타설속도 大
- con´c 비중

측압 측정방법
- 수압판에 의한
- 수압계를 이용

) con´c 타설 윗면으로부터 최대측압까지의 거리

화

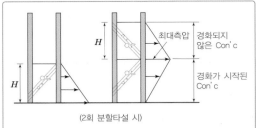

최대측압

최대측압   경화되지 않은 Con´c

H

H

경화가 시작된 Con´c

(2회 분할타설 시)

기준

P=W×H

m 이하, 깊이 1.2m 이하, 내부진동기 다짐

2m 미만) $p=Cw \cdot Cc(7.2+\dfrac{790R}{T+18})$

2m 이상)

타설속도	2.1m/h 이하	2.1~4.5m/h
미만 벽체	$p=Cw \cdot Cc(7.2+\dfrac{790R}{T+18})$	
초과 벽체	$p=Cw \cdot Cc(7.2+\dfrac{1160+240R}{T+18})$	
체		$p=Cw \cdot Cc(7.2+\dfrac{1160+240R}{T+18})$

WH

주는 요인

- 부재단면 大
- 거푸집 수밀도 大
- 다질수록

- 거푸집강도 大
- 응결시간 늦은 시멘트
- 기온 小
- 철근량 小

방법 · 조임철물의 변형에 의한 방법
하는 방법 · OK식 측압계

존치기간 (KCS 14 20 12)

콘크리트 압축강도를 시험할 경우

부 재		콘크리트 압축강도
기초, 보, 기둥, 벽 등의 측면		5MPa 이상 (10MPa)
슬래브 및 보의 밑면, 아치내면	단층 구조	$f_{cu} \geq \dfrac{2}{3} \times f_{ck}$ 이상, 또한 최소 14MPa 이상
	다층 구조	설계 기준 압축강도 이상 (필러동바리구조→기간단축가능 단, 최소강도는 14MPa 이상

콘크리트 압축강도를 시험하지 않을 경우

평균온도 \ 시멘트	조강 P.C	보통 P.C	포틀랜드 포졸란 C(2종)
20℃ 이상	2일	4일	5일
10℃ 이상	3일	6일	8일

거푸집 시공시 유의사항

1. 벽 체
수평시공철저, 하부틈새 처리, 벽체의 개구부 보강, 수밀성 유지, 청소 소재구 설치, 수평·수직간격

2. 슬래브
벽체 끝선과 슬래브 끝선의 맞춤, 슬래브 합판 들뜸 방지, 슬래브·보 중앙부 올림시공, 중간보조판

동바리 시공시 유의사항

- 적정규격제품 사용
- 동바리 간격 준수
- 장대동바리 수평연결재 시공
- 진동, 충격 금지
- 동바리 해체시기 준수
- 동바리 전도방지
- 동바리 교체순서 준수
- Filler 처리
- 이동동바리 이용

제6장 철근콘크리트

제1절 철근공사

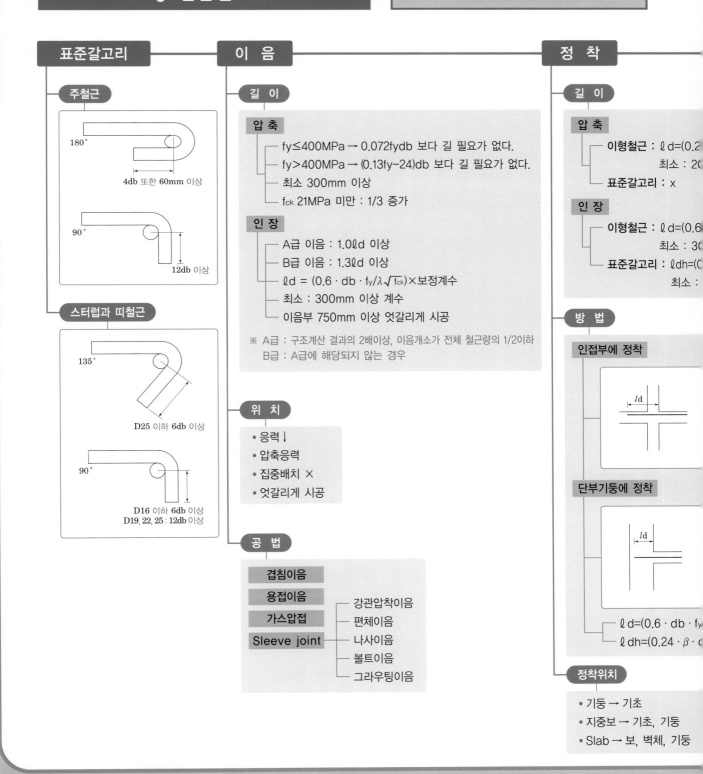

표준갈고리

주철근

180°

4db 또한 60mm 이상

90°

12db 이상

스터럽과 띠철근

135°

D25 이하 6db 이상

90°

D16 이하 6db 이상
D19, 22, 25 : 12db 이상

이 음

길 이

압 축
- $f_y \leq 400\text{MPa} \rightarrow 0.072 f_y d_b$ 보다 길 필요가 없다.
- $f_y > 400\text{MPa} \rightarrow (0.13 f_y - 24) d_b$ 보다 길 필요가 없다.
- 최소 300mm 이상
- f_{ck} 21MPa 미만 : 1/3 증가

인 장
- A급 이음 : $1.0 \ell d$ 이상
- B급 이음 : $1.3 \ell d$ 이상
- $\ell d = (0.6 \cdot db \cdot f_y / \lambda \sqrt{f_{ck}}) \times 보정계수$
- 최소 : 300mm 이상 계수
- 이음부 750mm 이상 엇갈리게 시공

※ A급 : 구조계산 결과의 2배이상, 이음개소가 전체 철근량의 1/2이하
　B급 : A급에 해당되지 않는 경우

위 치
- 응력↓
- 압축응력
- 집중배치 ×
- 엇갈리게 시공

공 법

겹침이음	
용접이음	─ 강관압착이음
가스압접	─ 편체이음
Sleeve joint	─ 나사이음
	─ 볼트이음
	─ 그라우팅이음

정 착

길 이

압 축
- 이형철근 : $\ell d = (0.2$
　　　최소 : 20
- 표준갈고리 : ×

인 장
- 이형철근 : $\ell d = (0.6$
　　　최소 : 30
- 표준갈고리 : $\ell dh = (0$
　　　최소 :

방 법

인접부에 정착

ℓd

단부기둥에 정착

ℓd

- $\ell d = (0.6 \cdot db \cdot f_y$
- $\ell dh = (0.24 \cdot \beta \cdot d$

정착위치
- 기둥 → 기초
- 지중보 → 기초, 기둥
- Slab → 보, 벽체, 기둥

조 립

철근간격

보철근
- 수평 순간격 25mm 이상
- 철근 공칭지름 이상
- 상하단 2단 배치 : 25mm 이상

기둥철근
- 순간격 40mm 이상
- 철근 공칭지름 1.5배 이상

벽체, 슬래브
- 벽체, 슬래브 두께 3배 이하
- 450mm 이하

피복두께

목 적
- 내화성
- 내구성
- 부착성
- 시공시 유동성

기 준

구 분			최소피복두께
흙에 접하지 않는 부위	Slab, 벽체, 장선	D35 초과	40mm
		D35 이하	20mm
	보, 기둥		40mm
흙에 접하는 부위	D19 이상		50mm
	D16 이하		40mm
	영구히 흙에 묻혀있는 경우		75mm
수중타설 콘크리트			100mm

Prefab(철근선조립)

종 류
- 철근선조립공법
- 구조용 용접철망공법
- 철근, 거푸집조립 일체화 공법 (Ferro deck 공법)

시공시 유의사항
- 형상이 단순화
- 철근 조립전 청소철저
- 적절한 접합공법 사용
- 철근조립 허용오차
- 이음의 최소화
- 자재반입
- Lead Time 확보
- 구조검토

(좌측 일부)

$\cdot d_b \cdot f_y / \lambda \sqrt{f_{ck}}) \times$ 보정계수
$)$mm이상

$d_b \cdot f_y / \lambda \sqrt{f_{ck}}) \times$ 보정계수
$)$mm이상

$24 \cdot \beta \cdot d_b \cdot f_y / \lambda \sqrt{f_{ck}}) \times$ 보정계수
d_b 이상 또는 150mm 이상

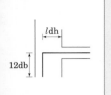

$\sqrt{f_{ck}}) \times$ 보정계수
$\cdot f_y / \lambda \sqrt{f_{ck}}) \times$ 보정계수

- 큰보 → 기둥
- 작은보 → 큰보
- 벽체 → 보, Slab

제5장 기초공	제4절 옹벽공

옹 벽

종 류

- 중력식
- 반중력식
- 역 T형
- L형
- 부벽식
- 돌쌓기
- 기대기 ┐ 합벽식 옹벽
        └ 계단식 옹벽
- 보강토
- 돌망태
- Soil Nailing

안정

전

활

지

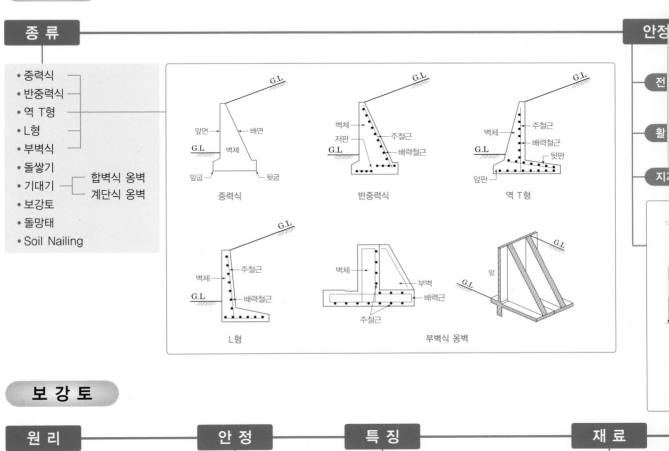

보 강 토

원 리

- 성토층 + 보강재 → 인장력
                ↑
             마찰력

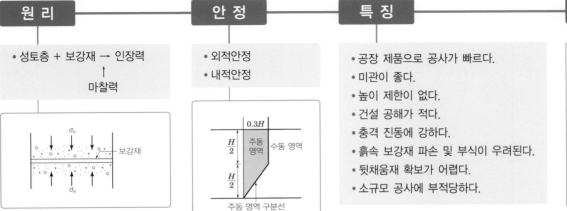

안 정

- 외적안정
- 내적안정

특 징

- 공장 제품으로 공사가 빠르다.
- 미관이 좋다.
- 높이 제한이 없다.
- 건설 공해가 적다.
- 충격 진동에 강하다.
- 흙속 보강재 파손 및 부식이 우려된다.
- 뒷채움재 확보가 어렵다.
- 소규모 공사에 부적당하다.

재 료

② 전면판
(Skin plate)

⑤ 줄눈재

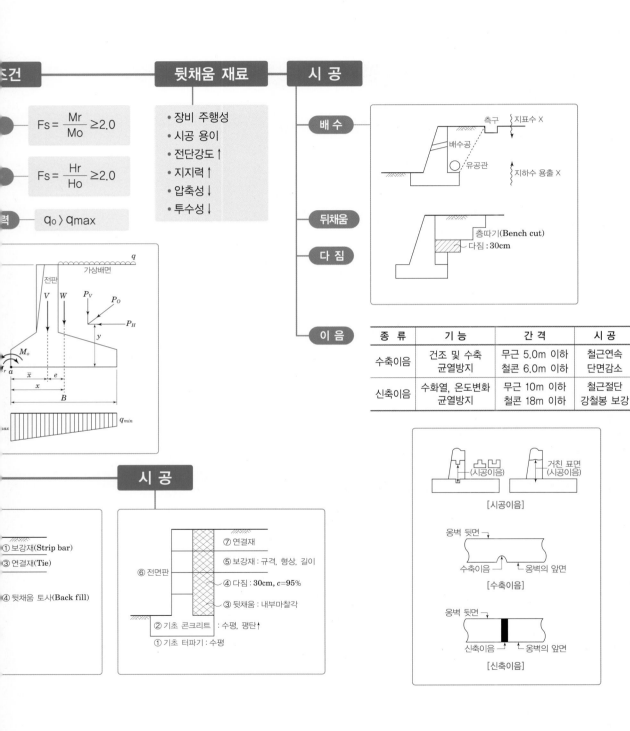

조건

뒷채움 재료

시 공

$Fs = \dfrac{Mr}{Mo} \geq 2.0$

$Fs = \dfrac{Hr}{Ho} \geq 2.0$

$q_o \rangle q_{max}$

- 장비 주행성
- 시공 용이
- 전단강도 ↑
- 지지력 ↑
- 압축성 ↓
- 투수성 ↓

배 수

뒤채움

다 짐

이 음

측구   지표수 X

배수공
유공관   지하수 용출 X

층따기(Bench cut)
다짐 : 30cm

종 류	기 능	간 격	시 공
수축이음	건조 및 수축 균열방지	무근 5.0m 이하 철콘 6.0m 이하	철근연속 단면감소
신축이음	수화열, 온도변화 균열방지	무근 10m 이하 철콘 18m 이하	철근절단 강철봉 보강

시 공

① 보강재(Strip bar)

③ 연결재(Tie)

④ 뒷채움 토사(Back fill)

⑦ 연결재

⑤ 보강재 : 규격, 형상, 길이

⑥ 전면판

④ 다짐 : 30cm, c=95%

③ 뒷채움 : 내부마찰각

② 기초 콘크리트 : 수평, 평탄 ↑

① 기초 터파기 : 수평

(시공이음)   거친 표면 (시공이음)

[시공이음]

옹벽 뒷면

수축이음   옹벽의 앞면

[수축이음]

옹벽 뒷면

신축이음   옹벽의 앞면

[신축이음]

제5장 기초공

제3절 흙막이공

흙막이

터파기
- Open Cut(경사, 흙막이)
- Island Cut
- Trench cut

흙막이

지지방식
- 자립식
- 버팀대식 ── 수평(Strut)
  　　　　　── 경사(Raker)
- 당김줄(Tie rod)
- Earth Anchor

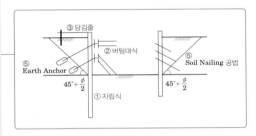

구조방식
- H-Pile 토류벽
- Sheet Pile
- 주열식 ── 교반식 – SCW
  　　　　── 분사식 – JSP
  　　　　── 벽체식 ── CIP
  　　　　　　　　　── PIP
  　　　　　　　　　── MIP
- Slurry Wall
- Top Down
- SPS
- Soil Nailing
- IPS

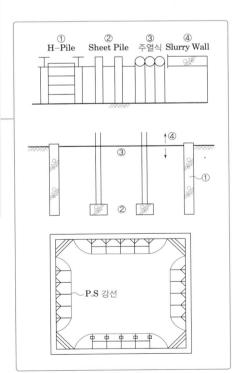

지반침하, 균열

흙막이 붕괴 원인

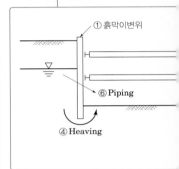

Heaving

Boiling

Piping

계측 관리

5)공공매설물 계측 1)흙막이 계측   3)주변지반 계측   4)지상구조물 계측

$45° + \dfrac{\phi}{2}$

2)지하수위 계측

③ 압밀침하
② 지하수위변동
$45° + \dfrac{\phi}{2}$
⑤ Boiling

지하수 대책

② 배수
① 차수

치 수
• 흙막이 강성 : Slurry wall＞주열식, Sheet Pile＞H Pile + 토류벽
• 약액주입공법 : JSP, LW, SGR, SCW

배 수
• 중력식 : 표면배수, 집수정, 맹암거, 트렌치
• 강제식 : Well Point, 전기 침투식, 진공흡입식

근접시공
침하, 균열 + 공해

Under-pinning
• 시멘트 밀크 그라우팅
• Compaction 그라우팅
• 현장콘크리트 파일(바로받이 공법)
• 보받이 공법
• 바닥판받이 공법

공 해
• 공사공해
• 폐기물공해
• 건물공해

제9장 교량공

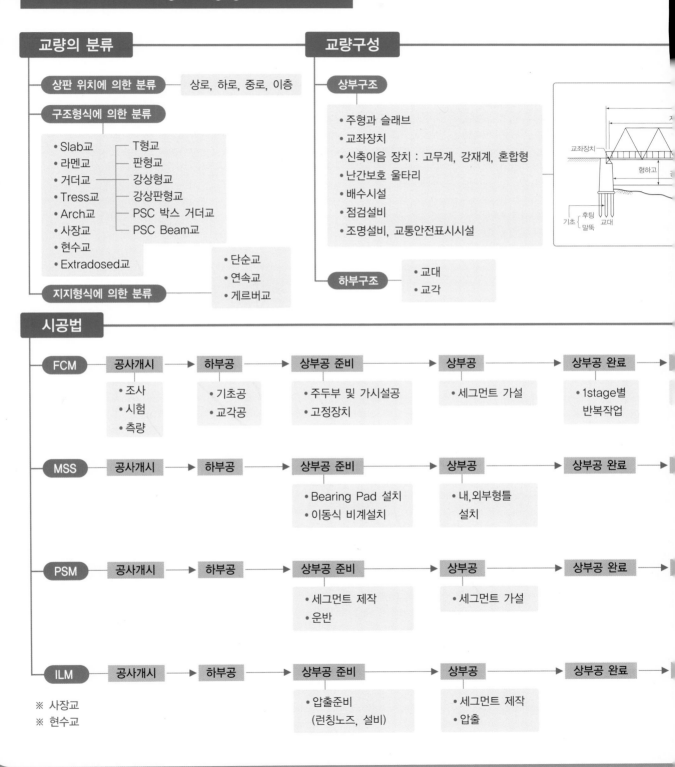

교량의 분류

- **상판 위치에 의한 분류** — 상로, 하로, 중로, 이층

- **구조형식에 의한 분류**
  - Slab교 ── T형교
  - 라멘교 ── 판형교
  - 거더교 ── 강상형교
  - Tress교 ── 강상판형교
  - Arch교 ── PSC 박스 거더교
  - 사장교 ── PSC Beam교
  - 현수교
  - Extradosed교

- **지지형식에 의한 분류**
  - 단순교
  - 연속교
  - 게르버교

교량구성

- **상부구조**
  - 주형과 슬래브
  - 교좌장치
  - 신축이음 장치 : 고무계, 강재계, 혼합형
  - 난간보호 울타리
  - 배수시설
  - 점검설비
  - 조명설비, 교통안전표시시설

- **하부구조**
  - 교대
  - 교각

교좌장치 / 형하고 / 기초 후팅 교대 / 말뚝

시공법

FCM → 공사개시 → 하부공 → 상부공 준비 → 상부공 → 상부공 완료 →
- 공사개시 : 조사 / 시험 / 측량
- 하부공 : 기초공 / 교각공
- 상부공 준비 : 주두부 및 가시설공 / 고정장치
- 상부공 : 세그먼트 가설
- 상부공 완료 : 1stage별 반복작업

MSS → 공사개시 → 하부공 → 상부공 준비 → 상부공 → 상부공 완료 →
- 상부공 준비 : Bearing Pad 설치 / 이동식 비계설치
- 상부공 : 내,외부형틀 설치

PSM → 공사개시 → 하부공 → 상부공 준비 → 상부공 → 상부공 완료 →
- 상부공 준비 : 세그먼트 제작 / 운반
- 상부공 : 세그먼트 가설

ILM → 공사개시 → 하부공 → 상부공 준비 → 상부공 → 상부공 완료 →
- 상부공 준비 : 압출준비 (런칭노즈, 설비)
- 상부공 : 세그먼트 제작 / 압출

※ 사장교
※ 현수교

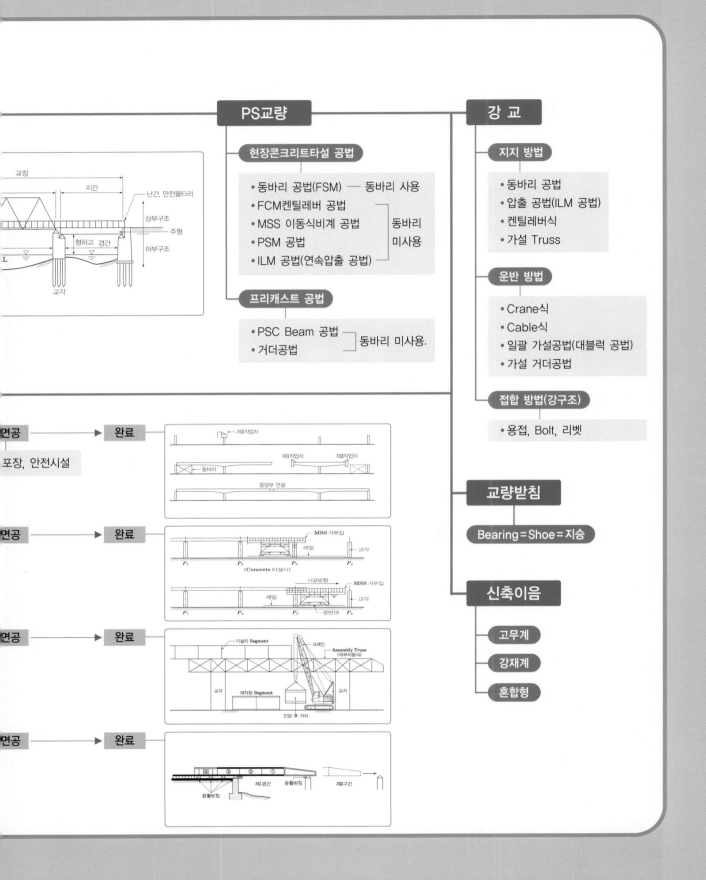

PS교량

현장콘크리트타설 공법

- 동바리 공법(FSM) ─ 동바리 사용
- FCM켄틸레버 공법
- MSS 이동식비계 공법 ┐ 동바리
- PSM 공법 │ 미사용
- ILM 공법(연속압출 공법) ┘

프리캐스트 공법

- PSC Beam 공법 ┐ 동바리 미사용.
- 거더공법 ┘

강 교

지지 방법

- 동바리 공법
- 압출 공법(ILM 공법)
- 켄틸레버식
- 가설 Truss

운반 방법

- Crane식
- Cable식
- 일괄 가설공법(대블럭 공법)
- 가설 거더공법

접합 방법(강구조)

- 용접, Bolt, 리벳

교량받침

Bearing＝Shoe＝지승

신축이음

고무계

강재계

혼합형

제10장 터널공

터널 · 지질

- 지질구조
  습곡, 단층, 단구, 애추

- 지하수와 용수

- 용수 대책

- 이상지압
  편압, 팽창, 응력해방

- 터널선형
  평면, 종단선형, 간격, 갱구부

- 터널단면 및 대피시설

터널 굴착

- 터널굴착방법
  - 인력 ── 셔블
  - 기계 ── 브레이커
  - 발파 ── 로드헤더
  - 파쇄 ── TBM(Open, 쉴드)

- 터널굴착방식
  - 전단면굴착, 상부단면굴착
  - 수평분할굴착
  - 연직분할굴착
  - 선진도갱굴착

여 굴

- 원인
- 허용기준
- 방지대책
- 버력처리

지보공

- 동바리
  첨단안정, 굴착면안정

- Shotcrete
  건식, 습식, 섬유보강, 철망

- Rock Bolt
  종류, 배치, 시공

보조

- 굴
  첨

- 용
  배

- 침

- 공

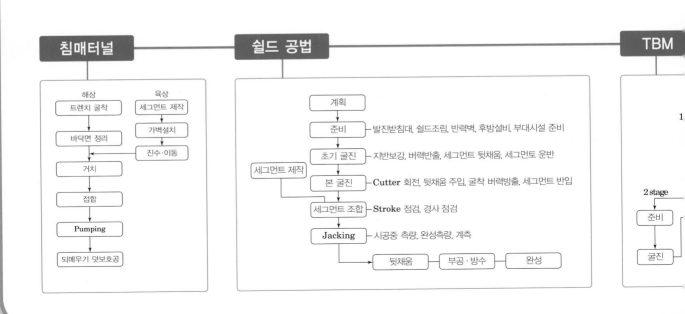

침매터널

해상
트렌치 굴착 → 바닥면 정리 → 거치 → 접합 → Pumping → 되메우기 덧보호공

육상
세그먼트 제작 → 가벽설치 → 진수·이동

쉴드 공법

계획 → 준비 → 초기 굴진 → 본 굴진 → 세그먼트 조합 → Jacking

세그먼트 제작

- 준비 ─ 발진받침대, 쉴드조립, 반력벽, 후방설비, 부대시설 준비
- 초기 굴진 ─ 지반보강, 버력반출, 세그먼트 뒷채움, 세그먼트 운반
- 본 굴진 ─ Cutter 회전, 뒷채움 주입, 굴착 버력방출, 세그먼트 반입
- 세그먼트 조합 ─ Stroke 점검, 경사 점검
- Jacking ─ 시공중 측량, 완성측량, 계측

뒷채움 ─ 부공 · 방수 ─ 완성

TBM

1

2 stage

준비 → 굴진

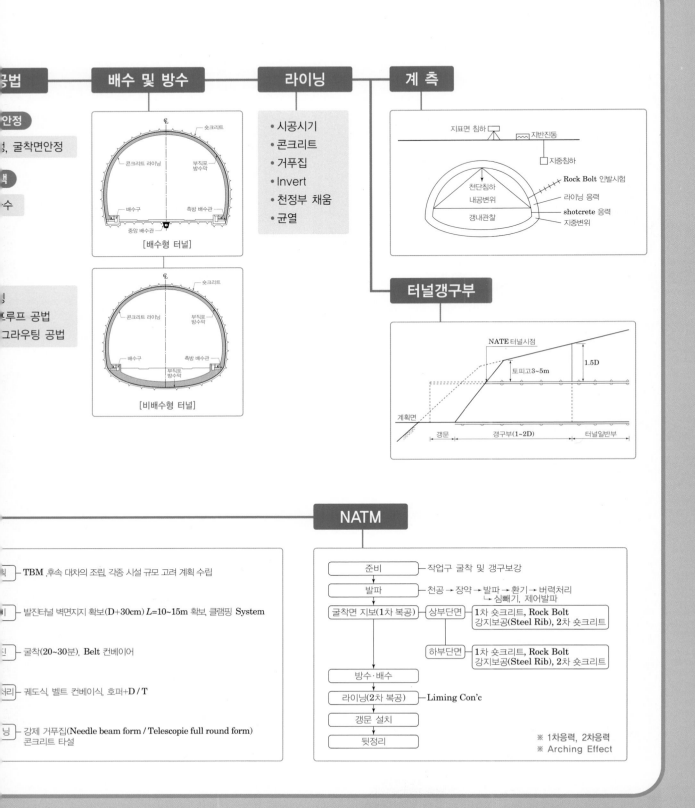

배수 및 방수

[배수형 터널]
- 숏크리트
- 콘크리트 라이닝
- 부직포 방수막
- 배수구
- 측방 배수관
- 중앙 배수관

[비배수형 터널]
- 숏크리트
- 콘크리트 라이닝
- 부직포 방수막
- 배수구
- 측방 배수관
- 부직포 방수막

라이닝

- 시공시기
- 콘크리트
- 거푸집
- Invert
- 천정부 채움
- 균열

계 측

- 지표면 침하
- 지반진동
- 지중침하
- 천단침하
- 내공변위
- 갱내관찰
- Rock Bolt 인발시험
- 라이닝 응력
- shotcrete 응력
- 지중변위

터널갱구부

- NATE 터널시점
- 1.5D
- 토피고 3~5m
- 계획면
- 갱문
- 갱구부(1~2D)
- 터널일반부

공법

(안정)
, 굴착면안정

(책)
수

)
_루프 공법
그라우팅 공법

─ TBM ,후속 대차의 조립, 각종 시설 규모 고려 계획 수립

─ 발진터널 벽면지지 확보(D+30cm) L=10~15m 확보, 클램핑 System

─ 굴착(20~30분), Belt 컨베이어

─ 궤도식, 벨트 컨베이식, 호퍼+D / T

─ 강제 거푸집(Needle beam form / Telescopie full round form)
  콘크리트 타설

NATM

준비	─ 작업구 굴착 및 갱구보강
발파	─ 천공 → 장약 → 발파 → 환기 → 버력처리
	→ 심빼기, 제어발파

| 굴착면 지보(1차 복공) ─ 상부단면 | 1차 숏크리트, Rock Bolt |
| | 강지보공(Steel Rib), 2차 숏크리트 |

| 하부단면 | 1차 숏크리트, Rock Bolt |
| | 강지보공(Steel Rib), 2차 숏크리트 |

| 방수·배수 |
| 라이닝(2차 복공) ─ Liming Con'c |
| 갱문 설치 |
| 뒷정리 |

※ 1차응력, 2차응력
※ Arching Effect

제11장 항만 및 매립(준설)

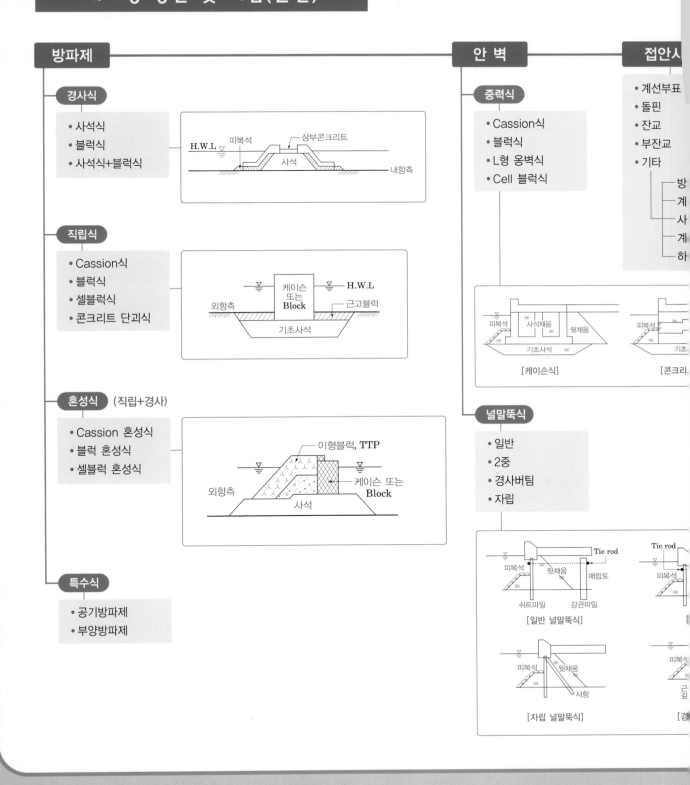

방파제

경사식
- 사석식
- 블럭식
- 사석식+블럭식

H.W.L ▽ 피복석 상부콘크리트
사석
내항측

직립식
- Cassion식
- 블럭식
- 셀블럭식
- 콘크리트 단괴식

▽ 케이슨 또는 Block ▽ H.W.L
외항측 근고블럭
기초사석

혼성식 (직립+경사)
- Cassion 혼성식
- 블럭 혼성식
- 셀블럭 혼성식

▽ 이형블럭, TTP ▽
외항측 케이슨 또는 Block
사석

특수식
- 공기방파제
- 부양방파제

안 벽

중력식
- Cassion식
- 블럭식
- L형 옹벽식
- Cell 블럭식

▽ 피복석 사석채움 뒷채움
기초사석
[케이슨식]
피복석
기초
[콘크리

널말뚝식
- 일반
- 2중
- 경사버팀
- 자립

Tie rod
▽ 피복석 뒷채움 매립토
쉬트파일 강관파일
[일반 널말뚝식]

Tie rod
▽ 피복석
근
깊

▽ 피복석 뒷채움
사항
[자립 널말뚝식]

[경

접안시
- 계선부표
- 돌핀
- 잔교
- 부잔교
- 기타
  - 방
  - 계
  - 사
  - 계
  - 하

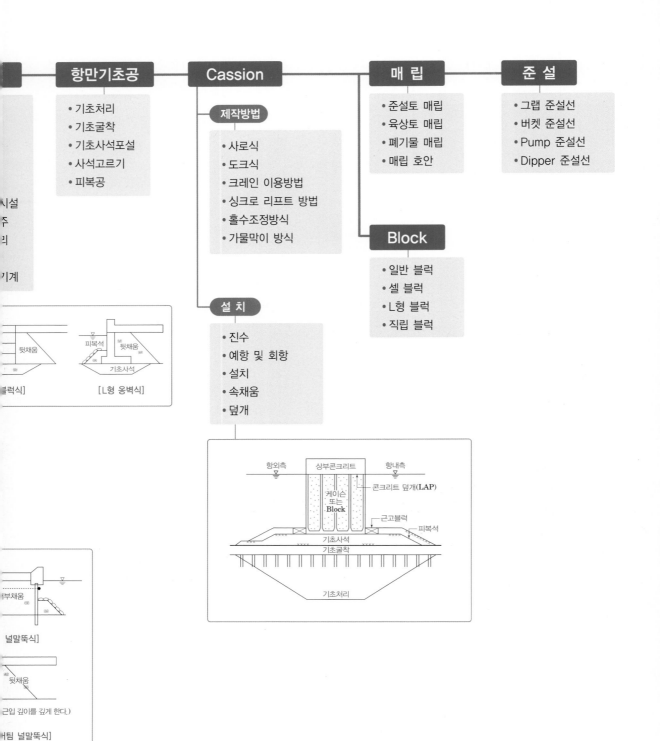

항만기초공

- 기초처리
- 기초굴착
- 기초사석포설
- 사석고르기
- 피복공

Cassion

제작방법

- 사로식
- 도크식
- 크레인 이용방법
- 싱크로 리프트 방법
- 홀수조정방식
- 가물막이 방식

설치

- 진수
- 예항 및 회항
- 설치
- 속채움
- 덮개

매립

- 준설토 매립
- 육상토 매립
- 폐기물 매립
- 매립 호안

Block

- 일반 블럭
- 셀 블럭
- L형 블럭
- 직립 블럭

준설

- 그랩 준설선
- 버켓 준설선
- Pump 준설선
- Dipper 준설선

시설
주
리

기계

뒷채움

피복석   뒷채움

기초사석

[블럭식]   [L형 옹벽식]

부채움

널말뚝식]

뒷채움

근입 깊이를 깊게 한다.)

버팀 널말뚝식]

항외측   상부콘크리트   항내측

케이슨
또는
Block   콘크리트 덮개(LAP)

근고블럭

피복석

기초사석

기초굴착

기초처리

제12장 하천 및 댐·상하수도

제1절 하천

유수전환방식

전면물막이(가배수 터널)

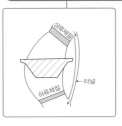

가물막이

- 간이 가물막이
- 흙댐식 가물막이
- 한겹 널말뚝식 가물막이
- 두겹 널말뚝식 가물막이
- 셀식 가물막이

제 방

시공시 유의사항

- 굴착
- 흙의 배분
- 흙쌓기
- 다짐
- 더돋기(여성)
- 누수방지

부분물막이(반하천체절공)

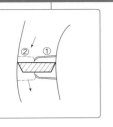

누수방지

제체 침투 보강공법
  - 단면 확대공법
  - 앞 비탈면 피복공법

기초지반 침투공법
  - 차수공법
  - 고수부 침투공법

가배수 방식

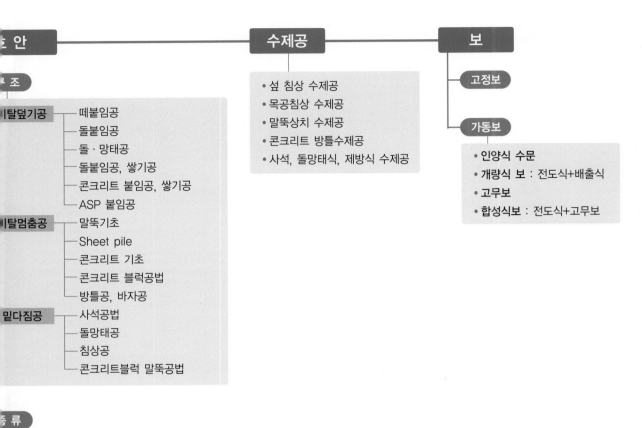

호안

구조

이탈덮기공
- 떼붙임공
- 돌붙임공
- 돌 · 망태공
- 돌붙임공, 쌓기공
- 콘크리트 붙임공, 쌓기공
- ASP 붙임공

이탈멈춤공
- 말뚝기초
- Sheet pile
- 콘크리트 기초
- 콘크리트 블럭공법
- 방틀공, 바자공

밑다짐공
- 사석공법
- 돌망태공
- 침상공
- 콘크리트블럭 말뚝공법

수제공
- 섶 침상 수제공
- 목공침상 수제공
- 말뚝상치 수제공
- 콘크리트 방틀수제공
- 사석, 돌망태식, 제방식 수제공

보

고정보

가동보
- 인양식 수문
- **개량식 보** : 전도식+배출식
- **고무보**
- **합성식보** : 전도식+고무보

종류

고수호안
저수호안
제방호안

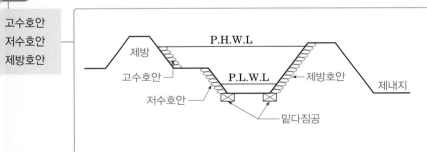

제12장 하천 및 댐·상하수도

제2절 댐(DAM)

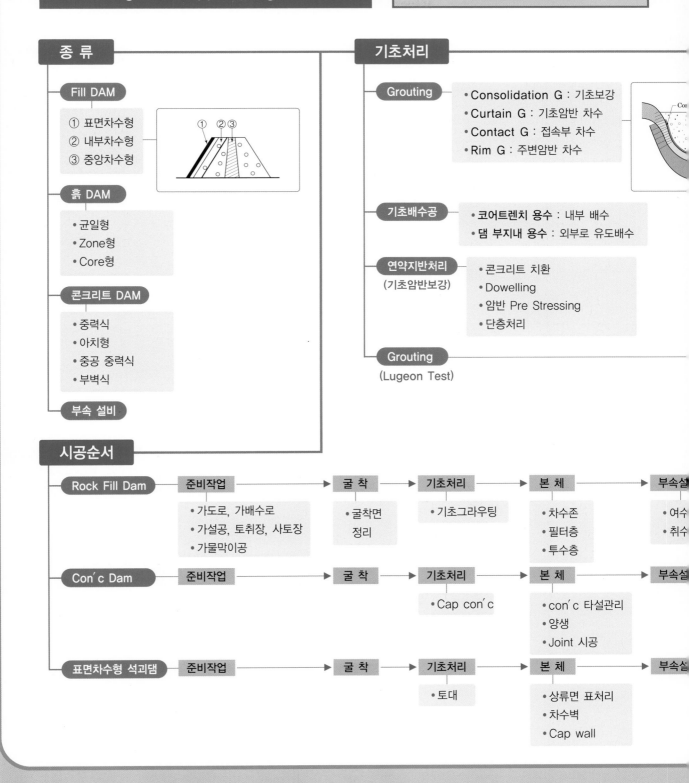

종류

Fill DAM

① 표면차수형
② 내부차수형
③ 중앙차수형

흙 DAM
- 균일형
- Zone형
- Core형

콘크리트 DAM
- 중력식
- 아치형
- 중공 중력식
- 부벽식

부속 설비

기초처리

Grouting
- Consolidation G : 기초보강
- Curtain G : 기초암반 차수
- Contact G : 접속부 차수
- Rim G : 주변암반 차수

기초배수공
- 코어트렌치 용수 : 내부 배수
- 댐 부지내 용수 : 외부로 유도배수

연약지반처리
(기초암반보강)
- 콘크리트 치환
- Dowelling
- 암반 Pre Stressing
- 단층처리

Grouting
(Lugeon Test)

시공순서

Rock Fill Dam → 준비작업 → 굴착 → 기초처리 → 본체 → 부속설
- 가도로, 가배수로
- 가설공, 토취장, 사토장
- 가물막이공

굴착면 정리

기초그라우팅

- 차수존
- 필터층
- 투수층

- 여수
- 취수

Con´c Dam → 준비작업 → 굴착 → 기초처리 → 본체 → 부속설
- Cap con´c

- con´c 타설관리
- 양생
- Joint 시공

표면차수형 석괴댐 → 준비작업 → 굴착 → 기초처리 → 본체 → 부속설
- 토대

- 상류면 표처리
- 차수벽
- Cap wall

Rim grouting
Consolidation grouting
Curtain grouting

접합부 시공

기초암반 접속부

구 분	A材 ①	B材 ②, ③	차수 材 ④
함수비	OMC+5% 이상	OMC보다 습윤측	–
최대입경	15mm 이하	60mm 이하	150mm 이하
두께	8~12cm	10cm	20cm
소정지수	15이상	15이상	
다짐 방법	Tamper	Tamper 4회	진동 Roller 6회

```
20cm      ④ 치수존
10cm      ③ B존
10cm      ② C존
8~12cm    ① A존
          암반
```

```
20~30cm
40cm      ③ ② ①
이하
          ④
```

차수존

- 입도관리 : #200체
- 함수비관리 : −1~3%
- 다짐도관리 : 95%↑

콘크리트 댐

타 설
- Block 별 타설
- Layer (층) 타설

접합부 관리

양 생
- Pre cooling
- Post cooling
- Pipe cooling

이 음
- 수축이음
- 시공이음

→ 뒷정리 → 담 수

→ 뒷정리 → 담 수

→ 뒷정리 → 담 수

단단식 G

```
        Boring    그라우팅
10m              GL
```

다단식 G
— 스테이지 G
— 팩커 G

```
        Boring
1 Stage
2 Stage
3 Stage
```
스테이지 G

```
        Boring
3 Stage           Packer
2 Stage     Packer
1 Stage
```
팩커 G

제12장 하천 및 댐·상하수도

제3절 상하수도

상수도

상수도의 구성

수원(원수) → 취수시설 → 취수장 → 도수관로 → 정수장 → 송수관로 → 배수(배수지, 배수관로) → 급수관로 → 수요가

상수관로

- **관로 방식** : 자연유하식, 펌프압송식
- **관로의 종류** : 개수로, 관수로
- **접합 방식** : 소켓접합, 메커니컬 접합, 타이튼접합, 플렌지 접합, 강관용접, KP접합

배수시설

- 배수지
- 배수탑, 고가수조
- 배수관
- 배치방식
- 격자식, 수지상식

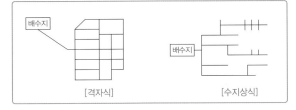

배수지

[격자식]   [수지상식]

정수장

- 정수처리 방법
- 정수처리 과정

응집 → 침전 → 여과 → 소독 → 배수

수질 관련 용어

- pH (수소이온 농도)
- DO (용존산소)
- BOD (생물학적 산소 요구량)
- COD (화학적 산소 요구량)
- SS (부유 고형물–SuspendedSolids)

하수도

하수도의

사용가

하수관로

- **배제방식**
- **배수계통**
- **계획 하수**
- **유속 및**

관거접합

- 관거 기
- 관거의
- CCTV
- 수밀검사
- 관정부식

하수처리장

- 하수처리
- 하수처리

유입 펌프장

상 등 수

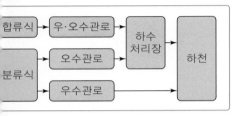

합류식, 분류식
직각식, 차집식, 방사식, 중식, 평행식
량
사기준

공 : 강성관거, 연성관거
합 ┬ 일반적인 접합 : 수면, 관정, 관중심, 관저
   └ 경사가 급한 접합 : 단차접합, 계단접합

사

Crown Corrosion)

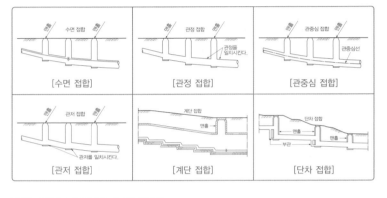

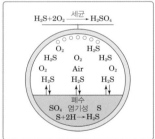

법 : 1차처리, 2차처리, 3차처리(고도처리)
정 : 수처리, 슬러지처리

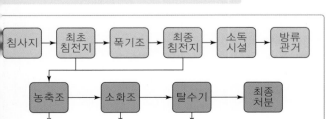

※ 자정작용
※ 부영영화

제13장 가설공사

안전시설 공법

- 통로의 구조
- 시스템 비계
- 안전난간
- 작업발판
- 가설계단
- 개구부 수평보호덮개
- 와이어로프 사용금지 기준
- 보호구 지급

가설기자재 안전인증

- 의무안전 인증대상 : 8종 22품목
- 자율안전확인 대상 : 7종
- 안전인증표시

  $\mathbb{C}$s 또는 ⑭

- 재사용가설기자재
  - 1회 이상 사용
  - 신품+3년,5년,8년 보관
  - 품질시험 의뢰

최신 개정판

토목시공 기술사

토목시공기술사
김무섭 · 조민수 공저

엑기스 + 핵심정리 + 문제해설

01. 한눈에 도표로 보는 토목시공기술사 엑기스

■ 계약 제도부터 하천 및 댐, 상하수도 총 12장을 시험 문제 분석을 통해 한눈에 키워드를 정리한 엑기스

02. 전 챕터 이론 핵심정리

■ 방대한 이론 공부를 함축하여 학습할 수 있도록 구성

03. 단답형 · 서술형 문제 해설

■ 실제 답안 작성이 될 수 있도록 정리한 기본서

한솔아카데미 www.qna24.co.kr

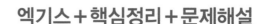

인류의 시작과 함께한 토목공학도 여러 가지 모양으로 발전에 발전을 거듭하고 있습니다.
토목공학이라 함은 土(흙 토), 木(나무 목), 工(장인 공), 學(배울 학)으로 흙과 나무로 하는 전문적인 일을 배우는 것입니다. 그러므로 토목시공기술사는 흙과 나무의 전반적인 개념의 정리와 이해가 필요합니다.

수험생 중에는 토목공사의 오랜 경험과 많은 지식이 있으면서도 시험장에서 답안을 몇 줄 쓰고 나면 더 이상 쓸 내용이 없어 당황해 하는 경우가 많이 있습니다. 이런 경우 다양한 공부의 부족으로 생각하고, 답답함과 막연한 부담감으로 스트레스에 시달리게 됩니다. 다양성 향상을 위하여 여러 가지 수험서나 신기술, 신공법 위주의 공부를 하게 되며, 실제로 필요한 공부시간 보다는 시험과 크게 관련이 없는 부분에 많은 시간을 투자하게 되고 심지어는 포기하게 되는 경우를 주변에서 많이 보았습니다.

- 기술사 시험은 주관식 단답형, 서술형 시험입니다.
- 용어정의나 백과사전식으로는 전반적인 이해가 어렵습니다.
- 전반적인 토목공학의 개념 정리와 이해가 기본 바탕이 되어 있지 않으면 시험 답안을 작성할 수 없습니다.
- 반석위에 집을 지어야 하듯이, 기술사 시험에 합격하기 위해서는 토목공학의 기본 개념이 기초가 되어 하며, 그 위에 서술 능력의 답안 작성 요령 필요합니다.

이 책을 통하여 수험생들의 토목공학의 전반적인 개념의 정리와 이해 그리고 시험 답안 작성을 위한 정리에 도움이 되어, 좋은 결과가 있기를 바랍니다.

또한 집필 하는데 많은 도움을 준 참고자료의 저자들에게 일일이 양해를 구하지 못함을 죄송스럽게 생각하며 지면으로 감사의 뜻을 전합니다.
끝으로 이 책을 공동 집필한 조민수 원장님, 참고자료로 도와준 선후배, 그리고 편집, 교정 등 여러 가지 모양으로 도움 주신 모든 분들께 감사의 마음을 전합니다.

저자 김 무 섭
조 민 수

❶ 시험 개요

종합적인 국토개발과 국토건설산업의 조사, 계획, 연구, 설계, 분석 및 평가 등의 업무를 수행하는 데 필요한 전문적인 지식과 풍부한 실무기술을 겸비한 인력을 양성하기 위하여 자격제도 제정

❷ 진로 및 전망

- 주로 종합건설업체나 전문건설업체로 취업하며 이밖에 토목관련 연구소, 유관 기관 등으로 진출할 수 있다.
- 토목시공기술사의 인력수요는 증가할 것이다. 건설경기 활성화 대책으로 공공 건설의 투자확대, 주택자금 지원, 세제지원, 국민임대주택 건설 및 각종 법령을 개정 등 정부의 정책적 지원과 국내 대형 건설사들의 경영상태가 부채비율 감소, 자기자본비율 증가 등의 영향으로 건전해지고 향후 부동산 경기회복이 본격화될 것으로 보고 아파트 공급량을 대폭 확대할 계획이다. 또한 해외건설 공사 수주현황(99.8.31 현재)을 보면 중동 및 아시아 지역을 중심으로 전년동기 대비(금액) 313.6% 증가하는 등 증가요인이 작용하여 토목시공기술사의 인력 수요는 증가할 것이다.

❸ 수행직무

토목시공분야의 토목기술에 관한 고도의 전문지식과 실무경험에 입각한 계획, 연구, 설계, 분석, 시험, 운영, 시공, 평가 또는 이에 관한 지도, 감리 등의 기술업무 수행

❹ 취득방법

① 시 행 처 : 한국산업인력공단
② 관련학과 : 대학 및 전문대학에 개설되어 있는 토목공학 관련학과
③ 시험과목
  - 시공계획, 시공관리, 시공설비 및 시공기계 기타 시공에 관한 사항
④ 검정방법
  - 필기 : 단답형 및 주관식 논술형(매교시당 100분, 총400분)
  - 면접 : 구술형 면접시험(30분 정도)
⑤ 합격기준
  - 100점 만점에 60점 이상

❺ 실시기관명

한국산업인력공단

❻ 실시기관 홈페이지

http://www.q-net.or.kr

❼ 변천과정

`74.10.16. 대통령령 제7283호	`91.10.31. 대통령령 제13494호	현 재
토목기술사(시공)	토목시공기술사	토목시공기술사

❽ 시험수수료
- 필기 : 67,800원
- 실기 : 87,100원

기술사 시험준비 조언

❶ 나를 생각해 보자

내가 바라는 가정, 직장 그리고 하고 싶은 일 등 나는 어떤 삶을 살고 싶은가? 비전을 생각해 보자.

❷ 자신의 상태를 생각해 보자

내 자신에게 질문해 보자. 실제로 공부를 해 본적이 있는지, 공부를 놓은 지 얼마인지, 자신의 실력을 냉정히 분석해 보자, 모두 자기 실력에 대하여 갸우뚱할 것이다.

❸ 내 주변을 정비하자

공부를 위해 가족, 직장의 동료, 친구, 취미생활 등 주변 정비가 필요하다. 공부를 하다 보면 약간의 휴식시간은 필요하다. 그러나, 이 시간을 자제하지 못하면 공부의 리듬이 깨지게 된다. 이럴 경우 주변의 충언이나, 독려가 중요하다. 기술사 공부 시작 전 가장 가까운 지인이나, 아내에게 이럴 경우 충언을 해달라고 사전에 부탁하는 것도 매우 유용하다.

❹ 수험 공부를 위한 준비 시간을 갖자

1) 스트레스 받지 않도록 준비 하자

준비 시간은 약 500~700시간 정도 공부하면 합격 한다고들 한다.
우리에게는 직장, 가정, 대소사 등으로 공부만을 위한 시간적 여유는 없다.
기술사 시험은 1~2년 정도 시간이 필요하다. 장기전이다.

2) 교과서를 보자, 나에게 맞는 방법을 찾자

과거 공부 하였던 교과서(토질, 기초, 시공학)를 정독하면서 간단히 요약하여 쓴다.
개념의 정립, 문제 분석 시간이 생각보다 많이 소요 된다.
스트레스를 받지 않고 공부할 수 있는 기간이다.
기술사 시험공부를 위한 워밍업을 하면서 모든 주변 환경을 시험공부에 집중할 수 있도록
만든다.

3) 기출 문제를 분석하자

최근 5년간 기출 문제 확보 한 후(공단에서 다운) 문제를 교과 과목별로 내용별 구분을
하자, 중점 공부해야 할 부분이 보일 것이다.

4) 퇴근시간이 되면 공부 모드로 전환하자

퇴근과 동시에 수험생이 될 수 있도록(퇴근시간 30분 전부터 내일 할 작업 정리, 정돈, 메모
등) 퇴근하면 바로 수험생이 될 수 있도록 머리를 Clear하여, 퇴근 후 수험생 Mode가 되는
시간을 줄여야 한다.

❺ 수험 공부

1) 공공 도서관을 이용하자

저녁 늦게 끝나더라도 1시간을 위해서 공공 도서관을 이용하자.
사설 독서실(24시간 운영 하는 곳)은 주변에 새로운 관계가 만들어질 경우 많은 시간이
낭비된다.

2) 나만의 노트를 만들고 쓰자

시중에 나와 있는 책들을 자신 문구(약어, 그림, 표)를 나만의 방법으로 정리하자.
그렇게 해야 암기가 가능하다. 타인이 만든 것을 이용하여 암기 하려고 한다면.
실패의 지름길이다. 다 알 것 같으나, 실전에서는 허접한 답안지가 된다.
꼭 자신의 정리 암기 노트를 만들라, 그리고 써라.

3) 기초 체력을 기르자

아침부터 늦게까지 시험을 보아야한다. 집중력이 떨어지면 좋은 결과와 멀어 질 수 있다. 시험 날 최상의 컨디션이 되도록 하여야 한다. 시험 당일 필요 하다면 피로 회복제 복용도 권장할 만하다.

4) 손 아귀힘을 보강하자

3,4교시가 되면 손아귀의 힘이 없어져 글씨가 엉망인 경우를 많이 보게 된다.
아령이나, 악력기 등으로 꾸준한 손아귀힘 보강 운동이 필요하다.
그리고, 그립감이 좋은 필기도구나 손에 땀을 잘 닦을 수 있는 클리너 등 준비도 글씨를 쓰는데 도움이 된다.

5) 책상에 앉아서 적어도 하루 1시간 이상 일어나지 않고 쓰자

기술사 답안 작성은 암기 하여 쓰는 것이 아니라 손이 쓰는 것이다. 수험 교재(출판사, 저자 무관)를 한권 구매하여 문제를 교과서, 기출문제를 참고 하면서 하나씩 하나씩 분류하면서 정리하여 쓴다.

6) 실전과 같은 답안지를 사용하여 쓰자

실전과 같은 분위기를 유지하기 위해서 실전과 같은 답안지 양식을 구입하여 정리하라.

❻ 시험 전략

1) 시험은 시험이다

가장 냉정한 평가 방법이다. 잘 쓰면 합격, 잘못 쓰면 불합격이다.

2) 공학적 지식을 갖추자

운7, 기3이라고 말하는 분이 있다. 여기서 말하는 운7은 내가 준비하였거나, 경험이 있는 부분이 출제 되었다는 의미이지, 막연하게 내가 쓴 것이 맞는 경우는 없다.

3) 답안 작성 중 중요한 요령

질문에 맞는 답안을 가장 쉽게 표현하여야 한다.
잘 아는 것이라 하여 어렵게 쓰다 보면 답안 전달이 어렵게 되는 경우가 있다.
답안은 한글만 알면 누구나 이해가 가능하도록 기본에 충실하게 써야 한다.

4) 문제 선택의 신중을 기하자

문제의 선택 기회가 있다. 기술사는 60점을 합격으로 하기 때문에 시험장에서는 자신의 실력이 충분한 문제나 본인의 실제 경험 있는 문제를 선택하여 서술하는 전략이 필요하다. 시험문제 속에 답이 있다. 공학적(교과서) 기초지식을 바탕으로 생각하고, 실전 문제 연습과 조합하여 생각 한 후 선택하자.

목차

한눈에 도표로 보는 토목시공기술사 **엑기스**

Chapter 1

계약제도

건설관리

제1절 공정관리

제2절 품질관리

제3절 원가관리

목차

목차

토 질

제1절 토질일반

목차

기초공

제1절 기초일반

1 핵심정리

제2절 연약지반 개량공법

1 핵심정리

목차

목차

Chapter 6

철근콘크리트

제1절 철근공사

1 핵심정리

2 단답형·서술형 문제 해설

1 단답형 문제 해설

2 서술형 문제 해설

제2절 거푸집공사

1 핵심정리

목차

Chapter 7

강구조

1 핵심정리

2 단답형·서술형 문제 해설

1 단답형 문제 해설

2 서술형 문제 해설

목차

Chapter 9

교량공

1 핵심정리

2 단답형·서술형 문제 해설

1 단답형 문제 해설

2 서술형 문제 해설

목차

Chapter 11

항만 및 매립(준설)

목차

Chapter 12 하천 및 댐·상하수도

목차

계약제도

Chapter 01

Chapter 01 계약제도

1 핵심정리

Ⅰ. 계약제도

```
전통적인      ┌ 직영방식
계약방식      ├ 도급계약 ─┬ 공사실시방식 ─┬ 일식도급계약
             │          │              ├ 분할도급계약
             │          │              └ 공사별(직종별) 도급계약
             │          └ 공사비지불방식 ─┬ 단가계약
             │                           ├ 정액계약
             │                           └ 실비정산보수가산계약
             │                                ├ 실비정산비율보수가산식
             │                                ├ 실비한정비율보수가산식
             │                                ├ 실비정산정액보수가산식
             │                                └ 실비정산준동률보수가산식
             └ 공동도급계약

변화된        ┌ Turn-key 계약방식 ─┬ Design-Build
계약방식      │                    └ Design-Manage
             ├ 공사관리계약방식(Construction Management Contract)
             │     ┌ CM for Fee(용역형 CM)
             │     ├ CM at Risk(위험부담형 CM)
             │     ├ ACM(Agency CM)
             │     ├ XCM(Extended CM)
             │     ├ OCM(Owner CM)
             │     └ GMPCM(Guaranteed Maximum Price CM)
             ├ 프로젝트 관리방식(Project Management)
             ├ BOT(SOC 사업)
             └ Partnering
```

1. 도급형태

2. 분할도급계약

종류	설명
전문공종별 분할도급	기전공사(기계, 전기 등)를 분리하여 전문공사업체와 직접 계약
직종별 분할도급	전문직종별로 도급을 주는 방식
공정별 분할도급	공정별로 나누어 도급을 주는 방식
공구별 분할도급	일정 구간별로 분할하여 발주하는 방식

3. 실비정산 보수가산식 도급

① 실비·비율보수가산식(A+Af) : 110억+110억×5%

② 실비한정·비율보수가산식(A′+A′f) : 100억+100억×5%

③ 실비·정액보수가산식(A+B) : 110억+5억

④ 실비·준동률보수가산식(A+Af′)
$\begin{cases} 110억+110억×3\% \\ 100억+100억×5\% \\ 90억+90억×7\% \end{cases}$

　　A : 실비, A′ : 한정된 실비, f : 비율,

　　f′ : 변화된 비율, B : 정액보수

4. 공동도급 [건설공사 공동도급 운영규정]

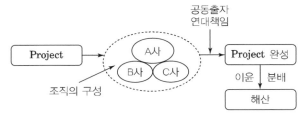

① 공동이행방식 : 새로운 조직

② 분담이행방식 : 공정, 공종, 공구별 분담

③ 주계약자형 공동도급 : 종합적인 계획, 관리 및 조정, 의무이행 실적 100%(50%) 추가인정

일반건설업자(A)	전문건설업자(B)
100억	60억

일반건설업자(A)	일반건설업자(B)
100억	60억

   ㉠ 주계약자 : 일반건설업자(A), 공사금액이 큰 업자(A)

   ㉡ 선금은 주계약자(A)의 계좌로 일괄 입금(기성청구금액은 공동수급체 구성원 각자에게 지급)

   ㉢ A가 중도 탈퇴하는 경우 B가 주계약자의 의무이행을 하거나, 새로운 주계약자를 선정

   ㉣ 실적산정
     • 일반건설업체+전문건설업체인 경우 : 100억+60억=160억
     • 일반건설업체+일반건설업체인 경우 : 100억+60억/2=130억

   ㉤ 이 기준은 민간공사에 한해 적용

5. Turn – key

1) 업무영역

암기 point ✈

발 로 기 타 를 치면서
설 계 와 시 공 을 하니
시 인 이 조 유 를 보내다.

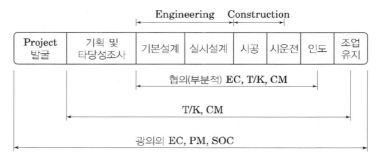

2) Turn – key 방식

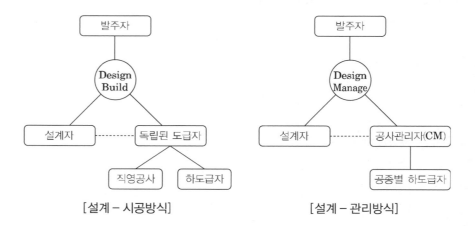

[설계 – 시공방식]   [설계 – 관리방식]

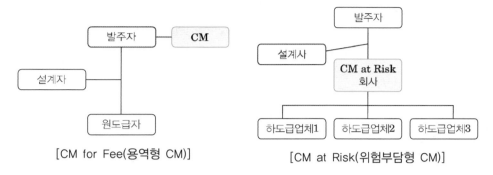

6. CM(Construction Management, 건설사업관리)[건설기술진흥법 시행령 제59조]

1) CM의 일반적 유형

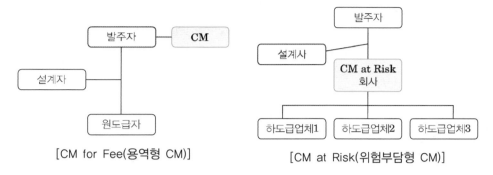

[CM for Fee(용역형 CM)]

[CM at Risk(위험부담형 CM)]

2) CM의 계약유형

① ACM(Agency CM = CM for Fee): 대리인 역할

② XCM(Extended CM): 이중역할: 발주자 대리인 역할+CM의 고유 업무 수행

③ OCM(Owner CM): 발주자가 CM

④ GMPCM(Guaranteed Maximum Price CM = CM at Risk): 공사금액 일부 부담

3) CM의 단계별 업무범위

① 설계 전 단계

② 기본설계 단계

③ 실시설계 단계

④ 구매조달 단계

⑤ 시공 단계

⑥ 시공 후 단계

4) 단계별 업무내용

① 건설공사의 계획, 운영 및 조정 등 사업관리 일반

② 건설공사의 계약관리

③ 건설공사의 사업비 관리

④ 건설공사의 공정관리

⑤ 건설공사의 품질관리

⑥ 건설공사의 안전관리

⑦ 건설공사의 환경관리

⑧ 건설공사의 사업정보 관리

⑨ 건설공사의 사업비, 공정, 품질, 안전 등에 관련되는 위험요소 관리

⑩ 그 밖에 건설공사의 원활한 관리를 위하여 필요한 사항

7. 프리콘(Pre Construction) 서비스

발주자, 설계자, 시공자가 프로젝트 기획, 설계 단계에서 하나의 팀을 구성해 각 주체의 담당 분야 노하우를 공유하며 3D 설계도 기법을 통해 시공상의 불확실성이나 설계변경 리스크를 사전에 제거함으로써 프로젝트 운영을 최적화시킨 방식을 말한다.

1) 종류
① 턴키방식(Design-Build)
② CM at Risk 방식(=Guaranteed Maximum Price CM)
③ IPD(Integrated Project Delivery, 프로젝트 통합발주) 방식

2) 통합 발주방식(IPD: Integrated Project Delivery)
발주자, 설계자, 시공자, 컨설턴트가 하나의 팀으로 구성되어 사업구조 및 업무를 하나의 프로세스로 통합하여 프로젝트를 수행하며, 모든 참여자가 책임 및 성과를 공동으로 나누는 발주방식을 말한다.

3) CM at Risk에서의 GMP(Guaranteed Maximum Price)
책임형 CM 계약자가 총 공사비를 예측하여 발주자에게 그 금액을 제시하고 시공과정에서 실제 공사비가 상호 동의한 GMP를 초과할 경우 책임형 CM 사업자가 이를 부담하게 되는 계약방식이다.

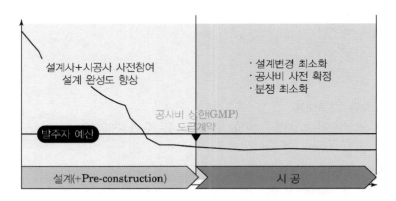

8. SOC(Social Overhead Capital) 사업

분류	운영방식	적용대상
BOO (Build Own Operate)	설계시공 → 소유권획득 → 운영	전원, 가스, 전산망, …
BOT (Build Operate Transfer)	설계시공 → 운영 → 소유권이전	도로, 철도, 항만, 공항, …
BTO (Build Transfer Operate)	설계시공 → 소유권이전 → 운영	
BTL (Build Transfer Lease)	설계시공 → 소유권이전 → 임대	

9. Partnering

발주자, 수급자 엔지니어의 이해관계인 신뢰를 바탕으로 서로 협동하고 공동노력하여 가장 경제적인 프로젝트를 완성하는 계약방식이다.

적극성	참여주체, 경영진의 적극 참여
형평성	모든 구성원의 이익을 보장
신뢰성	서로를 믿고 정보를 공유
공동목표	Win-Win의 유연한 관계로 공동목표의 개발 및 수집
이행	공동목표 달성을 위한 전략 수립 및 이행
지속적 평가	목표를 위해 측정과 평가가 공동 점검되도록 시행
적절한 조치	의사 교류, 정보 공유 문제점에 대한 조치

Ⅱ. 입찰 및 낙찰제도

1. 입찰방식

```
┌ 경쟁입찰 ─┬ 일반(공개)경쟁입찰
│          ├ 제한경쟁입찰 ─┬ 지역제한경쟁입찰
│          │              ├ 군(群)제한경쟁입찰
│          │              ├ 도급한도액 제한경쟁입찰
│          │              ├ 실적 제한경쟁입찰
│          │              └ PQ에 의한 경쟁입찰
│          └ 지명경쟁입찰
└ 특명입찰(수의계약)
```

2. 입찰순서

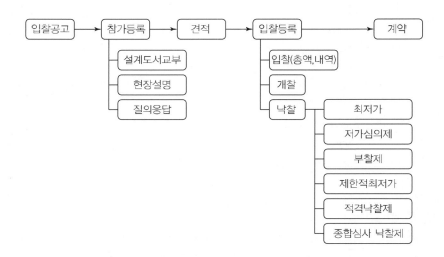

3. 입찰제도 [(계약예규) 정부 입찰·계약 집행기준]

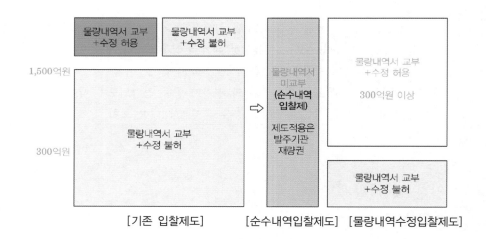

[기존 입찰제도]　　　[순수내역입찰제도]　[물량내역수정입찰제도]

1) 총액 입찰제도

   입찰자가 제시한 설계도서에 따라 수량·단가 등 모든 내역을 입찰자 책임 하에 계산하고, 입찰서를 총액으로 작성하는 입찰제도

2) 내역 입찰제도

   추정가격이 100억원 이상의 건축 및 토목공사에서 내역입찰을 실시할 때 에는 입찰자로 하여금 단가 등 필요한 사항을 기입한 산출내역서(각 공종, 경비, 일반관리비, 이윤, 부가가치세 등)를 제출하는 입찰제도를 말한다.

3) 순수내역 입찰제도

공사 입찰 시 발주자가 물량내역서를 교부하지 않은 채, 입찰자가 직접 물량
내역을 뽑고, 시공법 등을 결정하여 물량내역서를 작성하고, 여기에 단가
를 산출하여 입찰하는 방식을 말한다.

4) 물량내역 수정입찰제도

2012년부터 300억원 이상 공사에 대해 발주자가 교부한 물량내역서를 참고
하여 입찰자가 직접 물량내역을 수정하여 입찰하는 제도를 말한다.

5) 최고가치(Best Value) 입찰제도

총생애비용의 견지에서 발주자에게 최고의 투자효율성을 가져다주는 입찰
자를 선별하는 조달 프로세스 및 시스템을 말한다.

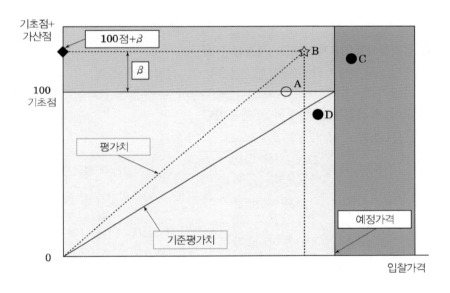

요건을 만족하지 않는 영역(입찰공사가격이 예정가격을 초과)
예를 들면, C는 예정가격을 초과하며, D는 표준점의 상태를 충족하고 있지 않다.
A는 기준 평가치를 상회하나, 평가치가 B를 밑돈다. 따라서 B가 낙찰자가 됨.

6) 기술제안입찰제도(기술형 입찰제도) [국가를 당사자로 하는 계약에 관한 법률]

공사입찰 시 낙찰자를 선정함에 있어 가격뿐만 아니라 건설기술, 공사기
간, 가격 등 여러 가지 요소를 고려하여 선정하는 입찰제도를 말한다.

① 실시설계 기술제안입찰

발주기관이 교부한 실시설계서 및 입찰안내서에 따라 입찰자가 기술제안
서를 작성하여 입찰서와 함께 제출하는 입찰

② 기본설계 기술제안입찰

발주기관이 작성하여 교부한 기본설계서와 입찰안내서에 따라 입찰자가 기술제안서를 작성하여 입찰서와 함께 제출하는 입찰

4. 낙찰제도

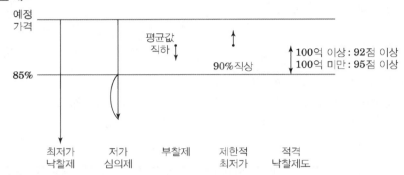

1) 적격심사제도 [(계약예규) 적격심사기준]

해당공사수행능력(시공경험, 기술능력, 시공평가 실적, 경영상태, 신인도), 입찰가격, 일자리창출 우대 및 해당공사 수행관련 결격여부 등을 종합심사하여 적격업체를 선정하는 제도이다.

① 심사기준

추정가격	해당공사 수행능력	입찰 가격	입찰가격 평점산식
100억 이상	70점	30점	30−[{88/100−(입찰가격−A)/(예정가격−A)×100}]
50억 이상 100억 미만	50점	50점	50−2×[{88/100−(입찰가격−A)/(예정가격−A)×100}]
10억 이상 50억 미만	30점	70점	70−4×[{88/100−(입찰가격−A)/(예정가격−A)×100}]
3억 이상 10억 미만	20점	80점	80−20×[{88/100−(입찰가격−A)/(예정가격−A)×100}]
2억 이상 3억 미만	10점	90점	90−20×[{88/100−(입찰가격−A)/(예정가격−A)×100}]
2억 미만	10점	90점	90−20×[{88/100−(입찰가격−A)/(예정가격−A)×100}]

② 낙찰자 결정

가. 종합평점이 92점 이상

나. 추정가격이 100억 원 미만인 공사의 경우에는 종합평점이 95점 이상

다. 최저가 입찰자의 종합평점이 낙찰자로 결정될 수 있는 점수 미만일 때에는 차순위 최저가 입찰자 순으로 심사하여 ①,②의 낙찰자 결정에 필요한 점수이상이 되면 낙찰자로 결정

2) 종합심사제도 [(계약예규 공사계약 종합심사낙찰제 심사기준)

300억 이상의 일반공사 및 고난이도공사, 300억 미만의 간이형공사의 정부 발주공사의 획일적 낙찰제 폐해 개선을 목적으로 입찰자의 공사수행능력과 입찰금액에 기업의 사회적 책임점수를 가미하여 낙찰자를 결정하는 제도를 말한다.

① 심사기준

구분	공사수행능력	입찰가격	사회적 책임	계약신뢰도
일반 공사	40~50점	50~60점	가점 2점	감점
고난이도 공사	40~50점	50~60점	가점 2점	감점
간이형 공사	40점	60점	가점 2점	감점

② 낙찰자 결정

가. 종합심사 점수가 최고점인 자를 낙찰자로 결정

나. 종합심사 점수가 최고점인 자가 둘 이상인 경우에는 다음 각 호의 순으로 낙찰자를 결정

- 공사수행능력점수와 사회적 책임점수의 합산점수가 높은 자
- 입찰금액이 낮은 자
- 입찰공고일을 기준으로 최근 1년간 종합심사낙찰제로 낙찰 받은 계약금액이 적은 자
- 추첨

Ⅲ. 계약제도 문제점

1. 예정가격 미비
2. 기술능력향상방안 미흡
3. 저가심의제 미비
4. 기술경쟁체제 미흡
5. 가격위주 입찰제도
6. 경쟁제한요소

Ⅳ. 계약제도 대책

1. 표준품셈, 노임단가 현실화
2. 기술능력향상방안 개발
3. 저가심의기준 확립
4. 기술경쟁체제 개발
5. 능력위주 입찰제도
6. 경쟁제한요소 배제

암기 point

여(예) 기 저 기 서
가 격 경 쟁 이 붙었다.

암기 point

문제점 반대+변화된 계약
방식 + 기 신 한테
감 전 되면 패 가 망신하니
대 피 하라

7. Turn Key ⎤
8. CM ｜
9. PM   변화된 계약방식
10. SOC ｜
11. 파트너링 방식 ⎦
12. 기술개발보상제도 활성화
13. 신기술지정제도 활성화
14. 감리제도 활성화
15. 전자입찰제도 활성화
16. Fast Track Method 활성화
17. 대안입찰제도 활성화
18. PQ제도 활성화
19. 성능 발주방식

1. 기술개발 보상제도

계약체결 후 공사진행 중에 시공자가 신기술 및 신공법을 개발 및 적용하여 공사비 및 공기를 단축할 때 공사비 절감액의 일부(70%)를 시공자에게 보상하는 제도이다.

2. 신기술 지정제도 [신기술의 평가기준 및 평가절차 등에 관한 규정]

건설업체가 기술개발을 통하여 신기술, 신공법을 개발하였을 경우 그 신기술 및 공법을 법적으로 보호해 주는 제도를 말한다.

1) 신기술 보호기간
　① 신기술의 지정·고시일부터 8년의 범위
　② 신기술의 활용실적 등을 검증하여 신기술의 보호기간을 7년의 범위에서 연장 가능
　③ 신기술 보호기간의 연장을 하려면 보호기간이 만료되기 150일 전에 국토교통부장관에게 제출

2) 보호기간 연장의 평가기준
　① 종합평가점수에 따른 등급 및 보호기간

종합 평가점수	80 이상 ~ 100	70 이상 ~ 80 미만	60 이상 ~ 70 미만	50 이상 ~ 60 미만	40 이상 ~ 50 미만
등급	가	나	다	라	마
보호기간	7년	6년	5년	4년	3년
※ 종합점수 40점 미만인 경우 등급 미부여 및 보호기간 연장 불인정					

② 평가항목별 배점기준

항목	배점
활용실적	30점
기술의 우수성	70점
가점	(10점)
종합점수	100점

3) 신기술 지정기준

구분	설명
신규성	새롭게 개발되었거나 개량된 기술
진보성	기존의 기술과 비교 검토하여 공사비, 공사기간, 품질 등에서 향상이 이루어진 기술
현장 적용성	시공성, 안전성, 경제성, 환경친화성, 유지관리 편리성이 우수하여 건설현장에 적용할 가치가 있는 기술

3. 전자입찰제도

공사입찰 시 전자입찰시스템으로 인터넷상에서 입찰공고, 견적서 제출, 낙찰, 계약 등이 이루어지는 제도

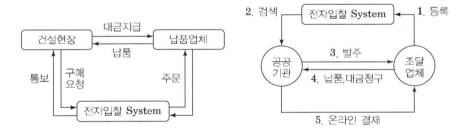

4. Fast Track Method(고속궤도방식)

공기단축을 목적으로 기본설계에 의해 공사를 진행하면서 다음 단계에 작성된 설계도 서로 계속 공사를 진행하는 방식이다.

5. 대안입찰제도

발주기관이 제시하는 원안의 기본설계에 대하여 기본방침의 변경 없이 원안과 동등 이상의 기능과 효과가 반영된 설계로 공사비의 절감, 공기단축이 가능한 대안을 제시하여 입찰하는 방식이다.

6. 입찰참가자격사전심사(PQ: Pre-qualification)제도 [(계약예규) 입찰참가자격사전심사요령]

200억 이상의 해당공사에 대하여 공사의 시공품질을 높여 부실시공으로 인한 사회적 피해를 최소화하기 위하여 시공경험, 기술능력 등이 풍부하고 경영상태가 건전한 업체에 입찰참가자격을 부여하기 위한 제도를 말한다.

1) 사전심사신청 자격제한

추정가격이 200억원 이상인 공사로서 에너지저장시설공사, 간척공사, 준설공사, 항만공사, 전시시설공사, 송전공사, 변전공사

2) 심사기준

① 경영상태의 신용평가등급

구분	추정가격이 500억원 이상	추정가격이 500억원 미만
회사채	BB+ 이상	BB- 이상
기업어음	B+ 이상	B0 이상
기업신용평가등급	BB+에 준하는 등급 이상	BB-에 준하는 등급 이상

② 기술적 공사이행능력부분 배점기준

분야별	배점한도
시공경험	40점
기술능력	45점
시공평가 결과	10점
지역업체 참여도	5점
신인도	+3, -7

3) 심사기준 요령

① 경영상태부문과 기술적 공사이행능력부문으로 구분하여 심사
② 경영상태부문의 적격요건을 충족한 자를 대상으로 기술적 공사이행능력부문을 심사
③ 기술적 공사이행능력부문은 시공경험분야, 기술능력분야, 시공평가결과분야, 지역업체참여도분야, 신인도분야를 종합적으로 심사하며, 적격요건은 평점 90점 이상

7. 성능발주방식

발주자가 설계를 확정하지 않고 설계조건 및 성능을 제시하여 건설업자로부터 제출서류를 받은 다음 가장 좋은 안을 제안한 업체에게 실시설계와 시공을 맡기는 방식이다.

종류	설명
전체발주방식	설계, 시공에 대하여 시공자와 제조업자의 제안을 대폭 채택하는 방식
부분발주방식	공사의 일부분 또는 설비의 한 부분만의 성능을 요구하는 발주방식
대안발주방식	도급자가 대안을 제시하여 발주하는 방식
형식발주방식	카탈로그를 구비한 부품에 대하여 그 형식을 나타내는 것만으로 발주하는 방식

8. NSC(Nominated Sub-Contractor) 방식(발주자 지명하도급 발주방식)

영국 및 영연방국가들에서 발전된 하도급제도로서 발주자가 하도급 공사를 위하여 직접 전문 업체를 지명하거나, 설계사를 통하여 전문 업체를 지명하도록 하는 제도로 이렇게 지명된 전문 업체를 지명하도급(NSC)이라 부른다.

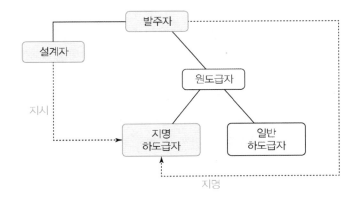

9. 직할시공제

발주자, 원도급자, 하도급자의 구성된 종전의 전통적인 3단계 시공 생산 구조를 발주자와 시공사의 2단계 구조로 전환하여 발주자가 공종별 전문 시공업자와 직접 계약을 체결하고 공사를 수행하며, 기존 원도급자가 수행해 왔던 전체적인 공사 계획, 관리, 조정의 기능을 발주가가 담당하는 방식을 말한다.

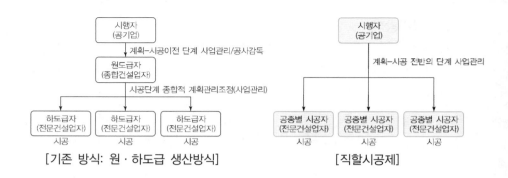

[기존 방식: 원·하도급 생산방식] [직할시공제]

10. 건설공사 직접시공 의무제 [건설산업기본법 시행령 제30조의2]

건설사업자가 1건 공사의 금액이 100억원 이하로서 70억 미만인 건설공사를 도급받은 경우에는 그 건설공사의 도급금액 산출내역서에 기재된 총 노무비 중 일정비율에 따른 노무비 이상에 해당하는 공사를 직접 시공하는 제도를 말한다.

도급금액	직접시공 비율
3억 미만	50%
3억 이상 10억 미만	30%
10억원 이상 30억원 미만	20%
30억원 이상 70억원 미만	10%

11. 시공능력평가제도 [건설산업기본법 시행규칙 제23조]

1) 시공능력평가제도란 발주자가 적정한 건설사업자를 선정할 수 있도록 건설사업자의 건설공사 실적, 자본금, 건설공사의 안전·환경 및 품질관리 수준 등에 따라 시공능력을 평가하여 공시하는 제도를 말한다.

2) 시공능력평가액은 매년 7월 31일까지 공시되며 이 시공능력평가의 적용 기간은 다음 해 공시일 이전까지이다.

① 시공능력평가액 산정

> 시공능력평가액 = 공사실적평가액 + 경영평가액 + 기술능력평가액
> + 신인도평가액

가. 공사실적평가액: 최근 3년간 건설공사 실적의 연차별 가중평균액×70%

나. 경영평가액: 실질자본금×경영평점×80%

다. 기술능력 평가액: 기술능력생산액+(퇴직공제불입금×10)+최근 3년간 기술개발 투자액

라. 신인도 평가액: 신기술지정, 협력관계평가, 부도, 영업정지, 산업재해율 등을 감안하여 감점 또는 가점

② 시공능력 평가방법
　가. 업종별 및 주력분야별로 평가한다.
　나. 최근 3년간 공사실적을 평가한다.
　다. 건설업양도신고를 한 경우 양수인의 시공능력은 새로이 평가한다.
　라. 상속인, 양수인은 종전 법인의 시공능력과 동일한 것으로 본다.

12. 총사업비관리제도[국가재정법/총사업비관리지침]

국가의 예산 또는 기금으로 시행하는 대규모 재정사업에 대해 기본설계, 실시설계, 계약, 시공 등 사업추진 단계별로 변경 요인이 발생한 경우 사업시행 부처와 기획재정부가 협의해 총사업비를 조정하는 제도를 말한다.

13. 추정가격과 예정가격[국가를 당사자로 하는 계약에 관한 법률 시행령 제7조~제9조]

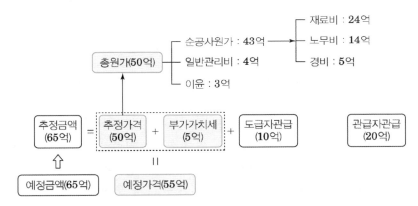

14. 표준시장단가제도[국가계약법 시행령/(계약예규) 예정가격작성기준]

공사를 구성하는 일부 또는 모든 공종에 대하여 품셈을 이용하지 않고 재료비, 노무비, 경비를 포함한 공종별 단가를 이미 수행한 동일공사 혹은 유사공사의 단가로 공사 특성을 고려하여 가격을 산정하는 방식을 말한다.

1) 예정가격의 결정기준
　① 적정한 거래가 형성된 경우에는 그 거래실례가격
　② 신규개발품이거나 특수규격품 등의 적정한 거래실례가격이 없는 경우에는 원가계산에 의한 가격
　③ 공사의 경우 이미 수행한 공사의 종류별 시장거래가격 등을 토대로 산정한 표준시장단가
　④ ① 내지 ③의 규정에 의한 가격에 의할 수 없는 경우에는 감정가격, 유사한 물품·공사·용역 등의 거래실례가격 또는 견적가격

2) 표준시장단가에 의한 예정가격작성

① 직접공사비, 간접공사비, 일반관리비, 이윤, 공사손해보험료 및 부가가 치세의 합계액으로 한다.

② 추정가격이 100억원 미만인 공사에는 표준시장단가를 적용하지 아니한다.

③ 직접공사비=공종별 단가×수량

④ 간접공사비=직접공사비 총액×비용별 일정요율

⑤ 일반관리비=(직접공사비+간접공사비)×일반관리비율

⑥ 일반관리비율은 공사규모별로 정한 비율을 초과 금지

종합공사		전문 전기·정보통신·소방 및 기타공사	
직접공사비 +간접공사비	일반관리비율 (%)	직접공사비 +간접공사비	일반관리비율 (%)
50억원 미만	6.0	5억원 미만	6.0
50억원~300억원 미만	5.5	5억원~30억원 미만	5.5
300억원 이상	5.0	30억원 이상	5.0

⑦ 이윤=(직접공사비+간접공사비+일반관리비)×이윤율

⑧ 공사손해보험료=공사손해보험가입 비용

15. 물가변동(Escalation)에 의한 계약금액조정 [국가계약법 시행령/시행규칙]

① 계약을 체결한 날부터 90일 이상 경과하고 다음의 어느 하나에 해당되는 때에는 계약금액을 조정한다.

– 입찰일을 기준일로 하여 산출된 품목조정률이 3/100 이상 증감된 때

– 입찰일을 기준일로 하여 산출된 지수조정률이 3/100 이상 증감된 때

② 조정기준일부터 90일 이내에는 이를 다시 조정하지 못한다.

③ 선금을 지급한 것이 있는 때에는 공제한다.

④ 최고판매가격이 고시되는 물품을 구매하는 경우 계약체결 시에 계약금액의 조정에 규정과 달리 정할 수 있다.

⑤ 천재·지변 또는 원자재의 가격급등 하는 경우 90일 이내에 계약금액을 조정할 수 있다.

⑥ 특정규격 자재의 가격증감률이 15/100 이상인 때에는 그 자재에 한하여 계약금액을 조정한다.

⑦ 환율변동으로 계약금액 조정요건이 성립된 경우에는 계약금액을 조정한다.

⑧ 단순한 노무에 의한 용역으로서 예정가격 작성 이후 노임단가가 변동된 경우 노무비에 한정하여 계약금액을 조정한다.

2 단답형·서술형 문제 해설

1 단답형 문제 해설

01 공동도급(Joint Venture) [건설공사 공동도급운영규정]

I. 정의

공동도급이란 2개 이상의 사업자가 공동으로 어떤 일을 도급받아 공동계산하에 계약을 이행하는 도급형태를 말한다.

II. 종류

종류	설명
공동이행방식	공동출자 또는 파견하여 공사 수행
분담이행방식	분담하여 공사 수행
주계약자형 공동도급	주계약자가 종합계획, 관리 및 조정하여 수행

III. 계약이행의 책임

(1) 공동이행방식은 연대하여 계약이행 및 안전·품질이행의 책임을 진다.
(2) 분담이행방식은 자신이 분담한 부분에 대하여만 계약이행 및 안전·품질이행책임을 진다.
(3) 주계약자관리방식 중 주계약자는 자신이 분담한 부분과 다른 구성원의 계약이행 및 안전·품질이행책임에 대하여 연대책임을 진다.
(4) 주계약자관리방식 중 주계약자 이외의 구성원은 자신이 분담한 부분에 대하여만 계약이행 및 안전·품질이행 책임을 진다.

IV. 특징

(1) 융자력 증대
(2) 기술력 확충 및 위험분산
(3) 시공의 확실성
(4) 경비증대 및 책임한계 불분명
(5) 기술력 및 보수에 대한 차이로 갈등
(6) 현장관리의 곤란 및 현장경비의 증가

Ⅴ. 정책방안

(1) 중소건설업 공동기업체 장려제도 도입
(2) 공동수급체에 대한 사업자 인정
(3) 건설업의 EC화 및 전문화
(4) 지방자치제도의 정착 시 지역조건을 고려한 제도의 정비
(5) 각 회사의 시공능력평가액 범위 내에서 지분율 구성

02 주계약자형 공동도급제도

I. 정의

(1) 주계약자형 공동도급이란 공동수급체구성원 중 주계약자를 선정하고, 주계약자가 전체건설공사의 수행에 관하여 종합적인 계획·관리 및 조정을 하는 공동도급계약을 말한다.

(2) 다만, 일반건설업자와 전문건설업자가 공동으로 도급받은 경우에는 일반건설업자가 주계약자가 된다.

II. 개념도

일반건설업자(A)	전문건설업자(B)	일반건설업자(A)	일반건설업자(B)
100억	60억	100억	60억

(1) 주계약자: 일반건설업자(A), 공사금액이 큰 업자(A)

(2) 선금은 주계약자(A)의 계좌로 일괄 입금(기성청구금액은 공동수급체 구성원 각자에게 지급)

(3) A가 중도 탈퇴하는 경우 B가 주계약자의 의무이행을 하거나, 새로운 주계약자를 선정

(4) 실적산정(주계약자)
   ① 일반건설업체+전문건설업체인 경우: 100억+60억=160억
   ② 일반건설업체+일반건설업체인 경우: 100억+60억/2=130억

(5) 이 기준은 민간공사에 한해 적용

III. 도입배경

(1) 향후 건설산업의 상생 및 협력체계 구축

(2) 글로벌 기준에 맞는 대외경쟁력 강화

(3) 건설 활동의 가치를 창조

(4) 생산성과 기술경쟁력을 갖춘 유연한 생산시스템 확보

(5) 업체 간 협력체계 구축

(6) 대기업과 중소기업 간 양극화 해소

IV. 도입효과

(1) 하도급 선정과정의 부정부패 차단

(2) 공정성 확보

(3) 저가하도급 행위방지

(4) 공사비 절감

(5) 일반 및 전문건설사의 육성

03 CM(Construction Management) [건설기술진흥법 시행령]

Ⅰ. 정의
CM이란 건설공사에 관한 기획, 타당성조사, 분석, 설계, 조달, 계약, 시공관리, 감리, 평가, 사후관리 등에 관한 업무의 전부 또는 일부를 수행하는 제도를 말한다.

Ⅱ. CM의 계약유형
(1) ACM(Agency CM = CM for Fee): 대리인 역할
(2) XCM(Extended CM): 이중역할: 발주자 대리인 역할+CM의 고유 업무 수행
(3) OCM(Owner CM): 발주자가 CM
(4) GMPCM(Guaranteed Maximum Price CM = CM at Risk): 공사금액 일부 부담

Ⅲ. CM의 기대효과
(1) 건설사업 비용의 최소화 및 품질확보
(2) 프로젝트참여자간 이해상충 최소화
(3) 프로젝트 수행상의 상승효과 극대화
(4) 수요자 중심의 건설산업 발전
(5) 건설산업 참여주체의 기술력 확보 등 경쟁력 강화

Ⅳ. CM의 단계별 업무내용
(1) 건설공사의 계획, 운영 및 조정 등 사업관리 일반
(2) 건설공사의 계약관리
(3) 건설공사의 사업비 관리
(4) 건설공사의 공정관리
(5) 건설공사의 품질관리
(6) 건설공사의 안전관리
(7) 건설공사의 환경관리
(8) 건설공사의 사업정보 관리
(9) 건설공사의 사업비, 공정, 품질, 안전 등에 관련되는 위험요소 관리
(10) 그 밖에 건설공사의 원활한 관리를 위하여 필요한 사항

04 통합 발주방식(IPD: Integrated Project Delivery)

Ⅰ. 정의

IPD란 발주자, 설계자, 시공자, 컨설턴트가 하나의 팀으로 구성되어 사업구조 및 업무를 하나의 프로세스로 통합하여 프로젝트를 수행하며, 모든 참여자가 책임 및 성과를 공동으로 나누는 발주방식을 말한다.

Ⅱ. IPD의 원칙

(1) Mutual Respect: 프로젝트 참여자간의 상호 존중

(2) Mutual Benefits: 프로젝트 참여자간 IPD로부터 얻어지는 혜택의 공유

(3) Early Goal Definition: 프로젝트 목표의 조기 설정

(4) Enhanced Communication: 의사소통의 효율성 제고

(5) Clearly Defined Standards & Procedures: 프로젝트와 관련된 각종 기준 및 절차의 명확화

(6) Applied Technology: 첨단기술의 활용

(7) Team's Commitment for High Performance: 성과향상을 위한 팀 기여

(8) Innovative Project Leaders-Management Team: 프로젝트 리더의 혁신적인 관리 능력

Ⅲ. IPD 실현을 위한 과제

(1) BIM의 효과 인지

　① 커뮤니케이션과 상호 신뢰도 향상

　② BIM 적용을 통해 입체화된 엔지니어링 작업수행 가능

(2) BIM 활용을 통한 설계 품질 평가

BIM을 에너지효율등급 판정을 위한 객관적 데이터를 적극 활용

Ⅳ. IPD의 국내 적용방안

(1) 통합화 및 협업을 통해 효율성을 극대화

(2) 기존 발주방식들의 문제점을 개선할 수 있는 방안

(3) 국내 발주방식에 IPD를 부분적으로 적용한 후, 그에 대한 평가를 기반으로 한국형 IPD로 발전

(4) BIM을 IPD의 핵심도구로 활용하여 프로젝트 초기단계부터 적용

05 순수내역입찰제도

I. 정의

순수내역입찰제는 공사 입찰 시 발주자가 물량내역서를 교부하지 않은 채, 입찰자가 직접 물량 내역을 뽑고, 시공법 등을 결정하여 물량내역서를 작성하고, 여기에 단가를 산출하여 입찰하는 방식을 말한다.

II. 입찰제도의 현황

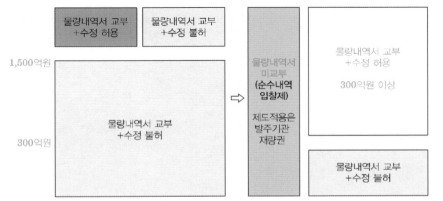

[기존 입찰제도]   [순수내역입찰제도] [물량내역수정입찰제도]

III. 문제점

(1) 거래비용(Transaction Cost)을 증가시켜 건설업체의 부담 증가
(2) 입찰자의 책임이 증가
(3) 발주처에서도 입찰내역서의 심의 등에 상당한 부담이 증가
(4) 발주기관에 일방적으로 유리한 제도
(5) 시공업체의 피해가 확산 우려

Ⅳ. 총액입찰과 순수내역입찰 비교

구분	총액입찰	순수내역입찰
공사품질	품질 저하	품질 향상
설계변경	곤란	용이
공기단축	곤란	양호
공사비 조정	복잡	양호
기성고 지불	불명확	명확
수량산출	과다 시간 소요	내역산출 오차 적음
원가절감	시공자에 따라 복잡	시공자에 따라 용이
Claim처리	복잡	양호

06 최고가치(Best Value) 낙찰제도(입찰방식)

Ⅰ. 정의

최고가치 낙찰제도는 총생애비용의 견지에서 발주자에게 최고의 투자효율성을 가져다 주는 입찰자를 선별하는 조달 프로세스 및 시스템을 말한다.

Ⅱ. 낙찰자 선정의 개념도

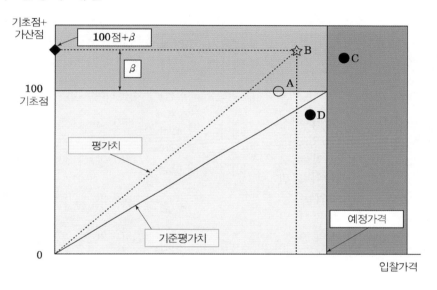

요건을 만족하지 않는 영역(입찰공사가격이 예정가격을 초과)
예를 들면, C는 예정가격을 초과하며, D는 표준점의 상태를 충족하고 있지 않다.
A는 기준 평가치를 상회하나, 평가치가 B를 밑돈다. 따라서 B가 낙찰자가 됨.

Ⅲ. 도입의 필요성

(1) 건설산업의 국제 경쟁력 강화
(2) 비용(Cost)에 대한 인식의 전환
(3) 시공비용의 최소화가 아니라 총생애주기비용의 최소화
(4) 입찰자에게 인센티브를 제공하거나, 협상을 통한 계약체결
(5) 총생애주기비용의 최소화를 통해 투자효율성을 극대화
(6) 적격심사제도와 최저가 낙찰제도의 문제점 해결
(7) 입찰제도의 다양화와 발주기관의 기술능력 제고
(8) 공사비만이 아니라 공기, 품질, 기술개발 측면 등을 고려
(9) 덤핑 방지효과 및 수익성 향상

07 적격심사제도

Ⅰ. 정의

적격심사제도란 해당공사수행능력(시공경험, 기술능력, 시공평가 실적, 경영상태, 신인도), 입찰가격, 일자리창출 우대 및 해당공사 수행관련 결격여부 등을 종합심사하여 적격업체를 선정하는 제도이다.

Ⅱ. 심사기준

추정가격	해당공사 수행능력	입찰 가격	입찰가격 평점산식
100억 이상	70점	30점	$30-[\{88/100-(입찰가격-A)/(예정가격-A)\times100\}]$
50억 이상 100억 미만	50점	50점	$50-2\times[\{88/100-(입찰가격-A)/(예정가격-A)\times100\}]$
10억 이상 50억 미만	30점	70점	$70-4\times[\{88/100-(입찰가격-A)/(예정가격-A)\times100\}]$
3억 이상 10억 미만	20점	80점	$80-20\times[\{88/100-(입찰가격-A)/(예정가격-A)\times100\}]$
2억 이상 3억 미만	10점	90점	$90-20\times[\{88/100-(입찰가격-A)/(예정가격-A)\times100\}]$
2억 미만	10점	90점	$90-20\times[\{88/100-(입찰가격-A)/(예정가격-A)\times100\}]$

Ⅲ. 심사방법

(1) 예정가격 이하로서 최저가로 입찰한 자 순으로 심사

(2) 제출된 서류를 그 제출마감일 또는 보완일부터 7일 이내에 심사

(3) 재난이나 경기침체, 대량실업 등으로 기획재정부장관이 기간을 정하여 고시한 경우에는 심사서류의 제출마감일 또는 보완일로부터 4일 이내에 심사

Ⅳ. 낙찰자 결정

(1) 종합평점이 92점 이상

(2) 추정가격이 100억 원 미만인 공사의 경우에는 종합평점이 95점 이상

(3) 최저가 입찰자의 종합평점이 낙찰자로 결정될 수 있는 점수 미만일 때에는 차순위 최저가 입찰자 순으로 심사하여 (1),(2)의 낙찰자 결정에 필요한 점수이상이 되면 낙찰자로 결정

08 건설공사 입찰제도 중에서 종합심사제도　[(계약예규) 공사계약 종합심사낙찰제 심사기준]

Ⅰ. 정의

종합심사제도는 300억 이상의 일반공사 및 고난이도공사, 300억 미만의 간이형공사의 정부발주공사의 획일적 낙찰제 폐해 개선을 목적으로 입찰자의 공사수행능력과 입찰금액에 기업의 사회적 책임점수를 가미하여 낙찰자를 결정하는 제도를 말한다.

Ⅱ. 심사기준

구분	공사수행능력	입찰가격	사회적 책임	계약신뢰도
일반 공사	40~50점	50~60점	가점 2점	감점
고난이도 공사	40~50점	50~60점	가점 2점	감점
간이형 공사	40점	60점	가점 2점	감점

Ⅲ. 낙찰자 결정

(1) 종합심사 점수가 최고점인 자를 낙찰자로 결정
(2) 종합심사 점수가 최고점인 자가 둘 이상인 경우에는 다음 각 호의 순으로 낙찰자를 결정
　① 공사수행능력점수와 사회적 책임점수의 합산점수가 높은 자
　② 입찰금액이 낮은 자
　③ 입찰공고일을 기준으로 최근 1년간 종합심사낙찰제로 낙찰 받은 계약금액이 적은 자
　④ 추첨
(3) (1) 및 (2)에도 불구하고 예정가격이 100억원 미만인 공사의 경우에는 입찰가격을 예정가격 중 다음 각 호에 해당하는 금액의 합계액의 98/100 미만으로 입찰한 자는 낙찰자에서 제외한다.
　① 재료비·노무비·경비
　② 가호에 대한 부가가치세
(4) 낙찰자를 결정한 경우 해당자에게 지체 없이 통보

Ⅳ. 기대효과

(1) 공사품질 향상
(2) 생애주기비용 측면의 재정효율성 증대
(3) 하도급 관행 등 건설산업의 생태계 개선
(4) 기술경쟁력 촉진
(5) 건설산업 경쟁력 강화

09 Fast Track Construction

I. 정의
공기단축을 목적으로 기본설계에 의해 공사를 진행하면서 다음 단계에 작성된 설계도서로 계속 공사를 진행하는 방식이다.

II. 개념도

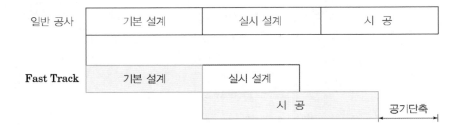

III. 도입배경
(1) 공기단축
(2) 공사관리의 용이
(3) 공사비 절감
(4) 건설자재 절약

IV. 특징
(1) 실시설계를 작성할 시간 부여
(2) 공기단축 및 공사비 절감
(3) 한 업체가 설계, 시공을 일괄할 경우 상호의견 교환이 우수
(4) 목적물의 조기 완공으로 인한 영업이익 증대로 경제성 확보
(5) 설계조건에 따라 문제발생 우려 → 건설비 증가 가능
(6) 발주자, 설계자, 시공자의 협조가 필요
(7) 설계도 작성 지연 시 전체 공정에 지장을 초래
(8) 세부공종 세분화로 관리능력 부재 시 품질저하요인 발생

10 시공능력평가제도 [건설산업기본법 시행규칙]

Ⅰ. 정의

(1) 시공능력평가제도란 발주자가 적정한 건설사업자를 선정할 수 있도록 건설사업자의 건설공사 실적, 자본금, 건설공사의 안전·환경 및 품질관리 수준 등에 따라 시공능력을 평가하여 공시하는 제도를 말한다.

(2) 시공능력평가액은 매년 7월 31일까지 공시되며 이 시공능력평가의 적용기간은 다음 해 공시일 이전까지이다.

Ⅱ. 시공능력평가액 산정

> 시공능력평가액 = 공사실적평가액 + 경영평가액 + 기술능력평가액 + 신인도평가액

(1) 공사실적평가액: 최근 3년간 건설공사 실적의 연차별 가중평균액×70%

(2) 경영평가액: 실질자본금×경영평점×80%

(3) 기술능력 평가액: 기술능력생산액+(퇴직공제불입금×10)+최근 3년간 기술개발 투자액

(4) 신인도 평가액: 신기술지정, 협력관계평가, 부도, 영업정지, 산업재해율 등을 감안하여 감점 또는 가점

Ⅲ. 시공능력의 평가방법

(1) 업종별 및 주력분야별로 평가한다.

(2) 최근 3년간 공사실적을 평가한다.

(3) 건설업양도신고를 한 경우 양수인의 시공능력은 새로이 평가한다.

(4) 상속인, 양수인은 종전 법인의 시공능력과 동일한 것으로 본다.

(5) 시공능력을 새로이 평가하는 경우 합산한다.

(6) 건설사업자의 경영평가액은 0에서 공사실적평가액의 20/100에 해당하는 금액을 뺀 금액으로 한다.

Ⅳ. 문제점

(1) 평가를 연간 경영 현황을 위주로 평가
(2) 평가항목을 금액으로 단일 계량화하여 개별 평가 결과를 왜곡
(3) PQ나 적격심사와의 연계성 부족하고 중복 평가 실시

Ⅳ. 개선방향

(1) 맞춤형 정보 제공 체계 구축
(2) 평가 방법의 Tool 마련
(3) 체계적 평가 시스템 구축

11 표준시장단가제도

I. 정의

표준시장단가제도는 공사를 구성하는 일부 또는 모든 공종에 대하여 품셈을 이용하지 않고 재료비, 노무비, 경비를 포함한 공종별 단가를 이미 수행한 동일공사 혹은 유사공사의 단가로 공사 특성을 고려하여 가격을 산정하는 방식을 말한다.

II. 표준시장단가 원가 산정 절차

실적단가 추출 대상 선정 → 세부 공정별 실적단가의 적정성 평가 → 실적단가 건수 검토 → 과거 실적단가 설계 시점의 가치로 환산 → 실적단가의 대푯값 산정 → 순공사비 & 제잡비 산정

III. 예정가격의 결정기준

(1) 적정한 거래가 형성된 경우에는 그 거래실례가격
(2) 신규개발품이거나 특수규격품 등의 적정한 거래실례가격이 없는 경우에는 원가계산에 의한 가격
(3) 공사의 경우 이미 수행한 공사의 종류별 시장거래가격 등을 토대로 산정한 표준시장단가
(4) (1) 내지 (3)의 규정에 의한 가격에 의할 수 없는 경우에는 감정가격, 유사한 물품·공사·용역 등의 거래실례가격 또는 견적가격

IV. 표준시장단가에 의한 예정가격작성

(1) 직접공사비, 간접공사비, 일반관리비, 이윤, 공사손해보험료 및 부가가치세의 합계액으로 한다.
(2) 추정가격이 100억원 미만인 공사에는 표준시장단가를 적용하지 아니한다.
(3) 직접공사비=공종별 단가×수량
(4) 간접공사비=직접공사비 총액×비용별 일정요율
(5) 일반관리비=(직접공사비+간접공사비)×일반관리비율

(6) 일반관리비율은 공사규모별로 정한 비율을 초과 금지

종합공사		전문 전기·정보통신·소방 및 기타공사	
직접공사비 +간접공사비	일반관리비율(%)	직접공사비 +간접공사비	일반관리비율(%)
50억원 미만	6.0	5억원 미만	6.0
50억원~300억원 미만	5.5	5억원~30억원 미만	5.5
300억원 이상	5.0	30억원 이상	5.0

(7) 이윤=(직접공사비+간접공사비+일반관리비)×이윤율

(8) 공사손해보험료=공사손해보험가입 비용

12 건설공사비지수(Construction Cost Index)

Ⅰ. 정의

건설공사비지수란 건설공사에 투입되는 재료, 노무, 장비 등의 자원 등의 직접공사비를 대상으로 한국은행의 산업연관표와 생산자물가지수, 대한건설협회의 공사부문 시중노임 자료 등을 이용하여 작성된 가공통계로 건설공사 직접공사비의 가격변동을 측정하는 지수를 말한다.

Ⅱ. 활용목적

(1) 기존 공사비 자료의 현가화를 위한 기초자료
   기존 공사비자료에 대한 시차 보정에 건설공사비지수를 활용할 수 있음
(2) 계약금액 조정을 위한 기초자료의 개선
   물가변동으로 인한 계약금액 조정에 있어서 투명하고 간편하게 가격 등락을 측정하는데 활용할 수 있음

Ⅲ. 건설공사비지수의 작성방법

(1) **지수작성을 위한 기초자료**
   ① 가중치자료: 한국은행의 2015년 기준연도 산업연관표 투입산출표(기초가격 기준)와 생산자물가지수(2015년=100)
   ② 가격자료
      가. 한국은행의 생산자물가지수를 기본으로 함
      나. 노무비 부문은 대한건설협회의 일반공사 직종 평균임금을 활용

(2) **기준연도(2015년도를 기준연도로 설정)**
   ① 현행 지수의 기준년도는 2015년이며, 경제구조의 변화가 지수에 반영되도록 5년마다 기준년도를 개편하여 조사대상품목과 가중치구조를 개선
   ② 2015년 연평균 100인 생산자물가지수 품목별지수를 토대로 산출 (2009년 12월 이전 지수는 기존 지수의 등락률에 따라 역산하여 접속)

(3) **분류체계**
   ① 산업연관표상의 건설부문 기본부문 15가지 시설물별을 부분별로 상향집계하여 총 25개(중복지수 제외 시 총 21개)의 지수가 산출되는데, 최종적으로 산출되는 최상위 지수가 건설공사비지수임
      가. 15개의 기본 시설물지수(소분류지수)와 7개의 중분류지수, 2개의 대분류지수, 최종적인 건설공사비지수로 분류됨
      나. 주거용건물, 비주거용건물, 건축보수, 기타건설은 중분류 지수로 하위분류가 없으며, 소분류와 중분류 지수로 2중 계산됨

13 물가변동(Escalation, 물가변동으로 인한 계약금액조정) [국가계약법 시행령/시행규칙]

I. 정의

Escalation이란 입찰 후 계약금액을 구성하는 각종 품목 또는 비목의 가격 상승 또는 하락된 경우 그에 따라 계약금액을 조정함으로써 계약당사자의 원활한 계약이행을 도모하고자 하는 것을 말한다.

II. 물가변동으로 인한 계약금액조정 기준

(1) 계약을 체결한 날부터 90일 이상 경과하고 다음의 어느 하나에 해당되는 때에는 계약금액을 조정한다.
   ① 입찰일을 기준일로 하여 산출된 품목조정률이 3/100 이상 증감된 때
   ② 입찰일을 기준일로 하여 산출된 지수조정률이 3/100 이상 증감된 때
(2) 조정기준일부터 90일 이내에는 이를 다시 조정하지 못한다.
(3) 선금을 지급한 것이 있는 때에는 공제한다.
(4) 최고판매가격이 고시되는 물품을 구매하는 경우 계약체결 시에 계약금액의 조정에 규정과 달리 정할 수 있다.
(5) 천재·지변 또는 원자재의 가격급등 하는 경우 90일 이내에 계약금액을 조정할 수 있다.
(6) 특정규격 자재의 가격증감률이 15/100 이상인 때에는 그 자재에 한하여 계약금액을 조정한다.
(7) 환율변동으로 계약금액 조정요건이 성립된 경우에는 계약금액을 조정한다.
(8) 단순한 노무에 의한 용역으로서 예정가격 작성 이후 노임단가가 변동된 경우 노무비에 한정하여 계약금액을 조정한다.

III. 물가변동으로 인한 계약금액의 조정 방법

(1) 품목조정률, 등락폭 및 등락률

$$품목조정률 = \frac{각\ 품목\ 또는\ 비목의\ 수량에\ 등락폭을\ 곱하여\ 산출한\ 금액의\ 합계액}{계약금액}$$

$$등락폭 = 계약단가 \times 등락률$$

$$등락률 = \frac{물가변동당시가격 - 입찰당시가격}{입찰당시가격}$$

(2) 예정가격으로 계약한 경우에는 일반관리비 및 이윤 등을 포함하여야 한다.

(3) 등락폭을 산정함에 있어서는 다음의 기준에 의한다.

　① 물가변동당시가격이 계약단가보다 높고 동 계약단가가 입찰당시가격보다 높을 경우의 등락폭은 물가변동당시가격에서 계약단가를 뺀 금액으로 한다.

　② 물가변동당시가격이 입찰당시가격보다 높고 계약단가보다 낮을 경우의 등락폭은 영으로 한다.

(4) 지수조정률은 계약금액의 산출내역을 구성하는 비목군 및 다음의 지수 등의 변동률에 따라 산출한다.

　① 생산자물가기본분류지수 또는 수입물가지수

　② 정부·지방자치단체 또는 공공기관이 결정·허가 또는 인가하는 노임·가격 또는 요금의 평균지수

　③ 조사·공표된 가격의 평균지수

(5) 조정금액은 계약금액 중 조정기준일 이후에 이행되는 부분의 대가에 품목조정률 또는 지수조정률을 곱하여 산출한다.

(6) 계약상 조정기준일전에 이행이 완료되어야 할 부분은 물가변동적용대가에서 제외한다. 다만, 정부에 책임이 있는 사유 또는 천재·지변 등 불가항력의 사유로 이행이 지연된 경우에는 물가변동적용대가에 이를 포함한다.

(7) 선금을 지급한 경우의 공제금액의 산출은 다음 산식에 의한다.

> 공제금액 = 물가변동적용대가 × (품목조정률 또는 지수조정률) × 선금급률

(8) 물가변동당시가격을 산정하는 경우에는 입찰당시가격을 산정한 때에 적용한 기준과 방법을 동일하게 적용하여야 한다.

(9) 등락률을 산정함에 있어 용역계약의 노무비의 등락률은 최저임금을 적용하여 산정한다.

(10) 계약상대자로부터 계약금액의 조정을 청구받은 날부터 30일 이내에 계약금액을 조정하여야 한다.

2 서술형 문제 해설

01 공동도급(Joint Venture)의 활성화 방안

I. 개 요

(1) 2개 이상의 사업자가 공동으로 어떤 일을 도급받아 공동계산하에 계약을 이행하는 도급형태이다.

(2) 공동도급의 특성

┌ 공동 목적성
├ 손익 분담성
└ 일시성 및 임의성

(3) 계약이행방식에 의한 구분

공동이행방식	공동출자 또는 파견하여 공사 수행
분담이행방식	분담하여 공사 수행
주계약자형 공동도급	주계약자가 종합계획, 관리 및 조정하여 수행

II. 활성화방안

(1) 중소건설업 공동기업체 장려제도 도입

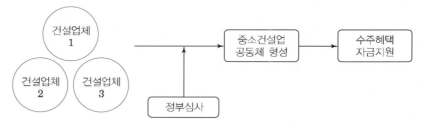

(2) 수급체의 단일회계 체제(공동수급체에 대한 사업자 인정)

공동이행방식 → 공동수급체 사업자 인정

(3) 건설업의 EC화

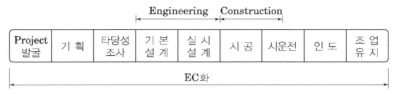

(4) 건설업의 전문화

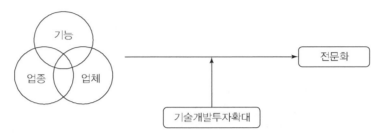

(5) 공동도급 내용 심사
① 구성원의 자격
② 상호보완 가능성 심사
③ 목적 달성 여부

(6) 표준계약서 보완
① 권한과 책임을 명확히 배분
② 조직 및 기능체계 확립

(7) 하자보수 이행 문서화
① 공동도급계약의 구분 명확히 할 것
② 공동부분 하자보수 이행을 문서화 시행
③ 하자보수 분쟁 해결

(8) 업체의 기술개발
① 해외연수 및 기술교류 → 전문인력 육성
② 전문연구소 건립

(9) 주계약자형 공동도급 확대
① 비율이 가장 큰 업체를 주계약자로 선정
② 공사 전체에 대한 연대 책임
③ 실적 → 나머지 업체(일반건설업체) 실적의 1/2 포함
④ 종합계획, 관리 및 조정 역할

(10) CM 도입

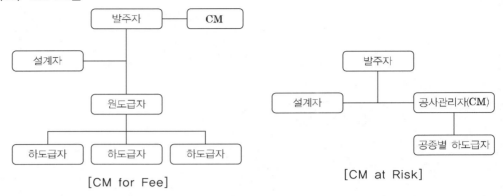

[CM for Fee]

[CM at Risk]

(11) 제도개선
① Paper Joint 방지를 위한 법적 강화
② 지역업체와의 공동의무화 활성화하여 중소건설업체의 보호
③ 발주자의 심사체계 개선

Ⅲ. 결 론
(1) 사무업무의 표준화를 통한 제도의 개선 및 산학연·관의 공동연구 및 노력이 필요하다.
(2) 공동도급의 상호 임무 유지

  ─ 인사관리 공정성 유지
  ─ 주구성원 상호의견 존중
  ─ 특정회사의 성격을 배제

02 Turn Key 방식의 문제점과 개선방안

I. 개 요

(1) Turn Key 방식은 시공업자가 건설공사에 대한 재원조달, 토지구매, 설계 및 시공, 시운전 등의 모든 서비스를 발주자를 위해 제공하는 방식이다.

(2) Turn Key 업무영역

II. Turn Key 방식

(1) Design Build 방식

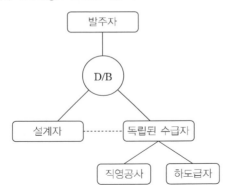

(2) Design Manage 방식

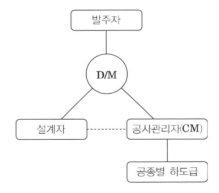

III. 문제점

(1) 설계심의제도 미흡
  ① 설계도서 및 제한서를 객관적으로 평가할 수 있는 기준 및 평가 미흡
  ② 심사자와 평가자의 부조리 발생 우려
  ③ 전문가로 구성된 심사기준의 미정립

(2) 선정기준 미흡
  ① 제한경쟁으로 참여를 제한
  ② 대상 공사 선정에 합리적 기준 미흡

(3) 발주자 의견 미반영
① 발주자측 전문인력 부족으로 심사 미참여
② 발주자 의도와 상이한 설계의 선정 우려
③ 발주자 의견을 무시한 Turn Key 단독성 우려

(4) 입찰준비일수 부족

(5) 과다경비 지출
입찰에 탈락시 설계비용 등 경비과다 부담

(6) 실적위주경쟁 및 저가입찰의 우려
① 시공능력과 무관한 경쟁
② 실적 보유를 위한 Dumping 경쟁 우려
③ 신규업체 참가 제한 및 중소업체 육성 저해

Ⅳ. 개선방안
(1) EC화 능력 배양

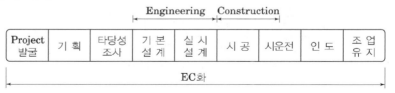

(2) 객관적 심사기준 및 설계평가기준 마련
① 객관성 유지를 위한 제도적 장치 마련
② 신기술 신공법 채택의 배려가 필요
③ 대안제시 등 공기단축, 원가절감, 안전성 등 우선 선택

(3) 탈락업체 실비보상(설계비)
① 비용절감을 위해 기본설계로 입찰참여 제도 개선
② 등록서류의 간소화 및 전산화

(4) 낙찰자 선정방식 개선
  ① 공사규모에 맞는 적정입찰기준 선정
  ② 발주자측 전문인력 양성 및 참여
  ③ 우수전문기관 및 전문인력에 의한 적정낙찰자 선정

(5) 신기술 지정 및 보호제도
  신기술 개발한 업체에게 수의계약 가능

(6) 입찰업체에 대한 심사
  ① 경영상태, 시공경험, 기술능력, 신인도 등을 정확하게 파악
  ② 기술자 보유능력, Project 수행능력 파악
  ③ 산·학·연·관에 의한 정확한 파악

(7) 업체의 기술개발
  ① 해외연수 및 기술교류 → 전문인력 양성
  ② Engineering 능력 강화
  ③ 기술연구소 설립

V. 결 론

(1) 신뢰성 있는 평가와 평가에 대한 객관성을 부여하고 신기술 신공법에 따른 변화된 Turn Key 제도를 마련한다.
(2) 건설업의 EC화 배양 및 종합건설업 제도가 빨리 이루어져야 한다.

03 CM(건설사업관리)의 문제점과 개선방안

I. 개 요

(1) 건설공사에 관한 기획, 타당성 조사, 분석, 설계, 조달, 계약, 시공관리, 감리, 평가, 사후관리 등에 관한 업무의 전부 또는 일부를 수행하는 제도이다.

(2) 이에 대한 문제점과 개선방안에 대해 검토하고자 한다.

II. CM의 목적

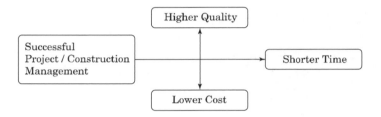

III. 문제점

(1) CM 인식의 문제점

① CM의 위상 및 중요성에 대한 최고 경영층의 인식 부족

② 설계영역에 대한 침해 우려

③ 건설회사의 시공부문에 대한 집착

④ 자체기술력 부족으로 CM에 대처

(2) Software 기술에 관한 인식 부족

① 계획, 운영, 관리 및 감리 등에 대한 소홀한 인식

② CM 방식 채택의 장점과 배경 확산시킬 것

(3) 제도 미흡

① CM 공사를 위한 계약서, 계약조건 미비

② 독립된 CM 용역비에 대한 기준 미흡

(4) 전문업체 및 인력 부족

① 대학교육의 부실과 취업 후 현장경험을 통한 실무 습득 수준

② CM 전문인력 양성을 위한 교육 부족

(5) 역할과 업무범위 미비

① CM 기대효과에 대한 확신 미흡

② 제도활용에 대한 위험

③ CM 발주의 활성화 미흡

④ 특정공사에 편중

(6) CM 용역비 과소 책정

① 사업관리에 대한 업무가 추가됨에도 용역비의 책정이 잘못됨

② 감리자 역할 외에 CM 환경이 마련되지 못함

Ⅳ. 개선방안

(1) 제도적 장치 마련

① 공사관리에 대한 관련 법규 마련

② CM 전문회사의 등록기준, 평가기준 및 전문인력 보유에 대한 규정 마련 → 외국 업체들과 동등하게 비교

(2) 종합건설업 제도의 도입

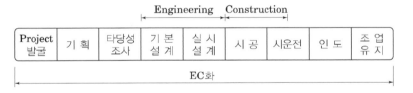

(3) 고급 Construction Manager의 육성

① 장기간의 집중적인 전문 CM 교육

② 해외 CM 프로젝트 현장 연수

③ 기술자들의 전문화

④ 해외 CM 관련 자격증 취득

⑤ 학교와 기업이 적극 참여하는 공동의 산학교육

(4) CM 전문회사의 육성

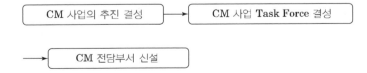

(5) 부분별 CM 체계의 구축(CM의 인프라 구축)
　① 공정관리 시스템 구축
　② 원가관리체계의 표준화, 공종별 Code of Account 개발
　③ 통합건설시스템(CIC) 개발
　④ 품질보증 시스템 구축

(6) 기술개발
　① 기술연구소 설립
　② 경영진의 지원 확대
　③ CM 교육프로그램 개발

(7) 적정금액의 용역비 보장
　공사비의 3~8%를 보장함으로써 CM의 활성화 도모

V. 결 론

(1) 정부는 제반법규, 규정 등 절차적인 분야에 대한 개선노력이 필요하다.
(2) 기업은 경영전략의 선진화와 기술개발 및 전문인력육성에 관한 산·학·관의 공동노력을 하여야 한다.

건설관리

Chapter 02

Chapter 02 건설관리(공정 · 품질 · 원가 · 안전 · 총론)

제 1 절 공정관리

1 핵심정리

I. 공정표의 종류

1. 횡선식(Bar Chart)

제1차 세계대전 중에 미육군 병기국에서 병기생산작업을 계획하고 통제하기 위해 창안된 가장 직접적이고 쉽게 이해할 수 있는 공정관리기법

OO신축공사		공정표						□예정 ■실시
공사명	진도	3월 10 20	4월 10 20	5월 10 20	6월 10 20	7월 10 20	8월 10 20	비고
가설공사								
기초공사								
철근콘크리트공사								
방수공사								
조적공사								
목공사								

└► 횡선식 막대 그래프를 이용하여 작업의 특정한 시점과
기간을 표시하고 계획과 진행을 비교할 수 있음

2. 사선식(S-Curve)

바나나 형 S-Curve를 이용한 진도관리 방안은 공정계획선의 상하에 허용한계선을 표시하여 공사를 수행하는 실제의 과정이 그 한계선내에 들어가도록 공정을 조정하고, 공정의 진척정도를 표시하는데 활용된다.

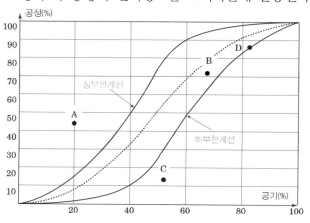

① A: 공기는 빠르나, 부실공사우려가 있으니 충분히 검토할 사항
② B: 적정한 공사진행으로 그 속도로 계속 진행 요망
③ C: 공정이 늦은 상태로 공기단축 요망
④ D: 하부한계선 안에 있으나 공기촉진 요망
 ⇒ 바나나 형 S-Curve(사선식) 공정표는 횡선식 공정표의 결점을 보완하고 정확한 진도관리를 위해 사용하는 것으로 공사의 진도를 파악하는데 적합하다.

3. PERT(Program Evaluation and Review Technique)

프로젝트를 서로 연관된 소작업(Activity)으로 구분하고 이들의 시작부터 끝나는 관계를 망(Network)형태로 분석하는 기법이다.

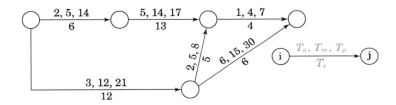

기대치: Te(Expected Time)
낙관치: To(Optimistic Time)
최빈치: Tm(Most Likely Time)
비관치: Tp(Pessimistic Time)

$$Te = \frac{T_o + 4T_m + T_p}{6}$$

표준편차 $St = \dfrac{T_p - T_o}{6}$

분산 $Vt = \left(\dfrac{T_p - T_o}{6}\right)^2$

4. CPM(Critical Path Method)

네트워크(Network) 상에 작업간의 관계, 작업소요시간 등을 표현하여 일정 계산하고 전체공사기간을 산정하며, 공사수행에서 발생하는 공정상의 제문제를 도해나 수리적 모델로 해결하고 관리하는 기법

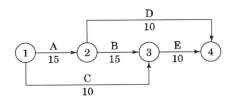

• PERT와 CPM의 비교표

구분	PERT	CPM
배경	해군	Dupont
목적	공기단축	공사비 절감
일정계산	Event 중심	Activity 중심
시간견적	3점 추정	1점 추정
대상	신규사업	반복사업
여유시간	Slack	Float
MCX(공기단축)	무	유

5. PDM(Precedence Diagraming Method)

상호의존적인 병행활동을 허용하는 특성으로 반복적이고 많은 작업이 동시에 필요한 경우에 유용한 네트워크 공정기법

1) 표기방법

[타원형 노드]

[네모형 노드]

2) 작업간의 연결(중첩) 관계

① 개시－개시(STS)

② 종료-종료(FTF)

③ 개시-종료(STF)

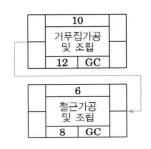

④ 종료-개시(FTS)

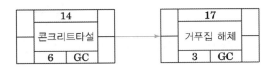

6. Overlapping 기법

PDM기법을 응용발전시킨 것으로 지연시간(Lag)을 갖는 작업관계를 간단하게 표시하여 실제 공사의 흐름을 잘 파악할 수 있도록 표기하는 기법

1) 작업간의 연결(중첩) 관계

① 개시와 개시관계(STS : Start to Start)
② 종료와 개시관계(FTS : Finish to Start)
③ 종료와 종료관계(FTF : Finish to Finish)
④ 개시와 종료관계(STF : Start to Finish)

2) 실례

① 횡선식 :

② PDM :

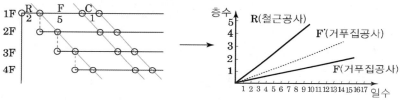

③ Overlapping :

5
터파기

8	GC

6
잡석깔기

14	GC

[개시-개시관계에서
2일의 lag를 갖는 경우]

20
아스팔트방수

4	GC

21
누름콘크리트 타설

6	GC

[종료-개시관계에서
2일의 lag를 갖는 경우]

7. LOB(Line of Balance, Linear Scheduling Method)

반복작업에서 각 작업조의 생산성을 유지시키면서 그 생산성을 기울기로 하는 직선으로 각 반복작업의 진행을 표시하여 전체공사를 도식화하는 기법

거푸집 공사를 생산성 향상을 위해 F로 할 것인가를 결정
→ F′로 생산성 향상을 하면 공기는 단축되나 그에 따른 공사비가 증가된다.

$$UPRI = \frac{Ui}{Ti}$$

┌ UPRI : 단위작업 생산성
├ Ui : 작업 I에 의해 완성된 단위작업의 수
└ Ti : 단위작업의 수를 완성하는데 필요한 시간

8. TACT 공정관리

① 작업부위를 일정하게 구획하고 작업시간을 일정하게 통일시켜 선후행 작업의 흐름을 연속적으로 만드는 기법

② 다공구동기화(多工區同期化)

- 각 작업을 층별, 공종별로 세분화 → 다공구
- 각 액티비티 작업기간이 같아지게 인원, 장비배치 → 동기화
- 같은 층내의 작업들의 선후행 관계를 조정한 후 층별작업이 순차적으로 진행되도록 계획

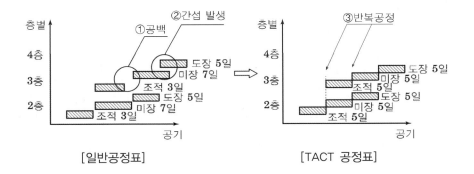

[일반공정표]　　　　　　　　[TACT 공정표]

Ⅱ. Network

1. 기본원칙

① 공정원칙 : 모든 작업은 순서에 따라 배열 및 완료
② 단계원칙 : 작업의 개시와 종료는 Event로 연결, 완료 전 후속작업 불가
③ 활동원칙 : Event 사이에는 1개 Activity만 존재, Dummy 설치
④ 연결원칙 : 각 작업은 화살표를 한쪽 방향으로만 표시, 일방통행 원칙

암기 point

공 단 에서 활 동하는 연

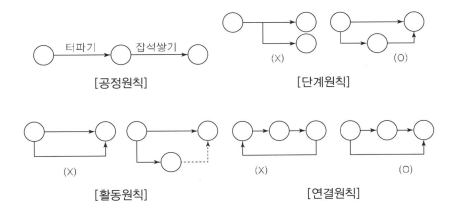

2. 구성요소

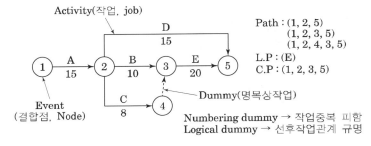

① Event(단계, 결합점, Node) : 작업의 개시와 종료점

② Activity(작업, 활동, Job) : 단위작업

③ Dummy ┌ Numbering dummy : 작업의 중복을 피함
         └ Logical dummy : 작업의 선후관계 규명

④ Path(경로) : 2개 이상의 Activity가 연결되는 작업진행경로

⑤ L.P(Longest Path) : 임의의 두 결합점에서 가장 긴 Path

⑥ C.P(Critical Path) : 최초 개시점에서 마지막 종료점까지의 가장 긴 Path

3. 일정계산

① EST(Earliest Starting Time) : 전진계산 → 최대값

② EFT(Earliest Finishing Time) : EST+D

③ LST(Latest Starting Time) : LFT−D

④ LFT(Latest Finishing Time) : 후진계산 → 최소값

⑤ TF(Total Float, 전체여유) : 한 작업이 가질 수 있는 최대여유시간

⑥ FF(Free Float, 자유여유) : 후속작업 EST에도 영향을 미치지 않는 범위 내에서 가질 수 있는 여유시간

⑦ DF(Dependent Float, IF, 독립여유) : 후속작업의 EST에는 영향을 미치지만 전체공사기간에는 영향을 미치지 않는 범위 내에서 가질 수 있는 여유시간

⑧ Float의 계산방법

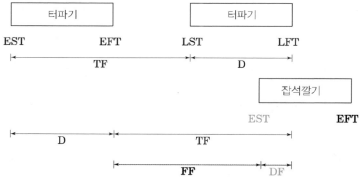

가. TF(Total Float, 전체여유)
  • 그 작업의 LFT - 그 작업의 EFT
  • 그 작업의 LST - 그 작업의 EST

나. FF(Free Float, 자유여유)
  • 후속작업의 EST - 그 작업의 EFT
  • 후속작업의 EST - 그 작업의 (EST+D)

다. DF(Dependent Float, 간섭여유)
  • TF(Total Float) − FF(Free Float)

Ⅲ. 공기단축(MCX : Minimum Cost Expediting → 최소비용으로 공기단축하는 기법)

1. 비용구배(Cost Slope)

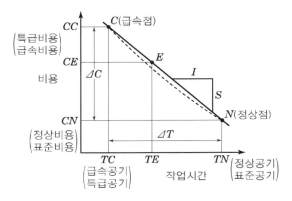

$$S(비용구배) = \frac{\Delta C}{\Delta T} = \frac{CC - CN}{TN - TC}$$

$$비용구배 = \frac{특급비용 - 표준비용}{표준공기 - 특급공기}(원/일)$$

2. 공기단축순서

① 주공정선(Critical Path) 상의 작업을 선택한다.
② 단축 가능한 작업이어야 한다.
③ 우선 비용구배가 최소인 작업을 단축한다.
④ 단축한계까지 단축한다.
⑤ 보조주공정선(Sub-critical Path)의 발생을 확인한다.
⑥ 보조주공정선의 동시 단축 경로를 고려한다.
⑦ 앞의 순서를 반복한다.

Ⅳ. 자원배당

1. 목적

① 소요자원의 급격한 변동을 줄일 것
② 일일 동원자원을 최소로 할 것
③ 유휴시간을 줄일 것
④ 공기 내에 자원을 균등하게 할 것

암기 point
변 자 시 공

2. 방법

① 자원이 제한된 경우(Limited Resource)

자원할당은 그 제한수준 내에서 공사기간의 연장이 최소가 되게 하는 것

② 자원의 제한이 없는 경우(Unlimited Resource)

자원평준화는 지정된 공기 내에서 일일 최대자원동원 수준을 최소로 낮추어 자원의 이용률을 높이는 것

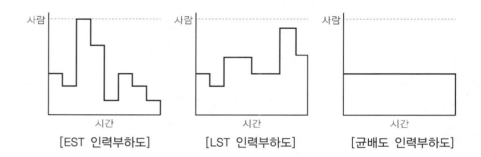

[EST 인력부하도]　　　[LST 인력부하도]　　　[균배도 인력부하도]

3. 순서

공정표 작성 → 일정계산 → EST 부하도 → LST 부하도 → 균배도

4. 실례

1) 공정표

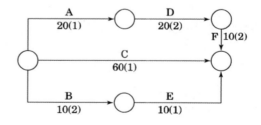

2) 일정계산

작업	공기	EST	EFT	LST	LFT
A	20	0	20	10	30
B	10	0	10	40	50
C	60	0	60	0	60
D	20	20	40	30	50
E	10	10	20	50	60
F	10	40	50	50	60

3) EST에 의한 인력부하도

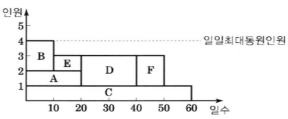

4) LST에 의한 인력부하도

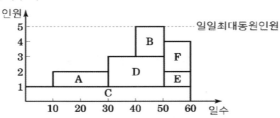

5) 균배도에 의한 인력부하도

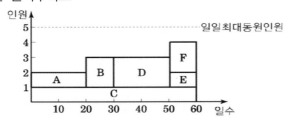

6) 자원배당방법
  ① 자원 제한 : 최대동원인원을 3명으로 제한하면 F작업이 공기 연장이 될 수 있음 → 공기연장이 되지 않도록 최대한 노력할 것
  ② 자원 미제한 : 공기 내에 공사가 완료될 수 있으나 1일 최대동원인원이 증가될 수 있음 → 1일 최대동원인원의 증가가 최소화가 될 수 있도록 노력할 것

V. 진도관리

1. 공기지연형태

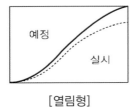

[열림형]

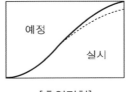

[후열림형]

① 초기~말기까지 지연 증가   ① 후기 심하게 지연

② 시공자 小, 노동력 小, 자재반입 小   ② 후기 기후적 요인

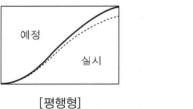

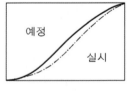

[평행형]   [닫힘형]

① 공사초기에 예측 못한 상황 발생   ① 전반에 공기지연, 후반에 만회

② 공사 만회 不   ② 양호한 진도관리

2. EVMS(Earned Value Management System)

1) EVMS의 구성

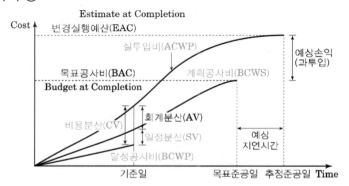

2) EVMS의 측정요소 및 분석요소

구분	약어	용어	내용	비고
측정요소	BCWS	Budget Cost for Work Schedule (=PV, Planned Value)	계획공사비 Σ(계약단가×계약물량) +예비비	예산
	BCWP	Budget Cost for Work Performed (=EV, Earned Value)	달성공사비 Σ(계약단가×기성물량)	기성
	ACWP	Actual Cost for Work Performed (=AC, Actual Cost)	실투입비 Σ(실행단가×기성물량)	
분석요소	SV	Schedule Variance	일정분산	BCWP-BCWS
	CV	Cost Variance	비용분산	BCWP-ACWP
	SPI	Schedule Performance Index	일정 수행 지수	BCWP/BCWS
	CPI	Cost Performance Index	비용 수행 지수	BCWP/ACWP

3) EVMS의 검토결과

CV	SV	평가	비고
+	+	비용 절감 일정 단축	• 가장 이상적인 진행
+	−	비용 절감 일정 지연	• 일정 지연으로 인해 계획 대비 기성금액이 적은 경우 → 일정 단축 및 생산성 향상 필요 • 일정 지연과는 무관하게 생산성 및 기술력 향상으로 인해 실제로 비용 절감이 이루어진 상태 → 일정 단축 필요
−	+	비용 증가 일정 단축	• 일정 단축으로 인해 계획 대비 기성금액이 많은 경우 → 계획 대비 현금 흐름 확인 필요 • 일정 단축과는 무관하게 실제 투입비용이 계획 보다 증가한 경우 → 생산성 향상 필요
−	−	비용 증가 일정 지연	• 일정 단축 및 생산성 향상 대책 필요

VI. 공기와 시공속도

1. 공기와 매일 기성고(시공속도)

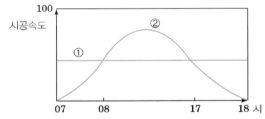

1) 그림 ①은 일일 시공속도를 매일 동일한 시공속도로 공사를 진행할 때는 직선
2) 그림 ②는 초기에는 안전회의, 작업준비 등으로 작업이 더디고, 중기에는 활발하게 작업을 하며, 후기에는 자재정리 등으로 작업이 느려 일반적으로 산형(山形)
3) ①, ② 선의 하부면적은 전체 공사량을 나타내며, 모두 동일한 면적

2. 공기와 누계 기성고

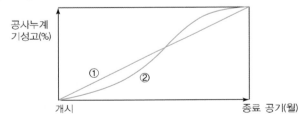

1) 그림 ①은 동일한 시공속도로 공사를 진행할 때의 공사누계 기성고
2) 그림 ②는 일반적인 공사현장에서 공사를 진행할 때의 공사누계 기성고

3. 최적시공속도(경제속도, 최적공기)

최적공기란 직접비와 간접비의 합인 총공사비가 최소가 되는 가장 경제적인 공기를 말한다.

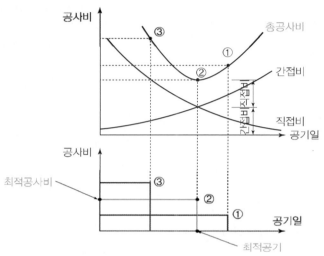

1) 총공사비는 직접비와 간접비의 합
2) 공기단축 시(③) 직접비는 증가하나, 간접비는 감소
3) 공기연장 시(①) 직접비는 감소하나, 간접비는 증가
4) 총공사비가 최소인 지점(②)이 최적공기 및 최적공사비

4. 채산시공속도

매일기성고가 손익분기점(BEP, 수입과 직접비가 일치하는 곳) 이상되는 시공량

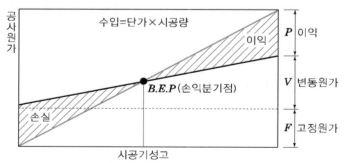

공사원가 ⌈ 고정비 : 시공량의 증감에 따라서 영향이 없는 비용
　　　　 ⌊ 변동비 : 시공량의 증감에 따라 변동하는 비용

Ⅶ. Milestone(중간관리일, 이정표)

전체 공사과정 중 관리상 특히 중요한 몇몇 작업의 시작과 종료를 의미하는 특정시점(Event)

1. 한계착수일(Not Earlier Than Data)

: 지정된 날짜보다 일찍 작업에 착수할 수 없는 날짜

2. 한계완료일(Not Later Than Data)

: 지정된 날짜보다 늦게 완료되어서는 안되는 날짜

3. 절대완료일(Not Later & Not Earlier Than Data)

: 정확한 날짜에 완성되어야 하는 날짜

Ⅷ. Lag

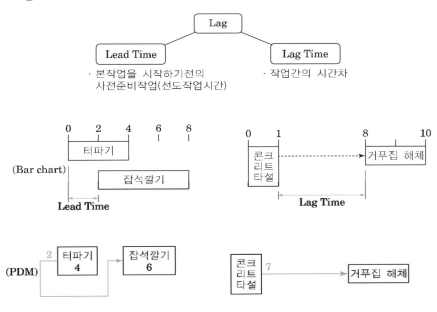

Chapter 02

건설관리(공정·품질·원가·안전·총론)

제 2 절 품질관리

1 핵심정리

Ⅰ. 품질관리의 7가지 도구(Tool)

암기 point

괜 히 파 와 특 산 물을
먹고 체 중(층)이 늘었다.

No	수법	내용	형상	특징
1	관리도	중심선 주위에 적절한 관리한계선을 두어 일의 성과를 관리하며 공정이 안정된 상태에 있는지 확인하는 일종의 꺾은선 그래프	상부관리한계선 / 중심선 / 하부관리한계선	• 건설공사에서 주로 사용 • 공정관리나 분석이 용이
2	히스토그램	길이, 무게, 시간 등의 계량값을 나타내는 데이터가 어떤 분포를 하고 있는지 알기 쉽게 나타낸 그림	규격 / 하한 제품 상한	• 분포의 모습, 평균값, 분산, 최대값, 최소값 등을 일목요연하게 알 수 있다.
3	파레토	불량, 결점, 고장, 손실금액 등 개선하고자 하는 것을 상황별이나 원인별 등의 항목으로 분류하여 가장 큰 항목부터 차례로 나열한 막대그래프	100% / 항목	• 개선해야 할 부분을 명확히 보여주며, 개선 전후의 비교를 용이하게 보여줌
4	특성요인도	어떤 제품의 품질특성을 개선하고자 할 경우, 그 특성에 관련된 여러 가지 요인들의 상호관련 상태를 찾아내어, 그 관계를 명확히 밝혀 품질개선에 이용	대요인 / 소요인 / 특성	• 문제에 대한 원인을 여러 각도에서 검토하는 기법 • 문제에 미숙한 사람에게 교육시키기에 좋은 도구
5	산포도	상호관계가 있는 두 변수(예로 신장과 체중, 연령과 혈압 등) 사이의 관계를 파악하고자 할 때 사용하며, 원인과 결과가 되는 변수일 경우 더욱 의미가 있다.	특성값A / 특성값B	• 상관관계를 쉽게 파악하는 것이 가능 • 관리하기 위한 최적의 범위를 정할 때 사용
6	그래프	동일한 데이터라도 표시하는 방법에 따라 보는 사람에게 관점이 달리 해석될 수 있다.	(원형 그래프)	• 추세나 항목별 비교가 용이하다.
7	층별	원인과 결과를 분류해본 것	특성값A / 기계 H / 기계 I / 특성값B	• 2 이상의 원인과 2 이상의 결과에서 데이터처리를 하는 데 필요

Ⅱ. 품질관리비 [건설기술진흥법 시행규칙 별표6]

1. 품질시험비

① 공공요금: 정부고시 공공요금

② 재료비: 인건비 및 공공요금의 1/100

③ 장비손료: $\dfrac{(상각률+수리율)\times기계가격}{연간표준장비가동시간\times내용연수}\times장비가동시간$

　　　　　또는 품질시험 인건비의 1/100

④ 품질시험에 필요한 시설비용, 시험 및 검사기구의 검정·교정비: 품질시험비의 3/100

⑤ 각종 경비: 실비 계상

⑥ 외부의뢰 시험: 품질시험비의 한도 내, 건설사업관리용역업자와 협의

2. 품질관리활동비

① 품질관리 업무를 수행하는 건설기술인 인건비: 대한건설협회 및 한국엔지니어링진흥협회 노임단가, 시험관리인 인건비 제외

② 품질관련 문서 작성 및 관리에 관련한 비용: 인건비의 1/100

③ 품질관련 교육·훈련비: 인건비의 1/100

④ 품질검사비: 품질시험비의 1/100

⑤ 그 밖의 비용: ①+②+③+④의 1/100 이내

Ⅲ. 품질관리(시험)계획 수립대상 공사 [건설기술진흥법 시행령 제89조]

1. 품질관리계획 대상

① 감독 권한대행 등 건설사업관리 대상인 건설공사로서 총공사비가 500억원 이상인 건설공사

② 다중이용 건축물의 건설공사로서 연면적이 30,000m² 이상인 건축물의 건설공사

③ 해당 건설공사의 계약에 품질관리계획을 수립하도록 되어 있는 건설공사

2. 품질시험계획 대상

① 총공사비가 5억원 이상인 토목공사

② 연면적이 660m² 이상인 건축물의 건축공사

③ 총공사비가 2억원 이상인 전문공사

Ⅳ. 품질시험계획

1. 시설 및 건설기술인 배치기준[건설기술진흥법 시행규칙 별표5]

대상공사 구분	공사규모	시험·검사 장비	시험실 규모	건설기술인
특급 품질관리 대상공사	품질관리계획을 수립해야 하는 건설공사로서 총공사비가 1,000억원 이상인 건설공사 또는 연면적 5만 m² 이상인 다중이용 건축물의 건설공사	영 제91조제1항에 따른 품질검사를 실시하는 데에 필요한 시험·검사장비	50m² 이상	•특급1명(품질 경력 3년) 이상 •중급1명 이상 •초급1명 이상
고급 품질관리 대상공사	품질관리계획을 수립해야 하는 건설공사로서 특급품질관리 대상 공사가 아닌 건설공사		50m² 이상	•고급1명(품질 경력 2년) 이상 •중급1명 이상 •초급1명 이상
중급 품질관리 대상공사	총공사비가 100억원 이상인 건설공사 또는 연면적 5천 m² 이상인 다중이용 건축물의 건설공사로서 특급 및 고급품질관리 대상 공사가 아닌 건설공사		20m² 이상	•중급1명(품질 경력 1년) 이상 •초급1명 이상
초급 품질관리 대상공사	품질시험계획을 수립해야 하는 건설공사로서 중급품질관리 대상 공사가 아닌 건설공사		20m² 이상	•초급1명 이상

① 건설공사 품질관리를 위해 배치할 수 있는 건설기술인은 신고를 마치고 품질관리 업무를 수행하는 사람으로 한정한다.

② 발주청 또는 인·허가기관의 장이 특히 필요하다고 인정하는 경우에는 공사의 종류·규모 및 현지 실정과 국립·공립 시험기관 또는 건설엔지니어링사업자의 시험·검사대행의 정도 등을 고려하여 시험실 규모 또는 품질관리 인력을 조정할 수 있다.

2. 건설기술인 교육·훈련의 대상, 시간 및 이수시기[건설기술진흥법 시행령 별표3]

1) 기본교육

교육·훈련 대상	교육·훈련 시간	교육·훈련 이수시기
건설기술 업무를 수행하려는 건설기술인	35시간 이상	최초로 건설기술 업무를 수행하기 전

2) 전문교육(품질관리 업무를 수행하는 건설기술인)

교육·훈련 종류	교육·훈련 대상	교육·훈련 시간	교육·훈련 이수시기
최초교육	초급·중급·고급·특급 건설기술인	35시간 이상	건설엔지니어링사업자, 건설사업자 또는 주택건설등록업자에 소속되어 최초로 품질관리 업무를 수행하기 전
계속교육	초급·중급·고급·특급 건설기술인	35시간 이상	품질관리 업무를 수행한 기간이 매 3년을 경과하기 전. 다만, 최근에 승급교육을 이수한 경우에는 그 이수일을 기준으로 업무수행 기간을 계산한다.
승급교육	초급·중급·고급 건설기술인	35시간 이상	현재 등급보다 높은 등급으로 승급하기 전

3. 품질관리 업무를 수행하는 건설기술인의 업무 [건설기술진흥법 시행령 제91조]

① 품질관리계획 또는 품질시험계획의 수립 및 시행
② 건설자재·부재 등 주요 사용자재의 적격품 사용 여부 확인
③ 공사현장에 설치된 시험실 및 시험·검사 장비의 관리
④ 공사현장 근로자에 대한 품질교육
⑤ 공사현장에 대한 자체 품질점검 및 조치
⑥ 부적합한 제품 및 공정에 대한 지도·관리

Chapter 02 건설관리(공정·품질·원가·안전·총론)

제 3 절 원가관리

1 핵심정리

Ⅰ. 원가구성요소

1. 재료비: 규격별 재료량×단위당 가격
2. 노무비: 공종별 노무량×노임단가
3. 외주비: 공사재료, 반제품, 제품의 제작공사의 일부를 따로 위탁하고 그 비용을 지급하는 것
4. 경비: 비목별 경비의 합계액
5. 간접공사비
   ① 시공을 위하여 공통적으로 소요되는 법정경비 및 기타 부수적인 비용
   ② 간접노무비, 산재보험료, 고용보험료, 국민건강보험료, 국민연금보험료, 건설근로자퇴직공제부금비, 산업안전보건관리비, 환경보전비, 법정경비
   ③ 기타간접공사경비: 수도광열비, 복리후생비, 소모품비, 여비, 교통비, 통신비, 세금과 공과, 도서인쇄비 및 지급수수료
6. 현장경비
   ① 전력비, 복리후생비, 세금 및 공과금 등 공사 현장에서 현장 관리에 투입되는 경비.
   ② 현장 경비와 일반 관리 경비 등을 합한 제경비
7. 일반관리비: (재료비+노무비+경비)×일반관리비율
8. 이윤: (노무비+경비+일반관리비)×이윤율
9. 공사손해보험료: (총공사원가+관급자재대)×요율

1. 실행예산

공사의 목적물을 계약된 공기 내에 완성하기 위하여 공사현장의 여건 및
시공상의 조건 등을 조사, 검토, 분석한 후 계약내역과는 별도로 작성한
실제 소요공사비를 말한다.

종류	내용
가 실행예산	계약의 일반조건, 특수조건, 시방서, 공사물량, 설계도서 등을 재검토하여 본 실행예산 편성 시까지의 공사에 대한 가 소요 예산
본 실행예산	공사계약 체결 후 당해 공사의 현장여건 등을 분석 후 공사 수행을 위하여 세부적으로 작성한 예산
변경 실행예산	설계변경, 추가공사 발생, 또는 기타 사유로 인하여 본 실행예산을 변경 수정하는 실행예산

Ⅱ. Cost down 기법

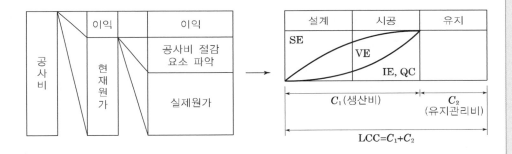

관리기법	Cost down
SE	최적공법
VE	=Function/Cost
IE	노무절감
QC	품질관리

Ⅲ. VE(Value Engineering)

1. 정의

최소의 생애주기비용으로 시설물의 기능 및 성능, 품질을 향상시키기 위하여 여러 분야의 전문가로 설계VE 검토조직을 구성하고 워크숍을 통하여 설계에 대한 경제성 및 현장 적용의 타당성을 기능별, 대안별로 검토하는 것을 말한다.

2. VE 분석기준

$$V(가치) = \frac{F(기능/성능/품질)}{C(비용/LCC)}$$

3. 기능분석의 핵심요소

1) 기능정의(Define Functions)
   ① 기능정의(Identify): 명사+동사
   ② 기능분류(Classify): 기본기능과 보조기능
   ③ 기능정리(Organize) FAST: How−Why 로직, 기능중심
2) 자원할당(Allocate Resources): 자원을 기능에 할당
3) 우선순위 결정(Prioritize Functions): 가장 큰 기회를 가진 기능을 선택

4. 설계 VE 검토업무 절차 및 내용

1) 준비단계(Pre−Study)

   검토조직의 편성, 설계VE대상 선정, 설계VE기간 결정, 오리엔테이션 및 현장답사 수행, 워크숍 계획수립, 사전정보분석, 관련자료의 수집 등을 실시

2) 분석단계(VE−Study)

   선정한 대상의 정보수집, 기능분석, 아이디어의 창출, 아이디어의 평가, 대안의 구체화, 제안서의 작성 및 발표

3) 실행단계(Post−Study)

   설계VE 검토에 따른 비용절감액과 검토과정에서 도출된 모든 관련자료를 발주청에 제출하여야 하며, 발주청은 제안이 기술적으로 곤란하거나 비용을 증가시키는 등 특별한 사유가 없는 한 설계에 반영

5. 설계 VE의 실시대상공사 [건설기술진흥법 시행령 제75조]

① 총공사비 100억 원 이상인 건설공사의 기본설계, 실시설계

② 총공사비 100억 원 이상인 건설공사로서 실시설계 완료 후 3년 이상 지난 뒤 발주하는 건설공사

③ 총공사비 100억 원 이상인 건설공사로서 공사시행 중 총공사비 또는 공종별 공사비 증가가 10% 이상 조정하여 설계를 변경하는 사항

④ 그 밖에 발주청이 설계단계 또는 시공단계에서 설계VE가 필요하다고 인정하는 건설공사

6. 설계 VE 실시시기 및 횟수 [설계공모, 기본설계 등의 시행 및 설계의 경제성 등 검토에 관한 지침]

① 기본설계, 실시설계에 대하여 각각 1회 이상(기본설계 및 실시설계를 1건의 용역으로 발주한 경우1회 이상)

② 일괄입찰공사의 경우 실시설계적격자선정 후에 실시설계 단계에서 1회 이상

③ 민간투자사업의 경우 우선협상자 선정 후에 기본설계에 대한 설계VE, 실시계획승인 이전에 실시설계에 대한 설계VE를 각각 1회 이상

④ 기본설계기술제안입찰공사의 경우 입찰 전 기본설계, 실시설계적격자 선정 후 실시설계에 대하여 각각 1회 이상 실시

⑤ 실시설계기술제안입찰공사의 경우 입찰 전 기본설계 및 실시설계에 대하여 설계VE를 각각 1회 이상

⑥ 실시설계 완료 후 3년 이상 경과한 뒤 발주하는 건설공사의 경우 공사발주 전에 설계VE를 실시하고, 그 결과를 반영한 수정설계로 발주

⑦ 시공단계에서의 설계의 경제성 등 검토는 발주청이나 시공자가 필요하다고 인정하는 시점에 실시

7. FAST(Function Analysis System Technique)

1) 전통적(Classical) FAST Diagram

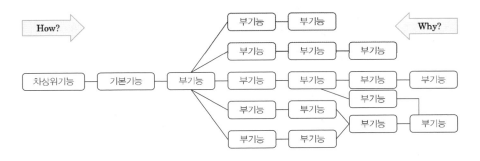

2) 기술적(Technical) FAST Diagram

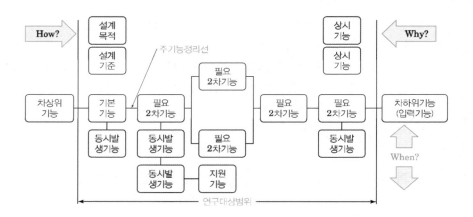

3) 고객중심(Customer Oriented) FAST Diagram

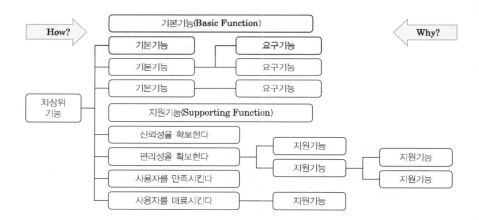

8. 브레인스토밍(Brain Storming)의 원칙(행동규범)

① 모든 아이디어나 제안을 기록한다.
② 현재 프로젝트와 자신을 분리한다.
③ 기존의 지식이나 경험을 무시한다.
④ 엉뚱한 방법을 제안한다.
⑤ 표준과 전통을 무시한다.
⑥ 다른 사람의 아이디어에 편승한다.
⑦ 다른 사람들의 아이디어나 제안에 대한 비평을 금지한다.
⑧ 제안된 아이디어를 개선하기 위해 지속적으로 노력한다.
⑨ 당신이 생각하는 기능의 다른 역할을 유추해본다.

⑩ 가능하다면, 그룹에서 분위기를 흐리는 사람은 제외시킨다.

⑪ 물리학과 생명과학이 어떻게 그 기능을 수행하는지 생각해본다.

⑫ 원초적인 방법과 대량생산의 방법을 고려한다.

IV. LCC(Life Cycle Cost)

1. 정의

시설물의 내구연한 동안 투입되는 총비용을 말한다. 여기에는 기획, 조사, 설계, 조달, 시공, 운영, 유지관리, 철거 등의 비용 및 잔존가치가 포함된다.

2. LCC 구성

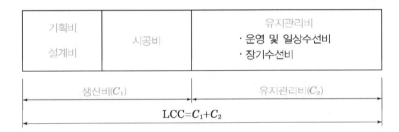

① 운영 및 일상수선비: 일반관리비, 청소비(오물수거비), 일상수선비, 전기료, 수도료, 난방비 등

② 장기수선비: 건축·토목·조경공사수선비, 전기설비공사수선비, 기계설비공사수선비, 통신공사수선비

3. LCC 기법의 진행절차

① LCC 분석: 분석목표확인, 구성항목별 비용산정, 자료축척 및 Feed Back

② LCC 계획: Total Cost 계산, 초기공사비와 유지관리비 비교 후 최적안 선택

③ LCC 관리: LCC 분석에 유지관리비 절감 후 Data화 → 다음 Project에 적용

4. 할인율

① LCC 분석에는 미래의 발생비용을 현재의 가치로 환산하는 과정도 포함한다.

② 환산 시에는 돈의 시간가치의 계산을 위하여 할인율이 이용된다.

③ 이때의 할인율은 대개 은행의 이자율을 사용한다.

5. 실례

LCC 분석을 실시하여 대안과 원안의 비용 차이값을 계산하시오. (단, 사용 수명은 20년, 실질할인율을 7%를 사용)

PW(할인율 현재가치계수) → 10년 : 0.503349, 20년 : 0.255419)

PWA(할인율 연금현재가치계수) → 20년 : 10.594014

	경과년수	원안(카페타일)		대안(비닐타일)	
		추정비용	현재가치	추정비용	현재가치
초기비용		600,000원	600,000원	1,000,000원	1,000,000원
타일교체	10년	100,000원	50,335원		
잔존가치	20년	50,000원	12,771원	200,000원	51,084원
연간유지비용		80,000원	847,521원	30,000원	317,820원
총현재가치			1,485,085원		1,266,736원

해설

1. 원안 : 600,000원 + 50,335원 − 12,771원 + 847,521원 = 1,485,085원
2. 대안 : 1,000,000원 − 51,084원 + 317,820원 = 1,266,736원

   그러므로 비닐타일이 카페타일보다 218,349원이 절감되므로 비닐타일로 시공하는 것이 바람직함

Chapter 02 건설관리(공정·품질·원가·안전·총론)

제 4 절 안전관리

1 핵심정리

I. 안전시설공법
제13장 가설공사의 안전시설공법 참조

II. 법령

1. MSDS(Material Safety Data Sheet)[산업안전보건법 시행규칙 제156조]
방수재 등 화학물질을 안전하게 사용하고 관리하기 위하여 필요한 정보를 기재하고 근로자가 쉽게 볼 수 있도록 현장에 작성 및 비치하는 것을 말한다.

1) MSDS의 작성 및 제출
① 제품명
② 품질안전보건자료대상물질을 구성하는 화학물질 중 유해인자의 분류기준에 해당하는 화학물질의 명칭 및 함유량
③ 안전 및 보건상의 취급주의사항
④ 건강 및 환경에 대한 유해성, 물리적 위험성
⑤ 물리·화학적 특성 등 고용노동부령으로 정하는 사항

2) MSDS에 대한 교육의 시기·내용·방법
① 근로자 교육
 – 물질안전보건자료대상물질을 제조·사용·운반 또는 저장하는 작업에 근로자를 배치하게 된 경우
 – 새로운 물질안전보건자료대상물질이 도입된 경우
 – 유해성·위험성 정보가 변경된 경우
② 사업주는 교육을 하는 경우에 유해성·위험성이 유사한 물질안전보건자료대상물질을 그룹별로 분류하여 교육 가능
③ 사업주는 교육시간 및 내용 등을 기록하여 보존

2. 지하안전평가 [지하안전관리에 관한 특별법 시행령]

지하안전에 영향을 미치는 사업의 실시계획·시행계획 등의 허가·인가·승인·면허 또는 결정 등을 할 때에 해당 사업이 지하안전에 미치는 영향을 미리 조사·예측·평가하여 지반침하를 예방하거나 감소시킬 수 있는 방안을 마련하는 것을 말한다.

1) 지하안전평가 대상사업의 규모

① 굴착깊이(최대 굴착깊이－집수정(물저장고), 엘리베이터 피트 및 정화조 등의 굴착부분은 제외) 20m 이상인 굴착공사를 수반하는 사업

② 터널(산악터널 또는 수저(水底)터널은 제외) 공사를 수반하는 사업

③ 소규모 지하안전평가 대상사업: 굴착깊이가 10m 이상 20m 미만인 굴착공사를 수반하는 사업

2) 지하안전평가의 평가항목 및 방법

평가항목	평가방법
지반 및 지질 현황	• 지하정보통합체계를 통한 정보분석 • 시추조사 • 투수(透水)시험 • 지하물리탐사(지표레이더탐사, 전기비저항탐사, 탄성파탐사 등)
지하수 변화에 의한 영향	• 관측망을 통한 지하수 조사(흐름방향, 유출량 등) • 지하수 조사시험(양수시험, 순간충격시험 등) • 광역 지하수 흐름 분석
지반안전성	• 굴착공사에 따른 지반안전성 분석 • 주변 시설물의 안전성 분석

3. 설계의 안전성 검토(Design For Safety) [건설기술진흥법 시행령 제75조의2]

발주청은 안전관리계획을 수립해야 하는 건설공사의 실시설계를 할 때에는 시공과정의 안전성 확보 여부를 확인하기 위해 설계의 안전성 검토를 국토안전관리원에 의뢰해야 한다.

① 1종시설물 및 2종시설물의 건설공사(유지관리를 위한 건설공사는 제외)

② 지하 10m 이상을 굴착하는 건설공사

③ 폭발물을 사용하는 건설공사로서 20m 안에 시설물이 있거나 100m 안에 사육하는 가축이 있어 해당 건설공사로 인한 영향을 받을 것이 예상되는 건설공사

④ 10층 이상 16층 미만인 건축물의 건설공사

⑤ 10층 이상인 건축물의 리모델링 또는 해체공사

⑥ 수직증축형 리모델링

⑦ 높이가 31m 이상인 비계

⑧ 브라켓(bracket) 비계

⑨ 작업발판 일체형 거푸집 또는 높이가 5m 이상인 거푸집 및 동바리

⑩ 터널의 지보공(支保工) 또는 높이가 2m 이상인 흙막이 지보공

⑪ 동력을 이용하여 움직이는 가설구조물

⑫ 높이 10m 이상에서 외부작업을 하기 위하여 작업발판 및 안전시설물을 일체화하여 설치하는 가설구조물

⑬ 공사현장에서 제작하여 조립·설치하는 복합형 가설구조물

⑭ 발주자가 안전관리가 특히 필요하다고 인정하는 건설공사

⑮ 인·허가기관의 장이 안전관리가 특히 필요하다고 인정하는 건설공사

4. 밀폐공간보건작업 프로그램 [산업안전보건기준에 관한 규칙 제619조]

산소결핍, 유해가스로 인한 질식·화재·폭발 등의 위험이 있는 장소로서 사업주는 밀폐공간에서 근로자에게 작업을 하도록 하는 경우 밀폐공간 작업 프로그램을 수립하여 시행하여야 한다.

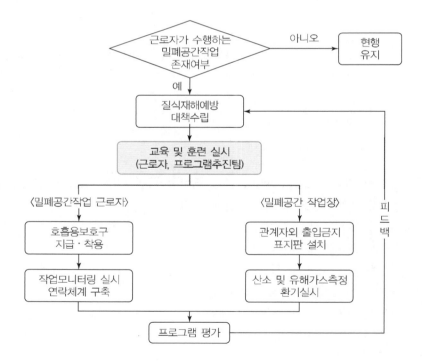

Ⅲ. 안전관리계획서

1. 안전관리계획서 수립대상 공사 [건설기술진흥법 시행령 제98조]

① 1종시설물 및 2종시설물의 건설공사(유지관리를 위한 건설공사는 제외)

② 지하 10m 이상을 굴착하는 건설공사

③ 폭발물을 사용하는 건설공사로서 20m 안에 시설물이 있거나 100m 안에 사육하는 가축이 있어 해당 건설공사로 인한 영향을 받을 것이 예상되는 건설공사

④ 10층 이상 16층 미만인 건축물의 건설공사

⑤ 10층 이상인 건축물의 리모델링 또는 해체공사

⑥ 수직증축형 리모델링

⑦ 천공기(높이가 10m 이상인 것만 해당)

⑧ 항타 및 항발기

⑨ 타워크레인

⑩ 높이가 31m 이상인 비계

⑪ 브라켓(bracket) 비계

⑫ 작업발판 일체형 거푸집 또는 높이가 5m 이상인 거푸집 및 동바리

⑬ 터널의 지보공(支保工) 또는 높이가 2m 이상인 흙막이 지보공

⑭ 동력을 이용하여 움직이는 가설구조물

⑮ 높이 10m 이상에서 외부작업을 하기 위하여 작업발판 및 안전시설물을 일체화하여 설치하는 가설구조물

⑯ 공사현장에서 제작하여 조립·설치하는 복합형 가설구조물

⑰ 발주자가 안전관리가 특히 필요하다고 인정하는 건설공사

⑱ 해당 지방자치단체의 조례로 정하는 건설공사 중에서 인·허가기관의 장이 안전관리가 특히 필요하다고 인정하는 건설공사

2. 안전관리계획 수립 [건설기술진흥법 제62조/ 동법 시행령 제98조]

① 건설사업자 또는 주택건설등록업자는 안전관리계획을 수립하여 미리 공사감독자 또는 건설사업관리기술인의 검토·확인을 받아 착공 전에 이를 발주청이 또는 인·허가기관의 장에게 제출하여 승인을 받아야 한다.

② 안전관리계획을 제출받은 발주청 또는 인·허가기관의 장은 안전관리계획의 내용을 검토하여 안전관리계획을 제출 받은 날부터 20일 이내에 건설사업자 또는 주택건설등록업자에게 그 결과를 통보해야 한다.

③ 안전점검에 대해서는 발주청 또는 인·허가기관의 장이 안전점검을 수행할 기관을 지정하여 그 업무를 수행하여야 한다.

④ 건설사업자 또는 주택건설등록업자는 가설구조물의 구조적 안전성을 확인하기 위에 관계전문가에게 확인을 받아야 한다.

3. 안전관리비 [건설기술진흥법 시행규칙 제60조]

① 안전관리계획의 작성 및 검토 비용 또는 소규모안전관리계획의 작성 비용
② 안전점검 비용
③ 발파·굴착 등의 건설공사로 인한 주변 건축물 등의 피해방지대책 비용
④ 공사장 주변의 통행안전관리대책 비용
⑤ 계측장비, 폐쇄회로 텔레비전 등 안전 모니터링 장치의 설치·운용 비용
⑥ 가설구조물의 구조적 안전성 확인에 필요한 비용
⑦ 무선설비 및 무선통신을 이용한 건설공사 현장의 안전관리체계 구축·운용 비용

4. 가설구조물의 구조적 안전성 확인 [건설기술진흥법 시행령 제101조의2]

1) 가설구조물의 구조적 안전성 확인 대상

① 높이가 31m 이상인 비계
② 브라켓(bracket) 비계
③ 작업발판 일체형 거푸집 또는 높이가 5m 이상인 거푸집 및 동바리
④ 터널의 지보공(支保工) 또는 높이가 2m 이상인 흙막이 지보공
⑤ 동력을 이용하여 움직이는 가설구조물
⑥ 높이 10m 이상에서 외부작업을 하기 위하여 작업발판 및 안전시설물을 일체화하여 설치하는 가설구조물
⑦ 공사현장에서 제작하여 조립·설치하는 복합형 가설구조물
⑧ 그 밖에 발주자 또는 인·허가기관의 장이 필요하다고 인정하는 가설구조물

2) 관계전문가의 요건

① 건축구조, 토목구조, 토질 및 기초와 건설기계 직무 범위 중 공사감독자 또는 건설사업관리기술인이 해당 가설구조물의 구조적 안전성을 확인하기에 적합하다고 인정하는 직무 범위의 기술사일 것
② 해당 가설구조물을 설치하기 위한 공사의 건설사업자나 주택건설등록업자에게 고용되지 않은 기술사일 것

5. 안전교육 [건설기술진흥법 시행령 제103조]

① 분야별 안전관리책임자 또는 안전관리담당자는 안전교육을 당일 공사작업자를 대상으로 매일 공사 착수 전에 실시하여야 한다.
② 안전교육은 당일 작업의 공법 이해, 시공상세도면에 따른 세부 시공순서 및 시공기술상의 주의사항 등을 포함하여야 한다.
③ 건설사업자와 주택건설등록업자는 안전교육 내용을 기록·관리해야 하며, 공사 준공 후 발주청에 관계 서류와 함께 제출해야 한다.

6. 안전점검의 종류 및 실시시기 [건설공사 안전관리 업무수행 지침 제18조]

안전점검의 종류	실시시기
자체안전점검	• 건설공사의 공사기간동안 매일 공종별 실시
정기안전점검	• 정기안전점검 실시시기를 기준으로 실시
정밀안전점검	• 정기안전점검결과 건설공사의 물리적·기능적 결함 등이 발견되어 보수·보강 등의 조치를 취하기 위하여 필요한 경우에 실시
초기점검	• 건설공사를 준공하기 전에 실시
공사재개 전 안전점검	• 건설공사를 시행하는 도중 그 공사의 중단으로 1년 이상 방치된 시설물이 있는 경우 그 공사를 재개하기 전에 실시

Ⅳ. 유해위험방지계획서

1. 유해위험방지계획서 수립대상 공사 [산업안전보건법 시행령 제42조]

1) 지상높이가 31m 이상인 건축물 또는 인공구조물
2) 연면적 30,000m² 이상인 건축물
3) 연면적 5,000m² 이상인 시설로서 다음에 해당하는 시설
    ① 문화 및 집회시설(전시장 및 동물원·식물원은 제외)
    ② 판매시설, 운수시설(고속철도의 역사 및 집배송시설은 제외)
    ③ 종교시설
    ④ 의료시설 중 종합병원
    ⑤ 숙박시설 중 관광숙박시설
    ⑥ 지하도상가
    ⑦ 냉동·냉장 창고시설
4) 연면적 5,000m² 이상인 냉동·냉장 창고시설의 설비공사 및 단열공사
5) 최대 지간(支間)길이가 50m 이상인 다리의 건설 등 공사
6) 터널의 건설 등 공사
7) 다목적댐, 발전용댐, 저수용량 2천만톤 이상의 용수 전용 댐 및 지방상수도 전용 댐의 건설 등 공사
8) 깊이 10m 이상인 굴착공사

2. 안전관리자 선임 [산업안전보건법 시행령 별표3]

사업장의 근로자 수	안전관리자 수	안전관리자 선임방법
50억 이상(관계수급인 : 100억 이상) ~ 120억 미만(토목 : 150억 미만)	1명 이상	유해위험방지계획서 대상
120억 이상(토목 : 150억 이상) ~ 800억 미만	1명 이상	
800억 이상~1,500억 미만	2명 이상	산업안전지도사/산업안전산업기사/건설안전산업기사
1,500억 이상~2,200억 미만	3명 이상	산업안전지도사 1명 포함 (건설안전기술사/기사+7년 /산업기사+10년)
2,200억 이상~3,000억 미만	4명 이상	
3,000억 이상~3,900억 미만	5명 이상	산업안전지도사 2명 포함
3,900억 이상~4,900억 미만	6명 이상	
4,900억 이상~6,000억 미만	7명 이상	산업안전지도사 2명 포함
6,000억 이상~7,200억 미만	8명 이상	
7,200억 이상~8,500억 미만	9명 이상	산업안전지도사 3명 포함
8,500억 이상~1조 미만	10명 이상	
1조 이상	11명 이상 [매 2천억원 (2조원 이상은 매 3천억원)]마다 1명 추가	

3. 근로자 안전보건교육대상 및 시간 [산업안전보건법 시행규칙 별표4]

교육과정	교육대상		교육시간
정기교육	사무직 종사 근로자		매분기3시간 이상
	사무직 종사 근로자 외의 근로자	판매업 근로자	매분기3시간 이상
		판매업 외의 근로자	매분기6시간 이상
	관리감독자의 지위에 있는 사람		연간 16시간 이상
채용시 교육	일용근로자		1시간 이상
	일용근로자 외의 근로자		8시간 이상
작업내용 변경시 교육	일용근로자		1시간 이상
	일용근로자 외의 근로자		2시간 이상

특별교육	타워크레인 신호작업의 일용근로자	8시간 이상
	타워크레인 외의 일용근로자	2시간 이상
	일용근로자외의 근로자	16시간 이상 (4시간+12시간(3개월 이내) 단기 또는 간헐작업 : 2시간 이상
건설업 기초 안전 · 보건교육	건설일용근로자	4시간 이상

4. 안전관리자 등에 대한 교육 [산업안전보건법 시행규칙 별표4]

교육대상	교육시간	
	신규교육	보수교육
안전보건관리책임자	6시간 이상	6시간 이상
안전관리자, 안전관리전문기관 종사자	34시간 이상	24시간 이상
보건관리자, 보건관리전문기관 종사자	34시간 이상	24시간 이상
건설재해예방전문지도기관의 종사자	34시간 이상	24시간 이상
석면조사기관의 종사자	34시간 이상	24시간 이상
안전보건관리담당자	-	8시간 이상

※ 산업안전보건법 시행규칙 제29조(안전보건관리책임자, 안전관리자 등)
　① 신규교육은 채용된 후 3개월 이내
　② 보수교육은 신규교육 이수 후 매 2년±3개월

5. 산업안전보건관리비 [산업안전보건법 시행규칙 제89조]

(원)

종류 \ 대상액	5억 미만	5억 이상~50억 미만		50억 이상	보건관리자 선임대상 건설공사의 적용비율(%)
		비율	기초액		
일반건설공사(갑)	2.93%	1.86%	5,349,000	1.97%	2.15%
일반건설공사(을)	3.09%	1.99%	5,499,000	2.10%	2.29%
중건설공사	3.43%	2.35%	5,400,000	2.44%	2.66%
철도, 궤도 신설공사	2.45%	1.57%	4,411,000	1.66%	1.81%
특수 및 기타건설공사	1.85%	1.20%	3,250,000	1.27%	1.38%

※ 일반건설공사(을) : 각종의 기계 · 기구장치 등을 설치하는 공사
※ 중건설공사: 고제방(대), 수력발전시설, 터널 등을 신설하는 공사
※ 철도 · 궤도신설공사 : 철도 또는 궤도 등을 신설하는 공사
※ 특수 및 기타건설공사 : 준설, 조경, 택지조성, 포장, 전기, 정보통신공사

Chapter 02

건설관리(공정·품질·원가·안전·총론)

제 5 절 총론

1 핵심정리

I. 시공관리/계획

1. 사전검토항목

① 설계도서검토, 계약조건검토, 입지조건검토
② 지반조사검토, 공해 및 기상, 관계법규

2. 공법채택

안전성, 경제성, 시공성

3. 공사관리 5요소

공정관리, 품질관리, 원가관리, 안전관리, 환경관리

4. 생산수단 6M

Man, Material, Machine, Money, Method, Memory

5. 가설

동력, 용수, 수송, 양중

※ ┌ Man : 노무절감, 전문인력, 인력 Pool, 노무생산성, 현장원편성, 숙련도, 적정인원배치, 작업조건
   ├ Material : 자재건식화, 자재관리, 자재선정조달, 적기적정량반입, 표준화, 유니트화, 자재규격, 수급계획
   ├ Machine : 기계화, 초기투자비, 양중관리, 경제적 수명, 로봇시공, 장비가동률, T/C, 자동화, 무인화
   ├ Money : 자금, 실적공사비, 달성가치, 원가절감, 실행예산, VE, LCC, 기성고관리
   ├ Method : 시공법, 공법선정, 요구성능, PC공법, 복합화공법, 신공법, 최적공법
   └ Memory : 기술축적

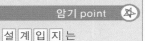

암기 point
설 계 입 지 는
공 공 기 관 에서

암기 point
안 경 시 공

암기 point
공 품 원 안 환

Ⅱ. 건설시공의 발전추세(환경변화, 생산성 향상, 나아갈 방향)

1. 계약제도
변화된 계약방식(T/K, CM, PM, SOC(BOT), partnering)
(기술개발보상, 신기술지정, 감리제도, 전자입찰, Fast track method, 대안입찰, P.Q)

2. 설계
골조 P.C화, 마감 건식화

3. 재료
MC화, 마감 Unit화

4. 시공관리

```
┌ 4요소 ┬ 공정 : CPM, PDM, MCX, EVMS, TACT 공정관리
│      ├ 품질 : 7가지 Tool
│      ├ 원가 : VE, LCC
│      └ 안전 : 안전시설공법, 설계안전성 검토, 안전관리계획서, 유해위험
│              방지계획서, 산업안전보건관리비
└ 4M   ┬ Man : 성력화, 전문인력양성
       ├ Material : 자재건식화, MC화
       ├ Machine : 기계화, Robot화
       └ Money : 원가절감
```

5. 신기술
① EC
② CM
③ CIC
④ IB
⑤ PMIS(=PMDB)
⑥ CALS, CITIS
⑦ WBS
⑧ Expert System

암기 point ✦
프 리 쿨(클)링 M B C

암기 point ✦
E C 화
Hi - P C W E

6. 기타

① 경영관리 : Project Financing, Risk Management, Claim, MBO, Bench Marking, Constructability

② 생산성관리 : MC화, Lean construction, Just in time, Robot화

Ⅲ. 신기술

1. EC(Engineering+Construction, 종합건설업 제도)

→ 제1장 계약제도 참조

2. CIC(Computer Integrated Construction)

CIC는 건설프로젝트에 관여하는 모든 참여자들로 하여금 프로젝트 수행의 모든 과정에 걸쳐 서로 협조할 수 있는 하나의 팀으로 엮어주고자 하는 목적으로 제안된 개념이다.

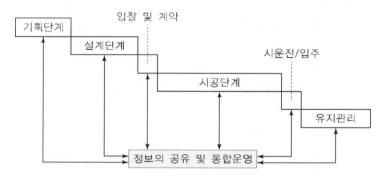

3. IB(Intelligent Building, 지능형 빌딩)

IBS는 필요한 도구(OA 기기, 정보기기 등)를 갖추고 쾌적한 환경(조명, 온열환경, 공조 등)을 조성하기 위해 통합관리를 통하여 빌딩의 안전성과 보완성을 확보하고 절약적인 운용을 함으로써 최대의 부가가치 창출을 유도하고자 하는 빌딩시스템이다.

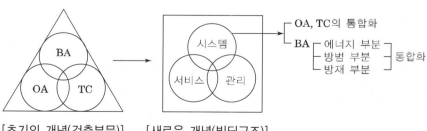

[초기의 개념(건축부문)]   [새로운 개념(빌딩구조)]

→ BA, OA, TC간의 기술적인 기능만을 중요시하던 개념에서 상호보완작용의 기능으로 가야 됨

4. PMIS(Project Management Information System Project Management Data Base)

건설공사를 효과적으로 관리하기 위하여 활용하는 것으로 발주자, 시공자, 감리자 등 참여자들의 원활한 의사소통을 촉진하며, 내부의 각기 다른 관리 기능들을 유기적으로 연결시키는 구심적 역할을 하는 것을 말한다.

1) 수직적 시스템
발주자의 현장정보관리시스템

2) 수평적 시스템
건설회사 내부의 개별시스템(견적, 공정관리, 원가관리, 품질관리 등)

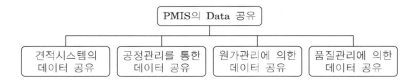

5. CALS(Continuous Acquisition and Life Cycle Support)

CALS란 건설공사의 기획, 설계, 시공, 유지관리, 철거에 이르기까지 전과정의 정보를 전자화, 네트워크화를 통하여 데이터베이스에 저장하고 저장된 정보는 전산망으로 연결되어 발주자, 설계자, 시공자, 하수급자 등이 공유하는 통합정보시스템을 말한다.

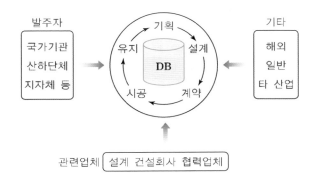

6. 건설 CITIS

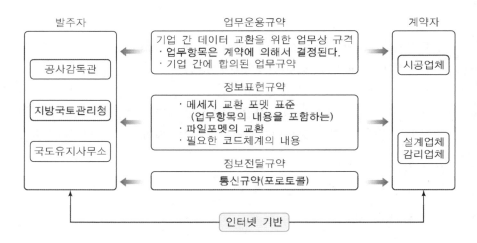

7. WBS(Work Breakdown Structure, 작업분류체계)

WBS란 공정표를 효율적으로 작성하고 운영할 수 있도록 공사 및 공정에 관련되는 기초자료의 명백한 범위 및 종류를 정의하고 공정별 위계구조를 분할하는 것이다.

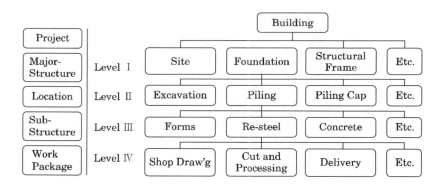

8. Expert System(전문가 시스템)

전문가 시스템이란 전문가들의 전문지식 및 문제해결 과정(Process)을 인공지능기법으로 체계화, 기호화하여 컴퓨터 시스템에 입력한 것을 말한다.

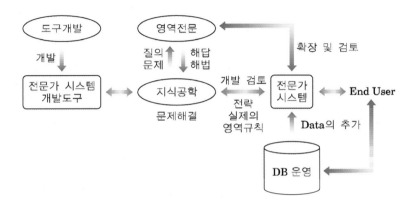

Ⅳ. 경영관리

1. Project Financing

• 자본집중적이며, 단일목적적인 경제적 단위(Project)에 대한 투자를 위한 금융으로 은행 등의 금융기관이 사회간접자본시설 설비 등과 같은 특정 사업의 사업성이나 장래의 현금흐름을 보고 자금을 지원하는 금융기법이다.

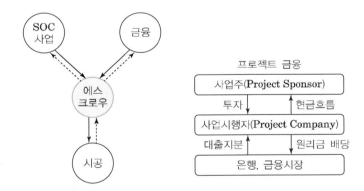

2. Risk Management

리스크관리란, 사업이나 프로젝트가 당면한 모든 리스크에 대해서 그 리스크를 어떻게 관리할 것인가에 대한 신중한 의사결정이 가능하도록 리스크를 규정하고 정량화하는 것이다.

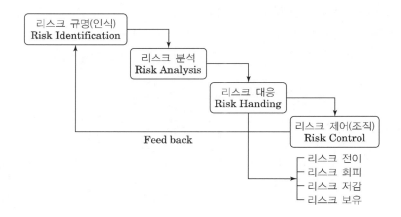

3. Claim

계약 당사자가 그 계약상의 조건에 대하여 계약서의 조정 또는 해석이나 금액의 지급, 공기의 연장 또는 계약서와 관계되는 기타의 구제를 권리로서 요구하는 것 또는 주장하는 것이며 분쟁(Dispute)의 이전단계를 클레임(Claim)이라고 말하고 있다.

1) 클레임의 유형
① 공사 지연 클레임
② 공사 범위 클레임
③ 공기 촉진 클레임
④ 법률상 클레임

2) 분쟁해결방안

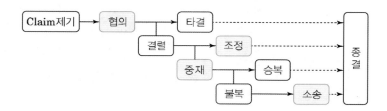

4. MBO(Management By Objective)

스스로 목표를 설정하고 그것을 이루기 위해 노력하도록 분위기를 조성하는 기법

필요성 ── 경영의 계획성 부여
　　　　├ 동기부여
　　　　├ 자기 통제의 능력부여
　　　　├ 조직, 사원 간의 Communication 증대
　　　　└ 원가관리 목적달성

5. Bench Marking

벤치마킹은 초우량기업으로 성장하기 위해 특정 분야에서 뛰어난 업체를 선정하여 그 경쟁력의 차이를 확인하고 그들의 뛰어난 업무 운영 프로세스를 지속적으로 배우면서 자기 혁신을 추구하는 경영기법이다.
① 내부 벤치마킹
② 경쟁적인 벤치마킹
③ 기능적인 벤치마킹

6. Constructability(시공성 분석프로그램, 시공성 향상프로그램, 성능 향상 프로그램, 최적화건설)

시공성이란 프로젝트 전체의 목적을 달성하기 위해 기획, 설계, 조달 및 현장작업에 대해서 시공상의 지식과 경험을 최대한으로 이용하는 것이나, 초기단계에 이용하는 것이 바람직하다.

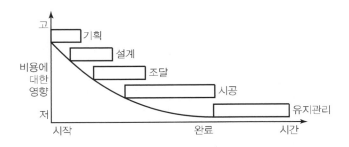

V. 생산성 관리

1. MC(Modular Coordination, 모듈정합)

MC란 건축산업의 생산성과 효율성을 제고하기 위해 건축생산 전반에 걸쳐 적용될 수 있는 기준을 설정하는 작업을 말하며, 건축산업에 공업화를 정착시키기 위한 기본수단으로 활용된다.

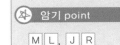

암기 point

M L, J R

• 기준 치수 체계

1) 기본모듈(Basic Module)
   ① 건축물의 전반적인 치수조정 확립에 가장 기본이 되는 치수단위이다.
   ② 기본단위치수 : 10cm → 1M
   ③ 건물높이(수직방향) : 20cm → 2M
   ④ 건물의 평면치수 : 30cm → 3M

2) 증대모듈(Multi – Module)
   ① 기본모듈(M)의 정배수가 되는 모듈
   ② MC 설계의 치수 종류를 단순화시키고 치수를 조정하는 수단으로 활용
   ③ 주로 3M, 6M, 9M, 12M, 15M, 30M, 60M 등을 사용

3) 보조모듈 증분 값(Sub – Module Increments)
   ① 기본모듈보다 작은 치수체계, 상세부 및 접합부 등에 활용되는 모듈
   ② M/2, M/4, M/5 등을 사용

2. Lean Construction(린 건설)

린 건설이란 생산과정에서의 작업단계를 운반, 대기, 처리, 검사의 4단계로 나누어 비가치창출작업인 운반, 대기, 검사 과정을 최소화하고 가치창출작업인 처리과정은 그 효율성을 극대화하여 건설생산 시스템의 효용성을 증가시킬 수 있는 관리기법으로서 최소비용, 최소기간, 무결점, 무사고를 지향하는 것이다.

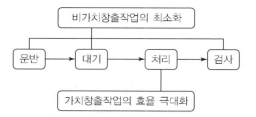

3. Just in Time(적시생산방식)

JIT System은 재고가 없는 것을 목표로 하는 생산 시스템으로서 작업에 필요한 자재와 인력을 적재적소 및 적시에 공급하므로써 자재의 운반 및 작업대기 과정에서의 효율을 높일 수 있는 생산방식이다.

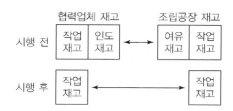

4. 건설로봇

- 건설공사의 관리용이, 원가절감, 생산성 극대화, 성역화 등의 요구를 해결하기 위해 시공의 기계화, 건설로봇의 도입이 필요하며 이를 통해 고객만족 극대화, 부가가치 극대화를 추구하는 것

1) 대상

① 시공의 안전성을 위해 원격조작방식을 채택한 것
② 원격조작 또는 자동화 등에 의해 시공이 가능한 것
③ 자동화에 따른 노무절감을 꾀한 것

2) 건설로봇의 적용

① 바닥미장공사용 로봇
② 흙막이띠장설치 로봇
③ 철골양중용 오토클램프
④ 철골용접로봇
⑤ 내화피복뿜칠로봇

2 단답형·서술형 문제 해설

1 단답형 문제 해설

01 PERT와 CPM의 차이점

I. 정의

(1) PERT(Program Evaluation and Review Technique)

PERT란 프로젝트를 서로 연관된 소작업(Activity)으로 구분하고 이들의 시작부터 끝나는 관계를 망(Network)형태로 분석하는 기법이다.

(2) CPM(Critical Path Method)

CPM은 네트워크(Network)상에 작업 간의 관계, 작업소요시간 등을 표현하여 일정계산을 하고 전체공사기간을 산정하며, 공사수행에서 발생하는 공정상의 제 문제를 도해나 수리적 모델로 해결하고 관리하는 것이다.

II. PERT와 CPM의 차이점

	PERT	CPM
개발배경	1958년 미해군 폴라리스미사일 개발계획	1956년 미 Dupont사
주목적	공기단축	원가절감
일정계산	•Event 중심의 일정계산 •일정계산이 복잡	•Activity 중심의 일정계산 •일정계산이 자세하고 작업간의 조정이 용이
시간추정	•3점시간 추정 $Te = \dfrac{To+4Tm+Tp}{6}$ •To = Optimistic 낙관치 Tm = Most Likely Time 정상치 Tp = Pessimistic Time 비관치	•1점 시간 추정 •Te = Tm Te = Expected Time 기대치
대상 프로젝트	•신규사업 •비반복사업 •경험이 없는 사업	•반복사업 •경험이 있는 사업
여유시간	Slack	Float
공기단축(MCX)	특별한 이론이 없다.	CPM의 핵심이론
주공정	TL−TE=0	TF=FF=0

02 PDM(Precedence Diagram Method, CPM—AON)

Ⅰ. 정의

(1) PERT/CPM 분석기법의 일종으로 상호의존적인 병행활동을 허용하는 특성으로 반복적이고 많은 작업이 동시에 필요한 경우에 유용한 네트워크 공정기법이다.

(2) 더미의 사용이 불필요하므로 네트워크가 화살형보다 더 간명하고 작성이 용이하다.

Ⅱ. PDM 표기방법

[타원형 노드]

EST	작업번호		EFT
	작업명		
LST	작업일수	책임자 (Resp)	LFT

[네모형 노드]

Ⅲ. 작업 간의 연결(중첩)관계

(1) 개시 – 개시(STS)

(2) 종료 – 종료(FTF)

(3) 개시 – 종료(STF)

(4) 종료 – 개시(FTS)

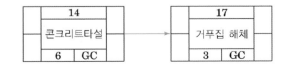

Ⅳ. 지연시간(Lag)을 갖는 기본작업

(1) 개시 – 개시관계에서 2일의 Lag를 갖는 경우

터파기가 시작되고 2일 지난 후 잡석깔기를 시작할 수 있다는 의미

(2) 종료 – 종료관계에서 1일의 Lag를 갖는 경우

아스팔트방수가 종료되고 1일 지난 후 누름콘크리트 타설을 종료할 수 있다는 의미

[개시–개시관계에서
2일의 Lag를 갖는 경우]

[종료–종료관계에서
1일의 Lag를 갖는 경우]

Ⅴ. PDM의 특징

(1) 더미의 사용이 불필요하다.

(2) 네트워크의 작성이 화살선형보다 더 간명하고 작성이 용이하다.

(3) 한 작업이 하나의 숫자로 표기되므로 컴퓨터에 적용하는 것이 화살선형보다 더 용이하다.

(4) PDM 네트워크의 기본법칙은 화살선형 네트워크와 거의 동일하다.

03 공정관리의 Overlapping 기법

Ⅰ. 정의

Overlapping 기법은 PDM기법을 응용발전시킨 것으로, 지연시간(Lag)을 갖는 작업관계를 간단하게 표시하여 실제 공사의 흐름을 잘 파악할 수 있도록 표기하는 기법을 말한다.

Ⅱ. 개념도

(1) 개시 – 개시관계에서 2일의 Lag를 갖는 경우

터파기가 시작되고 2일이 지난 후 잡석깔기를 시작할 수 있다는 의미

(2) 종료 – 종료관계에서 1일의 Lag를 갖는 경우

아스팔트방수가 종료되고 1일이 지난 후 누름콘크리트타설을 종료할 수 있다는 의미

[개시-개시관계에서
2일의 Lag를 갖는 경우]

[종료-종료관계에서
1일의 Lag를 갖는 경우]

Ⅲ. 작업간의 연결(중첩)관계

(1) 개시 – 개시(STS)

(2) 종료 – 종료(FTF)

(3) 개시 – 종료(STF)

(4) 종료 – 개시(FTS)

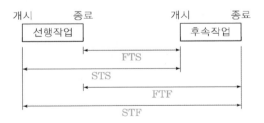

Ⅳ. 특징

(1) 공사의 시간절약이 가능하다.

(2) Overlapping 기법으로 실제 공사의 흐름을 잘 파악할 수 있다.

(3) 네트워크의 작성이 화살선형보다 더 간명하고 작성이 용이하다.

(4) 한 작업이 하나의 숫자로 표기되므로 컴퓨터에 적용하는 것이 화살선형보다 더 용이하다.

04   LOB(Line Of Balance, Linear Scheduling Method)

I. 정의

(1) LOB 기법은 반복작업에서 각 작업조의 생산성을 유지시키면서 그 생산성을 기울기로 하는 직선으로 각 반복작업의 진행을 표시하여 전체공사를 도식화하는 기법이다.

(2) 최초의 단위작업에 투입되는 자원은 후속단위작업의 동일한 작업에 재투입된다는 가정을 해야 한다.

II. 개념도

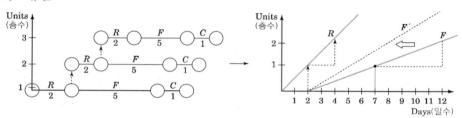

(1) $UPRI = \dfrac{Ui}{Ti}$

    UPPi = 단위작업생산성

    Ui = 작업 i에 의해 완성된 단위작업의 수

    Ti = 단위작업의 수를 완성하는 데 필요한 시간

(2) Form 작업의 생산성에 의해 Rebar 작업은 경우에 따라 중단이 불가피하므로 F' 로 생산성을 높일지 여부 결정

    → F'에 의해 공기단축은 가능하나 공사비의 증가가 초래됨

III. 특징

(1) 모든 반복작업의 공정을 도식화가 가능

(2) 전체공사기간을 쉽게 구할 수 있다.

(3) 후속작업의 기울기가 선행작업의 기울기보다 작을 때: 발산(Diverge)

(4) 후속작업의 기울기가 선행작업의 기울기보다 클 때: 수렴(Converge)

    → 전체공사의 주공정성은 생산성 기울기가 작은 작업에 의존한다.

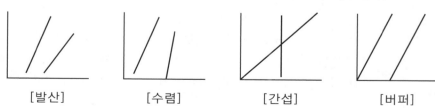

| [발산] | [수렴] | [간섭] | [버퍼] |

05 TACT 공정관리기법

Ⅰ. 정의

(1) 작업 부위를 일정하게 구획하고 작업시간을 일정하게 통일시켜 선후행 작업의 흐름을 연속적으로 만드는 것이다.

(2) TACT 공정계획은 다공구동기화(多工區同期化)
  ① 다공구 : 작업을 층별, 공종별로 세분화
  ② 동기화 : 각 액티비티 작업기간이 같아지게 인원, 장비 배치
  ③ 같은 층내 작업들의 선후행 관계를 조정한 후 층별작업이 순차적으로 진행될 수 있도록 계획할 것

Ⅱ. 개념도

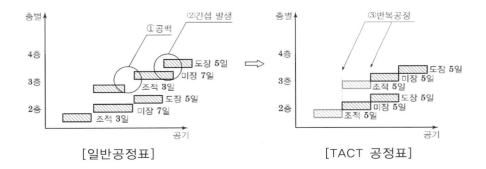

[일반공정표]　　　　　　[TACT 공정표]

Ⅲ. 특징

(1) 일정기간에 일정한 작업진도가 규칙적으로 진행되도록 작업 평준화가 가능
(2) 협력사의 적극적인 참여가 필수
(3) Just in Time에 의한 모든 자재의 재고를 감소
(4) 불필요한 작업요소 제거
(5) 공기단축의 효과
(6) 기능공의 장기적 일자리의 안정화
(7) 반복적인 작업을 통하여 품질 확보
(8) 안전사고의 예방

06 Critical Path(주공정선, 절대공기)

I. 정의

네트워크 공정표에서 공사의 소요시간을 결정할 수 있는 경로로, 최초작업 개시점으로부터 최종작업 종료점까지 연결되는 여러 개의 경로 중에서 가장 긴 경로의 소요일수를 말한다.

II. 실례

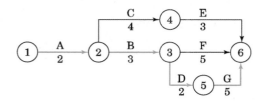

(1) 일정계산

① A → C → E: 9일

② A → B → F: 10일

③ A → B → D → G: 12일 ⇒ Critical Path

(2) 표시방법

① Critical Path를 굵은 선 또는 2줄로 표시한다.

② 소요일수가 가장 긴 경로로써 Total Float = 0인 작업을 찾는다.

III. 특징

(1) 여유시간이 전혀 없다.(Total Float = 0)

(2) 최초 개시에서 최종 종료의 여러 경로 중에서 가장 긴 경로

(3) 더미도 Critical Path가 될 수 있다.

(4) Critical Path는 2개 이상 있을 수도 있다.

(5) Critical Path는 공사 일정계획을 수립하는 기준이 된다.

(6) Critical Path에 의해 전체공기가 결정된다.

(7) Critical Path상의 Activity가 늦어지면 공기가 지연된다.

07 Cost Slope(비용구배)

Ⅰ. 정의

Cost Slope이란 단위시간을 단축하는 데 드는 비용으로 공기단축 시 제일 먼저 고려해야 할 사항이다.

Ⅱ. 작업시간과 비용의 관계

(1) ΔT만큼 단축할 경우 비용의 증가는 ΔC 만큼 발생한다.

(2) C점과 N점을 이은 직선과 큰 차이가 없는 경우는 직선의 관계에 있는 것으로 가정하여 계산한다.

(3) S(비용구배) $= \dfrac{\Delta C}{\Delta T} = \dfrac{CC - CN}{TN - TC}$

(4) 비용구배 $= \dfrac{\text{특급비용} - \text{표준비용}}{\text{표준공기} - \text{특급공기}}$ (원/일)

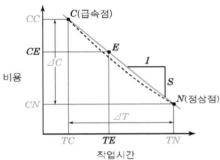

Ⅲ. 비용구배의 영향

(1) 비용구배가 클수록 공기단축 시 총공사비는 증가한다.

(2) 정상공기에서 공기단축 시 간접비는 감소되나 직접비는 증가한다.

(3) 표준시간으로 공사 시 공기는 최장시간이나 비용은 최소가 된다.

Ⅳ. 비용구배를 이용한 공기단축 순서

(1) 주공정선(Critical Path)상의 작업을 선택한다.

(2) 단축 가능한 작업이어야 한다.

(3) 우선 비용구배가 최소인 작업을 단축한다.

(4) 단축한계까지 단축한다.

(5) 보조주공정선(Sub-critical Path)의 발생을 확인한다.

(6) 보조주공정선의 동시 단축 경로를 고려한다.

(7) 앞의 순서를 반복한다.

08 자원배분(Resource Allocation, 자원배당)

I. 정의
자원배분이란 주공정이 아닌 작업의 착수일을 변화시킴으로써 각 프로젝트 시점별 자원의 소요량을 감소시키는 것이다.

II. 자원배분의 목적
(1) 소요자원의 급격한 변동을 줄일 것
(2) 일일 동원자원을 최소로 할 것
(3) 유휴시간을 줄일 것
(4) 공기 내에 자원을 균등하게 할 것

III. 자원배분의 방식
(1) 자원이 제한된 경우(Limited Resource)
자원할당은 그 제한수준 내에서 공사기간의 연장이 최소가 되게 하는 것

(2) 자원의 제한이 없는 경우(Unlimited Resource)
자원평준화는 지정된 공기 내에서 일일 최대자원동원 수준을 최소로 낮추어 자원의 이용률을 높이는 것

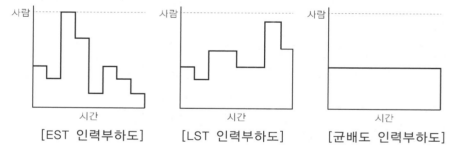

[EST 인력부하도]　　　[LST 인력부하도]　　　[균배도 인력부하도]

IV. 배분 대상 자원
(1) 제한된 인력
(2) 고가장비 사용
(3) 현장 저장이 곤란한 주요자재 수급

V. 자원배분의 순서

공정표 작성 → 일정계산 → 자원계획 → 자원배당

09 | EVMS(Earned Value Management System)

I. 정의

EVMS는 Project 사업의 실행예산이 초과되는 것을 방지하기 위하여 사업비용과 일정의 계획대비실적을 통합된 기준으로 관리하며, 이를 통하여 현재문제의 분석, 만회대책의 수립, 그리고 향후 예측을 가능하게 한다.

Ⅱ. EVMS의 운용절차 및 구성

(1) 운용절차

WBS 설정 → 자원 및 예산 배분 → 일정 계획수립 → 관리기준선의 설정 → 실적데이터의 입력 → 성과측정 → 경영분석

(2) 구성

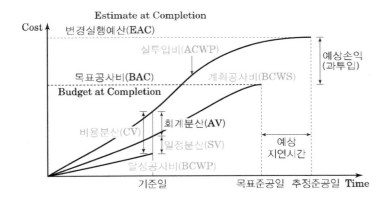

Ⅲ. EVMS의 측정요소

구분	약어	용어	내용	비고
측정요소	BCWS	Budget Cost for Work Schedule (=PV, Planned Value)	계획공사비 Σ(계약단가×계약물량) +예비비	예산
	BCWP	Budget Cost for Work Performed (=EV, Earned Value)	달성공사비 Σ(계약단가×기성물량)	기성
	ACWP	Actual Cost for Work Performed (=AC, Actual Cost)	실투입비 Σ(실행단가×기성물량)	

구분	약어	용어	내용	비고
분석요소	SV	Schedule Variance	일정분산	BCWP-BCWS
	CV	Cost Variance	비용분산	BCWP-ACWP
	SPI	Schedule Performance Index	일정 수행 지수	BCWP/BCWS
	CPI	Cost Performance Index	비용 수행 지수	BCWP/ACWP

Ⅳ. EVMS의 검토결과

CV	SV	평가	비고
+	+	비용 절감 일정 단축	• 가장 이상적인 진행
+	−	비용 절감 일정 지연	• 일정 지연으로 인해 계획 대비 기성금액이 적은 경우 → 일정 단축 및 생산성 향상 필요 • 일정 지연과는 무관하게 생산성 및 기술력 향상 으로 인해 실제로 비용 절감이 이루어진 상태 → 일정 단축 필요
−	+	비용 증가 일정 단축	• 일정 단축으로 인해 계획 대비 기성금액이 많은 경우 → 계획 대비 현금 흐름 확인 필요 • 일정 단축과는 무관하게 실제 투입비용이 계획 보다 증가한 경우 → 생산성 향상 필요
−	−	비용 증가 일정 지연	• 일정 단축 및 생산성 향상 대책 필요

10 최적시공속도(경제속도, 최적공기)

Ⅰ. 정의
(1) 공기는 작업의 연계성을 갖는 네트워크 관계 속에서 주공정선상의 작업시간의 합으로 나타내고, 공사비는 모든 작업들에 소요되는 비용의 합으로 나타낼 수 있다.
(2) 최적공기란 직접비와 간접비의 합인 총공사비가 최소가 되는 가장 경제적인 공기를 말한다.

Ⅱ. 공기와 공사비 곡선

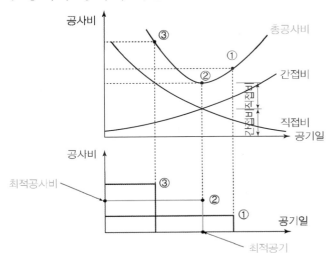

(1) 총공사비는 직접비와 간접비의 합
(2) 공기단축 시(③) 직접비는 증가하나, 간접비는 감소
(3) 공기연장 시(①) 직접비는 감소하나, 간접비는 증가
(4) 총공사비가 최소인 지점(②)이 최적공기 및 최적공사비

Ⅲ. 공사기간과 비용의 관계
(1) 공사비는 크게 직접비와 간접비로 나누어진다.
(2) 직접비는 노무비, 재료비, 장비비로 구성
(3) 간접비는 설치비, 공사에 필요한 일시적인 사무비, 설치용 기구의 연료 및 본사요원의 급료 등으로 공사 전반에 걸쳐 사용되는 경비
(4) 직접비는 공사기간에 반비례
(5) 간접비는 전 공사기간에 걸쳐 비례적으로 배분되는 것으로 계상하므로 공사기간에 비례

11 | 공정관리의 Milestone(중간관리일, 중간관리시점)

Ⅰ. 정의

(1) 중간관리일이란 전체 공사과정 중 관리상 특히 중요한 몇몇 작업의 시작과 종료를 의미하는 특정시점(Event)을 의미한다.

(1) 중간관리일은 공사 전체에 영향을 미칠 수 있는 작업을 중심으로 관리 목적상 반드시 지켜야 하는 몇 개의 주요 시점을 지정하여 단계별 목표로 이용된다.

Ⅱ. 중간관리일의 종류

2022.6.19	2023.7.20	2025.10.15
[한계 착수일]	[한계 완료일]	[절대 완료일]

(1) 한계착수일

지정된 날짜보다 일찍 작업에 착수할 수 없는 일자

(2) 한계완료일

지정된 날짜보다 늦게 완료되어서는 안 되는 일자

(3) 절대완료일

정확한 날짜에 완성되어야 하는 일자

(4) 표기방법

마일스톤 코드	작업명	마일스톤 일자

Ⅲ. 중간관리의 대상

(1) 보통 토목과 건축공사 같은 직종 간의 교차부분
(2) 후속작업의 착수에 크게 영향을 미치는 어떤 작업의 완료시점
(3) 사업관리상 제한된 날짜에 완료되어야 하는 시점
(4) 부분 네트워크 간의 접합점

12 품질관리 7가지 관리도구

I. 정의

품질관리의 7가지 도구는 데이터의 기초적 정리방법으로 널리 쓰이는 것들로서 품질관리활동을 수행하는 데 있어서 가장 필수적인 통계적 방법들이다.

II. 품질관리의 7가지 도구

No	수법	내용	형상	특징
1	파레토 그림	불량, 결점, 고장, 손실금액 등 개선하고자 하는 것을 상황별이나 원인별 등의 항목으로 분류하여 가장 큰 항목부터 차례로 나열한 막대그래프		개선해야 할 부분을 명확히 보여주며, 개선 전후의 비교를 용이하게 보여줌
2	특성 요인도	어떤 제품의 품질특성을 개선하고자 할 경우, 그 특성에 관련된 여러 가지 요인들의 상호관련 상태를 찾아내어, 그 관계를 명확히 밝혀 품질개선에 이용	대요인 대요인 소요인 소요인 특성 소요인 대요인	문제에 대한 원인을 여러 각도에서 검토 하는 기법 문제에 미숙한 사람에게 교육시키기에 좋은 도구
3	히스토 그램	길이, 무게, 시간 등의 계량값을 나타내는 데이터가 어떤 분포를 하고 있는지 알기 쉽게 나타낸 그림	하한 규격 상한 제품	분포의 모습, 평균값, 분산, 최대값, 최소값 등을 일목요연하게 알 수 있다.
4	산포도	상호관계가 있는 두 변수(예로 신장과 체중, 연령과 혈압 등) 사이의 관계를 파악하고자 할 때 사용하며, 원인과 결과가 되는 변수일 경우 더욱 의미가 있다.	특성값 A 특성값 B	상관관계를 쉽게 파악 하는 것이 가능 관리하기 위한 최적의 범위를 정할 때 사용

No	수법	내용	형상	특징
5	층별	원인과 결과를 분류해 본 것	특성값 A / 특성값 B / ×기계 H / •기계 I	2 이상의 원인과 2 이상의 결과에서 데이터처리를 하는 데 필요
6	그래프	동일한 데이터라도 표시하는 방법에 따라 보는 사람에게 관점이 달리 해석될 수 있다.		추세나 항목별 비교가 용이하다.
7	관리도	중심선 주위에 적절한 관리한계선을 두어 일의 성과를 관리하며 공정이 안정된 상태에 있는지 확인하는 일종의 꺾은선 그래프	상부 관리 한계 / 중심선 / 하부 관리 한계 / ①우연 원인 들쑥 날쑥 ②관리를 벗어난 이상 원인이 들쑥날쑥	건설공사에서 주로 사용 공정관리나 분석이 용이

13 품질비용(Quality Cost)

I. 정의
품질의 유지 및 개선 그리고 품질의 실패에 따라 야기되는 모든 비용을 말하며, 좋은 품질의 제품을 보다 경제적으로 만들어가기 위한 방법을 도모하고, 품질관리 활동의 효과와 경제성을 평가하기 위한 방법이 품질비용이다.

II. 품질비용의 종류와 내용

구분		내용
적합 품질	예방비용	• 하자방지를 위한 수단에 소요되는 비용 • 교육, 진단 및 지도, 제안 등의 비용
	평가비용	• 시험, 검사에 소요되는 비용 • 검사, 실험실 실험, 현장실험 등의 비용
부적합 품질	내부실패 비용	• 제품을 고객에게 전달하기 전에 문제를 발견하여 수정, 조치하는 데 소요되는 비용 • 폐기, 재생산, 품질미달로 염가판매 등의 비용
	외부실패 비용	• 제품을 고객에게 전달한 후에 문제를 발견하여 수정, 조치하는데 소요되는 비용 • A/S, 교환, 환불 등의 비용

III. 품질비용의 측정 목적
(1) 경제성평가 척도를 통해 품질을 경제적이고 종합적으로 관리하는 것
(2) 품질문제를 돈으로 환산 제시하여 관련부서 또는 관련자에게 품질개선에 대한 동기 부여를 하는 것
(3) 내외부 실패비용과 평가비용을 예방비용을 통해 품질비용을 절감하는 것
(4) 품질향상과 원가절감을 도모

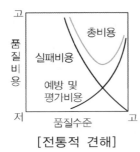

[전통적 견해]

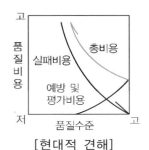

[현대적 견해]

14 6-시그마(Sigma)

Ⅰ. 정의

(1) 6-시그마란 불량을 통계적으로 측정, 분석하고 그 원인을 제거함으로써 6-시그마 수준의 품질을 확보하려는 전사차원의 활동을 의미한다.

(2) 6-시그마 품질수준은 제품100만 개당 불량품이 3.4개 발생하는 경우를 의미하며 기존 품질개선활동이 제조과정에 한정되어 이루어졌던데 반해 6-시그마 경영은 R&D, 마케팅, 관리 등 경영 프로세스 전반을 대상으로 하고 있다.

Ⅱ. 3-시그마와 6-시그마의 DPMO(PPM)

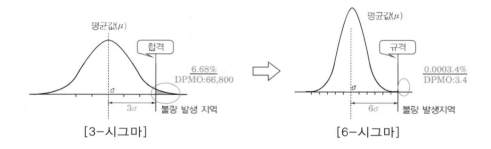

[3-시그마]　　　　　　[6-시그마]

Ⅲ. 6-시그마 경영의 특징

(1) 통계 데이터에 근거한 철저한 분석
(2) 불필요한 핵심품질특성(Critical to Quality)을 발견하고 제거
(3) 프로세스 중심
(4) 6-시그마 경영의 성과는 재무성과로 연결
(5) 6-시그마 활동은 전문인력이 주도
(6) 하향식(Top-Down) 전개방식

Ⅳ. 6-시그마 프로젝트의 수행절차(DMAIC)

(1) 프로젝트 선정(Define): 고객의 요구파악
(2) 측정(Measure): 문제의 현상과 수준을 파악
(3) 분석(Analyze): 문제의 원인을 분석
(4) 개선(Improve): 문제의 해결
(5) 관리(Control): 개선내용의 지속적인 관리

| 15 | **건설원가 구성체계(원가계산방식에 의한 공사비 구성요소)** [(계약예규) 예정가격작성기준] |

Ⅰ. 정의

건설원가 구성체계란 원가계산에 의한 가격으로 예정가격을 결정하기 위해서는 원가계산서를 작성하여야 한다.

Ⅱ. 건설원가 구성체계

Ⅲ. 원가계산방식에 의한 공사비 구성요소

(1) 재료비: 규격별 재료량×단위당 가격
(2) 노무비: 공종별 노무량×노임단가
(3) 외주비: 공사재료, 반제품, 제품의 제작공사의 일부를 따로 위탁하고 그 비용을 지급하는 것
(4) 경비: 비목별 경비의 합계액
(5) 간접공사비
  ① 시공을 위하여 공통적으로 소요되는 법정경비 및 기타 부수적인 비용
  ② 간접노무비, 산재보험료, 고용보험료, 국민건강보험료, 국민연금보험료, 건설근로자퇴직공제부금비, 산업안전보건관리비, 환경보전비, 법정경비
  ③ 기타간접공사경비: 수도광열비, 복리후생비, 소모품비, 여비, 교통비, 통신비, 세금과 공과, 도서인쇄비 및 지급수수료
(6) 현장경비
  ① 전력비, 복리후생비, 세금 및 공과금 등 공사 현장에서 현장 관리에 투입되는 경비
  ② 현장 경비와 일반 관리 경비 등을 합한 제경비
(7) 일반관리비: (재료비+노무비+경비)×일반관리비율
(8) 이윤: (노무비+경비+일반관리비)×이윤율
(9) 공사손해보험료: (총공사원가+관급자재대)×요율

Ⅳ. 원가계산 시 단위당 가격의 기준

(1) 거래실례가격 또는 지정기관이 조사하여 공표한 가격

(2) 감정가격

(3) 유사한 거래실례가격

(4) 견적가격

16	VE(Value Engineering)	건설기술 진흥법 시행령/ 설계공모, 기본설계 등의 시행 및 설계의 경제성 등 검토에 관한 지침

I. 정의

VE란 최소의 생애주기비용으로 시설물의 기능 및 성능, 품질을 향상시키기 위하여 여러 분야의 전문가로 설계VE 검토조직을 구성하고 워크숍을 통하여 설계에 대한 경제성 및 현장 적용의타당성을 기능별, 대안별로 검토하는 것을 말한다.

II. VE 분석기준

$$V(가치) = \frac{F(기능/성능/품질)}{C(비용/LCC)}$$

성능 향상형	성능 강조형
동일한 비용으로 기능개선 및 향상을 위하여	효율적 업무환경을 위한 필요 기능을 얻기 위하여
비용 절감형	가치 혁신형
보다 적은 비용으로 동일한 기능을 얻기 위하여	개선 또는 경제적 대안을 개발하기 위하여

III. 기능분석의 핵심요소

(1) 기능정의(Define Functions)
  ① 기능정의(Identify): 명사+동사
  ② 기능분류(Classify): 기본기능과 보조기능
  ③ 기능정리(Organize) FAST: How-Why 로직, 기능중심
(2) 자원할당(Allocate Resources): 자원을 기능에 할당
(3) 우선순위 결정(Prioritize Functions): 가장 큰 기회를 가진 기능을 선택

Ⅳ. 설계VE 검토업무 절차 및 내용

(1) 준비단계(Pre-Study)

검토조직의 편성, 설계VE대상 선정, 설계VE기간 결정, 오리엔테이션 및 현장답사 수행, 워크숍 계획수립, 사전정보분석, 관련자료의 수집 등을 실시

(2) 분석단계(VE-Study)

선정한 대상의 정보수집, 기능분석, 아이디어의 창출, 아이디어의 평가, 대안의 구체화, 제안서의 작성 및 발표

(3) 실행단계(Post-Study)

설계VE 검토에 따른 비용절감액과 검토과정에서 도출된 모든 관련자료를 발주청에 제출하여야 하며, 발주청은 제안이 기술적으로 곤란하거나 비용을 증가시키는 등 특별한 사유가 없는 한 설계에 반영

Ⅴ. 설계VE의 실시대상공사

(1) 총공사비 100억 원 이상인 건설공사의 기본설계, 실시설계
(2) 총공사비 100억 원 이상인 건설공사로서 실시설계 완료 후 3년 이상 지난 뒤 발주하는 건설공사
(3) 총공사비 100억 원 이상인 건설공사로서 공사시행 중 총공사비 또는 공종별 공사비 증가가 10% 이상 조정하여 설계를 변경하는 사항
(4) 그 밖에 발주청이 설계단계 또는 시공단계에서 설계VE가 필요하다고 인정하는 건설공사

Ⅵ. 설계VE 실시시기 및 횟수

(1) 기본설계, 실시설계에 대하여 각각 1회 이상(기본설계 및 실시설계를 1건의 용역으로 발주한 경우1회 이상)
(2) 일괄입찰공사의 경우 실시설계적격자선정 후에 실시설계 단계에서 1회 이상
(3) 민간투자사업의 경우 우선협상자 선정 후에 기본설계에 대한 설계VE, 실시계획승인 이전에 실시설계에 대한 설계VE를 각각 1회 이상
(4) 기본설계기술제안입찰공사의 경우 입찰 전 기본설계, 실시설계적격자 선정 후 실시설계에 대하여 각각 1회 이상 실시
(5) 실시설계기술제안입찰공사의 경우 입찰 전 기본설계 및 실시설계에 대하여 설계VE를 각각 1회 이상
(6) 실시설계 완료 후 3년 이상 경과한 뒤 발주하는 건설공사의 경우 공사 발주 전에 설계VE를 실시하고, 그 결과를 반영한 수정설계로 발주
(7) 시공단계에서의 설계의 경제성 등 검토는 발주청이나 시공자가 필요하다고 인정하는 시점에 실시

17 LCC(Life Cycle Cost)

Ⅰ. 정의

LCC란 시설물의 내구연한 동안 투입되는 총비용을 말한다. 여기에는 기획, 조사, 설계, 조달, 시공, 운영, 유지관리, 철거 등의 비용 및 잔존가치가 포함된다.

Ⅱ. LCC 구성

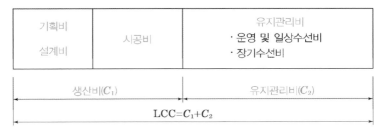

(1) 운영 및 일상수선비: 일반관리비, 청소비(오물수거비), 일상수선비, 전기료, 수도료, 난방비 등
(2) 장기수선비: 건축·토목·조경공사수선비, 전기설비공사수선비, 기계설비공사수선비, 통신공사수선비

Ⅲ. 시설물/시설부품의 내용년수의 종류

(1) 물리적 내용년수: 물리적인 노후화에 의해 결정
(2) 기능적 내용년수: 원래의 기능을 충분히 달성하지 못하게 되는 것에 의해 결정
(3) 사회적 내용년수: 기술의 발달로 사용가치가 현저히 떨어지는 것에 의해 결정
(4) 경제적 내용년수: 지가의 상승, 기술의 발달 등으로 인해 경제성이 현저히 떨어지는 것에 의해 결정
(5) 법적 내용년수: 공공의 안전등을 위해 법에 의해 결정

Ⅳ. LCC 기법의 진행절차

(1) LCC 분석: 분석목표확인, 구성항목별 비용산정, 자료축척 및 Feed Back
(2) LCC 계획: Total Cost 계산, 초기공사비와 유지관리비 비교 후 최적안 선택
(3) LCC 관리: LCC 분석에 유지관리비 절감 후 Data화 → 다음 Project에 적용

V. 할인율

(1) LCC 분석에는 미래의 발생비용을 현재의 가치로 환산하는 과정도 포함한다.

(2) 환산 시에는 돈의 시간가치의 계산을 위하여 할인율이 이용된다.

(3) 이때의 할인율은 대개 은행의 이자율을 사용한다.

(4) 정확한 분석을 위해서는 물가상승률을 고려한 실질 할인율을 이용해야 하지만 그 계산과정이 복잡한 관계로 실무에서는 적용하기에는 힘들 것이라 판단된다.

(5) 따라서 LCC 분석기법에서는 물가상승률을 고려하지 않은 할인율을 사용한다.

18 안전관리의 MSDS(Material Safety Data Sheet) [산업안전보건법 시행규칙]

Ⅰ. 정의
MSDS란 방수재 등 화학물질을 안전하게 사용하고 관리하기 위하여 필요한 정보를 기재하고 근로자가 쉽게 볼 수 있도록 현장에 작성 및 비치하는 것을 말한다.

Ⅱ. MSDS의 작성 및 제출
(1) 제품명
(2) 품질안전보건자료대상물질을 구성하는 화학물질 중 유해인자의 분류기준에 해당하는 화학물질의 명칭 및 함유량
(3) 안전 및 보건상의 취급주의사항
(4) 건강 및 환경에 대한 유해성, 물리적 위험성
(5) 물리·화학적 특성 등 고용노동부령으로 정하는 사항

Ⅲ. MSDS의 게시·비치 방법
(1) 물질안전보건자료대상물질을 취급하는 작업공정이 있는 장소
(2) 작업장 내 근로자가 가장 보기 쉬운 장소
(3) 근로자가 작업 중 쉽게 접근할 수 있는 장소에 설치된 전산장비

Ⅳ. MSDS의 관리 요령 게시
(1) 제품
(2) 건강 및 환경에 대한 유해성, 물리적 위험성
(3) 안전 및 보건상의 취급주의 사항
(4) 적절한 보호구
(5) 응급조치 요령 및 사고 시 대처방법

Ⅴ. MSDS에 관한 교육의 시기·내용·방법
(1) 근로자 교육
① 물질안전보건자료대상물질을 제조·사용·운반 또는 저장하는 작업에 근로자를 배치하게 된 경우
② 새로운 물질안전보건자료대상물질이 도입된 경우
③ 유해성·위험성 정보가 변경된 경우
(2) 사업주는 교육을 하는 경우에 유해성·위험성이 유사한 물질안전보건자료대상물질을 그룹별로 분류하여 교육 가능
(3) 사업주는 교육시간 및 내용 등을 기록하여 보존

건설기술진흥법상 안전관리비

Ⅰ. 정의

(1) 안전관리비란 건설공사의 발주자는 건설공사 계약을 체결할 때에 건설공사의 안전관리에 필요한 비용을 국토교통부령으로 정하는 공사금액에 계상하여야 한다.

(2) 시공사는 안전관리비를 해당 목적에만 사용해야 하며, 발주자 또는 건설사업관리용역사업자가 확인한 안전관리 활동실적에 따라 정산해야 한다.

Ⅱ. 안전관리비

구분	공사금액 계상 기준
1. 안전관리계획의 작성 및 검토 비용 또는 소규모안전관리계획의 작성 비용	• 엔지니어링사업 대가기준을 적용하여 계상
2. 안전점검 비용	• 안전점검 대가의 세부 산출기준을 적용하여 계상
3. 발파·굴착 등의 건설공사로 인한 주변 건축물 등의 피해방지대책 비용	• 사전보강, 보수, 임시이전 등에 필요한 비용을 계상
4. 공사장 주변의 통행안전관리대책 비용	• 토목·건축 등 관련 분야의 설계기준 및 인건비기준을 적용하여 계상
5. 계측장비, 폐쇄회로 텔레비전 등 안전 모니터링 장치의 설치·운용 비용	• 안전 모니터링 장치의 설치 및 운용에 필요한 비용을 계상
6. 가설구조물의 구조적 안전성 확인에 필요한 비용	• 관계전문가의 확인에 필요한 비용을 계상
7. 무선설비 및 무선통신을 이용한 건설공사 현장의 안전관리체계 구축·운용 비용	• 무선설비의 구입·대여·유지 등에 필요한 비용과 무선통신의 구축·사용 등에 필요한 비용을 계상

Ⅲ. 추가 안전관리비 계상(발주자 요구 또는 귀책사유)

(1) 공사기간의 연장

(2) 설계변경 등으로 인한 건설공사 내용의 추가

(3) 안전점검의 추가편성 등 안전관리계획의 변경

(4) 그 밖에 발주자가 안전관리비의 증액이 필요하다고 인정하는 사유

20 건설기술진흥법상 가설구조물의 구조적 안전성 확인 대상 [건설기술진흥법시행령]

Ⅰ. 정의
건설사업자 또는 주택건설등록업자는 동바리, 거푸집, 비계 등 가설구조물 설치를 위한 공사를 할 때 가설구조물의 구조적 안전성을 확인하기에 적합한 분야의 기술사(관계전문가)에게 확인을 받아야 한다.

Ⅱ. 가설구조물의 구조적 안전성 확인 대상
(1) 높이가 31m 이상인 비계
(2) 브라켓(bracket) 비계
(3) 작업발판 일체형 거푸집 또는 높이가 5m 이상인 거푸집 및 동바리
(4) 터널의 지보공(支保工) 또는 높이가 2m 이상인 흙막이 지보공
(5) 동력을 이용하여 움직이는 가설구조물
(6) 높이 10m 이상에서 외부작업을 하기 위하여 작업발판 및 안전시설물을 일체화하여 설치하는 가설구조물
(7) 공사현장에서 제작하여 조립·설치하는 복합형 가설구조물
(8) 그 밖에 발주자 또는 인·허가기관의 장이 필요하다고 인정하는 가설구조물

Ⅲ. 관계전문가의 요건
(1) 건축구조, 토목구조, 토질 및 기초와 건설기계 직무 범위 중 공사감독자 또는 건설사업관리기술인이 해당 가설구조물의 구조적 안전성을 확인하기에 적합하다고 인정하는 직무 범위의 기술사일 것
(2) 해당 가설구조물을 설치하기 위한 공사의 건설사업자나 주택건설등록업자에게 고용되지 않은 기술사일 것

Ⅳ. 제출서류
건설사업자 또는 주택건설등록업자는 가설구조물을 시공하기 전에 공사감독자 또는 건설사업관리기술인에게 제출서류
(1) 시공상세도면
(2) 관계전문가가 서명 또는 기명날인한 구조계산서

21 산업안전보건관리비 [산업안전보건법 시행규칙/건설업 산업안전보건관리비 계상 및 사용기준]

Ⅰ. 정의

산업안전보건관리비란 건설사업장과 본사 안전전담부서에서 산업재해의 예방을 위하여 법령에 규정된 사항의 이행에 필요한 비용을 말한다.

Ⅱ. 공사종류 및 규모별 산업안전보건관리비의 계상기준

구분	5억원 미만인 경우 적용 비율(%)	5억원 이상 50억원 미만인 경우		50억원 이상인 경우 적용 비율(%)	보건관리자 선임대상 건설공사의 적용비율(%)
		적용비율 (%)	기초액		
일반건설 공사(갑)	2.93%	1.86%	5,349,000원	1.97%	2.15%
일반건설 공사(을)	3.09%	1.99%	5,499,000원	2.10%	2.29%
중건설공사	3.43%	2.35%	5,400,000원	2.44%	2.66%
철도· 궤도신설공사	2.45%	1.57%	4,411,000원	1.66%	1.81%
특수및기타건설 공사	1.85%	1.20%	3,250,000원	1.27%	1.38%

(1) 하나의 사업장 내에 건설공사 종류가 둘 이상인 경우에는 공사금액이 가장 큰 공사 종류를 적용한다.

(2) 발주자 또는 자기공사자는 설계변경 등으로 대상액의 변동이 있는 경우에 지체 없 이 안전보건관리비를 조정 계상하여야 한다.

Ⅲ. 산업안전보건관리비의 계상방법

(1) 발주자는 원가계산에 의한 예정가격 작성 시 안전관리비를 계상하여야 한다.

(2) 자기공사자는 원가계산에 의한 예정가격을 작성하거나 자체 사업계획을 수립하는 경우에 안전보건관리비를 계상하여야 한다.

(3) 대상액이 구분되어 있지 않은 공사는 도급계약 또는 자체사업계획 상의 총공사금액 의 70%를 대상액으로 하여 안전보건관리비를 계상하여야 한다.

Ⅳ. 산업안전보건관리비의 사용

(1) 도급금액 또는 사업비에 계상(計上)된 산업안전보건관리비의 범위에서 산업안전보건관리비를 사용

(2) 산업안전보건관리비를 사용하는 해당 건설공사의 금액이 4천만원 이상인 때에는 매월 사용명세서를 작성하고, 건설공사 종료 후 1년 동안 보존

22 설계의 안전성 검토(Design For Safety, 건축공사 설계의 안전성검토 수립대상)
[건설기술진흥법 시행령]

Ⅰ. 정의
발주청은 안전관리계획을 수립해야 하는 건설공사의 실시설계를 할 때에는 시공과정의 안전성 확보 여부를 확인하기 위해 설계의 안전성 검토를 국토안전관리원에 의뢰해야 한다.

Ⅱ. 설계의 안전성 검토가 필요한 안전관리계획 수립대상공사
(1) 1종시설물 및 2종시설물의 건설공사(유지관리를 위한 건설공사는 제외)
(2) 지하 10m 이상을 굴착하는 건설공사
(3) 폭발물을 사용하는 건설공사로서 20m 안에 시설물이 있거나 100m 안에 사육하는 가축이 있어 해당 건설공사로 인한 영향을 받을 것이 예상되는 건설공사
(4) 10층 이상 16층 미만인 건축물의 건설공사
(5) 10층 이상인 건축물의 리모델링 또는 해체공사
(6) 수직증축형 리모델링
(7) 높이가 31m 이상인 비계
(8) 브라켓(bracket) 비계
(9) 작업발판 일체형 거푸집 또는 높이가 5m 이상인 거푸집 및 동바리
(10) 터널의 지보공(支保工) 또는 높이가 2m 이상인 흙막이 지보공
(11) 동력을 이용하여 움직이는 가설구조물
(12) 높이 10m 이상에서 외부작업을 하기 위하여 작업발판 및 안전시설물을 일체화하여 설치하는 가설구조물
(13) 공사현장에서 제작하여 조립·설치하는 복합형 가설구조물
(14) 발주자가 안전관리가 특히 필요하다고 인정하는 건설공사
(15) 인·허가기관의 장이 안전관리가 특히 필요하다고 인정하는 건설공사

Ⅲ. 국토안전관리원 제출 보고서
(1) 시공단계에서 반드시 고려해야 하는 위험 요소, 위험성 및 그에 대한 저감대책에 관한 사항
(2) 설계에 포함된 각종 시공법과 절차에 관한 사항
(3) 그 밖에 시공과정의 안전성 확보를 위하여 국토교통부장관이 정하여 고시하는 사항

Ⅳ. 기타사항

(1) 국토안전관리원은 의뢰 받은 날부터 20일 이내에 설계안전검토보고서의 내용을 검토하여 발주청에 그 결과를 통보해야 한다.

(2) 발주청은 개선이 필요하다고 인정하는 경우에는 설계도서의 보완·변경 등 필요한 조치를 하여야 한다.

(3) 발주청은 검토 결과를 건설공사를 착공하기 전에 국토교통부장관에게 제출하여야 한다.

23 밀폐공간보건작업 프로그램 [산업안전보건기준에 관한 규칙/KOSHA GUIDE H-80-2012]

Ⅰ. 정의

밀폐공간이란 산소결핍, 유해가스로 인한 질식·화재·폭발 등의 위험이 있는 장소로서 사업주는 밀폐공간에서 근로자에게 작업을 하도록 하는 경우 밀폐공간 작업 프로그램을 수립하여 시행하여야 한다.

Ⅱ. 밀폐공간보건작업 프로그램 흐름도

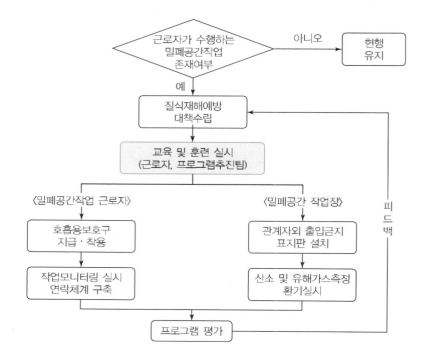

Ⅲ. 밀폐공간 작업 프로그램의 수립·시행

(1) 포함될 내용

① 사업장 내 밀폐공간의 위치 파악 및 관리 방안

② 밀폐공간 내 질식·중독 등을 일으킬 수 있는 유해·위험 요인의 파악 및 관리 방안

③ 밀폐공간 작업 시 사전 확인이 필요한 사항에 대한 확인 절차

④ 안전보건교육 및 훈련

⑤ 그 밖에 밀폐공간 작업 근로자의 건강장해 예방에 관한 사항

(2) 밀폐공간에서 작업을 시작하기 전 확인사항
  ① 작업 일시, 기간, 장소 및 내용 등 작업 정보
  ② 관리감독자, 근로자, 감시인 등 작업자 정보
  ③ 산소 및 유해가스 농도의 측정결과 및 후속조치 사항
  ④ 작업 중 불활성가스 또는 유해가스의 누출·유입·발생 가능성 검토 및 후속조치 사항
  ⑤ 작업 시 착용하여야 할 보호구의 종류
  ⑥ 비상연락체계
(3) 사업주는 밀폐공간에서의 작업이 종료될 때까지 내용을 해당 작업장 출입구에 게시하여야 한다.

Ⅳ. 작업장 내 유해공기의 기준
(1) 산소농도 범위가 18% 미만, 23.5% 이상인 공기
(2) 탄산가스 농도가 1.5% 이상인 공기
(3) 황화수소농도가 10ppm 이상인 공기
(4) 폭발하한농도의 10%를 초과하는 가연성가스, 증기 및 미스트를 포함하는 공기
(5) 폭발하한농도에 근접하거나 초과하는 공기와 혼합된 가연성분진을 포함하는 공기

Ⅴ. 산소 및 유해가스 농도의 측정 및 환기
(1) 산소 및 유해가스 농도의 측정
  ① 당일의 작업을 개시하기 전
  ② 교대제로 작업을 하는 경우, 작업 당일 최초 교대 후 작업이 시작되기 전
  ③ 작업에 종사하는 전체 근로자가 작업을 하고 있던 장소를 떠난 후 다시 돌아와 작업을 시작하기 전
  ④ 근로자의 건강, 환기장치 등에 이상이 있을 때
  ⑤ 측정자: 관리감독자, 안전관리자 또는 보건관리자, 안전관리전문기관 또는 보건관리전문기관, 건설재해예방전문지도기관, 작업환경측정기관, 교육을 이수한 자

(2) 환기
  ① 작업 전에는 유해공기의 농도가 기준농도를 넘어가지 않도록 충분한 환기를 실시
  ② 정전 등에 의하여 환기가 중단되는 경우에는 즉시 외부로 대피
  ③ 밀폐공간의 환기 시에는 급기구와 배기구를 적절하게 배치하여 작업장 내 환기가 효과적으로 이루어질 것
  ④ 급기구는 작업자 가까이 설치할 것

24 건축산업의 정보통합화생산(CIC, Computer Integration Construction)

I. 정의

CIC는 건설프로젝트에 관여하는 모든 참여자들로 하여금 프로젝트 수행의 모든 과정에 걸쳐 서로 협조할 수 있는 하나의 팀으로 엮어주고자 하는 목적으로 제안된 개념이다.

II. 실무단계 간 정보의 공유(통합 데이터베이스)

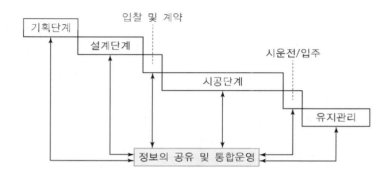

III. CIC 구현방안

(1) 경영주의 적극적인 지원의지 확보
(2) CIC의 팀 구성 및 기본계획 수립
  ① 개념 설정단계
  ② 기능별 요소 설정단계
  ③ 기능별 요소 구현방안 설정단계

IV. CIC 기반 컴퓨터 기술

(1) 컴퓨터 이용 디자인/엔지니어링(CAD/CAE)
(2) 인공지능(Artificial Intelligence)
(3) 전문가 시스템(Expert System)
(4) 시각 시뮬레이션(Visual Simulation)
(5) 객체지향형 데이터베이스 관리 시스템(Object-Oriented Database Management System)
(6) 원거리 데이터 통신

V. CIC의 기대효과

(1) 높은 품질수준의 설계를 신속하게 생성
(2) 프로젝트의 신속하고 저렴한 건설
(3) 프로젝트의 효율적 관리

25 지능형 건축물(IB, Intelligent Building)

I. 정의

IBS는 필요한 도구(OA 기기, 정보기기 등)를 갖추고 쾌적한 환경(조명, 온열환경, 공조 등)을 조성하기 위해 통합관리를 통하여 빌딩의 안전성과 보완성을 확보하고 절약적인 운용을 함으로써 최대의 부가가치 창출을 유도하고자 하는 빌딩시스템이다.

II. 개념도

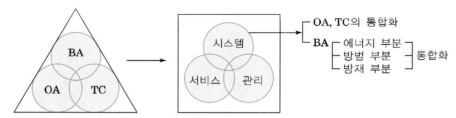

[초기의 개념(건축부분)]　　[새로운 개념(빌딩구조)]

→ BA, OA, TC 간의 기술적인 기능만을 중요시하던 개념에서 상호보완작용의 기능으로 가야 됨

(1) BA(Building Automation)

① 빌딩관리 시스템

가. 공조, 전력, 조명, 엘리베이터 등의 원격감시 및 제어

나. 컴퓨터에 의한 유지보수, 자료관리 및 전반적인 빌딩운용의 최적화

② Security 시스템

가. 빌딩의 안전성 확보

나. 방범, 방재, 방화 등의 감시 및 제어, CCTV 등

③ 에너지 절약 시스템

가. 냉·난방, 조명, 엘리베이터 운전 등을 최적 제어

나. 에너지 관리에 효율성 제고

(2) OA(Office Automation) : PC와 인터넷 등

(3) TC(Tele-Communication) : Data의 LAN과 Voice의 교환기 등

III. 도입효과

(1) 경제적인 운전관리에 의한 에너지 및 인력 절감

(2) TC 및 OA와의 Network를 통한 정보통신비용 절감

(3) 쾌적한 사무환경 제공 및 생산성 극대화

(4) 기업 이미지 제고 및 임대성의 제고

26 PMIS(Project Management Information System, PMDB: Project Management Data Base)

I. 정의

건설공사를 효과적으로 관리하기 위하여 활용하는 것으로 발주자, 시공자, 감리자 등 참여자들의 원활한 의사소통을 촉진하며, 내부의 각기 다른 관리 기능들을 유기적으로 연결시키는 구심적 역할을 하는 것을 말한다.

II. PMIS의 개념도

(1) 수직적 시스템

발주자의 현장정보관리 시스템

(2) 수평적 시스템

건설회사 내부의 개별 시스템(견적, 공정관리, 원가관리, 품질관리 등)

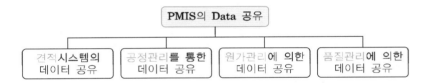

III. 문제점

(1) 수직적 시스템

① 발주자 측 비용 위주와 현장의 공정관리를 위한 기성항목 간의 차이 발생

→ 공사현황보고서의 이중적인 작업 발생

② 각 발주처별 물량내역서의 기본항목 차이 발생

③ 각 발주처별 물량내역서의 표준화 미비

④ 표준화된 분류체계의 부재

(2) 수평적 시스템

① 설계도면과 시방서의 차이 발생

→ 디자인과 견적, 견적과 일정계획, 일정계획과 원가관리 간에 기능적인 단절을 야기

② 축적된 정보의 미비

③ 정보 재활용의 미비

Ⅳ. 대책

(1) 표준분류체계를 활용한 분류체계의 도입

(2) 데이터 통합모델의 구축

(3) 정보의 재활용과 공유의 활성화

(4) 디자인요소중심의 Assembly와 자원중심의 단위작업을 연결

(5) 발주자, 시공자, 하도급자의 협력 모색

(6) 설계, 견적, 일정계획, 원가관리 등의 기능을 통합 운영하는 조직구성

27 건설 CALS(Continuous Acquisition & Life Cycle Support)

I. 정의

CALS란 건설공사의 기획, 설계, 시공, 유지관리, 철거에 이르기까지 전 과정의 정보를 전자화, 네트워크화를 통하여 데이터베이스에 저장하고 저장된 정보는 전산망으로 연결되어 발주처, 설계자, 시공자, 하수급자 등이 공유하는 통합정보시스템을 말한다.

II. 개념도

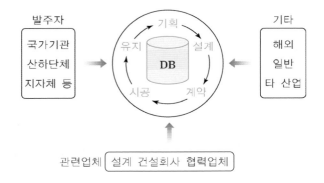

III. 필요성

(1) 입찰, 인·허가 업무 투명성 및 업체의 경쟁우위 확보
(2) 발주처, 설계자, 시공자, 하수급자 등이 각종 정보 공유
(3) 국제경쟁력 확보
(4) 업무의 효율적 운영
(5) 건설업의 생산성 향상

IV. 효과

(1) 유사공사의 실적자료 재사용으로 공기단축(15~20%) 및 예산절감(10~20%)
(2) 종이 없는 문서체계 구축 및 예산절감
(3) 입찰, 인·허가 등의 업무시간 단축
(4) 정확한 정보교환으로 품질향상

V. 추진방향

(1) CALS 체계의 각종 표준에 맞게 CIC 시스템을 개발
(2) PMIS 등 다른 정보시스템과 연계를 통해 다양한 정보의 효율성을 향상
(3) 지속적인 업데이트를 통한 시스템 활용 폭의 확대

28 WBS(Work Breakdown Structure, 작업분류체계)

Ⅰ. 정의

WBS란 공정표를 효율적으로 작성하고 운영할 수 있도록 공사 및 공정에 관련되는 기초자료의 명백한 범위 및 종류를 정의하고 공정별 위계구조를 분할하는 것이다.

Ⅱ. 개념도

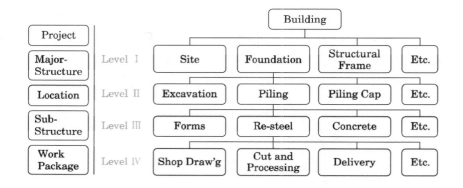

Ⅲ. 작업분할의 방법

(1) 공정표의 사용목적, 사용자, 관리수준 등을 고려하여 결정
(2) 생산단계에서는 매우 상세한 분할이 필요
(3) 상위관리 단계에서는 집약된 형태의 분할이 필요
(4) 인원과 장비를 적절히 조합하여 분할

Ⅳ. 작업분할을 위한 기준

(1) 관리자들에 의해 관리되는 실질적인 단위로 할 것
(2) 각 공사마다 상황에 따라 그 관리목적에 맞도록 구축할 것
(3) 적정관리 단계(Level)에서 표준화할 것
(4) 하위단위에서는 각 현장의 특수성을 반영할 것

| 29 | 건설위험관리에서 위험약화전략(Risk Mitigation Strategy) |

I. 정의

위험약화전략(리스크관리)란, 사업이나 프로젝트가 당면한 모든 리스크에 대해서 그 리스크를 어떻게 관리할 것인가에 대한 신중한 의사결정이 가능하도록 리스크를 규정하고 정량화하는 것이다.

II. 리스크관리 절차

(1) 리스크 규정(식별)

① 리스크의 원인과 효과를 명확히 구분한다.

단계	원인(Source)	사건(Event)	효과(Effect)
예	• 안전장치의 미비 • 안전점검의 부적합 • 결함 있는 장비 등	• 현장 작업자의 부상	• 작업자의 사망 • 작업자의 중상 • 작업의 지연 등

② 특정사업과 관련된 리스크인자의 근원을 파악
③ 조사, 체크리스트 작성
④ 일정한 기준에 따라 체계적으로 분류
⑤ 해당리스크 발생결과의 중요도 판단
⑥ 리스크 분석단계에서 중점적으로 고려할 변수를 산출

(2) 리스크 분석

리스크 인자의 결과적 중요도를 파악하여 불확실성을 제거하거나 감소시키는 데 있는 것이 아니라, 리스크를 보다 명확하게 이해하고 대응하기 위한 대안설정이나 전략수립 여부를 판단하는 데 있다.

(3) 리스크 대응

① 리스크 전이(Risk Transfer) : 다른 집단이나 조직에 리스크를 전이시킨다.
② 리스크 회피(Risk Avoidance) : 계획 자체를 포기함으로써 리스크를 회피한다.
③ 리스크 저감(Risk Reduction) : 여러 가지 대책을 수립하여 리스크를 저감시킨다.
④ 리스크 보유(Risk Retention) : 다소간의 리스크를 감수하는 대신 그에 따른 투기적 효과 즉, 혜택과 기회 등을 기대하며 리스크를 보유한 채 계획을 진행한다.

30 시공성(Constructability, 시공성 분석)

I. 정의

시공성이란 프로젝트 전체의 목적을 달성하기 위해 기획, 설계, 조달 및 현장작업에 대해서 시공상의 지식과 경험을 최대한으로 이용하는 것이나, 초기단계에 이용하는 것이 바람직하다.

II. 개념도

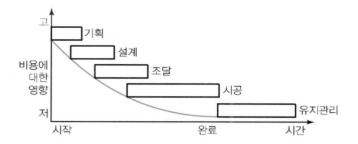

III. 시공성의 목표

(1) 시공요소를 설계에 통합: 설계의 단순화 및 표준화

(2) 설계의 모듈화

(3) 공장생산을 통한 현장 조립화

IV. 시공성 확보방안

(1) 기획단계

① 프로젝트 집행계획의 필수부분이 되어야 한다.

② 시공성을 책임지는 프로젝트팀 참여자들은 초기에 확인되어야 한다.

③ 향상된 정보기술은 프로젝트를 통하여 적용되어야 한다.

(2) 설계 및 조달단계

① 설계와 조달일정 등은 시공 지향적이어야 한다.

② 설계의 기본원리는 표준화에 맞추어야 한다.

③ 모듈화에 의한 설계로 제작, 운송 및 설치를 용이하게 할 수 있도록 한다.

④ 인원, 자재 및 장비 등의 현장 접근성을 촉진시키는 설계가 되어야 한다.

⑤ 불리한 날씨조건에서도 시공을 할 수 있는 설계가 되어야 한다.

(3) 현장작업 단계

시공성은 혁신적인 시공방법 등이 활용될 때 향상된다.

31 건설클레임

Ⅰ. 정의

계약 당사자가 그 계약상의 조건에 대하여 계약서의 조정 또는 해석이나 금액의 지급, 공기의 연장 또는 계약서와 관계되는 기타의 구제를 권리로서 요구하는 것 또는 주장하는 것이며, 분쟁(Dispute)의 이전단계를 클레임(Claim)이라고 말하고 있다.

Ⅱ. 건설공사 클레임 처리절차

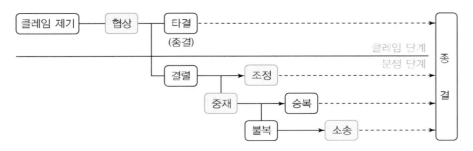

Ⅲ. 클레임 단계

(1) 클레임 이전 단계

① 계약내용의 면밀한 검토

② 이행단계에 따른 규정 등을 충분히 검토

③ 단계별 발생 사안에 대한 문서화

④ 클레임 사안에 대한 요구사항의 입증책임 철저

⑤ 발생사안의 발주자에 대한 통지는 반드시 문서로 이행

(2) 클레임 단계

① 사전평가 단계   ② 근거자료 확보 단계

③ 자료분석 단계   ④ 클레임문서 작성 단계

⑤ 청구금액 산출 단계   ⑥ 문서제출 단계

(3) 클레임 이후 분쟁단계

① 가능한 계약당사자간의 상호이해와 협상에 의해 해결

② 상설 중재기관의 활용

③ 발주자의 계약관련 규정 등의 충분한 이해와 시공사를 계약파트너로 생각

④ 명문화된 계약관련 규정으로 발주자나 감리자를 설득시킬 수 있고 풍부한 지식과 의욕을 가질 것

32 Smart Construction 요소기술

Ⅰ. 정의

Smart Construction 요소기술이란 전통적인 건설기술에 4차산업 혁명기술인 BIM, IoT, Big Data, Drone 등 첨단기술을 융합한 기술혁신으로 인력의 한계를 극복하여 생산성, 안전성을 획기적으로 개선할 수 있는 새로운 건설기술을 말한다.

Ⅱ. Smart Construction 적용

구 분	패러다임 변화	스마트 건설기술 적용
설계 분야	· **2D 설계** · 단계별 정보 분절 ↓ · **nD BIM 설계** · 전 단계 정보 융합	· Drone을 활용한 예정지 정보 수집 · Big Data 활용 시설물 계획 · VR기반 대안 검토 · BIM기반 설계자동화
시공 분야	· 현장 생산 · 인력 의존 ↓ · 모듈화, 제조업화 · 자동화, 현장관제	· Drone을 활용한 현장 모니터링 · IoT기반 현장 안전관리 · 장비 로봇화 & 로봇 시공 · 3D프린터를 활용한 급속시공
유지관리 분야	· 정보단정 · 현장방문 · 주관적 ↓ · 정보 피드백 · 원격제어 · 과학적	· 센서활용 예방적 유지관리 · Drone을 활용한 시설물 모니터링 · AI기반 시설물 운영

Ⅲ. 국내 건설현장의 문제점

(1) 건설 산업의 생산성 저하

(2) 노령인구의 증가

(3) 외국 인력의 증가

(4) 스마트 건설기술 정책의 미비

Ⅳ. 건설현장의 스마트 건설기술 확산방안

(1) 제도적 개선방안: 정부의 지원

(2) 교육방식의 개선

(3) 신기술의 적용

(4) 드론을 통한 정보취득 및 설계 자동화

(5) AI 자율주행 및 ICT를 통한 안전관리

(6) IoT 센서를 활용한 점검 및 시설물 관리 시스템

33 무선인식기술(RFID: Radio Frequency Identification, 무선인식기술(RFID)을 활용한 현장관리)

I. 정의
무선인식기술이란 전자태그에 내장된 정보를 전파를 이용하여 안테나와 리더를 통해 먼 거리에서 비(非)접촉 방식으로 정보를 인식하는 기술을 말한다.

II. 개념도

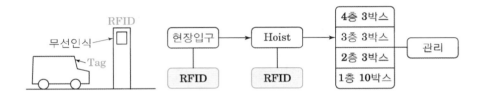

III. 특징
(1) 실시간 정보 파악 가능
(2) 이동 중 및 원거리 인식 가능
(3) 공간 제약 없음
(4) 반복적이고 반영구적 사용 가능
(5) 식별에 걸리는 시간이 짧음
(6) 뛰어난 보안성
(7) 다수 태그, 라벨을 동시에 인식 가능
(8) 판독기 감지 범위 안에서는 여러 각도 상황에서도 인식 가능
(9) 바코드, 마그네틱 카드에 비해 비싼 가격 및 RFID 설치비용 고가

IV. 무선인식기술을 활용한 현장관리
(1) 출역인원관리: 체계적인 생산성 관리
(2) 노무안전관리: 교육인원파악 및 관리용이
(3) 레미콘 물류관리: 운반시간관리
(4) 자재물류관리: 재고, 사용부위 확인
(5) 진도관리: 실시간 공정관리
(6) 시설물관리: 정확한 하자위치 파악, 주차장 점유상태 모니터링
(7) 홈 네트워크 서비스: 감지 센서는 24시간 실시간으로 외부인의 침입, 움직임을 감지 등

2 서술형 문제 해설

---

01 공정관리 시 자원배당의 정의와 방법 및 순서

I. 일반사항

(1) 자원배당의 정의
자원소요량과 투입가능한 자원량을 상호조정하고 자원의 허비시간을 제거함으로써 "자원의 효율화"를 기하고 아울러 비용의 증가를 최소화하는 방법이다.

(2) 자원배당의 기준
① 인력 변동의 회피　　② 한정된 자원의 선용
③ 자원의 고정수준 유지　　④ 자원 일정계획의 효율화

(3) 자원배당의 목적

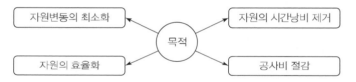

II. 자원배당의 방법 분류

(1) 자원이 무제한인 상태(자원 평준화 문제)
자원보다 시간 일정에 맞추는 경우

(2) 자원이 제한된 상태(자원 배당 문제)
① 무제한 자원공급하의 자원배당
충분한 자원으로 작업완료예정일 안에 작업완료를 목표로 자원의 분배계획을 수립하는 것이다.

② 자원 제약하의 자원배당
제한된 자원을 가지고 최대한도로 작업을 빨리 완료하려고 자원을 적절히 분배하며 계획을 세우는 것이다.

③ 장기자원계획
총작업시간과 자원의 분배로써 총비용을 최소한으로 하는 계획을 수립하는 것이다.

Ⅲ. 자원배당 순서

(1) 공정표 작성

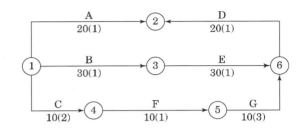

(2) 일정계산

작업	공기	EST	EFT	LST	LFT	TF	FF	DF	CP
A	20	0	20	20	40	20	0	20	
B	30	0	30	0	30	0	0	0	*
C	10	0	10	30	40	30	0	30	
D	20	20	40	40	60	20	20	0	
E	30	30	60	30	60	0	0	0	*
F	10	10	20	40	50	30	0	30	
G	10	20	30	50	60	30	30	0	

(3) 자원계획

① EST에 의한 자원계획

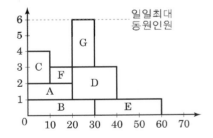

② LST에 의한 자원계획

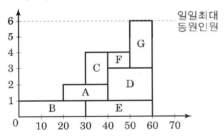

③ 균배도에 의한 자원계획

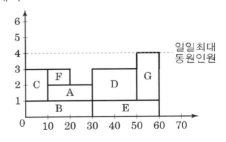

(4) 자원배당

① 자원이 무제한인 상태

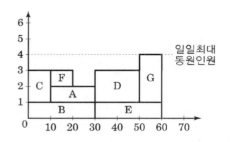

시간 일정에 맞추어 자원 평준화하므로 일일 최대동원 인원이 4명까지 투입됨

② 자원이 제한된 상태(일일 최대동원인원 : 3명)

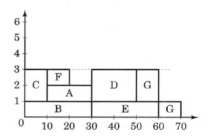

일일 최대동원을 제한하는 관계로 부득이 G작업이 공기연장될 수밖에 없음

V. 결 론

(1) 자원배당은 자원의 효율화, 자원변동의 최소화 및 자원의 시간낭비 제거를 통하여
자원배당이 이루어져야 한다.
(2) 가장 적합한 자원배당으로 비용증가를 최소로 하여야 한다.

02　EVMS(Earned Value Management System)

Ⅰ. 개 요

EVMS는 Project 사업의 실행예산이 초과되는 것을 방지하기 위하여 사업비용과 일정의 "계획대비실적"을 통합된 기준으로 관리하며, 이를 통하여 현재문제의 분석, 만회대책의 수립, 그리고 향후 예측을 가능하게 한다.

Ⅱ. EVMS 활용의 효과

(1) 단일화된 관리기법의 활용을 통한 정확성, 일관성, 적시성 유지
(2) 일정, 비용, 그리고 업무범위의 통합된 성과 측정
(3) 축적된 실적자료의 활용을 통한 프로젝트 성과 예측
(4) 사업비 효율의 지속적 관리
(5) 예정공정과 실제 작업공정의 비교 관리
(6) 비용지수를 활용한 프로젝트 총사업비의 예측 관리
(7) 비용지수와 일정지수를 함께 고려한 총사업비의 예측과 통계적 관리
(8) 잔여 사업관리의 체계적 목표 설정
(9) 계획된 사업비 목표달성을 위한 주간 또는 정기적 비용관리
(10) 중점관리 항목의 설정과 조직

Ⅲ. EVMS의 개념

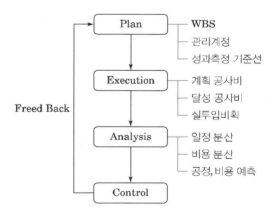

Ⅳ. EVMS의 구성

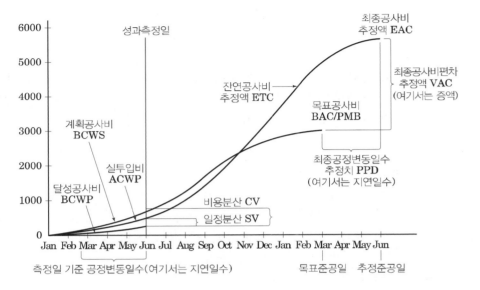

구분	약어	용어	내용	비고
계획요소	WBS	Work Breakdown Structure	작업분류체계	성과 측정 및 분석의 기본 단위
	CAP	Control Account	관리 계정	
	PMB	Performance Measurement Baseline	성과측정 기준선	
	CBS	Cost Breakdown Structure	비용분류체계	
	OBS	Organization Breakdown Structure	조직분류체계	
	BAC	Budget at Completion	목표공사비	
측정요소	BCWS	Budget Cost for Work Schedule (＝PV, Planned Value)	계획공사비 Σ(계약단가× 계약물량) ＋예비비	예산
	BCWP	Budget Cost for Work Performed (＝EV, Earned Value)	달성공사비 Σ(계약단가× 기성물량)	기성
	ACWP	Actual Cost for Work Performed (＝AC, Actual Cost)	실투입비 Σ(실행단가× 기성물량)	

구분	약어	용어	내용	비고
분석요소	SV	Schedule Variance	일정분산	BCWP − BCWS
	CV	Cost Variance	비용분산	BCWP − ACWP
	SPI	Schedule Performance Index	일정 수행 지수	BCWP / BCWS
	CPI	Cost Performance Index	비용 수행 지수	BCWP / ACWP
	ETC	Estimate to Complete	잔여 소요비용 추정액	
	EAC	Estimate at Complete	최종 소요비용 추정액	BAC / CPI
	VAC	Variance at Completion	최종 비용편차 추정액	BAC − EAC

V. EVMS의 검토 결과

CV	SV	평가	비고
+	+	비용 절감 일정 단축	• 가장 이상적인 진행
+	−	비용 절감 일정 지연	• 일정 지연으로 인해 계획 대비 기성금액이 적은 경우 → 일정 단축 및 생산성 향상 필요 • 일정 지연과는 무관하게 생산성 및 기술력 향상으로 인해 실제로 비용 절감이 이루어진 상태 → 일정 단축 필요
−	+	비용 증가 일정 단축	• 일정 단축으로 인해 계획 대비 기성금액이 많은 경우 → 계획 대비 현금 흐름 확인 필요 • 일정 단축과는 무관하게 실제 투입비용이 계획보다 증가한 경우 → 생산성 향상 필요
−	−	비용 증가 일정 지연	• 일정 단축 및 생산성 향상 대책 필요

Ⅵ. EVMS의 문제점

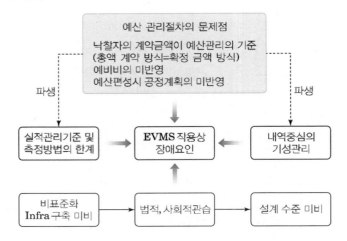

Ⅶ. 결 론

EVMS 기법의 적용을 위해 공정 및 공사비를 과학적으로 계획하고, 관리할 수 있는 Infrastructure 구축과 EVMS 기법을 운영할 수 있는 건설업무 Prosess의 정비가 우선되어야 한다.

03 공정간섭이 공사에 미치는 영향과 해소기법

I. 일반사항

(1) 의 의

① 공정간섭은 공정계획의 착오, 설계변경, 인원, 무리한 공정진행 등 예기치 않은 상황에서 발생될 수 있다.

② 그러므로 사전에 철저한 공정계획과 수시로 상호연관된 공종끼리 공정회의를 실시하여 미연에 방지하여야 한다.

(2) 공정간섭 개념도

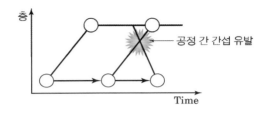

II. 공정간섭 원인

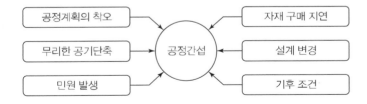

III. 공사에 미치는 영향

(1) 공기지연

① Critical Path의 공종인 경우

② 공정 간섭에 의한 타공정 간 조정작업으로 공기 지연

③ 작업원 투입 증대

(2) 품질 저하

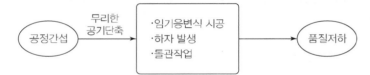

(3) 안전사고 및 위험성 증대

- 공정 간의 동선 교체에 따른 위험요소 증가
- 협소한 작업공간 내 사고 발생 우려
- 야간작업에 따른 위험요소 증가

(4) 공사비 증가

(5) 작업능률 저하

불필요한 작업 및 공정간섭으로 작업진행의 능률저하 초래

(6) 관리 미비

공정간섭 및 공사관리의 미비로 부실시공 우려

Ⅳ. 해소기법

(1) 분쟁의 해결 방법

① 법적 구속력 있는 중재/소송 시도

② 자율적 해결 가능한 협상, 중재, 조정 시도

③ 상호 입장에서 대화로서 타협유도

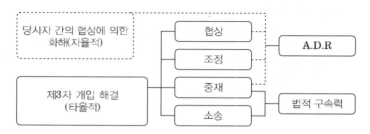

(2) 공정계획 수립

① 작업간의 선·후 관계 및 일정을 정확히 파악

② 선·후 작업을 고려하여 각 공종의 착수시기 결정
③ 수시로 공정회의를 통하여 공정 Check

(3) 적재적소의 자재반입 및 장비투입
① 필요한 시기에 자재반입
② 적정장비 배치로 자재운반에 따른 공정 간 마찰 최소화

(4) 자원배당
자원의 비효율성을 제거 → 적절한 인원 및 비용의 최소화

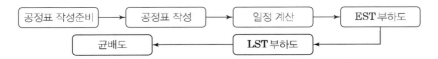

(5) 단위공종의 공기엄수
각 단위 공종의 공기를 준수하여 공정간섭 및 선·후작업의 영향을 최소화한다.

(6) 진도관리

(7) Milestone 실시

전체 공사의 흐름 및 순서 명확히 파악하여 관리

(8) 철저한 설계검토 및 공사계획
① Shop Drawing 미비사항 보완
② 시방서, 기본도면 완전 숙지

Ⅶ. 맺음말
공정간섭은 공기지연, 품질저하, 공사비 증가 등 공사진행상 막대한 지장을 초래하므로, 공정계획 단계에서부터 적절한 공사관리 기법의 도입과 협력업체 간의 긴밀한 유대관계 조성이 필요하다.

04 VE(Value Engineering)

I. 일반사항

(1) VE의 정의

최저의 생애주기비용(LCC : Life Cycle Cost)으로 필요한 기능을 확실하게 달성하기 위하여 제품이나 서비스의 기능분석에 쏟는 조직적인 노력

$$가치(Value) = \frac{기능(Function) + 품질(Quality)}{비용(Cost)}$$

(2) VE의 기본원리

구 분	①	②	③	④	⑤	⑥	⑦
F	→	↗	↗	↗	↘	↘	→
C	↘	→	↘	↗	↘	↗	↗
적용범위	VE 적용대상				VE 적용에서 제외		

Ⅱ. VE 대상 및 선정기준

(1) VE 대상

　　(2) 대상 선정 기준
　　　① 고가 프로젝트
　　　② 복합 프로젝트
　　　③ 반복, 동시다발 프로젝트
　　　④ 신규적용 프로젝트
　　　⑤ 공공 프로젝트

Ⅲ. VE 적용시기와 효과

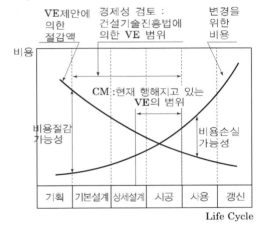

　(1) 성능향상과 비용 절감
　(2) 효율적인 건설공사
　(3) 건설기술력 향상
　(4) 건설공정의 생산성 향상
　(5) 원가의식 및 개선의식의 제고
　(6) 지속적인 업무개선

Ⅳ. 추진절차

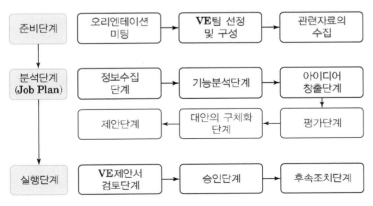

V. 활동영역

(1) 설계 V.E
　　① 설계의 단순화, 규격화
　　② 기성재료의 Module에 의한 설계
　　③ 경험이 풍부한 기술자의 자문

(2) 시공 V.E
　　① 입찰 전 사업 검토
　　② 경제적인 공법 및 장비 활용
　　③ 실질적인 안전대책 확립

VI. VE 문제점

(1) VE에 대한 인식 부족
　　① 하도급업체의 낮은 기술 수준
　　② VE지식부족과 참여 부족
　　③ 차후 위험부담에 대한 책임으로 거부반응
　　④ 부서장급 이상의 VE에 대한 인식 부족

(2) 업무과다
　　① 설계 및 시공시 VE 활동시간 부족
　　② 본업무 이외에도 QC 활동에 많은 시간 할애

(3) 습관적 사고
　　① 과거의 경험 답습
　　② 기술변화 미고려

(4) 불충분한 의사소통
　　① 설계자와 시공자 의사소통 부족
　　② 설계자의 주관적인 결정

(5) 정보 부족
　　설계에 반영된 신기술정보 및 System 부족

(6) 잘못된 신념
　　① 신기술에 대한 편견
　　② 경험에 의존

(7) 부정적 태도

　변화에 대한 두려움

(8) 조언을 구하지 않음

　① 고정된 사고방식

　② 조언을 구하지 않음

Ⅶ. 개선대책(사고방식)

(1) 고정관념 제거

　① 창조적 사고 필요

　② 문제의식, 목적의식과 지속력을 갖춰서 창조력이 왕성한 생활태도 지향

(2) LCC

　① 건축물의 전 생애주기를 고려한 LCC를 고려

　② 건설비보다 운영유지비의 중요성 인식

(3) 사용자 중심의 사고

　사용자, 입주자의 판단에 의해 결정

(4) 기능중심의 접근

　① 비용보다는 기능중심으로 접근

　② 기능을 향상시키지 못하는 것은 VE의 방법이 아니다.

(5) 조직적 노력

　① 개인 또는 한 부문의 노력보다는 팀으로서의 노력 강조

　② 조직적 활동에 의한 조정 기능의 발휘로서 나무와 숲을 동시에 보고자 하는 활동 강도

(6) 동기 부여

　① 설계 및 시공단계에서 명확히 원가절감 목표를 설정하고 이에 따라 VE 활동

　② 수당제를 신설하거나 인사고과 등에 반영

(7) 설계시 적용

　① 계획, 기본설계 및 상세설계 단계에서 설계 VE 추진

　② 공사계약 후 시공단계에서 시방서의 검토를 통한 VE 요소 파악

(8) 지원기능 강화

　VE 전담 부서, 공무, 자재, 업무 등을 전사적 지원

(9) VE 교육 강화

   ① 산·학·연을 연계하여 VE 교육 강화

   ② 자사 실정에 맞는 VE 기술의 정비를 목표로 설정

Ⅷ. 결 론

(1) VE 기법은 전 작업과정에서 실시되어야 하며 전 직원이 참여하여 VE 기법을 이해하고 인식전환을 해야 한다.

(2) VE 기법을 활성화하기 위해서는 발주자, 설계자, 시공자가 지속적인 협력과 노력을 해야 될 것이다.

05 건설 클레임과 분쟁해결 방안

I. 정 의

(1) 건설 클레임

건설 클레임이란 계약의 양 당사자 중 어느 일방의 법률상 권리로서, 계약하에서 발생하는 제반분쟁에 대하여 금전적 지급 및 계약조건의 조정 등을 요구하는 서면청구 또는 주장을 말한다.

(2) 건설 분규

건설 분규란 발주자와 계약당사자 상호간의 이견 발생시 상호협의에 의한 해결이 되지 못했을 경우를 말한다.

Ⅱ. 사업초기단계의 Risk Management

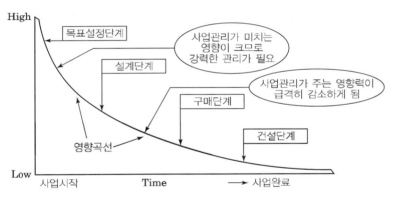

초기단계에서의 Risk 노력이 절실하다.

Ⅲ. 클레임 발생 요인

(1) 계약문서 불비와 관련한 도면과 시방서의 오류, 누락, 해석의 모호 등 불완전한 점이 있는 경우
(2) 계약문서와 실제 상황이 일치하지 않거나 변동이 있는 경우
(3) 발주자와 도급자의 불가항력의 서로 다른 해석
(4) 물가변동에 따른 에스컬레이션(Escalation)
(5) 시공사의 시공지연
(6) 설계와 시공의 책임소재
(7) 설계, 승인, 감독 등의 하자
(8) 계약내용 이해부족 등

Ⅳ. 클레임 유형

(1) Delay Claim(지연에 의한 Claim) : 가장 높은 빈도로 발생하는 Claim
   ① 자재 및 인력의 조달지연
   ② 공사진행의 방해
   ③ 과다한 설계변경
   ④ 작업지시 또는 작업진행상 필요한 정보의 지연
   ⑤ 각종 허가취득의 지연
   ⑥ 토지매입 또는 보상지연

(2) Scope of Work Claim(작업범위관련 Claim)
   ① 명확한 정의가 없어 입찰시 내역서에 미포함된 업무의 수행
   ② 계약시 수행하기로 한 범위 이외의 작업 요구

(3) 작업시간 단축 Claim(Acceleration Claim)
   예상치 못했던 지하구조물의 출현이나 지반형태로 인해 시공자가 작업수행을 하여
   입찰시 책정된 예정가격 초과금액을 부담하여 발생하는 Claim

(4) 법률상 Claim(Claim in Tort)
   ① 계약 상대방이 사법상의 의무위반으로 손해를 입었을 경우 그에 대한 보상을 청
      구하는 것
   ② 대표적인 경우는 과실(Negligence)
   ③ Engineering 업체에서 가장 흔히 제기될 수 있는 것은 시공단계의 감리업무에 이어
      시공자의 작위(Commission) 및 부작위(Omission)에 대한 감독 및 시정 불찰
   ④ 이를 없애기 위해서는 현장방문, 시공상세도면, 시공수단 및 방법, 공사 중단권
      및 기성인 증명이 고려되어야 한다.

Ⅴ. 분쟁 해결 방안

(1) 협상(Negotiation)
   ① 목표의 설정
   ② 자료의 신중한 준비
   ③ 협상단 구성
   ④ 전략 개발
   ⑤ 신뢰와 성실한 마음자세로 상대방 파악

(2) 조정(Mediation)

① 위원회의 분쟁 조정 신청접수 및 조정안 작성

② 각 당사자에게 조정안 제시

③ 15일 이내에 조정안에 대한 수락 여부 통보

④ 통보된 결과에 대해 의견청취 후 합의여부 결정, 이 경우 비용은 신청인이 부담함

(3) 중재(Arbitration)

우리나라는 대한상사중재원의 중재에 의해 처리되며 중재의 경우에는 직소금지되고 최종해결시 대법원 판결과 같은 효력

(4) 소송(Litigation)

Claim 해결방안으로 소송을 선택한 경우 해결기간이 길고 비싼 비용이 들지만 구속력 있고 상소가 가능한 방법임

(5) 철회

VI. 결 론

건설현장에서 Claim이 발생하면 유형별로 분류하여 원인조사 및 분석을 통해 중재조정, 소송 등에 의해 해결한다. 특히 조정이나 중재에 의해 Claim을 해결하여 성공적인 준공을 요함이 서로를 위해 좋을 것이다.

06 건설생산의 특수성과 국내건설업체의 문제점 및 근대화방안(건설업의 환경변화에 따른 대응방안, 건설업의 생산성 향상방안, 건설업의 나아갈 방향, 건설업의 발전추세, 건축물 부실시공 방지대책)

1. 개 요

(1) 건설업은 인간의 생활환경을 창조하는 종합산업으로서 기초공학은 물론이고, 응용공학, 공해, 환경, 미술, 심리학 등의 다양한 학문의 조화로 이루어진다.

(2) 따라서 일반제조업과는 다른 특수성과 문제점을 가지고 있다.

Ⅱ. 건축생산의 특수성

(1) 개별수주에 의한 일품생산

주문생산 위주의 도급업으로 발주자의 요구에 따라야 하므로 경기예측이나 수요예측이 어렵다.

(2) 타 산업에 미치는 광범위한 파급효과

① 건설프로젝트의 발주는 정부 등 공공기관과 민간기업 및 개인에 이르기까지 광범위하다.

② 따라서 정치, 경제, 사회적 변화에 민감하며, 투자규모가 비교적 크고 제조업의 생산유발효과를 가져온다.

(3) 건설업은 공사현장에서 이루어지는 경영

① 공사현장에서 원가발생의 근원지로 건설업 이윤의 중심이 된다.

② 공사현장마다 그에 적합한 생산방식을 계획하여 실행해야 한다.

(4) 통일된 원가산정의 어려움과 높은 하도급 의존도

① 공사단위로 원가관리 요구

② 관리의 반복효과가 적고, 하도급자의 공사추진 능력이 전체 공정을 좌우

(5) 장기간에 걸친 생산활동

가격변동에 대비한 구매관리와 공기단축 및 원가절감을 위한 시공관리가 중요

(6) 옥외생산 및 동시다발적 생산

① 환경의 영향을 받기가 쉽다.

② 시간적으로 지속적인 생산활동이 어렵고, 고효율 생산설비의 설치가 매우 어렵다.

③ 일률적인 성과를 기대하기 어렵다.

Ⅲ. 국내 건설업체의 문제점

(1) 국가의 건설산업 정책
① 고용효과가 커 정부의 경기부양 수단으로 활용
② 경기의 좋고 나쁨에 가장 큰 영향을 받는 산업 중 하나가 되었음

(2) 가격 경쟁위주 입찰(최저가 낙찰제)
기술력, 경쟁력, 품질보다는 가격에 위주의 입찰제도

(3) 구조적 모순과 잘못된 관행
① 수요와 공급의 불균형 고착화
② 도급 계약과 불평등한 주종관계
③ 정치권과 유착, 분식회계, 가격덤핑 수주로 건축의 질 저하
④ 법률, 계약서보다 인간관계를 더욱 중시하는 관행으로 합리성 저하

(4) 건설 산업에 대한 부정적 인식
① 건설 산업의 불투명성, 누구나 할 수 있는 사업이란 인식
② 환경을 파괴하고 주변 생활에 불편을 주는 사업으로 인식

(5) 건설 기술연구 개발 투자 미비
① 정부 제도적 지원 미비
② 금융지원 미비
③ 중소업체의 외면

(6) 건설인력 교육 부실
① 설계와 기술 일변도의 공학교육에 치중
② 건설관리 분야교육 미흡

(7) 건설사업에 대한 경영마인드 부족
질을 무시한 양의 경영 중시

Ⅳ. 근대화 방안

(1) CM, PM 제도의 활성화

① CM이란 건설공사에 관한 기획, 타당성 조사, 분석, 설계, 조달, 계약, 시공관리, 감리, 평가, 사후관리 등에 관한 관리업무의 전부 또는 일부를 수행하는 것

② 전통적인 공사계약과 CM방식 체계

[전통적인 공사계약체계]

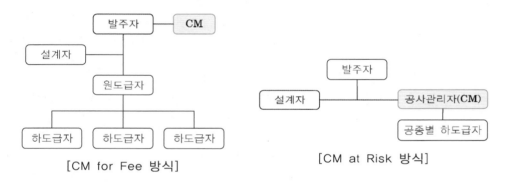

[CM for Fee 방식]   [CM at Risk 방식]

(2) 골조의 PC화

① 골조의 일부(기둥, 보, Slab 등) 또는 전부를 PC화

② 공장생산으로 공기단축, 품질향상 및 안전사고 예방에 효과가 크다.

(3) MC화

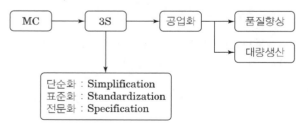

① 모든 치수는 10cm 또는 1M의 배수

② 건물높이 20cm 또는 2M의 배수

③ 평면치수 30cm 또는 3M의 배수

(4) VE, LCC 활성화

① VE 및 LCC 활성화로 인하여 최저의
   생애주기비용으로 필요한 기능을 확실히 달성
② VE 및 LCC는 기획 및 설계단계에서
   실시해야 효과가 크다.

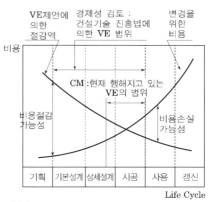

(5) Robt화

기계화, 자동화, 로봇화의 개념

기계화	자동화	로봇화
노동력을 대체하기 위해 자연의 에너지나 힘을 이용한 도구로 대체하는 것(일반 건설장비, 기계)	기존의 건설기계 또는 공법에 자동제어장치, 센서장치를 장착하여 작업효율을 개선하는 것	기계화 및 자동화 장비에 지능을 부여하는 인간과 같은 판단기능을 가지고 스스로 작업을 하는 것

(6) EC화

Software				Hardware	Software			
Consulting			Engineering	Construction	0 & M			
Project 발굴	기획	타당성 조사	기본 설계	본설계	시공	시운전	인도	조업	유지 관리

관공사
민간공사
Engineering Construction

→ 설계, 시공을 포함한 종합건설업 제도

(7) PMIS(=PMDB) → MIS

건설프로젝트의 Life Cycle인 기획단계에서부터 유지관리 단계까지의 프로젝트 전반에 대한 과학적이고 체계적인 관리 절차시스템

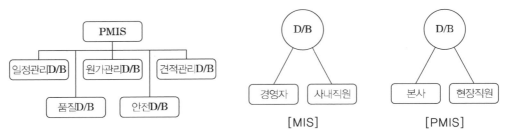

(8) 환경친화건축

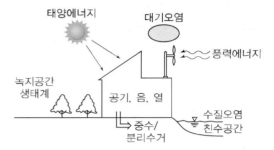

(9) 기타

① CIC System 구축

② Lean Construction

③ Just in Time 적용

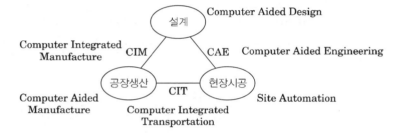

07 복합화 공법

I. 개 요

(1) 건설 수요가 다양화·고급화되는데, 3D 업종으로서의 부정적인 인식, 노동인력의 고령화에 따라 노동력 확보가 어려워지고 있다.

(2) 복합공법은 공업화 PC 공업과 재래식 공법의 장점만을 조합시켜 건설환경의 변화에 대응하려는 공법이다.

II. 복합공법의 효과

(1) 현장작업의 노동생산성 향상

① Critical Path 상의 작업의 현장에서 분리 외부에서 제작 후 반입

② 부재의 프리패브화, 공장생산 및 기계화 및 기계화 등에 의해 현장인력 절감 가능

(2) 공기단축

① 재래식 공사의 공기는 거의 모든 공정이 Critical Path 상에 위치

② 따라서 공사는 모든 공정의 영향을 받아 공기가 길어진다.

③ 복합공법은 각 요소기술들을 Critical Path 상의 작업에 적용하여 공기 단축

(15~18일/층)

재래식 RC 공법에서의 시공계획서	양생	먹줄치기	기둥, 외벽, 내벽		보, 슬래브, 설비		콘크리트 타설
			철근조립 – 거푸집조립		거푸집조립 – 철근조립		

복합공법에서의 시공실적치	양생	먹줄치기	기둥			보, 슬래브, 설비		콘크리트 타설
			C	R	F	하프PC	철근조립	

(주) **C** : 콘크리트 공사
R : 철근 공사
F : 거푸집 공사

(3) 안전성 증대

① 복합공법은 건축물의 각 구성부분을 공장에서 제작한 후 현장 조립

② 거푸집 공사 생략, 외부비계 생략과 고소작업의 감소 등으로 안전성 증대

(4) 설계의 자유도 확보

① 다품종 소량 생산을 기본개념으로 한 Open System 가능

② 복잡한 부분은 재래식 공법 혼용 가능

Ⅲ. 복합화 공법 유형(개발현황)

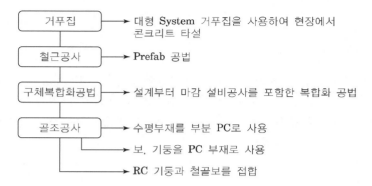

거푸집 → 대형 System 거푸집을 사용하여 현장에서 콘크리트 타설

철근공사 → Prefab 공법

구체복합화공법 → 설계부터 마감 설비공사를 포함한 복합화 공법

골조공사 → 수평부재를 부분 PC로 사용
→ 보, 기둥을 PC 부재로 사용
→ RC 기둥과 철골보를 접합

Ⅳ. 복합공법에 사용되는 요소기술

(1) 하드 요소기술

① Half PC 공법

㉠ 하프 슬래브

공기단축, 시공성 향상을 목적으로 개발된 합성 바닥판의 일종

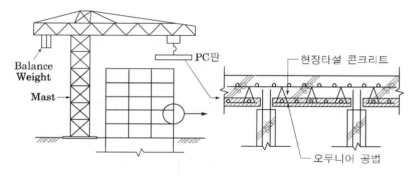

㉡ 하프 피씨 빔

- 슬래브와 연결되는 보 부재를 PC화시킨 것
- 하프 피씨 빔은 PC 부재를 거푸집으로만 사용하는 경우와 구조체의 일부분으로 사용하는 경우가 있다.

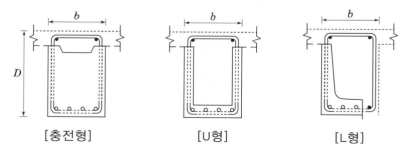

[충전형]   [U형]   [L형]

ⓒ 하프 피씨 기둥

하프 피씨 기둥을 거푸집으로만 가정하는 경우와 구조체의 일부분으로 가정하는 경우가 있다.

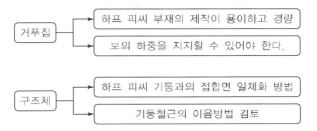

② 시스템 거푸집

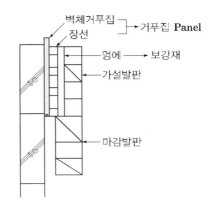

㉠ 거푸집 Panel, 멍에, 가설발판 등을 일체화시킨 거푸집
㉡ 라스를 이용한 것 또한 마감재 선 부착 거푸집 등이 있다.
㉢ 거푸집 이동, 전용계획 등 소프트 요소 기술이 중요하다.

③ 철근 프리패브 공법
㉠ 철근을 기둥, 보, 바닥, 벽 등의 부위별로 작업장에서 미리 조립해 두고 현장에서 크레인을 이용하여 조립하는 공법
㉡ 시공정도가 높으며, 철근이음기술이 매우 중요하다.

(2) 소프트 요소기술
① MAC(Multi Activity Chart)
㉠ 각 작업팀이 어떤 시간에 어느 공구에서 어떤 작업을 할 것인가를 분단위까지 나타낸 시간표를 MAC라 한다.
㉡ 일정한 패턴에 따라 공사가 이루어지는 경우에 유효한 방식

② 4D-Cycle 공법

공구 \ 일	1	2	3	4
1공구	PC공사	거푸집공사	철근공사	콘크리트공사
2공구	콘크리트공사	PC공사	거푸집공사	철근공사
3공구	철근공사	콘크리트공사	PC공사	거푸집공사
4공구	거푸집공사	철근공사	콘크리트공사	PC공사

③ DOC(One Day-One Cycle)

㉠ 하루에 하나의 사이클을 완성하는 시스템 공법이다.

㉡ 구체시공에 요하는 각 작업의 항목수와 작업 공구수를 동일하게 분할

㉢ 1일에 완료할 수 있도록 작업팀의 인원수를 결정, 작업팀은 매일 1개 공구 완성

V. 개발방향

구 분	내 용
설계단계의 검토	기획단계부터 검토하여 생산성 향상
다양한 요소 기술개발	Hardware or Software 요소기술 겸비
자재개발	건식화 마감재의 기생제품화, 설비의 Unit화 확보
다기능공 육성	최소 인력 투입으로 고품질
표준화	대량생산 System化
전문업체 육성	기술력 향상

Ⅳ. 결 론

(1) 복잡화 공법이 발전하기 위해서는 건설업체의 EC화가 필요하고 발주방식의 선진화가 필요하다.

(2) 또한 하드 요소기술 및 소프트 요소기술의 개발이 이루어져야 한다.

토공

Chapter 03

Chapter 03

토 공

1 핵심정리

Ⅰ. 개 요

토공은 흙을 이동하는 작업으로 깎기, 운반, 쌓기, 다지기로 구분된다.
공사의 최종 단면을 시공기면(Formation Level)이라 하며, 시공기면보다
높은 곳의 흙을 낮은 곳으로 이동하여 쌓은 후 다지면 완성된다.
이때, 흙이 부족하거나 부적합하면 토취장을 선정, 흙을 공급하고 남게 되
면 사토장을 선정하여 처리한다. 이 모든 계획을 토공 계획이라 한다.

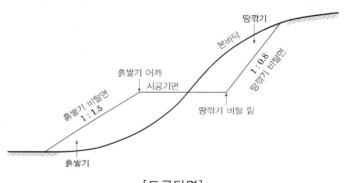

[토공단면]

Ⅱ. 토공계획

1. 조사 및 노선선정

조사 및 노선 선정 ┬ 예비조사 ┬ 자료에 의한 조사
　　　　　　　　　 │　　　　 └ 답사(간단한 현지조사)
　　　　　　　　　 └ 본 조사 ┬ 개략(선행)조사
　　　　　　　　　　　　　　 └ 정밀조사

2. 토량 배분

흙깎기, 쌓기가 평형이 되도록 계획하여야 한다.

• 토량 변화율 : 흙은 깎기, 쌓기, 운반, 다짐시 체적의 변화가 발생하므로
토량 환산계수를 고려해야 한다.

$$L= \frac{운반(흐트러진)\ 토량(m^3)}{자연\ 상태의\ 토량(m^3)} \qquad C= \frac{완성(다진후)\ 토량(m^3)}{자연\ 상태의\ 토량(m^3)}$$

구분	자연상태 토량	흐트러진 토량	다진후 토량
자연상태 토량	1	L	C
흐트러진 토량	1/L	1	C/L

3. 시공계획

1) 시공기면(Formation Level)
공사의 최종 단면으로, 시공하는 지반 계획고

2) 시공기면 고려사항
① 절·성토량을 평형하여 토공량 최소화할 것
② 과부족한 절·성토는 운반거리를 짧게 하고, 토취장, 사토장 확보할 것
③ 경제적일 것(용지보상, 부대시설, 암석 굴착 등을 적게 할 것)
④ 위험지역(산사태, 낙석, 연약지반 등)은 가능한 피하고 부득이한 경우
   대책을 수립할 것
⑤ 절·성토시 팽창, 압축 및 하중에 의한 지반 침하를 고려할 것
⑥ 비탈면 붕괴에 대한 안정을 고려할 것
⑦ 환경, 공해, 안전(교통 및 재해)를 고려할 것

Ⅲ. 유토곡선(Mass Curve)

1. 개요
토량의 적정한 배분을 하기 위하여 절·성토량을 누계하여 만든 곡선

2. 목적
① 시공방법 결정
② 토량 배분
③ 평균 운반거리 산정
④ 토공 기계 산정
⑤ 운반 토량 산정

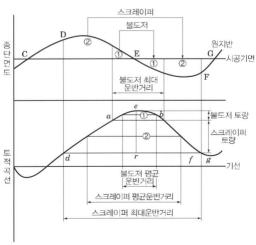

3. 유토곡선의 성질

① 유토곡선의 기울기가 하향구간(ac)은 성토구간이며, 상향구간(ce)은 절토구간이다.

② 곡선의 극소점(저점 c.g.k)에서 흙은 성토에서 절토로 유용되며, 우에서 좌로 이동된다.(←)

③ 곡선의 극대점(정점 e.i)에서 흙은 절토에서 성토로 유용되며, 좌에서 우로 이동된다. 이 변화되는 위치를 변위점이라 한다.(→)

④ 변위점은 지반면과 성토 계획면의 교차점과 일치하지는 않는다.

⑤ 그림 def에서 종거 re 중간점 s를 지나는 수평선을 그어 곡선과 교차하는 점 p, q를 연결한 거리가 평균운반거리($\overline{pq}$)이다.

⑥ 그림에서 기선 ab에 평형한 임의선(평행선 nu)을 그어 곡선과 교차시키면 인접하는 교차점(평행점 d~f)사이의 절토량(d~e)과 성토량(e~f)은 같다.

⑦ 평형선 nu를 취할 때는 no는 운반토량이고, uv는 사토량이 된다.

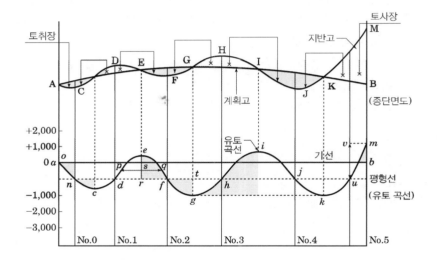

■ Mass Curve 문제점
동일 단면내의 횡방향 유용토는
제외 되었으므로 동일 단면내의
절/성토량은 구할 수 없다.

4. 토취장 선정

① 토질이 양호할 것

② 토량이 충분할 것

③ 실기 작업이 용이할 것(운반로, 장애물, 유지관리, 용수 고려)

④ 성토 구배 1/50~1/100 정도(배수 유리할 것)

⑤ 경제적일 것(용지매수, 보상비 등)

⑥ 사용시 문제 발생이 없을 것
   (토지이용계획, 환경(소음, 분진), 비탈면 안정, 법적규제 등)

5. 사토장 선정

① 사토량을 충분히 사용 가능할 것

② 사토 작업이 용이할 것(운반로, 장애물, 유지관리 고려)

③ 사토 구배 1/50~1/100 정도(배수 유리할 것)

④ 용수가 없고 배수가 양호할 것

⑤ 경제적일 것(용지매수, 보상비 등)

⑥ 사용시 문제 발생이 없을 것
(토지이용계획, 환경(소음, 분진), 비탈면 안정, 법적규제 등)

■ 토공준비
· 규준틀
· 준비배수
· 벌개제근
· 지장물 이설

Ⅳ. 절토공 및 성토공

1. 절토공

1) 개요 : 절토를 흙깎기 또는 굴착이라고도 한다.

2) 절토 비탈면 형식

① 단일 비탈면 구배 : 절토고 7~10m 이하의 균질한 연암에 적합

② 암층, 토층에 따라 변화시키는 방법
암질과 토질이 균일하지 않은 경우 적합한 구배선정

③ 소단(Side Berm)을 붙이는 방법
소단은 강우, 용수 등이 비탈면 표면을 유하하는 유수의 힘(수세)을
약화시키는 목적과 비탈면 전체의 안정을 높이기 위해서 설치한다.

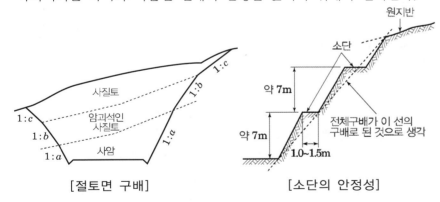

[절토면 구배]　　　　　　[소단의 안정성]

2. 성토공

1) 기초지반

① 흙쌓기의 자중을 충분히 지지해야 한다.

② 도로의 경우 교통 하중을 고려하여야 한다.

③ 연약지반 침하 검토

④ 배수계획 및 투수성 고려

■ 흙의 안식각
흙을 쌓고 장시간 방치시 붕괴된 안정 비탈면과 수평면의 각도(ϕ)
일반적으로 30~35°

■ 비탈경사
· 수직높이 : 수평거리의 비
· 성토 1 : 1.5
· 절토 1 : 1

2) 비탈면 경사

① 현지의 지형, 지질, 용수 등을 고려하여 소단, 식생, 배수로를 설치한다.

② 비탈면 안정 검토
   · 높이 10m 이상인 경우
   · 고함수비(점토), 특히 전단강도가 낮은 토질인 경우
   · 연약지반에 쌓기 경우
   · 지반활동 발생 우려, 불안정 지반 또는 급경사인 경우

3) 쌓기 재료(성토재료)

① 접합 재료
   · 시공기계의 주행성 확보 등 시공이 용이할 것
   · 성토의 비탈면 안정에 필요한 전단강도를 가지고 있을 것
   · 성토의 압축 침하가 노면에 나쁜 영향을 미치지 않도록 압축성이 적을 것
   · 완성 후 교통 하중에 변형이 없고, 지지할 수 있는 지지력이 있을 것
   · 투수성이 낮은 재료일 것(제방, Dam 등의 경우)

② 부접합 재료
   밴토나이트, 온천여토, 산성백토, 흡수성, 압축성이 큰 흙, 동상, 빙설, 초목 등 이물질을 포함한 흙

4) 성토 작업 방법(흙쌓기) – 문제4 참조

3. 편성·편절 및 접속부(균열의 원인)

1) 편성·편절 접속부

① 원인
   · 깎기부 노상의 지지력과 쌓기부의 노상 지지력에는 현저한 차이가 있어 지지력의 불연속면이 생긴다.
   · 용수·침투수 등이 깎기·쌓기의 경계부에 집중하기 쉬우므로 쌓기부가 연약하게 되어 침하가 생기기 쉽다.
   · 쌓기부의 다짐 부족에 의한 압축침하가 일어나서 부등침하가 발생된다.
   · 원지반과 쌓기부의 접착이 불충분하여 활동 또는 단차가 생기기 쉽다.

② 대책
   · 1 : 4 완화구간
   · 접속부 깎기면 맹구 설치
   · 시공시 다짐관리 철저
   · 원지반 벌개제근 후 표토제거 및 층따기 시행

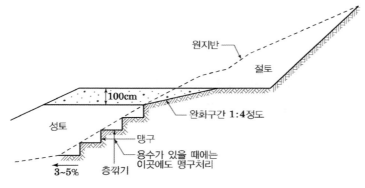

원지반

절토

100cm

완화구간 1:4정도

성토

맹구

용수가 있을 때에는
이곳에도 맹구처리

3~5%   층깎기

[한쪽깎기, 쌓기의 완화구간]

2) 절토·성토 접속부

① 원인 : 절·성토 지지력 차이에 의한 불연속면

② 대책

• 완화구간 설치(약 25m 이상, 치환시 17m 이상, 암구간 5m 이상)

• 절·성토 접속부 맹구(유공관) 설치

Ⅴ. 비탈면 붕괴원인 대책

1. 붕괴 종류

① 세굴에 의한 붕괴

② 다짐 불량으로 표면수 침투에 의한 붕괴

③ 상하부 성토재료의 차이로 침투수에 의한 붕괴

④ 성토내 수압 상승에 의한 붕괴

2. 원인 및 대책

1) 세굴에 의한 붕괴

① 원인

• 강우에 의한 지표수의 발생에 따른 세굴

• 점착성이 적은 사질토에서 많이 발생(모래, 마사토 등)

② 대책

• 다짐을 철저히 한다.(점착성 재료 사용)

• 보호공 실시(식생공, 기성격자 형틀설치, Shotcrete, 수로공법)

2) 표면수 침투에 의한 붕괴

① 원인

• 다짐 불충분으로 인한 침투로 연약화 붕괴

• 다짐 1m 깊이까지 철저히 시행(다짐 차이에 의한 침투 발생)

② 대책
• 다짐을 철저히 시행
• 지표면 배제 공법

3) 상하부 성토재 상이에 따른 침투수에 의한 붕괴
① 원인 : 경계면 침투(상부 : 투수, 하부 : 불투수)
② 대책 : 경계부 맹구 설치

4) 성토내 수압상승에 의한 붕괴
① 원인 : 중간 입도재료는 침투가 쉽고, 배수는 어려운 경향이 있다.
　　　　이때 수위 상승으로 간극수압이 발생된다.
② 대책 : 수평 막자갈, 투수층 설치(성토내 수위 저하)

3. 성토 비탈면 다짐
1) 피복토를 설치하는 형식
점착성이 없고 침식되기 쉬우며, 식생이 힘든 토질인 경우, 점착성이 좋은 흙으로 피복하는 것

2) 피복토를 설치하지 않는 형식(점착성이 좋은 흙인 경우)
① Bull Dozer, 다짐기계로 다짐
② 비탈면 옆으로 더 돋움해 놓은 후 절취하는 방법
③ 비탈면 구배 규정보다 완만하게 다짐한 후 절취하는 방법

Ⅵ. 부등침하

1. 개요
부등침하는 침하량의 차이와 지반강도의 차이에 의해 발생하는 현상으로 특히, 단차에 의해 도로의 파손 등 하자의 원인이 되기도 한다.

2. 침하의 종류

종류	탄성침하(SE : Elastic Settlement)	압밀침하(SC : Consolidation Settlement)	2차 압밀침하(SCR : Creep Settlement)
특성	• 재하와 동시 발생 • 즉시 침하 • 하중제거시 원상태 복구 • 사질토 지반	• 장기침하 • 하중제거 후에도 남음 • 간극수 유출 후 부피감소 침하 • 점성토 지반	• 점성토의 Creep 침하 • 압밀침하 후 발생하는 계속 침하 • 구조물의 균열 발생 원인
침하량	사질토=SE, 포화점토=SE+SC, 불포화 점토=SE+SCR		

■ 간극수압
흙의 공극 속에 존재하는 물의 압력

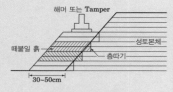

해머 또는 Tamper
성토본체
떼붙일 흙
층따기
30~50cm

1) 피복토를 설치하는 형식

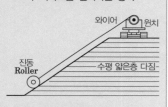

와이어　　원치
진동 Roller
수평 얇은층 다짐

2) 피복토를 설치하지 않는 형식 ①

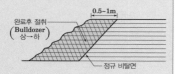

0.5~1m
완료후 절취
(Bulldozer)
상→하
정규 비탈면

2) 피복토를 설치하지 않는 형식 ②

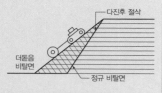

다진후 절삭
더돋움 비탈면
정규 비탈면

2) 피복토를 설치하지 않는 형식 ③

3. 원인

① 침하량의 차이　② 지반강도의 차이

③ 배수불량　④ 다짐 불충분

4. 대책

1) 연약지반 처리

연약지반의 조사 및 시험을 통한 지지력 확보

2) 시공상 유의사항

① 장비선정 : 대형, 소형장비의 적합한 선정

② 자재 선정 : 양질의 뒷채움재료 선정

　• 굵은골재 최대치수 100mm 이하

　• #4체 통과량 25~100%

　• #200체 통과량 0~20%

　• 소성지수 10 이하

③ Box Culvert 뒷채움시 양쪽 균등 다짐한다.

④ 배수시설을 설치한다.

⑤ 여성(余盛)을 주어 침하량을 단기에 종료 유도한다.

⑥ 적정 시공속도 유지

3) 지지력 증대 : 뒷채움재료 안정처리 지지력 증대

4) 포장 강성 증대

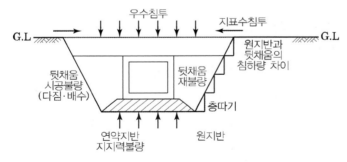

[암기를 위한 그림 작성 예]

Ⅶ. 건설기계

1. 개요

공사의 규모, 공사기간, 공사목적, 현장조건 등을 고려하여 건설기계를 선정하여 작업능력 향상을 통한 효과적인 공사수행을 하게 된다.

■ 구조물 접속부 품질관리시험
　• 흙의 함수량시험
　• 다짐시험
　• 현장밀도시험
　• 흙의 분류시험

■ 건설기계손료
① 상각비
② 정비비
③ 관리비

2. 건설기계 효과
① 공기단축
② 원가절감
③ 품질향상
④ 안정성 확보

3. 장·단점

장 점	단 점
• 시공속도가 빠르다. • 공사비 절감 효과 • 시공이 확실하게 된다. • 인력 불가능 구간 시공 가능	• 기계가 고가이다. • 연료, 부품, 수리비 필요 • 숙련된 운전원 필요 • 소규모 공사시 경비 과다

4. 기계선정 고려사항
공기와 원가, 품질향상을 목표한 기계 선정
① 표준기계의 선정 검토
② 공사규모에 따른 건설기계 선정 검토
③ 사용시간에 따른 건설기계 선정 검토(투입시기 등)
④ 연료 사용률에 따른 건설기계 선정 검토
⑤ 공종에 따른 건설기계 선정 검토(인력 시공과 비교 검토)

■ 토공기계조합
① 단거리
    불도저 + 드래그라인
② 단중거리
    불도저 + 콘베이어
③ 중거리
    불도저 + 로우더, 덤프트럭
④ 중장거리
    불도저 + 파워셔블, 덤프트럭

5. 건설기계의 조합 검토
① 작업의 분류
    각 작업에 적합한 건설기계 분류작업

② 작업조합 검토
    주작업 건설기계의 시공속도를 고려하여 종속작업의 건설기계 검토

③ 작업조합 효율 검토
    각 건설기계의 능력을 고려하여 기계조합의 작업효율 검토

④ 조합방법

6. 건설기계의 종류

1) Dozer계

① 리퍼, 굴삭, 집토, 압토(운반) 등의 작업을 수행
② 무한궤도와 타이어형이 있다.
- Bull Dozer : 흙을 깎아 밀어 운반
- 그레이더 : 정지, 제설, 비탈면 끝마무리 작업
- 스크레이퍼 : 중장거리 흙 운반

2) 셔블계 : 굴착 및 싣는 기계

① 파워셔블 : 기계 본체보다 높은 곳 굴착
② 드래그셔블 : Back Hoe
③ 클램쉘 : 좁은 곳 굴착, 준설공사, 수중굴착용이, 토사, 실기
④ 드래그라인 : 넓은 곳 굴착, 본체보다 아래 굴착적합, 연약지반굴착 용이
⑤ 트랙터 셔블 : Pay Loader

3) 운반기계

① 단거리(70m 이하) : Bull Dozer
② 중거리(70m~500m) : 스크레이퍼
③ 장거리(500m 이상) : 덤프트럭+셔블계

4) 다짐기계

① 전압식
- Road Roller(마카담 Roller, 탄뎀 Roller) : 자중에 의해 다짐
- 탬핑 Roller, Sheeps Foot Roller : 함수비 높은 점질토 다짐에 유리
- 타이어 Roller : 소성이 작은 흙이나 다짐 두께가 얕은 곳의 다짐 유리
② 충격식
- Rammer : 협소한 지역 다짐
- 프로그 Rammer : 뛰어 오르며 전진하면서 다짐
- Tamper
③ 진동식
- 진동 Roller : 모래 사질토 다짐에 유리
- Compactor : 협소한 지역 다짐

5) Asp 포장기계

① 아스팔트 믹싱 플랜트 : 아스팔트 혼합물을 생산하는 설비
② 아스팔트 디스트리뷰터 : 아스팔트 유제 살포기
③ 아스팔트 피니셔 : 아스팔트 혼합물 적당한 두께로 포설하는 장비
④ 아스팔트 스프레이어 : 소형 유제 살포기

[Bull Dozer]

- 무한궤도식
  바퀴가 체인(Crawer)

- 타이어 식
  바퀴가 고무타이어(Wheel)

- Trafficability
  시공 장비의 주행 난이도

- Ripperbility
  리퍼의 암반굴착 가능성으로
  암반의 탄성파 속도에 의한다.

[그레이더]

[스크레이퍼]

[Rammer]

[Compactor]

[마카담 로울러]

[타이어 로울러]

[탄뎀 로울러]

[진동 로울러]

[양족 로울러]

[Pump Car]

6) 콘크리트 포장기계
① 콘크리트 스프레더 : 콘크리트를 기층 위에 포설하는 장비
② 콘크리트 피니셔 : 두께 조정 및 진동, 다짐 장비
③ 콘크리트 슬립폼 페이버 : 포설, 다짐, 표면 처리를 거푸집 없이 연속적
으로 포설하는 장비

7) 준설선
① Pump 준설선 : Sand Pump 장착, 준설 매립 동시 시공 가능
② 그래브 준설선 : 준설 깊이가 크고 좁은 소규모 준설에 적합
③ 디퍼 준설선 : 암석 파쇄암 시공 가능
④ 버킷 준설선 : 점토부터 연암까지 광범위하게 시공

8) 콘크리트용 건설기계
① 콘크리트 플랜트 : 콘크리트 혼합물을 생산하는 설비
② 믹서트럭 : 콘크리트 혼합물 이동 장비
③ Pump Car : 콘크리트 혼합물 이송 장비
④ 진동기 : 콘크리트 다짐 장비

9) 터널 건설기계
① 발파굴착 : 천공, 버럭, 숏크리트, Rock Bolt
② 기계 TBM, Shield

Ⅷ. 암석발파공

1. 개요
폭약을 이용하여 물질(암)을 파괴하는 작업

2. 시험발파
1) 목적
암석과 폭약에 대한 계수를 결정하여 표준 장약량(폭파계수, 최소저항선,
천공경 등 결정)을 산정한다.

2) 발파시 고려사항
① 채석방법
② 암석의 비산(날림먼지)상태
③ 장약량
④ 안정성

3. 누두지수

$$누두지수\ n = \frac{누두반경(R)}{최소저항선(W)}$$

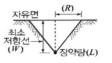

4. Hauser 식

1) 기본식

내부 장약법에서 장약량 산정

$$L = CV = CW^3 \quad \begin{cases} L : 장약량(\text{kg}) \\ C : 발파계수 \\ W : 최소\ 저항선(\text{m}) \end{cases}$$

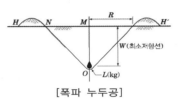

[폭파 누두공]

2) 자유면인 경우 영향인자

발파 계수 $C = g \cdot e \cdot d \cdot f(w)$

① 암석 항력 계수(g) : 암석의 저항성

② 폭약 효력 계수(e) : 다른 폭약과 발파 효과를 비교하는 계수

③ 전쇄(전색) 계수(d)

④ 약량 수정 계수($f(w)$)

5. 발파 방법

1) 폭약

① 흑색 폭약 : 주성분 초석, 취급 불편, 터널공사 사용 못함

② 칼릿 : 주성분 과염소산암모니아, 취급 용이, 흑색화약보다 폭발력이 4배

③ 초유 폭약 : ANFO폭약, 주성분 질산암모늄, 취급간단하며 안전하다. 현장제조 가능하며, 가격이 싸다.

④ 함수 폭약 : Slurry 폭약, 다량의 물(2%) 함유, 충격·마찰 안정성이 높다. 용수개소 폭파와 미진동이 요구되는 곳에 사용

⑤ 다이너마이트 : 니트로글리세린, 젤라틴 형태, 내습성, 내한성 우수

⑥ 캄마이트 : 주성분(규산 염화물) 무진동, 무소음, 팽창압 이용, 수중사용 용이

⑦ 정밀폭약 : 터널조절 발파에 사용, 안정성, 경제성 향상

누두공
자유면을 향해 생긴 원추공

최소저항선
발파에 있어서 장전되는 폭약의 형상에 관계없이 폭약 중심의 자유면까지의 최단 거리

표준장약
누두지수
($n=1$, $R=w$)의 경우 이론적으로 가장 적절하게 발파

자유면
발파에 의해서 파괴되는 물체가 외계(공기, 물)와 접하고 있는 면

임계심도
폭약으로부터 자유면까지의 깊이

$$N = EL^{\frac{1}{3}}$$

L : 화약량(kg)

E : 에너지계수

2) 발파의 종류

[발파기]

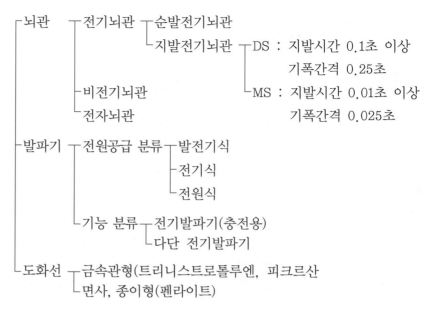

```
뇌관 ┬ 전기뇌관 ┬ 순발전기뇌관
     │          └ 지발전기뇌관 ┬ DS : 지발시간 0.1초 이상
     │                         │       기폭간격 0.25초
     ├ 비전기뇌관              └ MS : 지발시간 0.01초 이상
     └ 전자뇌관                        기폭간격 0.025초

발파기 ┬ 전원공급 분류 ┬ 발전기식
       │               ├ 전기식
       │               └ 전원식
       └ 기능 분류 ┬ 전기발파기(충전용)
                   └ 다단 전기발파기

도화선 ┬ 금속관형(트리니스트로톨루엔, 피크르산
       └ 면사, 종이형(펜라이트)
```

6. 발파작업

1) 발파순서

천공 → 장약(청소·장전) → 전색 → 결선 → 점화 → 발파 → 점검 → 집토·제거

2) 천공기

[천공기(점보 드릴)]

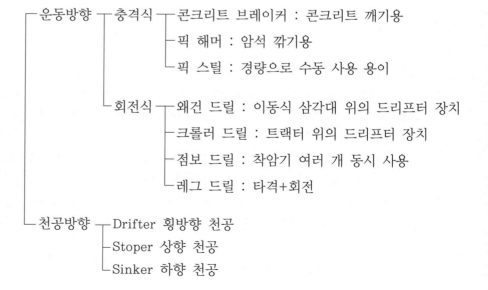

```
운동방향 ┬ 충격식 ┬ 콘크리트 브레이커 : 콘크리트 깨기용
         │        ├ 픽 해머 : 암석 깎기용
         │        └ 픽 스틸 : 경량으로 수동 사용 용이
         │
         ├ 회전식 ┬ 왜건 드릴 : 이동식 삼각대 위의 드리프터 장치
         │        ├ 크롤러 드릴 : 트랙터 위의 드리프터 장치
         │        ├ 점보 드릴 : 착암기 여러 개 동시 사용
         │        └ 레그 드릴 : 타격+회전
         │
천공방향 ┬ Drifter 횡방향 천공
         ├ Stoper 상향 천공
         └ Sinker 하향 천공
```

7. 발파방식

심빼기(심발 발파) ─ V컷 : V자형 천공
스윙컷 : 버럭을 너무 비산시키지 않는 방법.
          수직갱도 밑 물이 고였을 때 유효
피라미드컷 : 3방향 천공
번 컷 : 무장약공, 장약공을 번갈아 굴착면 수직천공
노 컷 : 수직평행공 다수천공, 폭파쇼크

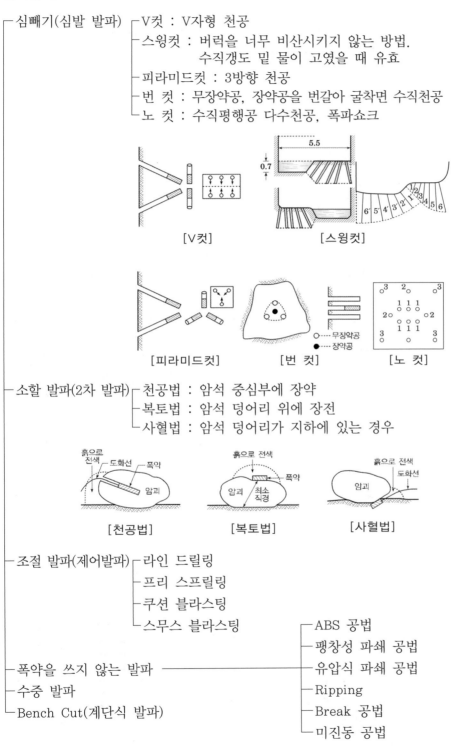

[V컷]   [스윙컷]

[피라미드컷]   [번 컷]   [노 컷]

소할 발파(2차 발파) ─ 천공법 : 암석 중심부에 장약
복토법 : 암석 덩어리 위에 장전
사혈법 : 암석 덩어리가 지하에 있는 경우

[천공법]   [복토법]   [사혈법]

조절 발파(제어발파) ─ 라인 드릴링
프리 스프릴링
쿠션 블라스팅
스무스 블라스팅

폭약을 쓰지 않는 발파 ─ ABS 공법
팽창성 파쇄 공법
유압식 파쇄 공법
Ripping
Break 공법
미진동 공법

수중 발파
Bench Cut(계단식 발파)

8. 조절 발파

1) 개요

폭발 에너지와 암반 파쇄과정을 제어하는 발파로 주변 암반에 균열이나 여굴 등을 최소화하고 암반의 지지 능력을 유지할 수 있도록 폭발을 제어 조절하는 발파

2) 조절 발파 특징

① 여굴 감소
② 암반손상이 적음
③ 방수, 라이닝 등 공사비 및 공기 절감
④ 낙석위험이 적음

3) 공법 비교

	Line Drilling	Cushion Blasting	Pre Splitting	Smooth Blasting
시공법	•1열 무장약 ($\phi 50\sim75$) •2열 50% 장약 •3열 100% 장약	•1열 $\phi 50\sim175$ L=30~45cm천공 •2, 3열 표준장약 •1열(Cushion공) 굴착측에 공경보다 작은 폭약 장전 뒤에 Cushion	•$\phi 50\sim100$mm L=30~60cm천공 •폭파공 2열 배치 1차 완료 후 주 발파공 발파	•굴착선을 따라 정밀화약장전 •자유면을 따라 2열 배치 •굴착선과 자유면 2열 동시발파
특징	•고가, 수평시공곤란 •경암효과 우수, •갱외 적용	•Line Drilling보다 비쌈 •보통암 적용, 균질 암석 •직각(90°) 코너 폭발 어렵다.	•여굴 감소(방지) •사면절취 효과적 •가격 저렴	•속도가 빠르다. •갱내 효과적 •소음·진동 적다. •여굴 감소 •굴착면이 매끄럽다.
발파방법	•동시 발파	•동시 발파	•1, 2차 발파	•동시 발파
모식도				

9. 폭약을 사용하지 않는 공법

1) ABS공법(Acqua Blasting System 공법)

물의 정수압을 이용, 등분포작용에 의한 발파

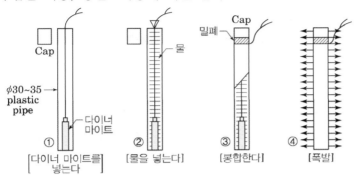

① [다이너 마이트를 넣는다] ② [물을 넣는다] ③ [봉합한다] ④ [폭발]

2) 팽창성 파쇄 공법

① 암반 팽창제 주입
- 화학적 반응으로 3배 팽창
- 온도가 높을수록 팽창이 빨라진다.

② 규산 염화물(분말)+물 → 수화작용(팽창압 발생)

③ 화학류가 아님

④ 수중 사용이 용이하다.

⑤ 사용이 간편하다.

⑥ 가격이 비싼 단점이 있다.

3) 유압식 파쇄 공법

유압잭을 이용하여 쐐기 원리에 의해 암반 파쇄 공법

4) Ripping

불도저나 트랙터 뒤에 Ripper 장착하여 굴착하는 공법
단층이나 전리층이 발달한 풍화암에 적합

5) Breaker 공법

발파가 곤란한 구간에 유압식 Back Hoe에 Breaker를 부착, 타격력으로 파쇄, 소규모 암반의 경우 적용, 소음이 크며 발파보다 시공 효율이 나쁘다.

6) 미진동 공법

① 미진동 파쇄기
고열에 의한 가스의 팽창으로 암석균열 파쇄공법

② Gel 파쇄 공법
고온·고압의 화학반응을 일으켜 Gel이 팽창하는 것을 이용한 파쇄공법

[유압식 파쇄공법]

[천공작업]

[Ripping]

[Breaker]

[Back Hoe]

③ 플라즈마 파암 공법

암반 속의 금속성과 산화물의 혼합제에 급속히 전기를 주입하여, 플라즈마 팽창에 의해 충격파 발생을 이용한 파쇄공법

10. 수중 발파(Underwater Blasting, 水中發破)

수중 작업으로 자유면 일부 또는 전체가 물로 덮인 상태에서 발파

1) 특징

① 일반 지상 발파와 비슷하나, 사용 화약량이 4~5배 많이 소요
(발파공의 직경이 크거나 발파공 간격이 작음)

② 수중 충격파

물속에서의 화약 폭발은 물의 팽창 및 수축 변화를 일으켜 물체에 전달되는 압력파

③ 수중을 통해 전파되는 충격파로부터 어패류를 보호하기 위한 안전장치 필요

2) 발파 방식

① 천공 방식
- Rock Fill(록필)을 통한 천공방식(수심 : 3~4m일 때)
- Platform(플랫포옴)을 이용한 천공방식(수심 : 15~20m일 때)
- 잠수부에 의한 수중 직접 천공방식(수심 : 20m 까지)

② 부착 발파(Delaying Method)

잠수부에 의한 붙이기 발파방식(수심 : 100m 까지)

천공발파에 비해 동일조건에서 약 10배의 충격압이 발생

③ 현수 발파 : 폭약을 매달아 있는 상태로 발파

11. Bench Cut(계단식 발파)

1) 개요

2개의 자유면 발파로서 암반을 계단 모양으로 굴착하여 점차 아래쪽으로 이동하면서 발파를 시행하여 암석굴착하는 방법

2) 장약량 산정

$$L = C \cdot W^2 \cdot K$$
$$L = C \cdot W \cdot S \cdot K$$

- C : 폭파계수(0.3~0.4)
- S : 천공간격
- K : Bench 높이
- W : 최소저항선

■ 에어버블커텐
발파주변을 공기방울 커텐식으로 감싸 충격파 저감

3) 특징

① 장점
- 발파설계, 작업이 단순하다.
- 대형장비 투입 가능(다량의 채석가능, 선별가능)
- 2개 자유면으로 폭약·뇌관이 경제적

② 단점
- 노천에 영향을 받는다.
- 작업이 넓다. (초기비용 과다 지출)

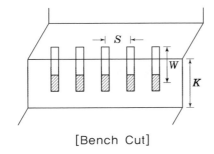

[Bench Cut]

4) 천공방법

① Sub Drilling 공법
바닥면보다 약간 깊게(0.3~0.2fw) 천공, 미발파 여분이 없게 한다.

② Toe Drilling 공법 : 수평 또는 약간 하향(5~10°) 천공

2 단답형·서술형 문제 해설

1 단답형 문제 해설

01 벌개 제근

I. 정 의(개요)

절·성토시 초목, 나무뿌리, 유기질토를 제거하지 않으면 토공 중 유입된 유기물질의 부식으로 공동이 발생되어 침하가 발생하게 된다.

II. 시공법

(1) 절토
① 표토 제거 두께(30cm)
② 벌개 제근의 범위
  • 절토의 비탈어깨(0.6~1m 외측까지)
  • 용지 없는 경우 비탈어깨에서 끝낸다.
  • 비탈 어깨 상단 고목이 있을 때 4~5m까지 제거

(2) 성토
① 성토지반 기초처리
  • 3m 이하 : 모든 초목 벌개 제근
  • 3m 이상 : 50cm 이상 제거

III. 주의사항

(1) 벌개 제근이 광범위 할 경우 버릴 장소를 고려하여야 한다.
(2) 벌개 제근에 따른 토량계획 수립이 필요하다.
(3) 논이나 습지의 경우 장비의 주행성 확보를 고려하여야 한다.

02 준비 배수(시공배수)의 목적 / 시공단계에서의 배수목적(방법)

Ⅰ. 성토 재료를 위한 배수

(1) 성토 재료로 사용할(절토부, 토취장) 흙의 함수비를 저하시키는 것으로
   시공기계의 Trafficability 확보와 충분한 다짐을 위해 배수를 시행한다.
(2) 본바닥에 깊은 트렌치(도랑)를 설치하여 배수(지하수, 강우의 배수)

Ⅱ. Trafficability(주행성) 확보를 위한 배수

(1) 시공 기계가 주행할 절토면에 종횡단 구배를 연결하여 배수 양호상태 유지
(2) 종횡단 구배를 하향으로 한다. → 불도저, 스크레퍼 능률 향상
(3) 운반로 양쪽에 트렌치를 굴착, 본바닥 함수비 저하 Trafficability 증가

Ⅲ. 방재(비탈면 붕괴)를 위한 배수

(1) 비탈 어깨에 측구설치, 본바닥 표면의 물이 시공 중에
   비탈면에 흘러내리지 않도록 한다.
(2) 본바닥 토질이 투수성인 경우 삼투압에 의해 물이 나옴
   → Soil Cement 보호, Concrete 측구
(3) 비탈면의 용수 : 수평 배수공 설치 집수

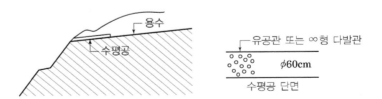

03 비탈면 붕괴 원인 대책

I. 세굴에 의한 붕괴

(1) 원인

① 강우에 의한 지표수의 발생에 따라 세굴된다.

② 점착성이 적은 사질토에서 많이 발생(모래, 마사토 등)한다.

(2) 대책

① 비탈면 다짐을 철저히 한다(점착성 재료 사용).

② 보호공 실시(식생공, Con'c 기성격자 형틀 설치, Shotcrete 공법, 수로공법)

II. 표면수 침투에 의한 붕괴

(1) 원인

① 다짐 불충분으로 인한 침투로 연약화 되어 붕괴한다.

② 다짐 1m 깊이 까지 철저히 시행(다짐 차이에 의한 침투 발생)한다.

(2) 대책

① 비탈면 어깨 배수구 설치(산마루 측구)한다.

② 비탈면 다짐을 철저히 시행한다.

III. 상하부 성토재 상이에 따른 침투수에 의한 붕괴

(1) 원인

경계면 침투(상부 : 투수성 재료, 하부 : 불투수성 재료)

(2) 대책

경계부 맹구 설치

IV. 성토내 수압상승에 의한 붕괴

(1) 원인

점성토, 사질토 등의 중간 입도 재료는 침투가 쉽고, 배수가 힘든 성질이 있다.
이때 수위 상승으로 간극수압이 발생하여, 유효응력이 저하된다.

(2) 대책

수평 막자갈로 투수층 설치(성토내 수위 저하)한다.

04 고함수비 대책(필터 효과)

I. 개 요

고함수비의 점토층을 재료로 하는 고성토에서는 성토의 안정을 위해 필터층을 설치한다.

II. 고함수비 점성토 대책

사토 대상의 흙은 많고 치환 성토하고자 하는 적당한 재료가 근처에 없는 경우 다음과 같은 대책을 세워 시행하게 된다.

(1) qu=0.4MPa 이하 시 습지 Dozer 사용한다.
(2) 필터층 형성 공학적 조건 향상
(3) 함수비 저하 : 등고선 따라 Trench를 조성하여 Dry 시킨다.
(4) 안정처리 : 석회 5~10% 혼합하여 흙의 강도 증가

III. 필터효과

(1) 압축 침하가 촉진된다.
(2) 우수의 침투를 경감한다.
(3) 시공 중 간극수압 저하 기대
(4) 비탈면 얕은 활동방지
(5) 성토의 깊은 활동에 대한 안정성 향상
(6) Trafficability 향상

IV. 필터 재료

(1) 강모래와 조립사 이상의 입도가 좋은 모래(강모래)
(2) 두께 30cm, 간격 4~5cm, 구배 5~6%
(3) 시공도

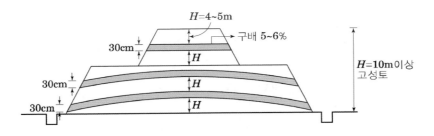

05 　조절발파

Ⅰ. 개 요
폭발에너지와 암반파쇄 과정을 제어하는 발파 주변 암반에 균열이나 여굴 등을 최소화하고 암반의 지지 능력을 유지할 수 있도록 폭발을 제어 조절하는 발파

Ⅱ. 특 징
(1) 여굴감소
(2) 암반 손상 적음
(3) 방수, 라이닝, 숏크리트 등 공사비, 공기 절감
(4) 낙석 위험 적음

Ⅲ. 조절 발파 시공법
(1) Line Drilling
　① 시공법
　　• 1열 무장약(ϕ50~75mm)
　　• 2열 50%장약
　　• 3열 100%장약
　② 특징
　　• 고가, 시공 정밀도가 필요하다.
　　• 경암에서 효과가 크다.
　　• 갱외에서 적용이 가능하다.

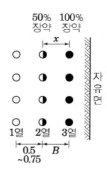

(2) Cushion Blasting
　① 시공법
　　• 1열 ϕ50~175mm, Lϕ30~45cm
　　• 2.3열 표준장약
　　• 1열 (Cushion공)
　　　굴착측에 공경보다 작은 폭약 장전 뒤에 Cushion
　② 특징
　　• Line Drilling 보다 싸다.
　　• 보통암 적용
　　• 직각(90°)부분에서 폭파가 곤란하다.

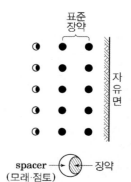

(3) Pre Splitting

① 시공법
- 공경 ϕ50~100m, 간격 30~45cm 천공
- 폭파공 2열 배치
- 1차 발파 완료 후 주발파공 발파

② 특징
- 여굴이 감소된다.
- 사면 절취가 효과적이다.
- 가격이 저렴하다.

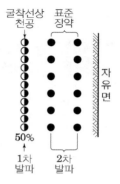

(4) Smooth Blasting

① 시공법
- 굴착선을 따라 Hole에 정밀화학 장전
- 자유면을 따라 2열 배정
- 굴착선 Hole과 자유면 2열 동시 발파

② 특징
- 속도가 빠르다
- 경내에서 효과적이다.
- 소음·진동 작다.
- 여굴이 감소된다.
- 굴착면이 매끄럽다

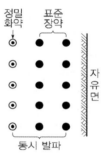

② 서술형 문제 해설

---

01 암 성토와 토사 성토를 구분 다짐하는 이유와 다짐 시공시 유의사항 및 품질관리를 기술하시오.

Ⅰ. 개 요

성토 작업은 토취장에서 흙을 운반하여 구조물과의 일체 작업을 하기 위한 다짐 시공으로 성토를 하는 구조물의 형식 파악이 중요하다.

암성토와 토사 성토는 공학적 성질과 시공법의 차이로 구분하여 시공해야 한다.

Ⅱ. 구분하여 시공하는 이유(혼합 시공시 문제점)

(1) 전단 강도의 감소($\tau = c + \delta\tan\phi$)

흙은 휨성, 암은 강성으로 서로 성질이 다르다. (층분리 현상 발생)

(2) 다짐의 곤란 : 밀도의 저하

최대 입경 차이로 다짐 방법이 다르다.

(3) 투수성, 점착력(C)의 저하

다짐이 곤란하여 투수계수가 증가하고, 점착력이 저하된다.

Ⅲ. 다짐 시공시 유의 사항

(1) 재료

① 암 : 최대입경 60cm 이하, 공극채움 돌부스러기 확보

② 토사

• 최대치수 100mm 이하

• 균등계수 Cu > 10, 곡률계수 Cg=1~3

• 액성한계 LL < 40, 소성지수 PI < 18

• 전단력(τ)이 큰 흙(ϕ, C가 큰 흙)

• 압축성이 적은 재료

• K(투수계수)가 적은 재료

(2) 장비

① 암 : 중량이 무겁고, 지지력이 큰 장비(불도저, 진동 롤러)

② 토사 • 사질토 : 진동 롤러 ⎤
　　　 • 점성토 : 전압식 다짐 ⎦ (시험 시행 후 결정)

(3) 다짐 두께

① 암 : 60cm(최대입경) + 1.5배

② 토사 : 20cm 층다짐

(4) 다짐도 확보

① 암 : Interlocking에 의한 전단강도 증대

② 토사

• 최대 건조밀도, OMC(최적함수비)상태로 다짐

• 지지력(K)증대

• 포화곡선에 가깝게 다짐(S=100%)

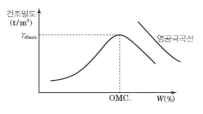

Ⅳ. 품질관리

(1) 암

① PBT(평판재하시험)

$$K치(\mathrm{kgf/cm^3}) = \frac{하중강도(\mathrm{kgf/cm^2})}{침하량(\mathrm{cm})}$$

② 대형 전단 시험

③ 다짐 기종, 다짐회수

(2) 토사

① 다짐도

$$\mathrm{Rc} = \frac{현장에서\, rd}{실험실에서의\, rd_{max}} \times 100(\%)$$

(노상 95% 이상, 노체 90% 이상)시 합격

② 상대밀도 : 사질토 지반에 적용 $\mathrm{Dr} = \dfrac{e_{max} - e}{e_{max} - e_{min}} \times 100(\%)$

③ 포화도(함수비)

$\mathrm{Gs} \cdot \omega = \mathrm{S} \cdot \mathrm{e}$

e = 1~10%(합격), S = 85~98%(합격)

④ 공기 함유율 Va = 1~10%

Va = Va/V×100 공기 간극률(10~20%)

⑤ 강도 규정 : 암버럭, 호박돌

PBT의 K값, CBR 값, CON 지수

⑥ Proof Rolling

변형량 Check(노상 7mm, 기층 3mm) 횟수 : 3회, 속도 : 4km/hr

⑦ 다짐 기준 결정으로 관리(암버럭, 호박돌)

• 다짐 두께 결정(20cm)

• 다짐 횟수, 기종, 속도, 폭, 두께

V. 결 론

(1) 암성토와 토사 성토는 공학적 성질의 차이로 구분해서 다져야 한다.

(2) 도로 토공시 편절, 편성부 노체부에서 암버럭과 흙은 섞어 다질 경우 교차시켜 다 진다.

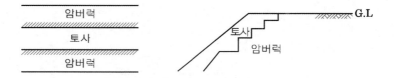

02 성토 재료로서 요구되는 흙의 성질에 대하여 기술하시오.

I. 개 요

성토재료는 시공의 품질을 좌우할 뿐 아니라 공사 후에도 성토의 상태에 영향을 미친다.
따라서 양질의 재료를 사용해야 한다. 양질의 재료는 목적에 따라 조건이 변화한다.
정량적으로 나타낼 수는 없지만 일반적인 사항을 중심으로 기술하고자 한다.

II. 성토재료 구비조건

(1) 공학적으로 양질의 재료($\tau = c + \sigma \tan \phi$)
  ① 전단 강도가 클 것(비탈면 안전)
  ② 압축성이 적을 것(변형이 없을 것)
  ③ 점착력이 클 것(Fill Dam 기초 암반 접속부 시공시)
  ④ 지지력이 클 것(도로 성토와 같이 하중의 작용이 많은 곳)
  ⑤ 투수성이 적을 것(Fill Dam, 하천제방)
  ⑥ 입도가 양호할 것

(2) 이물질이 없을 것(얼음, 뿌리, 초목 등)

(3) 시공기계의 Trafficability가 확보되는 흙

(4) 재료 구입(양)이 양호할 것

III. 성토자재선정

(1) 굵은 골재 최대 치수 100mm 이하

(2) #4체 통과량 25~100%

(3) #200체 통과량 0~20%

(4) 소성지수 10 이하

IV. 최대치수

다짐 시공이 될 수 있도록 최대 허용
치수 이하의 그림과 같은 것을 사용한다.

노상 상부	최대입경 10cm 이하
노상 하부	최대입경 15cm 이하
노체 상부	최대입경 30cm 이하
노체 하부	최대입경 30cm 이하

03 토목용 안정 시트 공법에 대하여 기술하시오.

Ⅰ. 개 요

토목용 안정 시트 공법이란, 화학섬유, 합성수지로 된 투수성 또는 불투수성 재료인 시트를 이용하여 침식 방지, 배수, 필터 보강 등의 표층 안정 처리에 광범위하게 이용되는 각종 공법을 말한다.

Ⅱ. 목적에 따른 분류

(1) 호안 방호(토사의 유출 방지)
(2) 매립지의 토사 유출방지
(3) 제방 본체의 차수
(4) 축제 법선의 근고공(세굴방지)
(5) 구조물 부등 침하 방지
(6) 성토재료의 함몰과 혼합 방지(경계재)
(7) 연약지반 표층 처리

Ⅲ. 재료에 따른 분류

(1) Nylon
(2) 비닐
(3) Poly Proplene
(4) 폴리에스터
(5) 각종 부직포, 직포, 복합포
(6) 불투성 시트

Ⅲ. 적용 방법에 따른 분류

(1) 호안 방호 시트

호안의 기초 또는 본체에 뒷채움 재료로서 사용한 Sheet 모래의 표면이나 경계부에 시트를 사용하여 유출을 방지한다.

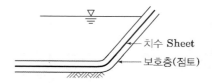

(2) 해양 구조물 시트 공법
① 기반 위 구조물의 부등 침하 방지하는 공법

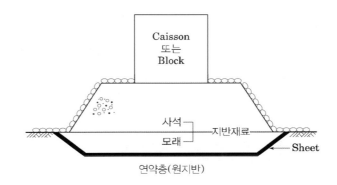

② 축조 전 해저에 시트를 부설하고, 그 위에 기반 재료를 깔기
③ 기반 재료가 해저 기반 중에 함몰 및 혼합되는 것을 방지

(3) 차수 시트 공법
제방 성토 중 차수 시트를 삽입하거나 법면부에 시트를 덮어(Cover) 누수를 방지하는 공법

(4) 연약지반 표층 처리 공법
① 육상부에서 사용하는 시트 공법
② 차수 시트를 연약지반 위에 부설하고, 그 위에 양질의 성토재를 부설 도로, 부지 조성 등을 하는 공법

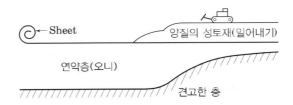

04 성토작업 방법(흙 쌓기)에 대하여 기술하시오.

I. 개 설
흙 쌓기 방법은 아래와 같이 5가지로 대별할 수 있다.
(1) 수평층 쌓기 방법
(2) 전방층 쌓기 방법
(3) 비계층 쌓기 방법
(4) 물 다짐 공법
(5) 유용토 쌓기 방법

II. 종류 및 특징
(1) 수평층 쌓기 방법

수평으로 쌓아 올리면서 다지는 공법으로 두껍게 까는 방법과 얇게 까는 방법
이 있다.
① 두꺼운 층 쌓기
  • 90cm~120cm 정도씩 쌓아 올라간다.
  • 자연 침하 및 다짐을 실시한다.
  • 하천제방, 도로, 철로 등 축조에 적당하다.
② 얇은 층 쌓기
  • 20cm~60cm 정도씩 쌓아 올라감
  • 적당한 습윤(OMC)을 주며 다짐을 실시한다.
  • 공기가 길고, 공사비가 많이 소요된다.
  • 침하가 적고, 물의 침수를 방지할 수 있어 중요 공사에 이용된다.
  • 흙댐, 옹벽 교대 등 뒷채움, 도로 토공에 이용된다.

(2) 전방층 쌓기
① 전방에 급경사로 흙을 투하하면서 쌓는 방법으로 급경사 쌓기라고도 한다.
② 완료 후 침하량이 크다.
③ 공기가 빠르고, 공사비가 싸다.
④ 낮은 높이의 성토시 이용된다.
⑤ 덤프 트럭으로 시공한다.

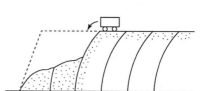

(3) 비계층 쌓기

① 가교를 만들고, 그 위에 레일을 설치, 레일 위로 Trolley를 이용하여 흙을 투하한다.

② 가설공사비가 많이 든다.

③ 높은 흙 쌓기, 대 성토시 유리하다.

④ 시공 후 침하량이 크다.

(4) 물다짐 공법

① 흙 깎기 한 흙에 물을 함유시켜 배관을 통하여 높은 수두를 유지하여 흙댐 상단부 쪽으로 압송, 노즐을 통하여 분출시킨다.

② 분출된 흙은 입자가 큰 것부터 상부에 침하하여 남게 되고 작은 입자는 중앙쪽으로 내려가면서 완전한 심벽을 만든다.

③ 가설공사비가 많이 소요되므로 시공 전 공사비를 검토해야 한다.

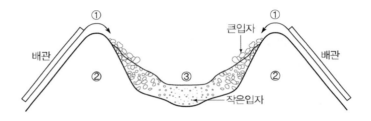

(5) 유용토 쌓기

① 토량을 균형 있게 배분, 동일 장소 내에서 절 성토량이 같도록 한다.

② 절토 부분을 불도저를 이용하여 성토부에 얇게 펴서(20~30cm) 깔고 충분히 다짐을 시행한다.(그림 a)

③ (그림 b)와 같이 두껍게 수직으로 쌓아 올리면 완료 후 침하가 크게 되므로 피해야 한다.

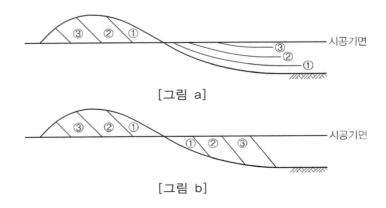

[그림 a]

[그림 b]

05 부등침하 원인 및 대책에 대하여 기술하시오.

I. 개 설

교대, Culvert 등 구조물의 접속부에서는 부등침하로 인한 단차가 생기기 쉽다.
부등침하로 인한 단차는 도로의 평탄성을 훼손할 뿐만 아니라 부등침하의 진행에 따라
도로의 파손 등 하자의 원인이 되기도 한다. 그러므로 시공시 품질관리를 철저히 시행
함으로 부등침하가 발생되지 않도록 해야 한다.

II. 부등침하의 원인

부등침하의 원인은 크게 아래와 같이 크게 나눌 수 있다.

(1) 연약지반에 의한 원인
  ① 구조물 부분
    기초부분의 침하량, 지지력이 적다.

  ② 성토 부분
    구조물 부분에 비해 상대적으로 침하량,
    지지력이 크다.

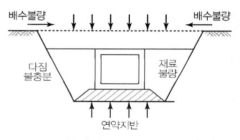

[암기를 위한 그림 작성 예]

(2) 배수불량으로 인한 원인
  기 시공 완료된 구조물 부분 뒷채움시 터파기한 부분이 웅덩이로 되어 성토재가
  연약화 되어 생기는 단차

(3) 다짐 불충분으로 인한 원인
  매 층(약 20cm~30cm정도) 수평층 다짐을 하여 다짐도를 확보 하여야 하나,
  다짐 시공관리 부족으로 발생된다.

(4) 재료 불량(뒷채움 재료)
  액성 한계가 크거나, 전단강도가 작은 재료의 사용

Ⅲ. 방지 대책

방지대책은 4가지로 나눌 수 있다.

(1) 연약지반 처리

뒷채움 성토시, 성토하고자 하는 부분이 연약지반인 경우 압밀공법이나 배수, 다짐공법을 이용하여 완전히 처리한 후 시행해야 한다.

(2) 시공상 유의점(뒷채움 작업시)

① 대형 다짐 장비 작업공간 확보

대형 다짐 장비의 원활한 작업을 위하여 장비의 진입 또는 장비 작업 공간을 확보함으로서 다짐이 충분히 되도록 한다.

② 소형 장비 사용시 유의

대형 장비의 진입, 작업공간이 협소할 경우 흙을 얇게 펴고 충분히 다진다.

③ 양질의 뒷채움 재료의 사용
- 굵은골재 최대치수 100mm 이하
- #4체 통과량 25~100%
- #200체 통과량 0~20%
- 소성지수 10 이하 사용

④ Box Culvert 뒷채움 시는 양쪽을 균등하게 하여 층다짐을 시행한다.(H=0.2m 정도)

⑤ 배수가 양호 하도록 배수시설을 설치한다.

⑥ 여성(余盛)을 주어 침하를 단기에 종료 하도록 한다.

⑦ 구조물에 영향이 없는 적정 시공속도 유지

(3) 지지력 증대

뒷채움 재료를 안정 처리하여 지지력을 증대시킨다.

(4) 도로 포장재의 강성을 높인다.

Ⅳ. 사 례(구조물 접속부 실패)

(1) 개 요

본인의 구조물 접속부 시공을 철저히 하지 않아 발생된 사례 소개

(2) 발 생

① 건축 구조물 완성 후 단지 내 포장도로 시행시 구조물 터파기한 부분의 뒷채움 다짐이 불충분한 것을 방관하고 포장공 시행

② 부등침하로 인한 단차로 균열이 발생

(3) 조 치

① 1,2차에 걸쳐 포장면 균열 보수 시공

② 보수, 시공 하였음에도 하부의 다짐 불량으로 인한 공극과 지지력 부족으로 부등 침하가 재발생.(폭 약 5~10cm)

③ 포장 균열하부 부위를 Cement Grouting으로 시공하여 공극 제거 및 지지력 증대

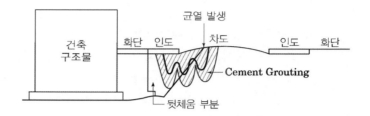

V. 품질관리

(1) 뒷채움 재료의 다짐 시험 및 물리적 특성 시험을 실시하여 다짐 정도를 파악하여 합격여부 판단 후 시행

(2) 매층 마다 함수비, 현장 밀도 테스트 시행. 최대 건조밀도와 최적함수비 선정

(3) 평판재하시험을 가능한 많이 시행하여 적정 여부를 판단

(4) 성토 완료시 Proof Rolling 등 다짐도 관리시험을 실시하여 변형 여부 체크

VI. 결 론

상기와 같이 부등침하의 원인 및 대책에 대하여 기술하여 보았다.

부등침하는 양질의 골재 및 성실시공으로 방지할 수 있다.

시공관리를 철저히 하지 못할 때는 본인의 경험처럼 어려움이 발생하게 된다.

시공 중 철저한 품질 관리로 부등침하로 인한 하자 발생이 되지 않도록 하여야 한다.

06 절토 공법에 대하여 기술하시오.

Ⅰ. 토 사

(1) 벤치 컷 공법(단계식 굴착)

대규모 굴착 시 기계 굴착 높이가 대단히 높은 경우 이용

① Side Hill 식 : 산간 도로와 같은 횡단 경사지 굴착 시

② Box식 : 현 지반이 평탄에 가까운 경우 굴착 공법

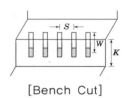

[Bench Cut]

(2) 다운 힐(경사면 굴착)

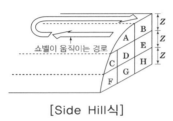

[Side Hill식]

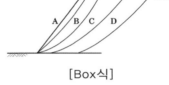

[Box식]

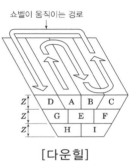

[다운힐]

Ⅱ. 폭파에 의한 암석 굴착

[천공법]

(1) 천공법 : 천공 후 내부에 장약(가장 널리 사용)

(2) 복토법 : 암반 표면에 폭약을 붙이고 그 위에 굳은 점토 등을 덮어 효과 증대

(3) 사혈법 : 암반 아래 장약

(4) 수중 장약 : 수중 암반 장약

[복토법]

Ⅲ. 폭파에 의하지 않은 암석의 굴착(토공 암석발파공 참조)

(1) 리퍼 의한 굴착

불도저 뒤에 리퍼를 달아서 굴착하는 방법

• Ripperability : 암반 굴착 가능성으로 탄성파 속도에 의해 판단

[사혈법]

[Dozer 규격]

규격	21ton	32ton	43ton
탄성파 속도(km/scc)	1.5 이하	2.0 이하	2.5 이하

(2) 브레이커에 의한 굴착

(3) 열에 의한 굴착

가열로 인한 암반 중에 발생하는 열응력, 화학적 변화 이용 굴착 방법

(4) 수력에 의한 굴착

초음속 분사류를 암반에 대면 균열이 발생 균열로 고압수 압입 암반 파쇄 방법

(5) 쐐기에 의한 방법

07 성토 비탈면 다지기 방법에 대하여 기술하시오.

I. 개요

성토 비탈면은 세굴, 붕괴를 적게 하기 위해 충분히 다짐하여야 한다.
성토 비탈면 다짐 공법에는 두 가지로 대별할 수 있다.
(1) 피복토를 설치하는 형식
(2) 피복토를 설치하지 않는 형식

II. 비탈면 다짐 공법

(1) 피복토를 설치하는 형식

① 재료가 점착성이 없고
② 침식되기 쉬운 토질(유기질이 많은 흙)　　｜ 비탈면의 강도에 점착성이
③ 식생이 힘든 토질일 경우　　　　　　　　｜ 좋은 흙으로 피복하는 것
④ 시공법

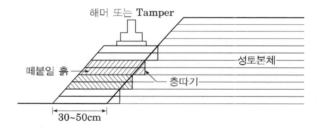

(2) 피복토를 설치하지 않는 형식

성토재가 점착성이 좋은 흙일 경우는 피복토를 설치하지 않고 시행

① 다짐 기계에 의한 방법
  • 성토 높이가 어느 정도 올라갔을 경우 시행한다.
  • 사용장비 : Bulldozer, 견인식 Tire Roller,
    견인식 진동 Roller(아래에서 위로 시행, 무너짐 방지)
  • 비탈면이 완만할수록 다짐 효과가 크다.
  • 성토고가 높을 경우 구배 : 1 : 1.8(고성토)
  • 성토고가 낮을 경우 구배 : 1 : 1.5(저성토), H=5m 정도

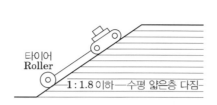

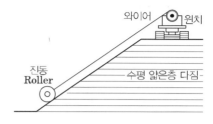

② 비탈면을 옆으로 더 돋움하여 절취하는 형식
- 정규 비탈면을 0.5~1.0m 정도 더 붙임 한다.
- 수평층 다짐한 후 절취하는 형식
- 더 돋음폭(0.5~1.0m)이 필요 → 용지비 추가 확보가 필요하다.

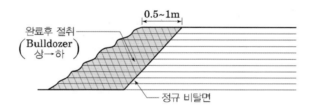

③ 비탈면 구배를 규정보다 완만하게 다져놓고 절토(정형)하는 방법
- 앞에 서술한 ①+②하는 방식으로
  ①은 구배를 완만하게 하여 충분한 다짐 효과,
  ②는 성토 밑부분 더 돋움에 의한 다짐 효과를 혼합하는 형식
- 비탈면 구배를 설계보다 완만하게 다지고, 성토완료 후 절토하여 정형한다.

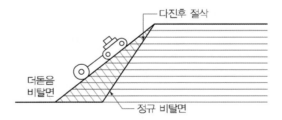

08 편성·편절 구간 하자 발생 원인 및 대책 기술하시오.

I. 개 요

편성(한쪽쌓기)·편절(한쪽깎기)로 절·성토 경계부의 지지력 불균일, 다짐 불충분, 배수 처리 미비 등으로 인해 단차가 발생되어 포장 파손의 원인이 되므로 대책이 요구된다.

II. 원 인

(1) 깎기·쌓기부 노상 지지력 불균일로 인한 불연속면 발생
(2) 깎기·쌓기 경계부에 용수·침투수의 집중으로 쌓기부의 연약화로 인한 침하
(3) 쌓기부 다짐 불충분으로 인한 압축침하
(4) 원지반과 쌓기부의 접착 불충분으로 활동 또는 단차 발생

III. 대 책

(1) 경계부와 완화 구간 1 : 4 설치
(2) 깎기·쌓기의 경계부 배수시설(맹구, 유공관) 설치
(3) 시공시 다짐관리 철저
(4) 원지반 벌개제근 및 표토제거 후 층따기 시행(1 : 4보다 급한 성토구간)

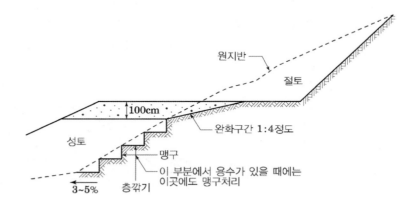

IV. 유의사항

암재료 사용 금지(다짐 및 균질시공 곤란 / 암다짐 방법 기술)
흙쌓기 비탈면 다짐은 본체 다짐과 동등하게 다진다.(성토 다짐 방법 기술)

09 기계화 시공 계획시 고려사항 및 기계화 시공계획의 순서를 기술하시오.

Ⅰ. 개 설

기계화 시공은 산업화의 발달로 건설공사에서 가장 중요한 공종이다.

기계화 시공은 경제적인 면, 효율적인 면을 고려한 시공계획으로 공기단축은 물론, 품질의 향상, 공사비의 절감효과를 기대할 수 있다.

그러므로 시공 전 철저한 계획을 수립하여 목적 달성에 최선을 다하여야 할 것이다.

Ⅱ. 기계화 시공의 목적

(1) 품질의 향상(Quality)

(2) 공사비의 절감(Cost Down)

(3) 공사기간의 단축(시공 속도)

Ⅲ. 기계화 시공 계획시 고려 사항

(1) 토질 조건의 고려

① 암(탄성파 속도)

• Dozer의 Ripperability 판정에 이용

규격	21ton	32ton	43ton
탄성파속도(km/sec)	1.5 이하	2.0 이하	2.5 이하

• 굴착 방법 및 기계 선정에 이용

• 천공 속도 선정에 이용

② 토사

• 토량 변화율

L값(느슨해진 토량/본바닥 토량)과 C값(다져진 후 토량/본바닥 토량)

• 토량 환산계수 f값

• Trafficability

• 흙의 종류나 함수비에 따라 달라지는 주행 속도(Cone 지수로 qu 나타냄.)

장비명	초습지Dozer	습지 Dozer	중형 Dozer	소형 Dozer	Dump Truck
qu(kgf/m²)	2 이상	3 이상	5 이상	7 이상	12 이상

(2) 기계 선정시 고려사항

① 시공성 및 신뢰성이 양호한 장비의 선택

② 경제적인 기계의 선정

   ⊙ 기계용량과 비용을 고려한 경제적인 선정.
     대형 장비는 소형 장비에 비해 시공 단가가 대개 낮음

   ⓒ 표준기계의 선정
     표준기계 선정이 특수기계보다 유리한 점
- 임대, 구입, 조달이 용이하다.
- 전용성이 크다.
- 부품의 구입이 용이하고 값이 싸다.
- 매매가 용이하다.

   ⓒ 공사 규모에 따른 선정
     대형 기계는 고정비(설치 운반, 삼각비, 관리비)가 많이 소요되므로
     공사 규모에 따른 적정 장비의 선정

(3) 작업 효율의 고려

- 작업효율의 3대요소 ┌ 시간당 작업량을 크게
                  ├ 1일 작업시간의 증대
                  └ 일 평균 가동율의 증대

Ⅳ. 기계화 시공계획 순서

기계화 시공 계획은 다음과 같은 주안점을 두고 계획하여야 한다.
- 장비의 전용성이 좋은 장비
- 장비의 범용성이 좋은 장비
- 장비 가동률이 큰 장비
- 고장 등으로 인한 정비 시간 최소화

(1) 사전 계획

① 공사 조건의 파악
   현지 관련 조사(현지 답사 지형, 기후, 지하수, 매설물 등의 조사)

② 계약 조건의 파악
   현장설명, 계약서, 시방서, 설계도서의 검토

(2) 기본 계획

① 주요 공종 시공법에 따른 기계의 선정

② 공사기간 공사비의 개략 산출

(3) 세부 계획
    ① 공기, 공사비 등 세부 계획 및 검토
    ② 기계 및 자재 계획
       최적 기종의 선택, 형식의 선정, 일수 산정

(4) 관리 및 운영 계획
    ① 조달계획(장비 및 부품)
    ② 준비 및 정비체제 수립 및 정비
    ③ 장비배치 및 작업편성
    ④ 운영 및 관리체제 편성

10 발파의 종류에 대하여 기술하시오.

Ⅰ. 개 요
발파의 방법에는 공업 뇌관을 이용한 도화선 발파, 전기 뇌관을 이용한 전기 발파 그리고 도폭선 발파로 나눌 수 있다.

Ⅱ. 도화선 발파 방법
(1) 도화선 발파는 도화선과 뇌관을 사용하여 발파하는 방법이다.
　　도화선은 직물과 방수재로 덮인 흑색 화약을 심약으로 하여 뇌관은 기폭할 때 사용한다.

(2) 도화선 발파의 장단점
　① 장점
　　• 발파 작업이 용이하다.
　　• 누설 전류의 위험이 있는 채굴장에서 이용이 가능하다.
　　• 발파에 따른 기구가 간단하다.
　　• 낙뢰가 많은 지방에서 이용이 가능하다.
　② 단점
　　• 기폭 순서가 불규칙하다.(대규모 작업시 곤란)
　　• 점화 작업시 오차에 따른 위험이 있다.
　　• 불발이 되기 쉽다.(도화선 절단, 뇌관침수 등)
　　• 발파 후 Gas가 발생 된다.(도화선 1m에 1,450cc 가스 발생)
　　• 고온시 자연 폭발한다.

(3) 발파 방법
　① 준비
　　기구점검, 화약류점검, 점화에 따른 조건 확인
　② 기폭 약포 만들기
　　• 도화선을 직각으로 절단한다.(방습제가 누출되지 않도록 주의)
　　• 도화선과 공업 뇌관을 완벽히 결합시킨다.
　③ 운반
　　규정된 용기 사용, 운반 수칙을 준수한다.

④ 장진
  • 천공 깊이, 위치, 각도를 점검하고 공내 잔여 암분 점검한다.
  • 장진봉 깊이 확인 및 장약수, 장약장 점검 점화 순서에 따른 도화선 길이 점검
⑤ 점화
  점화에 따른 안전 수칙 준수, 30m 이상 떨어진 안전 지대로 대피한다.
⑥ 발파후 처리
  발파 15분 후 낙반, Gas, 잔유약을 점검한다.
  미발파된 잔유약을 회수하거나 새로 폭파(60cm)한다.

Ⅲ. 전기 발파 방법
전기 발파는 전기 뇌관을 이용한 발파 방법이다.

(1) 전기 발파의 장단점
  ① 장점
    • 내수성이 양호하다.
    • 제발 발파 가능
    • 단발 발파 가능(암석 파쇄로 비산거리 조정 가능)
  ② 단점
    • 누설 전류의 위험이 있다.
    • 다수의 기자재가 필요하다.
    • 조작이 어렵다.

(2) 발파 방법
  ① 준비
    • 발파기 : 수동 핸들식, 콘덴서식이 있다 사용오차가 적은 콘덴서 주로 사용
    • 도통시험기 : 회로 단선유무, 전기저항 Check (최대간격 > 10mA)
    • 누설 전류 측정기 : 누설 전류 측정, 전기 뇌관에 유입 발파 방지
    • 발파 능력 시험기 : 발파 사용 횟수 능력 시험기
    • 발파 모선, 발파 보조 모선 : 발파기에서 전기 뇌관까지 전선
  ② 발파 방법
    전기 뇌관은 0.4A 이상 전류가 통하며 기폭액이 점화됨
    • 단발 발파
    • 지발 발파 : 폭발 시간을 단계적으로 지연 순차적으로 폭발시키는 일종의 전기 뇌관
    • DS전기뇌관 : 지발시간 0.1초 이상, 기폭간격 0.25초
    • MS전기뇌관 : 지발시간 0.01초 이상, 기폭간격 0.025초

③ 결선
• 결선은 직렬 연결과 병렬 연결이 있다.
• 결선이 한 곳이라도 불량하면 전부 불발되는 직렬연결 방식 이용
• 모선은 30m 이상의 안전 거리 유지
• 모선은 절단 위험이 없는 장소 선정
④ 저항 측정
• 결선이 끝나면 발파 회로가 완성되므로 저항 측정을 실시
• 저항 허용오차는 ±10% 이내
• 저항 허용오차가 허용치를 벗어날 시 모선, 보조모선, 전기뇌관 순으로 점검
⑤ 점화
• 안전 수칙 준수
• 모선을 발파기에 연결
• 콘덴서 충전 확인 후 점화
• 발파음 듣고 난 후 발파기에서 모선제거 후 보관
• 5분 후 안전 점검

Ⅳ. 도폭선 발파

(1) 개요
고폭속 폭약을 심약으로 하고 플라스틱으로 피복한 화공품 기폭 또는 자체를 폭약으로 이용한다.

(2) 적용성
① 번개, 정전기 또는 누설 전류와 같이 전기적 사고에 안전하지 못할 때
② 전기뇌관의 각선이 충격파에 잘릴 우려가 있는 경우 등 전기 뇌관이 실용적이지 못한 경우

(3) 발파 방법
① 도폭선에 뇌관을 묶고 도화선 또는 전기적으로 폭파시킨다.
② 결착 시 전폭 방향과 일치시킨다.

Professional Engineer Civil
Engineering Execution

토 질

Chapter 04

Chapter 04 토 질

제 1 절 토질일반

1 핵심정리

Ⅰ. 흙의 구조(Structure of Soil)

1. 비점성토 구조

1) 단립구조(Single Grained Structure)
   입자 사이의 마찰력만으로 이루어진 안정적인 흙

2) 봉소구조(Honey Combed Structure)
   세립자가 정수 중 침강하여 이루어져 아치 형태로 결합된 흙
   충격과 진동에 약해 건설공사 중 가장 어려운 흙

단립구조

봉소구조

2. 점성토 구조

1) 분산구조(이산구조 : Dispersed Structure)
   점토가 정수 중 가라 앉을 때 각각의 입자 상태로 천천히 침강하여 평형을 이루는 구조

2) 면모구조(Flocculated Structure)
   콜로이로 상태에서 입자간의 점착력에 의해 큰 입자로 침강되어 이루어진 구조. 공극비 압축성이 커서 기초 지반 흙으로 부적당하다.

분산구조

면모구조

Ⅱ. 흙의 성질

1. 흙의 구성

흙은 고체(Solid), 액체(Liquid), 기체(Air, Gas)의 3상으로 이루어져 있다.

■ 잔류토(Residual Soil, 잔적토)
  풍화작용에 의해 형성된 흙이
  운반되지 않고 남아 있는 것

1) 공극비와 공극률

① 공극비(간극비) : 고체 부분 용적에 대한 공극용적의 비

$$e = \frac{V_v}{V_s}$$

② 공극률(간극률) : 흙 전체용적에 대한 공극의 용적 백분율

$$n(\%) = \frac{V_v}{V} \times 100$$

③ 공극비와 공극률의 상호관계

$$n = \frac{V_v}{V} = \frac{V_v}{V_s + V_v} = \frac{V_v/V_s}{V_s/V_s + V_v/V_s}$$

$$n = \frac{e}{1+e} \times 100\%$$

2) 함수비와 함수율

① 함수비 : 흙 속에 물의 용량을 측정하기 위해 110℃에서 건조된 흙만(고체)의 무게에 대한 110℃에서 증발하는 수분(액체) 무게의 비

$$w(\%) = \frac{W_w}{W_s} \times 100$$

② 함수율 : 흙(고체) 전체의 무게에 대한 물의 무게의 비

$$w'(\%) = \frac{W_w}{W} \times 100$$

3) 포화도 : 공극수에 물의 용적의 비율

$$S(\%) = \frac{V_w}{V_v} \times 100$$

4) 흙의 밀도

① 습윤밀도(겉보기 밀도) 단위 용적에 대한 무게

$$r_t = \frac{W}{V} = \frac{G_s + S_e}{1+e} r_w$$

■ 자연상태 흙의 공극비
  · 사질토 : $e = 0.5 \sim 0.8$
  · 실트질 : $e = 0.7 \sim 1.0$
  · 점성토 : $e = 1.0 \sim 2.5$

■ 함수비(w)
  · 사질토 : 변화 범위가 작다.
  · 점성토 : 변화 범위가 크다.

■ 함수비 범위
  · 지연함수비 : 100% 이하
  · 유기질토, 퇴적점토 :
    $400 \sim 500\%$ 이상인 경우도
    있다.

■ 포화상태 $S = 100\%$,
  완전건조상태 $S = 0\%$
  (110℃ 노건조)

■ 물의 밀도는
  $1\mathrm{g}/\mathrm{cm}^3(4℃)$

② 건조밀도 : 단위용적의 흙 속에 들어 있는 토립자의 무게

$$rd = \frac{W_s}{V} = \frac{G_s}{1+e} r_w$$

③ 포화밀도 : 단위용적의 흙 속에 들어 있는 (토립자 + 물)의 무게

$$r_{sat} = \frac{W_s + W_w}{V} = \frac{G_s + e}{1+e} r_w$$

④ 수중밀도 : 수중상태에서 부력만큼 단위중량 감소

$$r_{sub} = r_{sat} - r_w = \frac{G_{s-1}}{1+e} r_w$$

5) 비중(Specific Gravity : G_s)

건조된 토립자의 무게를 그 토립자의 용적과 같은 4℃ 물의 무게로 나눈 것, 흙의 비중이 불분명할 때는 석영입자가 흙속에 가장 많기 때문에 석영의 비중 2.65로 쓰고 있다.

① 진비중 $\qquad G_s = \frac{r_s}{r_w} = \frac{W_s}{V_s \, r_w}$

② 겉보기 비중 $\quad G_s = \frac{r_o}{r_w} = \frac{W_o}{V_o \, r_W}$

6) 상대밀도(Relative Density : D_r)

흙의 느슨한 상태와 조밀한 상태의 공극의 비교, 사질토의 다짐정도를 나타낸다.

$$D_r = \frac{e_{\max} - e}{e_{\max} - e_{\min}} \times 100(\%)$$

$e_{\max}$: 조립토의 가장 느슨한 상태의 공극비

$e_{\min}$: 조립토의 가장 조밀한 상태의 공극비

e : 자연상태, 공극비

[입상토에 대한 표준관입시험치(N치)와 상대밀도와의 관계]

N치	흙의 상태	상대밀도 D_r(%)
0~4	대단히 느슨	0~15
4~10	느슨	15~50
10~30	중간	50~70
30~50	조밀	70~85
50 이상	대단히 조밀	85~100

■ (주) 비중
조립토 : 작다.
세립토 : 크다.

■ 진비중 : 공극이 포함하지 않은 원석만의 비중

■ 겉보기 비중 : 진비중+공극비중으로, (표면 건조 상태 밀도, 절대 건조 상태 밀도) 일반적 비중을 말할 때는 표면 건조 상태의 비중을 말한다.

■ 상대밀도
자연상태에서 조립토(사질토)의 조밀한 정도(다짐)의 표시하기 위해 사용

2. 흙의 연경도(Consistency of Soil)

1) 정의 : 흙이 함수량에 의해 나타나는 성질

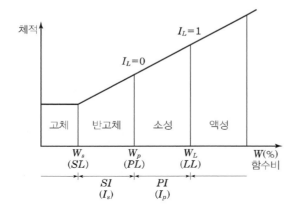

2) Atterberg 한계

고체 → 반고체 → 소성 → 액성 상태의 변화하는 한계

① 수축한계(Shrinkage Limit : SL or W_s) (KSF 2305)
- 흙이 반고체에서 고체로 변하는 한계 함수비
- 어느 함수량이 되면 수축이 정지하여 용적이 일정하게 될 때의 함수비

② 소성한계(Plastic Limit : PL or W_p) (KSF2304)
흙이 소성에서 반고체로 변하는 한계 함수비

③ 액성한계(Liquid Limit : LL or W_L) (KSF 2303)
흙이 액성에서 소성으로 변하는 한계 함수비

3) 연경도의 지수

① 소성지수(Plastic Index : PI or I_P)
- 흙이 소성상태를 유지할 수 있는 함수비 범위

$$PI(I_p) = LL - PL = w_p - w_L$$

② 액성지수(Liquidity Index : LI or I_L)
소성한계와의 비를 액성지수(LI)라 한다.
토중의 흙의 함수량은 거의 액성한계와 소성한계 사이에 있다.

$$LI(I_L) = \frac{w - PL}{PI} = \frac{w_n - w_p}{I_p}$$

w : 함수비

$(w - PL)$: 소성한계에 대한 과잉 함수량

w_n : 자연함수비

■ 연경도
　연(軟) : 연하다
　경(硬) : 굳다
　도(度) : 법도(규칙)

■ LL〉20 동해우려
■ LL〉50 토공 재료로 부적합
■ 비소성(NP)
　액성, 소성, 한계 시험이
　불가능한 흙

[액성한계 시험기]

■ $I_L \leq 0$ 고체 또는 반고체
　　　　 상태, 안정
■ $0 < I_L < 1$ 소성 상태
■ $I_L = 1$ 액성 상태, 불안정

③ 수축지수(Shrinkage Index : SI or I_s)
액성한계(PL)와 수축한계(SL)의 차이

$$SI(I_s) = PL - SL = w_p - w_s$$

4) 비화작용(Slaking)
① 흙(점토)의 비화작용
- 점착력 있는 흙은 함수량이 감소하면 액성 → 소성 → 반고체 → 고체 상태로 변화된다.
- 이 흙에 다시 함수량을 증가시키면 단계별로 변하지 않고 갑자기 소성을 띠며 액상화한다.
- 이 경우 점토 입자는 물을 흡착함과 동시에 토립자간의 결합이 약해져 붕괴하는 현상
② 비화작용이 발생되면 전단강도는 감소한다.

5) 팽창작용(Bulking, Swelling)
점착성 흙의 완전건조 분말 상태에서 물을 가까이 하면 점토입자의 표면에 흡착수를 끌어 들어 입경이 커진 꼴이 되어 용적이 늘어난다.
- 건조한 모래에 5~6% 수분을 가하면 125% 정도 팽창한다.
- 모래 속의 물이 표면장력에 의해 겉둘레가 증대하는 현상을 Bulking이라 한다.
- 점토 속의 물이 모세관 작용으로 인하여 팽창하는 현상을 Swelling이라 한다.

6) 수체의 원리
팽창된 모래에 더욱 많은 물을 가하면 수축하게 되는 현상

7) 함수당량
토립자 속의 공극수는 입자가 작을수록 흡착수나, 모관압력 때문에 물을 포용하려는 경향이 크다.
이 경우 증발이 어려워 외력(원심력)에 의해 공극수를 뽑아낼 수 있다.
이와 같이 힘을 가해도 공극수가 많이 남아 있으면 이 흙은 보수력(Water Holding)이 크다고 한다.
점착성 분류를 위한 시험(보수력을 시험하는 방법)
① 원심 함수당량(CME / KSF 2315)
- 물로 포화된 흙이 중력의 1000배 원심력을 1시간 적용 후 함수비
- 점토가 많을수록 CME가 크다.
- 흙의 동상성 판정에 이용된다.
② 현장 함수 당량(FME / KSF 2307)
- 습윤상태에서 흙의 보수력을 나타내는 것으로 평활하게 된 흙의 표면에 떨어뜨린 한 방울의 물이 곧 흡수되지 않고 30초간 없어지지 않으며 표면상에 퍼져 광택이 있는 외관을 나타낼 경우의 최소함수비
- 실트 또는 점토질토에 대해서 적용 가능하다.

■ 비화작용
흙 덩어리를 물속에 넣었을 때 붕괴하는 현상.
비(沸) : 끓을
화(化) : 화활(되다)
작(作) : 만들다
용(用) : 쓰다

■ 팽창작용
흙이 수분을 흡수하면 부피가 팽창하여 겉둘레가 커지는 현상.
팽(膨) : 배불룩할
창(脹) : 부를
작(作) : 작용(만들다)
용(用) : 쓰다

■ CME 분류
· CME 〉 12%(불투수성 흙)
· 투수성이 적다.
· 보수력, 모관작용이 크다.
· 동상이 크다(팽창·수축이 크다)

■ CME 값
· 모래 : 3~4%
· 사질스러움 : 5~12%
· 점토 : 50% 내외

Ⅲ. 흙의 분류

1. 입경에 의한 분류

1) 토립자 크기에 의한 분류

[입경에 의한 토립자의 분류(단위:mm)]

자갈	모래					실트	점토	클로이드
	대단히 굵은모래	굵은 모래	보통 모래	가는 모래	대단히 가는모래			

| | 2.0 | 1.0 | 0.5 | 0.25 | 0.1 | 0.05 | 0.005 | 0.001 |

[채분석 시험기]

2) 시험방법에 의한 분류

① 체분석 시험(Sieve Analysis)

No.200(0.075mm)체에서 세척한 후

체(4.8~0.075, 7종류)에 넣어 흔들어 각체에 남은 흙의 중량을 측정

② 비중계 시험(Hydrometer Analysis)

No.200(0.075mm)체에 통과한 후 보다 작은 흙을 침강하는 원리로 측정

■ 체분석 표눈체
4.8mm, 2mm, 0.85mm, 0.4mm, 0.25mm, 0.11mm, 0.075mm, 7종

3) 입경가적곡선(Grain Size Accumulation Curve)

log 용지(반 대수지)를 사용하여 x축에 입경을 y축에 각 입경보다 적은 입자의 양의 전체의 중량에 대한 백분율(통과 백분율)을 잡아 그 관계를 곡선으로 나타낸 것이다.

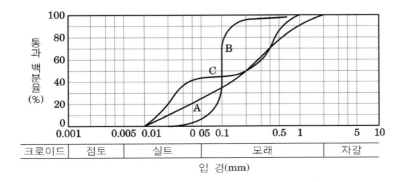

A : 완만한 구배로 입경이 대, 중, 소 고르게 섞임(양입도)

B : 급한 구배로 입경이 거의 균등, 입도조성이 나쁘다.(빈입도)

C : A, B 중간 구배로 2종류의 흙이 섞여 있다. 균등계수는 크지만 곡률계수가 만족 되지 않은 상태(빈입도)

■ 양입도 (Well Grading)
· 입도분포가 좋다.
  (크고, 작은흙이 골고루 있다)
· 균등계수가 크다.
· 다짐효과가 크다.
· 투수계수가 작다.
· 공극비가 작다.
· 침하가 적다.

■ ≠빈입도
(Poor Grading)

■ 균등계수
흙 입자가 얼마나 비슷한가
를 나타내는 계수
균(均) : 고르다
등(等) : 등급
계(係) : 세다
수(數) : 세다

CU 〈 4 입도(분포)균등
CU≒1 백사장 모래
CU 〉 10 입도(분포) 양호

■ 곡률계수
흙입자가 얼마나 둥글가를
나타내는 값
곡(曲) : 굽다(둥글다)
률(率) : 비율
계(係) : 맬
수(數) : 세다

입경이 균일하면 곡률계수
(C_g)는 1에 가깝다.

■ 유효입경
입도분포곡선에서 D_{10}에 해당
하는 입경

■ 롬(Loam)
모래성분 80% 이하,
점토성분 30% 이하의 점성토

① 균등계수(C_u)

조립입자의 분포 상태 즉, 입도 분포가 좋고 나쁨을 판단하는 지수

$$C_u = \frac{D_{60}}{D_{10}}$$

② 곡률계수(C_g)

입도 분포를 정량적으로 나타내는 계수

$$C_g = \frac{(D_{30})^2}{D_{10} \times D_{60}}$$

D_{10} : 입도곡선에서 통과 백분율 10%에 해당하는 입경
D_{30} : 입도곡선에서 통과 백분율 30%에 해당하는 입경
D_{60} : 입도곡선에서 통과 백분율 60%에 해당하는 입경

4) 삼각좌표 분류법

모래, Silt, 점토의 3가지 성분을 구분하여 각 성분의 함유율(백분율)로
부터 삼각좌표 안에 점을 정하여 흙을 분류하는 방법
자갈을 제외한 삼각좌표를 사용하여 구분하며, 주로 농학적인 분류에 이용한다.

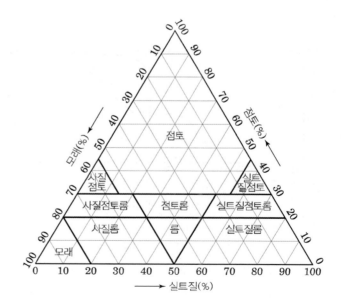

5) 입도분석(Machanical Analysis)

입경기준(mm)	체. 눈		시험방법	
	–	No	mm	
2.0	자갈	4	4.76	체분석
		10	2.0	
	모래	20	0.84	체분석
0.05		40	0.4	
	silt	60	0.25	비중계법을 적용
0.005		140	0.11	
	점토	200	0.074	
		270	0.053	비중계분석
0.001	콜로이드	400	0.037	

2. Atterberg 한계를 사용한 분류

액성한계 및 소성한계 또는 소성지수를 써서 흙의 물리적 성질을 지수적으로 구분하는 방법

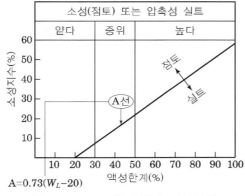

[Casagrande에 의한 소성도표]

1) 소성 도표(Plastic Chart)

액성한계와 소성지수를 그래프한 것으로

A 선 : $IP = 0.73(W_L - 20)$

2) 콘시스텐시 지수와 액성지수

흙의 함수비가 소성영역의 어느 부분에 해당하는 가를 보여주는 지수

■ 점토가 많으면 활성도가
크다.

3) 활성도(Activity: A)

점토분은 흙의 성질(소성정도)에 큰 영향을 주지만, 점토 종류에 따라서
소량의 점토분으로도 높은 소성지수를 나타내거나 반대의 경우도 있다.

$$A = \frac{PI}{점토분의\ 백분율}$$

A : 활성도(10진법으로 표시)
PI : 소성지수(Plastic Index)

■ 비활성점토 $A < 0.75$
보통점토 $A = 0.75 \sim 1.25$
활성점토 $A > 1.25$

① 흙의 공학적 안정을 판단하는 기준
② 건설재료나 점토 광물 분류 이용
③ 소성지수가 크면 활성도가 큰 점토가 된다.
④ 즉, 공학적 불안정 상태인 수축, 팽창이 커진다.

3. 공학적 분류

1) 통일 분류법(Casagrande 분류법)

① 2차세계대전시 미 공병단이 활주로 건설을 위해 Casagrande가 고안한
분류법으로 1952년 개정 후 가장 많이 사용된다.
② 1문자와 2문자를 이용한 흙의 분류

[분류법의 기호]

토질(대분류)		제1문자	토질(조분류)		제2문자
조립토	자갈	G	조립토	세립분이 거의 없고 입도분포 양호	W
	모래	S		세립분이 거의 없고 입도분포 불량	P
세립토	실트	M		실트질의 혼합토	M
	점토	C		점토질의 혼합토	C
	유기질의 실트, 점토	O	세립토	압축성이 얕은 것	L
				압축성이 높은 것	H
유기질토	이탄 (Peat)	Pt	유기질토	제2문자를 붙이지 않는다.	

2) AASHTO(개정 PR법)

도로의 노상토 재료 적정 여부 판단을 위해 사용된다.
입도, 소성한계, 액성지수 및 군지수에 의해 A1~A7까지 7군으로 나누며
A분석법이라고도 한다.

A1~A3 조립토   A4~A5 실토 질토   A6~A7 점토질토

[AASHTO 분류법]

일반적 분류	조립토(0.074mm체 통과량 ≤35%)							실토.점토 (0.074mm체 통과량 ≥35%)			
군분류	A-1		A-3	A-2				A-4	A-5	A-6	A-7-1 A-7-5 A-7-6
	A-1-a	A-1-b		A-2-4	A-2-5	A-2-6	A-2-7				
체통과량 (%) 2.0mm 0.4mm 0.074mm	50이하 30이하 15이하	50이하 25이하	51이상 50이하	35이하	35이하	35이하	35이하	36이상	36이상	36이상	36이상
연경도 액성한계 소성한계	6 이하		*N.P	41이상 10이하	40이하 11이상	41이상 11이상	40이하 10이하	41이하 10이하	41이하 10이하	40이하 11이하	41이상 11이상
군지수	0		0	0		4 이하		8이하	12이하	16이하	20이하
주성분의 종류	석편, 자갈, 모래		세사	실트질 또는 점토질(자갈, 모래)				실트질 흙		점토질 흙	
노상토로 서의 가불	우 또는 양							가 또는 불가			

- 연경도 지수
  I_L : 액성지수
  I_P : 소성지수
  I_S : 수축지수

- Atterberg 한계
  W_L : 액성한계
  W_P : 소성한계
  W_S : 수축한계

3) 군지수

흙의 입도, 액성한계 및 소성지수를 고려하여 흙의 성질을 0~20 범위의 정수로 나타낸다. GI 값이 클수록 재료의 품질이 나쁘다.

$$GI = 0.2a + 0.005ac + 0.01bd$$

a : No.200체 통과율 - 35 (a : 0~40 정수)

b : No.200체 통과율 - 15 (b : 0~40 정수)

c : $W_L - 40$ (c : 0~20 정수)

d : $I_P - 10$ (d : 0~20 정수)

4) CAA 분류법

입도분석, 액성한계, 소성지수 및 노상토로서 배수의 불량 정도, 동상(凍上)의 정도에 기본을 두어 E-1 ~ E-13까지 활주로 노상 재료의 분류에 쓰여지고 있다.

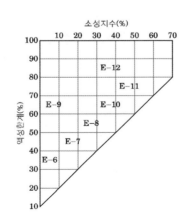

■ 층류
입자가 각각의 위치에서 흔들림 없이 정연하게 흐르는 상태

■ 난류
유속이 한계값을 넘으면, 물 입자가 뒤섞여 소용돌이가 발생 되며 흐르는 상태

■ 흙의 투수계수

토 질	투수계수 (cm/sec)
깨끗한 자갈	100~1.0
굵은모래	1.0~0.01
가는모래	0.01~0.001
실트질토	0.001~0.00001
점토	0.00001 이하

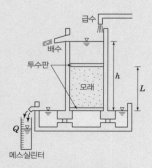

[정수위 투수시험기]

Ⅳ. 흙 속 물의 흐름

1. 흙의 투수성

1) 土中의 수분

① 자유수 : 지표에서 중력작용을 받아 토중으로 스며들어가는 물

② 모관수 : 지하수면에 가까운 부분에서는 표면장력 때문에 지하의 물이 올라가는 현상

③ 흡착수 : 토립자 표면에는 물리·화학적 작용에 의해 흡착되어 있는 물

2) 투수

흙속의 물도 중력 작용에 의해 높은 곳에서 낮은 곳으로 빈틈을 따라 흐른다. 흐름이 난류가 될 정도로 빠르지 않기 때문에 층류 속도로 흐르게 된다.

3) 투수계수(Dracy 법칙)

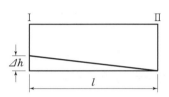

$$Q = k\,i\,A = k\,\frac{\triangle h}{l}A$$

난류가 될 경우 Dracy 법칙은 성립되지 않는다.

$$V = \frac{Q}{A} = k\,i$$

실제유속 $V_s = \dfrac{Q}{A_v} = k\,i\,\dfrac{A}{A_v} = \dfrac{k\,i}{n\,(공극율)}$

4) 투수계수의 측정

① 실내투수시험

• 정수위 투수시험

투수성이 양호한 경우 적용(점토에는 부정확함) 일정한 유량이 될 때까지 시간을 측정하여 Darcy의 법칙으로 투수계수를 산출한다.

$$k = \frac{Q}{i\,A\,t} = \frac{Q.L}{h\,A\,t}$$

Q : t시간 동안의 침수량(cm^3) L : 시료의 길이(cm)

h : 수위차(cm) A : 시료의 단면적(cm^2)

- 변수위 투수시험

  Stand Pipe에 미리 표시해 놓는 두 점(h_o, h_1) 사이를 내려가는데 걸리는 시간을 측정하여, 투수 계수를 산출한다.

$$Q = -a\frac{dh}{dt} = k\frac{h}{L}A$$

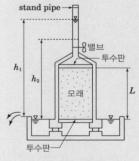

[변수위 투수 시험기]

② 현장 투수시험

ㄱ 우물과 Boring에 의한 현장투수시험

- 대표적 현장 투수시험으로 Thiem's법이라고 한다.
- 지하수위 이하 물을 퍼 낸 후 관측공을 만들어 지하수위를 측정하여, 투수계수를 산정한다.(K : 수평방향의 투수계수)

$$K = 2.3\frac{Q}{A(h_1^2 - h_2^2)}\log_{10}\frac{r_2}{r_1}$$

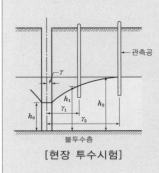

[현장 투수시험]

ㄴ 단일 보우링공에 의한 현장투수시험

하나의 보우링 공을 이용해서 지하수를 취수하거나, 이 구멍 안으로 물을 부어 구멍안의 수위 변화를 측정한다.

- 튜우부법(Tube)

  지하수위가 얕은 경우 열린 강관을 삽입. 강관 내 지하수를 다 퍼 낸후 회복되는 수위를 관측한다.

- 오우거법(Auger)

  오우거로 Boring공을 확보한 후 튜우부법과 같이 수위 회복되는 수위를 관측한다.

③ 이층(다른층)으로 된 흙의 투수계수

투수계수가 다른 층으로 된 흙의 전제의 투수계수는 각 층의 투수계수로 결정된다.

ㄱ 흐름층이 수평인 경우

$$v = k_H i = \frac{1}{H}(k_1 i H_1 + k_2 i H_2 + \cdots + k_n i H_n)$$

$$\therefore \ k_H = \frac{1}{H}(k_1 H_1 + k_2 H_2 + \cdots + k_n H_n)$$

$$= \frac{\sum_{1}^{n} kH}{H}$$

[수평방향 평균투수계수]

k_H : 층 전체의 수평방향의 투수계수

ⓛ 흐름층이 직각인 경우

$$h = H_1 \frac{k_V}{k_1} \frac{h}{H} + H_2 \frac{k_V}{k_2} \frac{h}{H} + \cdots + H_n \frac{k_V}{k_n} \frac{h}{H}$$

$$k_v = \frac{H}{\dfrac{H_1}{k_1} + \dfrac{H_2}{k_2} \cdots + \dfrac{H_m}{k_n}} = \frac{H}{\displaystyle\sum_1^n \dfrac{H}{K}}$$

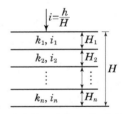

[수직방향 평균투수계수]

④ 이방성 투수계수

수평, 수직방향으로 투수계수가 다를 경우

$$k' = \sqrt{k_h \cdot k_v}$$

k_h : 수평방향 투수계수
k_v : 수직방향 투수계수

• 점성토일수록 더욱 크다.
• 수직 투수계수 k_h 〉 수평 투수계수 k_v
• 일반적으로 10배정도 크다.

2. 흙의 모관성

1) 모관성

표면장력에 의해 물이 접촉면을 따라 상승하는 현상

2) 모관 상승고(모관수두)

대기에 접하고 있는 물속에 가는 관을 세우면,
물은 관 내부로 상승하여 그림과 같이 일정한
높이에서 정지 한다. 이 때의 높이를 모관상승고라 한다.

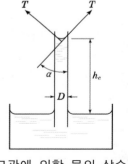

$$h_c = \frac{4\,T \cos \alpha}{r\,w\,D}$$

[모관에 의한 물의 상승]

r_w : 물의 단위중량(g/cm²)
D : 관의 직경(cm)
T : 표면장력(g/cm)
α : 접촉각

3) 흙속의 모관상승

흙의 공극(물 + 공기) 중 아래쪽은 물로 포화되어 있고,
위쪽의 작은 공극은 물, 큰 공극은 공기로 되어 있다.
① 사질토는 모관 상승속도가 빠른 반면, 상승높이는 얕다.

② 점성토는 모관상승 속도는 늦으나, 상승높이는 시간의 길어짐에 비례하여 거의 무한정하다.

4) 모관 포텐샬(Capillary Potential)
① 흙이 모관수를 지지하는 힘
② 모관 포텐시알은 (−)공급수압과 같다.
단위 중량의 흙에서 단위 질량의 모관수를 빼내는데 든 일량으로써 나타낸다.

$$\phi = -P = -r_w h_c = -T\left(\frac{1}{R_1} + \frac{1}{R_2}\right)$$

- 모관수중의 압력은 1기압보다 적어, 포텐시알은 0보다 작다($P > 0$)

5) 모관압력(Capillary Pressure)
모관수의 표면장력에 의해 인장되는 힘이 관에 압축력으로 작용하는 것으로 해석되기 때문에 모관압력이라 한다.

$$r_w h_c = \frac{\triangle T}{D} = P$$

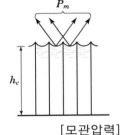

[모관압력]

6) 모관 포텐시알에 영향을 끼치는 요소
① 함수량 : 함수량이 적으면 포텐시알이 저감된다.
② 직　경 : 토립자의 직경이 적으면 포텐시알이 저감된다.
③ 공　극 : 공극비가 적으면 포텐시알이 저감된다.
　　　　　 흙을 계속해서 다지면 수분이 표면으로 나오는 것은 포텐시알이 최고로 되있기 때문이다.
④ 온　도 : 표면장력은 온도가 내려감에 따라 증가한다.
　　　　　 온도가 내려가면 모관 포텐시알은 내려간다.
　　　　　 따라서 흙은 온도가 내려가면 물의 흡인력이 커진다.
⑤ 용제염류 : 염류가 있을 만큼 표면장력(T)이 커진다.
　　　　　　 표면장력(T)이 증가하면 모관 포텐시알은 내려간다.

■ 유효입경(D10)
입도곡선 통과 백분율의 10%에 해당하는 입경

■ 유효입경이 감소하면 공극의 크기가 작아져서 모관상승고는 증가한다.

■ 온도침투는 온도저하에 따른 모관포텐시알의 저하에 의한 것인지 또는 동결작용이 개시 후 보다 온도가 높은 부분에 있는 점토입자의 표면을 들러 쌓고 있는 흡착수로 부터 수분을 빼냄으로서 일어나는 것인지 확실하게 한다.

7) 온도침투(Thermal Osmosis)
   온도가 높은 곳에서 낮은 곳으로 공극수가 옮겨간다.

8) 전기침투(Electro Osmosis)
   흙 중에 ⊕, ⊖ 양극이 있으면 공극수는 ⊕ → ⊖극으로 흐르게 된다.

3. 침투이론
1) 개요
   흙속에 흐르는 침투수는 정상류로 가정하고, 일반적 Dracy이론으로부터 유도한 근사식과, 침윤선상을 도식적으로 구하는 반이론식 방법 등이 쓰여지고 있다.

■ 정상류 : 유량이 시간과 무관하게 일정한 흐름(평수위)의 하천

■ Dracy $V=ki$
V : 침투속도
k : 투수계수
i : 동수경사도 $\left(\dfrac{\triangle h}{h}\right)$

2) 침투유량 형태
   ① 단형단면
      ㉠ 운동방정식 : 근사식으로 풀어 한계조건을 만족하는 방법
      ㉡ 실험에 의한 방법 : 시험결과에 의해 어느 특정곡선을 가정하는 방법
   ② 경사면
      ㉠ 사다리꼴
      ㉡ 상하 유면(流面)이 평행
      ㉢ 상하 유면(流面)이 평행하지 않은 경우

3) 침윤선의 형태
   ① 단형 단면 : 침윤선을 동수경사선으로 가정
   ② 사다리꼴 단면 : 2차포물선으로 가정

■ 분사현상
분(噴) : 뿜다
사(沙) : 모래
현(現) : 나타나다
상(象) : 코끼리(형태)

■ 점성토는 유효응력이 0(Zero)이 되어도 점착력이 존재하여 분사현상이 발생되지 않는다.

4) 분사현상(Quick Sand)
   동수경사가 어느 크기에 이르면 모래를 분출하고 유출량이 갑자기 늘어나는 현상

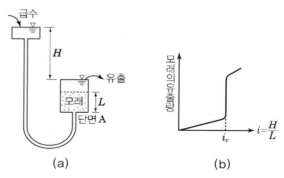

(a)   (b)

5) 한계 동수 경사(Critical Hydranlic Gradient)

침윤압의 좌우가 평형이 이루는 경우 분사되는 한계치

$$ic = \frac{h_1}{d} = \frac{G_s - 1}{1 + e}$$

$\dfrac{h_1}{d} \fallingdotseq 1$ ($G_s = 2.65$, 균형비 0.65 가정)

즉, 동수경사가 1에 이르렀는데 분사조건이 된다.

■ (주) 일반적으로 굵은 모래층 이나 자갈층에서는 투수계수가 커서 가는 모래에서처럼 분사 현상이 보이지는 않는다.
$F_s > 1$ 이면 분사현상이 발생되지 않는다.

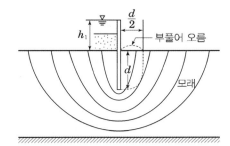 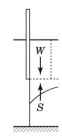

6) 침윤선

① 흙댐은 투수성 구조물이기 때문에 흙댐에 물이 통과할 때 유선 중에서 최상부의 자유수면 즉 수압이 0이 되는 유선을 침윤선이라 한다.

② 경계조건

• 바닥 불투수층 경계면 AF는 최하부 유선, EO는 최상부 유선으로 침윤선이라고 한다.

• AE위의 모든 점은 전수두 h인 등수두선이다.

• 침윤선은 E에서 AB에 직교(90°)한다.

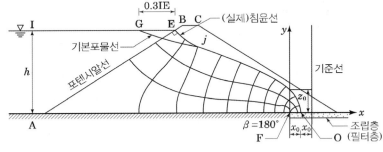

[침윤선]

7) 침윤선의 작도

A. Casagrande에 의한 방법으로 Filter가 없는 경우 다음과 같이 작도한다.

① G점 결정 : IE의 수평거리(l)의 30% 지점

② 준선 결정 : 초점 F와 G의 수평거리를 k라 하고 FG 거리 $\sqrt{h^2 + k^2}$ 과 k와의 거리차를 x_0라 표시한다.

③ 기본 포물선의 작도 : F점에서 하류측에 $\dfrac{X_0}{2}$만큼 떨어진 점을 D_0라

하면 F를 초점으로 하여 기본 포물선 방정식 $x = \dfrac{y^2 - x_0^2}{2x_0}$에 의해 G,

M, D_0를 통과하는 기본 포물선을 그린다.

④ 상류측 보정 : 상류측 경사면 AE는 하나의 등수두선이므로 침윤선은
이 면에 직교해야 하므로 E점에서 직각으로 유입하게 하고, 기본 포물
선과 접하도록 한다.

⑤ 하류측 보정 : 기본 포물선과 하류측 경사면과의 교점을 M, 침윤선과
하류측 경사면과 교점을 N이라 하면 N점을 통과하도록 하여 E, N을
통과하는 실제 침윤선을 얻는다.

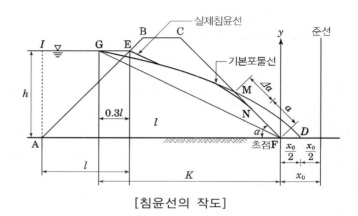

[침윤선의 작도]

4. 유선망(Flow Net)

1) 개요

① 제방댐에서 수위가 높은 곳에서 낮은 곳으로 침투한다.
② 이때 제체 내에서 수압이 같은 지점을 등수두선(등수면)이라 한다.
③ 체제 내의 물이 침투하는 경로를 유선(Flow Lines)라 한다.
④ 유선과 등수두선으로 이루어진 망을 유선망이라 한다.

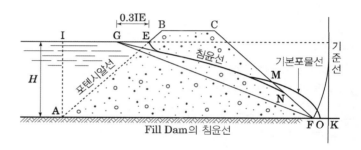

Fill Dam의 침윤선

2) 유선망의 결정법

① 수학적 해법 : 해석이 곤란하며 비실용적이다.

② 실험적 방법

- 모래로 만든 모형에 의한 투수실험
- 전기적 상이를 이용한 모형실험
- 주응력사이의 유사성을 이용한 광탄성실험
- 박층류 상이를 이용한 모형실험

③ 도식적 해석 방법

경계조건을 이해하고, 유선형태에 끼치는 영향을 확인한다.

유선망에 의해 그린 모양이 서로 같고 유선과 등수두선이 직각이 되도록 그린다.

3) 유선망의 특징

① 각 유로의 침투유량은 같다.

② 유선과 등수두선은 직교한다.

③ 등수두선의 수두손실은 같다.

④ 침투속도 및 동수구배는 유선망 폭에 반비례한다.

⑤ 유선망은 이론상 정사각형으로 유선망의 폭과 길이는 같다.

4) 유선망을 이용한 침투유량을 구하는 방법

$$\text{전 침투유량 } Q = \triangle Q \times Nf = K\frac{H}{N_P} \cdot N_f = KH\frac{N_f}{N_P}$$

5) Piping 현상

① 침윤세굴, 내부세굴이라고도 한다.

② 분사현상의 모래흐름이 관(Pipe)모양으로 일어난다.

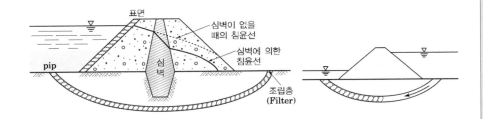

■ 광탄성
유리·셀룰로이드와 같은 투명 탄성체가 외부의 힘에 의해 변형하여 복굴절을 일으키는 현상

V. 흙의 동해

1. 동상현상

1) 개요

흙속의 공극수가 동결하여 토중에 빙층(氷層)이 형성, 지표면이 떠오르는 현상. 동상이 진행되면 물이 얼게 되고 부피가 증가된다. 녹으면 내부로부터 공극(9%) 만큼 수분이 공급(모세관 현상)되고 다시 얼고 녹고를 반복하면서 지표면이 떠오르게 된다. 일반적으로 모관상승고가 큰 Silt질류에서 나타나며, 모래등과 같은 조립토에서는 잘 나타나지 않는다.

2) 주요인자

① 동결깊이의 하단보다 아래쪽에 모관상승고(H)가 있는 경우 이것보다 얕은 위치에 지하수면이 존재하는 것

② 모관 상승고의 크기

③ 흙의 투수도 } 토립자의 입도와 관계가 있음

④ 동결온도 지속기간

3) 대책

① 동결심도보다 위의 흙은 동결이 어려운 자재로 선정(자갈, 쇄석 등)

② 지표토는 화학처리, 동결온도를 낮춘다.(염화칼슘, 소금, 염화마그네슘)

③ 지하수위를 낮춘다.(배수구 설치)

④ 모관수의 상승방지(지하수 위에 차단층 설치)

⑤ 지표면 근처 단열재 처리(석탄재)

[테니스장 사례]

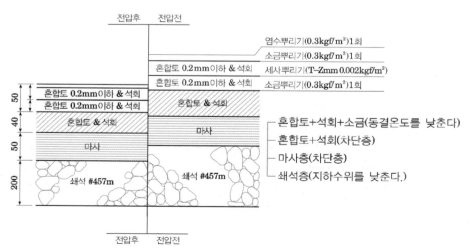

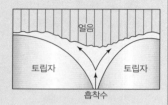

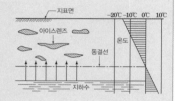

■ 동상조건
· 실트질토
 (모관 상승고가 크다)
· 0℃ 이하 지속기간
· Ice Len's 형성할 수 있는 물의 공급

☞ 물이 얼음으로 변화하면 부피는 9% 증가하게 된다.

4) 동결 심도

① 0℃ 이하 온도가 계속되면 지표면부터 흙이 동결하기 시작한다.

② 동결심도는 외부 온도 하강에 따라 지중으로 깊이 내려가는데 이것을 동결선(-1℃ 부근)이라고 하고 그 깊이를 동결 심도라 한다.

③ 등온선(0℃)은 동결선 보다 2~3cm 아래 있다.

$$Z = C\sqrt{F}\,(\text{cm})$$

Z : 동결깊이

C : 정수(3~5)

F : 동결지수 $\theta \times t$ = 영하의 온도 × 지속시간(day)

2. 연화현상

1) 개요

동결한 흙이 융해할 때(녹을 때)의 속도가 배수 속도보다 빠를 때, 흙 속에 많은 양의 수분이 존재하여 지반이 연약화되어 지지력을 상실하는 현상

2) 원인

① 얼었다 녹는 물이 배수가 안될 때

② 지표수의 유입

③ 지하수 상승

3) 연화 현상 대책

① 동결부분 함수량 증가 방지

② 얼었다 녹은 물(융해수) 배제를 위한 배수층을 동결 깊이 아래 설치

Ⅵ. 흙의 압밀(Consolidation Settlement)

1. 개요

구조물이나 흙의 자중에 의해 흙속의 물이 공극을 통하여 서서히 배출되므로 지반이 서서히 압축되는 현상을 압밀이라 하며,

이때, 하중에 의한 지반의 변형 침하를 압밀 침하라 한다.

$$u_e = r_w \cdot h$$

u_e : 과잉공극수압(t/m²)

h : 피로 미터에 나타난 수주의 높이

■ 연화현상
연(軟) : 연하다
화(化) : 되다
현(現) : 나타나다
상(象) : 코끼리(형태)

■ 암기 point

■ 압밀
압(壓) : 누를
밀(密) : 빡빡할

■ 과잉공극수압
포화된 흙에 하중을 가할 때 발생되는 수압

■ 흙의 압축은 과잉공극 수압이 없어질 때까지 지속된다.

■ 선행 압밀 하중
과거에 받았던 최대 하중

2. 개념도

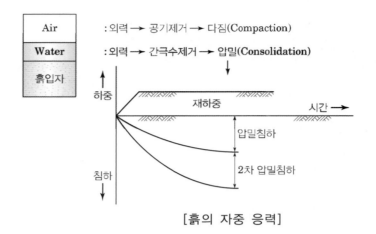

[흙의 자중 응력]

3. 특성
① 점토질 지반에서는 투수성이 나쁘므로 압밀침하가 장기간 계속된다.
② 사질지반은 침하가 적고, 체적변화가 적으므로 압밀 침하는 무시되고 즉시 침하만을 고려한다.
③ 압밀시간의(속도) 영향 인자
  • 토층 두께 방향에 대한 유효응력 분포
  • 배수길이
  • 배수의 경계조건
  • 흙의 투수성
  • 흙의 압축성

4. 압밀시험(KSP 2316)
① 압밀시험을 통하여 압밀정수(압밀계수, 체적압축계수, 선행압밀하중)를 구한다.
② 압밀정수를 이용하여 점성토 지반이 하중을 받아 지반 전체가 1차원적으로 압축되는 경우에 발생되는 침하특성을 밝힐 수 있다.
③ 연약지반 위에 구조물을 축조할 경우 압밀로 인한 최종침하량과 침하 비율, 소요시간의 추정, 성토의 높이를 결정하고 공사기간의 추정이 가능하다.

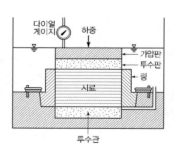

5. 침하의 종류

1) 즉시침하(탄성침하)

하중 후 즉시 발생되는 침하로 탄성변형에 의해 발생된다.

2) 압밀침하

① 1차 : 과잉공극수압이 없어지면서 빠져나간 물의 부피만큼 흙이 압축되어 발생된 침하
  • 과잉공급수압이 100~0%될 때까지 계속하여 발생하는 침하

② 2차 : 과잉공극수압이 모두 없어진 후 발생하는 침하
  • 원인 : Creep 변형(시간이 경과함에 따라 변형하는 현상)
  • 2차압밀이 큰 경우
    (점토층이 두껍다, 연약한 점토, 소성이 큰 경우, 유기질이 많은 경우)

Ⅶ. 유효응력

1. 흙의 자중의 응력

① 연직응력

$$\sigma_v = r \cdot Z = q_s + r \cdot Z$$

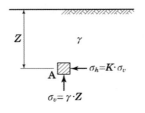

r : 흙의 단위 중량, q_s : 상재하중

② 수평방향응력

$$\sigma_h = K_o \, \sigma_v = K_o \cdot r \cdot Z$$

K : 토압계수

③ 토층이 물에 있을 때 유효응력
  지표면 위의 수위가 증가하여도
  유효응력에는 변화가 없다.
  • 전응력 $\sigma = h_1 \cdot r_w + h_2 \cdot r_{sat}$
  • 간극수압 $u = (h_1 + h_2)r_w$
  • 유효응력 $\overline{\sigma} = \sigma - u = h_2 \cdot r_{sat} - h_2 \cdot r_w = h_2 \cdot r_{sub}$

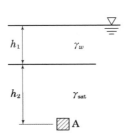

2. 유효응력과 중립응력

① 전응력(σ)

단위면적 중 물과 흙에 작용하는 압력

$$\sigma = \bar{\sigma} + u$$

② 유효응력($\bar{\sigma}$)

단위면적 중 토립자간의 부담하는 응력

$$\bar{\sigma} = \sigma - u$$

③ 중립응력(u)

단위면적 중 공극수 부분이 부담하는 응력이라고 하며 간극수압, 간극압
이라고도 부른다.

㉠ $S = 100\%$일 때 $u = r_w \cdot h$

㉡ $S_o \langle S_r \langle 100\%$일 때 $u = r_w \cdot h \cdot S_r$

3. 액상화(Liquefaction)

비배수 상태의 느슨하고 포화된 사질토 지반에 충격(진동, 폭파, 지진)이
발생하면 전단 저항을 상실하여 액체와 같이 거동하는 현상

흙의 전단강도 $\tau = C + (\delta - u)\tan\phi$

모래 지반으로($c = 0$) $\tau = (\delta - u)\tan\phi$

충격으로 간극수압 상승 $\delta - u = 0$

액상화 $\tau = (\delta - u)\tan\phi = 0$

$$유효응력 = \delta(전응력) - u(간극수압)$$

Ⅷ. 흙의 전단 강도

1. 개요

흙속에 전단응력이 발생하면 이 응력에 직각이 되게 저항하려는 힘이 발생한다.
이것을 전단저항이라 한다. 이 전단저항의 최대 저항력을 전단강도라 한다.

$$\tau = C + \bar{\sigma}\tan\phi$$

τ : 전단강도

C : 점착력

$\bar{\sigma}$: 유효 수직응력

ϕ : 흙의 내부 마찰각

암기 point

■ 전단
  전(剪) : 벨(베다)
  단(斷) : 끊을

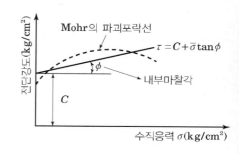

2. 전단저항의 구분(흙의 종류별)

① 일반 흙 $c \neq 0$, $\phi \neq 0$, $\tau = c + \bar{\sigma}\tan\phi$

② 모래 $c=0$, $\phi \neq 0$, $\tau = \bar{\sigma}\tan\phi$ (ϕ에 의해 지배)

③ 점토 $c \neq 0$, $\phi = 0$, $\tau = c$ (c에 의해 지배)

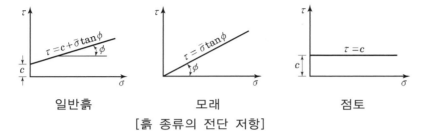

| 일반흙 | 모래 | 점토 |

[흙 종류의 전단 저항]

3. Mohr 응력원

1) 주응력(Principal Planes)

① 주응력에 작용하는 법선 방향의 응력

② 주응력 중 최대주응력(σ_1), 최소주응력(σ_3)

2) 주응력면(Principal Stress)

① 수직응력만 작용하고 전단응력이 0이 되는 면

② 최대 주응력면(σ_1)과 최소주응력면(σ_3)이 직교한다.

③ 축차응력(Deviator Stress) : 주응력차($\sigma_1 - \sigma_3$)

4. 전단시험

실내시험으로 직접 전단시험, 일축 압축시험, 삼축 압축시험과 현장시험으로 표준관입시험(SPT), Vane-Test 등이 있다.

1) 실내 전단시험

가) 직접전단시험

수직응력을 직접 가하여 파괴시 최대 전단응력을 구한 후 파괴 포락선을 그려 전단정수(C, ϕ)를 구한다.

① 전단응력

• 1면전단 $\tau = \dfrac{S}{A}$

• 2면전단 $\tau = \dfrac{S}{2A}$

τ : 전단응력(kgf/m^2)

S : 최대전단력(kg)

A : 시료단면적(cm^2)

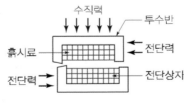

[실내 전단 시험]

② 토압계산, 사면안정계산, 구조물 지지력 계산에 이용한다.

■ 전단변형계수

$$G = \frac{\tau(전단응력)}{\gamma(전단 변형률)}$$

■ 틱소트로피(Thixotrophy)
점성토에서 remolding한 시료를 함수비의 변화없이 그대로 방치하여 시간이 지나고 강도가 회복되는 현상

■ 리핑(Leaching) 현상
해수에 퇴적된 점토가 담수에서 오랜시간 동안 염분이 빠져나가 강도가 저하되는 현상

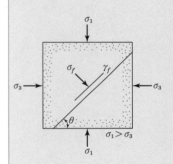

나) 일축압축시험

① $\delta_3 = 0$인 상태의 압축시험으로 압축변형이 15%일 때의 압축응력을 일축압축강도라 한다.

② ϕ가 적은 점성토의 압축강도와 예민비를 구한다.

③ 점성토의 압축강도의 이용

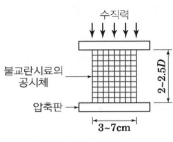

[일축압축시험]

[점토의 Consistency, N치, q_u와의 관계]

Consistency	N치	일축압축강도(q_u : kgf/cm^2)
대단히 연약	$N < 2$	$q_u < 0.25$
연 약	2~4	0.25~0.5
중 간	4~8	0.5~1.0
견 고	8~15	1.0~2.0
대단회 견고	15~30	2.0~4.0
고 결	$N > 30$	$q_u > 4.0$

④ N치를 추정한다.

$$q_u = \frac{N}{8}(\text{kgf/cm}^2)$$

⑤ 예민비(Sensitivity Ratio)

㉮ 개요

점토의 자연시료는 어느 정도의 일축압축강도가 있으나 그 함수율을 변화시키지 않고 재성형(Remolding)하면 강도가 상당히 감소하는 성질을 예민비라고 한다.

$$\text{예민비} = \frac{\text{자연시료의 압축강도(불교란 시료의 압축강도)}}{\text{재 성형 시료의 압축강도(교란 시료의 압축강도)}}$$

㉯ 특 성

㉠ 점토지반 : 예민비가 1~8 정도

St	St < 2	St = 2~4	S = 4~8t	St > 8
예민성	비예민성	보통	예민	초예민성

■ 예민비
예(銳) : 날카로울
민(敏) : 민첩한
비(比) : 견줄

　　　ⓛ 모래지반 : 예민비가 1에 가깝다.
　　　ⓒ 흙의 예민비

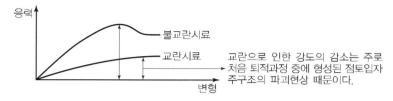

교란으로 인한 강도의 감소는 주로
처음 퇴적과정 중에 형성된 점토입자
주구조의 파괴현상 때문이다.

　　ⓓ 주의사항
　　　ⓐ 예민비가 큰 지반은 전단강도가 불리하다.
　　　ⓒ 점토지반에서는 자연상태를 유지하는 것이 좋다.
　　　ⓒ 사질지반에서는 진동다짐공법을 선정하는 것이 좋다.
　　　ⓒ 점토지반에서는 진동다짐을 피해야 한다.

다) 삼축압축시험
　　자연과 거의 같은 조건에서 측압(δ_3)과 주응
　　력(δ_1)을 동시에 가해 공시체 파괴시험과 간
　　극수압, 점착력, 내부마찰각등 강도정수를
　　구한다.

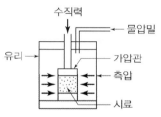

[삼축압축 시험]

　① 배수조건에 따른 분류(강도정수 적용)
　　ⓐ 비압밀 비배수 시험(UU)
　　　ⓐ 압밀시키지 않은 상태에서 후 간극수를 배출시키지 않고 주응
　　　　력을 가해 전단 파괴시키는 시험
　　　ⓒ 재하속도가 간극수압 소산보다 빠를 때, 성토 직후 파괴가 예상
　　　　되는 경우, 시공 중 압밀, 함수비, 체적 변화가 없을 때 적용
　　ⓓ 압밀 비배수 시험(CU, $\overline{CU}$)
　　　ⓐ 시료에 구속 압력을 가하여 간극수압이 0이 될 때까지 압밀시
　　　　킨 후 간극수를 배출시키지 않은 상태로 주응력을 가해 전단
　　　　파괴시키는 시험
　　　ⓒ 제방, 흙댐 수위 급감시 안정 검토, 압밀 후 지반의 급속한 파
　　　　괴 예상시 적용
　　ⓓ 압밀 배수 시험(CD)
　　　ⓐ 시료 구속 압력을 가하여 간극수압이 0이 될 때까지 압밀시킨
　　　　후 배수를 허용한 상태에서 주응력을 가해 전단 파괴시키는
　　　　시험
　　　ⓒ 점토지반 장기간 안정 검토, 간극수압 측정곤란, 사질지반의
　　　　사면안정해석, 굴착 자연사면 장기안정해석에 사용

■ CU : 전응력 강도 정수
　　결정
■ $\overline{CU}$: 유효응력 강도 정수
　　결정

2) 현장 전단시험(기초공 기초일반 참조)
   가) 표준관입시험, N치
   나) Vane-Test(연약지반 점착력)
   다) 정적관입시험

IX. 흙의 다짐

1. 개요
흙에 인위적 힘을 가하여 흙속 공극 내의 공기를 배출하여 흙의 밀도(단위중량)를 높게 하는 것

[실내다짐 시험기]

2. 다짐 효과
① 흙의 밀도(단위중량) 증가
② 공극 감소로 투수성 저하
③ 부착력 향상
④ 흙은 역학적 안정도 향상(전단강도, 지지력, 침하량)

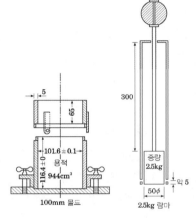

[실내 다짐 시험기]

■ 최적함수비(最適含水比)
Optimum Moisture Content
• 흙의 밀도가 최대일 때 토양의 함수율
• 흙이 가장 잘 다져질 수 있는 함수비

3. 다짐시험
1) 실내 다짐시험(KSF 2312)
실험실에서 단위중량, 함수비, 건조밀도를 구하여 그래프를 이용하여 가장 다지기 쉬운 상태 함수비 즉, 최적함수비(OMC)를 구한다.

① 시험종류

다짐방법의 호칭명	래머 무게 (kg)	몰드 안지름 (cm)	다짐 층수	1층당 다짐횟수	허용 최대입경 (mm)	몰드의 체적 (cm³)
A	2.5	10	3	25	19	1,000
B	2.5	15	3	55	37.5	2,209
C	4.5	10	5	25	19	1,000
D	4.5	15	5	55	19	2,209
E	4.5	15	3	92	37.5	2,209

② 시험방법

- 허용 최대입경을 통과한 흙을 Mold에 3~5 층다짐을 한다.
- 시험종류에 따라 각층마다 Rammer(2.5~4.5kg) 자유낙하 시행(H=30~45cm)
- 시험할 흙에 물(함수비)을 조정하면서 위 표에 의해 반복 시행한다.
  (흙의 습윤밀도가 더 이상 변화가 없거나 감소할 때까지 반복 시험)
- 건조밀도과 함수비의 변화를 그린다.

③ 이때 정점을 나타내는 밀도를 최대 건조밀도(rd_{max})
  이때의 함수비를 최적함수비라 한다.

④ 포화도 S=100%일 때 건조밀도와 함수비의 관계

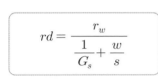

$$rd = \frac{r_w}{\dfrac{1}{G_s} + \dfrac{w}{s}}$$

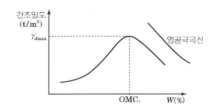

여기서, 포화곡선을 영공극곡선(Zero Air Void Curve)

■ 영공극곡선
  (영공기간극곡선, 포화곡선)
  흙의 공극에 공기가 전혀 없
  다고 가정한 경우의 흙의 밀
  도와 함수비와의 관계를 나
  타내는 곡선

2) 현장 들밀도 시험(현장 다짐 시험)

현장에서 건조밀도를 측정하여 실내다짐시험의 건조밀도와 비교하여 다짐도를 판정하는 방법

① 모래치환법(KSIF 2311)과 고무막법(KSF 2347)이 주로 사용된다.
② 채취한 흙(시료)의 건조 무게를 구한다.(급속 함수 시험기 사용)
③ 현장 건조밀도를 구한다.

$$현장건조밀도(r_d) = \frac{시험공의\ 체적의\ 흙의\ 건조무게}{시험공의\ 체적}$$

[들밀도 시험기]

[급속 함수 시험기]

4. 다짐도 판정방법

1) 다짐도, 상대다짐으로 규정하는 방법(건조밀도에 의한 방법)

함수비가 자연함수비보다 큰 경우 사용 불가하다.

① $R_c = \dfrac{현장\ rd}{실험실\ rd_{max}} \times 100(\%)$

- 노체 90% 이상 합격
- 노상 95% 이상 합격
- 되메우기 95% 이상 합격

② 적용성
  도로 성토 구간, Rock Fill Dam, 되메우기

■ 다짐 에너지가 크면 최적 함수비 감소, 건조단위 중량 증가한다.

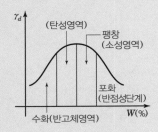

(1) 수화(반고체 영역)
함수량이 절대적으로 부족하여 흙입자 간의 접착이 없으며 큰 공극이 존재한다.
(2) 결합(탄성 영역)
물의 일부분은 자유수가 되어 흙입자 사이에 결합 역할을 하게 된다. 최대 함수비 부근에서 최적함수비(OMC)가 나타난다.
(3) 팽창(소성 영역)
최적함수비를 넘으면 증가분의 물이 결합 역할뿐만 아니라 다짐 순간에 잔류공기를 압축하며 이로 인해 흙은 압축되었다가 팽창한다.
(4) 포화(반점성 영역)
함수비가 더욱 증가하면 증가된 수분은 흙입자를 포화시킨다.

③ 적용이 곤란한 경우
 • 토질 변화가 심한 곳 : 습윤측 함수비 $>$ 자연 함수비
 • 실험실 rd_{max}가 구하기 어려운 경우
 • 함수비가 높아서 건조시키기 비용 과다한 경우
 • 암버럭 치수가 큰 곳
④ 다짐 장비별 특성
 • 진동로울러 : 점착력 적은 흙(모래, 자갈, 쇄석)
 • 탬핑로울러 : 함수량 많은 흙(사질 점토)
 • 타이어 로울러 : 비소성(실트, 실트질토)
 • 양족 로울러 : 함수비 높은 흙(점성토)

2) 상대밀도로 규정하는 방법
사질토(조립토)에서 규정하는 방법으로 시방값 이상시 합격

$$D_r = \frac{e_{max} - e}{e_{max} - e_{min}} \times 100\,(\%)$$
$$= \frac{rd - rd_{min}}{rd_{max} - rd_{min}} \times \frac{rd_{max}}{rd} \times 100\,(\%)$$

3) 포화도 또는 공기 함유율로 규정하는 방법
상대 다짐도의 적용이 곤란한 경우 규정하는 방법
① $G_s \cdot w = s \cdot e$
  e값이 1~10% 합격, s값이 85~98% 합격
② V_a= 공기 함유율(1~10%)
  $V_a = V_a / V \times 100$ 공기 간극률(10~20%)

4) 강도로 규정하는 방법
① C·B·R 값으로 규정
② 평판재하시험(P·B·T)의 K값으로 규정
③ Vane-Test
④ 실험실의 일축 압축 Test, 삼축 압축 Test
⑤ 물의 침투로 강도저하가 적은 흙(암버럭, 호박돌)에서 사용

5) Proof Rolling(변형량)
① Dump Truck 이나 Tire Roller를 노상면에 주행시켜 변형량 Check.
② 3회(4km/hr) 주행, 노상 7mm, 기층 3mm 변형 이내시 합격

6) 다짐 공법으로 규정하는 방법(암괴, 호박돌)
소요 다짐도에 도달하기 위해 기준을 선정
(다짐 기종, 다짐 회수, 다짐 두께, 다짐 폭, 다짐 속도)

X. 흙의 토압(압력)

1. 개요

① 지표면으로부터 Z의 깊이의 흙 중에 연직응력

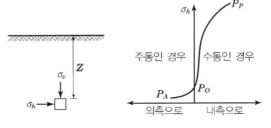

$$\sigma = r \cdot Z$$

σ : 연직응력

r : 흙의 단위중량

Z : 깊이

② 주동상태 : 벽체가 토체로부터 떨어지려는 현상
③ 수동상태 : 벽체가 토체를 압박하는 현상

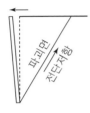

[주동상태]

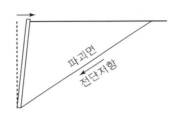

[수동상태]

■ Rankine토압이론
소성이론으로 벽 마찰각 무시

■ Coulomb 토압이론
흙 쐐기 이론으로
벽 마찰 각 고려

■ Boussinesq 토압이론
지반을 탄성으로 가정한 이론

2. 토압의 종류

종류	내 용	Rankine	Coulomb
주동토압 (P_A)	벽체 전면으로 변위가 생길 때의 흙의 수평압력	$P_a = \dfrac{1}{2}rH^2\tan^2\left(45 - \dfrac{\phi}{2}\right)$	$P_a = \dfrac{1}{2}rH^2 C_a$
수동토압 (P_P)	벽체 후면으로 변위가 생길 때의 흙의 수평압력	$P_P = \dfrac{1}{2}rH^2\tan^2\left(45 + \dfrac{\phi}{2}\right)$	$P_P = \dfrac{1}{2}rH^2 C_P$
정지토압 (P_O)	벽체의 변화가 생기지 않은 상태에 흙의 압력	$P_O = \dfrac{1}{2}rH^2(1 - \sin\phi)$	

3. 벽체에 작용하는 토압 분포도

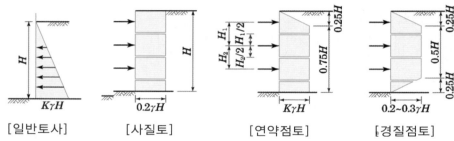

[일반토사]　　[사질토]　　[연약점토]　　[경질점토]

K : 측압계수, r : 습윤토의 단위체적 중량(t/m^3), H : 터파기의 깊이

XI. 암반 분류 방법

1. TCR(Test Core Recover) – 코아 회수율

① 개요 : 코어 채취기로 시료 채취시 파쇄되지 않는 상태의 회수정도

② TCR(%) = $\dfrac{\text{회수된 Core 길이의 합}}{\text{총 시추한 암석의 길이}}$

③ 적용
- 암석강도 추정, RQD 판정, 절리·층리의 간격 파악, 절리 상태 파악, 함유물 판정
- 회수율이 적을 때 : 암질 불량(균열, 절리가 많음, 파쇄대지역, 풍화등)
- 회수율이 클 때 : 암질 양호

2. RQD(Rock Quality Designation)–암질지수

① 개요 : 코아 회수율(TCR)을 발전시킨 개념으로 시추작업에서 회수한 암석의 길이를 근거로 암질 상태를 평가하는 방법
- 외경 74.61mm 코어바렐비트(NX구경) 사용하여 암석을 채취

② RQD = $\dfrac{\text{10cm 길이 이상 회수된 부분의 길이의 합}}{\text{굴착한 암석의 이론적 길이}} \times 100(\%)$

암질지수	암 질
0~25	매우 불량
26~50	불량
51~75	보통
76~91	양호
91~100	매우 양호

③ 적용

　RMR분류, Q분류, 지지력 추정, 변형계수, 지보방법

[시추 전경]

[시료 채취]

3. RMR분류(Rock Mass Rating)

암반의 정량적인 분석 방법의 하나로 암석강도, RQD, 불연속면의 간격, 불연속면의 상태, 지하수 등의 5가지 요소에 대한 암반의 평점을 합산한 후 절리의 방향에 따라 조정하여 암반을 Ⅰ, Ⅱ, Ⅲ, Ⅳ, Ⅴ의 5가지로 분류하는 암반 분류 방법

① RMR값 : 각 평가인자별 점수의 합(0~100)
- 암석강도(0~15)
- RQD(3~20)
- 불연속면 간격(5~20)
- 불연속면 상태(0~30)
- 지하수 상태(0~15)
- 불연속면 방향의 보정(0~(-)12)

② 특징
- 암석강도 및 불연속면의 방향성 반영
- 10m폭의 마제형 터널을 기준해서 등급별 굴착방법과 표준지보패턴 제시
- NATM 공법 적용한다.

4. Q분류(Q-System)

① 터널, 대규모 동굴 등의 지질학적 조건 상태를 6가지로 구분하여 정량적으로 암반을 분류하는 방법

② 평가인자별 점수
- 암질지수 : RQD(10~100)
- 절리군수 : Jn(0.5~20)
- 절리면의 거칠기 : Jr(0.5~4)
- 절리면의 변질도 : Ja(0.75~24)
- 지하수 상태 : Jw(0.05~1)
- 응력감소계수 : SRF(0.5~20)

③ 특징
- 평점 산정방법 Q값 : $\left(\dfrac{RQD}{Jn}\right) \cdot \left(\dfrac{Jr}{Ja}\right) \cdot \dfrac{Jw}{SRF} \fallingdotseq (0.001~1000)$
- 특성 : 터널 입구부와 교차부에서는 평점을 하향조정한다.
- 분류 등급수 9등급
- 굴착 및 표준지보패턴의 결정 : 터널의 용도와 크기에 따른 표준지보 패턴 제시

2 단답형 · 서술형 문제 해설

1 단답형 문제 해설

01 액상화 현상(Liquefaction)

Ⅰ. 개 요

포화되고 느슨한 가는 모래 경우 지반에 충격을 가하면 수축현상이 발생하여 과잉 간극수압이 발생되어 유효응력이 감소한다. 유효응력이 감소하면 전단강도도 감소하므로 지반이 순간적으로 지지력을 상실하게 되는 현상

Ⅱ. 개 념(쿨롱의 법칙)

$\tau = c + \delta\tan\phi$

$\tau = (\sigma - \mu)\tan\phi$

μ ↑(상승)에 따라 τ가 작아지거나 0이 되는 현상

τ : 전단강도 c : 점착력

δ : 유효응력 ϕ : 내부마찰각

Ⅲ. 특 징(액상화현상이 일어나기 쉬운 토질)

(1) 입자가 둥글고 실트 크기 입자를 약간 포함

(2) 유효경이 0.1mm 보다 작은 경우

(3) 균등계수 : Cu < 5로 균등한 경우

(4) 간극률 n(%) ≥ 44%인 상태

Ⅳ. 문제점 및 대책

(1) 문제점

   ① 간극수압 상승으로 부력 발생

   ② 지지력 저하로 침하, 전도 등 시설물 변형 발생

(2) 대책

   ① 자연 간극비가 한계 간극비보다 적도록 다진다(간극수 배제, 탈수공법, 배수공법).

   ② 지반 입도 개량한다(치환, 약액주입).

   ③ 지반 안정화 한다(고결, 다짐 등).

02 균등계수(Coefficient of Uniformity), 곡률계수(Coefficient of Curvature)

Ⅰ. 균등계수(Cu)

(1) 개요

① 흙 입자가 얼마나 비슷(균등)한 한가를 나타내는 값으로 입도의 불량, 양호 정도를 나타내는 계수

② 입경가적곡선 통과 백분율 10%, 60%의 대응하는 입경으로부터 구한다.

③ Cu가 클수록 입도분포가 넓은 범위의 입경으로 구성되어 있다.

(2) 균등계수(Cu)식

$$\mathrm{Cu}(균등계수) = \frac{D_{60}(통과백분율\ 60\%)}{D_{10}(통과백분율\ 10\%)}$$

(3) 적용

① 자갈 Cu > 4, 모래 Cu > 6, 흙 Cu > 10이면 입도분포양호

② 입도분포 : Cu=1 입경이 동일(백사장)

　　　　　　　Cu < 4 입도분포 균등

　　　　　　　Cu > 10 입도분포양호

Ⅱ. 곡률계수(Cg)

(1) 개요

① 흙 입자가 얼마나 굽은(둥근) 정도를 나타내는 값으로 입도의 불량, 양호 정도를 나타내는 계수

② 균등계수와 함께 입도 판정에 이용 입경가적곡선 통과 백분율 10%, 30%, 60%의 대응하는 입경으로부터 구한다.

(2) 곡률계수(Cg)식

$$\mathrm{C}_g = \frac{D_{30}{}^2}{D_{10} \times D_{60}} = \frac{D_{30}{}^2(통과\ 백분율\ 30\%)}{D_{10}(통과백분율\ 10\%) \times D_{60}(통과백분율\ 60\%)}$$

(3) 적용

　　1 < Cg < 3 　양호

03 연경도(Consistency), Atterberg 한계

I. 개요
흙이 함수량 변화에 따라 고체, 반고체, 소성, 액성의 상태로 변화하는 성질

II. 개념

(1) Atterberg 한계

고체 → 반고체 → 소성 → 액성 상태로 변화하는 한계

① 수축한계(Shrinkage Limit : SL or W_s) (KSF 2305)
  • 흙이 반고체에서 고체로 변하는 한계 함수비
  • 어느 함수량에 도달하면 수축이 정지하여
    용적이 일정하게 될 때의 함수비

② 소성한계(Plastic Limit : PL or W_p)
  (KSF 2304)
  흙이 소성에서 반고체로 변하는 한계 함수비

③ 액성한계(Liquid Limit : LL or W_L)
  (KSF 2303)
  흙이 액성에서 소성으로 변하는 한계 함수비

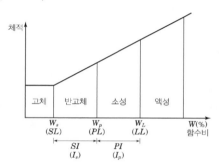

(2) 연경도의 지수

① 소성지수(Plastic Index : PI or I_P)
  흙이 소성상태를 유지할 수 있는 함수비 범위

$$PI(\text{소성지수}) = LL(\text{액성한계}) - PL(\text{소성한계})$$

② 액성지수(Liquidity Index : LI or I_L)
  소성지수와의 비를 액성지수(LI)라 한다.
  토중의 흙의 함수량은 거의 액성한계와 소성한계 사이에 있다.

$$LI(\text{액성지수}) = \frac{w - PL(\text{소성한계에 대한 과잉함수비})}{PI(\text{소성지수})}$$

③ 수축지수(Shrinkage Index : SI or I_s)
  소성한계(PL)와 수축한계(SL)의 차이

$$SI(\text{수축한계}) = PL(\text{소성한계}) - SL(\text{수축한계})$$

04 입경 가적 곡선(입도분포곡선)

Ⅰ. 개 요

입경을 가로축 대수눈금에 통과백분율을 세로축 산술눈금으로 하여 입경에 대한 통과백분율로 표시한 것

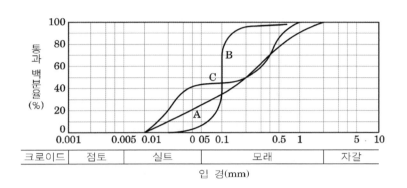

Ⅱ. 입도분포곡선 작성

(1) 체가름 시험

① No.200(0.075mm)체에서 세척한 후

② 표준체(4.8~0.075, 7종류)에 넣어 흔들어 각체에 남은 흙의 중량을 측정

(2) 입도분석

① A : 완만한 구배로 입경이 대, 중, 소 고르게 섞임

② B : 급한 구배로 입경이 거의 균열, 입도조성이 나쁘다.

③ C : A, B 중간 구배로 2종류의 흙이 섞여 있다.

Ⅲ. 입도분포곡선 활용

(1) 유효입경 : 10%에 해당되는 입경, 투수계수의 추정 이용

(2) 균등계수(Cu) : 입도의 불량, 양호 정도를 나타내는 계수

(3) 곡률계수(Cg) : 균등계수와 함께 입도 판정에 이용

05 예민비(Sensitivity)

I. 개 요

자연상태 흙이 교란하면 전단강도가 감소한다. 이때 전단강도의 감소비

$$예민비 = \frac{\text{자연시료의 압축강도(불교란 시료의 압축강도)}}{\text{재 성형 시료의 압축강도(교란 시료의 압축강도)}}$$

II. 특 징

(1) 구분

① 점성토

St	St < 2	St = 2~4	S = 4~8t	St > 8
예민성	비예민성	보통	예민	초예민성

② 사질토 : 예민비가 1에 가깝다(St≤1)

③ 흙의 예민비

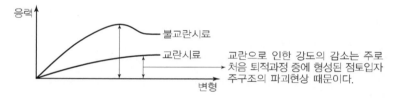

교란으로 인한 강도의 감소는 주로 처음 퇴적과정 중에 형성된 점토입자 주구조의 파괴현상 때문이다.

(2) 특징

① 흙의 구조 배열이 달라져 입자간의 접촉점에서 부착력이 파괴된다.

② 예민비가 큰 지반은 전단강도가 불리하다.

③ 점성토

  • 지반을 교란하면 강도가 약해진다.

  • 진동보다 전압 다짐이 유리하다.

  • 예민비가 큰 흙은 Quick clay라고도 한다.

④ 사질토

  • 지반을 교란하면 강도가 커진다.

  • 진동 다짐이 유리하다.

III. 적 용

(1) 점성토 분류

(2) pile 항타시 토성 변화

(3) 연약 지반 공법 선정시 사용

06 분사현상(Quick Sand)

Ⅰ. 개 요

동수경사가 어느 크기에 이르면 모래를 분출하고 유출량이 갑자기 늘어나는 현상

Ⅱ. 발생 조건

(1) 사질토 지반 굴착시
(2) 수위차에 의한 상향의 침투압(u)이 생기면
(3) 흙의 하중에 의한 전단저항 $\sigma\tan\phi$는 $(\sigma-u)$가 된다.
(4) $\sigma=u$가 되면
(5) 지반은 완전 전단 저항 상실(Quick Sand)가 된다.

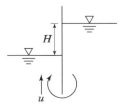

Ⅲ. 문제점 및 대책

(1) 문제점
　① 지하수위의 저하
　② 흙막이 배면침하, 지반붕괴 등 발생

(2) 대책
한계 동수 경사(Critical Hydraulic Gradient) 이내가 되도록 한다.
동수경사가 1에 이르렀는데 분사조건이 되므로 동수경사가 1 이상이 되도록 한다.

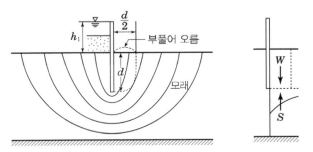

Ⅳ. 특 징

(1) 일반적으로 굵은 모래층이나 자갈층에서는 투수계수가 커서 가는 모래에서 처럼 분사 현상이 보이지는 않는다.
(2) 점성토에서는 유효응력이 0이 되어도 점착력이 존재하여 분사현상이 발생하지 않는다.

07 압밀(Consolidation)

I. 개 요
압축성 있는 흙(점성토)이 하중을 받으면 흙속의 간극수가 빠져 나가면서 그 부피만큼 밀도가 높아지는 현상

II. 침하의 종류 및 원인

(1) 즉시침하(탄성침하)

　하중 후 즉시 발생되는 침하로 탄성변형에 의해 발생

(2) 압밀침하

　① 1차 압밀침하

　　• 과잉공극수압이 없어지면서 그 빠져나간 부피의 물 만큼 흙이 압축되어 발생된 침하

　　• 과잉공급수압이 100~0%일 때 발생하는 침하

　② 2차 압밀침하

　　과잉공극수압이 모두 없어진 후 발생하는 침하

　　• 원인 : Creep 변형

　　• 2차 압밀이 큰 경우

　　　(점토층이 두껍다, 연약한 점토, 소성이 큰 경우, 유기질 많은 경우)

(3) 선행 압밀 하중 : 과거에 받았던 최대 하중

III. 개념도

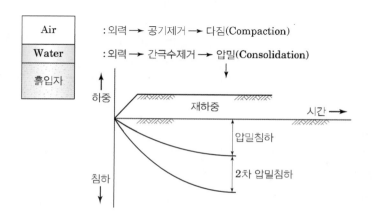

Ⅳ. 특 성

(1) 점토질 지반에서는 투수성이 나쁘므로 압밀침하가 장기간 계속된다.

(2) 사질지반은 침하가 적고, 체적변화가 적으므로 압밀침하는 무시되고 즉시 침하만을 고려한다.

(3) 압밀시간은(속도) 영향 인자

① 토층 두께 방향에 대한 유효응력 분포

② 배수길이

③ 배수의 경계조건

④ 흙의 투수성

⑤ 흙의 압축성

② 서술형 문제 해설

---

01 흙의 다짐 공법(장비 토질별 다짐 공법 적용성)에 대하여 기술하시오.

I. 개 요

다짐이란 흙에 인위적인 압력을 가해 공기를 배출하여 체적만큼 흙의 밀도를 증대시키는 것을 말한다.

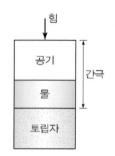

– 다짐의 효과는 다음과 같다.

1. 전단 강도를 증대시킨다.($\tau = C + \overline{\sigma}\tan\phi$, C값 증대)
2. 변형을 감소시킨다.
3. 압축성을 적게한다.(LL값이 적게 된다)
4. 투수성을 감소시킨다.(k값이 적게 된다)
5. 공극을 감소시킨다.

II. 토질별 다짐 장비 적용성

(1) 붑

① Interlocking을 확보한다.
② 전단 강도를 증대시킨다.
③ 장비는 중량이 무겁고 지지력이 큰 장비를 사용(Bull dozer, 진동 Roller)

(2) 토사

최대건조밀도, OMC 상태에서 다짐(포화곡선에 가깝게 다짐)

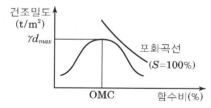

① 사질토
• 입자가 크고, 투수성이 크고, 공극이 크다.
• 진동을 주어 상대 밀도를 크게 하다.
• 장비 : 진동 Roller, Vibroflotation
② 점성토 (0.002mm 이하의 세립토)

- 입자가 작고, 투수성이 작고, 공극이 작고, 압밀에 시간이 많이 걸린다.
- 압밀 촉진 변형이 적도록 전단강도를 증대시킨다.
- 장비 : Road Roller, Bull Dozer, Tamping Roller, 타격식 Tire Roller

Ⅲ. 다짐 공법별 적용성

(1) 전압식
다짐 장비의 자중을 이용한 다짐 방법
① Road Roller(탄뎀, 마카담 로울러)
   노상, 노체, 보조가능, 기층 마무리, 입상재료
② Bull Dozer
   예민비가 높은 점성토
③ Tire Roller
   노상, 노체, 함수비 높은 점성토 부적합
④ Tamping Roller
   두꺼운 성토, Rock Fill Dam, 함수비 높은 점성토에 적합

(2) 진동식
사질토 지반에 진동을 이용한 다짐 방법
① 진동 Roller
   - 보통토사, 사질토에 적용
   - 다짐두께(T) = 20~30cm, 다짐 횟수 4~8회, 다짐속도 0.4km/hr
   - 다짐밀도 90%
② 진동 Compactor
③ 진동 Tire Roller

(3) 가격식
접속부 다짐이나, 구조물 뒷채움 등 협소구역을 충격에 의한 다짐 방법
① Rammer
② Tamper

Ⅳ. 다짐 관리 방법

(1) 재료선정
① 토취장 선정(경계성 검토)
② 양적인 조사(항공사진 측량 등)
③ 질적인 조사(다짐 시험 등)

(2) 토성 시험

　Gs(비중), w(함수비), Cu(균등계수), Atterberg 한계

(3) 다짐 관리 방법

　현장 다짐도 : 시험 성과 분석

　　• Histogram

　　• X – R 관리도

Ⅴ. 다짐 유의사항

(1) 기초처리(연약지반, 벌개제근 등)

(2) 다짐 기준 설정($rd_{\max}$)

(3) OMC(최적함수비) ±2~3% 목표 다짐 실시

(4) 필요시 여성 실시

(5) 비탈면 다짐 주의

(6) 절·성토 경계부 주의

(7) 토사·암 다짐시 주의

Ⅵ. 결 론

흙의 다짐 공법에 대하여 간단히 기술하였다. 흙의 다짐은 토질별에 따라 사용하고자 하는 장비의 선택이 중요하다. 현장에서의 다짐은 시험에 따른 다짐 기준에 따라 시공 작업을 하게 되므로 토질에 따른 장비 선택시 세밀한 계획 및 실행으로 원하는 다짐이 될 수 있도록 하여야 한다.

02 현장 다짐도 판정 방법에 대하여 기술하시오.

I. 개 요

다짐도에 따라 흙의 간격이 좁아져 밀도, 전단력은 크게 되고, 공극감소로 투수성은 떨어지고, 부착력이 향상되어, 다져진 흙은 안정하게 된다.

따라서 일반적으로 다짐 효과는 그 역학적 밀도가 높아지는 정도에 의해 판정된다.

(1) 현장 다짐도 판정 방법
  ① 다짐도, 상대다짐으로 규정하는 방법
  ② 상대밀도로 규정하는 방법
  ③ 포화도 또는 공기함유율로 규정하는 방법
  ④ 강도로 규정하는 방법
  ⑤ 프루프 롤링으로 규정하는 방법
  ⑥ 다짐공법으로 규정하는 방법

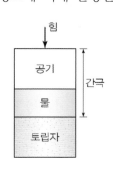

(2) 다짐 효과
  ① 흙의 밀도(단위중량) 증가
  ② 공극 감소로 투수성 저하
  ③ 부착력 향상
  ④ 흙은 역학적 안정도 향상(전단강도, 지지력, 침하량)

II. 다짐도 규정 방법

(1) 다짐도, 상대다짐으로 규정하는 방법(건조밀도에 의한 방법)
  함수비가 자연함수비보다 큰 경우 사용 불가하다.
  ① $Rc = \dfrac{\text{현장에서} \, rd}{\text{실험실에서의} \, rd_{\max}} \times 100(\%)$
    (노상 95% 이상, 노체 90% 이상 합격)
  ② 적용성
    • 도로 성토구간
    • Rock Fill Dam
  ③ 적용이 곤란한 경우
    • 토질 변화가 심한 곳. (습윤측 함수비 〉자연 함수비)
    • 실험실 $rd_{\max}$가 구하기 어려운 경우
    • 함수비가 높아서 건조 비용이 과다한 경우
    • 암버럭 치수가 큰 곳

(2) 상대밀도로 규정하는 방법

사질토(조립토)에서 규정하는 방법으로 시방값 이상이면 합격

$$Dr = \frac{e_{max} - e}{e_{max} - e_{min}} \times 100(\%)$$

(3) 포화도 또는 공기 함유율로 규정하는 방법

상대 다짐도의 적용이 곤란한 경우 규정하는 방법

① $Gs \cdot w = s \cdot e$

    e = 1~10%(합격)   S = 85~98%(합격)

② 공기 함유율 Va = 1~10%

    Va = Va/V×100   공기 간극률(10~20%)

(4) 강도로 규정하는 방법

① C·B·R 값으로 규정

② 평판 재하 시험(P·B·T)의 K 값으로 규정

③ Vane-Test

④ 실험실의 일축압축, 삼축압축 테스트

⑤ 물의 침투로 강도저하가 적은 흙(암버럭, 호박돌)에서 사용

(5) 프루프 롤링(변형량)

① Dump Truck이나 tier Roller를 노상면에 주행시켜 변형량을 체크

② 주행횟수 3회, 주행속도 4km/hr, 노상 7mm, 기층 3mm 이내 변형

(6) 다짐공법으로 규정하는 방법(암괴, 호박돌)

소요 다짐에 도달하기 위해 기준을 정하여 아래 사항을 규정하여 시공관리를 한다.

① 다짐 기종

② 다짐 회수

③ 다짐 두께

④ 다짐 폭

⑤ 다짐 속도

03 동해 방지대책에 대하여 기술하시오.

Ⅰ. 개 요

(1) 동상현상 : 흙의 공극수가 동결하여 지중의 빙층(얼음)이 형성되어, 지표면이 들뜨는 현상

(2) 연화현상 : 동결지반 융해시 토중의 과잉 수분이 존재. 지반이 연약화하는 현상

Ⅱ. 동상현상

(1) 개요

① 물이 얼을 때 체적 9% 증가

② 토중 공극수가 얼어 토립자 사이에 얼음의 결정
이 생김

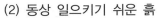

A) 흡착수 결정하려는 힘(얼려고 하는 힘)

B) 토립자 표면에 수분으로 남으려는 힘

A > B 경우 토층으로부터 수분을 흡수 B를 유지한다. 다시 A > B가 반복되어 지중에
서리기둥이 성장하여 빙층을 형성. 빙층 위 부분 흙은 위쪽으로 밀려 올려진다.

(2) 동상 일으키기 쉬운 흙

모관 상승도가 크고 투수도가 알맞은 Silt질 흙에서 뚜렷이 나타난다.

$$균등계수(Cu) = \frac{D_{60}}{D_{10}}$$

Cu < 5
(균등한 흙이고, 0.02mm 이하 직경의 흙을 10% 이상 포함)
Cu > 15
(불균등한 흙이고, 0.02mm 이하 직경의 흙을 3% 이상 포함)

(3) 동결심도

0℃ 이하 온도가 계속되면 지표면부터 흙이 동결하기 시작한다.

동결심도는 외부 온도 하강에 따라 지중으로 깊이 내려가는데 이것을 동결선(-1℃
부근)이라고 하고 그 깊이를 동결 심도라 한다.

등온선(0℃)은 동결선 보다 2~3cm 아래 있다.

$$Z = C\sqrt{F}\text{(cm)}$$

Z : 동결깊이

C : 정수(3양지~5음지)(3.투수성 양호, 4.보통, 5.Silt질)

F : 수정동결지수=동결지수±0.9×동결기간×$\dfrac{표고차}{100}$

일 평균 기온이 연속(−)되는 최초날부터, (+)되는 연속 전일까지의 일평균 기온

(4) 동상 방지대책

① 원인

- 지반의 흙이 동상을 일으키기 쉬운 흙
- 물의 보급이 충분할 때
- 온도가 결빙에 적합하도록 낮을 때

② 방지공법

- 치환공법 : 동상을 일으키기 쉬운 흙 치환
- 차수공법 : 모관수 차단 – 테니스장, 코드, 역청재를 이용
  배수구 설치 – 지하수 위 저하 및 표면·측면 유입수 침투방지
- 단열공법 : 포장면 아래 지표 가까운 곳 단열재 처리
- 약액주입 : Nacl, CuCl, Mgcl 등 동결온도를 떨어뜨리는 방법

(5) 동상 방지 사례(테니스장)

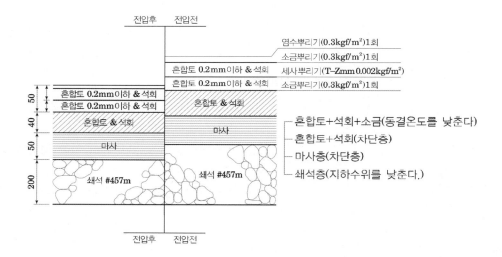

Ⅲ. 연화현상

(1) 개요

동상현상으로 얼어있던 지반이 봄이 되면서부터 녹기 시작한다.

이때 지표층과 동결층의 밑면 녹는 속도가 배수 속도보다 빠를 때 지반 근처의 수분이 남아 연약해지게 되어 지지력을 잃게 되는 현상

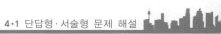

(2) 원인

① 녹는 물이 배수되지 않을 때

② 지표수의 침투

③ 지하수 상승

(3) 방지 대책

① 배수층 설치 → 동결 깊이 아래부분까지

② 동결부분 함수량 증가 방지(지표수 유입 억제 등)

Chapter 04 토 질

제 2 절 사면안정

1 핵심정리

I. 개 요

지표면이 사면을 이루고 있는 경우, 흙 중력에 의해 낮은 쪽으로 이동하려고 한다. 이때, 전단응력이 발생하며, 전단응력이 전단강도를 넘으면 사면의 붕괴하게 된다.

II. 사면의 분류

1. 유한사면

활동면의 깊이가 사면 높이에 비해 큰 것(예 : 댐, 제방)
① 단순사면 : 사면 경사가 균일하고, 사면정부나 선단이 평형을 이루는 사면
② 직립사면 : 연직사면(흙막이 사면)
③ 복합사면 : 사면 경사의 변화가 있고, 사면의 선단이 평형이 아닌 사면

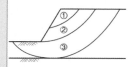 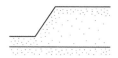

[유한사면]　　　[단순사면]　　　[직립사면]　　　[복합사면]　　　[무한사면]

2. 무한사면 : 활동면의 깊이가 사면 높이보다 적은 것(예 : 산)

III. 사면파괴 형태

1. 단순사면 : 파괴현상은 원호의 형태로 나타난다.

1) 사면내 파괴
활동면 낮게 형성, 사면 중간에서 발생
(파괴면이 사면 내 있다.)

2) 사면선단파괴
경사가 급하고, 비점착성 토질에서 비교적 낮게 형성
되어 사면 선단에서 발생

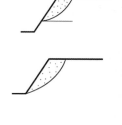

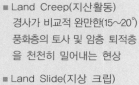

■ Land Creep(지산활동)
경사가 비교적 완만한(15~20°) 풍화층의 토사 및 암층 퇴적층을 천천히 밀어내는 현상

■ Land Slide(지상 크립)
산사태와 같이 많은 토사가 갑자기 붕괴 단락하는 현상

■ Mass Movement(층활락 현상)
경사가 심한 풍화층에 강우등의 영향으로 토층이 포화되어 두껍게 붕괴 단락하는 현상

3) 사면 저부파괴

경사가 완만하고, 점착성 토질의 견고한 층, 깊은 곳
일 경우 원호활동이 깊게 형성, 사면선단 전면에서 발생

2. 무한사면

파괴현상이 사면과 평행한 평면을 나타낸다.

3. 암반사면의 파괴 형태

① 평면파괴 : 불연속면이 한 방향으로 파괴
② 쐐기파괴 : 불연속면이 교차하는 곳에서 파괴
③ 원호파괴 : 불연속면이 불규칙적으로 파괴
④ 전도파괴 : 사면과 규칙적인 절리층에서 파괴

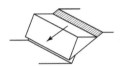

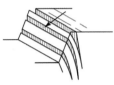

[평면파괴]   [쇄기파괴]   [원호파괴]   [전도파괴]

Ⅳ. 활동에 대한 안전(Critical Surface)

1. 원형 활동면 모우멘트

$$F_S = \frac{\text{활동을 저항하려는 힘의모멘트}}{\text{활동을 일으키려는 힘의 모우멘트}} = \frac{M_r}{M_d}$$

2. 원형 활동면 전단력

$$F_S = \frac{\text{활동면상의 전단강도의 힘}}{\text{활동면상의 전단응력의 힘}} = \frac{\tau_f}{\tau_d}$$

3. 복합활동면 이동방향

$$F_s = \frac{\text{활동을 저항하려는 힘}}{\text{활동을 일으키려는 힘}}$$

4. 높이에 대한 안전율

$$F_s = 한계고(HC) / 사면높이(H)$$

<hr>

■ 절리(Joint)
암반에 존재하는 비교적 일
정한 방향성을 갖는 불연속
면으로서 상대적 변위가 단
층에 비하여 크지 않거나 거
의 없는 것을 말하며, 절리
의 생성 요인은 암석 자체에
의한 것과 외력에 의한 것이
있음.

■ 임계 활동면
사면내 가상 활동면 중 안전
율의 값이 최소인 활동면
(가장 위험한 상태)

■ 임계원(Critical Circle)
안전율이 최소로 되는 활동면
을 만드는 원

■ 등치선
안전율이 같은 원의 중심을
연결한 선

■ 안전율의 필요최저값

안전율	안정성
F_s ⟨ 1.0	불안정
F_s = 1~1.2	안정성 불안
F_s = 1.3~1.4	성토사면 안정
F_s ⟩ 1.5	지진고려 등 주요시설물

■ 한계고(HC)
구조물 없이 사면이 유지될
수 있는 높이, 토압의 합이
0이 되는 깊이

V. 사면안정 해석

- 외력과 저항력이 상호균형을 이루는 각을 안식각이라 한다.
- 사면해석은 여러 가지로 나눌 수 있는데 사면 높이에 대한 활동면의 깊이에 따라 무한사면과 유한사면으로 분류된다.

1. 무한사면 해석

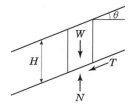

[무한사면의 활동]

- 활동면과 경계면이 수평하다고 가정 간단한 반면 대략적으로 산출되는 한계가 있다.
- 활동면 깊이가 사면 높이보다 비교적 적은 사면
- 그 높이가 활동면 깊이에 대략 10배 이상되어야 한다.

2. 유한사면의 해석

- 활동면 깊이가 사면 높이보다 비교적 깊은 사면
- 평면활동면을 가정한 해석과 원호활동면을 가정한 해석법이 있다.
- 원호활동면을 가정한 해석이 주로 이용된다.

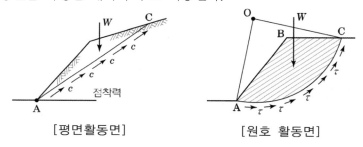

[평면활동면]   [원호 활동면]

1) 극한 평형법

단순지형 해설 적용, 극한평행을 고려하여 안전율 평가

① 마찰원법 : 활동력과 저항력간의 평행을 하나로 가정하여 해석
② 절편법 : 활동력과 저항력간의 평행을 여러 개로 가정하여 해석

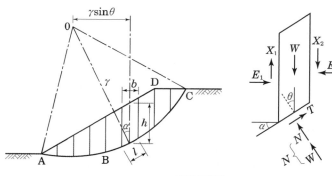

[절편법]

2) 극한해석법

소성학 이론을 바탕으로 이론을 완벽하나 복잡한 사면에서는 해석이 어렵다.

3) 수치해석법

유한요소법을 이용, 가장 널리 사용하나 사면전체의 안전율을 구하는 데는 어려움이 있다.

4) 모형실험

3. 암반사면의 해석방법

암반사면은 암반 내에 발달된 불연속면을 따라서 움직인다.
암 절취방향, 불연속면의 방향, 절리면 내부 마찰각, 굴곡도, 전단강도 등 공학적 특성을 고려하여야 한다.

1) 평사투영해석법(Stereograpghic Projection Method)

암반 내에 불연속면의 공학적 특성(주향과 경사, 절리면의 마찰각 및 절취 사면의 방향과 경사)을 고려하여 사면을 개략적으로 판정하는 방법이다.

2) 한계평형해석법(Limit Equilibrium Method)

활동파괴면상의 사면안전율을 활동력 저항력비로 나타내어 평가하는 방법 으로 암반의 단위중량, 점착력, 내부마찰력, 간극수압, 수면의 높이를 고려 하여 정밀해석한다.

VI. 사면붕괴의 원인

1. 원인

1) 자연적 원인

① 잠재적 원인 : 지질, 구조, 지반의 특성, 지형 등
② 직접적 원인 : 강우, 지하수, 침식, 지진 등

2) 인위적 요인

땅깎기, 흙쌓기, 댐의 담수, 진동 등 기타

2. 성토면 붕괴원인

① 성토재료의 불량
② 배수 처리시설 미비(지표수 처리시설)
③ 지진, 폭파 등 진동 발생
④ 다짐 불량
⑤ 사면구배 불량(안전을 미고려)
⑥ 성토고 불량

■ 주향(Strike)
불연속면(층리면, 단층면, 절리면 등)과 수평면의 교선방향을 진북방향 기준으로 측정한 방향과 사잇각

■ 경사(Dip)
주향(Strike)과 직각을 이루는 지질구조면(층리면, 단층면, 절리면 등의 불연속면)의 기울어진 방향과 수평면이 이루는 사잇각

■ 안정 검토 해석 순서

조사, 시험

MAPPING
(절리, 용수, 낙석, 붕괴 등)

평사투영해석법
(개략적 판정방법)

한계평형해석법
(정량적 해석방법)

■ 사면안정 검토의 필요한 토질 정수,
흙의 점찰력,
흙의 내부 마찰각,
흙의 단위중량,
사면 경사각,
지하수위 위치

[주상절리]

■ 주상 절리
단면의 형태가 육각형 내지
다각형인 기둥 모양의 절리

3. 절토사면(암반) 붕괴원인
① 지질의 구조적 결함(애추, 풍화, 균열, 절리)
② 용수처리 불량(소단 처리)
③ 사면구배 불량
④ 절토고 불량
⑤ 동결 융해 반복

4. 암 붕괴 원인
① 불연속면 발달
② 풍화에 의한 붕괴
③ 지하수, 피압수 원인
④ 상부 하중 증가

Ⅶ. 사면안정 공법
사면붕괴를 일으킬 수 있는 원인을 제거하여 사면 보호하는 억제공법과 구조물에 의해 활동이나 붕괴에 대하여 반영구적으로 저항하도록 하는 억지공법이 있다. 억제공법으로는 근본적인 방지대책이 되지 않으므로 억지공법과 병행하여 효과적인 대책을 마련하여야 한다.

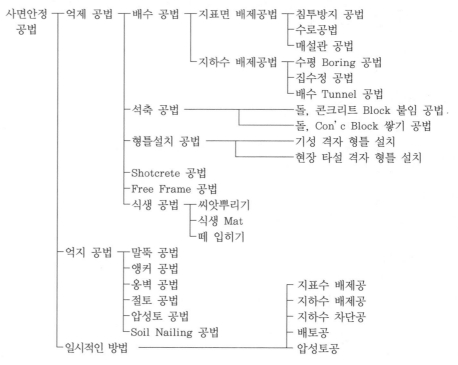

[사면 안정대책 공법]

1. 억제 공법

사면에 지표수 침수나 지표면의 풍화 등으로 인한 원인은 제거하여 사면을 보호하는 방법이다.

1) 배수 공법

물이 지하로 침투되지 않도록 하는 방법과 지하수를 배제하는 방법이 있다.

① 지표면 배제공법

지표면으로부터 유입되는 물을 방지하고 표면으로 흐르는 물에 의한 표면침식을 방지하는 공법

⑴ 침투방지 공법

지표면에서 침투되는 물을 방지하는 공법으로 연못, 수로 등이 있는 경우에 사용된다.

[산마루 측구]

⑵ 수로 공법

사면에 내린 빗물을 모아서 신속히 사면 밖으로 배제하는 공법. 수로 밑바닥을 정밀시공하여 재침투하는 것을 주의하여야 한다.

⑶ 매설관 공법

침투한 지표수가 표토층을 통과하는 시점에서 매설관을 집수하여 물을 사면 밖으로 보내는 공법

② 지하수 배제 공법

지반에 있는 지하수를 배제하는 공법
수평 Boring, 집수정 배수, Tunnel 공법 등이 사용된다.

⑴ 수평 Boring 공법

얕은층 지하수를 배제하기 위하여 수평 보오링하는 공법으로 보오링 길이는 50~60m이며, 활동면을 지나서 5~10m 이상 관입하여야 한다.

ⓛ 집수정 공법
집수정을 시공하여 지하수를 한 곳으로 모아 배수하는 공법
우물내부에서 방사형으로 수평 Boring을 하여 넓은 지역 집수 가능

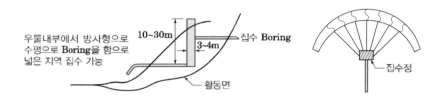

ⓒ 배수 Tunnel 공법
활동면이 깊거나 대규모의 사면인 경우 사용된다.
Tunnel은 활동면 이내 직경 1.8~2.0m의 Tunnel을 동수구배(11%~3%)로 시공한다.
집수효과를 높이기 위해 상향으로 집수 Boring을 시행한다.

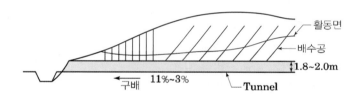

2) 석축 및 사면형틀 설치 공법
사면이 외부의 풍화나 지하수 등의 영향에 의해 변화하는 것을 방지하는 공법으로 사면위에 보호층을 설치하는 공법이다.

① 석축 공법
ⓛ 돌, 콘크리트 Block 붙임 공법
사면의 경사로가 1 : 1 보다
낮은 점착력이 없는 토사 또는
무너지기 쉬운 점토질에 사용
된다.

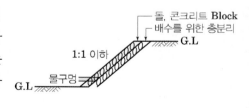

[석축공법]

ⓛ 돌, 콘크리트 Block 쌓기 공법
사면의 경사도가 1:1 보다 급한 사면에서 돌 쌓기 공법이 사용된다. 배수가 잘되도록 한다. 외력이 약하다.

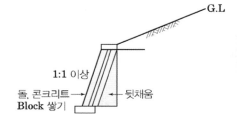
[돌쌓기(메쌓기)]

② 형틀설치 공법
ⓐ 기성 격자 형틀 설치 공법
물이 많이 나는 절토사면이나 연장이 긴 사면, 또는 표준구배보다 급한 성토지반에서 식생하기에 부족할 때 사용된다. 기성 제품에는 콘크리트 뿐만 아니라 플라스틱 제품으로도 격자 형틀을 설치하기도 한다.

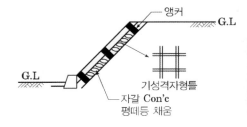

[기성콘크리트 격자 블럭]

ⓑ 현장 타설 격자 형틀 공법
물이 많이 나는 풍화암이나 규모가 큰 사면, 사면의 안정이 의심스러운 곳에 철근콘크리트로 현장타설하고 격자안은 Con'c나 돌 붙임 또는 평떼 등으로 하여 보호한다.
사면위에 설치하는 방법과 사면을 파고 설치하는 방법이 있다.

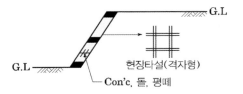

[현장타설격자형틀공법]

3) Shotcrete 공법
사면의 지반내로 물이 침투하는 것을 방지하고 원지반 풍화를 막기 위해 사면위에 몰탈을 뿜칠하여 붙이는 공법이므로, 물이 나는 사면에는 적합하지 않고 뒷면으로부터 물이 스며들지 않게 하여야 한다.
철근(D13) 20cm 정도로 격자 배근, 앵커로 고정한 후 Shotcrete하여 고정시킨다.

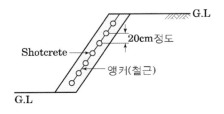

[Shortcreat]

4) Free Frame 공법

기성 격자 형틀과 현장타설공법의 단점을 보완한 공법이다.

5) 식생 공법

① 장점

유수에 의한 침식방지, 지반보강 붕괴방지, 뿌리필터 작용으로 Piping 현상 방지, 식생의 증발억제로 건조방지, 환경보전, 미관 우수하다.

② 단점

외력에 의한 뿌리가 흔들리면 불안정 상태

쐐기의 풍화촉진, 뿌리의 성장, 미생물의 발달, 표토의 다공질 발생

③ 종류

㉠ 씨앗뿌리기(Seed Spray)

씨앗종자, 비료, 흙 등을 묽게 반죽하여 사면에 뿜어 붙인다.

㉡ Mat(식생) 공법

Mat에 씨앗, 비료 등을 부착시킨 후 사면위에 깐다.

Mat는 볏짚이나 부직포, 종이 등이 사용된다.

㉢ 떼 입히기 공법

가장 많이 사용되는 공법으로 줄떼, 평떼 등이 사용된다.

[식생블록]

2. 억지 공법

반영구적으로 저항을 하도록 설치하는 공법으로 공사비의 상승요인이 될 수 있다. 그러므로 선택시 억제공법, 억지공법을 병행하여 원가 절감은 물론 효과적 대책 마련이 필요하다.

1) 말뚝 공법

말뚝공법은 활동면의 밑부분의 안정 지반까지 말뚝을 박아서 물리적인 힘으로 활동하중을 저지하는 공법이다.

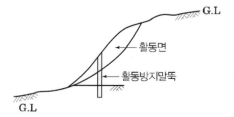

2) 앵커 공법

앵커공법은 활동면을 지반 인정지반까지 관입한 후 Grouting하여 구조물과 지반을 고강도 철선으로 연결하여 일체시키는 공법이다.

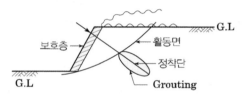

[영구앵커공법]

3) 옹벽 공법

Con'c 구조물로서 성토나 절토 후 사면의 안정을 위한 공법으로 중력식, 부벽식, 역T형, L형이 있다.

옹벽설치시는

① 전도에 대한 안정
② 활동에 대한 안정
③ 자중에 의한 지반지지력의 안정에 대한 고려 후 적용하여야 한다.

[패널식 옹벽]

4) 절토 공법

절토공법은 활동하려는 사면에 토사를 제거하여 하중(자중)을 줄여 사면의 안정을 기대하는 공법이다.

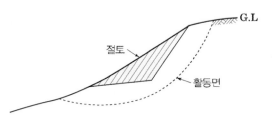

5) 압성토 공법

압성토 공법은 사면의 시작 부분에 흙을 쌓아 활동하려는 부분활동을 저항시키는 공법으로 앞부분의 투수가 약화되어 사면에 수위상승 요인이 있으므로 배수를 고려하여야 한다.

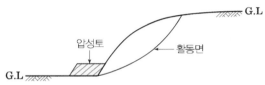

6) Soil Nailing 공법

사면에 강봉을 삽입한 후 숏크리트를 타설하여 전단력과 인장력에 저항시키는 공법으로 활동면이 깊지 않을 때 사용

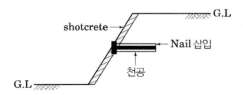

[Soil nail]

3. 일시적인 방법(응급 대책)

① 지표수 배수공 : 비닐, 소울시멘트를 이용. 지표수 배제
② 지하수 배수공 : 집수정, Boring을 이용. 지하수 상승방지
③ 지하수 차단공 : 차수벽 등을 이용. 사면유입 침수 후 차단
④ 배토공 : Sliding 발생으로 발생된 흙덩이 제거
⑤ 압성토공 : Sliding 예상되는 사면 하부에 압성토하여 사면안정 유도

2 단답형 · 서술형 문제 해설

1 단답형 문제 해설

01 사면안정 공법

I. 개 요

사면의 안정을 위해서는 그 현장에 적합한 사면안정공법을 선정하는 것이 중요하다.
사면안정에 대하여서는 현장 특성을 (토질, 암반, 지하수 등의) 검토하여 환경 및 주위
경관 등을 고려하여 선정하여야 한다.
사면 안정을 위한 대책 공법은 아래 그림과 같다.

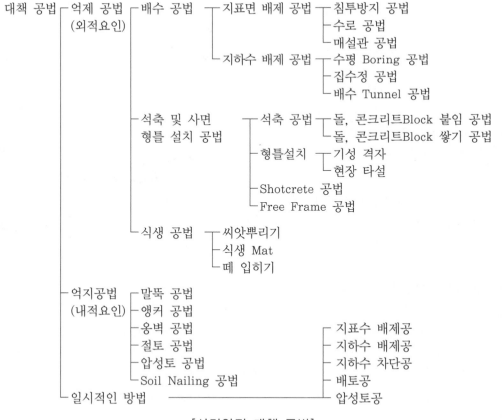

[사면안정 대책 공법]

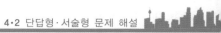

Ⅱ. 대책공법(사면안정공법 참조)

(1) 억제 공법(외적요인)

빗물이나 표면에 풍화 등 사면 붕괴 원인을 제거하는 공법

(2) 억지 공법(내적요인)

구조물에 의해 활동이나 붕괴에 대하여 반영구적으로 저항하도록 하는 공법
억제공법으로는 근본적인 방지 대책이 되지 않으므로 억지공법과 병행하여 효과적인
대책을 마련하여야 한다.

(3) 일시적 방법(응급대책)

사면이 갑자기 불안정할 경우

2 서술형 문제 해설

01 암반 절토부의 사면안정 공법선정에 대하여 기술하시오.

I. 개 요

Land slide 발생은 발달하는 지형상태, 풍화상태, 불연속면상태, 배수처리상태, 식생상태 등의 영향을 받는다. 흙과 관련된 Land Slide는 비교적 얇은 토층(1~3m)으로 이루어져 있어 소규모로 발생하지만 암반의 Land Slide는 그 규모가 크게 발생하게 된다.
이와 관련하여 암반 절토부의 사면 안정 공법 선정에 대하여 기술하고자 한다.

II. 발생원인

(1) 불연속의 방향

주향과 경사로 표시, 붕괴 가능성 및 형태표시

(2) 불연속의 간극

인접 불연속면간의 수직거리, 붕괴형태 결정(평면파괴, 전도파괴)

(3) 불연속면의 연속성

불연속면의 연장되는 정도, 전단강도 추정

(4) 불연속면의 강도

불연속면 부근의 일축압축강도, 수치가 커지면 전단강도가 커진다.

(5) 불연속면의 틈새

인접 불연속면의 거리, 틈새가 크면 불연속면의 전단강도 감소

(6) 불연속면의 투수성

수압은 모암의 유효응력을 감소시킨다.

(7) 불연속면의 충진물질

이물질은 모암보다 비교적 강도가 약하다.

(8) 불연속면의 종류수

모암 붕괴 형태를 결정한다.

(9) 모암크기 및 형태

모암 보강에 대한 지표 제시

Ⅲ. 암반 사면 안정 해석 방법

(1) 원호파괴

　개요 : 불연속면이 불규칙적으로 많이 발달한 경우 발생

(2) 평면파괴

　① 개요 : 불연속면이 한 방향으로 발달되어 있는 경우 발생

　② 평면 파괴 조건

　　• 절리와 절개면의 사면 방향이 같고

　　• 절리와 절개면의 주향이 비슷

　　• 절리 마찰각 〈 절리사면 〈 절개사면 (Φ 〈 a 〈 Ba)

　　• 붕괴시 양측이 절단되어도 측면에 영향이 없어야 한다.

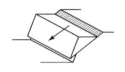

(3) 전도파괴

　① 개요 : 불연속면의 경사 방향이 절개면 경사방향에 반대인 경우

　② 전도 파괴 조건

　　• 절리면과 절개면의 사면이 방향이 달라야 한다.

　　• 절리면과 절개면 주향차이 ±30° 이내

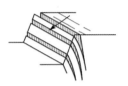

(4) 쐐기파괴

　① 개요 : 불연속면의 교차(두방향 발달)되는 경우 발생

　② 쐐기 파괴 조건

　　• 절리의 교선과 절개면 방향이 같고

　　• 절리 마찰각 〈 절리 교선의 경사 〈 절개면 경사 (Φ 〈 a 〈 Ba)

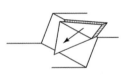

Ⅳ. 암반 사면 보강 공법

(1) Fence 또는 Wire Mesh 씌우기

　① 사면 안정에는 문제가 없으나, 지반 진동에 의해 소규모 붕괴 예상되는 경우

　② 상부의 암석, 암괴 등의 낙석이 예상되는 경우

(2) 옹벽에 의한 방법

　① 암반 굴착량을 적게 하기 위해 사면 구배를 급하게 하는 경우

　② 사면 높이가 비교적 낮고, 상부에 보호공이 필요한 경우

(3) Rock Bolt, Rock Anchor

　① 암반의 상태는 양호하나 전단력이 문제가 되는 경우

　② 불연속면의 발달이 규칙적인 경우

　③ 쐐기 파괴, 전도 파괴와 같이 부분적으로 불안한 사면에 적용

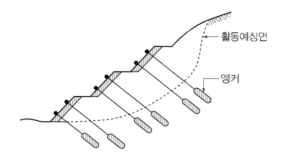

(4) 표면 배수공, 지하 배수층
  ① 지하수 유입이나 변동이 심한 경우
  ② 수압만 줄여도 사면이 안정하게 되는 경우

(5) 식생, 石土, Shotcrete 공법
  ① 지표수 유입을 방지해야 할 경우
  ② 풍화가 심한 경우
  ③ 불규칙한 절리가 발달되어 표면 전부를 보호해야 할 경우

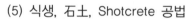

(6) 경사각, 사면 높이를 낮추는 경우
  ① 인위적으로 전단력을 증대시키기 곤란한 경우
  ② 영구적 안정대책이 필요한 경우

(7) 들뜬 돌을 미리 제거하는 방법

(8) 트렌치를 파서 낙석 운동 에너지를 흡수하는 방법

V. 결 론

불연속면의 암반사면 해석방법은 원형파괴, 평면파괴, 전도파괴, 쐐기파괴 등으로 대별할 수 있다. 암사면 안정공법 적용시 사면해석을 고려한 적정한 보강 공법 선정이 필요하다.

Professional Engineer Civil
Engineering Execution

기초공

Chapter 05

기초공

제 1 절 기초일반

1 핵심정리

Ⅰ. 토질조사

1. 사전조사

```
┌ 설계도서 검토
├ 계약조건 검토                    ┌ 지하수
├ 입지조건 검토                    ├ 유적지
├ 지반조사 검토         + α  ┤ 지하매설물
├ 공해 및 기상 검토                ├ 사토장
└ 관계법규 검토                    └ 장비 Cycle
```

2. 지반조사

1) Sounding

선단에 각종의 콘, 샘플러 또는 저항 날개 등을 부착한 환봉을 인력 또는 기계 조작에 의해 지하에 타입하거나 압입, 회전 또는 인발하여 그것들에 대한 지하층의 저항을 탐사하는 시험

동적관입시험 (사질토)	타입식		표준관입시험	사질토, 점성토 모두 가능
			동적원추관입시험	큰자갈, 조밀한 모래, 자갈 이외의 흙
정적관입시험 (점성토)	원추관입시험	압입식	콘관입시험	연약한 점토
			화란식 관입시험	큰자갈 이외 일반적인 흙
		회전관입	스웨덴식 관입시험	큰자갈, 조밀한 모래, 자갈 이외의 흙
		인발	이스키미터	연약한 점토
	완속회전		Vane-Test	연약한 점토, 예민한 점토

■ 동적관입시험
동(動) : 움직이다
적(的) : 과녁
관(貫) : 꿸(꿰다)
입(入) : 들어오다
시(試) : 시험
험(驗) : 시험

■ 정적
정(靜) : 고요하다
적(的) : 과녁

가) 동적관입시험

① 표준관입시험(Standard Penetration Test)

사질토에서 중량 (63.5±0.5)kg의 해머를 (760±10)mm 자유낙하시켜, 표준관입시험용 샘플러를 300mm 관입시키는데 필요한 타격수

[표준관입시험]

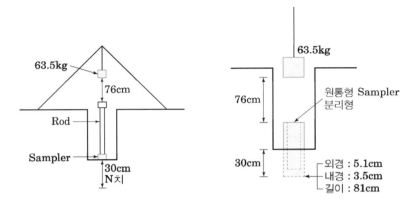

② STP 수정 N치

㉠ Rod 길이에 대한 수정

깊은 심도에서 Rod 변형에 의한 타격에너지의 손실과 마찰로 N치가 크게 됨으로 길이에 대한 보정

㉡ 토질 정수에 대한 수정

포화된 Silt질에 모래층일 때 한계간극비 해당 N치가 15라 가정 N=15 이상일 때 수정

㉢ 모래 지반에서 상재압에 대한 수정

모래 지반에 있어 지표면 부근에서는 N치가 작게 나오므로 수정

■ SPT N치에 영향 끼치는 요소
① 토질상태
② Rod 길이
③ 상재압

③ N치 이용

■ 컨시스턴시
점성토 변형에 대한 난이의 정도

사질지반의 N치	상대밀도	점토지반의 N치	컨시스턴시
0 ~ 4	대단히 느슨	2 이하	대단히 연약
4 ~ 10	느슨	2 ~ 4	연약
10 ~ 30	보통	4 ~ 8	보통
30 ~ 50	조밀	8 ~ 15	단단
50 이상	대단히 조밀	15 ~ 30	대단히 단단
		30 이상	견고

㉠ 점성토와 일축압축강도 q_u와 N치 관계

$$q_u = \frac{N}{8}(\text{kgf}/\text{cm}^2)$$

㉡ 모래의 내부 마찰각 ϕ와 N치 관계

명 칭	내부 마찰각	입경의 모양
Dunham식	$\phi = \sqrt{12N} + 15$	토립자가 둥글고 균일한 입경
	$\phi = \sqrt{12N} + 20$	토립자가 둥글고 입도분포 좋은 때 토립자가 모나고 균일한 입경일 때
	$\phi = \sqrt{12N} + 25$	토립자가 모나고 입도가 좋을 때
Peck식	$\phi = 0.3N + 27$	
오자끼식	$\phi = \sqrt{20N} + 15$	

④ N치로 추정하는 항목
지반의 극한 지지력, 말뚝의 연직 지지력, 지반반력계수, 횡파속도

모래지반	점토지반
상대밀도	Consistency
허용지지력	일축 압축강도
지지력계수	점착력
탄성계수	극한 허용지지력
전단저항각	

⑤ 시공순서

나) 정적관입시험
① 원추 관입시험(콘 관입 시험)
원추형 Cone(단면적 10cm^2)을 정적인 힘과 일정한 속도($0.2\sim0.4\text{mm}/\text{min}$)로 지중에 관입하여 지주에 심도와 저항을 측정하여 깊이·방향의 토층 성상과 Cone 지수를 구하는 시험

㉠ 화란식 관입시험(정적 콘 관입 시험)
Rod 주면 마찰분리 압입 방식으로 이중관을 이용하여 관입 저항을 측정

㉡ 스웨덴식 사운딩 시험
회전관입을 사용하여 지반의 관입 저항을 측정하여 지반의 강약, 다져진 정도 및 토질층의 구성을 판정하는 시험

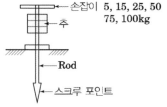

손잡이 5, 15, 25, 50
75, 100kg
추
Rod
스크루 포인트

㉢ 이스키 미터(Iskymeter)
Wire Rope 저항 날개를 이용하여 연약한 점토나 Peat(이탄) 측정

핸들
지지계
Wire rope
저항 날개

[스웨덴식 사운딩 시험 테스트]

② Vane Test(연약지반 점착력)
연약한 점성토 지반에서 4개의 날개가 달린 Vane을 자연지반에 꽂고, 표면에서 회전시키면서 Vane에 의한 원추형 표면에 전단파괴가 일어나는데 소요되는 회전력을 측정
• 점성토질의 점착력 확인
• 기초저면 지내력 확인
• 0.05MPa 이하 연약 점토, H=10m 이하 시 사용한다.

$$C = \frac{M_{max}}{\pi D^2 \left(\dfrac{H}{2} + \dfrac{D}{6} \right)}$$

C : 점착력
M_{max} : 날개회전시 최대하중(kg)
H : V_{ane} 높이(cm)
D : V_{ane} 지름(cm)

[Vane Test]

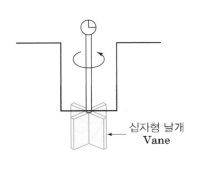

십자형 날개
Vane

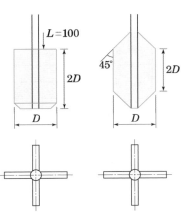

L=100
2D
45°
2D
D
D

[구형 베인]　[끝이 뾰족한 베인]

[오거식 보링]

[회전식 보링]

2) Boring

지중에 철관을 꽂아 천공하여 그 안의 토사를 채취, 관찰할 수 있는 지반 조사의 일종

① Boring 방식

오거식	• Auger Boring, 간단한 보링 • 핸드 오거를 사용하여 보통 여러 사람이 시행한다. • 깊이 10m 이하 정도의 점토층에 사용
수세식	• Wash Boring • 선단에 충격을 주어 이중 관 박은 후 물을 분사시켜 흙과 물을 함께 배출 • 배출된 흙탕물을 침전시켜 지층 토질을 판별
회전식	• Rotary Type Boring • 드릴 로드 선단에 첨부된 Bit를 회전시켜 천공 • 케이싱 사용하거나 드릴로드 통하여 안정액 투입 및 슬라임 제거 • 조사속도는 1일 3~5m, 굴진만 할 경우 약 10m 정도
충격식	• Percussion Boring • Percussion Bit의 상하작동에 의한 충격으로 토사나 암석을 파쇄하여 파괴된 토사를 배출시키면서 천공 • 토사 공벽붕괴 방지할 목적으로 안정액 또는 케이싱 사용

② 토질 주상도(시추 주상도)

ⓐ 정의

보링공에서 채취한 시료를 현장에서 살펴보고, 판별 분류 후 토질 기호를 사용하여 지층의 층별, 포함 물질 및 층 두께 등을 그림으로 나타낸 것

심 도	주 상 도	지 질	N치 10 20 30 40	지 하 수
1m		표 토		▽ 융설기
3m		토 층		
5m		사질층		
7m		실트층		▽ 갈수기
9m		자갈층		
10m		경 암		

ⓑ 목적

• 공내 지하수위 파악   • 토질의 샘플링 조사

• 흙막이 및 기초 공사 선정   • 지층의 파악

3) Sampling

교란시료, 불교란시료 ➡ 예민비 = $\dfrac{\text{불교란시료 압축강도}}{\text{교란시료 압축강도(재성형)}}$

■ 예민비
예(銳) : 날카로울
민(敏) : 민첩한
비(比) : 견줄

① 예민비

점토의 자연시료는 어느 정도의 일축압축강도가 있으나 그 함수율을 변화시키지 않고 재성형(Remolding)하면 강도가 상당히 감소하는 성질을 예민비라고 한다.

㉠ 점토지반 : 예민비가 1~8 정도

St	St 〈 2	St = 2~4	S = 4~8t	St 〉 8
예민성	비예민성	보통	예민	초예민성

㉡ 모래지반 : 예민비가 1에 가깝다.

② 강도회복현상(Thixotropy 현상)

점토를 계속해서 뭉개어 이기면 강도가 저하하지만 그대로 방치하면 강도가 회복되는 현상이다.

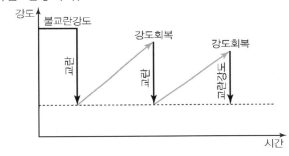

4) 지하탐사법

짚어보기	시험 굴착	물리적 탐사법(탄성파식)
인력박음 / 굴착저면 / 9mm 철봉	0.6~0.9m / 5~10m / 1.5~3m	발신지 / 수신지 / 직접파(지표) / 굴절파(지중)

[물리적 탐사법(탄성파식)]

5) 지내력시험

가) 평판재하시험(Plate Bearing Test, 지내구력시험)

• 기초저면 위에 재하판을 놓고 재하판에 단계별 하중을 가하여 그때의 침하량을 측정한 다음 하중 – 침하량 곡선에서 허용지지력을 산정하는 시험

• 재하 : 15분까지 침하 측정 이후에 10분당 침하량이 0.05mm/min미만이거나 15분간 침하량이 0.01mm이하이거나. 1분간의 침하량이 그 하중 강도에 의한 그 단계에서의 누적 침하량의 1% 이하가 되면 침하의 진행이 정지된 것으로 본다.

[평판재하시험]

① 허용지지력

  ⑦ 재하시험에 의한 허용지지력(q_u)

    ㉠ 장기허용지지력

      항복하중의 $\dfrac{1}{2}$ 또는 파괴하중의 $\dfrac{1}{3}$ 중 작은 것

    ㉡ 단기허용지지력 : 장기허용지지력의 2배

      단기허용지지력 $q_a = 2q_t + \dfrac{1}{3}r_t \cdot D_f \cdot N_q$

  ⑭ 재하시험 결과에 의한 허용지지력

    장기허용지지력 $q_a = q_t + \dfrac{1}{3}r_t \cdot D_f \cdot N_q$

② 항복하중 결정방법

  ⑦ S-logt 곡선법 : S(세로축), logt(가로축)로 하여 직선이 굴절

  ⑭ P-ds/d(logt) 곡선법 : 급격하게 곡선이 굴절되는 점을 항복점

  ⑭ logP-logS 곡선법 : 간단하여 가장 많이 사용

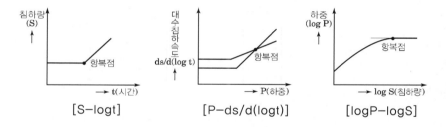

[S-logt]　　　　[P-ds/d(logt)]　　　　[logP-logS]

③ 유의사항

  ⑦ 시험지점의 토질 종단을 알아야 한다.

  ⑭ 지하수위면과 변동을 고려

  ⑭ Scale Effect(재하판 크기에 따른 영향) 고려(지지력, 침하량)

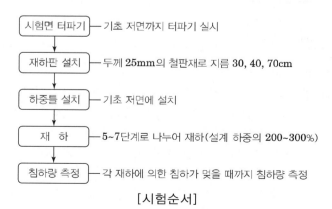

[시험순서]

■ PMT(Pressure Meter Test)
Boring 공내 측정관을 넣고
내부에 유압체를 주어 공법을
변형량과 가해진 압력의 관계
로부터 지반의 변형계수 횡방
향 지지력 계수, 항복하중 등
자연의 역학적 성질을 알기
위한 재하시험방법

■ 횡방향 지반반력 계수 K_h를
구하는 현장시험
 · PMT(Pressure Meter Test)
 · DMT(Dilato Meter Test)
 · LLT(Lateral Load Test)

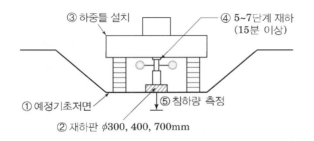

③ 하중틀 설치　④ 5~7단계 재하 (15분 이상)

① 예정기초저면　⑤ 침하량 측정

② 재하판 ϕ300, 400, 700mm

나) 말뚝재하시험

① 정재하시험

㉮ 하중과 침하, 시간과 하중, 시간과 침하곡선 등으로부터 말뚝의 지지력을 산정하는 방법

㉯ 지지말뚝, 마찰말뚝에 사용

㉰ 신뢰도는 높으나 시간과 비용이 크다.

㉱ 지지력 산정

$$R = 2r$$

R : 장기하중에 대한 말뚝지지력

r : 재하시험에 의한 항복하중의 1/2이나 극한하중의 1/3 중 작은 값

㉲ 종류 ─ 연직재하시험 ─ 인발시험 ─ 수평재하시험

② 동재하시험(Pile Driving Analysis : PDA, End of Initial Driving)

㉮ 항타시 파일 몸체에 발생하는 응력과 충격파 전달속도를 분석하여 파일의 지지력을 측정하는 방법

㉯ 소요시간의 단축

㉰ 말뚝 Shaft의 손상 유무의 확인이 가능

㉱ 지지력 산정

• Case 방법 : 항타와 동시에 시험말뚝의 지지력을 즉시 계산

• CAPWAP 방법 : 말뚝에 측정된 힘과 시간, 가속도와 시간과의 관계를 이용하여 지지력을 예측하는 방법

[말뚝정재하시험(연직재하시험)]

[말뚝 동재하시험]

■ 양방향 재하시험
유압식 잭이나 셀을 말뚝선단 부근에 사전에 설치하여 지상에서 설계지지력의 200% 이상의 하중을 가하면 하부는 선단지지력을 상부는 주면마찰력을 일으켜 시험하는 방법이다.(단답형 8번 참조)

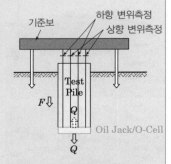

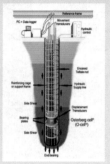

[양방향 말뚝재하시험]

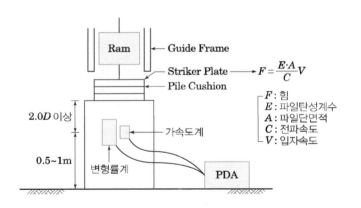

$$F = \frac{E \cdot A}{C} V$$

F : 힘
E : 파일탄성계수
A : 파일단면적
C : 전파속도
V : 입자속도

㉳ 비교표

구 분	정재하시험	동재하시험
시험방법	복잡하다	간단하다
소요시간	시험시간이 길다	시험시간이 짧다
정확도	우수하다	보통이다
소요비용	비싸다	저렴하다

다) 말뚝박기시험(시항타)

① 말뚝설치 장소에서 실제 말뚝과 동일한 조건으로 시행하며 말뚝길이, 지지력 추정, 항타장비의 선정, Hammer의 중량, 낙하고 등을 결정하기 위해서 시행하는 것

1,500m² − 2본
3,000m² − 3본

② 타격에너지와 관입량, Rebound량으로부터 말뚝의 지지력을 산정하는 방법

③ 지지말뚝에 사용

④ 비용과 시간을 절약하고 작업관리가 용이

⑤ 재하시험에 비하여 지지력의 신뢰도가 떨어진다.

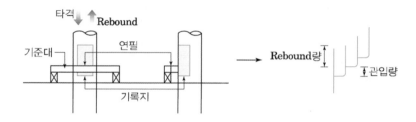

⑥ 지지력 산정

$$R = \frac{F}{5S + 0.1} \qquad R' = 2R$$

R : 장기하중에 대한 말뚝지지력

R' : 단기하중에 대한 말뚝지지력

F : 타격에너지(t·m)

S : 최종관입량(m)

[시험말뚝]

라) 표준관입시험에 의한 방법

① 지지말뚝에 사용

② 지지력 산정

$$R = \frac{40}{3} \cdot N \cdot A \qquad R' = 2R$$

A : 말뚝선단부의 유효단면적(m²)

N : N치(75를 넣을 시 75로 계산)

마) 지반의 허용응력도에 의한 방법

① 지지말뚝에 사용

② 지지력 산정

$$R = q \cdot A \qquad R' = q' \cdot A$$

q : 말뚝단부의 장기 허용응력도

q' : 말뚝단부의 단기 허용응력도

바) 토질시험에 의한 방법

① 마찰말뚝에 사용

② 지지력 산정

$$R = \frac{1}{3} \cdot B \cdot C \qquad R' = 2R$$

B : 말뚝매입부분의 표면적

C : 지반의 2축 압축강도의 1/2

Ⅱ. 기 초

1. 기초 개념
상부구조에서 오는 하중을 지반에 전달하는 부분으로 안전하게 지지하기 위한 하부구조를 말한다.

2. 기초의 필요조건
① 최소 근입 깊이를 유지할 것
② 안전하게 하중을 지지할 것
③ 침하가 허용치를 초과하지 않는 것

지반 $\begin{cases} \text{강도 - 지지력 - 혀용지지력} \\ \text{변형 - 침하량 - 허용침하량} \end{cases}$ 허용지내력

④ 기초 시공이 가능하고 경제적일 것

3. 기초의 종류

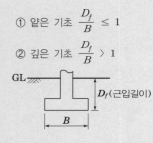

① 얕은 기초 $\dfrac{D_f}{B} \leq 1$

② 깊은 기초 $\dfrac{D_f}{B} > 1$

D_f(근입길이)

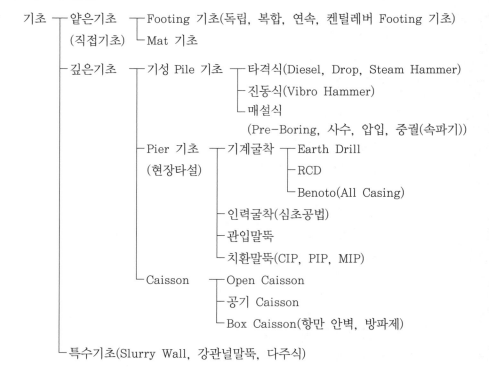

4. 얕은기초

1) 조건

① $\dfrac{D_f}{B} \leq 1$ (B : 기초폭, D_f : 기초깊이)

② 지반이 전단 파괴에 대하여 안전할 것

③ 압축성이 없고 침하량이 허용치 이내

2) 굴착방법

```
         ┌ 경사면(비탈면) Open Cut
┌ Open Cut ┤
│         └ 흙막이 Open Cut
├ Island Cut
└ Trench Cut
```

① 경사면(비탈면) Open Cut 공법

① 상부배수구
② 상부과하중방지
③ 법면보양 ┌ 모르타르
　　　　　├ Film
　　　　　└ Sheet(부직포)
④ 소단
⑤ 하단부가로널말뚝
⑥ 하단부 배수로

② Island Cut공법

흙막이벽이 자립할 수 있는 깊이까지 비탈면을 남기고, 중앙부분의 흙을 파고 구조체를 구축하고 잔여부분을 굴착하여 구조체를 완성하는 공법

③ Trench Cut공법

이중으로 흙막이벽을 설치하고 잔여부분 굴착 후 구조체를 완성한 다음 중앙부분의 구조체를 완성하는 공법

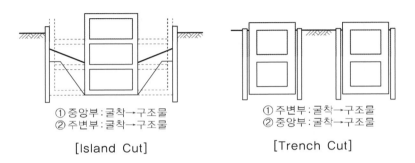

① 중앙부 : 굴착→구조물
② 주변부 : 굴착→구조물

[Island Cut]

① 주변부 : 굴착→구조물
② 중앙부 : 굴착→구조물

[Trench Cut]

3) 종류

① 독립기초
- 상부 하중을 기둥 하나의 독립된 기초로 지지하는 방식
- 저층건물, 공장, 창고 등에 사용

② 복합기초
상부 하중을 기둥 두 개 이상을 사용하여 하나의 기초로 지지하는 방식

③ 연속기초
상부 하중을 연속된 기초로 지지하는 방식

④ 캔틸레버 Footing 기초
독립 Footing 기초를 보로 연결한 기초

⑤ 온통기초(Mat 기초)
- 상부 하중을 하나의 기초 슬래브로 지지하는 방식
- 지반의 허용지지력이 작을 때 사용

4) 얕은 기초의 극한 지지력

① 전반 전단파괴(General Shear Failure)
- 압축성이 적은 지반 발생
- 하중이 커지면 융기침하가 증가하여 주위 지반이 융기되며 지표면에 균열발생

② 국부전단파괴(Local Shear Failure)
- 중간정도 다짐상태의 느슨한 모래, 점성토 지반 발생
- 하중 증가에 따른 침하량 증가하나 파괴점은 나타나지 않는다.

③ 관입전단파괴(Punch Shear Failure)
- 느슨한 모래, 아주 연약한 점성토 지반 발생
- 주위 지반이 융기되지 않고 기초를 따라 침하한다.

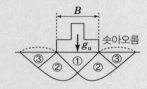

■ 얕은기초 국부전단파괴영역

■ 파괴순서 ①→②→③
■ ① 탄성영역
■ ② 과도영역
■ ③ 수동영역

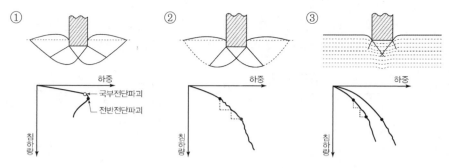

5) Under Pinning

① 얕은 기초가 인접하고 있고 다른 구조물을 축조할 때 기존 기초의 보강 공사가 필요할 때 적용하는 공법이다.

② Flow Chart

사전조사 → 준비공사 → 가받이공사 → 본받이공사 → 철거 및 복구

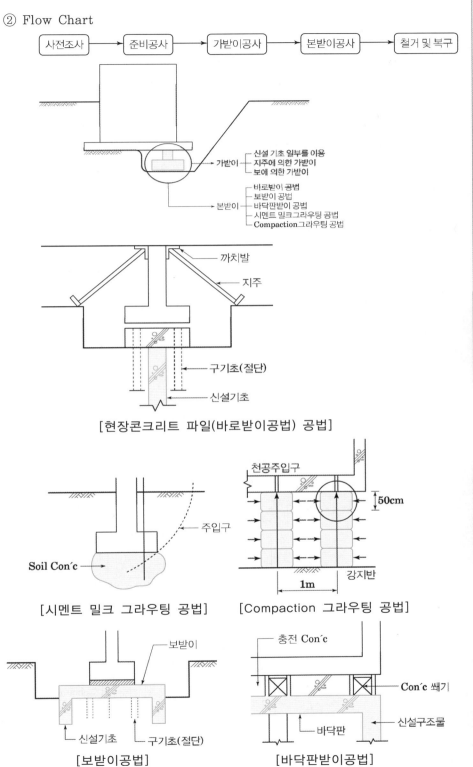

가받이
┌ 신설 기초 일부를 이용
├ 지주에 의한 가받이
└ 보에 의한 가받이

본받이
┌ 바로받이 공법
├ 보받이 공법
├ 바닥판받이 공법
├ 시멘트 밀크그라우팅 공법
└ Compaction그라우팅 공법

까치발
지주
구기초(절단)
신설기초

[현장콘크리트 파일(바로받이공법) 공법]

주입구
Soil Con´c

[시멘트 밀크 그라우팅 공법]

천공주입구
50cm
강지반
1m

[Compaction 그라우팅 공법]

보받이
신설기초   구기초(절단)

[보받이공법]

충전 Con´c
Con´c 쐐기
바닥판
신설구조물

[바닥판받이공법]

[현장콘크리트파일 공법]

[시멘트 밀크 그라우팅 공법]

[보받이 공법]

■ 깊은 기초 $\dfrac{D_f}{B} > 1$

(B : 기초폭, D_f : 기초깊이)

■ 보상 기초 [補償基礎]
연약 지반이 너무 깊어 위쪽 구조물 하중이 지지층에 전해지기 어려울 때 터 파기로 줄어드는 지중 응력을 상재 하중에서 빼내 중간 지지층에 기초를 다지는 공법

■ 순 지지력
총지지력 − 기초깊이의 상재 하중

[타격공법]

■ 말뚝간격

1.2D 2.5D 이상

D

2.5D 이상

■ 설치허용오차
 – 수직 및 경사말뚝의 각도변동
 은 말뚝길이의 1/50 미만 그
 리고 전 길이의 150mm 미만
 – 말뚝상단위치의 변동은
 150mm 미만

5. 깊은 기초

1) 기능에 의한 분류

① 선단지지말뚝
 연약지반을 관통하여 하부 암반까지 도달시켜서 하중을 선단에 지지하는 말뚝

② 마찰말뚝 : 말뚝주변의 마찰력으로 지지하는 말뚝

③ 하부지지말뚝 : 선단지지말뚝 + 마찰말뚝

④ 다짐말뚝 : 느슨한 사질토 지반의 간극을 감소시키는 말뚝

⑤ 인장말뚝 : 인발력에 저항하는 말뚝

2) 재료에 의한 분류

① Wood

② Con'c : 원심력 철근콘크리트 말뚝, PC 말뚝, PHC 말뚝

③ Steel : 강말뚝, H-Pile, 강관

3) 기성 Pile 기초 분류

가) 타격식(Diesel, Drop, Steam Hammer)
 타격공법 Hammer의 낙하에 의해 말뚝머리를 타격하여 말뚝을 박는 Diesel Hammer 공법과 유압으로 Piston Rod를 작동시키고 공이를 자유낙하시켜 말뚝을 타입하는 Drop Hammer, Steam Hammer공법으로 나눈다.

① 항타(시공)시 유의사항

㉮ 인접말뚝피해 최소화

㉯ 말뚝박기 순서

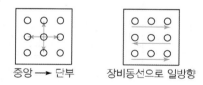

중앙 ➞ 단부   장비동선으로 일방향

㉰ 최종관입량

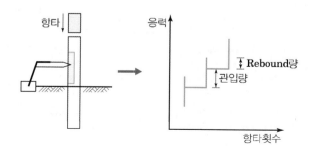

ⓛ Pile 중파

ⓜ 길이변경 검토

ⓑ 시험항타(1,500m² → 2본, 3,000m² → 3본)

ⓢ 말뚝박기 간격 : 2.5d 이상, 75cm 이상

ⓞ 말뚝세우기 : 말뚝의 연직도나 경사도는 1/100이내

ⓙ 말뚝위치 확인

ⓒ 천공지름 확보 ⎤

ⓚ 공벽붕괴 방지 ⎥ Pre-Boring, SIP, DRA 공법 문제시 추가

ⓣ 수직도 유지 ⎥

ⓟ 선단지지력 확보 ⎦

② 두부파손

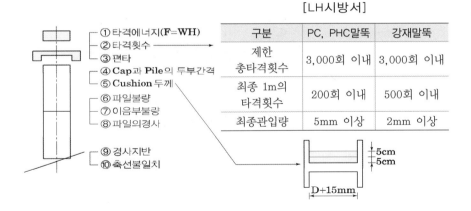

[LH시방서]

구분	PC, PHC말뚝	강재말뚝
제한 총타격횟수	3,000회 이내	3,000회 이내
최종 1m의 타격횟수	200회 이내	500회 이내
최종관입량	5mm 이상	2mm 이상

③ 하자종류

ⓐ 두부파손

ⓝ 균열

ⓓ 중파

ⓡ 선단지지력 미확보

ⓜ 이음불량

ⓑ 수직, 수평불량

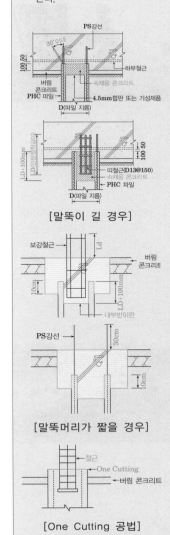

■ SIP공법 (Soil cement
Injected Precast pile)
지반을 천공한 후, 시멘트페
이스트를 주입하고 기성말뚝
을 삽입 항타하여 지지지반
에 말뚝을 안정하는 공법

■ DRA(SDA)공법
(Double Rod Auger)
독립된 Screw 내부 Auger와
외부의 5~10cm 큰 Casing을
동시에 굴착하는 2중 굴진식
공법으로 Casing Screw 제
외하며 SIP 공법과 동일하며
공벽붕괴가 쉬운 지반에 적용
한다.

[말뚝이 길 경우]

[말뚝머리가 짧을 경우]

[One Cutting 공법]

[Vibro Hammer]

[Pre-Boring 공법]

■ 말뚝의 시간 효과(Time Effect)
항타후 시간이 경과함에 따라
말뚝지지력이 함수비 저하에
따라 증가(Set – up) 하거나,
감소(Relaxation)하는 현상

[압입공법]

나) 진동식(Vibro Hammer)

말뚝상단에 기진기(Vibro Hammer)을 설치하여 종방향으로 큰 진동을 줘서 말뚝을 지중에 관입시키는 공법

① 장점

　㉠ 말뚝박기 빼기가 능률적이다, 특히 빼기가 쉽다.

　㉡ 주변에 상대적으로 진동 영향이 적다.

　㉢ 두부손상이 없다.

② 단점

　㉠ 순간적 대전류가 필요함으로 전기설비가 크다.

　㉡ 진동기와 말뚝을 일체로 하여야 함으로 특수 캡이 필요하다.

　㉢ 점토지반시 타격식에 비하여 지지력이 다소 저하될 우려가 있다.

다) 매설식

① Pre – Boring공법

오거 장비나 대구경 시추기로 지반을 지지층까지 굴착하여 기성콘크리트말뚝 또는 강관말뚝을 압입이나 항타로 지지층에 설치하는 공법이다.

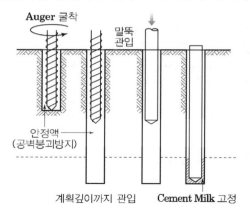

② Water Jet 공법(사수공법)

모래층, 모래 섞인 자갈층 또는 진흙 등에 고압으로 물을 분사시켜 수압에 의해 지반을 느슨하게 만든 다음 말뚝을 박는 공법이다.

③ 압입공법

비교적 연약지반에서 말뚝의 자중 또는 하중과 주위의 반력을 이용하여 압입시켜 말뚝을 박는 공법

④ 중공굴착공법

말뚝의 중공(中空)부에 스파이럴 오거를 삽입하여 굴착하면서 말뚝을 관입하고 최종 단계에서 말뚝선단부의 지지력을 크게 하기 위해 시멘트 밀크 등을 주입하는 공법이다.

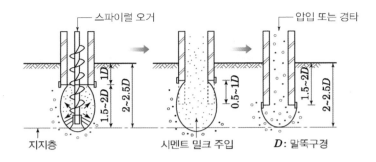

4) 부마찰력

점성토 지반에 타설한 말뚝에서 주변 지반의 굴착에 의한 지하수위 저하, 새로운 성토하중 등으로 압밀이 생기면 연약층이 침하하여 말뚝주면 마찰력이 하향으로 작용하는 마찰력

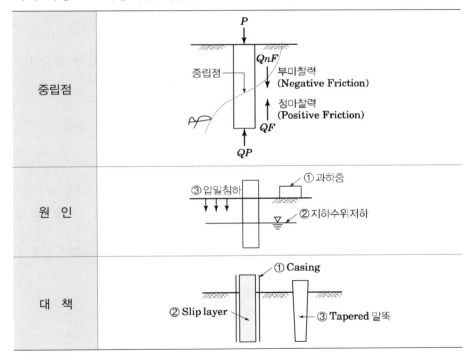

■ 주면마찰력
말뚝의 표면과 지반과의 마찰력에 의해 발현되는 저항력을 말한다.

■ 중립점
압밀층대의 한 점에서 지반 침하와 말뚝의 침하가 같아서 상대적 이동이 없는 점

5) Caisson 기초

가) 개요

가설 구조 없이 중공 대형 콘크리트 구조물을 소정의 깊이(흙을 굴착하면서 지지층)까지 침하시키는 방법으로 깊은 기초중 지지력과 수평저항력이 가장 큰 기초형식이다.

[우물통 내부 굴착작업]

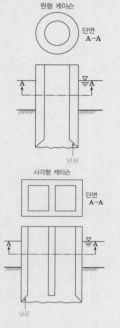

[Open Caisson]

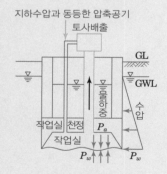

[공기식 케이슨의 원리]

[Pneumatic cassion]

나) 종류

① Open Caisson(정통기초)

우물통과 같이 상·하 구멍이 뚫린 케이슨을 제작하고, 소정의 깊이까지 케이슨내의 흙을 굴착하면서 침하시켜 지지층까지 도달시키는 방법

㉮ 장점

• 침하 깊이 제한이 없다.

• 설비가 간단하다.

• 공사비 저렴하다.

㉯ 단점

• 케이슨 저부 확인 불가

• 케이슨 저부 Con'c 타설시 수중 시공으로 품질확보 곤란

• 기울어졌을 때 경사 수정시공이 곤란

• 굴착시 지반교란에 따라 Boiling, Heaving 우려

• 전석 등 장애물시 공기지연

㉰ 시공법

축도법 수심 H=5m까지 시공, 물을 막고 내부토사 채움하여 침하시키는 방법

• 비계식(발판식) : 소형 케이슨에 사용

• 예항식(부동식) : 수심이 깊은 곳에 배 형태로 만들어 원하는 위치에서 침수시키는 방법

② 공기케이슨

케이슨 저부에 작업실을 만들고, 압축공기를 주입하여 건조상태에서 인력 굴착으로 침하시키는 공법

㉮ 장점

• 건조 상태에 육안 확인이 가능하여 공기속도 및 품질이 양호하다.

• 저부 Con'c 신뢰도가 높다.

• 저부 상태 확인 가능(시험 및 육안 검사)

• 저부 직접시공으로 현장 상황 대처가 유리하다.

• 이동 경사가 적고, 경사 수정이 용이하다.

• Boiling, Heaving을 방지할 수 있다.

㉯ 단점

• 소음, 진동이 크다.

• 케이슨 병이 발생한다.

• 수심 35~40m 이상은 시공 불가

• 인력 수급이 어렵고 인건비가 비싸다.

• 설비가 비싸다.(감압시설, 가압시설 필요)

③ Box Caisson

㉮ 개요

하부가 막힌 콘크리트 Box(Ship 형태)를 육상에서 제작하고
지지층을 사전에 정지한 후 이동하여 침하시키는 방법

㉯ 장점

• 공사비가 저렴하고 공사가 용이하다.

• 지지층이 적합하여야 한다.

㉰ 단점

• 굴착 깊이가 깊은 곳은 어렵다.

• 기초지반이 세굴되지 않도록 해야 한다.

Ⅲ. 현장콘크리트 말뚝(제자리 콘크리트 말뚝)

1. 굴착공법(기계굴착)

[기계적인 공법비교]

	Earth Drill	Benoto	R.C.D
적용토질	점성토, 사질토 전석층 불능	암반 제외 모든 토질 N〈50 적합	암반 가능 사력층 적합
최대심도	40m	50m	100~200m
최대구경	1.5m	2m	3~6m
공벽형성	Guide pipe, 안정액	All casing	정수압 0.02MPa
굴착방식	회전 Bucket	Hammer Grab	Rotary bit
특징	안정액	Tubing 요동기	역순환방식
환경문제	저소음 저진동 이토·이수문제	저소음 저진동	굴착토사처리

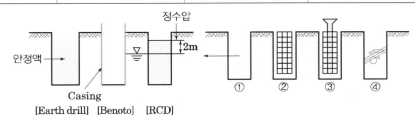

정수압

안정액 →

2m

Casing

[Earth drill] [Benoto] [RCD]

① ② ③ ④

• 굴착＋Bentonite(Casing, 정수압)

• 철근망

• Tremie Pipe

• Con'c 타설

[Earth Drill 공법]

[Benoto 공법]

[RCD 공법]

[Franky Pile]

① Earth Drill 공법(Calweld 공법)

Drilling Bucket으로 굴착하고, Slime 제거와 응력재 삽입 후 Concrete를 타설하여 지름 1~2m의 대구경 제자리 말뚝을 만드는 공법

② Benoto 공법(All Casing 공법)

케이싱 튜브를 요동장치(Oscillator)로 왕복회전시켜 유압잭으로 경질지반까지 관입시키고 그 내부를 해머 그래브로 굴착하여 철근망을 삽입 후 Concrete를 타설하여 현장 타설 말뚝을 축조하는 공법

③ RCD 공법(Reverse Circulation Drill, 역순환공법)

상부 8~10m 정도 스탠드 파이프를 설치하고 그 이하는 2m 이상의 정수압(0.02 MPa)에 의해 공벽을 유지하면서 굴착하고 철근망 삽입 후 콘크리트를 타설하여 제자리 콘크리트 말뚝을 형성하는 공법

2. 관입공법(관입말뚝)

1) Compressol Pile
① 끝이 뾰족한 추로 천공한다.
② 끝이 둥근추로 속에 넣는 콘크리트를 다진다.
③ 평면진 추로 다진다.

2) Franky Pile
① 원추형 마개가 달린 외관을 추로 치면서 소정의 깊이에 박는다.
② 내부의 마개와 추를 빼내고 콘크리트를 넣으면서 추로 다지며 외관을 빼낸다.

3) Simplex Pile
① 굳은 지반에 외관을 소정의 깊이 까지 박는다.
② 콘크리트를 조금씩 넣으면서 추로 다지며 외관을 빼낸다.

4) Pedestal Pile
① 외관과 내관의 2중관을 동시에 소정 위치까지 박고 내관을 빼낸다.
② 외관에 콘크리트를 부어넣는다.
③ 내관으로 콘크리트를 다지면서 외관을 서서히 올리며 콘크리트를 구근을 형성한다.

5) Raymond Pile
  ① 얇은 철판의 외관에 내관(심대)를 같이 박는다.
  ② 내관(심대)을 빼내고 콘크리트를 다져 넣는다.

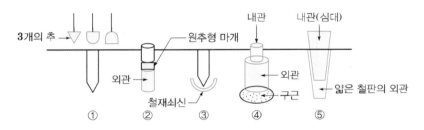

3. 치환공법(치환말뚝)

1) CIP(Cast in Place Pile) 공법
  어스 오거로 구멍을 뚫고 그 내부에 철근과 자갈을 채운 후, 미리 삽입해
  둔 파이프를 통해 모르타르를 주입 아래부터 채워 올라오게 하여 말뚝을
  만드는 공법

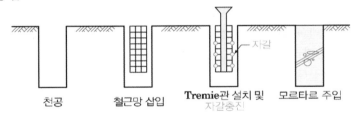

[CIP]

2) PIP(Packed in Place Pile) 공법
  어스 오거로 소정의 깊이까지 굴착, 오거를 뽑아 올리면서 오거의 샤프트
  (속 빈 구멍)를 통하여 프리팩트 모르타르를 주입하고 오거를 뽑아낸 후
  곧 조립된 철근 또는 형강 등을 모르타르 속에 삽입하여 만드는 현장타설
  모르타르 말뚝

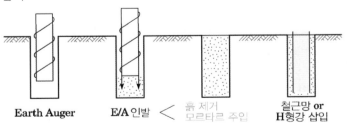

[MIP 공법]

■ 건전도 시험
현장타설 콘크리트말뚝의 두부정리전 전체 길에에 말뚝의 품질상태 확인하는 시험으로 공대공탄성파탐사, CLS(Cross Hole Sonic Loggings), 충격반향 방법, PIT(Pile Integrity Test), 코어링 방법 있다.
(서술형 7번 참조)

■ 허용오차
가. 지면에서 잰 중심위치의 변동 : 75mm 미만
나. 바닥면 지름
 : 0mm ~ 150mm
다. 수직측의 변동 : 1/40 미만
라. 바닥표고 변동
 : ±50mm 미만

[SCW공법]

3) MIP(Mixed in Place Pile) 공법

Rotary Drill 선단에 윙커터(Wing Cutter)를 장치하여 흙을 뒤섞으며 지중을 굴착한 다음, 파이프 선단으로 시멘트 페이스트를 분출시켜 흙과 시멘트 페이스트를 혼합시켜 말뚝을 만드는 공법

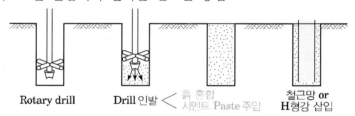

Rotary drill   Drill 인발 < 흙 혼합   철근망 or
                              시멘트 Paste 주입   H형강 삽입

4. 시공시 유의사항(현장콘크리트 말뚝)

① Slime 처리
② 공벽유지
③ 선단 지반 교란방지
④ 수직도 유지
⑤ 굴착기계 인발시 공벽붕괴 방지
⑥ 안정액 관리
⑦ 규격 관리
⑧ 건설공해 관리
⑨ 콘크리트 품질관리

• 천공지름 확보
• 건전도 시험
• 허용오차

Ⅳ. S.C.W(Soil Cement Wall) = MIP
 3축 Auger   1축 Auger

1. 개요

MIP(Mixed In Place Pile)라고도 하며, 굴착한 구멍 및 원지반 흙에 시멘트계 경화체를 오거 등으로 혼합하고 그 속에 응력을 부담하는 응력 부담재를 삽입하여 조성된 주열식 벽체

2. 시공 방법

3축오거 장비로 원지반을 오거 천공 굴착 후 선단으로부터 Cement Milk를 주입 굴착토사 + Soil Cement로 기둥을 조성

3. 종류

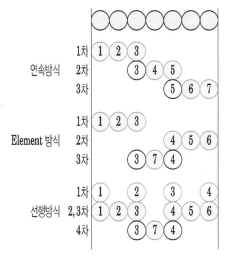

① 연속방식
3축 Auger를 하나의 Element로 조성하여 그 Element를 반복 시공하여 지중벽을 구축하는 공법

② Element 방식
3축 Auger를 하나의 Element로 조성하여 한 개 공의 간격을 두고, 선행과 후행으로 반복 시공하여 지중벽을 구축하는 공법

③ 선행방식
먼저 Element 구획을 조성하고 1축 Auger로 한 개 공 간격을 두고 선행 시공하여 지반을 부분적으로 이완한 후 Element 방식과 동일하게 지중벽을 구축하는 공법

4. 특징

① 주 재 료 : Cement, 벤토나이트 Soil
② 적용토질 : N〈50의 점토 사질지반 (자갈 및 암반층 시공불가)
③ 차수효과 : 매우 양호 (일반 토사층 및 점성토 지반)
④ 장   점 : 대형공사일 경우 공사비 저렴, 차수효과 우수
⑤ 단   점 : 초대형 장비로 협소한 장소 시공 곤란, 지반보강 효과는 상대적 적음

■ 부력(Buoyancy)
(비압축성 유체)
수중에 있는 물체를 위로
떠오르게 하는 힘

■ 양압력(Uplift Pressure)
수중에 있는 물체에 상향으로
작용하는 수압

■ 부력의 원인
· 높은 지하수위
· 지하수 상승
· 피압수 존재

V. 부력방지대책

1. 부력에 저항하는 기구 및 안전율

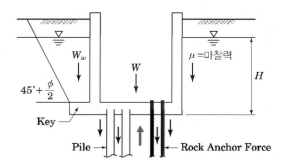

① 수압$(pw) = kw \cdot rw \cdot H$

② 양압력(u) = 상향으로 작용하는 수압

③ 부력$(V) = \sum A \times pw$

④ 부력의 안정 조건

　㉮ 자중, 마찰력의 안정

　　자중(W)+마찰력(μ)>부력(V)

　㉯ 모멘트(회전) 안정

　　저항 모멘트(M_d)>부력에 의한 모멘트(M_r)

　㉰ 지간(경간)의 안정

　　장 Span인 경우 중앙부 배부름 현상

⑤ 안전율$(Fs) = \dfrac{W + W_w + \mu + \text{Anchor Force or Pile 인발저항력}}{V}$

　부력에 대한 안정한 자중 $W \geq 1.25\,V$

2. 부력방지대책

1) 구조물 변경

① 자중증대

② 구조물 형태 변경

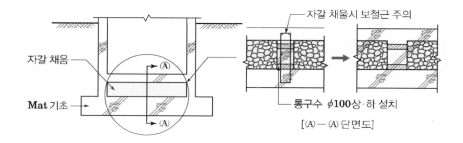

[(A) — (A) 단면도]

2) 물리적 방법

① 인접건물 연결

② 브라켓 공법

③ 마찰말뚝 증대

④ Rock Anchor 공법

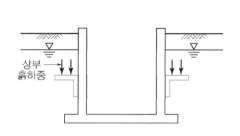

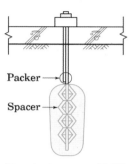

[Rock Anchor 공법]

[Rock Anchor 공법]

3) 지하수위 조정

① 지하수위 저하

② 강제배수공법

③ 우수 유입구 설치

④ 지하 중간부위층 지하수 채움

⑤ 맹암거 설치

⑥ 영구배수공법(Dewatering 공법)

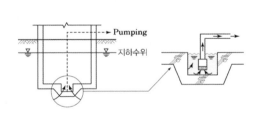

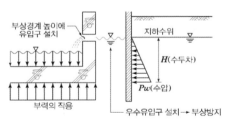

[우수유입구]

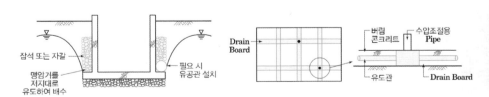

[영구배수공법(Dewatering)]

3. 차수공법 비교

	J. S. P 공법 (Jumbo Special Pile)	L. W 공법 (Labiles Waterglass Method)	S. C. W (Soil Cement Wall)	SGR 공법 (Space Grouting Rocket Ststem)
시공방법	- 천공 후 흙속 주입관 설치 - 초고압 회전분사 주입하여 흙속 주입제의 강제치환	- 천공 후 흙속에 주입관 설치 - L.W 주입 (Seal+ Double Packer)	- 3축오거 장비로 원지반을 오거 - 천공 굴착 후 선단으로부터 Cement Milk를 주입 - 굴착토사+ Soil Cement로 기둥을 조성	- 천공 후 흙속에 2개의 주입관 설치 - 균일한 주입 및 저압주입 급결, 완결제의 복합 주입 설치
주재료	- Cement 혼화제, Soil	- 규산소다, Cement, 벤토나이트	- Cement, 벤토나이트 Soil	- 규산소다, Cement, 축진제
적용토질	- N<30의 점토사질 지반	- Silt질 모래층을 제외한 지층	- N<50의 점토 사질지반 (자갈 및 암반층 시공불가)	- 모든 지반
차수효과	- 지반에 따라 양호, 보통	- 보통	- 매우 양호 (일반 토사층 및 점성토 지반)	- 보통
장점	- 연약 지반의 지반보강효과 - 고강도 지수벽 형성 - 외력에 의한 충격 및 진동에 저항력 크다.	- 고결강도 높음 - 반복주입 가능 (시간과 주입제의 종류 교체) - 시공이 단순하다. - 추가 시공시 재천공 없이 주입	- 대형공사일 경우 공사비 저렴 - 차수효과 우수	- 중저압 주입으로 주변 시설물에 대한 영향이 적음 - 공간 화보 후 주입으로 지반융기가 없음 - 그라우트 주입 중에는 주입관의 회전으로 Packing효과가 높고, 확실한 주입 - 장비간단, 이동 용이
단점	- 상대적으로 고가이음 - 자갈층 및 풍화암층에서 시공이 곤란 - 초고압 분사로 지반의 융기 등 인접	- 보강 구역이 좁음 - Gel Time 조절 곤란 - 지반 보강효과는 미비하다 - 실트, 모래, 사력층등 공극이	- 초대형 장비로 협소한 장소 시공 곤란 - 지반보강 효과는 상대적 적음	- 공사목적에 따라 주입제의 선택시 주의를 요함

2 단답형·서술형 문제 해설

1 단답형 문제 해설

01 Boring

Ⅰ. 목 적

(1) 지반에 Hole을 내는 방법
(2) 지반의 구성과 지하수위 파악한다.
(3) 토질 시험 자료 채취(불교란 시료)한다.
(4) 원위치 시험(S.P.T)과 병용 시행한다.

(1) 오거식

Ⅱ. 종 류(기초공 기초일반 Boring)

(1) Auger Boring : 점성토 지반시 유리함 (H=10m, 사질토 H=3~4m)
(2) 기계 Boring
　① Wash Boring(수세식)
　② Rotary Boring : 회전에 의한 방법
　③ 파커슨 Boring : 충격에 의한 방법(H=60~70m), 공벽유지(안정액, 케이싱)

(2) - ① 수세식

(2) - ② 회전식

Ⅲ. 간 격

종류	균일성 토질	비균일성 토질
도로	150~300m	30m
흙댐	30	8~15
토취장	60	15~30
고층건물	15	8
단층건물	30	8~15

천공구
(무거운
비트)
(2) - ③ 충격식

Ⅳ. Boring 심도

(1) 단독 기초 2B 이상
(2) 확대 기초 1.5~2B 이상

02 Sounding(원위치 시험)

Ⅰ. 목적

(1) Rod 선단에 저항체를 지반에 연직 길이 방향으로 설치한다.

(2) 관입, 인발, 회전 등의 저항으로 토층의 성상을 탐사하는 방법

(3) 흙의 상태나 역학적 성질을 추정

(4) 분류 ┌ 동적 - (사질토) ┌ 표준 관입 시험(STP)
         │   └ 동적 원추 관입 시험
         └ 정적 - (점성토) ┌ 압입 : 콘 입시험기, 화란식 관입시험
                        ├ 회전관입 : 스웨덴식 관입시험
                        ├ 인발 : 이스키미터
                        └ 회전 : Vane Test

Ⅱ. 종류

(1) 동적 관입 시험 : 사질토 지반에 주로 이용

  ① S.P.T(표준 관입 시험)

  ㉠ 개요

   • 큰 자갈층 제외 지반에서 이용

   • 외경 5.1cm, 내경 3.5cm, 길이 81cm 의 중공 Split Spoon Sampler(분리형 원통 샘플러)를 63.5kg Hammer 로 76cm 낙하 30cm 관입 시까지의 타격 횟수를 N치라 한다.

   • S.P.T는 Boring시 병행 실시한다.

  ㉡ N치의 이용(기초공 기초일반 동적관입시험 참조)

  ② 동적원추 관입시험

   • 큰자갈, 조밀모래, 자갈 외에 흙에 이용

(2) 정적인 방법 : 점성토 지반에 주로 이용된다.(기초공 기초일반 정적관입시험 참조)

  ① 압입식(콘 관입 시험)

  ② 압입식(화란식 원추 관입 시험)

  ③ 회전관입(스웨덴식 관입 시험)

  ④ 인발 - Test(이스키 미터)

  ⑤ Vane - Test(완속회전)

관입시 타격 회수를 **N치**라 한다.

N치의 이용	
사질지반의 N치	**상대밀도**
0 ~ 4	대단히 느슨
4 ~ 10	느슨
10 ~ 30	보통
30 ~ 50	조밀
50 이상	대단히 조밀
점토지반의 N치	**컨시스턴시**
⟨ 2	대단히 연약
2 ~ 4	연약
4 ~ 8	보통
8 ~ 15	단단
15 ~ 30	대단히 단단
30 이상	견고

03 | Sampling

I. 목 적

현장에서 시료를 채취하여 실내 토질 시험에 이용한다. 채취에는 방법에 따라
교란시료와 불교란시료가 있다.

II. 교란 시료

(1) 타격 또는 회전에 의해 본래 역학적 성질을 상실한 흐트러진 시료
(2) 전단강도, 압밀 특성 판정 불가
(3) 입도, 비중 Allerberg 한계 시험에 이용

III. 불교란 시료

(1) 점성토 지반에서 가능
(2) 강도, 압축성 등을 파악하기 위한 흐트러지지 않은 시료
(3) 채취방법 : Sampler Tube 두께를 얇게 → 마찰력 감소

IV. 교란원인대책

(1) 잉여토 혼합 → 고정 피스톤
(2) 내벽 마찰 → 선단부를 내벽보다 약간 작게
(3) 뺄 때(인장력) 교란 → 절단 및 하부 진공 방지(압축공기 삽입)

04 P·B·T(평판 재하 시험)

I. 목 적

평판 재하 시험은 강성 재하판에 하중을 가하여 하중과 시간에 따른 변위와의 관계를 측정하여 기초지반의 지지력, 지반 계수, 노상노반의 지반 계수를 구하기 위해 시행하는 시험을 말한다.

II. 시험 기구

(1) 재하판 : t=22mm 이상 강재 원판(ϕ30, ϕ40, ϕ75cm)
(2) Jack : 5~40ton, 압력계 부착, 최대하중, 1.5배 이상 필요하다.
(3) 다이얼 게이지 : 1/100mm 측정 (최소눈금)
(4) 침하량 측정 장치 : 3m 이상 지지보(다이얼 게이지 부착)와 지지각, 재하판 및 하중장치 지지점에서 1m 이상 간격을 유지한다.
(5) 하중장치 : 실하중(대형차, 흙), 반력장치(스크류 앵커, 말뚝)을 이용
      하중접지점(재하판 및 하중장치 지지점에서 1m 이상 거리 유지)

III. 시험 방식

(1) 하중속도 일정하게 재하하는 방식(주로 사용됨)
(2) 침하속도 일정하게 재하하는 방식
(3) 시험순서

IV. 시험결과

(1) 허용지지력(기초공 기초일반 참조)
(2) 항복하중 결정(기초공 기초일반 참조)

V. 고려사항

(1) Scale Effect를 고려(재하판 크기 영향)
(2) 시험실시 토질의 종단을 확인 고려한다.
(3) 지하수면과 지하수 변동을 고려한다.

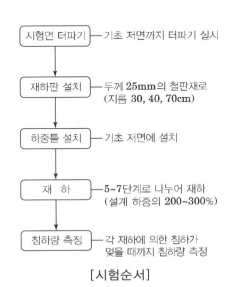

시험면 터파기 — 기초 저면까지 터파기 실시

재하판 설치 — 두께 25mm의 철판재로 (지름 30, 40, 70cm)

하중틀 설치 — 기초 저면에 설치

재 하 — 5~7단계로 나누어 재하 (설계 하중의 200~300%)

침하량 측정 — 각 재하에 의한 침하가 멎을 때까지 침하량 측정

[시험순서]

05 시항타

I. 목 적

말뚝설치 장소에서 실제말뚝과 동일한 조건으로 시행하며 말뚝길이, 지지력 추정, 항타장비의 선정, Hammer의 중량, 낙하고 등을 결정하기 위해서 시행하는 것으로 1,500m² - 2본, 3,000m² - 3본 시행한다.

II. 시항타

(1) 사용할 장비로 시공위치 중 가장 대표할 만한 곳을 선정
(2) 시험항타하여 소요지지력을 확인한 다음 Pile 길이 검토 선정
(3) 관입량 간격 등을 결정한다.
　① Hammer의 기종 및 용량 확인
　② 부속 기구의 검토(Leader, Cap, Cushion)
　③ 이음 방법의 검토(Band식, 용접식, Bolt식)
　④ 시공정밀도 및 시공 속도의 검토
　⑤ 말뚝 길이 및 간격의 결정
　⑥ 최종 관입량의 산정
　⑦ 파손 유무 및 제한 타격 회수의 산정

　　• 타격 제한 총회수 ┌ RC-Pile : 1,000회 이하
　　　　　　　　　　├ PC-Pile : 2,000회 이하
　　　　　　　　　　└ 강-Pile : 3,000회 이하

III. 허용지지력추정(기초공 기초일반 서술형 08번 참조)

(1) 평판 재하 시험 : 시항타 후 3주전 재하 시험하지 말 것
　　　　　　　　　　 지반 교란에 의한(지지력 오판)
(2) 정 역학적 : 지반 흙의 강도 정수(지지력=선단지지력+마찰력)
(3) 동 역학적 : 타격에너지=지반 변형 이미지

06 부마찰력 NF(Negative Skin Friction)

I. 개 요

(1) 부 마찰력이란 말뚝 주위의 침하량이 말뚝의 침하량 보다 클 경우 말뚝 주변에 마찰력이 하향으로 작용하는 것

(2) 연약지반 점성토에서 많이 발생하게 되는데 부마찰력은 상재하중으로 작용하므로 허용지지력 저감의 원인이 되기도 한다.

(3) 부마찰력은 설계시 축하중으로 계산한다.

II. 중립점

(1) 중립점

지반의 압밀 침하량은 지표면에서 최대가 되고, 최하단에서는 0(Zero)이 된다.
이때 Pile의 침하와 지반의 침하가 같아지게 되는 점을 말한다.

(2) 중립점 위치

① 중립점은 지반의 지지력에 따라 달라지게 된다.

② 중립점의 위치는 ηH로 하며 이는 다음 표와 같다.

No	η값	조건
1	0.8	마찰 말뚝, 불완전 지지말뚝
2	0.9	모래, 자갈 등으로 지지된 경우
3	1.0	암반과 같이 완벽히 지지된 경우

III. 외말뚝에 작용하는 N·F

Qn=As·fn   Qn : 부 마찰력

As : NF가 작용하는 말뚝 주면 면적

fn : 단위 면적당 NF

fn : $\beta \cdot \sigma_v$

σ_v : 유효 상대압

β : 0.2~0.25(점토)

0.25~0.35(silt)

0.35~0.5(모래)

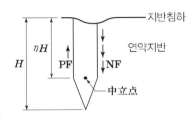

Ⅳ. NF의 안전율은 보통 1을 쓴다

Ⅴ. 부 마찰력 저감 대책

(1) 마찰을 줄일 수 있도록 마찰 저감제(역청제)를 바른다.

(2) 말뚝보다 관경이 큰 Casing을 설치하고 그 속에 말뚝을 박는다.(N·F 차단)

(3) 마찰주변이 적도록 표면적이 적은 재료 이용

(4) 군항을 이용한다. → 군항은 단항에 비해 비교적 부마찰력이 적다.

(5) 말뚝보다 약간 큰 구멍(Hole)을 파고 그 속에 Bentonite Slurry를 넣고 말뚝을 박아 마찰력을 감소시킨다.

07 기성말뚝 이음공법에 대하여 기술하시오.

Ⅰ. 개 요

기성 콘크리트 파일은 15m 이상의 경우 이음공법을 이용하여 사용하여야 한다.
이음공법으로는 용접식, 목트식, 충전식, 장부식 등이 있다.

Ⅱ. 이음공법

구 분	도 해	설 명
용접식	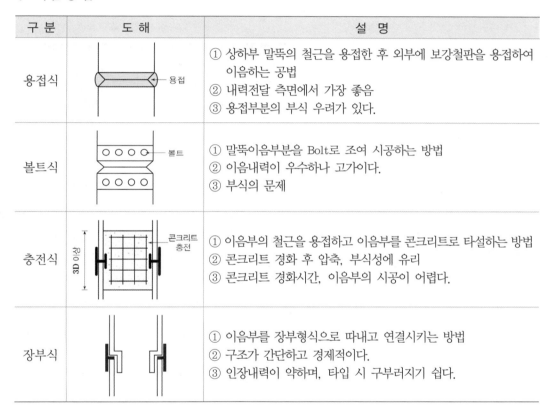용접	① 상하부 말뚝의 철근을 용접한 후 외부에 보강철판을 용접하여 이음하는 공법 ② 내력전달 측면에서 가장 좋음 ③ 용접부분의 부식 우려가 있다.
볼트식	볼트	① 말뚝이음부분을 Bolt로 조여 시공하는 방법 ② 이음내력이 우수하나 고가이다. ③ 부식의 문제
충전식	3D 이상 / 콘크리트 충전	① 이음부의 철근을 용접하고 이음부를 콘크리트로 타설하는 방법 ② 콘크리트 경화 후 압축, 부식성에 유리 ③ 콘크리트 경화시간, 이음부의 시공이 어렵다.
장부식		① 이음부를 장부형식으로 따내고 연결시키는 방법 ② 구조가 간단하고 경제적이다. ③ 인장내력이 약하며, 타입 시 구부러지기 쉽다.

[용접식]

[볼트식]

Ⅲ. 현장이음 시 유의사항

(1) 현장용접은 수동용접기 또는 반자동 용접기를 사용한 아크용접 이음을 원칙으로 한다.
(2) 현장용접 시 용접시공 관리기술자를 상주하며, 양호한 용접이 되도록 관리, 지도, 검사를 한다.
(3) 이음부 상·하 말뚝의 축선은 동일한 직선상에 위치하도록 조합한다.
(4) 강관말뚝연결 용접부위 25개소마다 1회 이상 초음파 탐상시험 시행한다.
(5) PS콘크리트말뚝 연결 용접부위는 20개소마다 1회 이상 자분 탐사 시험을 시행한다.
(6) 강관말뚝과 PS콘크리트말뚝을 조합한 복합말뚝의 용접은 PS콘크리트 기준에 따른다.

08 양방향 말뚝재하시험에 대하여 기술하시오.

I. 정 의

특수하게 제작된 유압식 잭이나 셀을 말뚝선단부근에 설치하여 지상에서 설계지지력의 200% 이상의 하중을 가하면 하부는 선단지지력을, 상부는 주변마찰력을 일으켜 시험하는 방법이다.

II. 개념도 및 시공순서

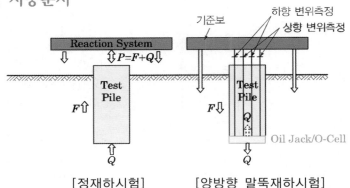

[정재하시험]　　　　[양방향 말뚝재하시험]

철근망과 재하장치 조립 → 철근망 근입 → 연결전선 및 유압호스 정리 → 철근망 근입 완료 → 트레미관 설치 → 레미콘 타설 → 양방향 말뚝재하시험

III. 측정장치 및 기준점

(1) 변위량 측정의 경우 상향 및 하향 변위는 각각 2개소 이상, 그리고 말뚝두부 변위도 2개소 이상을 측정
(2) 본말뚝을 기준점으로 하는 경우 시험말뚝 중심으로부터 시험말뚝 직경의 2.5배 이상 떨어진 위치에 설치
(3) 가설말뚝을 기준점으로 하는 경우 시험말뚝 중심으로부터 시험말뚝 직경의 5배 이상 혹은 2m 이상 떨어진 위치에 설치

IV. 반복재하방법

(1) 총 시험하중을 설계지지력의 200% 이상으로 8단계 재하
(2) 재하하중단계가 설계하중의 50%, 100% 및 150%시 재하하중을 각각 1시간 동안 유지한 후 단계별로 20분 간격으로 재하
(3) 침하율이 0.25mm 이하일 경우 12시간, 그렇지 않을 경우 24시간 동안 유지
(4) 최대시험하중에서의 재하하중은 설계지지력의 25%씩 각 단계별로 1시간 간격을 두어 재하
(5) 시험 도중 최대시험하중까지 재하하지 않은 상태에서 말뚝의 파괴가 발생할 경우, 총 침하량이 말뚝머리의 직경 또는 대각선 길이의 15%까지 재하

2 서술형 문제 해설

---

01 토질 조사 및 시험에 대하여 기술하시오.

Ⅰ. 개 요
(1) 토질조사는 설계나 시공에 앞서 흙의 공학적 성질, 지하수 위치, 암반의 위치
토층의 두께 등을 파악하기 위한 시험이다.
(2) 설계나 시공시 조사자료를 빠짐없이 검토하고 이를 적극 활용해야 한다.

• 기초형식의 결정 및 본조사 계획

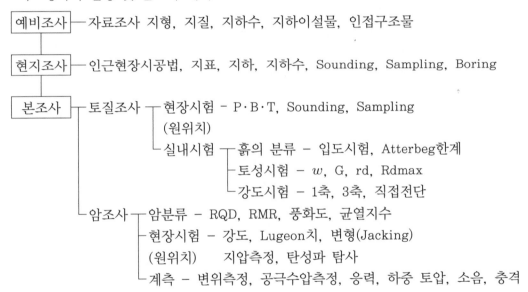

Ⅱ. 토질조사 및 시험

1. 예비조사
• 자료 조사 : 지형, 지질, 지하수, 인접구조물, 지하 매설물 조사 등
• 현지 답사 : 지표, 지하, 지하수, 인근 현장 시공법 조사 등
• 개략 조사 : Boring Sounding Sampling
(1) Boring(기초일반 단답형 01 참조)
(2) Sounding(기초일반 단답형 02 참조)
(3) Sampling(기초일반 단답형 03 참조)

2. 본조사

(1) 토질조사

1) 현장시험

　① Sounding (기초일반 단답형 02 참조)

　② Sampling (기초일반 단답형 03 참조)

　③ P·B·T(평판 재하 시험) (기초일반 단답형 04 참조)

2) 실내시험

　① 흙의 분류 시험 : 입도 시험(사질토), Atterberg 한계 (점성토)

　② 토성시험 : 함수비, 건조밀도

　③ 강도시험(전단강도) : 1축 압축시험, 3축 압축 시험

(2) 암조사

　① 암분류

　　RQD, RMR, 풍화도, 균열지수

　② 원위치 현장시험

　　강도, Lugeon-Test, 변형시험, 지압측정, 탄성파탐사

　③ 계측

　　변위 측정, 공극수압측정, 응력, 하중토압, 소음충격계수

02 각종 기초의 종류와 적용조건에 대하여 기술하시오.

Ⅰ. 개 요

기초관 구조물의 하중을 지반에 안전하게 전달하기 위한 구조로서 다음 사항을 유의하여 설계 및 시공하여야 한다.
(1) 하중을 안전하게 지지할 것
(2) 허용 침하량 이내일 것
(3) 최소 근입 깊이를 유지할 것
(4) 시공이 가능하고 경제적일 것

Ⅱ. 기초의 종류

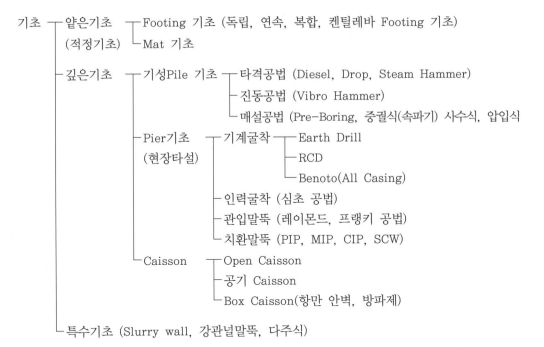

기초 ─┬─ 얕은기초 ─┬─ Footing 기초 (독립, 연속, 복합, 켄틸레바 Footing 기초)
　　　 │　(적정기초)　└─ Mat 기초
　　　 │
　　　 ├─ 깊은기초 ─┬─ 기성Pile 기초 ─┬─ 타격공법 (Diesel, Drop, Steam Hammer)
　　　 │　　　　　　 │　　　　　　　　　├─ 진동공법 (Vibro Hammer)
　　　 │　　　　　　 │　　　　　　　　　└─ 매설공법 (Pre-Boring, 중굴식(속파기) 사수식, 압입식)
　　　 │　　　　　　 │
　　　 │　　　　　　 ├─ Pier기초 ─┬─ 기계굴착 ─┬─ Earth Drill
　　　 │　　　　　　 │　(현장타설)　│　　　　　 ├─ RCD
　　　 │　　　　　　 │　　　　　　 │　　　　　 └─ Benoto(All Casing)
　　　 │　　　　　　 │　　　　　　 ├─ 인력굴착 (심초 공법)
　　　 │　　　　　　 │　　　　　　 ├─ 관입말뚝 (레이몬드, 프랭키 공법)
　　　 │　　　　　　 │　　　　　　 └─ 치환말뚝 (PIP, MIP, CIP, SCW)
　　　 │　　　　　　 │
　　　 │　　　　　　 └─ Caisson ─┬─ Open Caisson
　　　 │　　　　　　　　　　　　　├─ 공기 Caisson
　　　 │　　　　　　　　　　　　　└─ Box Caisson(항만 안벽, 방파제)
　　　 │
　　　 └─ 특수기초 (Slurry wall, 강관널말뚝, 다주식)

Ⅲ. 적용 조건

(1) 직접기초(얕은 기초) Df/B<1
　① 지지층이 얕은 경우(5m 이내)
　② 지하수위가 낮고 배수처리가 가능할 경우
　③ 점용 면적이 넓을 경우 가능

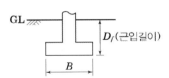

④ Heaving, Boiling에 유의해야 한다.

⑤ 동일 구조물 축조시 지지층의 깊이가 거의 동일해야 한다.

⑥ 경사면에 축조시 사면 붕괴의 위험이 있다.

⑦ 하천 유심부에 축조시 세로의 영향을 고려해야 한다.

⑧ 소음, 진동을 줄일 수 있다.

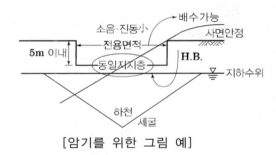

[암기를 위한 그림 예]

(2) 말뚝 기초(기초일반 깊은기초 참조)

① 지지층이 깊은 경우(5m 이상, 말뚝지름에 10배)

② Footing 터파기가 가능한 경우

③ 타격 공법 시공시 소음 공해가 있다.

④ 호박돌, 전석이 중간층에 있을 때 시공이 곤란하다.

⑤ ④의 경우 현장타설말뚝 기초로 변경

⑥ 지하 매설물, 이설물 등이 시공시 문제가 될 수 있다.

⑦ 부마찰력의 발생이 작을 경우 이용된다.

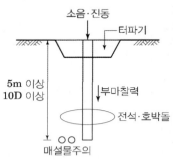

[암기를 위한 그림 예]

(3) Caisson기초

① Footing 시공이 곤란한 경우(지하수위, 지반고려)

② 지지층이 깊고, 대형 구조물 축조시 이용

③ 중간층 전석·호박돌이 있는 경우

(4) 특수기초

① 강관연속기초 : 물막이를 겸용할 수 있다.

② 다주식 : 암반을 기계로 굴착세우는 공법

③ 지하연속벽기초 : 차수목적, 영구 구조물로 이용

03　기성 말뚝 시공법과 말뚝 Hammer의 종류에 대하여 기술하시오.

Ⅰ. 개 요

기성말뚝은 공장에서 제품으로 생산되는 것으로, 대형 구조물의 기초형식에 경제적으로 설치할 수 있는 장점이 있다.

기성 말뚝 시공법의 분류는 먼저 재료에 의한 분류와 타입 방법에 의한 분류를 할 수 있으며 타입 방법에 의한 분류는 타격방법에 의한 분류와 매설 방법에 의한 분류로 나눌 수 있다. 재료에 의한 분류, 타입방법에 의한 분류, 타격방법 중 Hammer의 분류로 나누어 기술하고자 한다.

Ⅱ. 재료에 의한 분류

구분	강-Pile	PC-Pile	RC-Pile	Wood-Pile
압축강도	240MPa	50MPa	40MPa	5MPa
인장강도	410MPa	5MPa	4MPa	
길　이	55m	35m	25m	5~10m
타격가능 횟수	3,000회 이하	2,000회 이하	1,000회 이하	
적용성	• 높은 지내력과 타입응력에 강하다. • 강성이 큰 기초	부식 우려시 적용	부식 우려시 적용	지하수위 변동이 없고 지지력이 낮을 때
장　점	• 큰 지지력을 얻을 수 있다. • 취급용이 가볍다 • 길이조절이 용이 • 휨성 크다. 　(사항적합) • 단면이 적다.	• 타격시 균열이 적어 부식성 취급이 용이 • 대구경 Pile 제작 가능 • 이음부 신뢰성	• 재료 구입이 용이 • 재질 균일 신뢰성 • 15m 이하 경제적	• 축방향, 인장력 비교적 크다. • 방청처리 　(수명연장) • 값이 싸다.
단　점	• 비싸다. • 부식성 　(도장, 방청처리 필요)	• RC보다 비싸다. • 말뚝 절단시 prestress가 없는 구간 생길 수 있다.	• 무게가 크다. • 굳는층(N>30) 불가 • 균열발생 철근부식	• 재료 신뢰성 낮다 • 연결부 이음 약하다 • 강성 부족

Ⅲ. 타입 방법에 의한 분류

(1) 타격공법, 진동공법

구분	타격 공법	진동 공법
장점	대부분 토층에 적용가능	느슨한 사질토, 연약점토
단점	• 진동 소음 문제 • 중간층 전석이 있는 경우 불능	진동, 소음 문제

(2) 매입공법

구분	압입 공법	Pre-Boring	Jet공법(사수식)	중굴(속파기) 공법
적용성	• 연약 지반 적용 • 소음, 진동 문제가 되는 곳	• 중간 전석층 • 소음, 진동 문제가 되는 곳	• 사질토 • 보조공법(압입공법, Pre-Boring)	• 중공 콘크리트말뚝 • 강관말뚝에 적용

Ⅳ. Hammer에 의한 분류

구분	Drop Hammer	Diesel Hammer	Steam Hammer	Vibro Hammer
시공법	원치로 감아 올려 Guide Rail에 맞춰 낙하	• 램 낙하 에너지와 디젤 Gas 연속 폭발 (50~60회/분) • 상하 폭발 반복	• 증기 압축을 이용 • 단동식과 복동식	• 편심하중이용 • 회전체를 좌우대칭으로 배치 회전시켜 상하진동을 일으킴 • 말뚝과 흙의 마찰력 감소
적용성	• 모든 토질 • 소규모 공사 • 타격을 가감 시행시	• N>30 이상 경우 모든 토질 • 기동성 필요시	• 토질 변화 적용성 크다. • 사항에 적용 • 리드 없이 시공가능	• N<10(연약점토)유리 타입/인발 겸용 • 시공 정밀도가 좋다.
장 점	• 설비간단(고장적다) • 햄머중량과 낙하고 조절용이 • Diesel보다 소음이 적다.	• 기동성이 크다. • 큰 타격 가능 • 항타비가 싸다. • 효율이 좋다.	• 강력하고 능률적 • 경사 말뚝 유리 • 수중 햄머 타입 가능	• 소음이 적다. • 두부 파손이 적다. • 말뚝 주변 마찰 저항 감소
단 점	• 두부 손상 • 편심 우려 • 속도가 느리다. • Pile 길이에 영향을 받는다.	• 설비가 크다. • 연약지반에서 효율 나쁘다. • 소음이 크다.	• 기동성 부족(대형 보일러) 소음 크다. • 작업능률 저조 (Diesel후 사용 안함) • 반동 높이 조절 불가능	• 대용량 전원 • 긴말뚝 부적합 • N>30 이상 불가 • 토질변화 적용성 낮다.

04 말뚝 박기 시공관리에 대하여 기술하시오.

Ⅰ. 개 설

말뚝 타입에 앞서 시공계획서를 작성 지반조사, 타입방법 및 순서, 환경, 안전 대책 등을 수립하고, 지지력을 검토 품질 관리에 철저를 기하여야 한다.

Ⅱ. 시공관리

(1) 시공 계획
① 공사 조건의 파악 : 지반조사, 지질조사, 인접구조물, 매설물, 지하수 조사 등
   과거 Data 수집 및 비교 조사
② 타입 공법
   ㉠ 장비의 선정 및 투입 계획
      ㉮ Hammer의 선정

      • Hammer의 종류 ┌ 타격식 : Drop, Diesel, Steam Hammer
                        └ 진동식 : Vibro식

      ㉯ Hammer의 규격 선정
      • 최종 관입량 = $\dfrac{\text{Hammer타격에너지} - \text{손실에너지}}{\text{파일극한지지력}}$
      • 낙하고가 크면 두부 손상이 크다(보통 낙하고 2m 이내가 적정)
      • Hammer타격 에너지 > 손실에너지로 선택
      • 항타장비는 Crawler Crane를 사용
   ㉡ 이음부 연결 방법 : Band식, Bolt식, 용접식
   ㉢ 공사용 기계 기구 계획
      • Leader(리더) : (Pile길이 + Hammer 높이)×1.2
      • Cap : 응력 집중 및 편타방지
      • Cushion : 두부 손상 방지(합판, 떡갈나무, 벚나무 등 사용)
   ㉣ 가시설 및 배치도
③ 자재조달 계획(수송 및 보관)
④ 말뚝 배치도 및 타입순서 계획
⑤ 환경 및 안전대책 수립
⑥ 인원 배치 및 기구표 작성
⑦ 공정표
⑧ 시공 기록 양식 작성

(2) 말뚝 박기 준비 작업

① 말뚝 위치 측량 및 표식

② 말뚝 타입 발판의 정비(진입로 및 항타장비 위치 정비)

③ 말뚝 운반 및 보관

　• 운반 : 균열 및 흠이 없고 양생이 잘된 것, 충격방지 위해 2개소 이상 묶을 것

　• 보관 : 평편한 곳에 2단 이하로 쌓고, 쐐기를 끼울 것

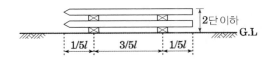

④ 항타기의 점검 및 정비

⑤ 부속기구 점검 및 정비(Leader, Cap, Cushion 용접기, 절단기)

(3) 시항타(기초일반 단답형 05번 참조)

(4) 시공관리

① 항타 기록부 작성

　㉠ 각 Pile에 눈금표시(30m단위)하고, 마감 부분은 2.5m 간격표시

　㉡ Pile No, Pile깊이별 타격회수, Hammer규격, 배치도 함께 보관한다.

② 시공 정밀도 관리

　㉠ 위치이탈 : D/4 이내(D = Pile 직경)

　㉡ 축선경사 : 1/100 이내

③ 마찰Pile은 최종 관입치 2.5mm까지 타격

　선단지지 Pile은 반발을 얻을 때까지 타격

④ 항타시 주의사항

　㉠ Cap가 두께가 부족하지 않도록 한다.

　㉡ 편타가 되지 않도록 한다.

　㉢ Hammer 중량이 너무 크지 않도록 한다.

　　(Pile 중량 1~3배)

　㉣ 인근에 지하수위 저하 작업 있을 때는 피할 것

　㉤ 지표면에 하중이 있을 때는 처리한 후 시공할 것

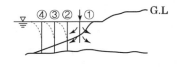

　㉥ 차량 통행을 중지시킬 것

　㉦ 타입 순서를 지킬 것

　　• 군항일 경우 중앙부에서 외부로 타입할 것

　　• 해안부 시공시 육지 쪽에서 바다 쪽으로 박을 것

　　• 인접구조물에 접한 경우 건물측에서 외측으로 박을 것

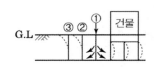

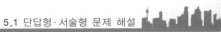

◎ 이음부 시공 : 경제적이고, 시공이 간단하고, 내력이 크고 확실할 것

ⓩ 자갈, 전석층, 침하지역 항타시는 대책을 강구할 것

ⓒ Pile 두부 절단 : Pre-Stress가 해소되지 않도록 보강할 것

ⓚ 최종 관입량 2mm 이하일 경우 타격 중지하고, 원인 규명 할 것(중파 검토)

ⓣ 안전 및 소음, 진동 등 환경 대책 관리할 것

Ⅲ. 결 론

상기와 같이 Pile 항타 시공관리에 대하여 기술하여 보았다.

Pile 항타 시공관리는 지반조사, 지지력, 품질관리가 중요함으로 상기 사항을 중심으로 안전, 환경의 대책을 철저히 세워 시공관리에 세심한 배려가 필요하다.

05 RC Pile 두부 파손 원인 및 대책에 대하여 기술하시오.

I. 개 요

RC Pile은 항타시 두부 파손 원인은 편타, 축선의 불일치, Cushion 두께 부족, 강도의
부족 등으로 발생하게 되는데, 이것은 사전조사 시항타 및 대책 공법 선정 시방규정에
의한 항타관리를 함으로 방지할 수 있다.

II. 원 인

(1) 강도의 부족

(2) 과다한 타격

(3) 편타

(4) 용접 불량

(5) Hammer와 축선의 불일치

(6) 보관 불량

(7) Cushion의 두께 부족

III. 대 책

(1) 시항타(기초일반 단답형 05번 참조)

(2) 수직도 유지 및 편타 금지

(3) 대용량 Hammer 사용금지 → 적정 Hammer 사용(시 항타시 결정)

(4) Hammer와 말뚝 축선 일치 여부 확인

　① 위치 이탈 : D/4 이하(D는 Pile의 직경)

　② 축선 경사 : 1/100 이하로 한다.

(5) 보관 및 운반 철저

　말뚝 운반 및 보관 (기초일반 서술형 04번 참조)

(6) Cushion 두께 증가

　두부 파손시 보강판을 덧대준다

(7) 용접 철저

(8) 하부 지반 조사 철저

(9) 타입에 저항이 적은 말뚝의 선정

　H-Pile < PC-Pile < RC-Pile 순으로 선정

(10) 지반조건과 맞는 시공법의 선정

(11) Prestress가 큰 말뚝사용

타격 총 제한횟수 ┌ 강파일(3,000회 이하)
　　　　　　　　├ PC파일(2,000회 이하)
　　　　　　　　└ RC파일(1,000회 이하)

(12) Rebound량 Check 및 정지 시기 결정

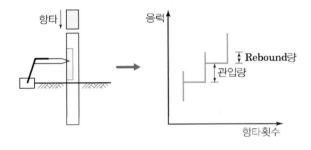

Ⅳ. 결 론

말뚝 박기 전 사전조사를 철저히 하고, 시험항타를 실시한 후 그에 맞는 공법을 선정 및 시방 조건을 준수하여 시행하면 두부의 파손을 방지할 수 있다.

06 현장 타설 Concrete 말뚝 공법

I. 개요

현장타설 Concrete 말뚝공법이란 기반을 굴착하여 무근, 또는 철근 Concrete를 타설하여 말뚝을 만드는 공법으로 다음과 같은 공법이 있다.

현장 타설 Concrete 말뚝
- 기계적인 공법 : Earth Drill, Benoto, RCD
- 인력공법 : 심초공법
- 관입 말뚝 : 레이몬드, 프랭키, 페데스탈
- 치환 말뚝 : CIP, PIP, MIP

[기계적인 공법비교]

	Earth Drill	Benoto	R.C.D
적용토질	점성토, 사질토 전석층 불능	암반 제외 모든 토질 N〈50 적합	암반 가능 사력층 적합
최대심도	40m	50m	100~200m
최대구경	1.5m	2m	3~6m
공벽형성	Guide Pipe, 안정액	All Casing	0.02MPa
굴착방식	회전 Bucket	Hammer Grab	Rotary Bit
특징	안정액	Tubing 요동기	역순환방식
환경문제	저소음 저진동 이토·이수문제	저소음 저진동	굴착토사처리

II. 기계적인 공법

(1) Earth Drill 공법

① 정의

Earth Drill 공법은 안정액을 이용하여 공벽을 유지하면서 Earth Drill 굴착기로 지지층까지 굴착한 다음, 철근망 건립, 트레미관에 의한 콘크리트 타설, 표층 Casing 및 양생 등의 방법으로 현장에서 타설 말뚝 공법이다.

② 굴착 장비 : 회전식 Bucket(주로 사용함), Auger Type

③ 시공법

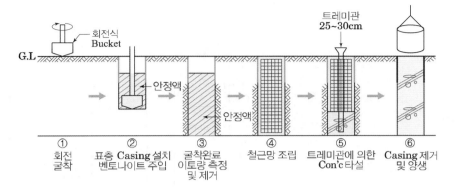

①	②	③	④	⑤	⑥
회전 굴착	표층 Casing 설치 벤토나이트 주입	굴착완료 이토량 측정 및 제거	철근망 조립	트레미관에 의한 Con'c 타설	Casing 제거 및 양생

④ 특징

장 점	단 점
• 점성토 지반에 유리(암반 굴착 불가) • 시공속도가 빠르다. 　(지반 양호, 공벽 붕괴 없을시) • 장비가 간단, 작업장 내 이동이 용이하다. • 공사비가 싸다. • 무소음, 무진동 • Boiling 현상시 안정액으로 누름으로 　제거된다. • Bucket Type → 1회 굴착량이 많고, 　점성토(찰흙) 지반시 시공효율이 좋다.	• 굴착지반 제한(N=27 지반까지) • 전석, 나무조각, 암반층 시공곤란 • 시공관리 충분치 않으면 말뚝 신뢰성이 없다. • 안정액 관리 → 공벽 붕괴 위험 　안정액 처리 문제(침전 설비 필요) • 지반 중 피압수, 복류수가 있으면 시공곤란 　→ 대책 안정액으로 누르거나 약액주입 　　지하수위 저하 • 콘크리트가 5~15% 더 든다. • 사면 말뚝 불가 • 좁은 공간 시공 불가

(2) Benoto 공법(All Casing)

① 개요

• Benoto 공법은 Casing Tube를 진동 장치에 의한 요동으로 흙의 마찰력을 저감하면서 압입하고(선행 작업) Hammer Grab에 의해 Casing 내부를 굴착 지지층까지 굴착한다.

• Slime 제거 철근망 건립 트레미관에 의한 Concrete 타설, Casing 인발 등의 작업으로 현장에서 Concrete 말뚝을 조성하는 공법이다.

② 시공법

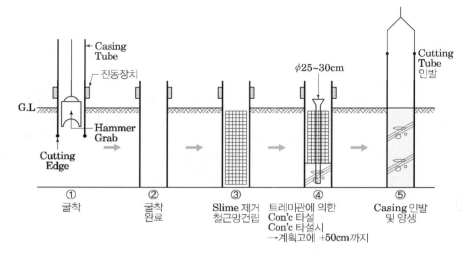

③ 특징

장 점	단 점

• 속도가 빠르다 공기가 짧다.
• 토질 적응성이 높다.
  (N < 50 적합, 암반제외)
• 구경이 크다. (2m 정도)
• 콘크리트 타설 후 Casing 인발하므로
  붕괴 사고가 적다.
  –외부 지반과 밀착 효과가 좋다.
  –철근 피복 유지가 확실하다.
• 무소음, 무진동
• 사면 말뚝 시공 가능(12°)
• 연속벽 시공 가능
• 근접 시공이 용이하다.
	• 기계가 대형이다.
	  (넓은 작업장, 기계중량이 무겁다)
	• Casing 인발 능력 한계로 시공 한계가 있다.
	  (40m 정도)
	• Casing 인발시 철근이 따라 올라가는 문제
	  가 있다.
	• Slime 불완전 제거 → 지지력 저하 위험이
	  있다.
	• 콘크리트가 설계보다 4~6% 더 든다.
	• Hammer Grab의 가격 굴착에 의한 Boiling
	  현상 → 선단 지반 연약화
	• 굴착시 연약지반 또는 지하수위 이하의 연약
	  모래에서는 주변 지반교란

(3) R·C·D 공법

① 정의

R·C·D 공법은 Drill Pipe 내에 물과 함께 토사를 흡입하여 배출하는 역순환 방식으로 2m 이상의 정수압(0.02MPa)으로 공벽을 유지하면서 굴착 Bit 회전 진동과 강력한 흡입력으로 굴착한다. 또한 공벽 붕괴를 방지할 목적으로 Slurry 안정액으로 공벽을 보호하기도 한다.

② 굴착 토사 배출 방법

Suction(가장 많이 사용), Air Lift, Jet

③ 굴착 장비

Rod Type, Rodless Type

④ 시공법

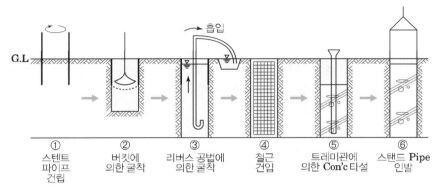

①	②	③	④	⑤	⑥
스텐트 파이프 건립	버킷에 의한 굴착	리버스 공법에 의한 굴착	철근 건입	트레미관에 의한 Con'c 타설	스탠드 Pipe 인발

⑤ 특징

장 점	단 점
• Casing Tube가 필요 없다. 　(상부 일부 Stand Pipe 설치) • Rod 이음에 의해 굴착 　(깊은 굴착 200m) • 대구경 가능(3~6m) • 무소음, 무진동 • 수상 시공 가능 • 연속 시공 가능 　(버킷 등의 인양으로 인한 시간 절약, 　시공능률이 좋다)	• 용수대책, 누수대책 침전지가 필요하다 • 굴착 중 투수층이 있을 때, 지하수위 저하로 　공벽 붕괴 위험하다. • 순환 설비 공간 필요, 굴착토사 처리에 문제가 　있다. • 나무조각, 조약돌 등이 있을 경우 굴착 곤란 　(Suction Pipe 내경 이상이 있는 경우) • 정수압 유지 수위 관리가 필요하다 　(0.02MPa) • 굴착 비트(암반용, 토사용) 교환 선택 사용해 　야 한다. • 경사 말뚝 불가

07 현장타설 Concrete 말뚝 기초의 시공관리시 문제점 및 대책에 대하여 기술하시오.

Ⅰ. 개 요

현장타설 Concrete 말뚝기초는 굴착→철망조립→Slime제거→Concrete타설 및 Casing 인발→말뚝 두부 확인 및 정리→되메우기 순으로 시공하게 되는데 현장타설 Concrete 말뚝 기초의 시공관리 항목별 시공시 문제점 및 대책에 대하여 다음과 같이 기술하고 자 한다.

Ⅱ. 공법별 굴착방법

(1) Earth-Drill

굴착 Bucket으로 회전 및 타격으로 굴착, 굴착 주변에 연약화
(상기와 같이 타격 및 회전에 의한 진동으로 선단 지반이 연약화하게 되는데 그에 따른 문제점 및 대책은 다음과 같다)

(2) Benoto(All Casing)

① Casing Tube의 요동작업(진동이 수반된다.)
② Casing Tube내에서 Hammer Grab로 타격에 의해 굴착, 이때 말뚝 선단 지반 연약화

(3) R·C·D 공법

역순환 방식으로 정수압(0.02MPa)을 유지하면서 굴착 Bit로 회전 진동과 강력한 흡인력으로 굴착하다.
이때 말뚝 선단 지반 연약화

Ⅲ. 시공관리

(1) 선단지반 연약화

① 원인 : 굴착시 진동 및 타격에 의한 연약화, Boiling 현상에 의한 연약화
② 대책
- 굴착 속도 유지(점성토 5~10분/m, 사질토 30~60분/m)
- 굴착 저항을 작게 한다.
- 주입 공법으로 주변 지지력 강화

(2) 말뚝 주변의 연약화

① 원인
- 공극수압 상승, 유효응력 감소
- 지하수에 따른 연약화

② 대책
- 굴착시 타격, 진동을 작게 한다.
- 굴착기계 요동, 회전을 작게 한다.

(3) 공벽 붕괴의 원인 및 대책
① 정수압 0.02MPa 유지 안 된 경우
→ 대책 : 지하수위 +2m 수위 유지
② 피압수가 심한 경우[투수층(자갈층)이 있는 경우]
→ 대책 : Boiling 조사 + 약액주입 등 억제 대책
상기 사항으로 불가 시는 공법 변경조치(강관 말뚝 타입 등)
③ 철망 세움시 공벽 붕괴
→ 대책 : 공벽 수직도 유지굴착, 철망 조립시 정밀도 유지
④ 중장비 진동에 따른 공벽 붕괴
→ 상재에 중장비 금지

(4) Concrete 시공관리(수중 Concrete)
① Slump 저하시
→ 대책 : 운반 시간 엄수(25℃ 이상시, 1.5시간, 20℃ 이하시 1시간)
Slump치: 180mm±15mm
② Concrete 공극
→ 대책 : Tremie관 인발시 진동기를 사용하며 20cm 정도씩 천천히 빼 올린다.
③ 재료분리
→ 대책 :
- Tremie관, Hopper 수밀유지
- W/B 50% 이하
- 단위 시멘트 370kg/m^3
- Slump 및 유동성 저하 콘크리트 타설 금지(점성이 양호한 자재 사용)
- 정수 중 타설
- 타설 속도 준수하여, 슈트가 막히지 않게 한다.
- Concrete는 자유낙하 금지
- Tremie관은 2m 이상 Concrete에 묻히도록 한다.

(5) Slime 제거
Slime 제거가 확실치 않을 경우 지지력 저하의 원인이 된다.
① Slime 제거시기 : 철망 조립 후, 콘크리트 타설 전
② Slime 제거방법 : Water Jet, Jet Suction, Air Lift Pump Mortar

(6) 철망과 함께 올리는 문제(Benoto 공법 시)

① 문제점
- Casing이 휘어져 설치된 경우
- 철망이 정위치(휘어지거나 간격 불일정)에 안 된 경우
- Boiling 현상에 의해 모래가 철망 주위에 남아 있는 경우

② 대책
- Casing의 수직도 유지한다.
- 철망의 수직도 및 정간격 유지(비틀림, 좌굴 방지)
- Slime 제거 철저

(7) 안정액

① 안정액 재료의 구비조건
- ㉠ 지반 상태 ㉡ 굴착기계 ㉢ 시공조건 적합한 것이어야 한다.
  - Bentonite : 점성이 풍부하고, 공벽 피막 형성, Cement 작용시 열화된다.
  - CMC : Cement 작용을 거의 안 받는다.
  - Barite : 중정석 분말 (비중사)
  - 니트로 후닌산 Soda : 안정액 성질 개선에 쓰인다.

② 안정액의 기능
- ㉠ 공벽 유지   ㉡ 지하수 억제
- ㉢ 토압지지   ㉣ 지반유동 억제

③ 안정액 관리
- ㉠ 점성, 비중 측정
- ㉡ 여과 시험
- ㉢ 모래성분(사분) 측정
- ㉣ PH=7~9 범위 PH가 크면 안정액 성질이 나타난다.
- ㉤ 염분 : 안정액이 염분(해수)가 침수되는 Gel화, 불안정해진다.
- ㉥ 재사용에 대한 판단
  - → 가급적 되풀이 사용 경제성 높여야 하며 재사용 여부는 시험에 의해 판정

Ⅳ. 결 론

현장타설 말뚝의 굴착시 수직도, 공벽 붕괴방지, Slime제거, 철망 조립
콘크리트 타설 등 시공관리에 대해 기술하였다.
시공성, 경제성, 적용성 면에서 적절한 공법을 선택, 시행하는 것이 중요하다.

08 말뚝의 허용 지지력 추정하는 방식과 허용 지지력에 영향을 미치는 감소요인에 대하여 기술하시오.

I. 개 요

말뚝의 허용 지지력은 축방향 지지력, 수평 지지력, 인발 저항력 등이 있으나 보통의 말뚝의 지지력이라 함은 축방향 지지력을 말한다.

$$말뚝의 \ 허용 \ 지지력은 \ (Ra) = Rs/Fs$$

Ru = 극한 지지력 = 선단 지지력 Rc + 주면 마찰력 Rs
Fs = 안전율

II. 허용 지지력 추정 방법

- 정 역학적 추정 방법
- 동 역학적 추정 방법
- 재하 시험에 의한 추정 방법
- 자료에 의한 방법

(1) 정 역학적 추정 방법 정의
　① 토압론을 기초로 한 지지력 공식(예 : Dörr 공식)
　　• $\phi \cdot c$ 값을 알 필요가 있으므로 지반의 역학적 특성을 충분히 조사(토질시험, 원위치 시험) 하지 않으면 올바른 추정 불가능
　　• 주로, 마찰 말뚝에 적용
　　• 피어 기초와 같이 주변 지반을 압축하지 않은 것에는 적용 불가
　② 토질역학 이론을 기초로 한 지지력 공식(예 : Terzaghi 공식)
　　• $\phi \cdot c$ 값을 알 필요가 있으므로 지반의 역학적 특성을 충분히 조사(토질시험, 원위치 시험)하지 않으면 올바른 추정 불가능
　　• 얕은 기초를 대상
　③ 표준 관입 시험(N치)에 의한 지지력 공식
　　㉠ Meyer Hof 공식
　　• 가장 타당성이 크다.
　　• 깊은 기초를 대상으로 한다.
　　• 선단 개방형도(강말뚝, H-Beam) 폐쇄 단면 둘레로 채용할 수 있다.
　　㉡ Dunham의 공식(모래)(표 참조)

(2) 동 역학적 추정 방법 : 점성토 마찰 말뚝은 곤란함
　① 항타시 타격 에너지 = 지반 변형 에너지와 같다고 가정한 방법
　② 극한 시험이 간편한 이점이 있으나(소규모 공사) 정밀도에 문제점이 많다.(설계치 사용 않음) → 재하시험 결과에 의한 항타계수 조정 항타시공 관리

- Dunham식

$\phi = \sqrt{12N} + 15$
토립자가 둥글고
균일한 입경

$\phi = \sqrt{12N} + 20$
토립자가 둥글고
입도분포 좋은 때
토립자가 모나고
균일한 입경일 때

$\phi = \sqrt{12N} + 25$
토립자가 모나고
입도가 좋을 때

③ 최종 관입량 탄성 변형 이상(최하 5mm) 되어야 한다.
   → Hammer 무게는 말뚝 무게에 1.5~2.5배 정도 사용
   ㉠ Hiley 공식

F : 타격에너지
c_3 : Cap, Cushion 탄성변형량(cm)
ef : 햄머효율(0.6~1.0)
c_2 : 말뚝축의 탄성변형량(cm)
S : 말뚝의 최종관입량(cm)
c_1 : 지반의 탄성변형량(cm)

$$Ru = \frac{efF}{S + \dfrac{c_1 + c_2 + c_3}{2}}$$

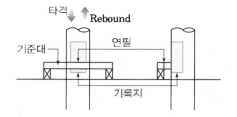
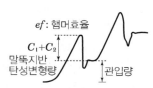

   • 선단부까지 항타
   • 지지층에 전달 관입이 정지되어 갈 때 기준대와 종이를 붙이고
     → 관입량 Rebound량 기록
   ㉡ Sander 공식

$$Ru = \frac{W \cdot H}{8 \cdot S}$$

w : Hammer 무게
H : Hammer 낙하고
S : 말뚝 평균 관입량

   ㉢ Engineering New 공식
   • Steam Hammer
   • 단동식 $Ru = \dfrac{W \cdot H}{S + 0.254}$

A_p : 피스톤 면적(cm^2)

   • 복동식 $Ru = \dfrac{H \cdot (W + Ap \cdot P)}{S + 0254}$

P : 햄머 증기압(t/cm^2)

   ㉣ Drop Hammer

$$Ru = W \cdot \frac{H}{S + 2.54}$$

(3) 재하시험에 의한 추정 방법
   ① 정재하 시험
     ㉮ 개요
       • 실물이나 반력 Pile을 이용하여 말뚝 허용지지력을 직접 측정
       • 한 개 말뚝이라는 것과 재하가 단기간에 이루어진다는 점을 고려

㈏ 방법 : 시항타 후 3주후(교란 고려)시행
　　　　Dial Gage는 Pile 직경 3.5배 떨어진 위치
　　　㉠ 시험하중 : 설계 또는 예상 지지력 2-3배
　　　㉡ 재하
　　　　• 시험 하중을 6단계로 재하, 하중 침하량 변동 기록
　　　　• 침하량 0.25mm/시간 이하 또는 1시간 이상 될 때까지 기록
　　　　• 시험 하중단계는 24시간 이상 유지
　　　㉢ 제하
　　　　• 시험 하중 4단계 나누어 제하
　　　　• 회복량 0.25mm/시간 이하 또는 1시간 이상 될 때까지 기록
　　　　• 0(Zero)ton에서는 12시간 이상 유지
　　　㉣ 사이클 Load에 의할 때는 각 단계마다 재하 또는 제하(除荷) 실시

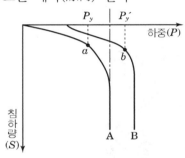

　　　　• A곡선 : 피어기초(진행성 파괴)
　　　　• B곡선 : 말뚝기초(전반 전단 파괴)
　　　　• 장기허용지지력(Pa) 항복 하중$\times\frac{1}{2}$
　　　　　파괴 하중$\times\frac{1}{3}$ 중 적은 값
　　　　• 단기허용지지력 = 항복하중
　　② 동재하시험(기초일반 참조)

(4) 자료에 의한 방법
　공사 지구 인접한 곳에서 실시한 신뢰할 수 있는 자료가 있을 때는 이를 이용하여 간이적인 방법이 있다.

Ⅲ. 허용 지지력 영향을 미치는 감소 요인

(1) 말뚝 재료의 압축 응력 (압축응력 > 허용 지지력)
(2) 이음에 의한 감소 : 부정확한 이음으로 20% 이내 감소
(3) 세장비(가늘고 긴)비율에 의한 감소
(4) 부 주면 마찰력에 의한 감소
(5) 무리 말뚝의 작용
　① 외측열 기준 가상 Caisson 기초 가정
　② 가상 Caisson의 허용 지지력을 초과해서는 안 된다.

(6) 말뚝의 침하량
　• 말뚝의 허용 지지력은 극한 지지력을 소정의 안전율을 고려한 후 상기 1~5항에 의한 영향을 고려하여 감소 시켜야 한다.

09 건전도 시험에 대하여 기술하시오.

I. 개 요

현장타설말뚝은 시공방법, 시공관리방법, 지반조건, 지하수 조건, 타설 및 양생방법 등에 따라 말뚝 본체의 강도와 결함여부 등 건전성 확인이 어렵다.

따라서 현장타설말뚝의 건전도 시험(Integrity Test)이 필요하다. 건전도 시험방법에는 공대공탄성파탐사, CLS(Cross Hole Sonic Loggings), 충격반향 방법, PIT(Pile Integrity Test), 코어링 방법 등 3종류가 있다.

Ⅱ. 건전도 시험방법

(1) 공대공 탄성파탐사, CLS(Cross Hole Sonic Loggings)

① 개요

현장타설 콘크리트말뚝에서 말뚝의 두부정리 전 검사용 튜브에 발신자와 수신자를 삽입하여 초음파 속도를 통해 말뚝의 품질상태와 결함 유무를 확인하는 시험이다.

② 시험방법
- 말뚝 전체길이에 대하여 초음파 검사를 적용
- 콘크리트를 타설후 7일 경과후 30일 이내 강도 80% 이상되는 시점 검사 실시
- 검사용 튜브의 하단부는 철근망 하부면과 가능한 일치할 것
- 튜브의 휘어짐과 파열방지를 위해 50~100mm 짧게 설치 가능할 것
- 검사용 튜브와 튜브의 간격은 일정거리 유지 및 평행이 될 것
- 불량이 예상되는 경우 센서 위치를 변경하면서 반복시험 실시

③ 검사 및 판정기준

㉮ 초음파 검사 수량(말뚝평균길이)

20m 이하	20~30m	30m 이상
10%	20%	30%

㉯ 판정 기준

A급	B급	C급	D급
0점	30점	50점	100점
양호	의심	불량	결함

→ B급 이하인 경우 보강 여부 결정

[건전도 시험]

(2) 충격반향시험 (Low Strain Impact Test, 예:PIT)
 ① 개요
   말뚝의 상단에서 충격을 가하면, 말뚝의 길이 방향으로 탄성파가 전달되게 된다.
 ② 시험방법
   • 탄성파의 전달시 말뚝의 선단이나 내부결함 또는 서로 다른 크기(직경, 모양),
     성분 등의 경계 및 주위 토층의 마찰 등에 영향을 발생하게 된다.
   • 반사파의 진행을 말뚝의 상부에 부착된 가속도계가 이를 감지하여 건전도를 확
     인한다.
   • 햄머 타격에 의한 충격 신호도 측정하여, 충격파의 도달시간 및 반사 특성을 분
     석하여 말뚝의 길이 및 품질상태를 측정한다.
 ③ 특징
   • 시험이 간편하다
   • 말뚝길이의 30배 이내이어야 한다.

(3) 코어링방법 (Proof Coring)
 ① 개요
   다이아몬드 코어배럴을 이용하여 직접 현장타설말뚝의 기초저면 0.5m까지 콘크
   리트의 코어를 채취하여 육안으로 확인하는 방법이다.
 ② 시험방법
   • 28일 이상 양생된 말뚝에 대하여 수행하며,
   • 코어 채취가 완료되면 코어 채취부는 그라우팅으로 충진한다.
   • 채취된 시료는 흠결이 없어야 하고,
   • 콘크리트 강도는 소요강도 이상이어야 한다.
   • TCR, RQD는 100%fmf 확보하여야 한다.
 ③ 특징
   • 육안관측으로 시험결과가 확실하다
   • 경제성과 시간이 상대적으로 많이 소요된다.

Chapter 05 기초공

제 2 절 연약지반 개량공법

1 핵심정리

Ⅰ. 개 요

연약지반은 탈수, 고결, 침하, 다짐 등의 방법으로 지반을 개량하여 지지력을 증가 및 침하량 방지, 투수성의 감소를 하는 방법이다.

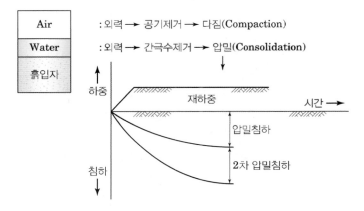

Ⅱ. 연약지반의 기준

	N치	qu(접지압)	CBR
사질토	10 이하	0.1MPa	
점성토	4 이하	0.06MPa	2% 이하
Fill Dam	20 이하		

Ⅲ. 공법의 종류

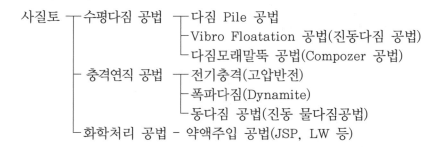

점성토 ┬ 치환 공법–기계굴착, 폭파치환, 강제치환, 동치환 공법
　　　├ 강제압밀 공법 ┬ Preloading
　　　│　　　　　　　├ 압성토 공법
　　　│　　　　　　　└ 사면선단 재하 공법
　　　├ 탈수 공법 ┬ Sand Drain 공법
　　　│　　　　　├ Paper Drain 공법
　　　│　　　　　└ Pack Drain 공법
　　　├ 배수 공법 ┬ Deep Well
　　　│　　　　　└ Well Point
　　　├ 화학적 공법 ┬ 전기침투법
　　　│　　　　　　└ 생석회 말뚝법
　　　├ 고결 공법–열처리(소결, 동결), 전기공법, 화학적 공법
　　　└ 대기압 공법–토공사진공배수 공법, 콘크리트 진공배수 공법

1. 사질토($N \leq 10$) 주요공법

┬ 진동다짐 공법(Vibro Floatation 공법)
├ 모래다짐말뚝 공법(Vibro Compozer, Sand Compaction Pile 공법)
├ 전기충격 공법 : 고압방전
├ 폭파다짐 공법 : Dynamite
├ 약액주입 공법 : JSP, LW, SGR 공법
└ 동다짐 공법(Dynamic Compaction Method)

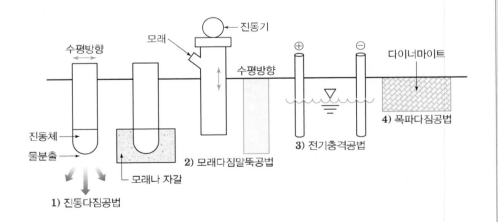

수평방향　　모래　　진동기
　　　　　　　　　　수평방향　　　　　　다이너마이트
진동체
물분출　　　　　　　　　　　　　　　　4) 폭파다짐공법
　　　모래나 자갈　2) 모래다짐말뚝공법　3) 전기충격공법
1) 진동다짐공법

[진동다짐공법]

1) 진동다짐 공법(Vibro Floatation 공법)

Vibro Float를 수평방향으로 진동하여 Water Jet와 진동을 동시에 작용시켜 느슨한 모래지반을 개량하는 공법

2) 모래다짐말뚝 공법(Vibro Compozer 공법)

Casing을 소정의 위치까지 고정시킨 후 상부 호퍼로 Casing 안에 일정량의 모래를 주입하면서 상하로 이동 및 다짐을 통하여 모래말뚝을 만드는 공법

3) 전기충격 공법

사질토에서 Water Jet로 굴진하면서 물의 공급을 통하여 지반을 포화상태로 만들고, 방전 전극을 삽입하여 고압방전을 일으키고 이로 인한 충격력으로 지반을 다지는 공법

4) 폭파다짐 공법

다이너마이트 등의 화약류로 지중을 폭파하고 급격한 가스의 압력을 일으켜 그 압력으로 지반을 다지는 공법

5) 약액주입 공법

• 약액을 지반에 넣어 지반의 투수성을 감소시키거나 또한 지반강도를 증가시키는 방법
• 약액으로는 물유리계, 리그린계, 우레탄계 등이 있으며 물유리계를 많이 사용한다.

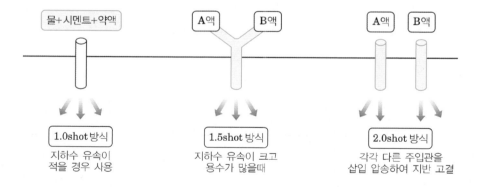

① JSP공법(Jumbo Special Pile)

연약지반 개량공법으로 이중관 로드 선단에 부착된 제트노즐로 시멘트 밀크 경화제를 초고압(20MPa)으로 분사시킴으로써 원지반을 교란 혼합시켜 지반을 고결시키는 주입공법

[JSP 공법]

㉠ 용도

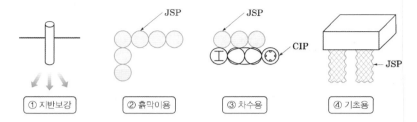

① 지반보강   ② 흙막이용   ③ 차수용   ④ 기초용

㉡ 특징
- 소형장비로 좁은 장소에서 시공이 가능하다.
- 차수성 우수하여 지하수 유입이 많은 곳에 사용 가능한다.
- 개량체 강도가 비교적 커서 지반보강 효과가 크다.
- N치 30 이상의 지반(특히 풍화암반)에서는 시공효과가 불확실하다.

② LW공법(Labiles Waterglass Method)
　규산소다 수용액과 시멘트 현탁액을 혼합하여 지상의 Y자관을 통하여 지반에 저압(1~2MPa)을 주입시키는 공법

[LW공법]

㉠ 시공순서

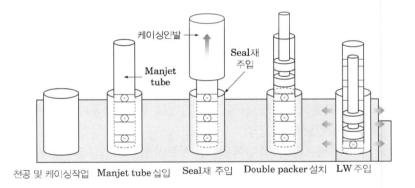

케이싱인발　Seal재 주입　Manjet tube

천공 및 케이싱작업　Manjet tube 삽입　Seal재 주입　Double packer 설치　LW 주입

■ 용탈현상
　구성 물질 중 일부가 지하수 등에 의해 유출되는 현상

㉡ 특징
- 약액주입 공법 중 고결강도가 높다.
- 주입재를 일정범위에서 균일하게 주입이 가능하므로 확실한 주입 효과 기대할 수 있다.
- 천공과 주입으로 작업공종을 분리하여 진행시킬 수 있다.
- 1열 시공 시 차수효과 기대가 곤란하다.

6) 동다짐 공법

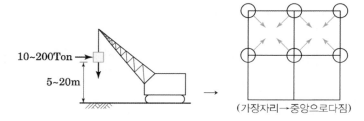

(가장자리→중앙으로다짐)

[동다짐공법]

2. 점성토 주요공법($N \leq 4$)

1) 치환 공법

굴착치환공법, 미끄럼치환공법, 폭파치환공법

2) 강제압밀 공법

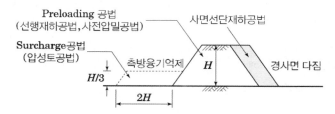

① Preloading공법

구조물을 축조할 곳에 흙을 성토하여 먼저 침하시켜 흙의 전단 강도를 증가시킨 후 성토부분을 제거하는 공법

② 압성토 공법

본체 성토 흙의 측면에 소단 모양의 흙을 성토하여 흙의 활동에 대한 저항모멘트를 증가시켜 성토지반의 흙의 활동파괴를 예방하는 공법

③ 사면 선단재하 공법

본체 성토흙의 측면에 흙을 성토하여 비탈면 끝부분의 전단강도를 증가시킨 후 성토부분을 제거하여 비탈면을 마무리하는 공법

3) 탈수 공법(연직배수 공법, Vertical Drain 공법)

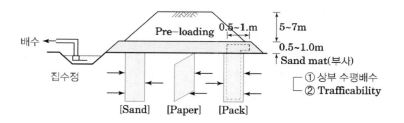

① Sand Drain 공법

재하중에 의하여 생기는 압밀침하를 단기간 내 진행시키고 또한 압밀에 따른 지반강도 증가를 기대하도록 연약점토층에 Sand Pile을 형성 배수 거리를 짧게 하여 강제 압밀 배수시키는 공법

[Sand Drain 공법]

② Paper Drain 공법

합성수지로 된 카드보드를 땅속에 박아 압밀을 촉진시키는 연약지반 개량공법으로 상부에 단단한 모래층이 없고 깊이가 얕은 지역의 지반 개량에 주로 사용

[Pack Drain]

③ Pack Drain 공법

모래 기둥의 절단된 단점을 보완하기 위해 합성섬유 마대(Pack)에 모래를 채워 넣어 연약지반 속에 연속된 배수 모래기둥을 형성함으로써 성토하중에 의한 압밀배수를 촉진시키는 공법

4) 배수 공법

  ┌ 중력식 : 집수정, Deep Well(1×10^{-2}cm/sec)
  └ 강제식 : 진공식 Deep Well(1×10^{-3}cm/sec), Well Point(1×10^{-4}cm/sec)

① Deep Well 공법

지표에서 지중 깊이 우물을 파서, 지하수를 배수하기 위한 펌프를 설치하여 지하수위를 저하시키는 공법

[집수정(강재집수정)]

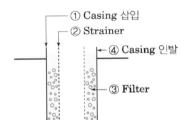

① Casing 삽입
② Strainer
④ Casing 인발
③ Filter

• 비교적 투수계수 큰 지반용
• 수위 저하량을 크게 할 경우 채택

[Deep Well공법]

② Well Point 공법

파이프 선단에 여과기를 부착하여 지중에 1~2m 간격으로 설치하고 흡입펌프를 이용하여 지하수위를 저하시키는 공법

[Well Point 공법]

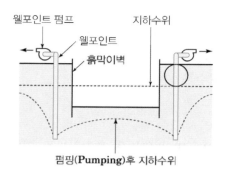

• 투수계수가 1×10^{-4}cm/sec 정도 모래지반에 유효

5) 고결 공법

생석회 말뚝공법, 소결공법, 전기화학법, 동결공법, 전기용융법

• 동결공법 : 지중에 액체질소 등 냉동가스를 주입하여 지중의 수분을 일시적으로 동결시켜 지반강도와 차수성을 높이는 지반개량공법으로, 저온액화가스방식과 브라인(Brine)방식이 있다.

6) 동치환 공법(Dynamic Replacement Method)

Crane에 7~20ton의 해머를 연약지반에 미리 포설한 쇄석, 모래, 자갈 등의 골재를 타격하여 쇄석기둥을 형성하는 공법

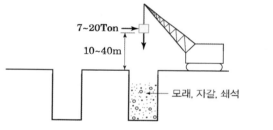

• 심도가 낮은 연약지반용
• 점성토 지반용

7) 전기침투 공법 : +극 → −극

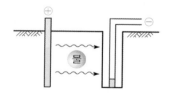

8) 대기압 공법(진공배수 공법, 진공압밀 공법 Vacuum Consolidation Method)
　　지반개량 부위에 Sand Filter(Sand Mat)를 시공하여 진공상태로 만들고 재하중으로서 성토 대신 대기압을 이용하여 탈수에 의해 연약토층의 압밀을 촉진시키는 공법

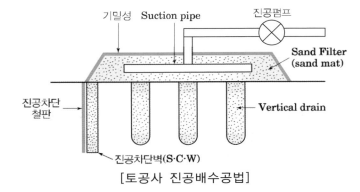

[토공사 진공배수공법]

■ PTM공법
(Progressive Trenching Method)
초 연약지반에서 배수로를 만들어 자연배수를 유도하며, 표층을 건조하는 방법

2 단답형·서술형 문제 해설

1 단답형 문제 해설

01 동다짐 공법(Dynamic Compaction)

▪ 사질토 : 동다짐
▪ 점성토 : 동치환

Ⅰ. 개 요

사질토 지반에 추(10~200ton)를 낙하(5~20m)시켜(충격에너지 50t~4000t·m) 다짐 이때 발생되는 잉여수를 배출하여 전단 강도를 증진하는 공법

가격으로 인한 과잉 간극수압이 소산되어 지반의 압밀을 촉진하는 공법으로 동압밀 (Dynamic Compaction)공법이라고도 한다.

Ⅱ. 개량 깊이

$$D = C\alpha\sqrt{W \cdot H}$$

C : 토질계수
α : 0.7(경험치)
D : 개량 깊이
W : 추의 무게
H : 낙하고

Ⅲ. 특 징

(1) 낮은 지지력, 부등 침하 문제되는 곳(Stone Pile)
(2) 경제성·시공성이 좋다.
(3) 소음 진동에 유의(인접구조물 주의)

Ⅳ. 적용성

(1) 개량 면적이 넓은 경우
(2) 깊은 심도 개량 기능
(3) 사질토, 전석, 폐기물 등 광범위한 토질 적용 가능

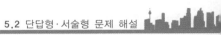

V. 시공유의사항

(1) 타격횟수
(2) 타격순서

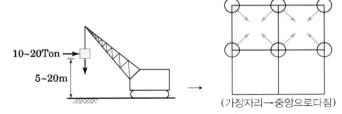

(가장자리→중앙으로다짐)

(3) 인접구조물 보호
　　인접구조물 사이에 Trench 굴착

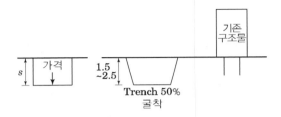

02 동치환 공법

I. 개 요

- 사질토 : 동다짐
- 점성토 : 동치환

연약지반 위에 자갈, 쇄석, 모래 등을 부설하고 무거운 추를 자유 낙하시켜 점성토 연약층에 대규모 쇄석(모래)기둥을 만들어 치환하는 공법

II. 적용성

(1) 적용토질 : 점성토
(2) 얕은 점성토 연약층(H ≤ 4.5m)
   쇄석기둥을 통하여 과잉간극수압 배출
(3) 깊은 점성토 연약층 (H > 4.5m)
   Filter재를 사전 부설하여 과잉간극수압 급속 배출

III. 특 징

(1) 침하량이 쇄석 기둥부와 토사부가 동일하여야 한다.
(2) 장비 10~20t(낙하충), 크레인(50~150ton)
(3) 과잉 간극수압 배출 후 토사부 다짐
(4) 쇄석 기둥부와 동일 높이로 마감 다짐 실시한다.

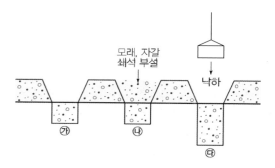

03 | Well Point

Ⅰ. 개 요
Well Point라는 흡수관을 시공지역 주위에 삽입 후 지하수를 진공펌프를 이용하여 강제로 배출, 공극수 배출을 촉진하여 지하수를 낮추는 공법

Ⅱ. 특 징
(1) 사질지반에 주로 적용됨
(2) 수위저하의 한계가 있음(5~7m)
(3) 깊은 경우 다단식을 적용하며 다단식의 경우 상·하단 계통을 나눈다.
(4) 굴착시 점성토층의 간극수압은 지하수위만큼 감소하여 점성토층의 유효응력(유효하중)이 그만큼 증가 압밀 촉진된다.
(5) Sand Drain 공법과 병용하여(압밀이 일찍 끝나는 효과가 있다.)

Ⅲ. 시공법
(1) Well Point : $D = 2''$ $L = 1m$
(2) Riser Pipe(흡수관) : $D = 1.5''$ $L = 5 \sim 7m$
(3) 간격 : 1~2m

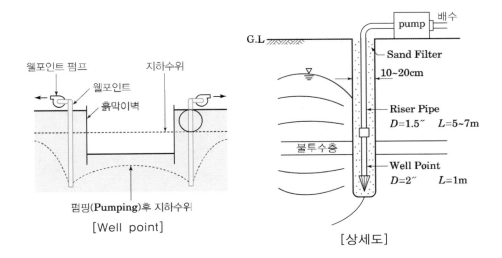

[Well point]

[상세도]

04 JSP(Jumbo Special Pile) 공법 [KCS 21 30 00]에 대하여 기술하시오.

I. 개 요

연약지반 개량공법으로 이중관 로드 선단에 부착된 제트노즐로 시멘트 밀크 경화제를 초고압(20MPa)으로 분사시킴으로써 원지반을 교란 혼합시켜 지반을 고결시키는 주입 공법

II. 시공방법

(1) 시공순서

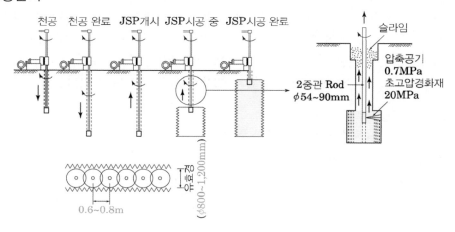

천공 천공 완료 JSP개시 JSP시공 중 JSP시공 완료

슬라임

압축공기 **0.7MPa** 초고압경화재 **20MPa**

2중관 Rod ϕ54~90mm

(ϕ800~1,200mm)

0.6~0.8m

(2) 시공시 유의사항
- 천공(공삭공)에 사용하는 공사용수는 압력이 4MPa 이하
- 시멘트 밀크 토출압을 서서히 20MPa까지 높인 후, 0.6~0.7MPa 압력의 공기를 병행 공급하면서 작업을 시작
- 로드의 분해 및 조립 시에는 시멘트 밀크 주입을 중지
- 시멘트 밀크의 분사량은 (60±5)ℓ/min를 기준
- 고압분사 시 토출압은 (20±1)MPa

(3) 특징
- 지반보강, 흙막이용, 차수용, 기초용 등으로 이용된다.
- 소형장비로 좁은 장소에서 시공이 가능하다.
- 차수성 우수하여 지하수 유입이 많은 곳에 사용 가능한다.
- 개량체 강도가 비교적 커서 지반보강 효과가 크다.
- N치 30 이상의 지반(특히 풍화암반)에서는 시공효과가 불확실하다.

05 | LW공법(Labiles Waterglass Method)에 대하여 기술하시오.

I. 개요

규산소다 수용액과 시멘트 현탁액을 혼합하여 지상의 Y자관을 통하여 지반에 저압 (1~2MPa)을 주입시키는 공법

II. 시공방법

(1) 시공순서

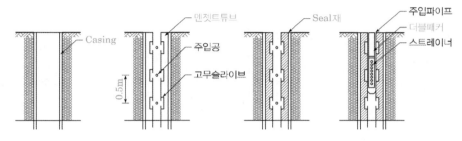

(2) 시공시 유의사항

- 멘젯튜브(40mm)를 300~500mm 간격으로 구멍(7.5mm)을 뚫어 고무 슬리브로 감고 케이싱 속에 삽입
- 케이싱과 멘젯튜브 사이의 공간을 실(Seal)재로 채운 후 24시간 이상 경과 후에, 굴진용 케이싱을 인발
- 주입관의 상하에는 패커 부착
- 주입관을 멘젯튜브 속으로 삽입하여 굴삭공의 저면까지 넣고 일정 간격으로 상향으로 올리면서 그라우팅재를 주입하며, 주입압력은 0.3~2MPa 정도로 하고, 주입 토출량은 8~16ℓ/min 범위로 하되, 원 지반을 교란 금지
- 주입이 완료되면 패커 장치만 회수하고 멘젯튜브는 그대로 둔 후 다음 공으로 이동한다.

(3) 특징

- 약액주입 공법 중 고결강도가 높다.
- 주입재를 일정범위에서 균일하게 주입이 가능하므로 확실한 주입 효과 기대할 수 있다.
- 천공과 주입으로 작업공종을 분리하여 진행시킬 수 있다.
- 1열 시공 시 차수효과 기대가 곤란하다.

06 SGR공법(Space Grouting Rocket System)에 대하여 기술하시오.

I. 개 요

천공 후 흙 속에 2개의 주입관을 설치하여 규산소다+시멘트+SGR약재(급결제, 완결제)를 지반에 저압(0.3~0.5MPa)으로 복합 주입하는 공법

II. 시공방법

(1) 시공순서

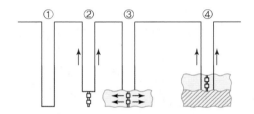

① 주입관 설치
② 주입관 인발
③ 약액주입
④ **50cm** 상승하면서 ②, ③작업 반복

- 계획심도까지 천공(40.5~72mm)
- 천공 완료 후 주입용 이중관 삽입
- 이중관 로드를 1Step(30~50cm)씩 상향 인발하면서 복합주입 실시

(2) 시공시 유의사항
- 소정의 심도까지 천공(40.2mm)한 후, 천공 선단부에 부착한 주입장치(Rocket System)에 의한 유도공간(Space)을 형성한 후 1단계씩(500mm) 상승하면서 주입
- 주입방법은 2.0Shot 방법으로 실시
- 급결 그라우트재와 완결 그라우트재의 주입비율은 5:5를 기준으로 하고, 지층조건에 따라 5:5~3:7로 조정 가능
- 주입압은 저압(0.3~0.5MPa)

2 서술형 문제 해설

01 점성토 연약 지반 개량 공법에 대하여 기술하시오.

I. 개 요

연약지반 개량 공법은 압밀, 탈수, 고결, 치환 등의 방법으로 공극수압을 저하시켜 압밀을 촉진, 지지력을 증가, 허용 침하량 범위내로 하기 위한 공법이다.

II. 연약지반의 기준

(1) 점성토 연약처리 공법

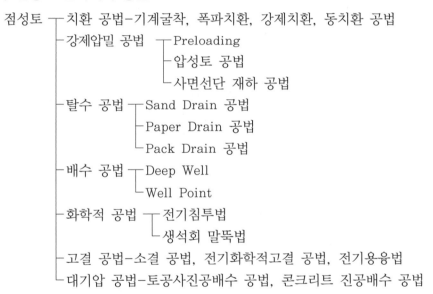

(2) 연약지반 기준

점성토	N < 4	0.06MPa	CBR 2% 이하
사질토	N < 10	0.1MPa	
Fill Dam	N < 20		

Ⅲ. 공법의 종류

(1) 강제 압밀 공법(선재하 공법)

① Pre-Loading 공법

㉠ 구조물 축조전 상재 하중을 선행하여 압밀을 촉진하는 공법

㉡ 적용

• 잔류 침하를 허용치 이내로 해야 할 때

• 전단 강도 증가시켜 전단 파괴를 방지
해야 할 때

• 공사기간이 충분할 때(공사기간이 길다)

• Piezometer에 의한 간극수압 측정으로 정도
파악

② 압성토 공법

활동에 대한 저항 Moment를 증가시키는 공법

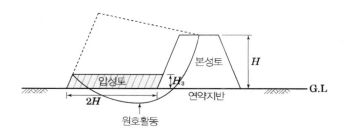

(2) 탈수 공법

① Sand Drain 공법

㉠ 두꺼운 연약 점성토 지반에 Sand Pile을 설치하여 배수 거리를 짧게 하여,
모래 기둥을 통하여 탈수, 압밀 촉진하는 공법

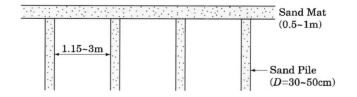

㉡ 시공법

• Sand Mat를 설치한다.(T = 0.5~1m)

• 중공 강관을 타입한다.(Water Jet, 압축공기 등 이용)

• 중공 강관 안에 모래를 채운다.(D = 30~50cm)

• 시공속도(6~7본/hr), 장기간 Drain시 유리하다.

② Paper Drain 공법

ㄱ Sand Drain과 같은 원리이다.

ㄴ 시공법

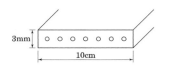

- Mat를 설치한다.(T = 0.5~1m)
- Mandrel에 Card Board를 장착 관입한다.
- Card Board는 놓고 Mandrel만 빼낸다.

ㄷ 재료(펄프섬유)

- 주위 지반보다 투수성이 좋을 것
- 투수성 변화 없을 것
- 전단강도, 신장도 변화 없을 것

③ 장점

ㄱ 속도가 빠르다.

ㄴ 타설 주변 지반이 교란되지 않는다.

ㄷ Drain 단면이 깊이 방향으로 일정하다.

ㄹ 간격을 짧게 할 수 있다.(배수양호)

ㅁ 공사비가 싸다.

④ 단점 : 열화작용으로 배수 효과 감소

(3) 화학적 흡인 작용에 의한 방법

① 전기 침투법

- 전기(150V 이하)는 ⊕에서 ⊖로 흐르는 것을 이용, ⊖극으로 모인 물을 배제
- 공사비가 고가이다.
- ⊕⊖교대로 시행
- 전압(저압 → 고압)

② 생석회 말뚝

지반에 생석회를 관입하면 발열(400℃) 및 팽창하게 되는데 팽창(체적 증가)에 의한 압축과 탈수 발열에 의한 건조

(4) 고결 공법(말리는 공법)

① 소결 공법

연직 또는 수평 Boring공 설치하고 그 안에 연료를 연소하여 고결시키는 공법

② 전기 화학적 고결 공법

전기 침투법 + 주입 공법

③ 전기 용융법

(5) 치환 공법

① 연약층 일부 전부를 양질의 자재로 치환하는 공법
② 기계굴착 치환, 폭파 치환, 강제 치환이 있다.
③ 연약층이 1~3m로 얕을 때 시공, 양질 재료 구득 가능 때, 사토장이 있을 때
④ 시공관리
   - 부등침하 방지
   - 지반개량 성과 파악 : Cone-Test, Sounding 등 실시

Ⅲ. 결 론

점성토에서는 N〈4, qu=0.06MPa 이하의 지반을 연약지반이라 한다.
연약지반의 공급수압을 저하시켜 지지력 향상, 잔류침하 방지 등을 목적으로 시행하게
된다.

(1) 시공 관리 항목

① 침하관리 : 압밀침하관리, 침하계, 수압계, 경사계, 측정관리
② 강도증진관리 : Sounding, Vane-Test, Cone-Test
③ 공극수압관리 : 간극수압계
④ 재하중 상태관리 : 레벨측정관리, 성토재장관리

(2) 연약지반 조사 및 처리 대책 검토

(3) 연약지반 처리공법 선정 검토

02 사질토 연약지반 개량 공법에 대하여 기술하시오.

I. 개 요
(1) 사질토 연약지반이라 함은 상대 밀도가 비교적 느슨한 지반으로 액상화 현상이나 Quick Sand(분사현상)에 문제가 되는 지반을 말한다.
(2) 사질토는 입자가 크고 점착력이 없으므로 진동이나 충격을 가하여 입자를 재배열하여 밀도를 증대시키는 방법을 사질토 개량 공법이라 한다.

II. 연약 지반 기준

점성토	N<4	0.06MPa	CBR 2% 이하
사질토	N<10	0.1MPa	
Fill Dam	N<20		

III. 사질토 개량 공법의 종류

```
개량 공법 ─┬─ 수평다짐 공법 ─┬─ 다짐 Pile 공법
          │                 ├─ 다짐 모래 말뚝 공법(Compozer 공법)
          │                 └─ Vibro Flotation 공법 (진동 다짐 공법)
          ├─ 충격연직 공법 ─┬─ 전기충격
          │                 ├─ 폭파 다짐
          │                 └─ 진동 물다짐 공법
          └─ 화학처리 공법 ── 약액 주입 공법
```

IV. 각 공법의 특징
(1) 다짐 Pile 공법
  ① 개요
    다짐 Pile 공법은 사질지반에 기성 Pile(Wood, Concrete)을 박아 Pile 체적만큼 흙을 배제하여 간극비 감소 및 항타에 의한 다짐 효과를 기대하는 공법이다.
  ② 특징
    • 경제적이지 못하다.(재료비 비중이 크다)
    • 현재는 보조 공법으로 사용되고 있다.

(2) Compozer 공법(다짐 모래 Pile 공법)

① 개요

다짐 Pile 공법과 같은 원리로 모래를 이용하여 지반 내 압입하는 공법

모래 말뚝을 만드는 방법으로 Hammering Compozer와 Vibro Compozer 공법
두 가지가 있다.

② 종류

㉮ Hammering Compozer 공법

㉠ 시공법

- 지표면에 내·외관을 설치한다.
- 외관을 모래로 막고 내관을 Hammer로 하여 내·외관을 땅속에 삽입한다.
- 소정 깊이에 왔을 때 외관 모래 마개를 열고 지반에 박는다.
- 내관으로 모래를 투입한다.
- 내관은 Hammer로 상하 작용
  (내·외관 인발하면서) 모래 기
  둥을 만든다.

㉡ 특징

- 전기 설비가 필요 없다.
- 소음·진동 문제가 된다.
- 흙이 교란된다.
- Work Man Ship이 중요하다.
- 시공관리가 어렵다.

㉯ Vibro Compozer

㉠ 시공법

- 지표면에 강관을 설치하고 모래 마개 막는다.
- 진동에 의해 지중에 관입한다(필요시 Water Jet병용).
- 소정 깊이에 도달하면 모래 마개를 열고, 모래를 투입하면서 진동으로 강
  관을 빼낸다.

㉡ 특징

- 소음이 적다.
- 균질한 모래 기둥 시공
- 고장이 적고, 시공 능률이 좋다.
- 자동 기록 가능하다.

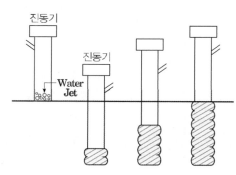

(3) Vibroflotation(진공 다짐 공법)

① 시공법

- Watering Jet를 이용하여 소정 깊이까지 관입
- 진동을 이용하여 연약지반을 물과 함께 올린다.
- Hole이 형성된 곳에 모래나 자갈 투입하면서 뽑아 올린다.

② 특징

- 지하수위 영향을 받지 않는다.
- 지반 균일 다짐
- 깊은 곳 시공 가능(20~30m)하다.
- 공사비가 싸고, 빠르다.

(4) 폭파 다짐 공법

① 시공법

- 폭파, 인공 지진으로 느슨한 사질토 지반개량
- 광범위하고 대규모 개량시 적합

② 특징

- 폭파는 중심에서 외부로 시행한다.
- 인체에 피해가 없도록 시공
- 상대밀도 70~50%, N=40까지 가능하다.
- 폭파 후 표피(0.5~1.0m) 제거한 후, Tampping 실시

(5) 전기충격 공법

① 시공법

- 지반을 포화 상태로 한다.
- 지반에 방전 전극 삽입
- 대전류 통전(5초 간격 30~50회)
- 고압 반전을 일으켜 타격력 발생

② 특징

표피압이 적거나, 세립분 40% 이상시 효과가 없다.

(6) 약액 주입 공법

① 주입목적 : 강도증대 및 용수누수 방지

② 주입관 삽입 → Gel 상태 약액주입 → 고결하는 방법

③ 주입 방법 : 반복 주입, 단계 주입, 유도 주입

④ 주입관 설치 : Boring, 타설, Jetting

⑤ 시공법 : 단관 주입, 2중관 주입, 고입분사주입

⑥ 주입 방식 : 1액 1공정, 2액 1공정, 2액 2공정

⑦ 시공관리 : Sounding, Boring

03 연약지반의 계측관리 공법에 대하여 기술하시오.

Ⅰ. 개 요

연약지반은 구조물의 하중을 충분히 지지할 수 없는 지반으로 안정, 침하, 측방 유동, 액상화 및 투수성 등 공학적 문제가 발생하므로 지반개량을 통하여 지지력 확보를 하게 된다. 이때 다음과 같은 계측을 통해서 사전에 발생 가능한 문제를 예방하기 위하여 실시한다.

점성토	연약층 두께(M)	N 치	qu (접지압)
점성토	D ≤ 10	N 〈 4	0.06MPa 이하 (qu=0.6kgf/cm² 이하)
사질토	D 〉 10	N 〈 10	0.1MPa 이하 (qu=1.0kgf/cm² 이하)

Ⅱ. 연약지반의 계측관리 목표

1) 공사의 안정성 확인(계획, 지반특성, 주변여건 등)
2) 계측자료에 의한 시공관리(활동파괴 및 압밀침하 등)
3) 성토고, 시공속도 등을 통한 경제성
4) 설계이론 및 설계정수의 불확실성 제거

Ⅲ. 연약지반 계측시 검토사항

1. 계측항목 및 계측기 설치

1) 지반조건 및 주변 환경조건
2) 계측대상 지반의 계측목적
3) 계측범위와 계측위치
4) 계측기의 종류와 수

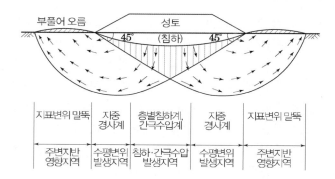

2. 연약지반 계측 측정

1) 지중침하 측정
2) 지표변위 측정
3) 지하수위 측정
4) 간극수압 측정
5) 토압 측정

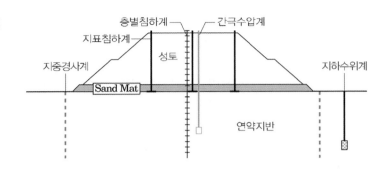

3. 연약지반 계측항목

용도			기기명	계측목적	설치	빈도
변형	침하	지표	지표 침하계	– 성토속도조절 침하 진행상황 파악 재하고, 재하시기 결정 – 안전관리 (부등침하 확인) – 지반개량효과 확인 – 이론값과 실측값의 비교 분석 : 시공 및 설계에 Feed Back – 잔류침하량을 추정, 여성토량을 결정	50~100m 간격	성토초기: 1회/1일 1-3개월: 1회/1~3일 3개월 후: 1회/1주 6개월 후: 1회/1월
		지중	층별 침하계	– 각 층의 침하 진행상황	100~200m간격 토층높이 5m마다	
변위	지중		경사계	– 지반내 변위 발생 측정 측방유동 측정(인접구조물 영향 확인) 성토속도 조절(히빙 발생여부 확인) 측방유동 안정 방치 기간 결정	100~200m 성토저면 선단부	
	지표		변위 말뚝	– 원지반 수평변위, 융기현상 측정	비탈면 선단부	
수압	간극 수압		간극 수압계	– 흙쌓기 하중에 의한 지반내 간극수압 변화 Drain공의 압밀효과 측정(안정검토) 침하진행 파악(간극수압 파악)	100~200m 토층높이 5m마다	
	지하 수위		지하 수위계	– 흙쌓기 하중에 의한 지반내 지하수위 변화 간극수압과 비교하여 과잉간극수압의 소산정도 및 유효응력 증가량 파악 정수압 측정	200~400m 토층높이 5m마다	
토압			토압계	– 지중토압 측정	토층높이 5m마다	
확인			Boring	– 전단강도 측정 – 토질정수 획득	– 소요개소 – 50~100m 마다	성토시공 완료추정시

4. 계측관리

1) 침하관리

침하량 특성에 따른 압밀진행 상황을 파악하여 각 층의 간극수압의 변화로부터 각 시점의 압밀도를 판단하여, Preloading의 기간, 부등침하 등 지반개량 효과 확인및 Feed Back을 통한 원인규명 등을 한다.

① 정성적인 관리
- 수평, 수직변위 상호관계
- 시간에 따른 변위 관계
- 응력경로
- 프리로딩 시공기준

② 장래 침하량 예측
- 장래침하량 예측
- 여성토량 결정

2) 지반안정관리

안정한 상태에서 시공할 수 있도록 흙쌓기 속도를 조절한다.

① 계획 성토속도로 계속 시행여부
② 변형량 및 변형의 시간적 변화 분석
③ 필요시 시료를 채취 분석

Ⅳ. 결론

1) 계측기의 종류 및 위치, 수량 등을 현장여건과 경제성, 안전성, 시공성 고려하여 연약지반개량 특성에 적합한 계측공법 선정이 중요하다.

2) 계측공법의 선정은 2가지 이상의 공법을 병행 시행함이 효과적이며, 가능한 많은 계측기를 설치하여 발생 가능한 문제를 사전 예방하는 것이 필요하다.

memo

Chapter **05** # 기초공

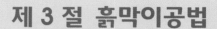

제 3 절 흙막이공법

1 ## 핵심정리

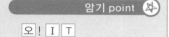
Ⅰ. 흙파기 공법

```
┌ Open Cut ─┬ 경사면(비탈면) Open Cut
│            └ 흙막이 Open Cut
├ Island Cut
└ Trench Cut
```

1. 경사면(비탈면) Open Cut 공법

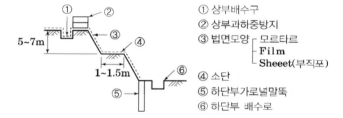

① 상부배수구
② 상부과하중방지
③ 법면모양 ┬ 모르타르
　　　　　　├ Film
　　　　　　└ Sheeet(부직포)
④ 소단
⑤ 하단부가로널말뚝
⑥ 하단부 배수로

2. Island Cut공법

흙막이벽이 자립할 수 있는 깊이까지 비탈면을 남기고, 중앙부분의 흙을 파고
구조체를 구축하고 외주부분을 굴착하여 외주부분 구조체를 완성하는 공법

3. Trench Cut공법

이중으로 흙막이벽을 설치하고 외주부를 굴착 후 구조체를 완성한 다음 중
앙부분의 구조체를 완성하는 공법

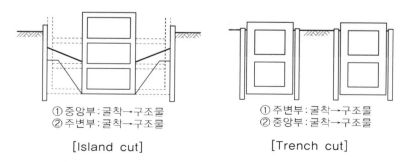

① 중앙부 : 굴착→구조물
② 주변부 : 굴착→구조물

① 주변부 : 굴착→구조물
② 중앙부 : 굴착→구조물

[Island cut]　　　　　　　　[Trench cut]

Ⅱ. 흙막이 공법

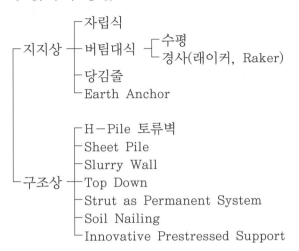

```
        ┌ 자립식
        │             ┌ 수평
┌ 지지상 ┼ 버팀대식 ┤
│       │             └ 경사(래이커, Raker)
│       ├ 당김줄
│       └ Earth Anchor
│
│       ┌ H-Pile 토류벽
│       ├ Sheet Pile
│       ├ Slurry Wall
└ 구조상 ┼ Top Down
        ├ Strut as Permanent System
        ├ Soil Nailing
        └ Innovative Prestressed Support
```

1. 토압분포

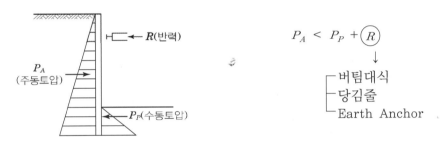

R(반력)

P_A
(주동토압)

P_P(수동토압)

$P_A < P_P + \boxed{R}$

```
       ┌ 버팀대식
       ├ 당김줄
       └ Earth Anchor
```

종 류	설 명
주동토압(P_A)	벽체가 뒷면의 흙으로부터 전면으로 변위가 생길 때 흙의 압력
수동토압(P_P)	벽체가 흙 쪽으로 향해 움직일 때 흙이 벽체에 미치는 압력
정지토압(P_O)	벽체의 이동이 없을 때 흙이 벽체에 미치는 압력

2. 토질별 토압분포

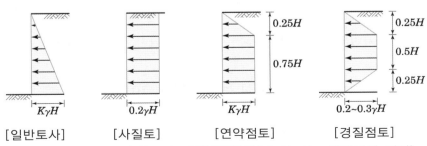

0.25H
0.75H
0.25H
0.5H
0.25H

$K\gamma H$ $0.2\gamma H$ $K\gamma H$ $0.2{\sim}0.3\gamma H$

[일반토사]   [사질토]   [연약점토]   [경질점토]

(K : 측압계수   r : 습윤토의 단위체적중량(t/m³), H : 터파기의 깊이)

[H-pile 토류벽 공법]

[Sheet pile 공법]

[버팀대식 흙막이(수평)]

[버팀대식 흙막이(Raker)]

[Earth Anchor 공법]

3. Earth Anchor 공법 → 인장재 정착[KCS 11 60 00]

흙막이벽 면을 천공 후 그 속에 인장재를 삽입하고 그 주위를 시멘트 그라우팅으로 고결시킨 후 인장재에 인장력을 가하여 흙막이 벽 등을 지지하는 공법이다.

1) 시공도 및 시공순서

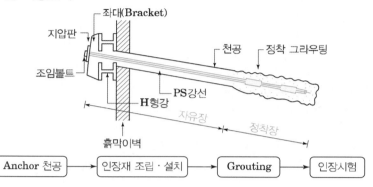

2) 시공 시 유의사항

① 그라우트의 블리딩률은 3시간 후 최대 2%, 24시간 후 최대 3% 이하
② 유기질점토나 실트 등 강도가 매우 적은 지반에서는 앵커를 설치 금지
③ 앵커체 선단이 인접 토지경계 침범 금지(침범한 경우에는 토지소유주의 동의 취득)
④ 전반적인 거동상태를 장기적으로 점검, 관측 및 계측 실시
⑤ 인장재 절단은 산소절단기를 사용하지 않고 커터 실시
⑥ 천공지름은 도면에 표시된 지름을 표준(앵커지름보다 최소 40mm 이상)
⑦ 토사붕괴가 우려되는 구간에는 케이싱을 삽입
⑧ 천공깊이는 소요 천공깊이보다 최소한 0.5m 이상
⑨ 앵커가 후면의 기존 구조물을 통과할 때 앵커체는 기초저면에서 최소 3m 이상 이격
⑩ 천공 후 바로 앵커공 내부를 청소하여 슬라임을 제거
⑪ 혼합된 그라우트는 90분 이내에 주입
⑫ 동절기의 주입은 그라우트의 온도가 10℃~25℃ 이하를 유지
⑬ 계획 최대시험하중은 설계하중의 1.2배 이상, 긴결재의 항복하중의 0.9배 이하
⑭ 인장시험은 최소 3개, 전체 그라운드 앵커의 5% 이상 실시

4. Soil Nailing 공법 → 중력식 옹벽[KCS 11 70 05]

원지반 보강공법으로 인장응력, 전단응력, 휨모멘트에 저항할 수 있는 보강재를 프리스트레싱 없이 촘촘한 간격으로 삽입하여 중력식 옹벽에 의해 원지반의 강도를 증진시켜 안정성을 확보하는 공법이다.

1) 시공도 및 시공순서

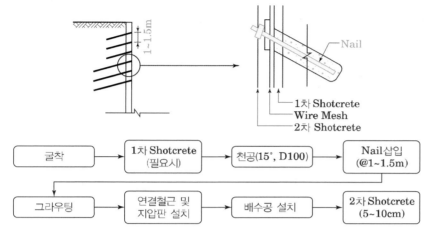

[Soil Nailing 공법]

2) 시공 시 유의사항

① 정착판의 면적은 150mm×150mm 이상, 정착판의 두께는 9mm 이상
② 그라우트는 약 24MPa, 물-시멘트비(W/C)가 40%~50% 범위 이내
③ 연직 깎기깊이는 최대 2m로 제한하고 그 상태로 최소한 1~2일간 자립성을 유지할 수 있는 범위
④ 천공시 공벽이 유지되지 않을 경우 케이싱을 사용
⑤ 네일은 삽입 시에 천공장의 중앙에 위치하도록 하기 위하여 스페이서를 사용(설치 간격은 2.5m 이내로 하며, 최소 2개 이상)
⑥ 네일을 설치하고 그라우트 주입을 시행
⑦ 주입호스는 최소 2개 이상을 설치
⑧ 시공허용오차: 천공각도는 ±3°, 천공위치는 0.2m 이내
⑨ 인발시험
   - 시험용 네일: Pull-out Test, 시공네일: Proof Test
   - 800m^{2}까지는 최소 3회, 300m^2 증가 시마다 1회 이상 추가

3) Earth Anchor 공법과 Soil Nailing 공법 비교

구 분	Earth Anchor	Soil Nailing
구조원리	앵커체에 의한 벽체 지지	중력식 옹벽에 의한 지반의 강도 증진으로 벽체 지지
강재(삽입재)	PS강선	이형철근(D29)
역할	흙막이 버팀대	굴착면 안전성 확보
제한지반조건	원칙적으로 제한이 없음	사질토

[Slurry Wall 공법]

5. 지하연속벽(Slurry Wall, Diaphragm Wall) 공법

벤토나이트 안정액을 사용하여 지반을 굴착하고 철근망을 삽입한 후 콘크리트를 타설하여 지중에 시공된 철근 콘크리트 연속벽체로 주로 영구벽체로 사용한다.

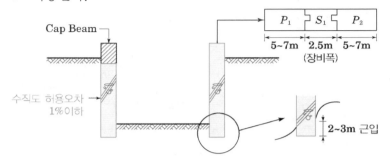

1) 특징

특 징	내 용
장점	① 저진동, 저소음으로 공사가 가능하다. ② 벽체의 강성이 높다. ③ 지수 및 연속성이 높다. ④ 영구 지하벽이나 깊은기초로 활용한다.
단점	① 굴착 중 공벽의 붕괴가 일어난다. ② Element 간의 이음부 처리가 어렵다. ③ 공사비가 비싸다.

2) 종류

① Hammer Grab

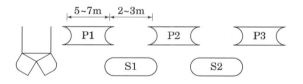

② Hydro mill, BC cutter

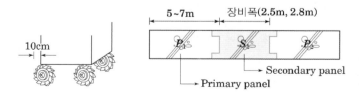

3) 시공순서

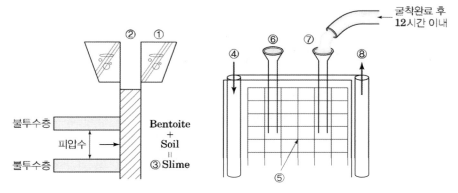

Guide Wall 설치 → Excavation → Slime 처리 → Interlocking Pipe 설치(Stopered Tube) → 철근망 설치 → Tremie Pipe 설치 → Con'c 타설 → Interlocking Pipe 인발 → Cap Beam

4) 시공시 유의사항 [KCS 21 30 00]
   ① 최종 굴착면 아래로 충분히 벽체를 근입장 확보
   ② 1차 패널(Primary Panel) 폭은 5~7m, 2차 패널(Secondary Panel) 폭은 굴착장비의 폭으로 제한하여 시공하는 것을 원칙
   ③ 비중, 점성, PH, 사분율시험으로 안정액 관리 철저
   ④ 굴착 구멍은 연직으로 하고, 연직도의 허용오차는 1% 이하
   ⑤ 굴착 중에는 수시로 계측하여야 하며, 굴착 공벽의 붕괴에 유의
   ⑥ 철근망과 트랜치 측면은 80mm 이상의 피복 유지
   ⑦ 콘크리트 타설은 굴착이 완료된 후 12시간 이내에 시작하고, 콘크리트는 트레미관을 통해서 바닥에서부터 중단 없이 연속하여 타설
   ⑧ 트레미관 선단은 항상 콘크리트 속에 1m 이상 관입

5) 안정액 관리시험

종목	기준치		시험기기
	굴착시	Slime 처리 시	
비중	1.04~1.2	1.04~1.1	Mud Balance
PH	7.5~10.5	7.5~10.5	전자 PH미터기
사분율	15% 이하	5% 이하	사분측정기
점성	22~40초	22~35초	점도계

6) 안정액의 요구성능 [KCS 21 30 00]

① 안정액을 만들 설비시설을 갖추고, 기계적 교반으로 안정된 부유 상태 유지

② 슬러리를 회수하여 사용하는 경우에는 슬러리에 섞여있는 유해물질을 제거

③ 회수된 슬러리는 연속적으로 트랜치에 재순환시킴

④ 슬러리는 철저한 품질관리를 통하여 분말이 부유 상태 유지

⑤ 슬러리는 굴착과 콘크리트 타설 직전까지 순환 또는 교반을 지속 유지

⑥ 파낸 트랜치의 전 깊이에 걸쳐서 슬러리를 순환 및 교반할 수 있는 장비 유지

⑦ 슬러리를 압축공기로 교반 금지

7) Slime 처리 방법

① 1차(Desanding) : 안정액을 플랜트로 회수하여 모래성분을 걸러내고 소정의 Bentonite와 재혼합하여 다시 투입

② 2차(Cleaning) : 굴착공사 후 부유토사분 침강완료 시 실시

③ 종류

[흡입펌프방식]　　　　[Air Lift 방식]　　　　[Sand Pump 방식]

6. Top down(역타) 공법

지하외벽과 지하기둥을 터파기하지 않은 상태에서 구축하고 1층 바닥구조
체를 완성한 후 그 밑의 지반을 굴착하고 지하바닥구조의 시공을 하부층으
로 반복하여 진행하면서 상부도 동시에 시공하는 공법이다.

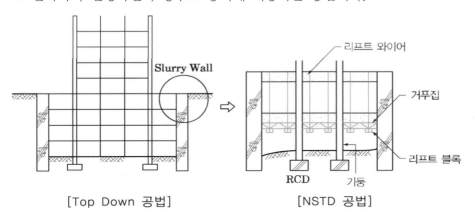

[Top Down 공법]   [NSTD 공법]

[Top Down 공법]

1) 공법 종류

공법 종류	설명
완전역타공법	지하 각층 슬래브를 완전히 시공하는 방법
부분역타공법	지하 바닥 슬래브를 부분적으로 시공하는 방법
Beam & Girder식 역타공법	지하 철골구조물의 Beam과 Girder를 시공하여 지하연속벽을 지지한 후 굴착하는 방법

2) 시공순서

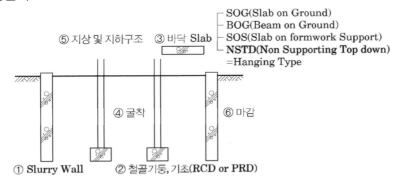

⑤ 지상 및 지하구조   ③ 바닥 Slab

- SOG(Slab on Ground)
- BOG(Beam on Ground)
- SOS(Slab on formwork Support)
- **NSTD(Non Supporting Top down)**
  =Hanging Type

④ 굴착   ⑥ 마감

① Slurry Wall   ② 철골기둥, 기초(RCD or PRD)

3) 특징

① 지하, 지상 동시 시공으로 공기단축이 용이
② 1층 바닥이 먼저 타설하여 작업공간으로 활용가능
③ 기둥, 벽 등의 수직부재에 역 Joint 발생

7. SPS(Strut as Permanent System) 공법

흙막이지지 Strut를 가설재로 사용하지 않고 영구구조물(철골구조체)을 이용하여 굴토공사 중에는 토압에 대해 지지하고 슬래브 타설 후에는 수직하중에 대해서도 지지하는 공법을 말한다.

1) 공법 종류 및 Flow Chart

① Down-Up 공법

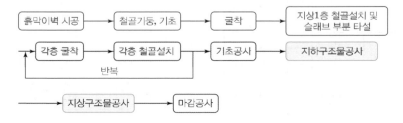

② Up-Up 공법

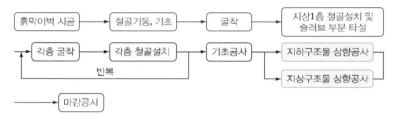

③ Top Down 공법

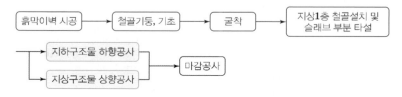

2) 특징

① 가설 지지체의 설치 및 해체 공정 생략
② 가설 Strut 해체 시 발생하는 응력불균형 현상 방지
③ 슬래브 타설로 작업공간 확보 유리
④ 폐기물 발생 저감
⑤ 공기 단축 가능
⑥ 토질 상태에 관계없이 시공 가능

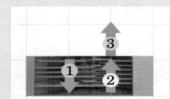

[Down-Up 공법]

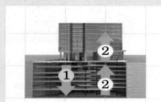

[Up-Up 공법]

[Top Down 공법]

[SPS 공법]

8. CWS(Continuous Wall Top Down System)

① 굴착공사 진행에 따라 매립형 철골띠장, 보 및 슬래브를 선시공하여 토압 및 수압에 대해 슬래브의 강막작용으로 저항하고 굴착공사 완료 후 지하 외벽의 연속시공이 가능한 공법을 말한다.

② 기존 RC 테두리보 공법을 개선하여 철골띠장 설치 및 지하외벽 일체타설 등을 통하여 시공성을 향상 시킨다.

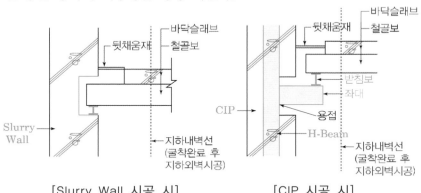

[Slurry Wall 시공 시]　　　[CIP 시공 시]

9. IPS(Innovative Prestressed Support)

흙막이 띠장에 프리스트레스를 가하여 흙막이 벽체지지 가시설물(Strut 및 Post Pile 등)의 설치 없이 본 구조물 시공을 가능할 수 있도록 하여 기존 흙막이 가시설물의 설치상문제점(본 구조물과 간섭문제, 작업공간 협소 등)을 개선한 공법이다.

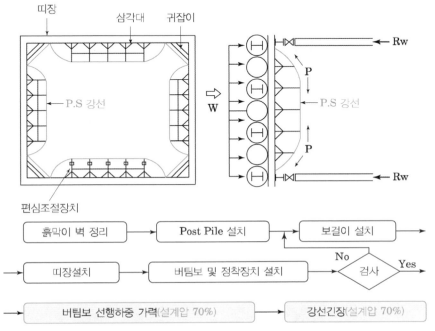

[IPS 공법]

암기 point ✦

흙 으로 지 압 을 하니
근육이 보 이 피 더라

Ⅲ. 지반침하, 균열(흙막이 붕괴)

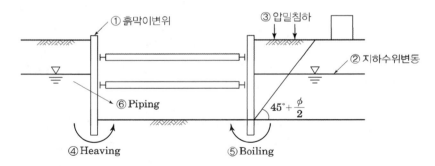

1. 흙막이 변위

2. 지하수위 변동

3. 압밀침하

4. Heaving현상

연약한 점성토 지반의 굴착공사 시 흙막이벽 뒷면의 흙의 중량이 굴착 밑면의 지반 지지력보다 커져서 흙막이벽 뒷면의 흙이 안으로 미끄러져 기초밑면이 부풀어 오르는 현상

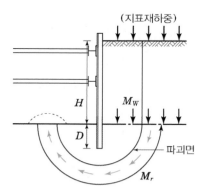

$$F_S = \frac{\text{저항모멘트}(M_r)}{\text{활동모멘트}(M_W)} \geq 1.2 \sim 1.5$$

5. Boiling현상

사질지반의 굴착공사 시 흙막이벽 뒷면의 지하수위와 굴착저면과의 수위차로 인해 내부의 흙과 수압의 균형이 무너져 굴착저면으로 물과 모래가 부풀어 오르는 현상

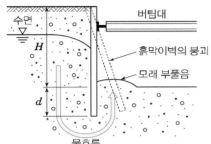

$$Fs = \frac{r'(H+2d)}{H} \geq 1.2\sim1.5$$

r' : 흙의 수중단위체적 중량

d : 근입장

6. Piping현상

수위차가 있는 지반 중에 파이프 형태의 수맥이 생겨 사질층의 물이 배출되는 현상

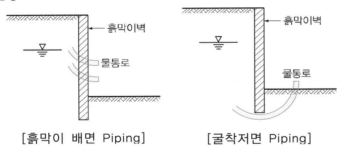

[흙막이 배면 Piping]   [굴착저면 Piping]

Ⅳ. 계측관리(정보화 시공) [KCS 21 30 00]

1. 계측위치 선정

① 지반조건이 충분히 파악되고 있고 구조물의 전체를 대표할 수 있는 곳
② 지반의 특수조건으로 공사에 따른 영향이 예상되는 곳
③ 교통량이 많은 곳
④ 지하수가 많고, 수위의 변화가 심한 곳
⑤ 시공에 따른 계측기의 훼손이 적은 곳

[하중계(Load Cell)]

[변형률계(Strain Gauge)]

2. 계측항목

① 횡방향 변위량 : Inclinometer
② 지표 및 지중 침하량 : Level & Staff, Extensometer
③ 지하수위와 간극수압의 변위량 : Water Level Meter, Piezometer
④ 인접구조물의 균열 및 변위 : Crack Gauge, Tiltmeter
⑤ 구조체의 변형률과 작용하중 : Strain Gauge, Load Cell
⑥ 수직파일 및 지하연속벽의 응력 : Load Cell
⑦ 흙막이벽 배면의 토압 : Soil Pressure Gauge
⑧ 소음과 진동 : Vibration Monitor

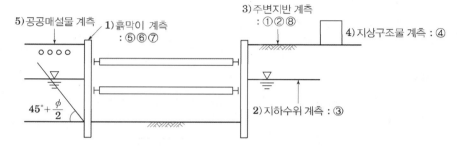

V. 지하수 대책

차수
 ┌ 흙막이 공법(강성 흙막이) :
 │ Slurry Wall 〉Sheet Pile 〉H - Pile 토류벽
 └ 약액주입공법 : JSP, LW, SGR

배수
 ┌ 기타 : Dewatering, 배수판
 ├ 강제식 : Well Point(1×10^{-4}cm/sec)
 └ 복수 : 주수, 담수

VI. 근접시공 : 지반침하균열 + 공해

• 가설흙막이구조물안정 + 인접구조물의 영향검토

① 지반특성파악
② 횡토압 적용
③ 지하수위 변화와 지반손실
④ 굴착 시 주변지반에 미치는 영향 ➡ ┌ 차수식 벽체로 설계
                                   ├ 지하수에 의한 배면수압고려
                                   └ 굴착 시 배면지반의 침하량 예측
⑤ 대상구조물의 특성파악
⑥ 근접시공여부의 판정
⑦ 계측관리

2 단답형·서술형 문제 해설

1 단답형 문제 해설

---

01 토압에 대하여 기술하시오.

Ⅰ. 토압 안정조건

(1) 활동 안정(전단) $P_p > P_a$
   ① 자유단 $T + P_p \geqq P_a + F_s$
   ② 고정단 $P_p \geqq P_a + F_s$

(2) 전도 안정(Moment) $M_P > M_A$
   ① 자유단 $M \cdot P_p \geqq P_a M \cdot F$
   ② 고정단 $M \cdot P_p \geqq M P_a F$

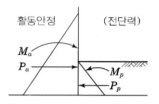

활동안정 (전단력)

M_a
P_a
M_p
P_p

(3) 지지력(내부응력) 침하 $\sigma < \sigma_a$

$$F \cdot \sigma < \sigma_a (\text{허용응력}), \quad F_s = \frac{\sigma_a}{\sigma}$$

Ⅱ. 토압의 종류

(1) 주동토압 (압축응력)
   벽체가 뒷면의 흙으로부터 전면으로 변위가 생길 때의 흙의 압력
   • 수직 응력 > 수평 응력 ($\sigma_v > \sigma_h$)
   • 침하 현상 발생, 활동면이 급하다

   • 뒷채움 재료는 K가 적을수록 안정, $\left(K = \frac{\sigma_h}{\sigma_v} \right)$

   $$P_a = \frac{1}{2} r H^2 K_a \qquad K_a = \tan^2 \left(45 - \frac{\phi}{2} \right)$$

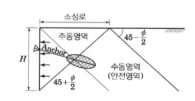

(2) 수동토압(인장응력)
   벽체가 흙 쪽(배면)으로 향해 움직일 때 흙이 벽체에 미치는 압력
   • 수직응력 < 수평응력($\sigma_v < \sigma_n$)
   • Heaving 현상 일어남, 사면완만, 파괴 범위가 넓다.

   $$P_p = \frac{1}{2} r H^2 \qquad K_P = t\text{cm}^2 \left(45 + \frac{\phi}{2} \right)$$

(3) 정지토압
   벽체의 이동이 없을 때 흙이 벽체에 미치는 압력
   $$P_o = \frac{1}{2} r H^2 (1 - \sin\phi)$$

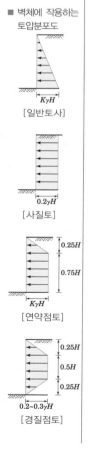

■ 벽체에 작용하는 토압분포도

$K_\gamma H$
[일반토사]

$0.2\gamma H$
[사질토]

0.25H
0.75H
$K_\gamma H$
[연약점토]

0.25H
0.5H
0.25H
$0.2 \sim 0.3\gamma H$
[경질점토]

02 토류벽의 구성별 역할

Ⅰ. 띠장(Wale)

측압을 받아 Strut나 Earth-Anchor에 전달하는 굳힘 Moment의 전단 부재
간격 3cm, (첫단 1m)이음간격 6m 이상

Ⅱ. 버팀대(Strut)

(1) 띠장을 지점으로 반대편 띠장으로 측압을 전달하는 압축부재
(2) 간격 : 수평(5m) 수직(3m)

$$N = \frac{w(l_1 + l_2)}{2}$$

Ⅲ. 귀잡이(Angle Tie)

수평부재와 수직부재가 교차하는 구석에 비스듬히
설치하는 부재

(1) 띠장의 Span 작게
(2) 버팀대의 좌굴 작게
(3) 귀잡이 축력 $N = 0.5(a_1 + a_2)w \cdot \cos\theta$

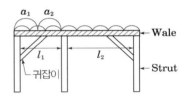

Ⅳ. 중간 말뚝

(1) 상재 하중을 받는 압축 부재
(2) 버팀대 Span 줄임
(3) Strut 자중 버팀 및 좌굴방지

Ⅴ. 어스 앵커

띠장의 지점으로 하중을 지반에 전달하는 인장부재

Ⅵ. 흙막이 판(토류판)

(1) 최종 깊이의 강도에 따라 두께 선정
(2) 양단 4cm 이상 $\left(M = \dfrac{wl^2}{8}\right)$ 또는 토류판 두께 이상 Flange에 걸침

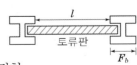

03 지하 연속벽 시공순서

Ⅰ. 시공순서

(1) 측량(지하연속벽, Line 기본 측량)

(2) Guide Wall 설치(장비설치 병행)

(3) 굴착(Bentonite 안정액 주입 병행)

(4) Desanding(안정액 여과작업 및 Slime 제거)

(5) Interlocking Pipe(Stop End Pipe)설치

(6) 철근망 제거

(7) Tremie Pipe 설치

(8) Concrete 타설

(9) S.E.P 인발(콘크리트 후 3시간 정도 후부터)

〈PANEL 분할〉

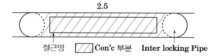

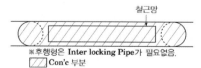

※ Guide Wall의 기능
- 지표부 토류벽의 기능
- 기준면의 역할
- 하중 지지의 기능
- 안정액 누수 방지
- 지하수위 보다 최소 1.0M 이상 높게 설치 요함.

2 서술형 문제 해설

01 토류벽의 시공관리에 대하여 기술하시오.

Ⅰ. 개 요

흙막이 공사는 굴착에 의한 주변 지반 붕괴를 방지하기 위한 작업이다.
토류벽의 올바른 역할을 위한 시공 관리에 계획 단계와 시공 단계로 구분하여 기술하고자 한다.

Ⅱ. 계획 단계

(1) 조사
  지형, 지질(토질), 지하수, 인접구조물, 지하이설물 조사

(2) 계획
  흙막이 벽의 선택, 지지 형식의 선택, 지보공 지하수대책, 터파기 계획

(3) 설계
  ① 토압, 수압 등 외력의 판정
  ② Heaving, Boiling 검토
  ③ 사면 안정 검토
  ④ 하중 검토(사하중, 활하중, 토압, 온도변화 등)
  ⑤ 흙막이 벽 설계 검토(전도, 활동 지지력 안정 검토) (흙막이공 단답형 01번 참조)
  ⑥ 지보공 검토(띠장, Strut, 귀잡이, 중간말뚝, 어스앵커 등)

Ⅲ. 시공단계

흙막이 공사의 계획단계(조사, 계획, 실시)에서는 완전한 현지 상황 파악이 불가능하므로 현지 상황에 따른 관리 대책을 세워야 한다.

(1) 시공계획
  ① 터파기 및 되메우기 계획
  ② 흙막이 설치 및 해체 계획
  ③ 지하 이설물 방호 계획
  ④ 지하수 배수 및 우수 처리 계획
  ⑤ 기초공사 및 골조 설치 계획

(2) 시공관리

① 흙막이 벽 시공관리
- 벽체 Concrete 타설시 이음부 시공 철저
  (불량 부분에서의 누수 및 토사 유출)
- 이설물 파손 주의(상·하수도, 전선, 통신, 가스 등)

② 흙막이 가설 구조물의 시공관리
- 부재 불량에 따른 가설 구조물 유동
- 이음부 접속부 시공 관리

③ 터파기 시공관리

과대한 터파기는 응력 변형이 발생하고, 응력 변형에 따라 설계 조건의 변동으로
Boiling, Heaving 현상이 발생될 수 있다.

④ 지하수 배수 및 누수 관리
- ㉠ 배수 공법 : 측압 경감, 지반침하, 지하수 변동 우려
  - 중력배수 : 표면배수, 지하수배수, Deep Well
  - 강제배수 : Well Point, 전기 침투 공법
- ㉡ 지수 공법 : 측압이 크다, 지반 침하 인근 영향이 적다.
  - 전면지수 : 강널말뚝, 지중 연속벽 공법
  - 국부지수 : 주입공법, 동결공법

⑤ 계측 관리
- ㉠ 흙막이 벽의 계측
  - 수직·수평 변위 계측
  - 침하 또는 융기 계측
  - 연속벽 콘크리트 타설 온도
- ㉡ 흙막이 지보공의 계측
  Wale, Strut, 어스앵커, 이음부, 접합부, 주 Pile, 변형계측
- ㉢ 인접 구조물
  주변 지반, 인접 구조물 변형 계측
- ㉣ 배수·누수관리
  - 지하수 관측
  - 누수시 토립자 포함여부 점검(공동현상 발생)
  - 누수시 수질검사를 통해 상수관 파손 유무 점검
- ㉤ 지하 이설물
  - 누수시 : 수질검사를 통해 상수관 파손 유무 점검
  - 가스(유해) 점검 및 변형 점검
- ㉥ 흙막이 저면
  Heaving, Boiling, Piping 현상 계측, 단차 계측

02 토류벽에서의 배수공법, 지수공법에 대하여 기술하시오.

Ⅰ. 개 요

흙막이 공사시 지하수 처리 방법으로 배수공법을 주로 이용하였으나 배수공법 시행시 인근에 피해가 발생하여 도심지 내에서의 분쟁 및 집단 민원 등의 사태로 발전하게 되었다. 근래에는 방수공법을 주로 사용하고 있는 실정이다. 배수공법과 지수공법에 대하여 다음과 같이 기술하고자 한다.

Ⅱ. 공법의 종류

공법 장단점	배수공법	지수공법
장점	측압이 경감된다. 가설 구조물의 설비가 적게 든다. 가시설 시공시 안정성이 좋다.	주변 지반 침하 등 인근 영향이 적다.
단점	주변 지반 인근 영향이 있다(부등침하) 지하수 고갈 등 대책이 필요하다. 하수구 폐쇄, 공해 우려	측압이 크게 되어, 가설 구조 설비 많이 든다. 약액 주입시 지하수, 지하 시설물에 영향이 있다 약액 주입시 주위 지반 변형(부등침하) 벽면 누수시 Boiling 대책 필요

Ⅲ. 시공시 유의사항

(1) 배수공법

① 선택한 배수공법이 적정한 가를 터파기 시공 초기시 판단 대책을 강구해야 한다.

② 지하수위 변화에 관측을 해야 한다.

③ 정전시 대책이 필요 (발전기 준비)

④ 지하수 대책 요구

⑤ 지하 시설물 방호 대책 필요

⑥ 주변 지반 침하에 대한 대책 강구(부등침하)

⑦ 우수(일시적 호우) 대책 강구

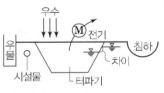

[암기를 위한 그림 예]

(2) 지수공법

① 강관 널말뚝시 이음부 Packing을 철저히 시행

② Slurry Wall

 • Concrete 타설시 관리 철저
  (불량 부분을 통한 누수, 특히 이음부)

 • 굴착시 수직도 관리

 • Slurry 오수 관리

③ 지하수 오염(약액) 주의 요망

④ 지반 융기(약액 주입시) 침하 주의 요망

[암기를 위한 그림 예]

Ⅳ. 결 론

지하수 처리 대책에 대하여 배수공법과 지수공법을 중심으로 기술하여 보았다.

토류벽의 성공 여부는 지하수 처리 대책이라 하여도 과언이 아닐 만큼 중요하다.

지하수 처리 대책을 계획 단계에서부터 시공단계까지 철저히 분석 및 관리(관측, 계측)하여 올바른 시공이 되도록 해야 하겠다.

03 토류벽 붕괴 원인 및 대책에 대하여 기술하시오.

I. 개 요

토류벽 붕괴의 원인은 계획과 시공 미비로 인한 원인으로 대별할 수 있다. 붕괴 사고 발생시 생기기 쉬운 유형을 중심으로 아래와 같이 기술하고자 한다.

(1) 붕괴의 원인 ┌ 계획상의 원인 → 조사 미비, 계획 미비, 설계 미비
                └ 시공상 원인 → 흙막이 벽, 구조물 시공 불량, 터파기 지하수

(2) 발생되는 재해의 형태

(3) 붕괴의 대책

II. 토류벽 붕괴 원인

(1) 계획상 원인

　① 조사 미비로 인한 원인

　　지질조사, 지반조사, 인접구조물조사, 지하매설물, 지하수 등의 조사 미비

　② 계획 미비로 인한 원인

　　흙막이 구조물, 벽의 선택 부적합

　　지하수 대책, 침하 대책, 터파기 계획 미비

　③ 설계상 미비로 인한 원인

　　외력의 판단 부적합, Boiling, Heaving의 검토 미비, 사면안정 검토 미비,

　　가설 구조물 설계 계산 미비 이음, 맞춤부 설계 미비, 시공 조건 변화 고려 미비

(2) 시공상의 원인

　① 흙막이 벽 시공 불량

　　• 콘크리트 타설 불량으로 인한 파괴

　　• 불량부에서의 지하수 및 토사 유출

　　• Heaving Boiling, Piping의 현상

　② 가설 구조물 시공 불량

　　• 가설 구조물의 이동(부재의 불량)

　　• 이음부, 접속부 시공 불량

　　• Heaving, Boiling, Piping의 현상

　③ 터파기 공사 시공 불량

　　• 과다한 터파기에 의한 응력 변형 및 그에 따른 설계 조건 변동

　　• 설계 조건 변동에 따른 Heaving, Boiling, Piping 현상

　　• 되메우기 불량에 의한 주변 영향

Professional Engineer Civil
Engineering Execution

④ 지하수, 우수 처리 불량

배수공법, 지수공법 불량에 따른 Boiling 현상 및 배면 토사유출, 우수처리 불량에 따른 토사유출

Ⅲ. 발생되는 재해의 형태

(1) 벽, 가설구조물의 변형 또는 파괴
(2) 배면 지반의 이동 및 침하, 붕괴
(3) 주변 도로 및 지하 구조물의(Gas관, 수도관, Cable)의 파손 중 하나의 원인으로 인한 본체 공사의 파손

Ⅳ. 대 책

(1) 계획상 붕괴 원인 제거를 위한 검토

① 조사를 철저히 시행한다.
② 계획을 세운 후 검토 조정한다.
③ 설계 완료 후 재차 검토 시행한다.

(2) 시공상 붕괴 원인 제거

① 콘크리트 타설을 철저히 시행하여 불량한 부분이 생기지 않도록 한다.
② Heaving, Boiling, Piping에 대한 안정 검토를 철저히 한다.
③ 가설구조물 및 이음부, 접속부, 지보공에 대한 시공을 철저히 한다.
④ 터파기시 계획을 수립하여 시행하고 과다한 터파기 수행시는 재검토 조치한다.
⑤ 배수 처리 및 지수 처리를 계획 실시하도록 한다.

(3) 계측관리를 통한 원인 제거

① 흙막이 벽의 계측

수직, 수평 변위 계측 및 벽의 침하 융기의 계측
② 흙막이 지보공의 계측

띠장부재, Strut, 접합부, 이음부 변형 계측
③ 인접 구조물 변형, 지하 이설물의 변위 주변 지반 침하 및 융기 계측
④ 흙막이 벽면 누수, 분출수 및 지하수위 배수량 계측

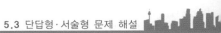

V. 결 론

토류벽 붕괴 및 원인에 대하여 간단히 기술하여 보았다.

흙막이 시설은 협소 구역에서 많이 시행하고 있는 실정으로 특히, 대도시 내에서 시공을 하게 되므로 민원의 대상이 되고 있는 것이 현실이다.

흙막이 시공은 계획단계, 시공단계에서 철저한 검토 및 품질관리를 하고 외적 변경 상황에 적절히 대처해야 사고를 미연에 방지할 수 있다. 그러므로 좀 더 적극적인 자세가 필요하다.

04 연약 지반에 타입한 말뚝(Sheet Pile) 변형이 일어나 파괴되었다. 이러한 사고가 일어 날 수 있는 원인과 대책을 기술하시오.

I. 개요

연약지반은 일반적으로 지하수위가 높고, 토압이 작용하면 Boiling, Heaving 현상에 의해서 Sheet Pile이 변형 파괴된다. 이러한 파괴는 조사의 미비, 설계의 미비, 시공의 불량에 의해서 발생되므로, Sheet Pile의 변형 원인 및 대책을 다음과 같이 기술하고 자 한다.

II. 사고 발생 원인

(1) 조사의 미비에 의한 원인

지질 조사, 지형조사, 지하수위, SPT(표준관입시험), 투수계수, 토질조사, 흙의 분류 등 조사 미비에 의한 원인

(2) 설계의 미비에 의한 원인

① 토압, 수압 적용의 부적합(강재, 지보공 선정)

② Boiling, Heaving 검토 미비

③ 근입 깊이 산정 부적합

④ 띠장(Wale) 및 Strut의 산정 부적합

(3) 시공 불량에 의한 원인

① 항타 시공의 부적합

② 굴착관리의 소홀(무리한 굴착)

③ 띠장 및 Strut의 시공 불량

④ 지하수 처리공

⑤ 근입 깊이 부족

⑥ Sheet Pile 주위에 상재하중 적재

상기 사항 하나의 원인으로 인한 응력 변형에 따른 본체 파괴

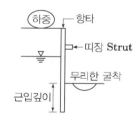

III. 대책

(1) 조사의 미비 대책

철저한 사전 조사 및 계획, 설계의 시공 전 재검토

(2) 시공단계에서의 대책

① Boiling

ㄱ 원인 : 사질토 지반에서 토류벽 내외의 수위차에 의해서 굴착 저면의 흙이 전단강도를 상실하여 굴착 저면의 모래가 부풀어 오르는 현상

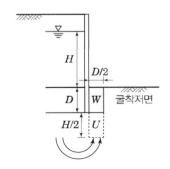

안전율 $Fs = \dfrac{w}{u}(Fs > 1.5)$

$W = D/2 \times D \times r_{sub}$

$u = \dfrac{h}{2} \times D/2 \times r_w$

∴ D(근입깊이)가 Boiling을 결정함

ㄴ 대책
- 수위를 낮춘다.
  배수공법(Well Point, Deep Well, 집수정 등)
- 근입깊이를 증가시킨다.
- 하중(W)을 늘린다.
  압성토, 다짐, Grouting 등으로 처리한다.

② Heaving

ㄱ 원인 : 점성토 지반에서 토류벽 배면의 흙의 중량이 내면의 극한지지력보다 클 때 흙이 내면 쪽으로 향해 유동하면서 부풀어 오르는 현상

MA= $x/2 \times w$
MB= 마찰면적 $\times C$

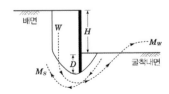

$Fs = Ms/Mw(Fs > 1.2)$

$Mw = (r \cdot H \cdot D) \times \dfrac{D}{2}$ $Ms = (C \cdot H \cdot C_2 2D \cdot \pi/2) \times D$

토류벽 배면에 작용하는 외력보다 굴착 바닥면 지지력이 커야 한다.

ㄴ 대책
- 불필요한 상재 하중의 제거
- 굴착면에 하중을 증가시켜 압성토, 다짐, Grouting
- 근입 깊이 증가 및 Earth Anchor 병용
- 뒷채움시 양질의 토사로 시행 및 다짐 철저
- 굴착 공사시 철저한 시공관리
  선 보강 후 굴착, 표면수 유입방지, 보강재 편심 방지

· 계측 관리 시행

경사계, 지하 수위계, 간급수압계, 응력계 등을 이용

③ Piping 현상

㉠ 원인 : 수위차에 의해 파이프 형태의 수맥이 발생 사질층의 물이 배출되는 현상

㉡ 대책

· Boiling과 같은 방법으로 관리
· Sheet Pile 이음부 Packing 시행

Ⅳ. 결 론

Sheet Pile 변형 원인 및 대책에 대하여 기술하여 보았다 Sheet Pile을 가시설물로서 안전 대책에 대하여 설계시부터 충분한 조사와 안정성을 검토하여야 한다.

시공시에도 항상 Check List를 작성하여 매일 점검하여 기능상 문제가 되는 곳에 대하여는 전문가에 의한 검토 및 조치를 함으로써 사고를 예방할 수 있다.

05 토류벽 계측에 대하여 기술하시오.

I. 개 설

흙막이 공사의 관리는 육안관리와 계측관리로 나눌 수 있다.
계측관리는 대규모 공사시 자동 계측 System을 많이 사용하게 된다.

흙막이 구조(토류벽) 계측에 대하여 아래 사항을 중심으로 기술하고자 한다.
(1) 흙막이 벽의 계측
(2) 흙막이 지보공의 계측
(3) 침하량의 변형 계측
(4) 말뚝 하단부(지지부) 회전 변형 계측
(5) 인접 구조물 변형 계측
(6) 지하 수위 배수량 변형 계측
(7) 흙막이 벽면 누수 및 분출수 변형 계측

II. 계측관리

(1) 흙막이 벽의 계측
　① 흙막이 벽의 두부 수평 변위 계측
　② 흙막이 벽의 연직 방향 변위 계측
　③ 흙막이 벽의 침하 또는 융기

(2) 흙막이 지보공의 계측
　① 띠장, Strut의 변형
　② 주 말뚝(Pile) 변형 및 침하

(3) 침하량 변형 계측
　① 흙막이 및 내부 굴착 공사시 주변 침하 계측
　② Level Check에 의한 주변 침하 계측
　③ 흙막이의 안정성, 인접 구조물 및 지하 매설물의 안정성 검토

(4) 말뚝 하단부(지지부) 변형 계측
　① 흙막이 벽면 누수에 따른 주변 지반의 단차
　② 굴착 저면의 Boiling, Heaving 관측

(5) 지하 매설물 침하 계측 관측

① 지하 이설물(상수도관, Gas관, 하수관, 전기관)의 변형 계측

② 상수관, Gas관 파손에 따른 단차

(6) 인접 구조물 변형 계측

① 구조물의 침하

② 구조물 표면 균열 상태 및 내부 상황

③ 시공 전 사진 기록을 통한 시공 변위 점검

(7) 지하수위의 계측

주변 우물 고갈(복류수) 점검

(8) 흙막이 저면의 누수, 분출수, 계측 및 관측

① 흙막이 벽면 누수시 토립자 포함 여부 점검

→ 토립자 포함시 내부 공동 현상 발생

② 누수시 수질 검사를 통한 상수관 파손 유무 점검

→ 파손시 대책 수립 및 검토

Ⅲ. 결 론

문제 발생시 전문가들의 의견을 듣고 이 분야에 종사하면서 평소 느낀 몇 가지 문제점을 요약해 본다.

(1) 사전 조사 미비로 인한 사고

지반조사, 토질조사, 지형조사, 지하 이설물, 인접구조물 등

(2) 비전문가에 의한 설계 및 시공에 의한 사고

사고 발생시 대형 사고로 인한 막대한 피해 발생으로 전문가에 의한 시행이 바람직함

(3) 계측관리의 필요성

강성 및 연성 흙막이 지보공에 작용하는 문제는 기록 보존을 함으로써 경제적이고, 안전하게 관리할 수 있음

06 | Slurry Wall 공법

I. 개 요

(1) Trench 굴착시 지반에 안정액을 담아 벽면 붕괴를 방지하고 소정의 치수까지 굴착되면 그 속에 철근을 건립하고 Concrete를 타설 지하 벽체를 형성, 가설 구조물 또는 본체로 사용하는 방법이다.
(2) 지하수위가 높을 경우 차수(지수)를 목적으로 시행하게 된다.
(3) 주열식과 벽식이 있다.

II. 시공방법(흙막이공 단답형 03번 참조)

(1) 시공순서

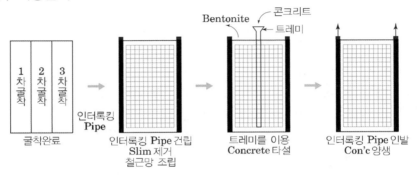

(2) Wall의 세부구조

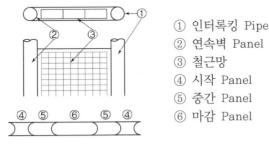

① 인터록킹 Pipe
② 연속벽 Panel
③ 철근망
④ 시작 Panel
⑤ 중간 Panel
⑥ 마감 Panel

III. 특 징

(1) 장점
　① 저공해 공법
　② 벽체 강성이 크고, 차수성(지수성)이 크다.
　③ 깊은 굴착(Deep Wall) H=60m 가능

(2) 단점

① 공사비가 비싸며 공기가 길고 복잡하다

② Bentonite와 굴착토 분리 침전 설비 필요하다.

Ⅳ. 시공시 유의사항

(1) Guide Wall

시공 정밀도를 높이기 위한 것으로 가장 중요한 요소이다.

① 클 경우 : 콘크리트 타설량 증가

② 작을 경우 : 인터로킹 Pipe, 철근 건립 곤란하고, 철근 덮개 부족

(2) 공벽 붕괴 유의

Bentonite 용액(Slurry) 안정액으로 유지함

① 지하수의 갑작스런 변화(용수)

② 안정액 관리 불량(침전 설비 불량 등)

③ 과다한 터파기 및 적정 치수를 유지 못할 시 붕괴된다.

(3) 인터로킹 pipe

막음 거푸집 역할하고 후속 엘리먼트 굴착시 Concrete 부상 방지

① 부정확 건립(휘어져 있을 경우)

　　→ 이음부 맞물림이 어긋나 누수 Boring 현상의 원인이 됨

② 제거 시기(2~3시간 후 10cm씩 인발)

③ Pipe가 휘어져 있을 때 → 유압 체크를 이용 인발

(4) Slime 제거

트렌지 저부에 남은 토립자인 Slime 제거

① Slime 미제거시

　　→ 벽체 침하 콘크리트 강도 저하, 이음부 누수

② 제거방법 - Water Pump, 샌드 펌프 흡입 방법

③ 철근 건립 후 2차 Slime 제거

(5) 철근 망 조립

철근 망 조립시 변형이 일어나지 않도록 하고 부착 오물제거

① 크레인으로 이동시 → 자중에 의한 변형 주의

② 대책

• 보강근 용접 고정

• 덮개 확보를 위한 Spacer(간격재) 붙임

• 대형 철조망시 세로 방향 용접 겹이음 처리

③ 부착력
  • 철근 간격 10cm 이상 덮개 5cm 이상 유지
  • 이물질(오염토) 깨끗이 제거

(6) 콘크리트 타설

콘크리트는 트레미를 이용하여 타설한다.
강도 개선 → Slime 제거
            신선한 안정액 교체
            단위 시멘트량 증가 (350~400kg/㎥시 → 300kg/㎥)
            적절한 혼화제 이용
            굵은 골재 최대 치수 35mm 이하 사용
            Workability(Slump 130~180mm) 향상

(7) 엘리먼트(Panel) 길이

트레미 관은 벽체 Panel 길이 따라 배치
Panel 길이 4m 이하 : 1개
Panel 길이 5~8m 이하 : 2개
Panel 길이 8~9m 이하 : 3개

(8) 지보공

Strut(적정 Strut) 또는 앵커

(9) 조인트 발생시

① Slime 제거 불량 등의 원인으로 발생
② 약액 주입 또는 Sealing 처리(Mortar제)

(10) 품질 관리(기초일반 서술형 07번 참조)

① 수직도 유지 10cm 이내
② 안정액 관리
③ 콘크리트 타설 관리(수중 콘크리트)
④ Slime 처리 정밀성
⑤ 철근망(Cage) 부력 유의

V. 결 론

Slurry Wall 공법은 용수가 많고 지하 수위 높은 곳의 근접 시공시 용이하다.
특히 주변 건물 침하 방지 균열 방지에 우수한 공법이다.

Chapter **05** 기초공

제 4 절 옹벽공

1 핵심정리

I. 개 요

옹벽은 토압에 저항하는 구조물로 토지 활용을 위해 설치하는 구조물이다.

II. 옹벽의 종류

① 중력식 : 옹벽 자중으로 토압을 저항하는 무근콘크리트 구조물로 시공
이 간편하다. H=3~4m

② 반중력식 : 자중을 줄이고 중심을 낮게 하고 앞굽을 길게 하고 인장력
은 철근이 부담하여 토압에 저항 H≒4m 이하

③ 역T형 : 철근콘크리트 구조물로서 가장 많이 사용된다. H≒3~8m

④ L형 : 철근콘크리트 구조물로서 뒷부지 여유가 있을 때 사용된다.
H≒3~10m

⑤ 부벽식 : 벽과 바닥판을 결합시켜 주는 부벽(Counterfort)을 설치,
전단력, 휨모멘트 경감 H≒6~10m

■ 부벽식 옹벽의 장점
· 전단력 감소
· 휨모멘트 감소

[부벽식 옹벽]

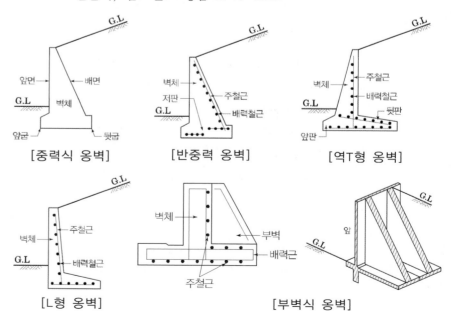

[중력식 옹벽]　　[반중력 옹벽]　　[역T형 옹벽]

[L형 옹벽]　　[부벽식 옹벽]

⑥ 돌쌓기 옹벽
- 찰쌓기 : 돌 사이에 모르터를 충진하며 쌓는 옹벽 H=7m
- 메쌓기 : 돌 사이에 모르터를 채우지 않고 쌓는 옹벽 H=5m 이하

⑦ 기대기 옹벽
ㄱ 합벽식 옹벽
고정핀으로 뒷면을 보강하고 현장 콘크리트와 배면을 일체시켜
비탈면 활동을 방지
ㄴ 계단식 옹벽
계단식으로 합벽시 옹벽을 설치하는 방법으로 각 계단별 시공이음이
발생하며 바닥면 활동은 각 계단의 마찰 저항에 의해 지지한다.

⑧ 보강토 : 옹벽 뒷채움 흙에 흙과 다른 성질(섬유, 강봉띠) 등을 삽입한다.

⑨ 돌망태(Gabion) : 흙의 지지력을 향상하여 지지하는 방법

⑩ Soil Nailing
사면에 강봉을 삽입한 후 숏크
리트를 타설하여 전단력과 인장
력에 저항시키는 공법으로 활동
면이 깊지 않을 때 사용

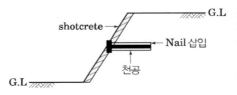

[돌쌓기(메쌓기-궤쌓기)]

[돌쌓기(메쌓기-골쌓기)]

[돌쌓기(찰쌓기)]

[Gabion]

■ 상시토압
정하중 + 재하중 + 토압

■ 지진시 토압
정하중 + 토압 + 지진하중

■ 정하중
옹벽의 중량, 뒷채움 토사

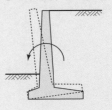

(a) 전도

III. 옹벽의 안정조건

1. 전도에 대한 안정

- $Mo = P_H \cdot y$

  $Mr = W \cdot x + P_v \cdot B$

  $Fs = \dfrac{Mr}{Mo} \geq 2$

- V는 기초 저폭 중앙 1/3 이내로 들어와야 한다.
- V가 작용 편심이 지나치면 부등침하로 인한 전도가 되기 쉽다.

  W = 옹벽 자중 + 저판위 흙의 중량

  P_v : 토압 수직 분력

  P_H : 토압 수평 분력

  V : 연직 하중의 합

2. 활동에 대한 안정

$$Fs = \dfrac{H_r}{H_o} \geq 2.0 \qquad H : 토압의 수평력 \quad H_r : 활동저항력$$

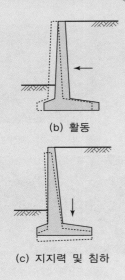

(b) 활동

(c) 지지력 및 침하

■ 성토(뒷채움) 재료 조건
① 최대치수 100m 이하
② No4체 통과량 25~100%
③ No200체 통과량 0~20%
④ 소성지수 PI 10 이하

■ 덮개(피복두께) 필요성
· 덮개(피복두께)가 적을 경우
 열화현상에 따른 철근부식
 이 빠르게 진행되어 구조물
 내구성 저하
· 간격제 등을 이용하여 피복
 두께 유지로 내구성 향상.

3. 지지력(침하)에 대한 안정

합력의 편심거리 e가 $e > \dfrac{B}{6}$,

즉, 중앙 1/3 이내 있을 때

- 최대 지지력 $q_{max} = \dfrac{V}{B}\left(1 + \dfrac{6e}{b}\right)$

- 최소 지지력 $q_{max} = \dfrac{V}{B}\left(1 - \dfrac{6e}{B}\right)$

- 안정 조건 $q_{max} <$ 허용 지지력

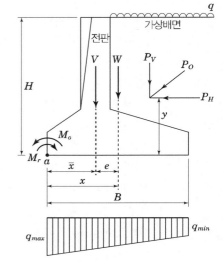

Ⅳ. 옹벽 뒷채움

1. 배수(토압·수압 경감)
① 배수공 설치
ϕ10cm, 수평 4.5m, 수직 1.5m 간격 설치, 2~3m^{2}당 1개소 적당
② 특수성이 양호한 사질토
$C_u > 10$, $1 < Cg < 3$

2. 안정성 확보
앞면, 뒷면 모두 다짐 철저, 전단강도 향상

3. 뒷채움 재료

4. 토압 경감 대책
① 내부 마찰각이 좋은 사질토를 선정한다.
$\tau = C + \overline{\sigma}\tan\phi$(C값이 크므로 전단강도 향상)
② 지하수위 저하 공법 선정 및 관리
③ 경량 재료를 선정한다.

5. 덮개
노출면 덮개 3cm, 흙이 접하는 곳 5cm

Ⅴ. 옹벽 이음

1. 시공 이음
신·구 콘크리트시 수평, 수직 줄눈 시공

2. 수축 줄눈

수축으로 인한 건조 및 수축 균열 방지로 철근은 잘라서는 안 된다.
무근콘크리트 5.0m 이하, 철근콘크리트 6.0m 이하

3. 신축 줄눈

철근콘크리트 구조물 18m 이하, 무근콘크리트 구조물 10m 이하
콘크리트 수화열, 온도변화, 건조수축 등 부피 변화(팽창)의 피해 방지를
위해 철근은 자르고, 강철봉 삽입, 충진재를 넣어 보강한다.

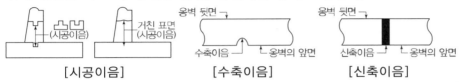

[시공이음] [수축이음] [신축이음]

Ⅵ. 보강토 옹벽(Reinforced Earth Method)

1. 보강토 공법의 원리

① 성토층 내에 보강재를 삽입하면
② σ_v(연직방향)에 대해 수평변위를 일으키려고 함
③ 수평변위는 흙과 보강재의 마찰력에 의해 억제 인장력을 발휘하여 안정하게 된다.
　수평력 = 인장력, H=10~20m 이상시 경제성

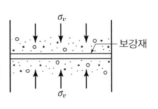
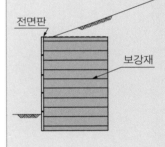

2. 외적 안정

① 중력식 옹벽과 같이 전도, 활동, 지지력에 대하여 안정은 동일하다.
② 보강토체가 구조물 자체로 계산함이 다르다.

3. 내적 안정

① 주동영역 : 보강토체에서 분리되려는 부분
② 수동영역 : 유효한 보강 영역
③ 주동영역 구분선 : 파괴선
④ 안정 해석 : 유한 요소법에 의한 수평층별 안정 해석

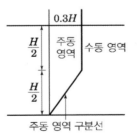

4. 보강토 재료

① 뒷채움 재료(Back Fill)
　• 토공 성토 뒷채움 재료
　• 내부 마찰각의 큰 사질토, 입도 양호한 흙
　• 함수비 변화에 따른 강도가 변화가 적은 흙

② 보강재 : 그리드, Strip Bar

③ 전면판(Skin Plate) : 패널식, 블럭식

5. 특징(장ㆍ단점)

① 공장 제품으로 공사가 빠르다.

② 미관이 좋다.

③ 높이 제한이 적다.

④ 건설 공해가 적다.

⑤ 충격 진동에 강하다.

⑥ 흙속 보강재 파손 및 부식이 우려된다.

⑦ 뒷채움재 확보가 어렵다.

⑧ 소규모 공사에 부적당하다.

2 단답형·서술형 문제 해설

1 단답형 문제 해설

01 부벽식 옹벽

Ⅰ. 개 념

옹벽의 높이가 높아질 경우 벽체 전면(벽)과 후면(바닥)에 부벽을 설치하여 전단력과 휨모멘트를 감소시켜 지지하는 옹벽

Ⅱ. 특 징

(1) 벽체는 부벽에 설치된 T형 스래브로 본다.
(2) 벽체 작용하는 토압 : 벽체후면 수평방향으로 설치된 철근이 저항한다.
(3) 벽체응력 : 부벽에 배치된 후면 주철근이 전체배면에 작용하는 토압에 저항한다.
(4) 시공높이 : H : 11m 이상
(5) 철근배근도

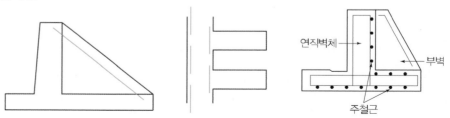

[뒷 부벽식 옹벽의 주철근도]

Ⅲ. 시공유의 사항

(1) 주철근 : T형 스래브 형태로 인장측(가로철근)에 설치한다.
(2) 배력철근 : 주철근에 응력이 분산 되도록 직각방향으로 설치한다.
(3) 철근 피복 : 부식을 고려하여 노출면 3cm, 흙이 접하는 곳 4cm 한다.
(4) 배수공 : 토압수압 경감, ϕ10 이상, 4.5m 간격 유지, 배수층 30~40cm
(5) 신축이음 : 부등침하 균열 대책 L=30cm 이상 철근을 끊어서 시공하며, 수밀성 확보 필요(지수판 보강)
(6) 수축이음 : 건조수축 균열유도, V형 컷팅, L=9cm 이하 철근을 끊으면 안 됨.

2 서술형 문제 해설

01 보강토 공법에 대하여 기술하시오.

I. 개 요
보강토 공법이란 흙과 보강재를 조합시켜 지반과 벽체를 일체화하는 벽체 조성 공법이다.
일반적으로 점착력이 없는 조립토는 자중 또는 외력에 의해 붕괴되기 쉽다.
따라서 흙 중에 보강재를 삽입하여 양자의 마찰력을 증대 전체를 일체화된 형태로 강
도를 발생하도록 하는 흙 구조물이다.

II. 특 징
(1) 시공이 신속하다.
  재료가 대부분 기성품으로 재래식의 옹벽 시공보다 시공속도가 빠르고, 특수장비나
  숙련공이 필요치 않다.
(2) 용지 폭이 적게 소요되고, 높은 옹벽 시공 가능
(3) 건설 공해가 적다.(소음·진동이 없다)
(4) 연약지반에 기초 없이 시공 가능(부등 침하 저항이 크다)
(5) 옹벽 허용 경사 1/200 까지 가능하다.
(6) 미관이 좋다.

III. 시공법
Skin Plate를 연직으로 세우고 Strip Bar를 일정 간격으로 연결하여 삽입한 후 뒷채움
재로 다짐하는 공법으로 Strip Bar의 인발 저항에 의해 토압에 저항 Skin Plate가 안
정되는 공법

(1) Skin Plate(전면판)
  ① 1.5×1.5의 십자(+)형, Block형
  ② Concrete 또는 Metal재의 Pre-Cast 제품
  ③ 두께 : 12~26cm, 강도 200~350kg/m^2

(2) Strip Bar, 그리드(보강재)
  ① 고합성 화합물, 아연도 강판, PE + PP
  ② 길이 : 보통 6m 이상
  ③ 인장력에 견딜 수 있고 마찰계수와 내식성 구비

■ 성토(뒷채움) 재료
　조건
① 최대치수
　100m 이하
② No4체 통과량
　25~100%
③ No200체
　통과량 0~20%
④ 소성지수
　PI 10 이하

(3) 뒷채움재(Back Fill)

① 옹벽 뒷채움재와 동일하고 점성토는 횡방향 압력이 크므로 곤란하다.

② 내부 마찰각 25° 이상

③ No 200체 통과율 25% 이상(점토+SM)이 좋다.

(4) Tie(연결부)

① 수평 방향 연결부

- Skin Plate 설치시 충격 방지
- 충격 방지재 사용(콜크판 3mm 등 사용)

② 연직 방향 연결부

- 배수를 목적으로 함
- 부직포 사용

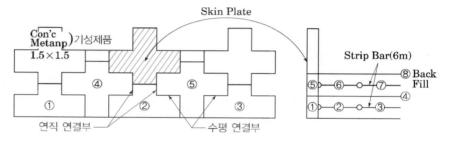

Ⅳ. 시공시 유의사항

(1) 진도를 막기 위해 충분히 다짐을 하여야 한다.(토질일반 흙의 다짐 참조)
다짐도 90~95% 이상

(2) 최대 인장력을 얻도록 Skin Plate와 Strip Bar의 연결을 철저히 시행

(3) Strip Bar의 부식을 고려하여 재료를 선정

(4) 중요 구조물에는 내진 설계가 필요하다.

Ⅴ. 결 론

용지비가 고가이거나, 높은 구조물, 성토재의 운반 거리가 멀수록 보강토 공법이 유리하다.

02 | 보강토 옹벽과 중력식 옹벽의 설계상 차이점에 대하여 기술하시오.

Ⅰ. 개 요

보강토 옹벽과 중력식 옹벽은 외적 안정(활동에 대한 안정, 전도에 대한 안정, 지지력에 대한 안정)에 대해서 동일하나 보강토 옹벽은 보강토체가 구조물 본체로 계산함이 다르고, 내적 안정 조건에도 안정해야 하는 것이 설계상 차이점이라 할 수 있다.

Ⅱ. 중력식 옹벽

옹벽은 상재 하중, 옹벽의 자중, 토압에 대해 견딜 수 있도록 설계되어야 한다.
① 중력식 옹벽 – 석공 옹벽, 무근 콘크리트 옹벽
② 철근 콘크리트 옹벽 – 캔틸레버, 뒷·앞부벽식 옹벽

(1) 외력의 안정
  ① 전도에 대한 안정(Moment)
   • $M_o = P_H \cdot y$
   $M_r = W \cdot x + P_v \cdot B$
   $F_s = \dfrac{M_r}{M_o} \geq 2$
   • V는 기초 저폭 중앙 1/3 이내로 들어와야 한다.
   • V가 작용 편심이 지나치면 부등침하로 인한 전도가 되기 쉽다.

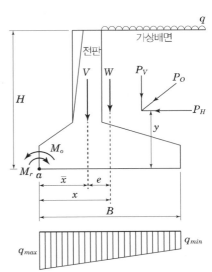

   $W =$ 옹벽 자중 + 저판위 흙의 중량
   P_v : 토압 수직 분력
   P_H : 토압 수평 분력
   V : 연직 하중의 합

  ② 지지력에 대한 안정(침하)
   합력의 편심거리 e가 $e > \dfrac{B}{6}$,
   즉, 중앙 1/3 이내 있을 때
   • 최대 지지력 $q_{\max} = \dfrac{V}{B}\left(1 + \dfrac{6e}{b}\right)$
   • 최소 지지력 $q_{\min} = \dfrac{V}{B}\left(1 - \dfrac{6e}{B}\right)$
   • 안정 조건 : 최대 지지력($q_{\max}$) ＜ 허용 지지력

③ 활동에 대한 안정(Sliding)

$$F_s = \frac{Hr}{Ho} \geq 2.0 \qquad H_0 : \text{토압의 수평력}$$

$$H_r : \text{활동 저항력}$$

(2) 철근 배근

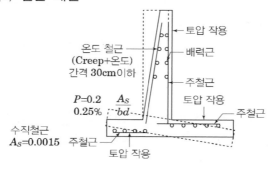

(a) 전도

(b) 지지력 및 침하

(c) 활동

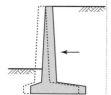

(3) 수축이음

① V형, 간격 9m 이하
② 철근을 끊어서는 안 된다.
③ 건조수축 균열 유도

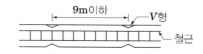

(4) 수축온도 철근

① 적용 : 수축과 온도 변화에 의한 균열 방지 대책
② 시공법
   • 벽의 노출면에 가깝게 수평방향 1개마다 A=5㎡ 이상, 철근간격 30cm 이하
   • 온도철근은 가는 철근을 좁은 간격으로 배치하는 것이 좋다.

(5) 신축이음

① 목적 : 온도변화나 지반 부등침하 대비
② 시공 : L=30m 이상, 철근 끊어서 시공
   수밀성 확보 대책(지수판 보강)

(6) 덮개

① 노출면에서의 덮개 3cm
② 흙이 접하는 곳 덮개 5cm

(7) 배수

① 목적 : 배수(토압, 수압 경감)
② 시공 : ϕ10 이상, 4.5m 간격
③ 배수층 : 30~40cm

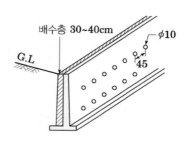

III. 보강토 옹벽

(1) 보강토 공법의 원리

① 성토층 내에 보강재를 삽입하면

② σ_v(연직방향)에 대해 수평변위를 일으키려고 함

③ 수평변위는 흙과 보강재의 마찰력에 의해 억제 인장력을 발휘 안정하게 된다.

   수평력=인장력

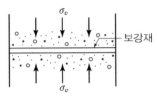

(2) 외적 안정 조건

중력식 옹벽과 같이 전도, 활동, 지지력에 대하여 안정해야 함은 동일하다.

보강토체가 구조물 자체로 계산함이 다르다.

(3) 내외 안정

① 주동영역 : 보강토체에서 분류되려는 부분

② 수동영역 : 유효한 보강영역

③ 주동영역구분선 : 파괴선

④ 안정해석 : 유한 요소법에 의한 수평 층별 안정해석

(4) 시공법(옹벽공 서술형 01번 참조)

03 옹벽의 뒷채움과 배수에 대하여 기술하시오.

I. 개 요

옹벽 배면에 우수 등이 침투하면 아래와 같은 문제점이 발생한다.

(1) 단위 중량의 증가(침투압, 정수압 작용 토압 증가)

(2) 내부 마찰각, 점착력 저하

(3) 팽창 (점성토 시)

따라서 옹벽 뒷채움은 침수성이 좋은 재료로 사용하는 것이 좋으며 또한 배면에 배수시설을 설치해야 한다.

II. 배 수

(1) 배수 Hole 설치

옹벽에 ϕ10cm, 4.5m 간격 이내로 설치하며 뒷부벽식의 각 격간에 1개 이상 배수 구멍을 만들어야 한다.

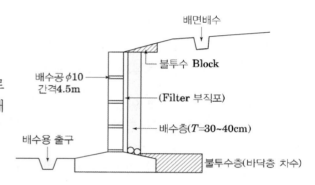

(2) 배수층 설치

① Filter 설치(부직포)

② 배수층 : 자갈 또는 쇄석층 T = 30~40cm 설치

(3) 배수 Pipe 설치

하단부에 배수 Pipe를 설치하여 안전한 곳까지 배수한다.

(4) 바닥층 차수

유입된 물이 기초 Slab에 흙을 연화시키지 않도록 불투수층으로 주변을 차단

(5) 표면 배수

① 표면을 경사지게 설치 표면수 침수 억제

② 배면 배수 측구 설치

III. 뒷채움

(1) 투수를 양호하게 위한 대책

투수층의 입도 조건에 맞는 균등계수가 큰 입도의 사질토 이용

균등계수 Cu > 10

곡률계수 Cg=1~3

(2) 전단강도를 높이기 위한 대책

① 다짐을 철저히 시행한다.

② 대형 다짐 장비 작업시 작업공간 및 진입로 확보

③ 대형 다짐 장비 작업이 곤란할 경우 소형 장비를 이용, 흙을 얇게 펴고 다짐

④ 수평층 다짐하여 균등하게 다짐을 시행 (H=0.2m)

⑤ 옹벽에 영향이 없도록 적절 시공 속도 및 장비 작업

⑥ 수동 토압 확보를 위한 전면, 배면 동일한 시공 관리

(3) 토압 경감 대책

① 수동토압 확보를 위해 내부 마찰각이 큰 재료를 쓴다.

② 지하수위가 저하 공법 적용(사질토)

③ 배수대책 강구(경사 배수)

④ 뒷채움제의 개선 → EPS 경량 재료 이용

⑤ 뒷채움 재료 구비 조건

　• 골재 최대 치수 100mm

　• #4체 통과량 : 25~100%

　• #200체 통과량 : 0~20%

　• 소성지수(PI) : 10 이하

Ⅳ. 결 론

(1) 활동에 대한 안정(Sliding)

(2) 전도에 대한 안정(Moment) ⎫ 을 확보할 것

(3) 지지력에 대한 안정(침하)

memo

Professional Engineer Civil
Engineering Execution

철근콘크리트

Chapter 06

Chapter 06 철근콘크리트

제 1 절 철근공사

1 핵심정리

Ⅰ. 표준갈고리 [KDS 14 20 50]

1. 주철근

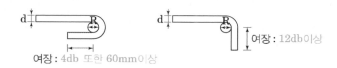

여장 : 4db 또한 60mm이상

여장 : 12db이상

[90° 표준갈고리]

2. 스터럽과 띠철근

D16이하 : 6db이상
D19, 22 및 25 : 12db이상

D25이하 : 6db이상

[135°, 90° 표준갈고리]

※ 표준갈고리(KS D 3504 기준)

종류 기호	항복점 또는 항복 강도 N/mm²	인장 강도ª N/mm²	인장 시험편	연신율ᵇ %	굽힘성 굽힘 각도	
SD300	300~420	항복강도의 1.15배 이상	2호에 준한 것. 3호에 준한 것.	16 이상 18 이상	180°	
SD400	400~5			16 이상 이상	180°	
SD500	500~650	항복강도의 1.08배 이상	2호에 준한 것. 3호에 준한 것.	12 이상 14 이상	135°	
SD600	600~7		이상	90°	
SD700	700~910	항복강도의 1.08배 이상	2호에 준한 것. 3호에 준한 것.	10 이상 이상	90°	
SD400 W	400~520	항복강도의 1.15배 이상	2호에 준한 것. 3호에 준한 것.	16 이상 18 이상	180°	
SD500 W	500~650	항복강도의 1.15배 이상	2호에 준한 것. 3호에 준한 것.	12 이상 14 이상	180°	
SD400 S	400~52	1.25배 이상	이상 18 이상	180°	
SD500 S	500~620	항복강도의 1.25배 이상	2호에 준한 것. 3호에 준한 것.	12 이상 14 이상	180°	
SD600 S	600~72		이상	90°	

- **180° 구부림 성능 보장**
- **90° 구부림만 성능 보장**
- **180° 구부림 성능 보장**
- **90° 구부림만 성능 보장**

※ 철근의 135° 이상 갈고리 사용
1) SD500 철근의 경우, KS기준 에서는 135° 굽힘성능 보장
2) SD600 철근의 경우, KS기준 에서는 90° 굽힘성능 보장

135°구부림 성능 확인없이 임의 사용 중

※ 철근의 굽힘성능 확인 후에 시공
1) 135° 이상 갈고리가 사용되는 철근의 경우, 철근의 굽힘시험성능 확인 필요
2) SD500 철근(135° 굽힘성능 보장)
3) SD600 철근의 경우에는 철근의 강도 변경검토 필요(SD500W, SD500S등)

→ 설계도서 검토시 135°갈고리가 사용되는 보 스터럽, 기둥 띠철근의 철근재질 확인 필요

3. 철근 항복강도별 굽힘각도 [KS D 3504]

종류기호	굽힘각도
SD300	180°
SD400	180°
SD500	135°
SD600	90°
SD700	90°
SD400W	180°
SD500W	180°
SD400S	180°
SD500S	180°
SD600S	90°
SD700S	90°

4. 철근 응력-변형률 선도

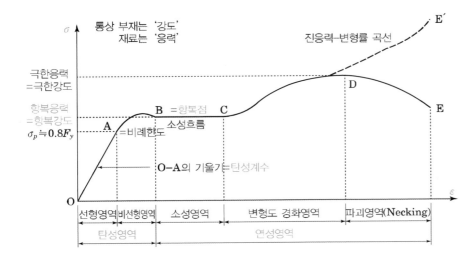

Ⅱ. 이음

1. 이형철근의 이음 [KDS 14 20 52]

① D35 초과: 겹침이음 불가

② 용접이음: 용접철근을 사용하며 철근의 설계기준항복강도 f_y의 125% 이상

③ 기계적이음: 철근의 설계기준항복강도 f_y의 125% 이상

④ 이음길이

압축
$$l_s = \left(\frac{1.4 \cdot f_y}{\lambda \sqrt{f_{ck}}} - 52 \right) \cdot db \text{에서}$$
- $f_y \leq 400\text{MPa} : 0.072 f_y \cdot db$ 보다 길 필요가 없다.
- $f_y > 400\text{MPa} \rightarrow (0.13 f_y - 24) db$ 보다 길 필요가 없다.
- 최소 300mm 이상
- f_{ck}가 21MPa 미만 : 겹침 이음길이 1/3 증가

인장
- A급 이음 : 1.0ld 이상
- B급 이음 : 1.3ld 이상
- 최소 : 300mm 이상
- ld=기본정착길이(ldb)×보정계수 또는
$$ld = \frac{0.9db \cdot f_y}{\lambda \sqrt{f_{ck}}} \times \frac{\alpha \beta r}{(c + K_{tr}/db)}$$
$$ldb = \frac{0.6db \cdot f_y}{\lambda \sqrt{f_{ck}}}$$
- A급 이음 : 배치된 철근량이 이음부 전체 구간에서 소요철근량의 2배 이상이고 겹침이음된 철근량이 전체 철근량의 1/2 이하인 경우
- B급 이음 : A급 이음에 해당되지 않는 경우
- 인접철근의 이음은 750mm 이상 엇갈리게 시공

■ 기호 정의
- f_y : 인장철근의 설계기준항복강도
- db : 철근 공칭지름
- λ : 경량콘크리트 계수
- f_{ck} : 콘크리트 설계기준압축강도
- α : 철근배치 위치계수
- β : 철근 도막계수
- γ : 철근 크기에 따른 계수
- c : 철근 간격 또는 피복두께에 관련된 치수
- K_{tr} : 횡방향 철근 지수

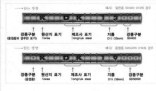

[고강도 철근]

2. 이음위치

① 응력이 적은 곳, 콘크리트 구조물에 압축응력이 생기는 곳
② 한 곳에 집중하지 않고 서로 엇갈리게 배치(이음부 분산)

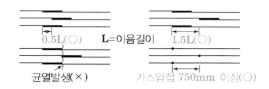

③ 기둥

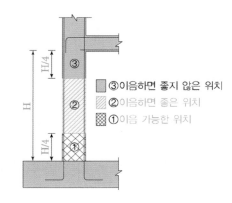

3. 이음공법

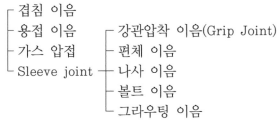

1) 겹침 이음 : 이음길이 확보
2) 용접 이음 : 철근 용접

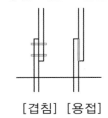

[겹침] [용접]

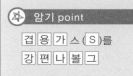

[겹침이음]

[용접이음]

[가스압접]

3) 가스압접

8구 이상의 화구선을 가진 화구로 산소-아세틸렌 불꽃 등을 사용하여 가열하고, 기계적 압력을 가하여 용접한 맞대기 이음을 말한다.

① 시공순서

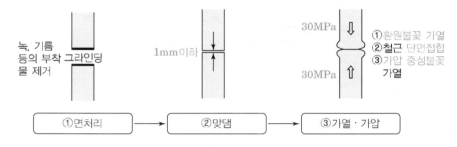

② 압접부의 형상기준
- 압접 돌출부의 지름은 철근지름의 1.4배 이상
- 압접 돌출부의 길이는 철근지름의 1.2배 이상
- 압접부의 철근 중심축 편심량은 철근 지름의 1/5 이하
- 압접 돌출부의 최대 폭의 위치와 철근거리는 압접면의 철근 지름의 1/4 이하

4) Sleeve Joint

① 강관압착 이음(Grip Joint)

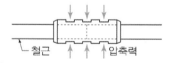

- 슬리브 표면에 압축력을 가해 접합
- 철근의 직경이 같아야 한다.

② 편체이음

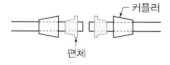

- 커플러로 편체고정하여 접합
- 철근 단면적이 가장 크다.

③ 나사이음

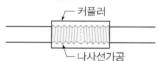

- 철근단부를 나사선 가공 후 접합
- 나사선 관리 철저

[편체이음]

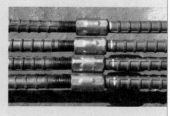

[나사이음]

④ 볼트이음

철근 — 볼트 — 커플러

• 철근의 마디를 볼트로 눌러서 이음

⑤ 그라우팅 이음

용융금속 주입

• 접합시 철근의 신축이 없다.
• 대형의 가열장치 필요

Ⅲ. 정착

1. 이형철근의 정착길이 [KDS 14 20 52]

압축
- $ld = $ 기본정착길이$(ldb) \times$ 보정계수
- $ldb = \dfrac{0.25 \cdot db \cdot f_y}{\lambda \sqrt{f_{ck}}}$ 다만, ldb는 $0.043 \cdot db \cdot f_y$ 이상
- 최소 : 200mm 이상

인장
- $ld = $ 기본정착길이$(ldb) \times$ 보정계수 또는
- $ld = \dfrac{0.9db \cdot f_y}{\lambda \sqrt{f_{ck}}} \times \dfrac{\alpha \beta r}{(c + K_{tr}/db)}$
- $ldb = \dfrac{0.6 \cdot db \cdot f_y}{\lambda \sqrt{f_{ck}}}$
- 최소 : 300mm 이상

[이형철근 정착]

2. 표준갈고리를 갖는 이형철근의 정착길이 [KDS 14 20 52]

압축 : 갈고리는 압축을 받는 경우 철근정착에 유효하지 않은 것으로 봄

인장
- $ldh = $ 기본정착길이$(lhd) \times$ 보정계수
- $lhd = \dfrac{0.24 \cdot \beta \cdot db \cdot f_y}{\lambda \sqrt{f_{ck}}}$
- 최소 : $8db$ 이상 또한 150mm 이상

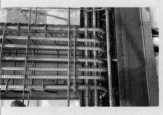

[표준갈고리 정착]

[인접부 정착]

[단부 정착]

3. 정착방법

1) 인접부에 정착

2) 단부에 정착

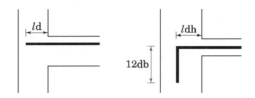

$$ld = 기본정착길이(ldb) \times 보정계수 \quad ldb = \frac{0.6 \cdot db \cdot f_y}{\lambda \sqrt{f_{ck}}}$$

$$ldh = 기본정착길이(lhd) \times 보정계수 \quad lhd = \frac{0.24 \cdot \beta \cdot db \cdot f_y}{\lambda \sqrt{f_{ck}}}$$

4. 정착위치

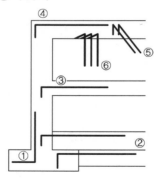

① 기둥 → 기초
② 지중보 → 기초, 기둥
③ 슬래브 → 기둥, 보, 벽체
④ 큰 보 → 기둥
⑤ 작은 보 → 큰 보
⑥ 벽체 → 기둥, 보, 슬래브

IV. 철근간격 [KDS 14 20 50]

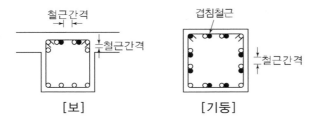

[보] [기둥]

1. 보철근

1) 동일 평면에서 평행한 철근
　① 수평 순간격은 25mm 이상
　② 철근의 공칭지름 이상
　③ 굵은 골재의 최대 공칭치수는 다음 값을 초과 금지
　　• 거푸집 양 측면 사이의 최소 거리의 1/5
　　• 슬래브 두께의 1/3
　　• 개별 철근, 다발철근, 긴장재 또는 덕트 사이 최소 순간격의 3/4

2) 상단과 하단에 2단 이상으로 배치된 경우: 순간격은 25mm 이상

2. 기둥철근

　① 순간격은 40mm 이상
　② 철근 공칭 지름의 1.5배 이상
　③ 굵은 골재의 최대 공칭치수는 다음 값을 초과 금지
　　• 거푸집 양 측면 사이의 최소 거리의 1/5
　　• 슬래브 두께의 1/3
　　• 개별 철근, 다발철근, 긴장재 또는 덕트 사이 최소 순간격의 3/4

3. 서로 접촉된 겹침이음 철근과 인접된 이음철근 또는 연속철근 사이의 순간격에도 적용

4. 벽체 또는 슬래브에서 휨 주철근의 간격

　① 벽체나 슬래브 두께의 3배 이하
　② 450mm 이하

V. 피복두께 [KDS 14 20 50]

철근을 보호하기 위한 목적으로 철근의 외측면으로부터 콘크리트 표면까지의 거리를 말한다.

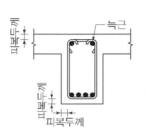 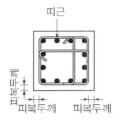 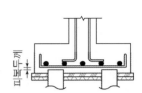

암기 point ✪

내 내부 시 맨

[철근 피복두께]

1. 목적

① 중성화, 균열 등으로부터 내구성 확보
② 부착력 확보하여 균열 방지
③ 내화성 확보로 강도저하방지
④ 시공 시 유동성 확보

2. 최소 피복두께

구분			최소 피복두께	
			프리스트레스 하지 않는 부재	프리스트레스 하는 부재
옥외 공기나 흙에 직접 접하지 않은 콘크리트	슬래브, 벽체, 장선	D35 초과	40	20
		D35 이하	20	
	보, 기둥		40	주철근: 40
				띠철근,스터럽,나선철근:30
	쉘, 절판 부재		20	D19 이상: d_b
				D16 이하: 10
흙에 접하거나 옥외 공기에 직접 노출되는 콘크리트	D19 이상		50	벽체, 슬래브, 장선: 30
	D16 이하, 지름16mm 이하 철선		40	기타 부재: 40
흙에 접하여 콘크리트 친 후 영구히 흙에 묻혀 있는 콘크리트			75	75
수중에서 치는 콘크리트			100	–

[철근피복두께용 스페이셔]

VI. 철근 Prefab 공법

철근을 기둥, 보, 바닥, 벽 등의 부위별로 미리 절단, 가공, 조립해두고 현장에서 접합, 연결하는 공법

1. 공법종류

1) 철근 선조립 공법
  ① 철근 선조립 공법
  ② 철근 후조립 공법

2) 구조용 용접 철망 공법

3) 철근, 거푸집 일체화 공법(Ferro Deck 공법)

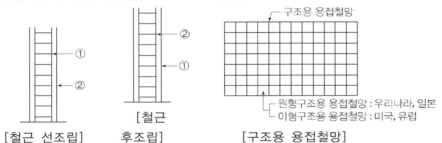

[철근 선조립]   [철근 후조립]   [구조용 용접철망]

[구조용 용접철망]

[Ferro Deck]

[철근거푸집일체화공법
(Ferro Deck 공법)]

2. 시공 시 유의사항

1) 형상의 단순화

2) 철근조립 전 청소 철저

3) 적절한 접합공법 사용

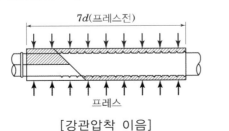

[강관압착 이음]

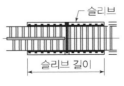

[나사이음]

4) 철근조립 허용오차

5) 이음의 최소화

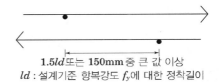

1.5*ld* 또는 **150mm** 중 큰 값 이상
ld : 설계기준 항복강도 f_y에 대한 정착길이

6) 자재반입

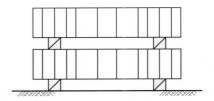

7) Lead Time 확보

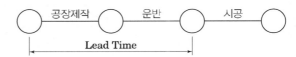

공장제작   운반   시공

Lead Time

8) 구조검토

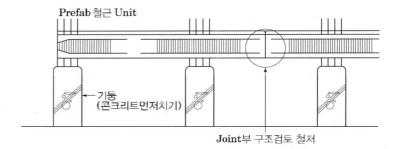

Prefab 철근 Unit

기둥
(콘크리트먼저치기)

Joint부 구조검토 철저

■ 구체(골조)공사 흐름도

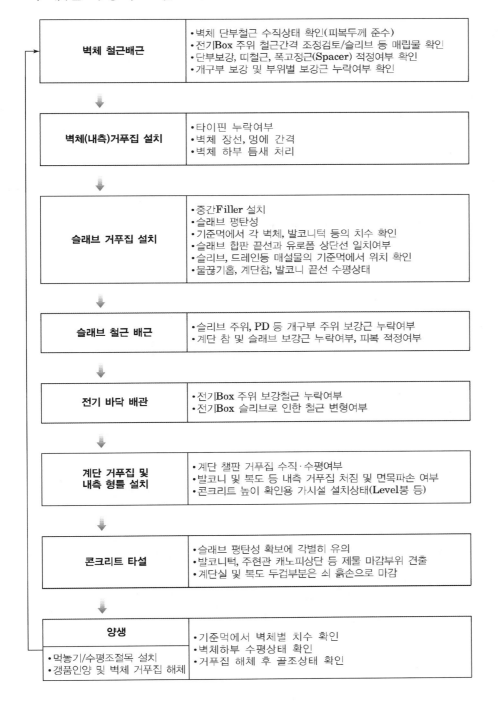

벽체 철근배근
- 벽체 단부철근 수직상태 확인(피복두께 준수)
- 전기Box 주위 철근간격 조정검토/슬리브 등 매립물 확인
- 단부보강, 띠철근, 폭고정근(Spacer) 적정여부 확인
- 개구부 보강 및 부위별 보강근 누락여부 확인

벽체(내측)거푸집 설치
- 타이핀 누락여부
- 벽체 장선, 멍에 간격
- 벽체 하부 틈새 처리

슬래브 거푸집 설치
- 중간Filler 설치
- 슬래브 평탄성
- 기준먹에서 각 벽체, 발코니턱 등의 치수 확인
- 슬래브 합판 끝선과 유로폼 상단선 일치여부
- 슬리브, 드레인등 매설물의 기준먹에서 위치 확인
- 물끊기홈, 계단참, 발코니 끝선 수평상태

슬래브 철근 배근
- 슬리브 주위, PD 등 개구부 주위 보강근 누락여부
- 계단 참 및 슬래브 보강근 누락여부, 피복 적정여부

전기 바닥 배관
- 전기Box 주위 보강철근 누락여부
- 전기Box 슬리브로 인한 철근 변형여부

계단 거푸집 및 내측 형틀 설치
- 계단 챌판 거푸집 수직·수평여부
- 발코니 및 복도 등 내측 거푸집 처짐 및 면목파손 여부
- 콘크리트 높이 확인용 가시설 설치상태(Level봉 등)

콘크리트 타설
- 슬래브 평탄성 확보에 각별히 유의
- 발코니턱, 주현관 캐노피상단 등 제물 마감부위 견출
- 계단실 및 복도 두겁부분은 쇠 흙손으로 마감

양생
- 먹놓기/수평조절목 설치
- 갱폼인양 및 벽체 거푸집 해체
- 기준먹에서 벽체별 치수 확인
- 벽체하부 수평상태 확인
- 거푸집 해체 후 골조상태 확인

2 단답형·서술형 문제 해설

① 단답형 문제 해설

01 고강도 철근

Ⅰ. 정 의

일반적으로 철근의 항복강도가 400MPa(SD400) 이상의 철근, 탄소강에 소량의 Sr, Mn, Ni 등을 첨가한 강도가 큰 철근을 말하며 최근에는 철근의 항복강도 500MPa(SD500) 이상의 철근을 고강도철근으로 부르기도 한다.

Ⅱ. 철근의 응력-변형률 선도

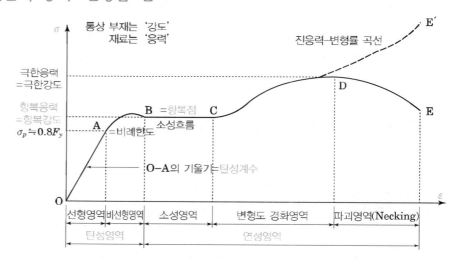

(1) 고강도 철근배근 시에는 정착길이 및 이음길이 확보 등에 주의
(2) 고강도 철근과 일반 철근의 탄성계수는 같음
(3) 고강도 철근은 소성흐름 구간(연성)이 작기 때문에 취성파괴에 주의
(4) 긴장재를 제외한 철근의 설계기준의 항복강도는 600MPa 초과 금지

Ⅲ. 철근의 식별기준

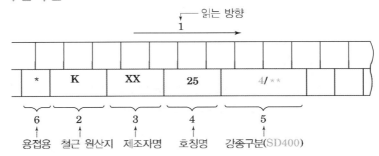

Ⅴ. 고강도 철근 사용 효과

(1) 철근 사용량 감소

(2) 고강도 콘크리트 적용

(3) 철근콘크리트 단면 감소

(4) 고층화, 대형화 건물에 유리

02 가스압접 [LHCS 14 20 11 10]

Ⅰ. 정 의

8구 이상의 화구선을 가진 화구로 산소-아세틸렌 불꽃 등을 사용하여 가열하고, 기계적 압력을 가하여 용접한 맞대기 이음을 말한다.

Ⅱ. 시공순서

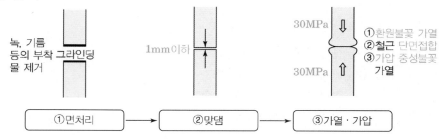

Ⅲ. 압접부의 형상기준

(1) 압접 돌출부의 지름은 철근지름의 1.4배 이상
(2) 압접 돌출부의 길이는 철근지름의 1.2배 이상
(3) 압접부의 철근 중심축 편심량은 철근 지름의 1/5 이하
(4) 압접 돌출부의 최대 폭의 위치와 철근거리는 압접면의 철근 지름의 1/4 이하

Ⅳ. 시공 시 유의사항

(1) 산소의 작업 압력은 0.69MPa 이하로 유지
(2) 아세틸렌 작업 압력은 0.98MPa 이하로 유지
(3) 아세틸렌 용기는 40℃ 이하로 유지
(4) 압접 위치는 응력이 작게 작용하는 부위 또는 부재의 동일단면에 집중 금지
(5) 철근지름이 7mm가 넘게 차이가 나는 경우에는 압접 금지
(6) 맞댄 면 사이의 간격은 1mm 이하로 하고, 편심 및 휨이 생기지 않는지를 확인
(7) 압접면의 틈새가 완전히 닫힐 때까지 환원불꽃으로 가열
(8) 압접면의 틈새가 완전히 닫힌 후 철근의 축 방향에 30MPa 이상의 압력을 가하면서 중성불꽃으로 철근의 표면과 중심부의 온도차가 없어질 때까지 충분히 가열
(9) 철근 축방향의 최종 가압은 모재 단면적당 30MPa 이상
(10) 가열 중에 불꽃이 꺼지는 경우, 압접부를 잘라내고 재압접(압접면의 틈새가 완전히 닫힌 후 가열 불꽃에 이상이 생겼을 경우는 불꽃을 재조정하여 작업 계속 가능)

V. 압접부 검사

종별	시험종목	시험방법	시험빈도
외관검사	위치	외관 관찰, 필요에 따라 스케일, 버니어 캘리퍼스 등에 의한 측정	전체 개소
	외관검사		
샘플링검사	초음파탐사 검사	KS B0839	1검사 로트[1]마다 30개소
	인장시험	KS D 0244	1검사 로트[1]마다 3개소

주1) 검사로트는 원칙적으로 동일 작업반이 동일한 날에 시공한 압접개소로서 그 크기는 200개소 정도를 표준으로 함

VI. 외관 검사 결과 불합격된 압접부의 조치

(1) 철근 중심축의 편심량이 규정값을 초과했을 때는 압접부를 떼어내고 재압접한다.

(2) 압접 돌출부의 지름 또는 길이가 규정 값에 미치지 못하였을 경우는 재가열하여 압력을 가해 소정의 압접 돌출부로 만든다.

(3) 형태가 심하게 불량하거나 또는 압접부에 유해하다고 인정되는 결함이 생긴 경우는 압접부를 잘라내고 재압접한다.

(4) 심하게 구부러졌을 때는 재가열하여 수정한다.

(5) 압접면의 엇갈림이 규정값을 초과했을 때는 압접부를 잘라내고 재압접한다.

(6) 재가열 또는 압접부를 절삭하여 재압접으로 보정한 경우에는 보정 후 외관검사를 실시한다.

03 나사이음(Tapered-End Joint, 나사형 철근)

I. 정의

맞댐이음되는 두 개의 이형철근 단부에 나사선을 가공한 후 이음장치(커플러)를 이용하여 연결하는 방식이다.

II. 시공도

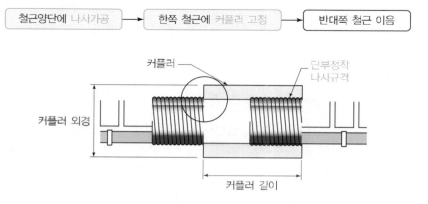

III. 사용부위

(1) 기둥, 보, 슬래브, 매입용의 이어치기 부위
(2) 철근 양단이 자유단일 때 사용

IV. 장점

(1) 철근 손실이 적다.
(2) 철근이음이 비교적 쉽다.
(3) 가장 경제적이다.

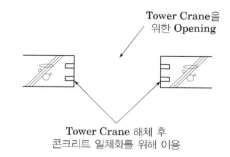

V. 단점

(1) 철근의 단부를 가공하여야 한다.
(2) 철근의 단면손실이 발생한다.
(3) 공장가공에 따른 철근의 물류비용이 발생한다.

04 철근 피복두께(Covering Depth) [KDS 14 20 50]

Ⅰ. 정 의

철근을 보호하기 위한 목적으로 철근(횡방향 철근, 표피철근 포함)의 표면과 그와 가장 가까운 콘크리트 표면 사이의 거리를 말한다.

Ⅱ. 시공도

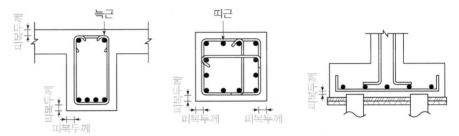

Ⅲ. 최소 피복두께

구분			최소 피복두께	
			프리스트레스 하지 않은 부재	프리스트레스 하는 부재
옥외 공기나 흙에 직접 접하지 않은 콘크리트	슬래브, 벽체, 장선	D35 초과	40	20
		D35 이하	20	
	보, 기둥		40	주철근: 40
				띠철근, 스터럽, 나선철근:30
	쉘, 절판 부재		20	D19 이상: d_b
				D16 이하: 10
흙에 접하거나 옥외 공기에 직접 노출되는 콘크리트	D19 이상		50	벽체, 슬래브, 장선: 30
	D16 이하, 지름16mm 이하 철선		40	기타 부재: 40
흙에 접하여 콘크리트 친 후 영구히 흙에 묻혀 있는 콘크리트			75	75
수중에서 치는 콘크리트			100	–

05 철근의 부착강도에 영향을 주는 요인(철근과 콘크리트의 부착력)

I. 정 의

철근과 콘크리트의 경계면에서 철근의 Movement가 발생하지 않도록 방지하는 성능이
부착강도이다.

II. 철근의 부착강도에 영향을 주는 요인

(1) 철근의 표면상태(보정계수 β)
① 이형철근 〉 원형철근
② 철근에 녹이 있을 경우 부착강도 증가

(2) 콘크리트의 강도(보정계수 a)
압축강도나 인장강도가 클수록 커진다.

(3) 철근의 묻힌 위치 및 방향(보정계수 α)
① 연직철근 〉 수평철근
② 하부 수평철근 〉 상부 수평철근

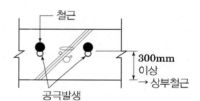

(4) 철근 간격 및 피복두께(보정계수 c)
① 부착강도에 미치는 영향이 매우 크다.
② 피복두께가 부족하면 콘크리트의 할렬로 인해서 부착파괴 유발

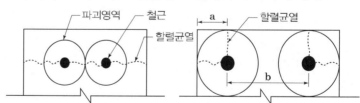

(5) 철근의 크기(보정계수 r)
지름이 작은 철근이 부착에 유리

(6) 다지기 및 철근부식
① 다지기를 잘할수록 부착강도 증가
② 철근부식이 클수록 부착강도는 저하

(7) 물-결합재비
물-결합재비가 낮을수록 부착강도 증가

06 철근 Prefab 공법

Ⅰ. 정 의
재래식 공법인 철근운반, 가공 및 조립방식을 탈피하여 기둥, 보, 벽, 바닥 등을 미리 조립(공장 또는 현장)하여 현장에서 각종 크레인 등을 이용하여 조립하는 공법이다.

Ⅱ. 종류

(1) 철근 선조립 공법
철근을 기둥, 보, 바닥, 벽 등을 부위별로 미리 절단, 가공, 조립해 두고 현장에서 접합, 연결하는 공법이다.
① 철근 선조립 공법 : 철근을 먼저 배근하는 공법
② 철근 후조립 공법 : 거푸집공사 후 철근을 배근하는 공법

(2) 구조용 용접철망공법
냉간압연 또는 신선된 고강도 철선을 사용하여 가로와 세로선을 직각으로 배열하여, 교차점을 전기저항용접하여 접합하는 공법이다.
① 원형 구조용 용접철망 : 우리나라, 일본
② 이형 구조용 용접철망 : 미국, 유럽

(3) 철근, 거푸집 조립 일체화공법(Ferro Deck 공법)
입체형 철근과 거푸집 대용 아연도강판을 공장에서 일체화한 공법이다.

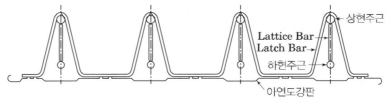

Ⅲ. 도입효과
(1) 시공정도 향상과 구조적 안정성 확보
(2) 철근공사기간의 단축 및 생산성 향상
(3) 품질관리의 용이성
(4) 기능인력 절감 및 작업의 단순화
(5) 구체공사의 시스템화

07 수축 · 온도철근(Shrinkage and Temperature Reinforcement) [KDS 14 20 50]

Ⅰ. 정 의

(1) 건조수축 또는 온도변화에 의하여 콘크리트에 발생하는 균열을 방지하기 위한 목적으로 배치되는 철근을 말한다.
(2) 슬래브에서 휨철근이 1방향으로만 배치되는 경우, 이 휨철근에 직각방향으로 수축 · 온도철근을 배치하여야 한다.

Ⅱ. 현장시공도

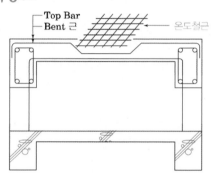
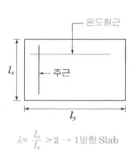

$\lambda = \frac{l_y}{l_x} > 2 \rightarrow$ 1방향 Slab

Ⅲ. 수축 · 온도철근의 목적

(1) 온도변화에 의한 콘크리트 균열저감
(2) 콘크리트 수축에 의한 균열저감
(3) 1방향 슬래브의 주근간격 유지
(4) 응력을 분산

Ⅳ. 1방향 철근콘크리트 슬래브

(1) 수축 · 온도철근으로 배치되는 이형철근 및 용접철망의 최소철근비
  ① 설계기준항복강도가 400MPa 이하인 이형철근을 사용한 슬래브: 0.0020 이상
  ② 설계기준항복강도가 400MPa을 초과하는 이형철근 또는 용접철망을 사용한 슬래브
    : $0.0020 \times \frac{400}{f_y}$ 이상
  ③ 어떤 경우에도 0.0014 이상
(2) 수축 · 온도철근 단면적을 단위 폭 m당 1,800mm²보다 크게 취할 필요는 없다.
(3) 수축 · 온도철근의 간격은 슬래브 두께의 5배 이하 또한 450mm 이하
(4) 수축 · 온도철근은 설계기준항복강도 f_y를 발휘할 수 있도록 정착

08 균형철근비(Balanced Steel Ratio)

Ⅰ. 정 의

균형철근비란 인장철근이 설계항복강도에 도달하는 동시에 압축연단 콘크리트의 변형
률이 극한변형률에 도달하는 단면의 인장철근비이다.

Ⅱ. 철근비에 따른 중립축 위치관계

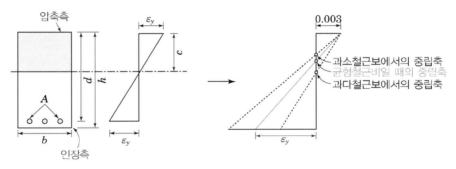

Ⅲ. 철근비의 상호관계

(1) 균형철근비(Balanced Steel Ratio)
  ① 콘크리트가 극한변형률에 도달함과 동시에 철근이 항복하는 경우
  ② 철근과 콘크리트가 동시에 파괴됨
  ③ 가장 최적의 상태

(2) 과소철근보(Underreinforced Beams)
  ① 콘크리트가 극한변형률에 도달했을 때 철근이 이미 항복하도록 설계된 보
  ② 하중 증가 시 철근이 먼저 항복상태가 됨
  ③ 철근이 항복하면 보에 처짐과 균열이 발생하는 징후를 감지하게 됨
  ④ 인장파괴 또는 연성파괴가 일어남
  ⑤ 중립축이 압축 측으로 상향됨

(3) 과다철근보(Overreinforced Beams)
  ① 콘크리트가 극한변형률에 도달했을 때 철근이 항복하지 않도록 설계된 보
  ② 하중 증가 시 콘크리트가 먼저 극한변형률에 도달됨
  ③ 콘크리트가 극한변형률 도달 시 갑자기 붕괴됨
  ④ 취성파괴가 일어남
  ⑤ 중립축이 인장 측으로 하향됨

2 서술형 문제 해설

01 철근공사 시 피복두께의 목적과 유지방안

I. 개 요
(1) 철근 피복두께는 철근 표면과 콘크리트 표면의 최단거리를 말한다.
(2) 피복두께는 구조재로서 피복두께로 인하여 철근의 역할을 가능하게 하므로 적정 피복두께를 확보하여야 한다.

II. 피복두께의 기준

(cm)

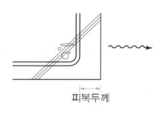

피복두께

구 분			최소 피복두께
흙에 접하지 않는 부위	Slab, 벽체 장선	D35 초과	4
		D35 이하	2
	보, 기둥		4
흙에 접하는 부위	D16 이하		4
	D25 이하		5
	D29 이상		6
	영구히 흙에 묻혀있는 경우		8
수중타설 콘크리트			10
내화구조물	벽 체		3
	기둥, 보		5
심한 부식환경	Slab, 벽체(D16 이하)		5
	Slab, 벽체(D16 초과), 기둥, 보		8

Ⅲ. 피복두께의 목적

(1) 철근의 부식 방지

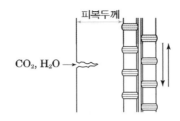

피복두께가 부족하면 철근에 힘이 가해지므로 콘크리트에 균열 발생 → CO_2, H_2O 침투 → 철근 부식

(2) 내화성 확보
① 콘크리트 단열작용으로 철근 소성변형 방지
② 화재만 발생한 철근 콘크리트 구조물은 덮개 콘크리트로 보수하여 사용 가능

(3) 콘크리트와 부착력 확보
① 피복두께 확보 시 철근과 콘크리트는 부착강도가 크다.
② 부착력이 두 재료 사이의 활동을 방지하여 일체성을 확보한다.

(4) 내구성 확보
설계 시 콘크리트 균열폭 제한 → 철근부식 방지 → 내구성 확보

Ⅳ. 유지방안

(1) 간격재(Spacer) 시공

부 위	수량 또는 배치	
Slab	1.3m 정도	
보	1.5m 정도	
기둥	기둥폭 1.0m까지 2개	상단, 중단
	기둥폭 1.0m 이상 3개	
기초	$4m^2$ 정도 8개, $16m^2$ 정도20개	

(2) 타설 전 레벨 체크 철저
콘크라트 타설 전에 반드시 레벨관리를 통하여 품질관리 확보

(3) 철근결속 철저

① 0.9mm 철선을 철근 교차부에 결속
② 철근 상부로 돌출된 결속선 제거하여 피복두께 유지
③ 철근결속은 두 겹으로 감아 결속

(4) 콘크리트 타설 시 배관관리 철저

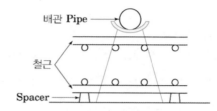

① 콘크리트 타설배관이 철근에 직접 닿지 않도록 할 것
② 배관지지용 고임목 사용
③ CPB, 분배기 이용

(5) 기계적 이음 활용

D19mm 이상 철근일 때는 피복두께 확보를 위해 가스압접 등의 기계적 이음을 활용

(6) 철근 Prefab 공법

V. 결 론

(1) 철근 피복두께는 내구성 확보 등을 위해 아주 철저히 시공되어야 한다.
(2) 그러므로 콘크리트 타설로 사전점검 및 타설 중 피복두께에 대한 중요성을 인식시켜야 한다.

02 | 철근 Prefab(선조립) 공법의 현장시공 시 유의사항

I. 개 요

(1) 철근을 기둥, 보, 바닥, 벽 등의 부위별로 미리 절단, 가공, 조립해 두고 현장에서 접합, 연결하는 것이다.
(2) 운전, 양중, 접합 등의 경제성 문제와 동시에 거푸집의 시스템화가 필요하다.
(3) 도입효과

- 시공정도 향상
- 공기 단축
- 품질관리의 용이성
- 작업의 단순화
- 구체공사의 시스템화

II. 현장시공도

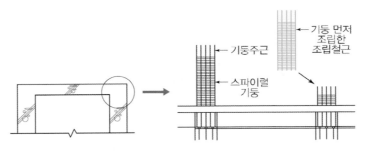

III. 현장시공 시 유의사항

(1) 철근 선조립 공법의 Flow Chart

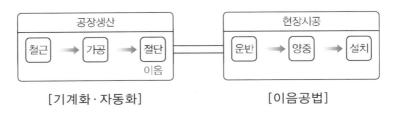

[기계화·자동화]　　　　　　[이음공법]

(2) 형상의 단순화
 ① 기계적 생산제품의 현장적용성 감안
 ② 공장가동을 도모하고 반복생산 가능하도록 검토

(3) 철근 조립 전 청소 철저
  ① 뜬녹, 흙, 기름 등 제거
  ② Wire Brush 사용

(4) 적절한 접합공법 사용

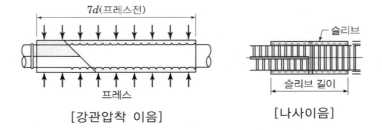

[강관압착 이음]   [나사이음]

(5) 철근 조립 허용오차

  ① 피복두께 $\begin{cases} d \leqq 200 \rightarrow -10\text{mm} \\ d \rangle 200 \rightarrow -13\text{mm} \end{cases}$

  ② 유효두께 $\begin{cases} d \leqq 200 \rightarrow \pm 10\text{mm} \\ d \rangle 200 \rightarrow \pm 13\text{mm} \end{cases}$

(6) 이음의 최소화
  ① 사용 결속선을 굵은 것 사용 : $\phi 1.6$
  ② 원형용접철망 겹침 이음

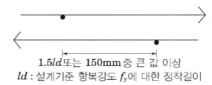

1.5ld 또는 150mm 중 큰 값 이상
ld : 설계기준 항복강도 f_y에 대한 정착길이

(7) 자재 반입
  ① 가급적 Just in time 실시
  ② 조립순서에 맞게 반입
  ③ 적치 시 고임목 철저히 설치

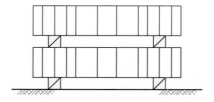

(8) Lead Time 확보

① 공장제작에 따른 선도작업시간 확보

② Lean Construction

(9) 구조검토

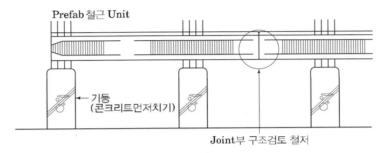

Ⅳ. 결 론

(1) 기둥, 보의 접합부 형상을 단순화하며 부재조립 시 적정방법을 사용한다.

(2) 향후 철근 공사, 거푸집 공사, 콘크리트 공사를 연계한 공법의 개발에 산·학·연의 지속적인 노력이 필요하다.

Chapter 06 철근콘크리트

제 2 절 거푸집공사

1 핵심정리

Ⅰ. 요구조건

① 외력에 변형 없을 것   ② 치수, 형상 정확
③ 수밀성   ④ 가격저렴
⑤ 가공, 조립 해체용이   ⑥ 내구성, 반복 사용
⑦ 구성재 종류 간단   ⑧ 경량화, 운반취급
⑨ 소재 청소 보수용이

암기 point

외 치 수 가 가
내 구 경 소

Ⅱ. 특수거푸집(전용거푸집, System Form)

```
┌ 벽 : 대형 Panel F(Gang F)+가설/마감 발판=Climbing F
├ 바닥 : Table F(수평), Flying Shore F(수평, 수직)
├ 벽+바닥 : Tunnel F(모노쉘형, 트윈쉘형)
├ 연속 ┬ 수직 : Sliding F, Slip F
│      └ 수평 : Traveling F
├ 무지주 : Bow Beam, Pecco Beam
├ 바닥판 : Deck Plate, Waffle F, Half PC Slab
└ 기타 거푸집 ┬ W식 거푸집
             ├ Stay in Place 거푸집
             ├ Lath 거푸집
             ├ 무폼타이 거푸집
             ├ 무보강재 거푸집
             ├ 고무풍선 거푸집
             ├ 투수거푸집
             ├ 제물치장 거푸집
             ├ RSC Form(ACS Form)
             ├ Aluminum Form
             └ 철제 비탈형 거푸집
```

1. 기본 system

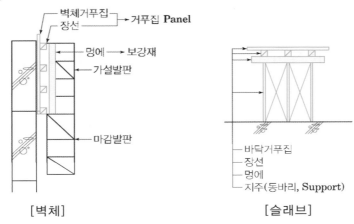

[벽체]　　　　　　　　[슬래브]

2. Gang Form

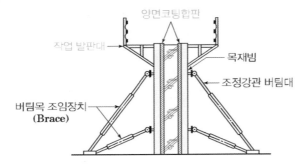

① 평면상 상·하부 동일 단면 구조물에서 외부벽체 거푸집과 작업발판용 케이지(Cage)를 일체로 제작하여 사용하는 대형 거푸집을 말한다.
② 현장에서는 외부 벽체 거푸집 설치, 해체 및 미장, 면손보기 작업을 위한 케이지를 일체로 제작하여 사용하는 것을 말한다.

[Gang Form]

3. Climbing Form

Gang Form에 거푸집 설치를 위한 비계틀과 기 타설된 콘크리트의 마감작업용 비계를 일체로 조립하여 한 번에 인양시켜 거푸집을 설치하는 벽체용 거푸집이다.

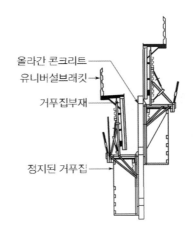

[Climbing Form]

[Flying Form]

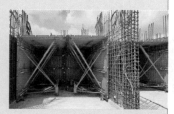

[Tunnel Form]

[Slip Form]

4. Table Form(Flying Form)

바닥 슬래브의 콘크리트를 타설하기 위한 거푸집으로서 거푸집널, 장선, 멍에, 서포트 등을 일체로 제작하여 부재화하여 크레인으로 수평 및 수직 이동이 가능한 거푸집이며, 일명 Flying Form 이라고도 한다.

5. Tunnel Form

Tunnel Form이란 벽식 철근콘크리트 구조를 시공할 경우 벽과 바닥의 콘크리트 타설을 한 번에 가능하게 하기 위하여, 벽체용 거푸집과 슬래브 거푸집을 일체로 제작하여 한 번에 설치하고 해체할 수 있도록 한 거푸집이다.

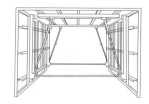

[트윈쉘형]   [모노쉘형]

6. Sliding Form(Slip Form)

Sliding Form은 Slip Form이라고 불리기도 하는데, 수직적으로 반복된 구조물을 시공이음이 없이 균일한 형상으로 시공하기 위하여 거푸집을 연속적으로 이동시키면서 콘크리트를 타설하여 구조물을 시공하는 거푸집공법이다.

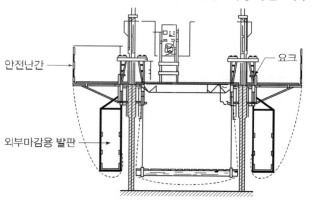

7. Traveling Form

트래블러라고 불리는 비계틀 또는 가동골조(可動骨造, Movable Frame)에 지지된 이동거푸집 공법으로서, 한 구간의 콘크리트를 타설한 후 거푸집을 낮추고 다음에 콘크리트를 타설하는 구간까지 수평으로 이동하여 연속적으로 구조물을 완성하는 것이다.

[Traveling Form]

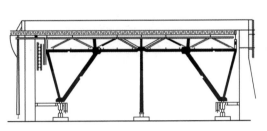

[터널의 트래블링폼]

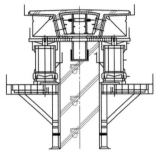

[교량의 트래블링폼]

8. 무지보공 거푸집(무지주 공법, 수평지지보)

서포트가 없이 바닥 거푸집을 시공하기 위한 시스템으로서 트러스 형태의 빔(Beam)을 보 거푸집 또는 벽체 거푸집에 걸쳐놓고 바닥판 거푸집을 시공하는 거푸집이다.

- 종류

Bow Beam	스판이 일정한 경우에 사용
Pecco Beam	안보가 있어 스판의 조절이 가능하다.

[무지주 거푸집]

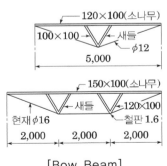

[Bow Beam]

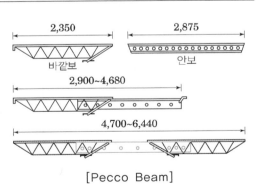

[Pecco Beam]

[Waffle Form]

[W식 거푸집]

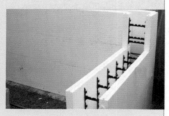

[Stay in Place Form]

9. Waffle Form

특수상자 모양의 기성재거푸집(철판제 또는 합성수지판제)을 연속적으로 늘어놓은 형태의 특수거푸집으로 격자천장형식의 바닥판을 만드는 거푸집 공법이다.

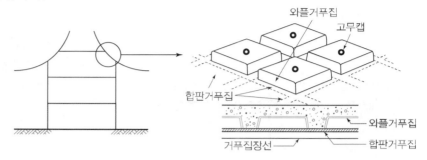

10. W식 Form

가설받침대는 철골조로 만들어진 Lattice Beam으로 하고, 그 위에 아연도 골판을 설치한 거푸집으로 바닥판 거푸집공법의 일종이다.

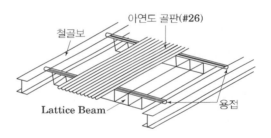

11. Stay in Place Form

일반거푸집에 미리 단열재를 붙인 거푸집으로서, 콘크리트 타설 후 거푸집 제거 시 단열재는 콘크리트 구조체에 영구적으로 그대로 남겨 놓는 공법 이다.

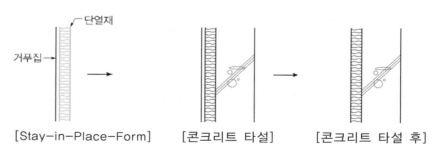

[Stay-in-Place-Form]　　　　[콘크리트 타설]　　　　[콘크리트 타설 후]

12. Lath Form

콘크리트의 Construction Joint를 위하여 합판 대신에 Lath를 사용하여 콘크리트 이어치기하는 부위에 설치하는 거푸집이다.

[Lath Form]

13. 무폼타이 거푸집(Tie-less Form work)

벽체 거푸집을 양면에 설치하기 곤란한 경우 폼타이 없이 콘크리트의 측압을 지지하기 위한 브레이스프레임을 사용하는 공법이며, 일명 브레이스프레임(Brace Frame)공법이라고도 한다.

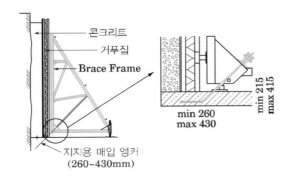

[무폼타이 거푸집]

14. 무보강재 거푸집

벽체거푸집과 장선재만으로 만든 기본 Pannel

15. 고무풍선 거푸집

고무풍선을 이용하는 거푸집으로, 1차 타설한 콘크리트 위에 원형인 고무
풍선을 설치하고 2차 콘크리트를 타설하여 고무풍선거푸집 내부에 콘크리
트가 들어가지 않는 거푸집이다.

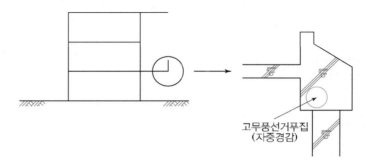

16. 투수 거푸집(섬유재(Textile) 거푸집)

거푸집에 3~5mm 직경의 작은 구멍을 뚫고, 그 위에 섬유재를 부착시켜
통기 및 투수성을 갖도록 제작된 거푸집이다.

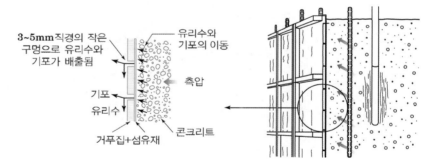

17. 외장용 노출 거푸집

콘크리트 마감면에 별도의 마감을 하지 않고 콘크리트 자체의 색상이나 질
감으로 표면을 마감하기 위한 거푸집을 말한다.

[제물치장거푸집]

18. RSC(Rail Climbing System) Form

벽체 거푸집용 작업발판으로서 거푸집 설치를 위한 작업발판, 비계틀과 콘크리트 타설 후 마감용 비계를 일체로 제작한 레일 일체형 시스템이며, 특히 Rail(레일)과 Shoe(슈)가 맞물려 크레인 없이 유압을 이용하여 자립으로 인상작업과 탈형 및 설치가 가능한 시스템 폼을 말한다.

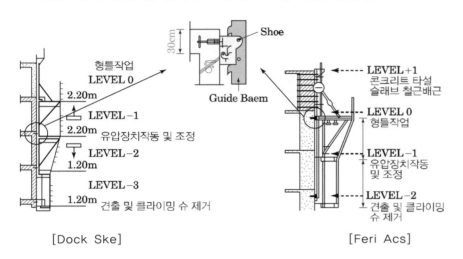

[Dock Ske] [Feri Acs]

[RCS Form]

19. ACS(Auto Climbing System) Form

RCS폼과 비슷하고 레일이 분리되어 있으며 브래킷 타입의 거푸집 인상작업과 탈형 및 설치가 가능한 자동 유압 상승식 시스템 작업발판을 말한다.

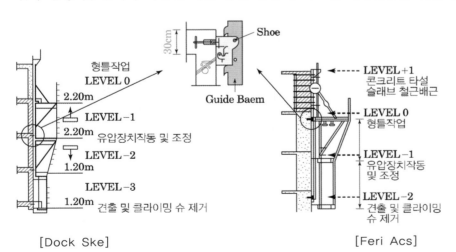

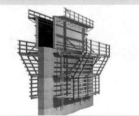

[Dock Ske] [Feri Acs]

[ACS form]

[Aluminum Form]

20. Aluminum Form

거푸집 널, 측면보강재, 면판보강재 등이 알루미늄으로 이루어진 규격화된 거푸집을 말하며 벽, 슬래브, 기둥 등에 주로 사용되며, 일반적으로 폭은 300~600mm와 높이 1,200~2,400mm 규격품이 사용되고 있다.

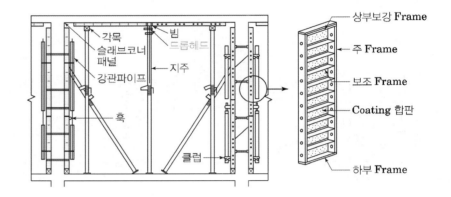

[철재 비탈형 거푸집]

21. 철제 비탈형 거푸집

공장에서 아연도금 Steel Panel로 거푸집 제작(공장에서 보 스터럽 부착) 및 현장 설치 및 철근배근하여 콘크리트 타설 후 탈형 없이 본 구조체로 이용하는 거푸집을 말한다.

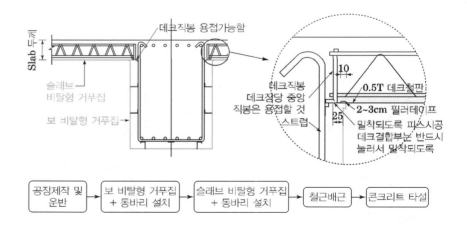

Ⅲ. 거푸집 및 동바리 구조계산

1. 표준시방서[KCS 14 20 12]

거푸집 및 동바리는 콘크리트 시공 시에 작용하는 연직하중, 수평하중, 콘크리트 측압 및 풍하중, 편심하중 등에 대해 그 안전성을 검토하여야 하며 고정하중과 활하중은 연직하중에 해당된다.

1) 고정하중(Dead Load)

① 고정하중 = 철근 콘크리트하중 + 거푸집하중

② 철근 포함 콘크리트의 단위중량

- 보통 콘크리트 $24kN/m^3$
- 제1종 경량 콘크리트 $20kN/m^3$
- 제2종 경량 콘크리트 $17kN/m^3$

③ 거푸집의 무게: 최소 $0.4kN/m^2$ 이상을 적용

④ 특수거푸집 사용 시 그 실제 거푸집 및 철근의 무게 적용

[고정하중]

2) 활하중(Live Load)

① 활하중 = 작업하중 + 충격하중

② 구조물의 수평투영면적(연직방향으로 투영시킨 수평면적)당 최소 $2.5kN/m^2$ 이상

③ 전동식 카트 장비를 이용하여 콘크리트를 타설할 경우에는 $3.75kN/m^2$

[활하중]

3) 연직하중

① 연직하중 = 고정하중(Dead Load) + 활하중(Live Load)

② 콘크리트 타설 높이와 관계없이 최소 $5.0kN/m^2$ 이상

③ 전동식 카트를 사용할 경우에는 최소 $6.25kN/m^2$ 이상

4) 수평하중

① 동바리 최상단에 작용하는 것으로 다음 값 중 큰 값 적용

- 고정하중의 2% 이상
- 동바리 상단의 수평방향 단위 길이 당 $1.5kN/m$ 이상

② 벽체 거푸집의 경우에는 거푸집 측면에 대하여 $0.5kN/m^2$ 이상

③ 그 밖에 풍압, 유수압, 지진, 편심하중, 경사진 거푸집의 수직 및 수평 분력, 콘크리트 내부 매설물의 양압력, 외부 진동다짐에 의한 영향하중 등의 하중을 고려

④ 바닷가나 강가, 고소작업에서와 같이 바람이 많이 부는 곳에서는 풍하중 검토

2. 설계하중 [KDS 21 50 00]

거푸집 및 동바리는 콘크리트 시공 시에 작용하는 연직하중, 수평하중, 콘크리트 측압 및 풍하중, 편심하중 등에 대해 그 안전성을 검토하여야 하며 고정하중과 작업하중은 연직하중에 해당된다.

1) 연직하중
- 연직하중 = 고정하중(D) + 작업하중(L_i)
- 콘크리트 타설 높이와 관계없이 최소 5.0kN/m² 이상
  (전동식카트: 6.25kN/m² 이상)

① 고정하중

가. 고정하중 = 철근 콘크리트하중 + 거푸집하중

나. 철근 포함 콘크리트의 단위중량
- 보통 콘크리트 24kN/m³
- 제1종 경량 콘크리트 20kN/m³
- 제2종 경량 콘크리트 17kN/m³를 적용

다. 거푸집의 무게: 최소 0.4kN/m² 이상을 적용

라. 특수거푸집 사용 시 그 실제 거푸집 및 철근의 무게 적용

② 작업하중

가. 작업하중 = 시공하중 + 충격하중

나. 콘크리트 타설 높이가 0.5m 미만인 경우: 수평투영면적 당 최소 2.5kN/m² 이상

다. 콘크리트 타설 높이가 0.5m 이상 1.0m 미만일 경우: 수평투영면적 당 최소 3.5kN/m² 이상

라. 콘크리트 타설 높이가 1.0m 이상인 경우: 수평투영면적 당 최소 5.0kN/m² 이상

마. 전동식카트 사용할 경우: 수평투영면적 당 3.75kN/m²

바. 콘크리트 분배기 등의 특수장비를 이용할 경우: 실제 장비하중을 적용

사. 적설하중이 작업하중을 초과하는 경우: 적설하중을 적용

2) 수평하중

① 동바리 최상단에 작용하는 것으로 다음 값 중 큰 값 적용

가. 고정하중의 2%

나. 동바리 상단 수평길이 당 1.5kN/m 이상

② 벽체 및 기둥 거푸집은 거푸집면 투영면적 당 0.5kN/m² 추가

[고정하중]

[작업하중]

3) 콘크리트 측압

①
$$P = w \cdot H$$

- P : 콘크리트 측압(kN/m^2)
- w : 굳지 않은 콘크리트의 단위중량(kN/m^3)
- H : 콘크리트의 타설 높이(m)

② 콘크리트 슬럼프가 175mm 이하이고, 1.2m 깊이 이하의 일반적인 내부 진동다짐으로 타설되는 기둥 및 벽체의 콘크리트 측압은 다음과 같다.

가. 기둥(수직부재로서 장변의 치수가 2m 미만)

$$P = C_w \cdot C_c \left[7.2 + \frac{790R}{T+18} \right]$$

나. 벽체(수직부재로서 한쪽 장변의 치수가 2m 이상)

[기둥 측압]

구분 / 타설속도		2.1m/h 이하	2.1~4.5m/h
타설 높이	4.2m 미만 벽체	$p = C_w \cdot C_c \left(7.2 + \dfrac{790R}{T+18} \right)$	
	4.2m 초과 벽체	$p = C_w \cdot C_c \left(7.2 + \dfrac{1{,}160 + 240R}{T+18} \right)$	
모든 벽체			$p = C_w \cdot C_c \left(7.2 + \dfrac{1{,}160 + 240R}{T+18} \right)$

4) 풍하중(W)

가시설물의 재현기간에 따른 중요도계수(I_w)는 존치기간 1년 이하: 0.60

5) 특수하중

① 콘크리트 비대칭 타설 시 편심하중, 콘크리트 내부 매설물의 양압력, 포스트텐션 하중, 장비하중, 외부진동다짐 영향
② 슬립 폼의 인양(Jacking) 시에는 벽체길이 당 최소 3.0kN/m 이상의 마찰하중이 작용

Ⅳ. 측압

1. 콘크리트 헤드(H)
콘크리트 타설 윗면으로부터 최대측압까지의 거리

2. 콘크리트 측압의 변화

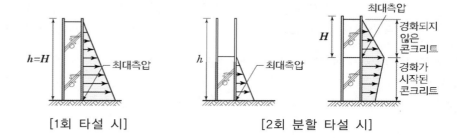

[1회 타설 시]　　　　　[2회 분할 타설 시]

3. 측압산정 기준
① 사용재료, 배합, 타설 속도, 타설 높이, 다짐 방법 및 타설할 때의 콘크리트 온도, 사용하는 혼화제의 종류, 부재의 단면 치수, 철근량 등에 의한 영향을 고려하여 산정
② 콘크리트의 측압은 거푸집의 수직면에 직각방향으로 작용
③ 일반 콘크리트용 측압(P)$= w \cdot H$
여기서, P : 콘크리트 측압(kN/m^2)
　　　　w : 굳지 않은 콘크리트의 단위중량(kN/m^3)
　　　　H : 콘크리트의 타설 높이(m)
④ 콘크리트 슬럼프가 175mm 이하이고, 1.2m 깊이 이하의 일반적인 내부 진동다짐으로 타설되는 기둥 및 벽체의 콘크리트 측압은 다음과 같다.
- 기둥(수직부재로서 장변의 치수가 2m 미만)

$$P = C_w \cdot C_c \left[7.2 + \frac{790R}{T+18} \right]$$

• 벽체(수직부재로서 한쪽 장변의 치수가 2m 이상)

구분 타설속도		2.1m/h 이하	2.1~4.5m/h
타설 높이	4.2m 미만 벽체	$p = C_w \cdot C_c\left(7.2 + \dfrac{790R}{T+18}\right)$	
	4.2m 초과 벽체	$p = C_w \cdot C_c\left(7.2 + \dfrac{1{,}160 + 240R}{T+18}\right)$	
모든 벽체			$p = C_w \cdot C_c\left(7.2 + \dfrac{1{,}160 + 240R}{T+18}\right)$

단, $30\,C_w\mathrm{kN/m^2} \le$ 측압$(P) \le w \cdot H$

C_w : 단위중량 계수

C_c : 첨가물 계수

R : 콘크리트 타설속도(m/h)

T : 타설되는 콘크리트의 온도(℃)

4. 측압의 표준치

분류	기둥	벽
내부 진동기 사용	3	2
외부 진동기 사용	4	3

5. 측압에 영향을 주는 요소(큰 경우)

① Slump 클 때

② 타설속도 빠를 때

③ 콘크리트 비중 클 때

④ 부재단면 클 때

⑤ 거푸집 수밀도 클 때

⑥ 다질수록

⑦ 거푸집 강도 클 때

⑧ 응결시간이 늦은 시멘트

⑨ 기온 낮을 때

⑩ 철근량 적을 때

암기 point

슬 타 비 부 수 다
강 응 기 철

6. 측압 측정방법

① 수압판에 의한 방법

금속재 수압판을 거푸집면 바로 아래에 장착하고 콘크리트와 직접 접촉시켜 측압에 의한 탄성변형에서 측압력을 측정하는 방법

② 수압계를 이용하는 방법

수압판에 직접 Strain Gauge를 부착하여 수압판의 탄성 변형량을 정기적으로 측정하여 실제 수치를 파악하는 방법

③ 조임철물의 변형에 의한 방법

거푸집 조임철물이나 조임 본체인 볼트에 스트레인 게이지를 부착시켜 응력변형을 일으킨 양을 정기적으로 파악하여 측압으로 환산하는 방법

④ OK식 측압계

거푸집 조임철물 본체에 유압 잭을 장착하여 전달된 측압을 Bourdom Gauge에 의해 측정하는 방법

V. 존치기간 [KCS 14 20 12]

1. 콘크리트의 압축강도 시험을 하는 경우

부재		콘크리트의 압축강도
기초, 보, 기둥, 벽 등의 측면		5MPa 이상 (내구성이 중요한 구조물의 경우 10MPa 이상)
슬래브 및 보의 밑면, 아치 내면	단층구조의 경우	설계기준압축강도의 2/3배 이상 또한, 14MPa 이상
	다층구조인 경우	설계기준압축강도 이상 (필러 동바리 구조를 이용할 경우는 구조계산에 의해 기간을 단축할 수 있음. 단, 이 경우라도 최소강도는 14MPa 이상으로 함)

2. 콘크리트의 압축강도를 시험하지 않을 경우(기초, 보, 기둥 및 벽의 측면)

시멘트의 종류 / 평균기온	• 조강포틀랜트 시멘트	• 보통포틀랜드 시멘트 • 고로슬래그 시멘트(1종) • 포틀랜드포졸란 시멘트(1종) • 플라이애쉬 시멘트(1종)	• 고로슬래그 시멘트(2종) • 포틀랜드포졸란 시멘트(2종) • 플라이애쉬 시멘트(2종)
20℃ 이상	2일	4일	5일
20℃ 미만, 10℃ 이상	3일	6일	8일

Ⅵ. 거푸집 시공 시 유의사항

1. 벽체

1) 수평시공 철저

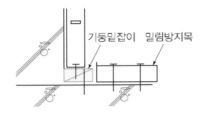

2) 하부틈새 처리

3) 벽체 개구부 보강

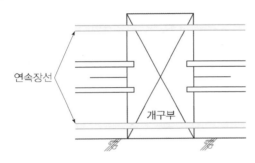

4) 거푸집 수밀성 유지

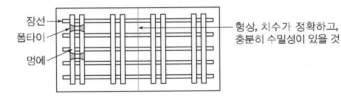

[거푸집 수밀성]

5) 청소 소재구 설치

6) 수평, 수직재 간격

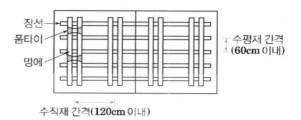

2. 슬래브

1) 벽체 끝선과 슬래브 끝선의 맞춤

2) 슬래브 합판 들뜸 방지

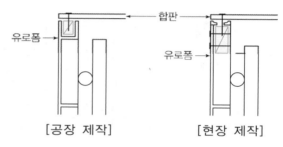

[공장 제작]　　　　[현장 제작]

3) 슬래브, 보 중앙부 Camber 시공

4) 중간 보조판(Filler) 설치

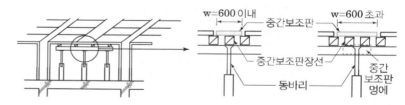

5) 장선, 멍에 및 동바리 간격

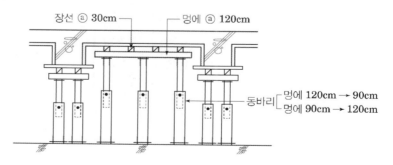

[장선, 멍에, 동바리 간격]

Ⅶ. 동바리 시공 시 유의사항

① 적정 규격 제품 사용
② 동바리 간격 준수
③ 장대동바리 수평연결재 시공

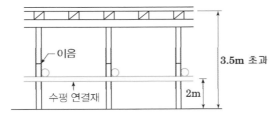

④ 진동, 충격 금지
⑤ 동바리 해체시기 준수
⑥ 동바리 전도 방지
⑦ 동바리 교체순서 준수
⑧ Filler 처리
⑨ 이동동바리 이용
⑩ 동바리 수직도 유지
⑪ 시스템동바리 기준 준수
⑫ 가설기자재 품질시험

[조립식강관 동바리]

2 단답형·서술형 문제 해설

① 단답형 문제 해설

---

01 ACS(Auto Climbing System) Form　　　　　　　　　　　　[KOSHA GUIDE]

I. 정 의

RCS폼과 비슷하고 레일이 분리되어 있으며 브래킷 타입의 거푸집 인상작업과 탈형 및 설치가 가능한 자동 유압 상승식 시스템 작업발판을 말한다.

II. 현장시공도

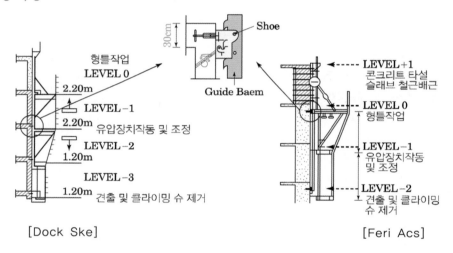

[Dock Ske]　　　　　　　　　　　　　　　　　　[Feri Acs]

III. 앵커의 종류

```
┌ 관통형 ─┬ 월 앵커
│         └ 슬래브 앵커
├ 매립형(스크류온콘 타입) ─┬ 월 또는 슬래브 단부 앵커
│                          └ 슬래브 앵커
└ 매립형(글라이밍콘 타입) : 월 또는 슬래브 단부 앵커
```

Ⅳ. 앵커 및 슈 설치 시 주의사항

(1) 디비닥 타이로드 체결위치까지 클라이밍 콘과 스레디드 플레이트를 돌려서 체결

(2) 모든 앵커 자재, 특히 디비닥 타이로드는 용접 및 화기 접촉을 금지

(3) 클라이밍 슈와 월 슈를 설치할 때 구조체와 유격이 없이 확실하게 조여졌는지 반드시 확인

(4) 관통형의 앵커는 반대쪽의 카운트 플레이트가 정확히 체결되었는지 확인

Ⅴ. 시공 시 유의사항

(1) 벽부형 앵커인 경우 슬래브 두께가 30cm 이상

(2) 콘크리트강도가 10MPa 이상일 때 거푸집 인양

(3) Shoe 장치보양 → 시멘트 페이스트 유입방지

(4) 유압장치 확인 철저

(5) Sliding Joint 등 Shoe 장치와 간섭을 확인

(6) 구조체와 작업발판 틈새처리 철저

(7) 1Set ACS Form 인양 시 측면 안전난간 설치

(8) 클라이밍폼을 지지하는 앵커는 고정하중, 활하중, 풍하중 등의 하중에 대한 안전성을 확보하여야 하며 앵커가 정착되는 구조체의 안전성을 검토

(9) 구동 장치의 상승 능력을 초과하지 않도록 시스템을 고려

(10) 상승 중 시스템의 안전성에 대하여 검토

(11) 구조물의 단면변화로 인한 단면축소 혹은 경사진 경우 시스템의 상승 시 발판을 수평으로 유지할 수 있는 기능 갖출 것

(12) 100m 이상의 고층구조물에 거푸집의 설치 및 해체와 무관하게 별도의 철근 조립용 및 콘크리트 타설용 작업발판이 고정될 것

(13) 전체의 외곽에 안전난간대와 안전망을 폐합 설치할 수 있도록 설계

(14) 순간풍속이 10m/sec 이상, 돌풍이 예상될 때에는 작업중단

02 Sliding Form(Slip Form)　　　　　　　　　　[KCS 14 20 12 / KCS 21 50 10]

Ⅰ. 정 의

Sliding Form은 Slip Form이라고 불리기도 하는데, 수직적으로 반복된 구조물을 시공이음이 없이 균일한 형상으로 시공하기 위하여 거푸집을 연속적으로 이동시키면서 콘크리트를 타설하여 구조물을 시공하는 거푸집공법이다.

Ⅱ. 시공도

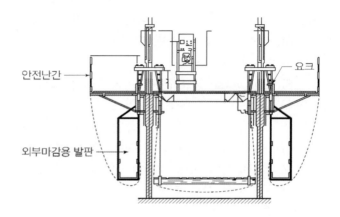

Ⅲ. 특성

(1) 구조물의 성능향상: 시공이음이 없으므로 수밀성 높은 구조물에 시공이 가능
(2) 공사기간 단축: 1일 3~10m 정도 시공가능
(3) 원가절감: 자재의 소모량이 적다.

Ⅳ. 시공 시 유의사항

(1) 슬립폼은 구조물이 완성될 때까지 또는 소정의 시공 구분이 완료될 때까지 연속해서 이동시켜야 하므로 충분한 강성 유지
(2) 슬립폼에 의한 시공에 있어서 구조물의 내구성을 확보하기 위한 적절한 조치
(3) 슬립 폼은 인양을 시작하기 전에 거푸집의 경사도와 수직도를 검사하여야 하며, 시공 중에는 최소 4시간 이내마다 실시
(4) 슬립 폼은 콘크리트를 타설하기 이전에 뒤틀림을 방지하기 위하여 가새를 설치하여야 하고 수평을 유지
(5) 거푸집 널의 높이는 최소 1.0m 이상

03 Aluminum Form

[KDS 21 50 00]

I. 정의

알루미늄 폼은 거푸집 널, 측면보강재, 면판보강재 등이 알루미늄으로 이루어진 규격화된 거푸집을 말하며 벽, 슬래브, 기둥 등에 주로 사용되며, 일반적으로 폭은 300~600mm 와 높이 1,200~2,400mm 규격품이 사용되고 있다.

II. 현장시공도

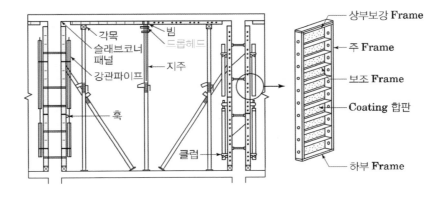

III. 알루미늄 합금의 재료특성

구분	단위중량 (KN/m³)	탄성계수 E(MPa)	허용휨응력 f_b(MPa)	허용전단응력 f_s(MPa)	포아송비 (v)
알루미늄 합금재 (A6061-T6)	27	7.0×10^4	125	72.2	0.27~0.30

IV. 장, 단점

(1) 걸레받이 및 몰딩 주위 등 수직, 수평 정밀도 우수
(2) 면처리(견출) 감소
(3) 초기투자비 증가
(4) 다른 폼과 호환성 저하

V. 시공 시 유의사항

(1) Joint부의 Cement Paste 유출방지 조치

(2) 박리제의 도포 및 콘크리트 잔재 제거 철저

(3) 알루미늄 패널이 다른 금속과의 전식작용(Galvanic Action)이 발생할 우려가 있는 경우에는 피복된 알루미늄 패널로 시공

| 04 | 거푸집 및 동바리 설계 시 고려하중 | [KDS 21 50 00/KCS 14 20 12] |

I. 정 의

거푸집 및 동바리는 콘크리트 시공 시에 작용하는 연직하중, 수평하중, 콘크리트 측압 및 풍하중, 편심하중 등에 대해 그 안전성을 검토하여야 한다.

Ⅱ. 설계 시 고려하중

(1) 연직하중
- 연직하중 = 고정하중(D)+작업하중(L_i)
- 콘크리트 타설 높이와 관계없이 최소 5.0kN/m² 이상(전동식카트: 6.25kN/m² 이상)

① 고정하중
- 고정하중 = 철근 콘크리트하중+거푸집하중
- 철근 포함 콘크리트의 단위중량
  - 보통 콘크리트 24kN/m³
  - 제1종 경량 콘크리트 20kN/m³
  - 제2종 경량 콘크리트 17kN/m³를 적용
- 거푸집의 무게: 최소 0.4kN/m² 이상을 적용
- 특수거푸집 사용 시 그 실제 거푸집 및 철근의 무게 적용

② 작업하중
- 작업하중 = 시공하중+충격하중
- 콘크리트 타설 높이가 0.5m 미만인 경우: 수평투영면적 당 최소 2.5kN/m² 이상
- 콘크리트 타설 높이가 0.5m 이상 1.0m 미만일 경우: 수평투영면적 당 최소 3.5kN/m² 이상
- 콘크리트 타설 높이가 1.0m 이상인 경우: 수평투영면적 당 최소 5.0kN/m² 이상
- 전동식카트 사용할 경우: 수평투영면적 당 3.75kN/m²
- 콘크리트 분배기 등의 특수장비를 이용할 경우: 실제 장비하중을 적용
- 적설하중이 작업하중을 초과하는 경우: 적설하중을 적용

③ 수평하중
- 동바리 최상단에 작용하는 것으로 다음 값 중 큰 값 적용
  - 고정하중의 2%
  - 동바리 상단 수평길이 당 1.5kN/m 이상
- 벽체 및 기둥 거푸집은 거푸집면 투영면적 당 0.5kN/m² 추가

④ 콘크리트 측압
- $$P = w \cdot H$$

- 콘크리트 슬럼프가 175mm 이하이고, 1.2m 깊이 이하의 일반적인 내부진동다짐으로 타설되는 기둥 및 벽체의 콘크리트 측압은 다음과 같다.
  - 기둥(수직부재로서 장변의 치수가 2m 미만)

$$P = C_w \cdot C_c \left[7.2 + \frac{790R}{T+18} \right]$$

  - 벽체(수직부재로서 한쪽 장변의 치수가 2m 이상)

구분 타설속도		2.1m/h 이하	2.1~4.5m/h
타설 높이	4.2m 미만 벽체	$p = C_w \cdot C_c\left(7.2 + \dfrac{790R}{T+18}\right)$	
	4.2m 초과 벽체	$p = C_w \cdot C_c\left(7.2 + \dfrac{1,160+240R}{T+18}\right)$	
모든 벽체			$p = C_w \cdot C_c\left(7.2 + \dfrac{1,160+240R}{T+18}\right)$

⑤ 풍하중(W)
가시설물의 재현기간에 따른 중요도계수(I_w)는 존치기간 1년 이하: 0.60

⑥ 특수하중
- 콘크리트 비대칭 타설 시 편심하중, 콘크리트 내부 매설물의 양압력, 포스트텐션 하중, 장비하중, 외부진동다짐 영향
- 슬립 폼의 인양(Jacking) 시에는 벽체길이 당 최소 3.0kN/m 이상의 마찰하중이 작용

05 | 콘크리트 타설 시 거푸집에 작용하는 측압 [KDS 21 50 00]

I. 정 의

콘크리트 타설 시 거푸집(수직부재)에 가해지는 콘크리트의 수평방향의 압력을 측압이라 하고, 콘크리트의 타설 윗면으로부터의 거리(m)와 단위중량(kN/m^3)의 곱으로 표시한다.

II. 거푸집에 작용하는 측압

(1) 사용재료, 배합, 타설 속도, 타설 높이, 다짐 방법 및 타설할 때의 콘크리트 온도, 사용하는 혼화제의 종류, 부재의 단면 치수, 철근량 등에 의한 영향을 고려하여 산정

(2) 콘크리트의 측압은 거푸집의 수직면에 직각방향으로 작용

(3) 일반 콘크리트용 측압(P) $= w \cdot H$

　　여기서, P : 콘크리트 측압(kN/m^2)

　　　　　　w : 굳지 않은 콘크리트의 단위중량(kN/m^3)

　　　　　　H : 콘크리트의 타설 높이(m)

(4) 콘크리트 슬럼프가 175mm 이하이고, 1.2m 깊이 이하의 일반적인 내부진동다짐으로 타설되는 기둥 및 벽체의 콘크리트 측압은 다음과 같다.

　① 기둥(수직부재로서 장변의 치수가 2m 미만)

$$P = C_w \cdot C_c \left[7.2 + \frac{790R}{T+18} \right]$$

　② 벽체(수직부재로서 한쪽 장변의 치수가 2m 이상)

구분	타설속도	2.1m/h 이하	2.1~4.5m/h
타설 높이	4.2m 미만 벽체	$p = C_w \cdot C_c \left(7.2 + \frac{790R}{T+18} \right)$	
	4.2m 초과 벽체	$p = C_w \cdot C_c \left(7.2 + \frac{1,160+240R}{T+18} \right)$	
모든 벽체			$p = C_w \cdot C_c \left(7.2 + \frac{1,160+240R}{T+18} \right)$

06 콘크리트 거푸집의 해체시기(기준) [KCS 21 50 05]

I. 정 의

거푸집의 해체시기는 시멘트 종류, 기상조건, 하중, 보양 등의 상태에 따라 다르므로 그 경과기간 중 이들 조건을 엄밀히 조사하고, 콘크리트의 보양과 변형의 우려가 없고 충분한 강도가 날 때까지 존치해야 하며, 해체 시에는 콘크리트 표면의 손상 등 변형이 생기지 않도록 철저히 하여야 한다.

II. 거푸집의 해체시기(기준)

(1) 콘크리트의 압축강도 시험을 하는 경우

부재		콘크리트의 압축강도
확대기초, 보, 기둥, 벽 등의 측면		5MPa 이상
슬래브 및 보의 밑면, 아치 내면	단층구조의 경우	설계기준압축강도의 2/3배 이상 또한, 14MPa 이상
	다층구조인 경우	설계기준압축강도 이상 (필러 동바리 구조를 이용할 경우는 구조계산에 의해 기간을 단축할 수 있음. 단, 이 경우라도 최소강도는 14MPa 이상으로 함)

(2) 콘크리트의 압축강도를 시험하지 않을 경우(기초, 보, 기둥 및 벽의 측면)

시멘트의 종류 / 평균기온	• 조강포틀랜드 시멘트	• 보통포틀랜드 시멘트 • 고로슬래그 시멘트(1종) • 포틀랜드포졸란 시멘트(A종) • 플라이애쉬 시멘트(1종)	• 고로슬래그 시멘트(2종) • 포틀랜드포졸란 시멘트(B종) • 플라이애쉬 시멘트(2종)
20℃ 이상	2일	3일	4일
20℃ 미만, 10℃ 이상	3일	4일	6일

(3) 기초, 보, 기둥, 벽 등의 측면 거푸집의 경우 24시간 이상 양생한 후에 콘크리트 압축강도가 5MPa 이상 도달한 경우 거푸집 널을 해체 가능
(4) 보, 슬래브 및 아치 하부의 거푸집널은 원칙적으로 동바리를 해체한 후에 해체
(5) 강도의 확인은 현장에서 양생한 표준공시체 혹은 타설된 콘크리트의 압축강도 시험으로 확인
(6) 거푸집 탈형 후에는 시트 등으로 직사 일광이나 강풍을 피하고 급격히 수분의 증발을 방지

07 | 시스템 동바리(System Support) [KCS 21 50 05]

Ⅰ. 정 의

시스템 동바리는 방호장치 안전인증기준 또는 KS F 8021에 적합하여야 하며, 수직재, 수평재, 가새재, 연결조인트 및 트러스 등의 각각의 부재를 현장에서 조립하여 사용하는 조립형 동바리 부재를 말한다.

Ⅱ. 현장시공도

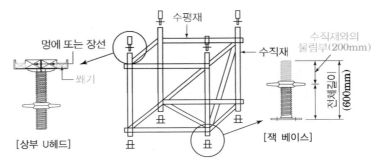

Ⅲ. 시스템 동바리 설치기준

(1) 지주 형식 동바리

① 구조계산에 의한 조립도를 작성

② 시스템 동바리를 지반에 설치할 경우에는 깔판 또는 깔목, 콘크리트를 타설하는 등의 상재하중에 의한 침하 방지조치

③ 수직재와 수평재는 직교되게 설치하여야 하며 이음부나 접속부 등은 흔들림이 없도록 체결

④ 수직재, 수평재 및 가새 등의 여러 부재를 연결한 경우에는 수직도가 오차범위 이내에 있도록 시공

⑤ 수직 및 수평하중에 의한 동바리 본체의 변위가 발생하지 않도록 각각의 단위 수직재 및 수평재에는 가새재를 견고히 설치

⑥ 시스템 동바리의 높이가 4m를 초과할 때에는 높이 4m 이내마다 수평 연결재를 2개의 방향으로 설치하고, 수평 연결재의 변위를 방지

⑦ 콘크리트 타설 높이가 0.5m 이상일 경우에는 수직재 최상단 및 최하단으로부터 400mm 이내에 첫 번째 수평재가 설치

⑧ 수직재를 설치할 때에는 수평재와 수평재 사이에 수직재의 연결부위가 2개소 이상 금지

⑨ 가새는 수평재 또는 수직재에 핀 또는 클램프 등의 결합방법에 의해 견고하게 결합

⑩ 동바리 최하단에 설치하는 수직재는 받침 철물의 조절너트와 밀착하게 설치(수직재와 물림부의 겹침은 1/3 이상)하며, 편심하중이 발생하지 않도록 수평을 유지

⑪ 멍에재는 편심하중이 발생하지 않도록 U헤드의 중심에 위치하며, 멍에재가 U헤드에서 이탈되지 않도록 고정

⑫ 동바리 자재의 반복 사용으로 인한 변형 및 부식 등 심하게 손상된 자재는 사용 금지

⑬ 바닥이 경사진 곳에 설치할 경우 고임재 등을 이용하여 동바리 바닥이 수평이 되도록 하여야 하며, 고임재는 미끄러지지 않도록 바닥에 고정

⑭ 동바리 설치높이가 4.0m를 초과하거나 콘크리트 타설 두께가 1.0m를 초과하여 파이프 서포트로 설치가 어려울 경우에는 시스템 동바리로 설치 가능

(2) 보 형식 동바리

① 동바리는 구조검토에 의한 시공상세도에 따라 정확히 설치

② 보 형식 동바리의 양단은 지지물에 고정하여 움직임 및 탈락을 방지

③ 보와 보 사이에는 수평연결재를 설치하여 움직임을 방지

④ 보조 브래킷 및 핀 등의 부속장치는 소정의 성능과 안전성을 확보할 수 있도록 시공

⑤ 보 설치지점은 콘크리트의 연직하중 및 보의 하중을 견딜 수 있는 견고한 곳 설치

⑥ 보는 정해진 지점 이외의 곳을 지점으로 이용 금지

2 서술형 문제 해설

01 현장거푸집 시공 시 유의사항

Ⅰ. 개 요

(1) 거푸집은 자체의 하중과 굳지 않은 콘크리트의 무게, 작업시의 재료, 장비, 인력 등에 의한 적재하중에 견딜 수 있도록 튼튼해야 한다.

(2) 또한 콘크리트를 일정한 형상과 치수로 유지시켜 주며 경화에 필요한 수분의 누출을 방지하고, 외기의 영향을 차단하여 콘크리트가 적절하게 양생될 수 있도록 하여야 한다.

Ⅱ. 현장 시공도

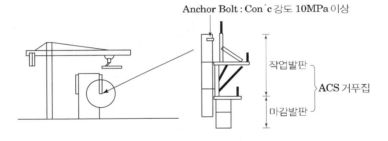

Ⅲ. 시공 시 유의사항

1. 벽체

(1) 수평시공 철저(Level 확인)
  ① 기둥밑잡이로 수평시공 철저
  ② 필요시 밀림방지목으로 보강

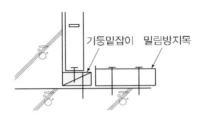

(2) 하부틈새 처리
  Mortar, 우레탄폼 등으로 물샘방지 조치

(3) 벽체의 개구부 보강

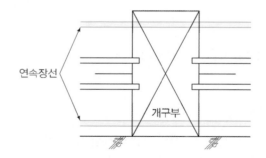

① 창문틀은 정미치수에서 30mm 여유
② 외부에 면한 개구부 상단에는 물끊기 설치
③ 창호 개구부는 상·하부 2단은 수평재(장선) 연속 연결
④ 개구부 하부 공기구멍 설치

(4) 수밀성 유지(거푸집 정밀도 확보)

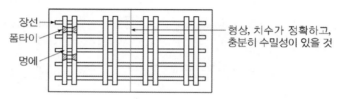

(5) 청소 소재구 설치

벽 및 기둥 하부에는 청소구멍을
설치하여 이물질 제거 철저

(6) 수평, 수직재 간격

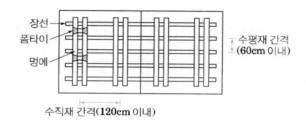

2. 슬래브

(1) 벽체 끝선과 슬래브 끝선의 맞춤

① 벽체 상단선 수평 확보를 위한 형틀 보강
② 벽체선 미확보시 마감공사 중 천장, 벽체 간의 이격거리 발생
③ 벽체 수직상태 확인 기준

(2) 슬래브 합판 들뜸 방지

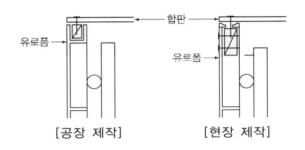

(3) 슬래브, 보 중앙부 올림 시공

콘크리트 타설 후 침하량을 고려하여 2~3cm 올려서 시공

(4) 중간보조판(Filler) 설치

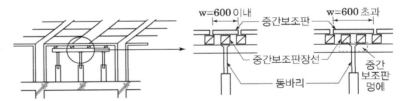

(5) 장선, 멍에 및 동바리 간격

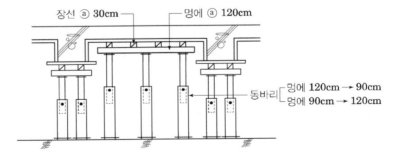

Ⅳ. 결 론

(1) 형틀공사는 마감공사의 바탕으로 형틀공사의 정밀성이 마감공사의 공사질 향상에 절대적인 영향을 준다.

(2) 따라서 콘크리트 타설할 때 형틀이 변형되지 않도록 조립되어야 하며 흔들림 막이, 턴버클, 가새 등을 필요한 곳에 적절하게 설치하여야 한다.

02 거푸집 존치기간이 콘크리트 강도에 미치는 영향과 거푸집 전용계획

Ⅰ. 개 요

(1) 거푸집 존치기간은 구조물 강도 및 내구성에 영향을 미치므로 시방서의 존치기간을 준수하여야 한다.

(2) 또한 거푸집은 품질에 영향을 미치지 않는 범위 내에서 최대한 전용할 수 있도록 계획한다.

Ⅱ. 거푸집 존치기간

(1) 콘크리트 시방서(건축공사 표준시방서)

① 콘크리트 압축강도를 시험할 경우

부 재		콘크리트 압축강도
기초, 보, 기둥, 벽 등의 측면		5MPa 이상
슬래브 및 보의 밑면 아치내면	단층 구조	$f_{cu} \geq \dfrac{2}{3} \times f_{ck}$ 이상, 또한 최소 14MPa 이상
	다층 구조	설계 기준 압축강도 이상 (필러동바리구조 → 기간단축가능 단, 최소강도는 14MPa 이상)

② 콘크리트 압축강도를 시험하지 않을 경우

시멘트의 종류 / 평균온도	조강포틀랜드 시멘트	보통포틀랜드 시멘트 고로슬래그 시멘트(1종) 포틀랜드포졸란 시멘트(A종) 플라이애쉬 시멘트(1종)	고로슬래그 시멘트(2종) 포틀랜드포졸란 시멘트(B종) 플라이애쉬 시멘트(2종)
20℃ 이상	2일	3일	4일
20℃ 미만, 10℃ 이상	3일	4일	6일

Ⅲ. 콘크리트 강도에 미치는 영향

(1) 균열 발생

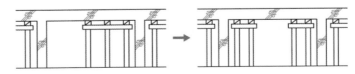

① 중앙부 탈형과정에서 응력분포가 역전하는 결과 초래
② 거푸집 조기탈형 시 내구성 저하로 균열 발생

(2) 철근부착력 감소

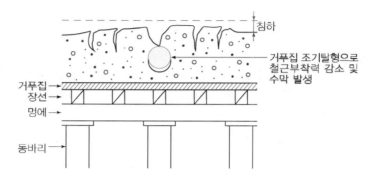

(3) 구조물 처짐

① 존치기간 불량으로 인하여 거푸집 조기 해체 시 구조물의 처짐 발생
② Camber 설치 : $l/300 \sim l/500$

(4) 중성화

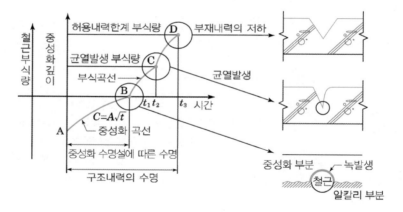

(5) 강도 저하(내구성 저하)

IV. 전용계획

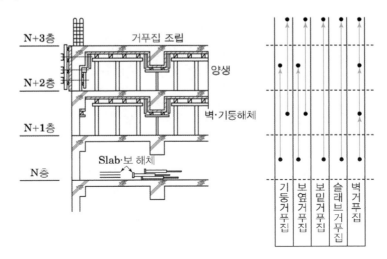

(1) 경제성 확보
  ① 콘크리트 품질에 영향을 미치지 않는 범위 내에서 최대한 전용
  ② 가격이 저렴한 공법 선택

(2) 전용 가능 횟수 최대

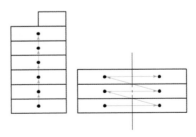

건축물의 형상, 크기에 따라 전용 Pattern 결정

(3) 거푸집 재료의 존치기간
콘크리트 배합조건과 계절영향 고려

(4) 소요량 확정 및 발주
실무책임자와 반드시 협의

(5) 전용예정 공정표 작성

　① 운반효율을 감안하여 수평이동 적게, 수직이동 위주

　② 동일 재료를 동일 부재로 전용

　③ 가장 단순하고 쉬운 방식으로 전용

　④ 공정이 지연될 경우를 감안, 다소 여유를 갖는다.

V. 결 론

(1) 콘크리트 거푸집의 작업은 설치 및 해체에 있어서 공기 및 강도에 지대한 영향을 주고 있다.

(2) 특히 해체문제는 거푸집 전용과 맞물려 있기 때문에 경제성에도 영향을 미치므로 적정공법과 계획을 철저히 세워야 한다.

03 동바리 시공 시 문제점과 대책

Ⅰ. 개 요

(1) 동바리는 콘크리트 시공을 위해 부과된 하중을 지지하며 안전하고 적절한 동바리 설계, 설치 및 제거가 되어야 한다.

(2) 하지만 동바리 시공의 문제점으로 부실시공을 초래하므로 철저한 시공관리가 요구되고 있다.

Ⅱ. 현장 시공도

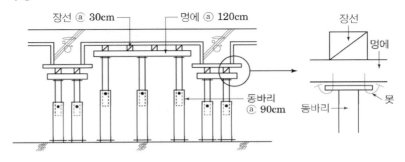

Ⅲ. 문제점

(1) 미규격 제품 사용

① 강관 동바리는 KSF 8001을 사용하여야 함

② 미규격 사용시 부과된 상부 하중에 의해 좌굴 발생

(2) 동바리 거꾸로 세움 및 고정핀 철근 사용

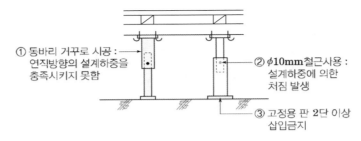

(3) 전도, 붕괴사고 및 침하
  ① 동바리의 충분한 강도 미확보
  ② 콘크리트타설 순서 미준수 및 동바리 간격 불량
  ③ 동바리 고정 불량
  ④ 하부 받침판 불량으로 침하발생 → Camber 시공

(4) 동바리 조기 해체

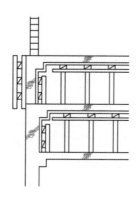

  ① 콘크리트 자중에 충분히 견딜 수 있을 때까지 해체해서는 안됨
  ② 콘크리트 타설위치의 하부 등은 동바리 해체 금지
  ③ Filler 동바리 해체 금지

(5) 위치 및 고정 불량

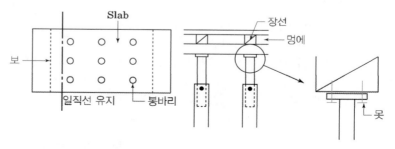

  ① 동바리 양끝 일직선 밖으로 굽어져 사용
  ② 멍에와 동바리 못 고정 불량

Ⅳ. 대 책

(1) 동바리 간격 준수

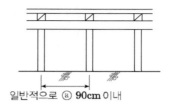

일반적으로 ⓐ **90cm** 이내

① w = 고정하중 + 활하중

= (철근콘크리트중량 + 거푸집중량) + (충격하중 + 작업하중)

= $(v \cdot t + 0.4 \mathrm{KN/m^2}) + 2.5 \mathrm{KN/m^2}$ (v : 콘크리트 단위중량, t : 슬래브 두께)

② 거푸집널의 허용침하량은 3mm 이하

(2) 장대동바리 수평연결재 시공

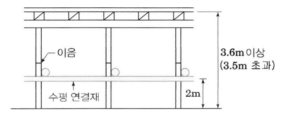

① 강관동바리 3본 이상 이음 금지

② 높이 3.5m 초과일 때 2.0m 이내마다 수평연결재 2개 방향 설치

③ 이음부분 고정 클램프 사용

(3) 진동·충격 금지

① 콘크리트 타설 시 진동·충격 금지

② 콘크리트 타설 전 멍에와 밀착시공 확인

(4) 동바리 해체시기 준수

부 재	콘크리트 압축강도(f_{cu})
슬래브 및 보의 밑면, 아치 내면	$f_{cu} \geq \dfrac{2}{3} \times f_{ck}$ 또한, 14MPa 이상

(5) Filler 처리 철저

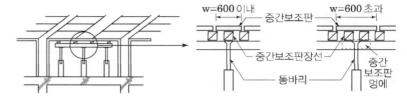

(6) 이동동바리 이용

① 충분한 강도와 안전성 및 소정의 성능 확보
② 이동동바리 조립 후 검사하여 안전을 확인
③ 이동동바리 사용 시 콘크리트에 변형 방지
④ 필요에 따라 적당한 솟음 시공

V. 결 론

(1) 동바리는 콘크리트 구조물의 콘크리트 치기 공정, 거푸집 및 동바리 해체 등의 시공계획에 따라 설계도를 작성해야 한다.
(2) 동바리는 콘크리트 치기 전에 반드시 검사를 받아야 한다.

memo

Chapter 06 철근콘크리트

제 3 절 콘크리트공사

1 핵심정리

I. 콘크리트 구조

1. 구조

- 2相물질 = 시멘트 Matrix + 굵은 골재
- 3相물질 = 시멘트 Matrix + 전이지역(Transition Zone) + 굵은 골재

시멘트수화물의 생성물
(시멘트 Matrix)

hcp

전이지역
(10~50μm)

굵은골재

2. hcp(수화생성물)

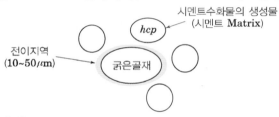

$CaO+H_2O \longrightarrow$

수화반응

- 에트링가이트
- $Ca(OH_2)$: 수산화칼슘 20~25%
- $C-S-H$: 규산칼슘 50~60% → 토버모라이트겔
- C_4ASH_{16} : 알루민산황산염 15~20% → 모노셀페이트
  → 에트링가이트의 6각형 − 판상
- 수화되지 않은 시멘트입자(무수클링커 입자)

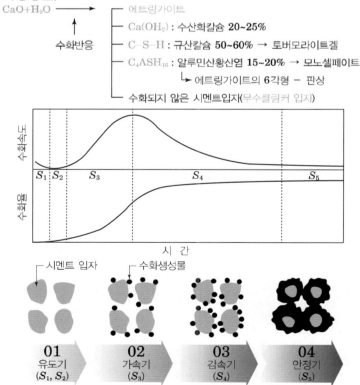

수화속도

S_1 S_2 S_3 S_4 S_5

수화열

시 간

시멘트 입자   수화생성물

01	02	03	04
유도기	가속기	감속기	안정기
(S_1, S_2)	(S_3)	(S_4)	(S_5)

3. 공극

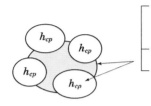

모세관공극 ┬ 낮은 W/B → 미세공극(10~50nm)
(불규칙) └ 높은 W/B → 거대공극(3~5μm)
C−S−H층 사이의 공간 : 18Å
공기공극 : 혼화제첨가(50~200μm)(구형)
→ 공기공극 > 모세관공극
→ 강도와 투수저항성의 영향

Ⅱ. 재료

1. 시멘트

1) P.C(포틀랜트 C)

① 보통 P.C
② 중용열 P.C : 단위 C↓ ┬ 초기강도↓ → 장기강도↑
                               └ 수화열↓ → 건조수축↓ → 균열↓

③ 조강 P.C
④ 저열 P.C
⑤ 내황산염 P.C ┬ 28일 강도 → 보통 P.C의 90%
                     ├ 황산염 침식방지
                     └ 온천지대, 항만, 하천

⑥ 백색 P.C

2) 혼합 C

① 고로 Slag C ┐
② Fly ash C ├ → ┬ 단위 C↓ → 초기강도↓ → 장기강도↑
③ Silica C ┘   └ 단위 C↓ → 수화열↓ → 건조수축↓ → 균열↓

3) 특수 C

① 알루미나 C : 6~8hr = 3日 강도. 1日 = 28日 강도
② 초속경 C : 1~2hr = 10MPa
③ 팽창 C : 팽창성질

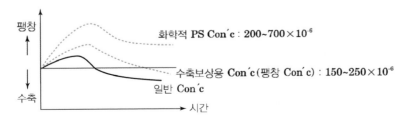

■ 암기 point ✿

■ 혼화제
표 구 했어유! 응 응
기차타고 방 방 방
수 기 로 출 발
■ 혼화재
고 플 시

2. 혼화재료

┌ 혼화제(劑) : 표면활성제(AE제, 감수제, AE감수제), 고성능감수제, 유동
│ 1% 전후   화제, 응결지연제, 응결촉진제, 방수제, 방청제, 방동제,
│   수중불분리성혼화제, 기포제, 발포제
└ 혼화재(材) : 고로 slag, Fly ash, Silica fume
  5% 이상

1) 혼화제

① 표면활성제

㉠ AE제 : 기포작용

- 자연상태 → Entrapped air : 1~2%
- AE제 → Entrained air   : <u>3~4%</u> ⇒ ball bearing 역할
                            4~6%   → Workability ↑

■ 암기 point ✿

■ AE제 특징
단 내 수 시 재
B 알 발 강 부 측

*AE제 특징
- 단위수량 ↓
- 내구성 ↑
- 수밀성 ↑
- 시공성 ↑
- 재료분리 ↓
- Bleeding ↓
- 알칼리 골재 반응 ↓
- 발열량 ↓
- 강도 ↑
- 부착강도(철근) ↓
- 측압 ↑

㉡ 감수제 : 분산(반발)작용 → Workability ↑

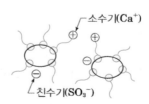

ⓒ AE 감수제

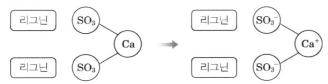

　　*계면활성제 용액은 물보다 표면장력이 작아 침투성이 좋음
　　 → 시멘트 입자의 표면을 습윤시켜 수화반응을 쉽게 한다.

② 고성능감수제 : W/B ↓

③ 유동화제 : Slump ↑

④ 응결지연제

⑤ 응결촉진제

⑥ 방수제

⑦ 방동제

⑧ 방청제

⑨ 수중불분리성 혼화제

⑩ 기포제

⑪ 발포제

2) 혼화재

$$\left.\begin{array}{l} \text{고로 slag} \\ \text{Fly ash} \\ \text{Silica fume} \end{array}\right\} + \begin{array}{c} \text{C·H} \\ \text{(Ca(OH)}_2\text{)} \end{array} \quad \longrightarrow \quad \begin{array}{c} \text{C·S·H} \\ \text{(CaO·SiO}_2\text{·H}_2\text{O)} \end{array}$$

$$\left[\begin{array}{l} \text{단위C} \downarrow \rightarrow \text{초기강도} \downarrow \rightarrow \text{장기강도} \uparrow \\ \text{단위C} \downarrow \rightarrow \text{수화열} \downarrow \rightarrow \text{건조수축} \downarrow \rightarrow \text{균열} \downarrow \end{array}\right.$$

Ⅲ. 배합설계

1. 배합강도, 설계기준압축강도, 호칭강도 차이

구분	배합강도	설계기준압축강도	호칭강도
정의	콘크리트의 배합을 정하는 경우에 목표로 하는 압축강도	콘크리트 구조 설계에서 기준이 되는 콘크리트 압축강도	레디믹스트 콘크리트 주문 시 KS F 4009의 규정에 따라 사용되는 콘크리트 강도

⚙ 암기 point

호 배 시 물 슬 굵 잔 단
시 현

2. 호칭강도 [KCS 14 20 10]

$$호칭강도(f_{cn}) = 품질기준강도(f_{ce}) + 기온보정강도(T_n)(\text{MPa})$$

여기서, f_{ce} : 설계기준강도(f_{ck})와 내구성 기준 압축강도(f_{cd}) 중 큰 값
T_n : 기온보정강도(MPa)

3. 배합강도 [KCS 14 20 10]: 두 식 (①② 및 ①′②′)에 의한 값 중 큰 값

$$f_{cn} \leq 35\text{MPa}인 \ 경우$$

① $f_{cr} = f_{cn} + 1.34s \, (\text{MPa})$
② $f_{cr} = (f_{cn} - 3.5) + 2.33s \, (\text{MPa})$

$$f_{cn} > 35\text{MPa}인 \ 경우$$

①′ $f_{cr} = f_{cn} + 1.34s \, (\text{MPa})$
②′ $f_{cr} = 0.9f_{cn} + 2.33s \, (\text{MPa})$
여기서, s : 압축강도의 표준편차(MPa)

4. 물−결합재비(Water to Binder Ratio) 적정범위 [KCS 기준]
1) 경량골재 콘크리트: 60% 이하
2) 폴리머시멘트 콘크리트: 30~60%(폴리머−시멘트비: 5~30%)
3) 수밀 콘크리트: 50% 이하
4) 고강도 콘크리트
   ① 소요의 강도와 내구성을 고려하여 정함
   ② 물−결합재비와 콘크리트 강도의 관계식을 시험 배합으로부터 구함
   ③ 배합강도에 상응하는 물−결합재비는 시험에 의한 관계식을 이용하여 결정
5) 고내구성 콘크리트

구분	보통 콘크리트	경량골재 콘크리트
포틀랜드 시멘트 고로 슬래그 시멘트 특급 실리카 시멘트 A종 플라이 애시 시멘트 A종	60% 이하	55% 이하
고로 슬래그 시멘트 1급 실리카 시멘트 B종 플라이 애시 시멘트 B종	55% 이하	55% 이하

6) 방사선 차폐용 콘크리트: 50% 이하

7) 한중 콘크리트: 60% 이하

8) 수중 콘크리트

종류	일반 수중콘크리트	현장타설말뚝 및 지하연속벽에 사용되는 수중콘크리트
물–결합재비	50% 이하	55% 이하

9) 수중 불분리성 콘크리트의 최대 물–결합재비

환경 ＼ 콘크리트의 종류	무근콘크리트	철근콘크리트
담수중·해수중	55%	50%

10) 해양 콘크리트: 60% 이하

11) 프리스트레스트 콘크리트: 45% 이하(그라우트 물–결합재비 임)

12) 외장용 노출 콘크리트: 50% 이하

13) 동결융해작용을 받는 콘크리트: 45% 이하

14) 식생 콘크리트: 20~40%(물–시멘트비 임)

15) 장수명 콘크리트: 55% 이하(50% 이하가 바람직)

5. Slump

1) Slump Test [KCS 14 20 10/KS F 2402] → 반죽질기

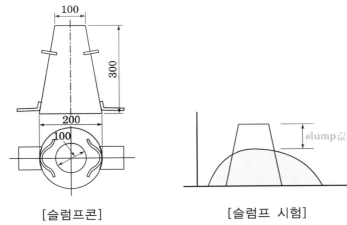

[슬럼프콘]   [슬럼프 시험]

① 슬럼프 시험

　가. 슬럼프콘을 강제판 위에 놓고 누르고, 시료를 거의 같은 양을 3층으로 나눠서 채운다.

　나. 각 층은 다짐봉(지름 16mm, 길이 500~600mm)으로 고르게 한 후 25회씩 다진다.

　다. 각 층을 다질 때 다짐봉의 다짐 깊이는 아래층에 거의 도달할 정도로 한다.

[슬럼프 시험]

라. 콘크리트의 윗면을 슬럼프콘의 상단에 맞춰 고르게 한후 즉시 슬럼프콘을 가만히 연직방향으로 들어 올리고(높이 300mm에서 2~3초), 콘크리트의 중앙부에서 공시체 높이와의 차를 5mm 단위로 측정한다.

마. 콘크리트가 슬럼프콘의 중심축에 대하여 치우치거나 무너지거나 해서 모양이 불균형이 된 경우는 다른 시료에 의해 재시험을 한다.

바. 슬럼프콘에 콘크리트를 채우기 시작하고 나서 슬럼프콘을 들어 올리기를 종료할 때까지의 시간은 3분 이내로 한다.

② 슬럼프의 표준값

종류		슬럼프 값
철근콘크리트	일반적인 경우	80~150
	단면이 큰 경우	60~120
무근콘크리트	일반적인 경우	50~150
	단면이 큰 경우	50~100

③ 슬럼프의 허용오차(mm)

슬럼프	슬럼프 허용차
25	± 10
50 및 65	± 15
80 이상	± 25

2) Slump Flow [KCS 14 20 10/KS F 2594] → 유동성 측정

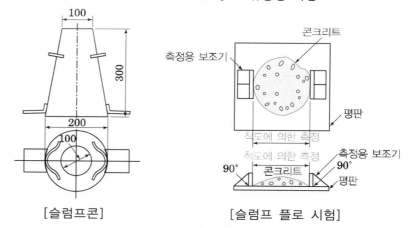

[슬럼프콘]   [슬럼프 플로 시험]

① 슬럼프 플로 시험

가. 슬럼프콘을 수평으로 설치한 평판 위에 둔다.

나. 슬럼프콘에 콘크리트를 채우기 시작하고 나서 끝날 때까지의 시간은 2분 이내로 한다.

[슬럼프 플로 시험]

다. 고유동 콘크리트의 경우 다지거나 진동을 주지 않은 상태로 한꺼번에 채워 넣는다. 필요에 따라 3층으로 나누어 채운 후 각 층마다 다짐봉으로 5회 다짐을 한다.

라. 콘크리트의 윗면을 슬럼프콘의 상단에 맞춘 후 슬럼프콘을 연직방향으로 들어 올린다.(높이 300mm에 2~3초, 시료가 슬럼프콘과 함께 솟아오르고 낙하할 우려가 있는 경우에는 10초)

마. 콘크리트의 움직임이 멈춘 후에 퍼짐이 최대라고 생각된 지름과 수직한 방향의 지름을 잰다.

바. 측정 횟수는 1회로 한다.

사. 500mm 플로 도달 시간을 구하는 경우에는 슬럼프콘을 들어올리고 개시 시간으로부터 확산이 평평하게 그렸던 지름 500mm의 원에 최초에 이른 시간까지의 시간을 스톱워치로 0.1초 단위로 잰다.

아. 슬럼프를 측정하는 경우 콘크리트의 중앙부에서 내려간 부분을 재고, 슬럼프는 5mm까지 측정한다.

자. 플로의 유동 정지 시간을 구하는 경우에는 슬럼프콘을 들어올리는 시점으로부터 육안으로 정지가 확인되기까지의 시간을 스톱워치로 0.1초 단위로 잰다.

② 슬럼프 플로 허용오차(mm)

슬럼프 플로	슬럼프 플로 허용오차
500	±75
600	±100
700[1]	±100

주1) 굵은 골재의 최대치수가 13mm인 경우에 한하여 적용
주2) 이 기준은 설계기준압축강도 40MPa 미만의 콘크리트에 한하여 적용

6. 굵은 골재 최대치수 [KCS 14 20 10]

굵은 골재란 5mm체에 다 남는 골재를 말하며, 굵은 골재 최대치수는 질량으로 90% 이상이 통과한 체 중 최소의 체 치수로 나타낸 굵은 골재의 치수를 말한다.

1) 굵은 골재의 최대 치수 선정

① 굵은 골재의 공칭 최대 치수는 다음 값을 초과 금지

가. 거푸집 양 측면 사이의 최소 거리의 1/5

나. 슬래브 두께의 1/3

다. 개별 철근, 다발철근, 긴장재 또는 덕트 사이 최소 순간격의 3/4

② 굵은 골재의 최대 치수 표준

구조물의 종류	굵은 골재의 최대 치수(mm)
일반적인 경우	20 또는 25
단면이 큰 경우	40
무근콘크리트	• 40 • 부재 최소 치수의 1/4을 초과해서는 안 됨.

2) 굵은 골재의 최대 치수가 콘크리트에 미치는 영향
  ① 일반 콘크리트
    가. 굵은 골재 최대치수가 크면 콘크리트 강도가 약간 저하
    나. 골재 표면적이 적어 단위수량이 적게 들어감
    다. 균열발생이 적음

  ② 고강도 콘크리트
    가. 굵은 골재 최대치수가 크면 콘크리트 강도가 급격히 저하
    나. 가능한 굵은 골재 최대치수는 20mm 이하
    다. 실험에 의하며 굵은 골재 최대치수는 16mm 이하가 가장 바람직함

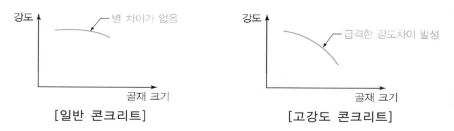

[일반 콘크리트]   [고강도 콘크리트]

7. 잔골재율 [KCS 14 20 10]

콘크리트 내의 전 골재량에 대한 잔골재량의 절대 용적비를 백분율로 나타 낸 값을 말한다.

Air
물(Water)
Cement
Sand
Gravel

Sand → 잔골재
Gravel → 굵은 골재] 골재(Aggregate)

잔골재율(S/a)

$$= \frac{\text{잔골재 용적}}{\text{잔골재 용적} + \text{굵은골재 용적}} \times 100 = \frac{S}{a(=S+G)} \times 100\%$$

① 잔골재율은 워커빌리티를 얻을 수 있는 범위 내에서 될 수 있는 한 작게 한다.

② 잔골재율이 증가하면 간극이 많아진다.

③ 잔골재율이 증가하면 단위시멘트량이 증가한다.

④ 잔골재율이 증가하면 단위수량이 증가한다.

⑤ 잔골재율이 적정범위 이하면 콘크리트는 거칠어지고, 재료분리의 발생 가능성이 커지며, 워커빌리티가 나쁘다.

8. 단위수량 [KCS 14 20 10]

① 최대 $185kg/m^3$ 이내의 작업이 가능한 범위 내에서 될 수 있는 대로 적게 사용

② 굵은 골재의 최대 치수, 골재의 입도와 입형, 혼화 재료의 종류, 콘크리트의 공기량 등에 따라 다르므로 실제의 시공에 사용되는 재료를 사용하여 시험을 실시한 다음 정하여야 한다.

③ 받아들이기 품질검사

가. 1회/일

나. $120m^3$ 마다

다. 배합이 변경될 때마다

④ 판정기준 : 시방배합 단위수량$\pm 20kg/m^3$ 이내

9. 시방배합

10. 현장배합

배합종류	정의	골재입도	골재 함수	단위량
시방배합	시방서에 따른 시험실 배합	S : 5mm체 100% 통과 G : 5mm체 100% 잔류	표면건조 내부포화	m^3
현장배합	골재함수상태에 따른 현장배합	잔골재 중 5mm체 남는 G + 굵은골재 중 5mm 통과 S + 혼화제	기건, 습윤	Batcher

※ 배합표의 표시 방법 [KCS 14 20 10]

굵은골재의 최대치수 (mm)	슬럼프 범위 (mm)	공기량 범위 (%)	물-결합 재비[1] W/B(%)	잔골재 율S/a (%)	단위질량(kg/m³)					
					물	시멘트	잔골재	굵은골재	혼화재료	
									혼화재[1]	혼화제[2]

주1) 포졸란 반응성 및 잠재수경성을 갖는 혼화재를 사용하지 않는 경우에는 물-시멘트비가 된다.
　2) 같은 종류의 재료를 여러 가지 사용할 경우에는 각각의 난을 나누어 표시한다.

※ 레미콘 공장 점검 기준 [건설공사 품질관리 업무지침 제33~35조]

1. 사전점검

1) 대상

- 총 설계량 1,000m³ 이상(아스콘 : 2,000톤 이상)인 건설공사

2) 절차

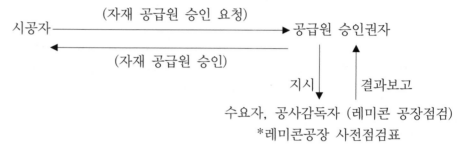

2. 정기점검

대상	공장점검 시기	합동점거
총 설계량 3,000m³ 이상 (아스콘 : 5,000톤 이상) 인 건설공사	수요자는 반기별 1회(사용시기가 특정 반기에 집중된 경우 년 1회) → 공사감독자에게 보고 → 발주청 및 공급원 승인권자에게 보고(정기점검표)	발주청 등이 필요한 경우 년 1회 감독자 및 수요자와 합동점검

3. 특별점검

① 수요자가 불량자재 공급 등으로 사회 물의가 야기된 지역 소재 생산자로부터 자재를 공급 받아야 하는 경우로서 발주청 또는 공급원승인권자가 필요하다고 인정하는 경우
② 공급원승인권자가 감독자 또는 수요자로부터 생산자의 불량 자재 폐기 사실이 허임을 통보 받은 경우
③ 발주청이 자체공사에 한하여 시공실태 점검결과 자재의 품질에 문제가 있다고 판단되는 등 특히 필요하다고 인정되는 경우
④ 원자재 수급 곤란으로 불량자재 생산이 우려되어 특별점검이 필요하다고 인정되는 경우

Ⅳ. 시공 [KCS 14 20 10]

1. 계량

재료의 종류	측정단위	허용오차(%)
시멘트	질량	−1%, +2%
골재	질량	±3%
물	질량 또는 부피	−2%, +1%
혼화재	질량	±2%
혼화제	질량 또는 부피	±3%

2. 비빔

① 콘크리트의 재료는 반죽된 콘크리가 균질하게 될 때까지 충분히 비빔
② 비빔 시간은 시험에 의해 정하는 것을 원칙으로 한다.
③ 비빔 시간의 시험을 실시하지 않는 경우 가경성 믹서 : 90초 이상, 강제식 믹서 : 60초 이상을 표준으로 한다.
④ 비빔은 미리 정해 둔 비빔 시간의 3배 이상 계속하지 않아야 한다.
⑤ 믹서는 사용 전후에 잘 청소 하여야 한다.
⑥ 연속믹서를 사용할 경우, 비빔 시작 후 최초에 배출되는 콘크리트는 사용 되지 않아야 한다.

3. 운반

① 운반과정에서 콘크리트 품질이 변화하지 않도록 하여야 한다.
② 콘크리트는 신속하게 운반하여 즉시 타설하고, 충분히 다짐
③ 비비기로부터 타설이 끝날 때까지의 시간

KS 기준	표준시방서 [KCS 14 20 10]	
90분 이하	외기온도 25℃ 이상	1.5시간 이하
	외기온도 25℃ 미만	2.0시간 이하

④ 애지데이터 트럭으로 운반하는 경우는 90분 이상 경과 금지 [KCS 44 50 15]

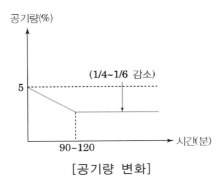

[공기량 변화]

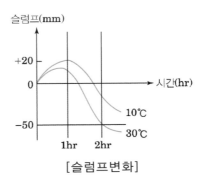

[슬럼프변화]

[철근배근 상태]

[거푸집 상태]

[매입물]

4. 타설

① 콘크리트를 타설 전에 철근, 거푸집이 설계에서 정해진 대로 배치되어 있는가, 운반 및 타설 설비 등이 시공계획서와 일치하는가를 확인

② 콘크리트를 타설 전에 운반차 및 운반장비, 타설설비 및 거푸집 안을 청소하여 콘크리트 속에 이물질이 혼입되는 것을 방지

③ 콘크리트의 타설은 시공계획을 따라야 한다.

④ 콘크리트의 타설 작업을 할 때에는 철근 및 매설물의 배치나 거푸집이 변형 및 손상되지 않도록 주의

⑤ 타설한 콘크리트를 거푸집 안에서 횡방향으로 이동 금지

⑥ 타설 도중에 심한 재료 분리가 발생할 위험이 있는 경우에는 재료분리를 방지할 방법을 강구

⑦ 한 구획내의 콘크리트는 타설이 완료될 때까지 연속해서 타설

⑧ 콘크리트는 그 표면이 한 구획 내에서는 거의 수평이 되도록 타설

⑨ 콘크리트 타설의 1층 높이는 다짐능력을 고려하여 결정

⑩ 콘크리트를 2층 이상으로 나누어 타설할 경우, 상층의 콘크리트 타설은 원칙적으로 하층의 콘크리트가 굳기 시작하기 전에 상층과 하층이 일체가 되도록 시공

⑪ 콜드조인트가 발생하지 않도록 이어치기 허용시간간격

외기온도	허용 이어치기 시간간격
25℃ 초과	2.0 시간
25℃ 이하	2.5 시간

주) 허용 이어치기 시간간격은 하층 콘크리트 비비기 시작에서부터 콘크리트 타설 완료한 후, 상층 콘크리트가 타설되기까지의 시간

⑫ 거푸집의 높이가 높을 경우 거푸집에 투입구를 설치하거나, 연직슈트 또는 펌프배관의 배출구를 타설면 가까운 곳까지 내려서 콘크리트를 타설

⑬ 콘크리트 배출구와 타설 면까지의 높이는 1.5m 이하를 원칙

⑭ 콘크리트 타설 도중 표면에 떠올라 고인 블리딩수가 있을 경우에는 이를 제거한 후 타설

⑮ 벽 또는 기둥과 같이 높이가 높은 콘크리트를 연속해서 타설할 경우에는 콘크리트의 반죽질기 및 타설 속도를 조정

⑯ 강우, 강설 등이 콘크리트의 품질에 유해한 영향을 미칠 우려가 있는 경우에는 필요한 조치를 정하여 책임기술자의 검토 및 확인을 받을 것

5. 다짐

① 콘크리트 다지기에는 내부진동기의 사용을 원칙

② 콘크리트는 타설 직후 바로 충분히 다져서 밀실한 콘크리트가 될 것

③ 거푸집 판에 접하는 콘크리트는 되도록 평탄한 표면이 얻어지도록 타설하고 다질 것

④ 내부진동기의 사용 방법

　가. 내부진동기를 하층의 콘크리트 속으로 0.1m 정도 찔러 넣는다.

　나. 내부진동기는 연직으로 찔러 넣는다.

　다. 내부진동기 삽입간격은 0.5m 이하

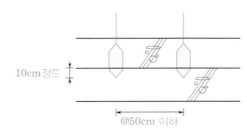

　라. 1개소당 진동 시간은 다짐할 때 시멘트풀이 표면 상부로 약간 부상하기까지로 한다.

　마. 내부진동기는 콘크리트로부터 천천히 빼내어 구멍이 남지 않도록 한다.

　바. 내부진동기는 콘크리트를 횡방향으로 이동시킬 목적으로 사용 금지

⑤ 재 진동을 할 경우에는 콘크리트에 나쁜 영향이 생기지 않도록 초결이 일어나기 전에 실시

6. 양생

1) 습윤 양생

① 콘크리트는 타설한 후 경화가 될 때까지 양생기간 동안 직사광선이나 바람에 의해 수분이 증발하지 않도록 보호

② 콘크리트는 타설한 후 습윤 상태로 노출면이 마르지 않도록 유지

③ 수분의 증발에 따라 살수를 하여 습윤 상태로 보호

④ 표준 습윤 양생 기간

일평균기온	보통포틀랜드 시멘트	고로 슬래그 시멘트 플라이 애시 시멘트 B종	조강포틀랜드 시멘트
15℃ 이상	5일	7일	3일
10℃ 이상	7일	9일	4일
5℃ 이상	9일	12일	5일

⑤ 거푸집판이 건조될 우려가 있는 경우에는 살수

[벽체]

[기둥]

[표준양생]

2) 피막양생

① 충분한 양의 막양생제를 적절한 시기에 균일하게 살포
② 막양생으로 수밀한 막을 만들기 위해서는 충분한 양의 막양생제를 적절한 시기에 살포

3) 온도 제어 양생

① 경화에 필요한 온도조건을 유지하여 저온, 고온, 급격한 온도 변화 등에 의한 유해한 영향을 받지 않도록 필요에 따라 온도제어 양생을 실시
② 증기 양생, 급열 양생, 그 밖의 촉진 양생을 실시하는 경우에는 양생을 시작하는 시기, 온도상승속도, 냉각속도, 양생온도 및 양생시간 등을 정함

4) 유해한 작용에 대한 보호

① 콘크리트는 양생 기간 중에 예상되는 진동, 충격, 하중 등의 유해한 작용으로부터 보호
② 재령 5일이 될 때까지는 물에 씻기지 않도록 보호

V. 시험

1. 타설 전 시험

1) W(물) : 수질시험

2) C(시멘트)

① 분말도(cm²/g) [KS L 5117]

    가. 표준체: $90\mu m$

    나. 시료 50g을 채취하여 체 안에 넣고, 천천히 체를 회전시키면서 미분말을 통과시킨다.

    다. 한 손으로 1분간 약 150회 속도로 체틀을 가볍게 두드린다.

    라. 25회 두드릴 때마다 체를 체를 약 1/6회전시킨다.

    마. 분말이 뭉쳐 있는 것은 손가락 끝으로 체틀에 가볍게 비벼서 부순다.

    바. 1분 동안의 체 통과량이 0.1g 이하가 되었을 때 체가름을 끝낸다.

    사.

$$F = \frac{W_2}{W_1} \times 100$$

F : $90\mu m$ 표준체를 통과한 시료의 분말도(%)
W_1 : 시료의 질량(g)
W_2 : 체 위에 남는 질량(g)

② 수화열 [KS L 5121]

　　가. 시멘트 반죽의 준비

　　　　• 150g 시멘트+60mL 증류수를 5분 동안 섞는다.(시멘트와 물의 온도:
　　　　　(23±2)℃)

　　　　• 4개의 양생용 플라스틱병: 반죽 시멘트+13mm 왁스 → 완전 밀봉

　　나. 용해열 측정용 부분 수화 시멘트 시료의 준비

　　　　• 수화한 시멘트를 표준체 850㎛를 통과하도록 분쇄

　　다. 건조 시멘트의 열량 측정방법

　　　　• 건조 시멘트의 용해열을 측정한다.

　　　　• 건조 시멘트 3g을 0.001g까지 질량을 측정한다.

　　라. 부분 수화된 시멘트의 열량 측정방법

　　　　• 수화한 시멘트의 용해열 측정은 건조 시멘트의 열량 측정방법에 따른다.

　　　　• 수화한 시멘트의 열량 측정용 시료는 (4.18±0.05)g을 사용하며
　　　　　0.001g까지 질량을 측정한다.

　　마. 강열감량 측정

※ 참고사항

• 석회석($CaCO_3$) → 용융·건조 : Clinker + 석고(Gypsum)

　　　　　　　　　　　　　　↓

　시멘트 주성분 : CaO, SiO_2, Al_2O_3, Fe_2O_3, Na_2K_2O

　조성화합물 : C_3S, C_2S, C_3A, C_4AF(C : 3CaO, S : SiO_2)

• 수화반응(Hydration)

　┌ $2C_3S + 6H \rightarrow C_3S_2H_3 + 3CH + 120cal/g$

　├ $2C_2S + 4H \rightarrow C_3S_2H_3 + CH + 64cal/g$(중용열 시멘트)

　├ $2C_3A + 4H \rightarrow C_6A_2H_4$: 3~10초에 반응이 끝남(시멘트로는 ×)

　│　　　　　　　　　　　↓

　└ $2C_3A + 3CSH_2 + 2H_6 \rightarrow C_9A_2S_3H_{18} + 300cal/g$

　　　　　↳ $CaSO_4H_2O$: 석고를 넣어 응결시간 조절

---

③ 강열감량 [KS L 5120/KCS 44 55 05]

　　가. 정의

　　　　시료를 백금 도가니 15번에서 25번 또는 자기 도가니 15ml에 넣고
　　　　조금 틈을 만들어 덮개를 하고 975±25℃로 조절한 전기로에서 15분
　　　　간 강열하고 데시케이터 안에서 냉각한 후 질량을 재는 과정을 15분
　　　　씩 강열을 반복하여 강열 전후의 질량차가 0.5mg 이하가 되었을 때
　　　　감량을 구하며, 작열감량(灼熱減量)이라고도 한다.

나. 강열감량의 정량 방법
- 시료는 약 1g을 채취한다.
- 시료를 975±25℃에서 가열을 반복하여 항량이 되었을 때의 감량을 잰다.
- 15분간 강열을 반복한다.
- 고로 슬래그 시멘트 및 고로 슬래그의 경우는 700±25℃에서 실시 가능: 보정 불필요
- 허용차는 0.1%

3) S(골재)

① 체가름시험 [KS F 2502]
가. 체의 호칭치수: 0.08mm, 0.15mm, 0.3mm, 0.6mm 및 1.2mm, 2.5mm, 5mm, 10mm, 13mm, 15mm, 20mm, 25mm, 30mm, 40mm, 50mm, 65mm, 75mm, 100mm
나. 시료 질량은 0.1% 이상의 정밀도로 측정한다.(현장 시험 시 0.5% 이상으로 측정)
다. 골재의 체가름 시험의 목적에 맞는 망체를 선택한 뒤 체가름한다.
라. 잔골재 및 부순 잔골재는 0.08mm 체를 통과하는 양을 사전에 측정한다.
마. 잔골재 체가름 시험의 시료는 씻기 시험 후 잔류분(로건조 후)으로 시험한다.
바. 상하 운동 및 수평 운동으로 1분마다 각 체를 통과하는 것이 전 시료 질량의 0.1% 이하까지 반복한다.
사. 체 눈에 막힌 알갱이는 파쇄되지 않도록 주의하면서 되밀어내어 체 위에 남은 시료로 간주한다.
아. 호칭 치수 5mm보다 작은 체로 체가름 시험을 끝낸다.
자. 각 체에 남은 시료의 질량을 총 시료 질량의 0.1%의 정밀도로 측정한다.
차. 각 체에 남은 시료 질량과 받침 접시 안의 시료 질량의 합은 체가름 전에 측정한 시료 질량과의 차이가 1% 미만이어야 한다.
카. 전체 시료 질량에 대한 각 체에 남아 있는 시료 질량의 백분율로 소수점 이하 1자리까지 계산하여 정수로 끝맺음한다.

② 흡수율 [KS F 2503]
표면건조포화상태의 골재에 함유되어 있는 전체 수량을 절대건조상태의 골재 질량으로 나눈 백분율 말한다.

$$흡수율 = \frac{표면건조포화상태의\ 전체\ 수량}{절대건조상태의\ 골재\ 질량} \times 100$$

가. 시료를 철망태에 넣고, 수중에서 입자 표면에 부착된 공기와 입자들 사이에 갇힌 공기를 제거한 후 (20±5)℃의 물속에 24시간동안 침지 시킨다.

나. 침지된 시료의 수중 질량과 수온을 측정한다.

다. 철망태와 시료를 수중에서 꺼내고, 물기를 제거한 후 시료를 흡수 천으로 보이는 수막을 제거하여 표면 건조 포화 상태의 질량(B)을 측정한다.

라. (105±5)℃에서 질량의 변화가 없을 때까지 건조시키고, 실온까지 냉각시켜 절대 건조 상태의 질량을 측정(A)한다.

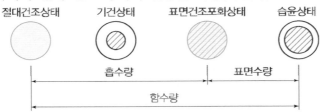

| 절대건조상태 | 기건상태 | 표면건조포화상태 | 습윤상태 |

흡수량 ← → 표면수량

함수량

마. 흡수율

$$Q = \frac{B-A}{A} \times 100$$

여기서, Q : 흡수율(%)

2. 받아들이기 품질검사(타설 중 시험)

1) 표준시방서 [KCS 14 20 10]

[압축강도 시험]

항목	시기 및 횟수	판정기준		
슬럼프	• 최초 1회 시험을 실시 • 이후 압축강도 시험용 공시체 채취 시 • 타설 중에 품질변화가 인정될 때 실시	• KS F 4009의 슬럼프 허용오차 이내		
슬럼프 플로		• KS F 4009의 슬럼프 플로 허용오차 이내		
공기량		• 허용오차 : ±1.5%		
염화물 함유량	• 바닷모래를 사용할 경우 2회/일 • 그 밖에 염화물 함유량 검사가 필요한 경우 별도로 정함	• KS F 4009에 따름		
압축강도 (호칭강도 배합)	• 1회/일 • 구조물의 중요도와 공사의 규모에 따라 120m³마다 1회 • 배합이 변경될 때마다	$f_{cn} \leq$ 35MPa		$f_{cn} >$ 35MPa
		① 연속 3회 시험값의 평균이 호칭강도이상 ② 1회 시험값[1]이 (호칭강도-3.5MPa) 이상		① 연속 3회 시험값의 평균이 호칭강도 이상 ② 1회 시험값[1]이 호칭강도의 90% 이상
그 밖의 경우		• 압축강도의 평균값이 품질기준강도[2] 이상일 것		

주 1) 1회의 시험값은 공시체 3개의 압축강도 시험값의 평균값임
  2) 현장 배치플랜트를 구비하여 생산·시공하는 경우에는 설계기준압축강도와 내구성 설계에 따른 내구성기준압축강도 중에서 큰 값으로 결정된 품질기준강도를 기준으로 검사

2) 건설공사 품질시험기준 [건설공사 품질관리 업무지침 별표2]

항목	시기 및 횟수	판정기준	
슬럼프	• 배합이 다를 때마다 • 콘크리트 1일 타설량이 150㎥ 미만인 경우 : 1일 타설량 마다 • 콘크리트 1일 타설량이 150㎥ 이상인 경우 : 150㎥ 마다	25mm	±10mm
		50 및 65mm	±15mm
		80 이상mm	±25mm
슬럼프 플로		500mm	±75mm
		600mm	±100mm
		700mm	±100mm
공기량		보통 콘크리트	(4.5 ± 1.5)%
		경량 콘크리트	(5.5 ± 1.5)%
염화물 함유량		염소이온량(Cl^-)	$0.30kg/m^3$ 이하
압축강도 (호칭강도 배합)	• 배합이 다를 때마다 • 레미콘은 KS F 4009, 레미콘이 아닌 콘크리트는 KCS 14 20 10	$f_{cn} \leq$ 35MPa	$f_{cn} >$ 35MPa
		① 연속 3회 시험값의 평균이 호칭강도품질기준 강도 이상 ② 1회 시험값[1]이 (호칭강도품질기준강도 -3.5MPa) 이상	① 연속 3회 시험값의 평균이 호칭강도품질기준강도 이상 ② 1회 시험값[1]이 호칭강도품질기준강도의 90% 이상

• 주1) 1회의 시험값은 공시체 3개의 압축강도 시험값의 평균값임
• 압축강도 시험 1로트: 3회 9개임
• 호칭강도(f_{cn})=품질기준강도(f_{ce})+기온보정강도(Tn)

3. 타설 후 시험

```
┌ 재하시험
├ Core 채취법
└ 비파괴 시험
```

1) 반발경도법(표면경도법, Schumit hammer)
　① 정의
　　경화된 콘크리트 면에 슈미트 해머로 타격에너지를 가하여 콘크리트면의 경도에 따라 반발 경도를 측정하고, 이 측정치로부터 콘크리트의 압축강도를 추정하는 검사방법을 말한다.

② 측정위치

　　가. 타격부의 두께가 10cm 이하인 곳은 피하며, 보 및 기둥의 모서리에서 최소 3~6cm 이격하여 측정

　　나. 기둥의 경우: 두부, 중앙부, 각부 등

　　다. 보의 경우: 단부, 중앙부 등의 양측면

　　라. 벽의 경우: 기둥, 보, 슬래브 부근과 중앙부 등에서 측정

　　마. 콘크리트 품질을 대표하고, 측정 작업이 쉬운 곳

③ 측정방법

　　가. 타격점의 상호 간격은 3cm로 하여 종으로 4열, 횡으로 5열의 선을 그어 직교되는 20점을 타격

　　나. 슈미트 해머 타격 시 콘크리트 표면과 직각 유지

　　다. 타격 중 이상이 발생한 곳은 확인한 후 그 측정값은 버리고 인접 위치에서 측정값을 추가

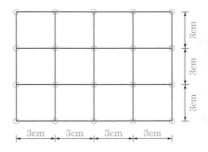

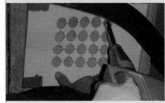

[Schumit Hammer]

④ 평가방법

　　가. 강도 추정은 측정된 자료의 분석 및 보정을 통하여 평균 반발 경도를 산정하고, 현장에 적합한 강도 추정식을 산정하여 평가

　　나. 측정된 자료의 평균을 구하고 평균에서 ±20%를 벗어난 값을 제외하고, 이를 재 평균한 값을 최종값(측정 경도)으로 한다.

　　다. 보정 반발 경도=측정경도+타격 방향에 따른 보정값+압축응력에 따른 보정값+콘크리트 습윤 상태에 따른 보정값

　　라. 최종 강도 추정

　　　• 일본 재료학회(보통 콘크리트): $f_c = -18.4+13R$(MPa)

　　　• 일본 건축학회 CNDT 소위원회 강도 계산식: $f_c = 7.3R+10$(MPa)

　　　여기서, R : 보정 반발 강도

2) 인발법

　철근과 콘크리트 부착효과 조사

3) 철근탐사법

　전자유도에 의해 병렬공진 회로의 진폭

4) 방사선법

　밀도, 철근위치, 크기, 내부결함

[비파괴검사 – 초음파법]

5) 초음파법

① 정의

초음파 발진자와 수진자를 측정대상 부위에 고정하여 초음파 전달시간을 기록, 분석하여 측정하는 방법

② 유의사항

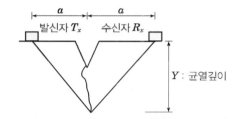

• 측정위치, 측정방법의 제한
• 콘크리트 배합조건, 양생에 따라 전파속도가 다름
• 강도 추정의 정도가 나쁨
• 두꺼운 콘크리트에는 적용 불가

6) 진동법

Core 공시체에 공기로 진동 → 공명, 진동으로 콘크리트 탄성계수 측정.

Ⅵ. Joint(이음)

1. Construction Joint(시공이음)

1) Construction Joint란 시공 시 현장의 생산능력에 따라 구조물을 분할하여 시공할 때 나타나는 Joint이다.

2) 수직처리방법 : Metal lath, Pipe발 이용, 각재, 합판

3) Joint 간격 및 위치

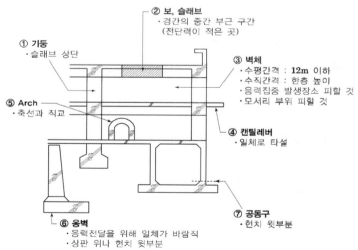

2. Cold Joint

먼저 타설한 콘크리트와 나중에 타설되는 콘크리트 사이에 완전히 일체화가
되지 않은 이음을 말한다.

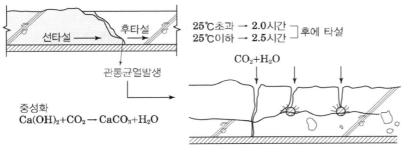

[Cold Joint]

3. Expansion Joint(신축이음)

하중 및 외력에 의한 응력과 온도변화, 경화건조수축, 부동침하 등의 변형
에 의한 응력이 과대해져서 건물에 유해한 장애가 예상될 경우 그것을 미연
에 방지하기 위해 설치하는 Joint이다.

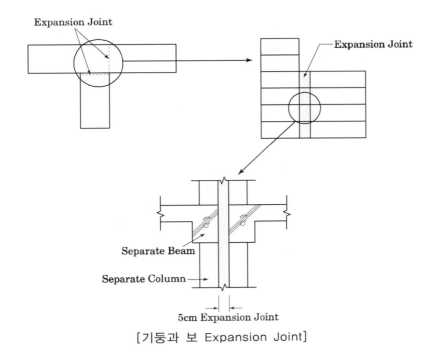

[기둥과 보 Expansion Joint]

[Expansion Joint]

4. Control Joint(수축줄눈, 조절줄눈, 맹줄눈, Dummy Joint)

1) 콘크리트 Shrinkage와 온도차로 인해 유발되는 콘크리트 인장응력에 의한 균열의 수를 경감시키거나 균열폭을 허용치 이하로 줄이는 역할을 하는 Joint이다.

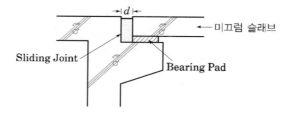

· 단면치수 적을 때 : $a+b ≒ (1/5 \sim 1/4)t$
· Mass Con´c : $a+b ≧ 35\%$

수평철근은 1단 걸러 교대로 연속시키고
나머지 철근은 Joint에서 절단

2) 설치위치 및 간격

① Control Joint에 대한 명확한 규정은 없다.

② 일반적으로 Control Joint의 간격

- 벽체, Slab on Grade : 4.5~7.5m
  (첫 번째 Joint는 모서리에서 3.0~4.5m 이내 설치)
- 개구부가 많은 벽체 : 6.0m 이내
- 개구부가 없는 벽체 : 7.5m 이내
  (각 모서리에서는 1.5~4.5m 이내 설치)
- 높이 3.0~6.0m인 벽체는 높이를 Joint 간격으로 사용
- 수평, 수직 Joint비는 1 : 1(최적), 1.5 : 1(최대)

5. Sliding Joint

슬래브나 보가 자유롭게 미끄러지게 한 것으로서 슬래브나 보의 구속응력을 해제하여 균열을 방지하기 위한 Joint이다

미끄럼 슬래브

Sliding Joint

Bearing Pad

6. Slip Joint

보통 조적벽체와 콘크리트 슬래브의 접합부위는 온도, 습도 또는 환경의 차이로 인하여 각각의 움직임이 다르므로 이에 대응하기 위해 설치하는 Joint이다.

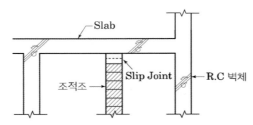

7. Delay Joint (Shrinkage Strip, 지연조인트)

1) 콘크리트 타설 후 발생하는 Shrinkage 응력과 균열을 감소시킬 목적으로 슬래브 및 벽체의 일부구간을 비워놓고 4주 후에 콘크리트를 타설하는 임시 Joint이다.

2) 간격

Slab : ⓐ 30~45m → 1m
벽체 : ⓐ 30m → 0.6m

3) 철근 처리방법

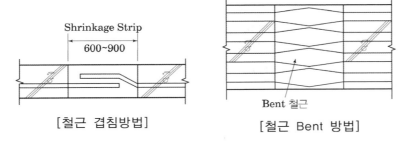

[철근 겹침방법] [철근 Bent 방법]

[Delay Joint]

Ⅶ. 콘크리트 균열

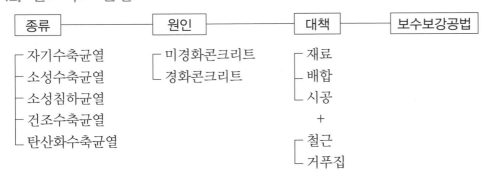

| 종류 | 원인 | 대책 | 보수보강공법 |

자기수축균열
소성수축균열
소성침하균열
건조수축균열
탄산화수축균열

미경화콘크리트
경화콘크리트

재료
배합
시공
+
철근
거푸집

1. 균열종류

1) **자기수축균열** : 수화반응 시

$$CaO + H_2O \rightarrow Ca(OH)_2$$

수화반응 → W/B : 25%

2) **소성수축균열** : 콘크리트 양생시작 전이나 마감시작 직전

표면수분증발속도 〉 Bleeding 속도

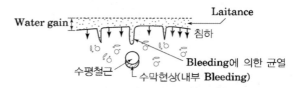

3) **소성침하균열** : 콘크리트 다짐과 마무리가 끝난 후

철근상부 종방향 균열

4) **건조수축균열** : 콘크리트타설 완료 후

발생시기
- 2~3주 : 20~25%
- 3월 : 50~60%
- 1년 : 70~80%
- 20년 : 100%

5) **탄산화수축균열** : 중성화 과정 시

$$Ca(OH)_2 + CO_2 \rightarrow CaCO_3 + H_2O$$

중성화

6) **사인장 균열**

주로 콘크리트 구조물에서 전단력에 의해 발생되는 전단균열로 경사진 균열이며, 보통 콘크리트 부재의 인장 연단에서부터 발생하여 부재축에 대해서 약 45° 경사를 이루는 것을 말한다.

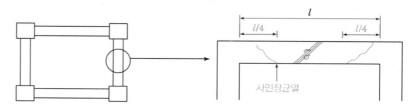

[소성수축균열]

[소성침하균열]

[사인장균열]

7) 할렬 균열

철근콘크리트 공사에서 인장철근의 철근 피복두께 및 철근 순간격이 공사 시방서 기준의 최솟값 이하가 될 때 인장철근 주위에서 콘크리트가 철근을 따라 철근배근 방향 또는 콘크리트 외부 방향으로 생기는 균열을 말한다.

① 철근 피복두께 미확보

[철근 피복두께 확보]   [철근 피복두께 미확보]

② 철근 순간격 미확보

[철근 순간격 확보]   [철근 순간격 미확보]

[할렬균열]

2. 균열 원인

1) 미경화 콘크리트
① 거푸집 변형
② 진동, 충격
③ 소성수축균열
④ 소성침하균열
⑤ 수화열

2) 경화콘크리트
① 염해
콘크리트 중의 염화물이나 대기 중의 염화물이 침입하여 철근을 부식시켜 구조물에 손상을 입히는 현상이다.

■ 염화물함유량한도

해 사	천연골재(잔골재) : 염분(NaCl)의 한도가 0.04% 이하
혼 합 수	염소이온량(Cl^-)으로 0.04kg/m³ 이하
콘크리트	염소이온량(Cl^-)으로 0.3kg/m³ 이하

⊕ 암기 point

염불을 외우는 중의
알동은 온건철하다.

[중성화]

② 중성화

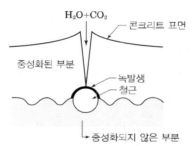

- 화학식 : $Ca(OH)_2 + CO_2 \rightarrow CaCO_3 + H_2O$
- 내구성관계 : 콘크리트 중성화 → 철근 녹발생 → 녹의 체적팽창 → 피복 콘크리트 파괴 → 물이나 공기 침입 → 내구성 저하

③ 알칼리 골재반응

알칼리와 반응성을 가지는 골재가 시멘트, 그 밖의 알칼리와 장기간에 걸쳐 반응하여 콘크리트 팽창균열, 박리(Pop Out)를 일으키는 현상이다.

■ 종류

알칼리 실리카 반응	• 시멘트의 알칼리 + 골재의 실리카 → 규산소다 ⇒ 균열 팽창압
알칼리 탄산염 반응	• 시멘트의 알칼리 + 돌로마이트질 석회암 • 실리카 반응보다 매우 서서히 발생
알칼리 실리게이트 반응	• 시멘트의 알칼리 + 암석 중의 점토성분(실리게이트)

④ 동결융해

미경화 콘크리트가 0℃ 이하의 온도가 될 때 콘크리트 중의 물이 얼게 되고 외부온도가 따뜻해지면 얼었던 물이 녹는 현상이다.

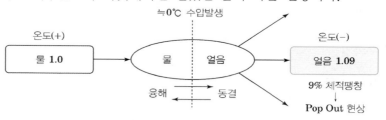

[체적팽창 Mechanism]

⑤ 온도변화

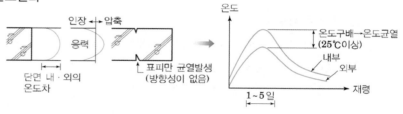

이 시기에 균열발생 가능성이 높음

⑥ 건조 수축

└─ 탄성적인장응력>콘크리트 인장강도

⑦ 철근부식

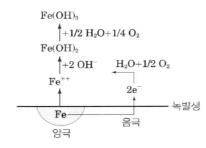

[철근부식의 Mechanism]

3. 균열대책

1) 재료적 대책

2) 배합적 대책

3) 시공적 대책

① 타설구획 철저

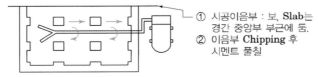

① 시공이음부 : 보, Slab는
경간 중앙부 부근에 둠.
② 이음부 Chipping 후
시멘트 풀칠

② 다짐 철저

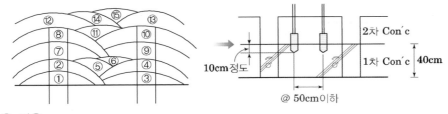

③ 이음

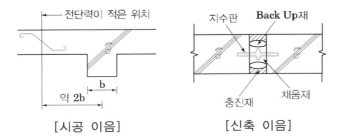

[시공 이음]　　　[신축 이음]

[습윤양생]

[단열양생]

④ 양생 관리

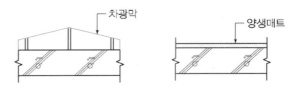

⑤ 거푸집 수밀성 및 강도 확보

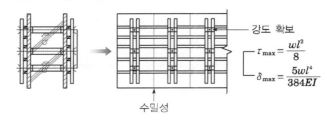

강도 확보

$$\tau_{max} = \frac{wl^2}{8}$$

$$\delta_{max} = \frac{5wl^4}{384EI}$$

수밀성

⑥ 철근피복두께 확보

내구성, 내화성, 부착성, 시공 시 유동성 확보
→ 철근피복두께 확보

피복두께

암기 point ✪

JP가 표를 얻으러 충주에 갔는데 강 강수월래하면서 P 치를 올리며 탄성을 질렀다.

4. 균열 보수·보강 공법

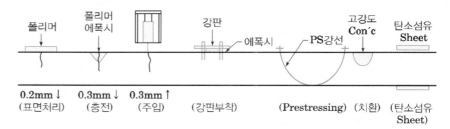

| 폴리머 | 폴리머 에폭시 | | 강판 | 에폭시 | PS강선 | 고강도 Con´c | 탄소섬유 Sheet |

0.2mm↓ (표면처리)　0.3mm↓ (충전)　0.3mm↑ (주입)　(강판부착)　(Prestressing)　(치환)　(탄소섬유 Sheet)

※ 현장에서의 균열관리대장

① 균열보수계획서 검토 철저: 최초 관찰일 및 관찰 주기 확인
② 허용 균열폭(0.3mm)보다 큰 균열이 발생할 경우: 구조검토 등 원인 분석과 보수·보강을 위한 균열관리 철저(가능한 즉시 보강)
③ 균열폭 0.3mm 미만인 경우: 균열관리대장을 작성하고 균열의 진행 상황에 따라 보수·보강할 것
④ 현장에 균열폭, 균열길이, 균열시점, 균열종점 등을 기록할 것

[강판보강]

5. Remodeling시 보수·보강 공법

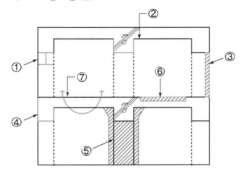

① 강재부재 증설공법   ② 보강재 접착공법(강판접착공법)
③ 부재신설공법   ④ 탄소섬유 Sheet 공법
⑤ 콘크리트 증타공법   ⑥ 보강재 매입공법
⑦ 프리스트레싱보강공법

Ⅷ. 콘크리트 열화(내구성 저하)

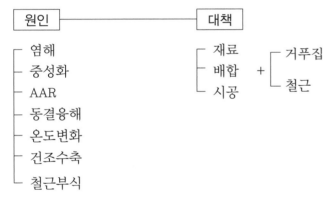

암기 point

염불을 외우는 중의
알동은 온건철하다.

Ⅸ. 콘크리트 성질

1. 미경화 콘크리트

① Workability(시공성, 시공연도)
반죽 질기에 의한 작업의 난이한 정도와 균일한 질의 콘크리트를 만들기 위하여 필요한 재료의 분리에 저항하는 정도를 나타내는 굳지 않는 콘크리트의 성질

② Consistency(반죽질기)
주로 수량에 의하여 좌우되는 아직 굳지 않는 콘크리트의 변형 또는 유동에 대한 저항성

암기 point

W C / P –
P V C / F M

③ Plasticity(성형성)

거푸집에 쉽게 다져 넣을 수 있고, 거푸집을 제거하면 천천히 형상이 변하기는 하지만 허물어지거나 재료가 분리되지 않는 굳지 않은 콘크리트의 성질

④ Pumpability(압송성)

콘크리트 펌프에 의해 굳지 않은 콘크리트 또는 모르타르를 압송할 때의 운반성

⑤ Viscosity(점성)

마찰저항(전단응력)이 일어나는 성질로 찰진 정도를 표시

⑥ Compactibility(다짐성)

다짐이 용이한 정도를 나타내며, 혼화재료는 다짐성을 좋게함

⑦ Finishability(마감성)

마무리하기 쉬운 정도

⑧ Mobility(유동성)

중력이나 외력에 의해 유동하기 쉬운 정도를 나타내는 굳지 않은 콘크리트의 성질

2. 경화 콘크리트

1) 체적변화

수분, 온도

2) Creep 변형

응력을 작용시킨 상태에서 탄성변형 및 건조수축변형을 제외시킨 변형률이 시간과 더불어 증가되어가는 현상을 말한다.

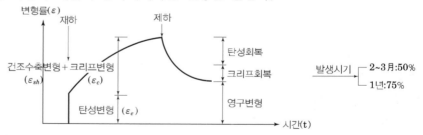

① 변형률

$$\epsilon_{total} = \epsilon_e + \epsilon_{sh} + \epsilon_c$$

② 종류

㉠ Basic Creep : $\epsilon_e + \epsilon_c (\epsilon_{sh}$ 는 무시$)$

㉡ Drying Creep : $\epsilon_e + \epsilon_c + \epsilon_{sh}$

X. 특수콘크리트

정의	한중콘크리트 하루 평균 4℃ 이하	서중콘크리트 하루 평균 25℃ 초과	매스콘크리트 80cm 이상, 하단구속 벽체 50cm 이상
시공시 유의사항	재·배·시 + [거푸집·철근] +α	재·배·시 + [거푸집·철근] +α	–
시공시 유의사항과 양생방법	재·배·시 + [거푸집·철근] +α ① ② ③ ④ 양생	재·배·시 + [거푸집·철근] +α ① ② ③ ④ 양생	–
문제점과 대책	–	• 문제점 ① Cold Joint ② Slump 저하 ③ 공기량 감소 ④ 강도저하 ⑤ 균열발생 • 대책 재·배·시 + [거푸집·철근]	–
온도균열 제어대책	–	–	재·배·시 + [거푸집·철근] +α

1. 경량골재 콘크리트 [KCS 14 20 20]

골재의 전부 또는 일부를 경량골재를 사용하여 제조한 콘크리트로 기건 단위질량이 2,100kg/m³ 미만인 것을 말한다.

종류	골재 구분	재료
천연경량골재	잔골재 및 굵은골재	경석, 화산암, 응회암 가공 골재
인공경량골재	잔골재 및 굵은골재	고로슬래그, 점토, 규조토암, 석탄회, 점판암 생산 골재
바텀애시 경량골재	잔골재	화력발전소의 바텀애시를 파쇄·선별한 골재

[섬유보강 콘크리트]

2. 섬유보강 콘크리트 [KCS 14 20 22]

보강용 섬유를 혼입하여 주로 인성, 균열 억제, 내충격성 및 내마모성 등을 높인 콘크리트를 말한다.

① 무기계 섬유: 강섬유, 유리섬유, 탄소섬유 등
 - 강섬유 길이: 25~60mm, 지름: 0.3~0.9mm 정도
 - 유리섬유 길이: 25~40mm 정도
② 유기계 섬유: 아라미드섬유, 폴리프로필렌섬유, 비닐론섬유, 나일론 등

3. 폴리머 콘크리트 [KCS 14 20 23]

결합재로 시멘트를 전혀 사용하지 않고 폴리머(열경화성 수지 또는 열가소성 수지 등의 액상수지)만으로 골재를 결합시킨 콘크리트를 말한다.

```
                                         결합재
┌ 폴리머 콘크리트         : │폴리머        │ + 골재
│ 폴리머 시멘트 콘크리트  : │폴리머+시멘트 │ + 골재
└ 폴리머 함침 콘크리트    : 콘크리트 표면   + 폴리머 침투
```

4. 팽창 콘크리트(Expansive Concrete) [KCS 14 20 24]

콘크리트의 건조수축을 경감하기 위해 팽창재 또는 팽창시멘트의 사용에 의해 팽창성이 부여된 콘크리트를 말한다.

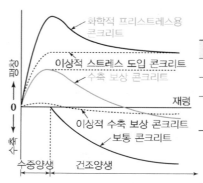

용도	팽창률
수축보상용	$150 \times 10^{-6} \sim 250 \times 10^{-6}$ 이하
화학적 프리스트레스용	$200 \times 10^{-6} \sim 700 \times 10^{-6}$ 이하
공장제품용 화학적 프리스트레스용	$200 \times 10^{-6} \sim 1,000 \times 10^{-6}$ 이하

5. 수밀 콘크리트(Watertight Concrete) [KCS 14 20 30]

투수, 투습에 의해 구조물의 안전성, 내구성, 기능성, 유지관리 및 외관 등이 영향을 받는 저수조, 수영장, 지하실 등 압력수가 작용하는 구조물로서 콘크리트 중에서 특히 수밀성이 높은 콘크리트를 말한다.

6. 유동화 콘크리트 [KCS 14 20 31]

미리 비빈 베이스 콘크리트에 유동화제를 첨가하고 재비빔하여 유동성을 증대시킨 콘크리트를 말한다.

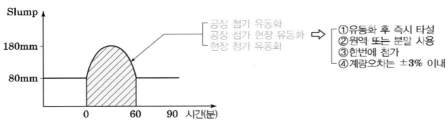

7. 고유동 콘크리트(High Fluidity Concrete) [KCS 12 20 32]

철근이 배근된 부재에 콘크리트 타설 시 현장에서 다짐을 하지 않더라도 콘크리트의 자체 유동으로 밀실하게 충전될 수 있도록 높은 유동성과 충전성 및 재료분리 저항성을 갖는 다짐이 불필요한 자기충전콘크리트를 말한다.

8. 고강도 콘크리트(High Strength Concrete) [KCS 14 20 33]

고강도 콘크리트의 설계기준압축강도는 보통 또는 중량골재 콘크리트에서 40MPa 이상, 경량골재 콘크리트에서 27MPa 이상인 경우의 콘크리트를 말한다.

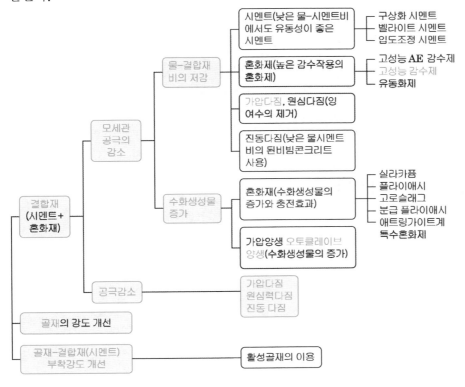

9. 고내구성 콘크리트 [KCS 41 30 03]

해풍, 해수, 황산염 및 기타 유해물질에 노출된 콘크리트로서 고내구성이 요구되는 콘크리트 공사나, 특히 높은 내구성을 필요로 하는 철근콘크리트 조 건축물에 사용하는 콘크리트를 말한다.

10. 고성능 콘크리트(High Performance Concrete)

고강도, 고유동 및 고내구성을 고루 갖춘 콘크리트를 말하며, 이에 따라 콘크리트의 분체 및 골재의 충전율을 높이는 것이 기본적 메커니즘이다.

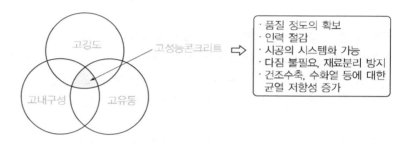

· 품질 정도의 확보
· 인력 절감
· 시공의 시스템화 가능
· 다짐 불필요, 재료분리 방지
· 건조수축, 수화열 등에 대한 균열 저항성 증가

11. 방사선 차폐용 콘크리트(Radiation Shielding Concrete) [KCS 14 20 34]

주로 생물체의 방호를 위하여 X선, γ선 및 중성자선을 차폐할 목적으로 사용되는 콘크리트를 말한다.

※ 골재의 종류: 중정석, 갈철광, 자철광

■ 일평균기온
[Daily Average Temperature]
하루(00~24시) 중 3시간 별로 관측한 8회 관측값(03,06, 09,12,15,18,21,24시)을 평균한 기온

12. 한중 콘크리트(Cold Weather Concrete) [KCS 14 20 40]

타설일의 일 평균기온이 4℃ 이하 또는 콘크리트 타설완료 후 24시간 동안 일최저기온이 0℃ 이하가 예상되는 조건이거나 그 이후라도 초기동해 위험이 있는 경우의 콘크리트를 말한다.

1) 체적팽창 Mechanism

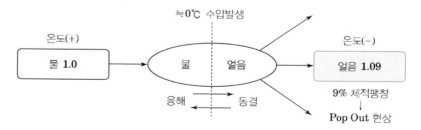

2) Pop out 현상

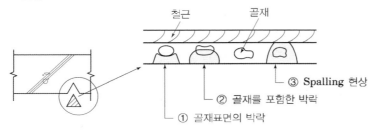

③ Spalling 현상
② 골재를 포함한 박락
① 골재표면의 박락

13. 서중 콘크리트(Hot Weather Concrete) [KCS 14 20 41]

높은 외부기온으로 인하여 콘크리트의 슬럼프 또는 슬럼프 플로 저하나 수분의 급격한 증발 등의 우려가 있을 경우에 시공되는 콘크리트로서 하루평균기온이 25℃를 초과하는 경우에 타설하는 콘크리트를 말한다.

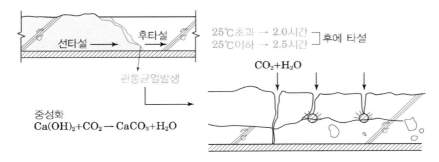

14. 매스 콘크리트 [KCS 14 20 42]

일반적인 표준으로서 넓이가 넓은 평판구조의 경우 두께 0.8m 이상, 하단이 구속된 벽체의 경우 두께 0.5m 이상이고, 시멘트의 수화열에 의한 온도상승으로 유해한 균열이 발생할 우려가 있는 부분의 콘크리트를 말한다.

[매스 콘크리트]

구분	발열과정	냉각과정
발생시기	재령 1~5일	재령 1~2주간
균열폭	0.2mm 이하 표면균열	1~2mm 관통균열
Graph	온도차에 의해 균열발생 / 내부 / 외부 / 1~5일 / 재령 / 이 시기에 균열발생 가능성이 높음	낙하중단 / 온도강하량만큼 콘크리트 수축 / 타설온도 / 외기온도 / 온도하강이 발생하는 시기 / 재령 / 이 시기에 균열발생 가능성이 높음

15. 수중 콘크리트(Underwater Concrete) [KCS 14 20 43]

수중 콘크리트란 담수 중이나 안정액 중 혹은 해수 중에 타설되는 콘크리트를 말한다.

$$
\text{수중 콘크리트의 종류}\begin{cases}\text{일반 수중콘크리트}\\\text{수중불분리성 콘크리트}\\\text{현장타설말뚝 및 지하연속벽의 수중콘크리트}\end{cases}
$$

16. 해양 콘크리트(Offshore Concrete)[KCS 14 20 44]

항만, 해안 또는 해양에 위치하여 해수 또는 바닷바람의 작용을 받는 구조물에 쓰이는 콘크리트를 말한다.

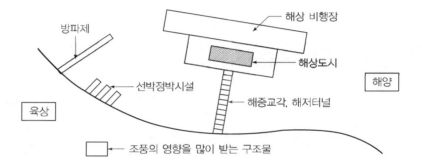

17. 프리플레이스트 콘크리트(Preplaced Concrete0 [KCS 14 20 50]

미리 거푸집 속에 특정한 입도를 가지는 굵은골재를 채워놓고, 그 간극에 모르타르를 주입하여 제조한 콘크리트를 말한다.

강도	원칙		재령 28일 또는 재령 91일 압축강도
	재령 91일 이내 건축물		재령 28일 압축강도
품질	유동성	일반	유하시간 16~20초
		고강도	유하시간 25~50초
	재료분리 저항성	일반	블리딩률 3시간에서의 3% 이하
		고강도	블리딩률 3시간에서의 1% 이하
	팽창성	일반	팽창률 3시간에서의 5~10%
		고강도	팽창률 3시간에서의 2~5%

18. 프리스트레스트 콘크리트(Prestressed Concrete) [KCS 14 20 53]

외력에 의하여 일어나는 응력을 소정의 한도까지 상쇄할 수 있도록 미리 인위적으로 그 응력의 분포와 크기를 정하여 내력(압축력)을 준 콘크리트를 말하며, PS콘크리트 또는 PSC라고 약칭하기도 한다.

1) 프리텐션 방식(Pretension)

PS 강재에 미리 인장력을 가한 상태로 콘크리트를 넣고 완전 경화 후 PS 강재를 단부에서 인장력을 풀어주는 방법

[프리텐션 방식]

2) 포스트텐션 방식(Posttension)

시스(Sheath)를 거푸집 내에 배치하여 콘크리트를 타설하고 시스 내에 PS 강재를 넣어 잭으로 긴장 후 시스 내부에 그라우팅하여 장착하는 방법

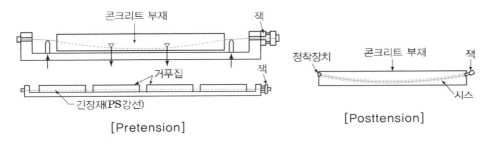

[Pretension]

[Posttension]

19. 외장용 노출 콘크리트(Architectural Formed Concrete) [KCS 14 20 60]

부재나 건물의 내외장 표면에 콘크리트 그 자체만이 나타나는 제물치장으로 마감한 콘크리트를 말한다.

[외장용 노출 콘크리트]

20. 비폭열성 콘크리트(Spalling Resistance Concrete)

콘크리트의 폭렬이란 화재발생으로 콘크리트 표면이 급격히 가열되어 순식간에 표면온도가 고온이 되면서 폭발음과 동시에 콘크리트 조각이 떨어져 나가는 현상이며, 이를 방지하기 위한 콘크리트를 말한다.

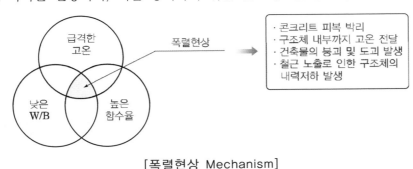

[폭렬현상 Mechanism]

21. 식생 콘크리트(Eco-Concrete, 녹화 콘크리트, 환경친화형 콘크리트)

식생 콘크리트란 다공성 콘크리트 내에 식물이 성장할 수 있는 식생기능과 콘크리트의 기본적인 역학적 성질이 공존한 환경친화적인 콘크리트이다.

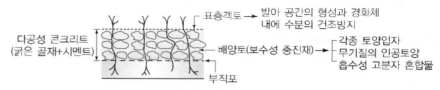

[식생콘크리트의 구성]

22. 진공탈수 콘크리트(진공배수 콘크리트, 진공 콘크리트, Vacuum Dewatering Concrete)

콘크리트를 타설한 직후 진공매트 또는 진공거푸집 패널을 사용하여 콘크리트 표면을 진공상태로 만들어 표면 근처의 콘크리트에서 수분을 제거함과 동시에 대기압에 의해 콘크리트를 가압 처리하는 공법이다.

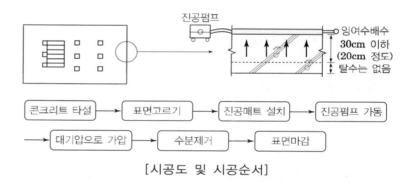

[시공도 및 시공순서]

23. 기포 콘크리트

시멘트와 물을 혼합한 슬러지에 일정량의 식물성 기포제를 혼합하여 무수히 많은 독립기포를 형성시켜 단열성, 방음성, 경량성 등의 우수한 특성을 가진 상태의 콘크리트를 말한다.

[기포 콘크리트]

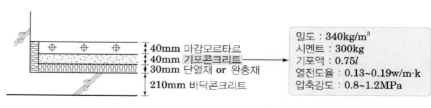

[현장시공도]

24. 균열 자기치유 콘크리트

콘크리트 구조물에 발생한 균열을 스스로 인지하고 반응 생성물을 확장시켜 균열을 치유하여 누수를 억제하고 유해 이온의 유입을 차단하는 콘크리트를 말한다.

1) 미생물 활용 기술

콘크리트 균열이 발생할 경우 휴면상태에서 깨어난 미생물이 증식함으로써 균열을 치유하는 광물을 형성

2) 마이크로캡슐 혼입 기술

콘크리트 균열이 발생할 경우 캡슐의 외피가 파괴되어 흘러나온 치료물질이 균열을 채우는 기술

3) 시멘트계 무기재료 활용 기술

팽창성 무기재료를 활용하는 것으로서 균열부에서 팽창반응과 함께 미수화(Unhydrated) 시멘트의 추가반응을 유도하는 원리

25. 자기응력 콘크리트(Self Stressed Concrete)

자기응력 콘크리트(Self-Stressed Concrete)는 스스로 신장(伸張)되는 화학에너지를 이용하여 경화 시 철근 콘크리트 구조물의 물성을 악화시키거나 파괴하지 않고 팽창시켜 구조물의 내구성을 증진시킬 수 있는 콘크리트를 말한다.

1) 비가열시멘트(NASC): Non Autoclave Stressed Cement)

상온에서 주로 거푸집으로 된 단단한 철근콘크리트에서 경화되는 자기응력 철근 콘크리트 구조물과 건축물의 콘크리트와 일체화를 위한 자기응력 시멘트

2) 가열시멘트(ASC): Autoclave Stressed Cement)

열가습 가공으로 제조 시 처해 있는 조립식 자기응력 철근콘크리트 제품의 일체화를 위한 자기 응력 시멘트

26. 루나 콘크리트

달에서 인간이 사용할 수 있는 구조물 건설을 위한 적절하고 경제적인 건설재료가 필요하게 되었고, 이로 인해 루나 콘크리트(Lunar Concrete)가 생겨나게 되었다.

2 단답형 · 서술형 문제 해설

1 단답형 문제 해설

01 | 콘크리트 응결(Setting) 및 경화(Hardening)

I. 정 의

시멘트가 물과 접촉하여 수화반응에 따라 점점 굳어져 유동성을 잃기 시작하여 굳어지는 과정을 응결(Setting)이라 하고 응결과정 이후 강도발현과정을 경화라고 한다.

II. 응결 및 경화 과정

타설하는 콘크리트 온도, 타설 후 양생온도, 시멘트 분말도와 단위 시멘트량이 높을수록 응결 및 경화 속도가 증가한다.

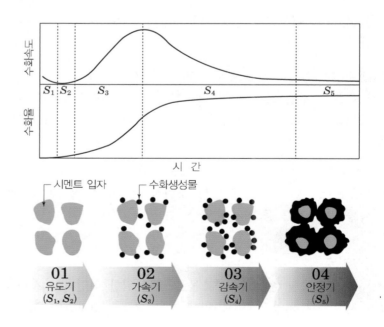

Ⅲ. 응결 및 경화에 영향을 주는 요인

(1) 시멘트의 분말도가 높을수록 빨라짐
(2) Slump가 작을수록 응결이 빠름
(3) 물-결합재비가 작을수록 응결이 빠름
(4) 장시간 비빈 콘크리트가 비빔이 정지되면 급격히 응결됨

Ⅳ. 응결 및 경화 시 유의사항

(1) 응결 진행 후 이어치기할 경우 Cold Joint가 발생가능
(2) 응결과정 중 Bleeding 수, 침하 등에 유의
(3) 응결과정 중 초기수축은 균열의 원인이 됨

02 혼화재료 [KCS 14 20 10/KCS 14 20 01]

I. 정 의

콘크리트 등에 특별한 성질을 주기 위해 반죽 혼합 전 또는 반죽 혼합 중에 가해지는 시멘트, 물, 골재 이 외의 재료로서 혼화재와 혼화제로 분류한다.

II. 혼화재료의 종류, 시험 시기 및 횟수

(1) 혼화재

① 종류: 고로 슬래그 미분말, 플라이 애시, 실리카 퓸, 콘크리트용 팽창재 등
② 시험 시기 및 횟수: 공사시작 전, 공사 중 1회/월 이상 및 장기간 저장한 경우

(2) 혼화제

① 종류: AE제, 감수제, AE감수제, 고성능AE 감수제, 유동화제, 수중불분리성 혼화제, 철근콘크리트용 방청제 등
② 시험 시기 및 횟수: 공사시작 전, 공사 중 1회/월 이상 및 장기간 저장한 경우

III. 혼화재료의 조건

(1) 굳지 않은 콘크리트의 점성 저하, 재료분리, 블리딩을 지나치게 크게 하지 않을 것
(2) 응결시간에 영향을 미치지 않을 것(응결경화 조절재 제외)
(3) 수화발열이 크지 않을 것(급결제, 조강제 제외)
(4) 경화 콘크리트의 강도, 수축, 내구성 등에 나쁜 영향을 미치지 않을 것
(5) 골재와 나쁜 반응을 일으키지 않을 것
(6) 인체에 무해하며, 환경오염을 유발시키지 않을 것

IV. 혼화재료의 사용 시 유의사항

(1) 시험결과, 실적을 토대로 사용목적과 일치하는지 확인
(2) 다른 성질에 나쁜 영향을 미치지 않을 것
(3) 사용 재료와의 적합성 확인
(4) 품질의 균일성이 보증될 것
(5) 운반, 저장 중에 품질변화가 없는지 확인
(6) 혼합이 용이하고, 균등하게 분산될 것
(7) 두 종류 이상의 혼화재 사용 시 상호작용에 의한 부작용이 없을 것

03 레미콘 호칭강도

[KCS 14 20 10]

Ⅰ. 정 의

레디믹스트 콘크리트 주문 시 KS F 4009의 규정에 따라 사용되는 콘크리트 강도로서, 구조물 설계에서 사용되는 설계기준압축강도나 배합 설계 시 사용되는 배합강도와는 구분되며, 기온, 습도, 양생 등 시공적인 영향에 따른 보정값을 고려하여 주문한 강도를 말한다.

Ⅱ. 강도의 기준

(1) 콘크리트의 강도는 일반적으로 표준양생(20±2℃)을 실시한 콘크리트 공시체의 재령 28일일 때 시험값을 기준

(2) 콘크리트 구조물은 일반적으로 재령 28일 콘크리트의 압축강도를 기준

(3) 레디믹스트 콘크리트 사용자는 기온보정강도(T_n)를 더하여 생산자에게 호칭강도 (f_{cn})로 주문

$$호칭강도(f_{cn}) = 품질기준강도(f_{ce}) + 기온보정강도(T_n)(MPa)$$

여기서, f_{ce} : 설계기준강도(f_{ck})와 내구성 기준 압축강도(f_{cd}) 중 큰 값
T_n : 기온보정강도(MPa)

(4) 콘크리트 강도의 기온에 따른 보정값(T_n)

결합재 종류	재령 (일)	콘크리트 타설일로부터 n일간의 예상평균기온의 범위(℃)		
보통포틀랜드 시멘트 플라이애시 시멘트 1종 고로슬래그 시멘트 1종	28	18 이상	8 이상~18 미만	4 이상~8 미만
플라이애시 시멘트 2종	28	18 이상	10이상~18미만	4 이상~10 미만
고로슬래그 시멘트 2종	28	18 이상	13이상~18 미만	4 이상~13 미만
콘크리트 강도의 기온에 따른 보정값(MPa)		0	3	6

Ⅲ. 압축강도에 의한 콘크리트의 품질 검사

종류	판정기준	
	$f_{cn} \leq$ 35MPa	$f_{cn} >$ 35MPa
호칭강도품질기준강도[2] 부터 배합을 정한 경우	① 연속 3회 시험값의 평균이 호칭강도품질기준강도 이상 ② 1회 시험값[1]이(호칭강도품질기준강도−3.5MPa) 이상	① 연속 3회 시험값의 평균이 호칭강도품질기준강도 이상 ② 1회 시험값[1]이 호칭강도품질기준강도의 90% 이상
그 밖의 경우	압축강도의 평균치가 호칭강도품질기준강도 이상일 것	

주1) 1회의 시험값은 공시체 3개의 압축강도 시험값의 평균값임
  2) 현장 배치플랜트를 구비하여 생산·시공하는 경우에는 설계기준압축강도와 내구성 설계에 따른 내구성 기준압축강도 중에서 큰 값으로 결정된 품질기준강도를 기준으로 검사

Ⅳ. 배합강도, 설계기준압축강도, 호칭강도 차이

구분	배합강도	설계기준압축강도	호칭강도
정의	콘크리트의 배합을 정하는 경우에 목표로 하는 압축강도	콘크리트 구조 설계에서 기준이 되는 콘크리트 압축강도	레디믹스트 콘크리트 주문 시 KS F 4009의 규정에 따라 사용되는 콘크리트 강도

04 물−결합재비(Water − Binder Ratio) [KCS 14 20 10]

Ⅰ. 의 의

혼화재로 고로슬래그 미분말, 플라이 애시, 실리카 퓸 등 결합재를 사용한 모르타르나 콘크리트에서 골재가 표면 건조 포화상태에 있을 때에 반죽 직후 물과 결합재의 질량비로 기호를 W/B로 표시한다.

Ⅱ. 물−결합재비 선정방법

(1) 물−결합재비는 소요의 강도, 내구성, 수밀성 및 균열저항성 등을 고려하여 정함

(2) 콘크리트의 압축강도를 기준으로 물−결합재비를 정하는 경우 그 값은 다음과 같이 정함

　① 압축강도와 물−결합재비와의 관계는 시험에 의하여 정하는 것을 원칙(공시체는 재령 28일을 표준).

　② 배합에 사용할 물−결합재비는 기준 재령의 결합재−물비와 압축강도와의 관계식에서 배합강도에 해당하는 결합재−물비 값의 역수로 함

(3) 콘크리트의 탄산화 작용, 염화물 침투, 동결융해 작용, 황산염 등에 대한 내구성을 기준으로 하여 물−결합재비를 정할 경우 그 값은 다음과 같이 정함

항목	노출범주 및 등급				
	일반	EC (탄산화)	ES (해양환경, 제설염 등 염화물)	EF (동결융해)	EA (황산염)
최대 물−결합재비[1]	−	0.45~0.60%	0.4~0.45%	0.45~0.55%	0.45~0.5%

주1) 경량골재 콘크리트에는 적용하지 않음. 실적, 연구성과 등에 의하여 확증이 있을 때는 5% 더한 값으로 할 수 있음.

Ⅲ. 물−결합재비 적정범위

(1) 경량골재 콘크리트: 60% 이하

(2) 폴리머시멘트 콘크리트: 30~60%(폴리머−시멘트비: 5~30%)

(3) 수밀 콘크리트: 50% 이하

(4) 고강도 콘크리트

　① 소요의 강도와 내구성을 고려하여 정함

　② 물−결합재비와 콘크리트 강도의 관계식을 시험 배합으로부터 구함

　③ 배합강도에 상응하는 물−결합재비는 시험에 의한 관계식을 이용하여 결정

(5) 고내구성 콘크리트

구분	보통 콘크리트	경량골재 콘크리트
포틀랜드 시멘트 고로 슬래그 시멘트 특급 실리카 시멘트 A종 플라이 애시 시멘트 A종	60% 이하	55% 이하
고로 슬래그 시멘트 1급 실리카 시멘트 B종 플라이 애시 시멘트 B종	55% 이하	55% 이하

(6) 방사선 차폐용 콘크리트: 50% 이하

(7) 한중 콘크리트: 60% 이하

(8) 수중 콘크리트

종류	일반 수중콘크리트	현장타설말뚝 및 지하연속벽에 사용되는 수중콘크리트
물-결합재비	50% 이하	55% 이하

(9) 해양 콘크리트: 60% 이하

(10) 프리스트레스트 콘크리트: 45% 이하(그라우트 물-결합재비 임)

(11) 외장용 노출 콘크리트: 50% 이하

(12) 동결융해작용을 받는 콘크리트: 45% 이하

(13) 식생 콘크리트: 20~40%(물-시멘트비 임)

(14) 장수명 콘크리트: 55% 이하(50% 이하가 바람직)

05 잔골재율(Fine Aggregate Ratio) [KCS 14 20 10]

Ⅰ. 정 의

콘크리트 내의 전 골재량에 대한 잔골재량의 절대 용적비를 백분율로 나타낸 값을 말한다.

Ⅱ. 산정식

$$잔골재율(S/a) = \frac{잔골재량의\ 절대용적}{전체\ 골재량의\ 절대용적} \times 100$$

$$= \frac{Sand의\ 절대용적}{Gravel의\ 절대용적\ +\ Sand의\ 절대용적} \times 100$$

Ⅲ. 잔골재율 선정

(1) 잔골재율은 소요의 워커빌리티를 얻을 수 있는 범위 내에서 단위수량이 최소가 되도록 시험에 의해 정함

(2) 잔골재율은 사용하는 잔골재의 입도, 콘크리트의 공기량, 단위결합재량, 혼화 재료의 종류 등에 따라 다르므로 시험에 의해 정함

(3) 공사 중에 잔골재의 입도가 변하여 조립률이 ±0.20 이상 차이가 있을 경우에는 배합의 적정성 확인 후 배합 보완 및 변경 등을 검토

(4) 콘크리트 펌프시공의 경우에는 펌프의 성능, 배관, 압송거리 등에 따라 적절한 잔골재율을 결정

(5) 유동화 콘크리트의 경우, 유동화 후 콘크리트의 워커빌리티를 고려하여 잔골재율을 결정할 필요가 있음

(6) 고성능AE감수제를 사용한 콘크리트의 경우로서 물-결합재비 및 슬럼프가 같으면, 일반적인 AE감수제를 사용한 콘크리트와 비교하여 잔골재율을 1~2% 정도 크게 한다.

Ⅳ. 잔골재율의 성질

(1) 잔골재율은 워커빌리티를 얻을 수 있는 범위 내에서 될 수 있는 한 작게 한다.

(2) 잔골재율이 증가하면 간극이 많아진다.

(3) 잔골재율이 증가하면 단위시멘트량이 증가한다.

(4) 잔골재율이 증가하면 단위수량이 증가한다.

(5) 잔골재율이 적정범위 이하면 콘크리트는 거칠어지고, 재료분리의 발생 가능성이 커지며, 워커빌리티가 나쁘다.

06 콘크리트 도착 시 현장시험 [KS F 4009]

I. 정 의

콘크리트는 출하 후 규정시간이 경과하면 기능을 상실하는 성질을 가지므로 현장도착 시 철저히 시험하여야 한다.

II. 콘크리트 도착 시 현장시험

(1) 슬럼프 또는 슬럼프 플로의 시험(mm)

구분		허용차
슬럼프	25	± 10
	50 및 65	± 15
	80 이상	± 25
슬럼프 플로	500	± 75
	600	± 100
	700	± 100

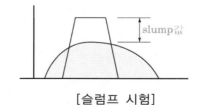

[슬럼프 시험]

[슬럼프 플로 시험]

(2) 공기량의 시험(%)

구분	공기량	공기량의 허용 오차
보통 콘크리트	4.5	±1.5
경량 콘크리트	5.5	
포장 콘크리트	4.5	
고강도 콘크리트	3.5	

(3) 염화물 함유량의 시험

① 염소 이온(Cl^-)량으로서 $0.30kg/m^3$ 이하
② 구입자의 승인을 얻은 경우에는 $0.60kg/m^3$ 이하 가능

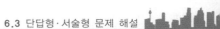

(4) 공시체(몰드)의 제작
① 콘크리트 운반차는 트럭 믹서나 트럭 애지테이터를 사용
② 시료채취는 150m³당 지정차량 콘크리트의 1/4과 3/4의 부분에서 1회(3개)의 공시체를 제작
③ 공시체 제작 후 1일은 현장보양이므로 진동을 피할 것
④ 동절기 시 기온이나 바람에 의한 동결방지
⑤ 캐핑 시 Laitance 제거 철저(캐핑층의 두께는 공시체 지름의 2% 초과 금지)
⑥ 현장에서 공시체 양생 시 직사광선을 피하고, 수분증발방지

07 Schumit Hammer(반발경도법)

Ⅰ. 정 의
경화된 콘크리트 면에 슈미트 해머로 타격에너지를 가하여 콘크리트면의 경도에 따라 반발 경도를 측정하고, 이 측정치로부터 콘크리트의 압축강도를 추정하는 검사방법을 말한다.

Ⅱ. 측정 위치
(1) 타격부의 두께가 10cm 이하인 곳은 피하며, 보 및 기둥의 모서리에서 최소 3~6cm 이격하여 측정
(2) 기둥의 경우 : 두부, 중앙부, 각부 등
(3) 보의 경우 : 단부, 중앙부 등의 양측면
(4) 벽의 경우 : 기둥, 보, 슬래브 부근과 중앙부 등에서 측정
(5) 콘크리트 품질을 대표하고, 측정 작업이 쉬운 곳

Ⅲ. 측정 방법

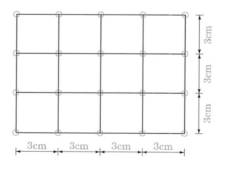

(1) 타격점의 상호 간격은 3cm로 하여 종으로 4열, 횡으로 5열의 선을 그어 직교되는 20점을 타격
(2) 슈미트 해머 타격 시 콘크리트 표면과 직각 유지
(3) 타격 중 이상이 발생한 곳은 확인한 후 그 측정값은 버리고 인접 위치에서 측정값을 추가

Ⅳ. 평가 방법

(1) 강도 추정은 측정된 자료의 분석 및 보정을 통하여 평균 반발 경도를 산정하고, 현장에 적합한 강도 추정식을 산정하여 평가

(2) 측정된 자료의 평균을 구하고 평균에서 ±20%를 벗어난 값을 제외하고, 이를 재평균한 값을 최종값(측정 경도)으로 한다.

(3) 보정 반발 경도=측정경도+타격 방향에 따른 보정값+압축응력에 따른 보정값+콘크리트 습윤 상태에 따른 보정값

(4) 최종 강도 추정

① 일본 재료학회(보통 콘크리트): f_c = $-18.4+13R$(MPa)

② 일본 건축학회 CNDT 소위원회 강도 계산식: f_c = $7.3R+10$(MPa)

여기서, R : 보정 반발 강도

08 시공 이음(Construction Joint)

I. 정 의

Construction Joint란 시공 시 현장의 생산능력에 따라 구조물을 분할하여 시공할 때 나타나는 Joint이다.

II. Joint 간격 및 위치

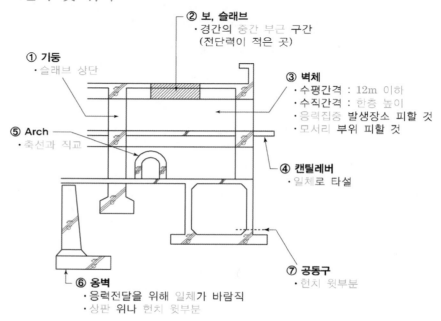

① 기둥
· 슬래브 상단

② 보, 슬래브
· 경간의 중간 부근 구간
 (전단력이 적은 곳)

③ 벽체
· 수평간격 : 12m 이하
· 수직간격 : 한층 높이
· 응력집중 발생장소 피할 것
· 모서리 부위 피할 것

④ 캔틸레버
· 일체로 타설

⑤ Arch
· 축선과 직교

⑥ 옹벽
· 응력전달을 위해 일체가 바람직
· 상판 위나 헌치 윗부분

⑦ 공동구
· 헌치 윗부분

III. Joint 처리

(1) 수직부위
  ① 일반적인 거푸집 시공
  ② Metal Lath의 사용
  ③ Pipe 발의 사용

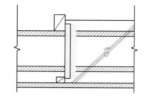
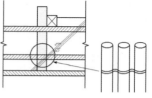

(2) 수평부위
  ① Wire Brush 등으로 조면처리하고 물로 세척
  ② 안쪽에서 바깥쪽으로 또는 가운데를 볼록하게 한다.

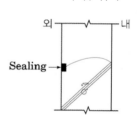

Ⅳ. 시공 시 주의사항

(1) 시공 시 지수판을 사용하여 누수방지 철저

(2) 콜드조인트 방지에 유의할 것

(3) Laitance 및 취약한 콘크리트 제거 후 신콘크리트 타설

(4) 전단력이 적은 곳, 이음길이와 면적이 최소화되는 곳에 설치

09 콜드 조인트(Cold Joint)

I. 정의

기계 고장, 휴식 시간 등의 여러 요인으로 인해 콘크리트 타설 작업이 중단됨으로써 다음 배치의 콘크리트를 이어치기할 때 먼저 친 콘크리트가 응결 혹은 경화함에 따라 일체화되지 않음으로 생기는 이음 줄눈을 말한다.

II. 개념도

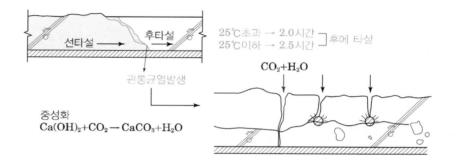

III. 콜드조인트로 인한 피해

(1) 구조체의 내구성 저하
(2) 관통균열로 인한 누수 및 철근부식현상 발생
(3) 마감재의 균열

IV. 콜드조인트 원인

(1) 여름철 콘크리트 타설계획에 대한 고려가 없을 때
(2) 부득이하게 콘크리트를 끊어치고 기준시간을 초과하여 타설할 때
(3) 넓은 지역의 순환 타설 시 돌아오는 시간이 초과할 때
(4) 장시간 운반 및 대기로 재료분리가 된 콘크리트를 사용할 때
(5) 분말도가 높은 시멘트를 사용할 때

V. 방지대책

(1) 사전에 철저한 운반 및 타설계획을 수립할 것

(2) 이어치기 부분에 Laitance 및 취약한 콘크리트 제거 후 타설할 것

(3) 타설구획의 순서를 철저히 엄수하며 타설할 것

(4) 타설구획의 순서와 레미콘 배차간격을 철저히 엄수하며 타설할 것

(5) 서중콘크리트 타설 시 응결지연제 등의 혼화제 사용을 고려할 것

(6) 분말도가 낮은 시멘트를 사용할 것

(7) 콘크리트 이어치기는 가능한 60분 이내에 완료하도록 계획할 것

(8) 건식 레미콘 사용을 고려할 것

10 구조체 신축이음 또는 팽창이음(Expansion Joint)

Ⅰ. 정 의
하중 및 외력에 의한 응력과 온도변화, 경화건조수축, 부동침하 등의 변형에 의한 응력이 과대해져서 건물에 유해한 장애가 예상될 경우 그것을 미연에 방지하기 위해 설치하는 Joint이다.

Ⅱ. 시공도

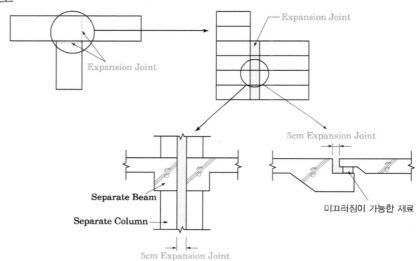

[기둥과 보 Expansion Joint]　　　[슬래브 Expansion Joint]

Ⅲ. 주요 기능
(1) 양생 및 사용기간 중 콘크리트의 수축과 팽창이 허용
(2) 하중에 의한 콘크리트의 치수변화를 허용
(3) 치수변화에 의해 영향 받는 부재 및 부위를 분리
(4) 수축/팽창, 기초침하, 추가하중에 의한 상대처짐 및 변위를 허용

Ⅳ. 설치위치 및 간격
(1) 온도차이가 심한 부분
(2) 동일 건물에서 고층과 저층 부위가 만나는 부분
(3) 기존 건물에 면하여 새로운 건물이 증축되는 경우
(4) 구조물의 평면, 단면형태가 사각형이 아니면서 급격히 변하는 경우
(5) 직접적인 열팽창을 고려하지 않을 경우 45~60m 정도
(6) Expansion Joint 폭은 5cm 정도이며 부재의 완전 분리

11 Control Joint(수축줄눈, Dummy Joint)

Ⅰ. 정 의

콘크리트 Shrinkage와 온도차로 인해 유발되는 콘크리트 인장응력에 의한 균열의 수를 경감시키거나 균열폭을 허용치 이하로 줄이는 역할을 하는 Joint이다.

Ⅱ. 시공도

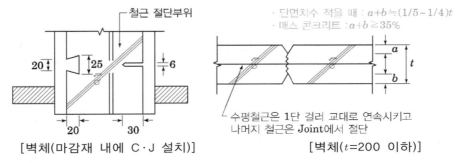

철근 절단부위

· 단면치수 적을 때 : $a+b ≒ (1/5 \sim 1/4)t$
· 매스 콘크리트 : $a+b ≧ 35\%$

수평철근은 1단 걸러 교대로 연속시키고 나머지 철근은 Joint에서 절단

[벽체(마감재 내에 C·J 설치)]   [벽체(t=200 이하)]

Ⅲ. 설치부위

(1) 단면상 취약한 평면

(2) 미관이 고려되는 부위에 단면의 변화 등으로 균열이 예상되는 곳

(3) 벽체 및 Slab on Grade

(4) 옹벽 및 도로

(5) Control Joint의 깊이는 부재 두께의 1/5~1/4보다 더 적어서는 안 된다.

Ⅳ. 설치위치 및 간격

(1) Control Joint에 대한 명확한 규정은 없다.

(2) 일반적으로 Control Joint의 간격

┌─ 벽체, Slab on Grade: 4.5~7.5m
│   (첫 번째 Joint는 모서리에서 3.0~4.5m 이내 설치)
├─ 개구부가 많은 벽체: 6.0m 이내
├─ 개구부가 없는 벽체: 7.5m 이내
│   (각 모서리에서는 1.5~4.5m 이내 설치)
├─ 높이 3.0~6.0m인 벽체는 높이를 Joint 간격으로 사용
└─ 수평, 수직 Joint비는 1 : 1(최적), 1.5 : 1(최대)

12 Delay Joint(Shrinkage Strip, 지연 조인트)

I. 정 의

콘크리트 타설 후 발생하는 Shrinkage 응력과 균열을 감소시킬 목적으로 슬래브 및 벽체의 일부구간을 비워놓고 4주 후에 콘크리트를 타설하는 임시 Joint이다.

II. 시공도

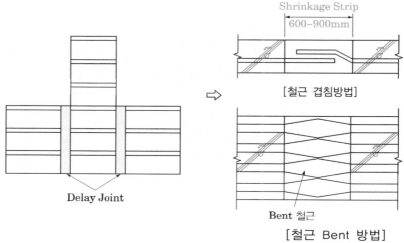

[철근 겹침방법]

[철근 Bent 방법]

III. 설치부위

(1) Massive한 구조물
(2) 두께가 얇은 벽체 및 슬래브

IV. Joint 간격 및 위치

(1) 슬래브는 30~45m 간격에 폭 1m 정도
(2) 수직부재는 30m 간격에 폭은 60cm 정도
(3) Shrinkage Strip 폭은 60~90cm
(4) 큰 기둥이나 RC조 벽체가 Shrinkage 방향과 나란하면 간격을 좀 더 짧게 한다.
(5) Shrinkage Strip은 전체 건물을 가로질러서 설치한다.
(6) Shrinkage Strip을 가로지르는 철근은 연속되어야 한다.
(7) 타설 부위를 일정구간으로 나누어(약 7.5m 간격) 교대로 타설하는 것도 가능하다.

타설순서 : ① + ③ ⇒ ② + ④

13 콘크리트 자기수축

I. 정 의

시멘트의 수화 반응에 의해 콘크리트, 모르타르 및 시멘트풀의 체적이 감소하여 수축하는 현상으로 물질의 침입이나 이탈, 온도변화, 외력, 외부구속 등에 기인하는 체적변화는 포함하지 않는다.

II. 자기수축의 Mechanism

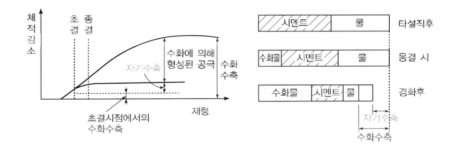

III. 자기수축에 영향을 미치는 요인

(1) 시멘트: 자기수축의 크기는 저열 시멘트 〈 중용열 시멘트 〈 보통 시멘트 〈 조강 시멘트
(2) 배합: 물-결합재비가 작을수록 자기수축이 커진다.
(3) 혼화재료: 슬래그, 실리카퓸은 자기수축이 커지나, 플라이 애시는 감소한다.
(4) 양생방법: 초기 콘크리트 온도가 높을수록 자기수축이 커진다.

IV. 자기수축의 저감대책

(1) 저열 시멘트 등 수화열이 적은 시멘트 사용
(2) 팽창재, 수축저감제 등 혼화제 사용
(3) 치환율 20~30%의 플라이 애시 사용
(4) 배합설계의 최적화
(5) 고강도 콘크리트는 Belite계 시멘트 사용

14 소성수축균열(콘크리트의 플라스틱 수축균열)

Ⅰ. 정 의

넓은 바닥 슬래브 등의 타설된 콘크리트가 건조한 바람이나 고온저습한 외기에 노출되어 수분증발 속도가 블리딩 속도보다 빠를 때 표면의 콘크리트가 유동성을 잃어 인장강도가 적기 때문에 발생되는 균열을 말한다.

Ⅱ. 균열발생 위치

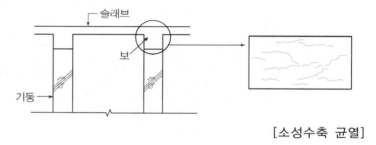

[소성수축 균열]

Ⅲ. 균열발생 시기

(1) 노출면이 넓은 슬래브와 같은 구조부재에서 타설 직후 발생
(2) 콘크리트 양생이 시작되기 전이나 마감시작 직전에 발생
(3) 콘크리트 타설 후 건조한 외기에 노출될 경우 표면의 수분증발로 수축현상으로 발생
(4) 거푸집 조기해체 후 급격한 수분증발로 발생 : 그물코 형태

Ⅳ. 균열원인

(1) 콘크리트 표면의 수분증발 (2) 거푸집의 수밀성이 부족하여 수분의 손실
(3) 상대습도가 낮을 경우 (4) 외기온도가 높을 경우
(5) 콘크리트 온도가 높을 경우 (6) 풍속이 강할 경우

Ⅴ. 방지대책

(1) 콘크리트 타설 초기에 바람에 직접 노출되지 않도록 조치한다.
(2) 콘크리트 타설 초기에 직사광선에 직접 노출되지 않도록 조치한다.
(3) PE 필름 등으로 수분의 증발을 방지한다.
(4) 부직포 등을 깔고 스프링클러를 사용하여 습윤양생을 실시한다.
(5) 표면마감 후에는 표면을 덮어서 보양한다.
(6) 풍속을 줄이기 위한 방풍설비나 표면온도를 낮추기 위한 차양설비를 설치한다.

15 블리딩(Bleeding)

Ⅰ. 정 의
굳지 않은 콘크리트에서 고체 재료의 침강 또는 분리에 의하여 콘크리트에서 물과 시멘트 혹은 혼화재의 일부가 콘크리트 윗면으로 상승하는 현상을 말한다.

Ⅱ. 발생원인
(1) 과다한 물-결합재비
(2) 반죽질기가 클수록

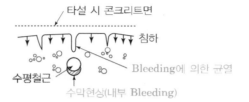

Ⅲ. 문제점
(1) 철근하부의 수막현상으로 부착력이 약하여 콘크리트의 강도 및 내구성 저하
(2) 콘크리트의 수밀성 감소
(3) 블리딩에 의한 초기침강 및 균열발생
(4) 블리딩에 의한 Water Gain 및 Laitance 발생
(5) 콘크리트 표면 마감작업의 저해 및 표면 마모성의 저하

Ⅳ. 방지대책
(1) 단위수량을 적게 하고 된비빔콘크리트로 한다.
(2) 가능한 물-결합재비를 적게 하고 적정한 혼화제를 사용한다.
(3) 거푸집의 이음부위를 철저히 하여 시멘트 페이스트의 유출을 방지한다.
(4) 1회 타설높이를 적게 하고 과도한 다짐을 피한다.

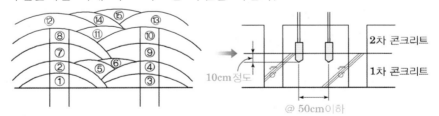

(5) 타설속도를 너무 빠르게 하지 않고 적정하게 한다.

16 콘크리트의 중성화

I. 정 의

경화한 콘크리트의 수화생성물인 수산화칼슘이 시간의 경과와 함께 콘크리트의 표면으로부터 공기 중의 탄산가스의 영향을 받아 서서히 탄산칼슘으로 변화하여 알칼리성을 소실하는 현상을 말한다.

II. 중성화 콘크리트의 진행속도

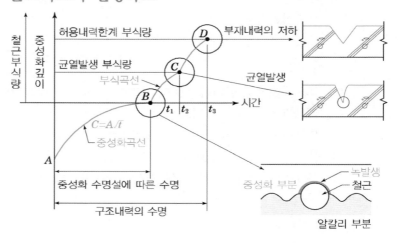

III. 중성화 속도에 영향을 미치는 요인

(1) 시멘트 및 골재의 종류
(2) 배합과 양생조건
(3) 환경조건
(4) 표면마감재의 종류

IV. 중성화 대책

(1) 비중이 크고 양질의 골재 사용
(2) 물-결합재비나 단위수량은 가급적 적게 한다.
(3) 적절한 피복두께의 확보
(4) 콘크리트 타설, 다짐, 양생을 철저히 한다.
(5) 표면마감재의 사용 및 표층부를 치밀화한다.

17 | 콘크리트 동해의 Pop Out 현상

Ⅰ. 정 의

Pop Out 현상이란 콘크리트 속의 수분이 동결융해, 알칼리골재반응 등으로 체적이 팽창되면서 콘크리트 표면의 골재 및 모르타르가 박락되는 현상이다.

Ⅱ. 발생현상

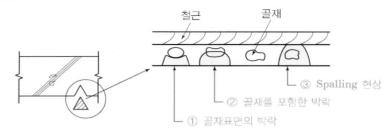

Ⅲ. 발생원인

(1) 콘크리트 동결융해

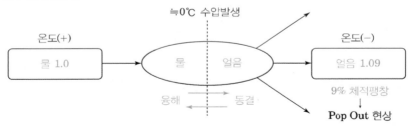

(2) 알칼리골재반응

시멘트의 알칼리 + 골재의 실리카, 탄산염 → 콘크리트 팽창, 균열

Ⅳ. 방지대책

(1) 콘크리에 적정량의 연행공기(3~4%)를 준다.
(2) 단위수량을 줄이고, 물-결합재비를 낮출 것
(3) 콘크리트의 수밀성을 좋게 하고 물의 침입을 방지할 것
(4) 적정 양생기간을 준수하고 양생온도도 유지할 것
(5) 강자갈 또는 쇄석골재를 세척하여 유해물질을 제거할 것

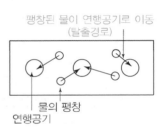

18　Creep 현상

Ⅰ. 정 의

응력을 작용시킨 상태에서 탄성변형 및 건조수축변형을 제외시킨 변형이 시간과 더불어 증가되어가는 현상을 말한다.

Ⅱ. 개념도

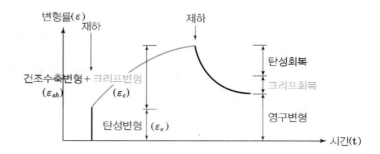

Ⅲ. 크리프의 영향

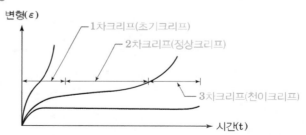

(1) 같은 콘크리트에서 응력에 대한 크리프의 진행은 동일하다.
(2) 재하기간 2~3월에 크리프 50%, 1년에 75%가 진행된다.
(3) 정상 크리프 속도가 느리면 크리프 파괴시간이 길어진다.

Ⅳ. 발생원인

(1) 재령이 짧은 콘크리트에 재하가 빠를 경우
(2) 물-결합재비가 클 경우
(3) 시멘트 페이스트양이 많을 경우
(4) 재하응력이 클 경우
(5) 재하기간 중에 대기습도가 낮은 경우
(6) 콘크리트 다짐이 나쁜 경우
(7) 콘크리트 양생정도가 나쁜 경우

19   (강)섬유보강 콘크리트((Glass) Fiber Reinforced Concrete)   [KCS 14 20 22]

I. 정 의
보강용 섬유를 혼입하여 주로 인성, 균열 억제, 내충격성 및 내마모성 등을 높인 콘크리트를 말한다.

II. 종류
(1) 무기계 섬유: 강섬유, 유리섬유, 탄소섬유 등
  ① 강섬유 길이: 25~60mm, 지름: 0.3~0.9mm 정도
  ② 유리섬유 길이: 25~40mm 정도
(2) 유기계 섬유: 아라미드섬유, 폴리프로필렌섬유, 비닐론섬유, 나일론 등

III. 재료 및 배합
(1) 초고성능 섬유보강 콘크리트(UHPFRC:Ultra-High Performance Fiber Reinforced Concrete)에 사용되는 강섬유의 인장강도는 2,000MPa 이상
(2) 단위수량을 될 수 있는 대로 적게 정함
(3) 믹서는 강제식 믹서를 사용하는 것을 원칙
(4) 섬유를 믹서에 투입할 때에는 섬유를 콘크리트 속에 균일하게 분산

IV. 시공
(1) 비비기로부터 타설이 끝날 때까지의 시간은 외기온도가 25℃ 이상일 때는 1.5시간, 25℃ 미만일 때에는 2시간 이하
(2) 한 구획내의 콘크리트는 타설이 완료될 때까지 연속해서 타설
(3) 콜트조인트가 발생하지 않도록 이어치기 허용시간간격

외기온도	허용 이어치기 시간간격
25℃ 초과	2.0시간
25℃ 이하	2.5시간

(4) 펌프배관 등의 배출구와 타설 면까지의 높이는 1.5m 이하
(5) 내부진동기를 하층의 콘크리트 속으로 0.1m 정도 연직으로, 삽입간격은 0.5m 이하
(6) 콘크리트는 타설한 후 경화가 될 때까지 양생기간 동안 직사광선이나 바람에 의해 수분이 증발하지 않도록 보호

20 팽창 콘크리트(Expansive Concrete)　　　　　[KCS 14 20 24]

I. 정 의
콘크리트의 건조수축을 경감하기 위해 팽창재 또는 팽창시멘트의 사용에 의해 팽창성이 부여된 콘크리트를 말한다.

II. 팽창률

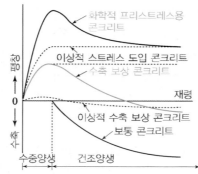

용도	팽창률
수축보상용	$150 \times 10^{-6} \sim 250 \times 10^{-6}$ 이하
화학적 프리스트레스용	$200 \times 10^{-6} \sim 700 \times 10^{-6}$ 이하
공장제품용 화학적 프리스트레스용	$200 \times 10^{-6} \sim 1,000 \times 10^{-6}$ 이하

III. 재료(팽창재)
(1) 팽창재는 풍화되지 않도록 저장
(2) 팽창재는 습기의 침투를 막을 수 있는 사이로 또는 창고에 시멘트 등 다른 재료와 혼입되지 않도록 구분하여 저장
(3) 포대 팽창재는 지상 0.3m 이상의 마루 위에 쌓아 운반이나 검사에 편리하도록 배치하여 저장
(4) 포대 팽창재는 12포대 이하로 쌓음
(5) 포대 팽창재는 사용 직전에 포대를 여는 것을 원칙으로 하며, 저장 중에 포대가 파손된 것은 공사에 사용 금지
(6) 3개월 이상 장기간 저장된 팽창재는 시험을 실시하여 소요의 품질을 확인한 후 사용
(7) 팽창재는 운반 또는 저장 중에 직접 비에 맞지 않도록 할 것
(8) 벌크 상태의 팽창재 및 팽창재와 시멘트를 미리 혼합한 것은 양호한 밀폐상태에 있는 사이로 등에 저장하여 다른 재료와 혼합되지 않도록 할 것

Ⅳ. 배합

(1) 화학적 프리스트레스용 콘크리트의 단위 시멘트량은 보통 콘크리트인 경우 260kg/m³ 이상, 경량골재 콘크리트인 경우 300kg/m³ 이상

(2) 공기량은 일반노출(노출등급 EF1)에 굵은 골재의 최대 치수 25mm인 경우 4.5±1.5% 이내

(3) 슬럼프는 일반적인 경우 대체로 80mm~210mm를 표준

(4) 팽창재는 별도로 질량으로 계량하며, 그 오차는 1회 계량분량의 1% 이내

(5) 포대 팽창재를 1포대 미만의 것을 사용하는 경우에는 반드시 질량으로 계량

(6) 믹서에 투입할 때 팽창재가 호퍼 등에 부착되지 않도록 하고, 만약 부착된 경우에는 굳기 전에 바로 제거

(7) 팽창재는 원칙적으로 다른 재료를 투입할 때 동시에 믹서에 투입

(8) 콘크리트의 비비기 시간은 강제식 믹서를 사용하는 경우는 1분 이상으로 하고, 가경식 믹서를 사용하는 경우는 1분 30초 이상

Ⅴ. 시공

(1) 콘크리트를 비비고 나서 타설을 끝낼 때까지의 시간은 기온·습도 등의 기상 조건과 시공에 관한 등급에 따라 1~2시간 이내

(2) 콘크리트 타설 후 콘크리트 내부온도가 현저히 상승하거나 초기동해를 입지 않도록 유의

(3) 한중 콘크리트의 경우 타설할 때의 콘크리트 온도는 10℃ 이상 20℃ 미만

(4) 서중 콘크리트인 경우 비비기 직후의 콘크리트 온도는 30℃ 이하, 타설할 때는 35℃ 이하

(5) 내·외부 온도차에 의한 온도균열의 우려가 있으므로 팽창콘크리트에 급격하게 살수 금지

(6) 콘크리트를 타설한 후에는 습윤 상태를 유지하고, 콘크리트 온도는 2℃ 이상을 5일간 이상 유지

(7) 콘크리트 거푸집널의 존치기간은 평균기온 20℃ 미만인 경우에는 5일 이상, 20℃ 이상인 경우에는 3일 이상을 원칙(압축강도 시험을 할 경우 설계기준 강도의 2/3 이상, 또한 콘크리트 압축강도는 14MPa 이상)

21 수밀 콘크리트(Watertight Concrete) [KCS 14 20 30]

I. 정 의

투수, 투습에 의해 구조물의 안전성, 내구성, 기능성, 유지관리 및 외관 등이 영향을 받는 저수조, 수영장, 지하실 등 압력수가 작용하는 구조물로서 콘크리트 중에서 특히 수밀성이 높은 콘크리트를 말한다.

II. 시공도

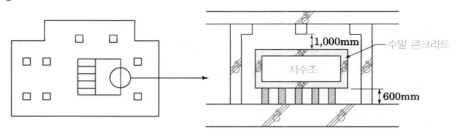

III. 재료 및 배합

(1) 혼화 재료는 공기연행제, 감수제, 공기연행감수제, 고성능공기연행감수제 또는 포졸란 등을 사용
(2) 단위수량은 되도록 작게 함
(3) 단위 굵은 골재량은 되도록 크게 함
(4) 슬럼프는 180mm 이하, 콘크리트 타설이 용이할 때에는 120mm 이하
(5) 공기량은 4% 이하
(6) 물-결합재비는 50% 이하를 표준

IV. 시공

(1) 소요 품질의 수밀 콘크리트를 얻기 위해서는 적당한 간격으로 시공 이음을 둘 것
(2) 콘크리트는 연속으로 타설하여 콜드조인트가 발생하지 않도록 할 것
(3) 건조수축 균열의 발생이 없도록 시공
(4) 0.1mm 이상의 균열 발생이 예상되는 경우 방수를 검토
(5) 연속 타설 시간 간격은 외기온도가 25℃ 초과 시 1.5시간, 25℃ 이하 시 2시간 이하
(6) 콘크리트 다짐을 충분히 하며, 가급적 이어치기 금지
(7) 연직 시공 이음에는 지수판 등 사용
(8) 수밀 콘크리트는 충분한 습윤 양생을 실시

22 고성능 콘크리트(High Performance Concrete)

Ⅰ. 정 의
고성능 콘크리트란 고강도, 고유동 및 고내구성을 고루 갖춘 콘크리트를 말하며, 이에 따라 콘크리트의 분체 및 골재의 충전율을 높이는 것이 기본적 메커니즘이다.

Ⅱ. 개념도

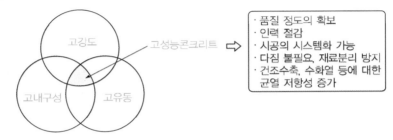

- ·품질 정도의 확보
- ·인력 절감
- ·시공의 시스템화 가능
- ·다짐 불필요, 재료분리 방지
- ·건조수축, 수화열 등에 대한 균열 저항성 증가

Ⅲ. 고성능 콘크리트의 제조 및 유의사항
(1) 고성능 혼화제 및 분리 저감제를 적정량 혼합
(2) 미분말 혼화재인 Slag, Fly Ash, Silica Fume을 혼합제조
(3) MDF 시멘트 등 고강도 시멘트 사용
(4) 특수 혼화제의 사용에 따른 표면수의 변동, 온도변화에 유의
(5) 결합재(시멘트+Slag, Fly Ash, Silica Fume) 양의 증가로 점성이 높아 구성재료의 분산이 어려움
(6) 결합재량의 증가에 따른 믹싱의 철저

Ⅳ. 시공 시 유의사항
(1) 콘크리트 측압의 증가로 거푸집널의 계획을 철저히 할 것
(2) 거푸집널의 밀실화로 시멘트 페이스트의 유출을 방지할 것
(3) 펌프 압송 시 슬럼프 저하에 유의
(4) 타설 시 낙하고는 재료분리 방지를 위해 3m 정도로 할 것
(5) 성능평가시험 철저: 유동성 평가시험, 충전성 평가시험, 분리 저항성 평가시험

23 한중 콘크리트(Cold Weather Concrete) [KCS 14 20 40]

Ⅰ. 정 의
하루평균기온이 4℃ 이하가 예상되는 조건일 때는 콘크리트가 동결할 우려가 있는 시기에 시공되는 콘크리트를 말한다.

Ⅱ. 체적팽창 Mechanism

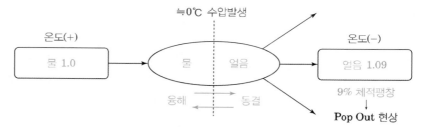

Ⅲ. 재료 및 배합
(1) 포틀랜드 시멘트를 사용하는 것을 표준
(2) 골재가 동결되어 있거나 골재에 빙설이 혼입되어 있는 골재 사용 금지
(3) 재료 가열은 물 또는 골재를 가열하고, 시멘트는 직접 가열 금지
(4) 공기연행 콘크리트를 사용하는 것을 원칙
(5) 단위수량은 초기동해 저감 및 방지를 위하여 되도록 적게
(6) 물-결합재비는 원칙적으로 60% 이하
(7) 거푸집은 보온성이 좋은 것을 사용

Ⅳ. 시공
(1) 콘크리트의 운반은 열량의 손실을 가능한 한 줄이도록 시행
(2) 타설할 때의 콘크리트 온도는 5~20℃의 범위
(3) 기상 조건이 가혹한 경우나 부재 두께가 얇을 경우에는 타설 시 콘크리트의 최저온도는 10℃ 정도를 확보
(4) 콘크리트를 타설할 때에는 철근이나, 거푸집 등에 빙설 부착 금지
(5) 콘크리트를 타설할 마무리된 지반은 콘크리트 타설까지의 사이에 동결하지 않도록 시트 등으로 덮어 보양
(6) 시공이음부의 콘크리트가 동결되어 있는 경우는 적당한 방법으로 이것을 녹여 콘크리트를 이어 타설

(7) 콘크리트를 타설한 후 즉시 시트나 기타 적당한 재료로 표면을 덮어 보양

(8) 구조체 콘크리트의 압축강도 검사는 현장봉함양생으로 실시

(9) 양생기간 중에는 콘크리트의 온도, 보온된 공간의 온도 및 기온을 자기기록 온도계로 기록

V. 양생

(1) 초기 양생

① 콘크리트 타설이 종료된 후 초기동해를 받지 않도록 초기양생을 실시

② 콘크리트를 타설한 직후에 찬바람이 콘크리트 표면에 닿는 것을 방지

③ 소요 압축강도가 얻어질 때까지 콘크리트의 온도를 5℃ 이상으로 유지

④ 소요 압축강도에 도달한 후 2일간은 구조물의 어느 부분이라도 0℃ 이상이 되도록 유지

⑤ 초기양생 완료 후 2일간 이상은 콘크리트의 온도를 0℃ 이상으로 보존

(2) 보온 양생

① 급열 양생, 단열 양생, 피복양생 및 이들을 복합한 방법 중 한 가지 방법을 선택

② 콘크리트에 열을 가할 경우에는 콘크리트가 급격히 건조하거나 국부적 가열 금지

③ 급열 양생을 실시하는 경우 가열설비의 수량 및 배치는 시험가열을 실시한 후 결정

④ 단열 양생을 실시하는 경우 콘크리트가 계획된 양생온도를 유지하도록 관리하며 국부적 냉각 금지

⑤ 보온 양생 또는 급열 양생을 끝마친 후에는 콘크리트의 온도를 급격 저하 금지

⑥ 보온 양생이 끝난 후에는 양생을 계속하여 관리재령에서 예상되는 하중에 필요한 강도를 얻을 수 있게 실시

24 한중 콘크리트의 적산온도

I. 정 의

적산온도란 콘크리트 타설 후 초기양생될 때까지 온도누계의 합을 말하며, 양생온도가 서로 상이하여도 그 양생기간의 온도의 합이 같다면 콘크리트의 강도는 비슷하다.

II. 적산온도

(1) 산정식

$$M(^\circ D.D) \sum_{z=1}^{n} (\theta_z + 10)$$

z = 재령(일)

n = 필요강도를 얻기 위한 기간(일)

θ_z = 재령 z일에 의한 콘크리트의 일평균온도($^\circ$C)

(2) 적산온도(대수눈금)와 압축강도와의 관계

① 재료, 배합, 건조, 습윤의 정도에 따라 다르므로 시험에 의해 확인함이 좋다.

② 시험 결과 : $\boxed{f = \alpha + \beta \log M}$

③ 적산온도 적용한계

$M > 1,000(^\circ D.D)$ 경우 적용금지

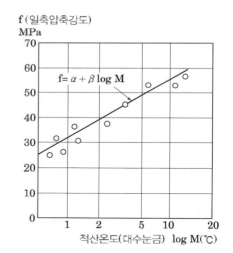

III. 적용 시 유의사항

(1) 초기양생온도가 0℃ 이하가 되지 않도록 할 것

(2) 가열양생 시에는 시험가열로 온도를 확인할 것

(3) 표준양생온도(20±2℃)의 초기강도 확보에 노력할 것

(4) 초기양생온도를 기록하여 적산온도를 구할 것

(5) 적산온도에 의한 강도시험을 실시하고 재령을 결정할 것

(6) 적산온도를 210°D.D 이상이 되도록 할 것

(7) 매스 콘크리트에는 적용 불가

25 | 서중 콘크리트(Hot Weather Concreting)

[KCS 14 20 41]

Ⅰ. 정 의

높은 외부기온으로 인하여 콘크리트의 슬럼프 또는 슬럼프 플로 저하나 수분의 급격한 증발 등의 우려가 있을 경우에 시공되는 콘크리트로서 하루평균기온이 25℃를 초과하는 경우에 타설하는 콘크리트를 말한다.

Ⅱ. Cold Joint

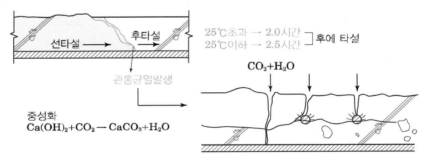

Ⅲ. 배합

(1) 단위수량은 소요의 강도 및 워커빌리티를 얻을 수 있는 범위 내에서 가능한 작게
(2) 단위 시멘트량은 소요의 워커빌리티 및 강도를 얻을 수 있는 범위 내에서 가능한 적게
(3) 일반적으로는 기온 10℃의 상승에 대하여 단위수량은 2~5% 증가하므로 소요의 압축강도를 확보하기 위해서는 단위수량에 비례하여 단위 시멘트량의 증가를 검토
(4) 서중 콘크리트는 배합온도는 낮게 관리

Ⅳ. 시공

(1) 비빈 콘크리트는 가열되거나 슬럼프가 저하하지 않도록 적당한 장치를 사용하여 되도록 빨리 운송하여 타설
(2) 덤프트럭 등을 사용하여 운반할 경우에는 콘크리트의 표면을 덮어서 일광의 직사나 바람으로부터 보호
(3) 펌프로 운반할 경우에는 관을 젖은 천으로 보호
(4) 에지테이터 트럭을 햇볕에 장시간 대기시키는 일이 없도록 배차계획 관리
(5) 운반 및 대기시간의 트럭믹서 내 수분증발을 방지, 우수의 유입방지와 이물질 등의 유입을 방지할 수 있는 뚜껑을 설치

(6) 콘크리트를 타설하기 전에 지반과 거푸집 등을 습윤 상태로 유지

(7) 거푸집, 철근 등이 직사일광을 받아서 고온이 될 우려가 있는 경우에는 살수, 덮개 등의 적절한 조치

(8) 콘크리트는 비빔 후 즉시 타설

(9) 지연형 감수제를 사용하는 등의 일반적인 대책을 강구한 경우라도 1.5시간 이내에 타설

(10) 콘크리트를 타설할 때의 콘크리트의 온도는 35℃ 이하

(11) 콘크리트는 타설한 후 경화가 될 때까지 양생기간 동안 직사광선이나 바람에 의해 수분이 증발하지 않도록 보호

(12) 콘크리트는 타설한 후 습윤 상태로 노출면이 마르지 않도록 하여야 하며, 수분의 증발에 따라 살수를 하여 습윤 상태로 보호

26 매스 콘크리트(Mass Concrete) [KCS 14 20 42]

Ⅰ. 정 의
일반적인 표준으로서 넓이가 넓은 평판구조의 경우 두께 0.8m 이상, 하단이 구속된 벽체의 경우 두께 0.5m 이상이고, 시멘트의 수화열에 의한 온도상승으로 유해한 균열이 발생할 우려가 있는 부분의 콘크리트를 말한다.

Ⅱ. 온도균열 과정

구분	발열과정	냉각과정
발생시기	재령 1~5일	재령 1~2주간
균열폭	0.2mm 이하 표면균열	1~2mm 관통균열
Graph		

Ⅲ. 재료 및 배합
(1) 저발열형 시멘트는 91일 정도의 장기 재령을 설계기준압축강도의 기준재령으로 하는 것이 바람직 함
(2) 화학혼화제는 AE감수제 지연형, 고성능 AE감수제 지연형, 감수제 지연형을 사용
(3) 굵은 골재의 최대 치수는 되도록 큰 값을 사용
(4) 배합수는 저온의 것을 사용
(5) 얼음을 사용하는 경우에는 비빌 때 얼음덩어리가 콘크리트 속에 남아 있지 않도록 할 것
(6) 소요의 품질을 만족시키는 범위 내에서 단위 시멘트량이 적어지도록 배합을 선정

Ⅳ. 시공
(1) 비비기로부터 타설이 끝날 때까지의 시간은 외기온도가 25℃ 이상일 때는 1.5시간, 25℃ 미만일 때에는 2시간 이하
(2) 몇 개의 블록으로 나누어 타설할 경우, 타설 계획을 수립 철저
(3) 콘크리트의 타설온도는 온도균열을 제어하기 위해 가능한 한 낮게: Pre-Cooling
(4) 관로식 냉각을 시행할 경우 파이프의 재질, 지름, 간격, 길이, 냉각수의 온도, 순환 속도 및 통수 기간 등을 검토한 후 적용: Pipe-Cooling

27 프리스트레스트 콘크리트(Prestressed Concrete) [KCS 14 20 53]

I. 정 의

외력에 의하여 일어나는 응력을 소정의 한도까지 상쇄할 수 있도록 미리 인위적으로 그 응력의 분포와 크기를 정하여 내력을 준 콘크리트를 말하며, PS콘크리트 또는 PSC 라고 약칭하기도 한다.

II. 공법의 종류

(1) 프리텐션(Pretension) 방식

PS 강재에 미리 인장력을 가한 상태로 콘크리트를 넣고 완전 경화 후 PS 강재를 단 부에서 인장력을 풀어주는 방법

(2) 포스트텐션(Posttension) 방식

시스(Sheath)를 거푸집 내에 배치하여 콘크리트를 타설하고 시스 내에 PS 강재를 넣어 잭으로 긴장 후 시스 내부에 그라우팅하여 정착하는 방법

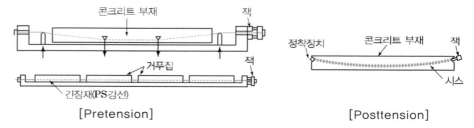

[Pretension]　　　　　　[Posttension]

III. 재료 및 배합

(1) 굵은 골재 최대 치수는 보통의 경우 25mm를 표준
(2) 그라우트의 물-결합재비는 45% 이하
(3) 압축강도는 7일 재령에서 27MPa 이상 또는 28일 재령에서 30MPa 이상
(4) 염화물의 총량은 단위 시멘트량의 0.08% 이하
(5) 부착 텐던의 경우 마찰감소제는 긴장이 끝난 후 반드시 제거
(6) 덕트의 내면 지름은 긴장재 지름보다 6mm 이상
(7) 덕트의 내부 단면적은 긴장재 단면적의 2.5배 이상(30m 이하의 짧은 텐던에서는 2 배 이상)

Ⅳ. 시공

(1) PS 강재가 덕트 안에서 서로 꼬이지 않도록 배치

(2) 부착시키지 않은 긴장재는 피복을 해치지 않도록 각별히 주의하여 배치

(3) 긴장재의 배치오차는 부재치수가 1m 미만일 때에는 5mm 이하, 1m 이상인 경우에는 부재치수의 1/200 이하로서 10mm 이하

(4) 덕트가 길고 큰 경우는 주입구 외에 중간 주입구를 설치하는 것이 바람직

(5) 긴장재는 각각의 PS 강재에 소정의 인장력이 주어지도록 긴장

(6) 1년에 1회 이상 인장잭의 검교정을 실시

(7) 프리스트레싱을 할 때의 콘크리트 압축강도는 최대 압축응력의 1.7배 이상

(8) 프리텐션 방식에 있어서 콘크리트의 압축강도는 30MPa 이상

(9) 그라우트 시공은 프리스트레싱이 끝나고 8시간이 경과한 다음 가능한 한 빨리 하여야 하며, 프리스트레싱이 끝난 후 7일 이내에 실시

(10) 한중에 시공을 하는 경우에는 주입 전에 덕트 주변의 온도를 5℃ 이상 상승

(11) 한중 시공 시 주입할 때 그라우트의 온도는 10~25℃를 표준

(12) 한중 시공 시 그라우트의 온도는 주입 후 적어도 5일간은 5℃ 이상을 유지

(13) 서중 시공의 경우에는 지연제를 겸한 감수제를 사용하여 그라우트 온도가 상승되거나 그라우트가 급결되지 않도록 주의

28 진공탈수 콘크리트(진공배수콘크리트, 진공콘크리트, Vacuum Dewatering)

I. 정 의

콘크리트를 타설한 직후 진공매트 또는 진공거푸집 패널을 사용하여 콘크리트 표면을 진공상태로 만들어 표면 근처의 콘크리트에서 수분을 제거함과 동시에 기압에 의해 콘크리트를 가압 처리하는 공법이다.

II. 시공도 및 시공순서

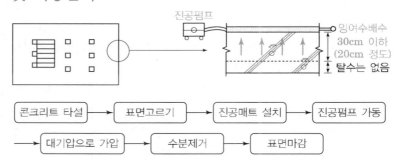

III. 필요성

(1) 물-결합재비가 작은 치밀한 콘크리트의 제조가 가능
(2) 조기강도 증진
(3) 표면경도와 마모저항성의 증진
(4) 경화수축량의 감소
(5) 동결융해에 대한 저항성의 증진

IV. 시공 시 유의사항

(1) 진공콘크리트의 사용기준 및 두께에 따라 진공배수시간 등을 고려
(2) 수분 제거 시 콘크리트 표면침하가 4mm 정도 되므로 피복두께를 미리 고려할 것
(3) 진공처리가 유효한 두께는 30cm 정도까지이지만 흡입시간을 고려하면 20cm 정도가 실용적임
(4) 진공매트 설치 전에 콘크리트 면 위에 Filter를 설치하여 미립자의 통과를 방지한다.
(5) 콘크리트 밀폐상태를 유지
(6) 진공배수시간은 타설 직후부터 경화 직전까지로 한다.

29 균열 자기치유(自己治癒) 콘크리트

Ⅰ. 정 의
균열 자기치유 콘크리트란 콘크리트 구조물에 발생한 균열을 스스로 인지하고 반응 생성물을 확장시켜 균열을 치유하여 누수를 억제하고 유해 이온의 유입을 차단하는 콘크리트를 말한다.

Ⅱ. 자기치유 콘크리트의 종류
(1) 미생물 활용 기술
① 대사 부산물로 광물을 만들어내는 미생물을 콘크리트에 활용하는 기술
② 콘크리트 균열이 발생할 경우 휴면상태에서 깨어난 미생물이 증식함으로써 균열을 치유하는 광물을 형성
③ 미생물의 생존을 극대화하고 충분한 양의 광물 형성 기술 등이 핵심

(2) 마이크로캡슐 혼입 기술
① 콘크리트 균열이 발생할 경우 캡슐의 외피가 파괴되어 흘러나온 치료물질이 균열을 채우는 기술
② 다량의 캡슐 혼입으로 비용 상승
③ 콘크리트 고유의 물성값 변동

(3) 시멘트계 무기재료 활용 기술
① 팽창성 무기재료를 활용하는 것으로서 균열부에서 팽창반응과 함께 미수화(Unhydrated) 시멘트의 추가반응을 유도하는 원리
② 무기재료의 반응성을 제어하는 기술이 핵심

Ⅲ. 기대효과
(1) 구조물의 내구성 증대 및 경제성 향상 등의 효과
(2) 공해, 에너지소비, CO_2 발생 등을 줄일 수 있는 친환경적인 신기술
(3) 구조물의 유지보수비용 절감
(4) 구조물의 내구수명 향상 기대

Ⅳ. 향후 전망

(1) 국내의 자기치유 콘크리트 개발의 역사가 짧고 그 효과의 정량적 검증 방법과 현장
적용을 위한 표준화된 자기치유 콘크리트 배합설계와 시공지침이 완벽히 확립되어
있지 않아 사회적 신뢰를 얻기까지 시간이 조금 더 걸릴 것으로 예상할 수 있다.

(2) 끊임없는 기술 개발과 현장 적용을 통해 우리 사회가 당면한 천문학적인 유지보수
비용을 줄이는 것은 물론 콘크리트 구조물의 장기적인 안전성과 신뢰성을 향상시
킬 수 있다는 것이다.

2 서술형 문제 해설

01 철근콘크리트 구조물의 내구성 저하(열화) 원인과 대책 (철근콘크리트 구조물의 균열 원인과 대책)

I. 개 요
(1) 콘크리트 구조물에서 가장 어려운 과제 중의 하나가 균열제어 문제이다.
(2) 건물이 대형화, 고강도화, 특수화되면서 균열문제로 내구성의 손상을 가져온다.
따라서 내구성 저하요인별 분석과 적정대처방안이 사전에 마련되어야 한다.

II. 내구성 저하에 따른 피해도

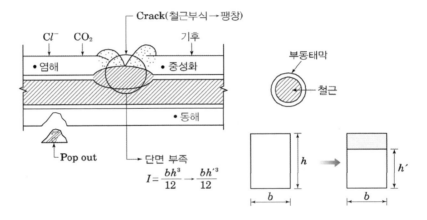

III. 내구성 저하 원인
(1) 건조 수축

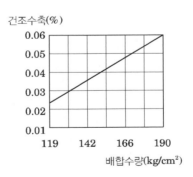

① 콘크리트는 시멘트 Paste의 1/4~1/6 정도
② 골재탄성계수가 적을수록 크다.
③ 물의 양이 증가할수록 크다.

(2) 알칼리 - 골재 반응

① 알칼리 실리카겔 주위의 수분을 흡수하고 콘크리트 팽창시켜 균열 발생
② 기둥·보 등은 재축에 평행하게 균열 발생
③ 벽은 방향성이 없는 지도형태로 균열 발생

(3) 동결융해

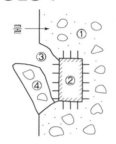

① 물을 콘크리트가 흡수
② 흡수율이 큰 쇄석이 흡수포화상태가 됨
③ 빙결하여 체적팽창압력 발생
④ 표면부분 박리

(4) 철근의 부식

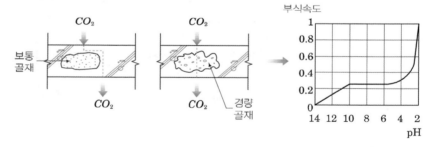

(5) 중성화에 의한 균열

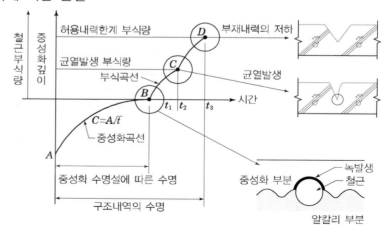

(6) 염해에 의한 균열

모 래	0.02% 이상(건조중량)
혼합수	$0.04 kg/m^3$ 이상
콘크리트	$0.3 kg/m^3$ 이상(체적)

(7) 온도응력에 의한 균열

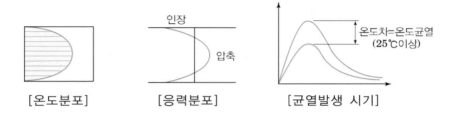

[온도분포]   [응력분포]   [균열발생 시기]

Ⅳ. 대책

(1) 타설구획 철저

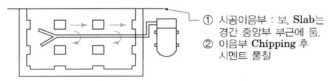

① 시공이음부 : 보, Slab는 경간 중앙부 부근에 둠.
② 이음부 Chipping 후 시멘트 풀칠

(2) 다짐 철저

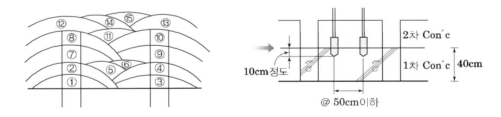

(3) 이음

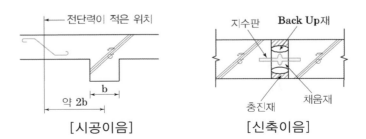

[시공이음]   [신축이음]

(4) 양생 관리

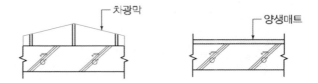

① 양생수와 콘크리트 온도차는 11℃ 이내
② 습윤양생 → 보통시멘트 : 5일, 조강시멘트 : 3일
③ 피막양생재는 콘크리트 표면의 물빛이 없어진 직후에 살포

(5) 거푸집 수밀성 및 강도 확보

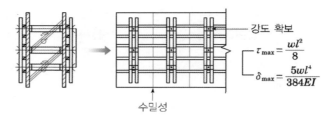

강도 확보

$$\tau_{max} = \frac{wl^2}{8}$$

$$\delta_{max} = \frac{5wl^4}{384EI}$$

수밀성

(6) 거푸집 Filler 처리

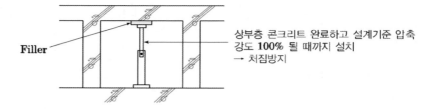

Filler

상부층 콘크리트 완료하고 설계기준 압축
강도 **100%** 될 때까지 설치
→ 처짐방지

(7) 철근피복두께 확보

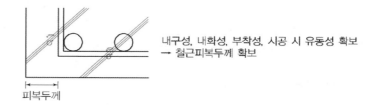

내구성, 내화성, 부착성, 시공 시 유동성 확보
→ 철근피복두께 확보

피복두께

(8) 加水 금지

① 현장에서 레미콘 트럭 내 加水 금지
② 콘크리트 타설시 살수 금지

(9) 재료적 대책

　① 내구성이 우수한 골재 사용

　② 알칼리 금속이나 염화물의 함유량이 적은 재료 사용

　③ 목적에 맞는 시멘트나 혼화재료 사용

(10) 배합적 대책

　① 단위수량을 가능한 적게 한다.

　② 물결합재비를 가능한 적게 한다.

　③ 단위시멘트량의 적정성을 기한다.

　④ Slump Test, 공기량, 블리딩, 강도시험 철저

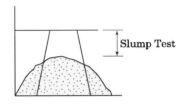

V. 보수·보강공법 및 결론

(1) 보수공법

　표면처리공법, 주입공법, 충전공법, 침투성 도포 방수제

(2) 보강공법

　강판접착공법, 앵커접착공법, 탄소섬유판 접착공법, 단면증가공법

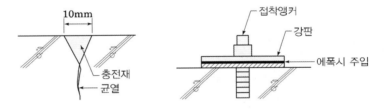

02   Concrete 구조물의 균열 보수, 보강 공법

I. 일반사항

(1) 균열 Mechanism

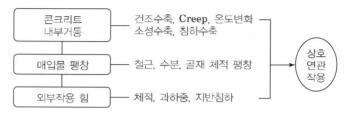

(2) Concrete의 Crack

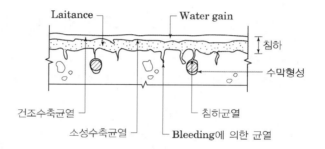

II. 보수·보강공법

(1) 표면처리공법

① 정지성 균열

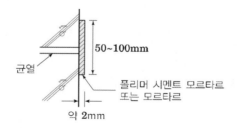

정지성 균열부위는 콘크리트 표면에 폴리머시멘트모르타르 등으로 피막을 형성

② 진행성 균열

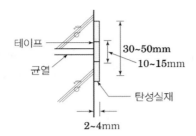

진행성 균열은 신장성이 우수한 재료 사용

(2) 충전공법

① 철근이 부식되지 않은 상태

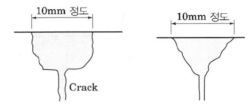

균열에 따라 약 10mm 정도 폭으로 V-cut 또는 U-cut하여 탄성형 Epoxy재 및 Polymer Cement Mortar 충전

② 철근이 부식된 상태

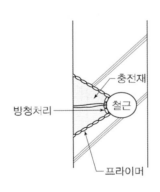 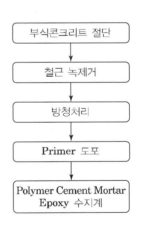

(3) 주입 공법

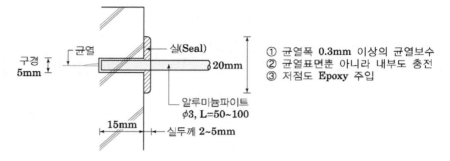

① 균열폭 0.3mm 이상의 균열보수
② 균열표면뿐 아니라 내부도 충전
③ 저점도 Epoxy 주입

구경
5mm

균열

실(Seal)

20mm

알루미늄파이트
φ3, L=50~100

15mm

실두께 2~5mm

(4) 강판보강공법

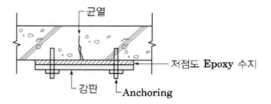

균열

저점도 Epoxy 수지

강판 Anchoring

① 강판접착공법 → 저점도 Epoxy수지
② 강판압착공법 → Anchor + Epoxy수지

(5) 알씨 시스템 공법

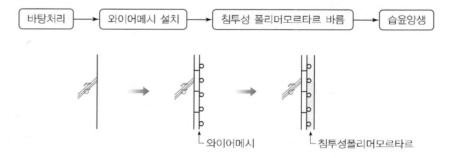

바탕처리 → 와이어메시 설치 → 침투성 폴리머모르타르 바름 → 습윤양생

와이어메시

침투성폴리머모르타르

(6) 탄소섬유시트 공법

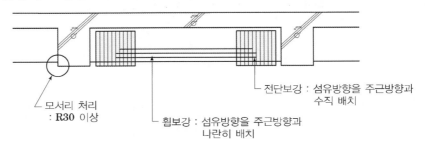

① 에폭시 프라이머 시공 철저
② 에폭시 수지(하도)+탄소섬유시트+에폭시수지(상도) 도포에 엄격한 관리 실시

(7) 단면증가 공법

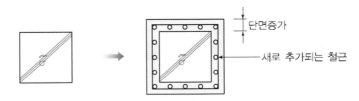

기존 건축물의 부족한 내력을 보완하기 위하여 부재단면 증가

(8) 프리스트레싱 공법

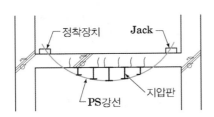

① 보의 균열 또는 처짐이 발생할 때 작용
② 접합면 에폭시 수지 충진

Ⅲ. 결 론

콘크리트 균열의 폭, 진행상황에 따라 원인을 규명하고 외관보수와 구조보강의 경우를 구분하여 보수시점과 공법을 결정한다.

03 한중콘크리트 타설 시 주의사항과 양생방법

I. 한중콘크리트

(1) 정 의
① 타설일의 일 평균기온이 4℃ 이하인 경우 타설하는 콘크리트
② 콘크리트 타설완료 후 24시간 동안 일최저기온이 0℃ 이하가 예상되는 조건
③ 그 이후라도 초기동해 위험이 있는 경우

(2) 체적팽창 Mechanism

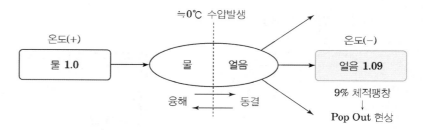

II. 타설 시 주의사항

(1) 재료관리
① 골재가 동결되어 있거나, 골재에 빙설이 혼입되지 않을 것
② 방동, 내한제 등의 혼화제 사용시 품질 확인
③ 시멘트는 절대가열 금지
④ 재료 가열시 물의 가열이 유리
⑤ 재료 가열시 균일하게 가열되어 항상 소요온도의 재료를 얻을 것

(2) 배합관리
① AE콘크리트를 사용하는 것을 원칙으로 한다.
② 단위수량은 가급적 적게 한다.
③ 초기동해방지에 필요한 압축강도가 초기양생기간 내에 얻어지도록 함
④ W/B 비는 60% 이하

(3) 타설부위 점검
① 지반동결 부위에 동바리 설치 금지
② 거푸집 내부 동결 부위 확인
③ 철근빙설 제거 철저

(4) 비비기
　① 콘크리트 비빈 직후의 온도는 기상조건 등을 고려하여 소요의 콘크리트 온도를
　　　얻어지도록 함
　② 재료의 투입 순서

$$\boxed{물} + \boxed{굵은골재} + \boxed{잔골재} \longrightarrow \boxed{재료온도 40\,이하}$$
$$+$$
$$\boxed{시멘트}$$

　③ 콘크리트 비빈 직후의 온도는 각 배치마다 변동이 적을 것

(5) 운반관리
　① 운반시 열량의 손실을 가능한 줄일 것
　② 운반 및 타설시간은 일반적으로 1시간이 적정

(6) 타설
　① 콘크리트 펌프 사용시 관로보온, 타설 전 온수에 의한 예열, 타설 종료시 청소 철저
　② 타설시 콘크리트 온도는 5~20℃
　③ 가혹한 기상 또는 단면두께가 300mm 이하인 경우 타설시 콘크리트 온도는 최저
　　　10℃ 이상 확보
　④ 동결지반 위 콘크리트 타설 금지

(7) 다짐

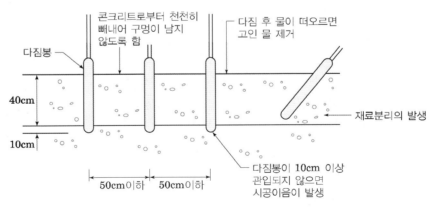

(8) 진공탈수공법 적용

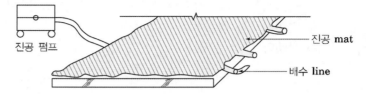

* 잉여수, 공기 제거 → 압축강도 휨강도 60% 증가
　　　　　　　　　　　내마모성 2~3배 증가

(9) 거푸집 존치기간 준수

수직부재	보옆, 기둥, 벽체	압축강도 5MPa 이상
수평부재	보밑면, 슬래브 밑면	$f_{cu} \geq \dfrac{2}{3} \times f_{ck}$ 또한, 14MPa 이상

Ⅲ. 양생방법

(1) 초기 양생

① 구조물의 모서리, 가장자리 부분은 초기 양생에 주의
② 콘크리트 타설 직후에 찬바람이 콘크리트 표면에 닿는 것 방지
③ 소요 압축강도가 얻어질 때까지 콘크리트 온도는 5℃ 이상 유지
④ 소요 압축강도에 도달한 후 2일간은 구조물의 어느 부분이라도 0℃ 이상 유지

(2) 보온 양생

최저기온 4~1℃	천막지덮기 등 가벼운 보온조치
최저기온 0~-3℃	보양재 이용 보온조치와 건물 외부 보온막치기 및 급열장치 등
최저기온 -3℃ 이하	급열장치 본격 가동

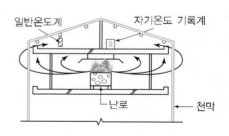

① 종류
　급열양생, 단열양생, 피복양생

② 양생관리
　㉠ 초기경화시간중에 동결하지 않도록 부직포 등으로 조치
　㉡ 양생중 보호막내 온도는 10~20℃ 유지

ⓒ 초기양생

양생온도	양생기간	비 고
10~15℃	96시간(4일)	양생시간은
15~20℃	72시간(3일)	타설종료 후 산정

ⓔ 각 부위의 온도가 일정하게 유지

ⓜ 거푸집 존치기간 준수

③ 온도관리

ⓐ 자기온도기록계 설치

ⓑ 바닥에서 1m 높이

ⓒ 3시간마다 측정하여 기록 유지

(3) 적산온도에 의한 방법

① $M(°D\cdot D) = \sum_{Z=0}^{n}(\theta_Z + 10)$ θ_Z : 콘크리트의 일평균 양생온도

② 적산온도에 의해 배합강도를 얻기 위한 W/B비 결정

(4) 증기양생

거푸집을 조기에 제거하고 단시일 내에 소요강도를 확보하기 위해 고온의 증기로 양생하는 방법

(5) 전기양생

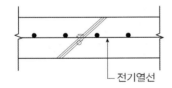

전기열선

콘크리트 속에 전기저항의 열을 이용하는 양생방법

V. 결 론

(1) 한중콘크리트는 압축강도 5MPa에 이를 때까지 어느 부분도 0℃ 이하로 되지 않도록 관리해야 한다.

(2) 현장에서는 콘크리트 타설 후 자기온도 기록계로 Check하고, 양생기간은 구조물의 소요강도가 발휘될 때까지 한다.

04 서중콘크리트 타설 시 문제점과 대책

I. 개 요

(1) 하루 평균기온이 25℃를 초과하는 것이 예상되는 경우에 타설하는 콘크리트이다.

(2) 가능한 W/B 비를 최소화하고, 혼화재 사용으로 단위시멘트량을 줄여 수화반응 시 수화열을 적게 하여 균열발생을 최대한 억제하도록 계획한다.

II. 타설 시 문제점

(1) 슬럼프 저하

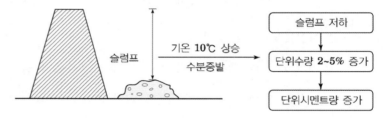

(2) 연행공기량의 감소

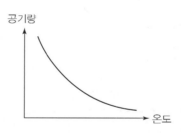

① 콘크리트 온도 10℃ 상승시 공기량 2% 감소

② 연행공기 불안정

(3) Cold Joint 발생

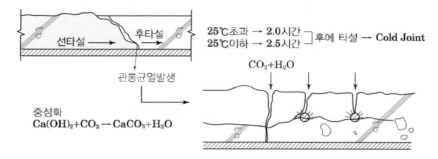

25℃초과 → 2.0시간
25℃이하 → 2.5시간 ┤후에 타설 — Cold Joint

중성화
$Ca(OH)_2 + CO_2 \rightarrow CaCO_3 + H_2O$

(4) 균열 및 온도균열 발생

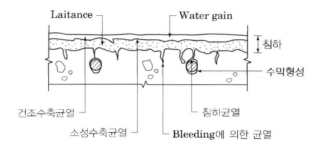

(5) 강도 및 내구성 저하
① 균열발생에 따른 강도 저하
② 단위수량 증가로 인한 내구성 저하

Ⅲ. 방지대책

(1) 운반시간관리

① KS 기준 : 콘크리트 비빔에서 타설종료까지 90분 이내

② 콘크리트 시방서 기준 ┌ 25℃ 이상 → 90분 이내
                        └ 25℃ 미만 → 120분 이내

(2) 타설장비관리
① 수송관을 젖은 천으로 덮는다.
② 장시간 대기시키는 일이 없도록 사전에 배차계획 고려

(3) 혼화제 및 혼화재 사용

① Consitency 저하 방지 ⇒ AE 감수제 사용

② 응결지연제 사용 ⇒ 응결지연 효과

③ Fly Ash 등을 사용하여 수화열 저감

(4) 슬럼프 및 공기량 관리

검사항목		허용오차
슬럼프	80 이상	±25mm
	50~60mm	±15mm
공기량	보통콘크리트	4.5%±1.5%
	경량콘크리트	5%±1.5%

(5) Pre-Cooling 실시

골재 살수	-3℃ 저감
냉각수 사용	-5℃ 저감
얼음 사용	-15℃ 저감
액화질소(Liquefied Nitrogen)	-20℃ 저감

① 골재는 서늘하게

② 시멘트는 급냉시키지 않는다.

(6) 타설 철저

① 이어치기 간격을 일정하게 유지한다.

② 중단없이 연속으로 타설한다.

③ 콘크리트 타설시 콘크리트 온도는 35℃ 이하

④ Cold Joint가 생기지 않도록 적절한 계획 실시

(7) 다짐

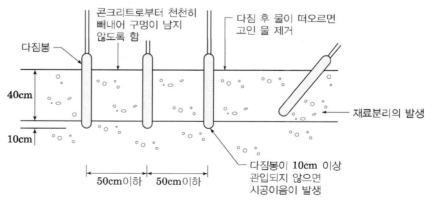

(8) 양생

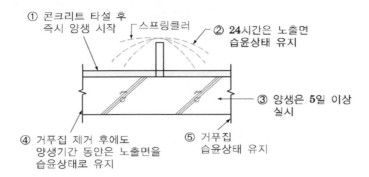

① 콘크리트 타설 후 즉시 양생 시작 — 스프링클러 ② 24시간은 노출면 습윤상태 유지

③ 양생은 5일 이상 실시

④ 거푸집 제거 후에도 양생기간 동안은 노출면을 습윤상태로 유지

⑤ 거푸집 습윤상태 유지

Ⅳ. 결 론

(1) 서중 콘크리트 타설 시 슬럼프 저하, 연행공기의 감소, 콜드조인트 발생, 균열 등의 문제가 발생될 수 있다.

(2) 그러므로 콘크리트 타설 시 수화열을 적게 하고, 양생 시 습윤양생을 통한 초기강도 발현 및 균열발생을 방지하는 대책이 필요하다.

05   Mass Concrete의 온도균열을 방지하기 위한 제어대책

I. 일반사항

(1) 정 의

부재단면의 최소치수가 80cm 이상이고 하단이 구속된 경우는 두께 50cm 이상의 벽체 등에 적용되는 콘크리트

(2) 온도균열

구분	발열과정	냉각과정
발생 시기	재령 1~5일	재령 1~2주간
균열폭	0.2mm 이하 표면 균열	1~2mm 관통 균열
Graph		
유형		

II. 제어대책

(1) 재료적 대책

Cement	중용열 Cement or 저발열 Cement
골재	굵은골재 최대치수 大, 석회석 골재 권장
물	유기불순물 無, 저온의 냉각수 사용
혼화재	Fly Ash, 고로 Slag

(2) 배합적 측면

① 단위시멘트량 적게 배합 → 발열량 감소

② W/B비를 적게 할 것

③ 잔골재율을 적게 할 것

(3) 분할타설

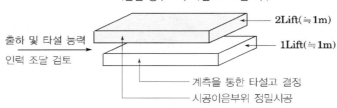

1차 타설 후 콘크리트 수화열이
저감될 경우 2차 타설 : 5~7일 이후

2Lift(≒1m)

1Lift(≒1m)

출하 및 타설 능력

인력 조달 검토

계측을 통한 타설고 결정

시공이음부위 정밀시공

(4) L/H : 1~2로 시공

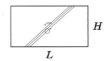

1회 타설 시 구속력을 최소화하기 위해 높이와 길이의 비를 1~2가 되게 할 것

(5) 충전공법

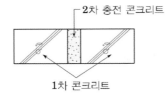

2차 충전 콘크리트

1차 콘크리트

1차 콘크리트 타설 후 초기 건조수축 후 2차 충전 콘크리트 타설

(6) 연속타설(좌측 → 우측 타설)

① 이어치기 간격을 일정하게 유지한다.

② 장기간 타설 필요시 응결지연제 등을 이용하여 다짐에 지장이 없도록 주의한다.

③ 중단 없이 연속으로 타설한다.

(7) 온도철근보강

구속에 의해 온도 균열이 예상되는 부위에 보강하여 균열을 미연에 방지

균열제어폭	0.3m/h	0.2m/h	0.1m/h
철근보강	코너추가보강	D19@200	D19@160

(8) 균열유발줄눈시공

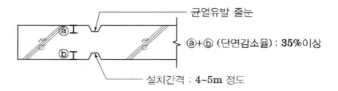

(9) 내·외부 온도차 적게

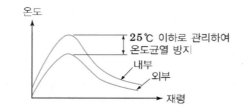

(10) 거푸집 조기해체 금지

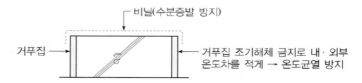

(11) Pre-Cooling 실시

골재 살수	-3℃ 저감
냉각수 사용	-5℃ 저감
얼음 사용	-15℃ 저감
액화질소(Liquefied Nitrogen)	-20℃ 저감

(12) Pipe-cooling 실시

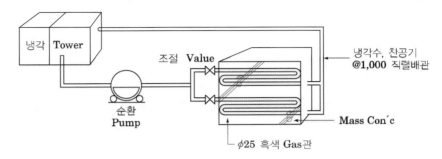

(13) 온도균열지수와 철근량

① 온도균열지수는 되도록 크게 한다.

- 균열방지 → Icr ≧ 1.5
- 균열제한 → 1.2 ≦ Icr < 1.5
- 유해한 균열제한 → 0.7 ≦ Icr < 1.2

② 적절한 양의 철근 배치

Ⅲ. 결 론

구조물의 시공과정에서 발생하는 응력, 균열발생의 여부 및 발생한 균열폭과 위치를 억제하고 구조물의 작용하중에 대한 저항성, 내구성 등 필요한 기능을 확보할 수 있도록 적절한 조치를 취하여야 한다.

06 노출(제치장) 콘크리트 시공 시 고려사항

I. 일반사항

(1) 정 의

철근콘크리트 구조물을 시공 후 콘크리트 마감면에 별도의 마감을 하지 않고 콘크리트 자체의 색상이나 질감으로 표면을 마감하는 콘크리트

(2) 요구조건

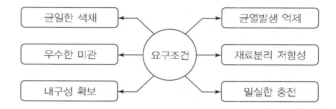

(3) 설계 시 고려사항

① 품질한계 및 공사금액 산정
② 마감면의 이미지 확인
③ 합판의 이음면 분할 계획(Form Tie 간격)
④ 균열억제 및 발수제도포 방법

II. 시공 시 유의사항

(1) 동일한 시멘트 골재 사용

① 전체구조체에 동일한 시멘트 사용 → 이질색상방지
② 골재야적장소 별도로 지정 → 다른 골재와 혼합되지 않도록 철저히 관리

(2) W/B비 적게 사용

① 가능한 W/B비를 줄여 내구성 확보
② W/B비를 적게 하여 허니컴 방지
③ 혼화재 사용하여 W/B비 줄임

(3) 슬럼프 및 콘크리트 강도 큰 것 사용

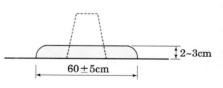

① 슬럼프 180mm 이상 유지
② 가능한 슬럼프를 크게 하여 콘크리트 충전성 향상
③ 콘크리트 강도 24MPa 이상(가능한 27MPa 사용)

(4) 레미콘 출하 및 배차시간

① 레미콘 출하를 배차플랜트에서 가장 먼저 시행

② 레미콘 배차 간격을 일정하게 유지

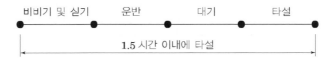

ⓐ KS 기준 : 콘크리트 비빔에서 타설종료까지 90분 이내

ⓑ 콘크리트 시방서 기준 ┌ 25℃ 이상 → 90분 이내
                          └ 25℃ 미만 → 120분 이내

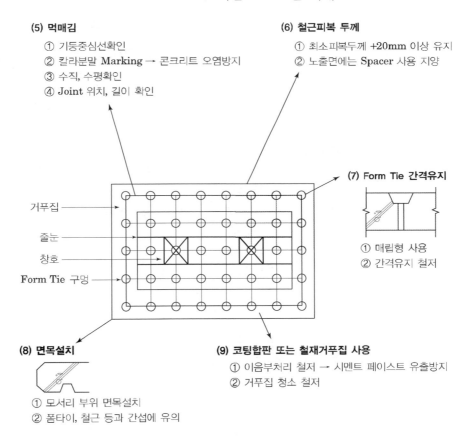

(5) 먹매김

① 기둥중심선확인
② 칼라분말 Marking → 콘크리트 오염방지
③ 수직, 수평확인
④ Joint 위치, 길이 확인

(6) 철근피복 두께

① 최소피복두께 +20mm 이상 유지
② 노출면에는 Spacer 사용 지양

(7) Form Tie 간격유지

① 매립형 사용
② 간격유지 철저

거푸집

줄눈

창호

Form Tie 구멍

(8) 면목설치

① 모서리 부위 면목설치
② 폼타이, 철근 등과 간섭에 유의

(9) 코팅합판 또는 철재거푸집 사용

① 이음부처리 철저 → 시멘트 페이스트 유출방지
② 거푸집 청소 철저

(10) 일체형 타설

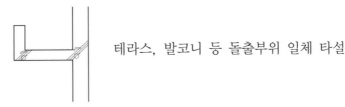 테라스, 발코니 등 돌출부위 일체 타설

(11) 다짐 철저

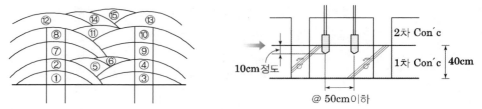

기둥, 벽 등은 콘크리트 타설시 나무망치로 두들김 실시

(12) 층 Joint 설치

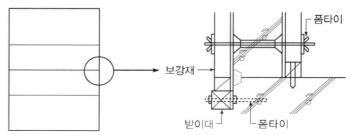

(13) 양생철저

① 수분유출이 없고 콘크리트 수화작용이 완료된 시점에서 탈형
② 표면의 긁힘, 파손에 유의
③ 양생시 급격한 건조에 주의하고, 습윤양생 실시
④ 코어부위는 보양대책 강구

(14) Form Tie 구멍보수

Form Tie 구멍을 경우에 따라 방수 후 코킹처리

(15) 외부면 발수제 도포

외부면에 발수제를 도포하여 빗물 등의 수분침투를 방지하여 내구성 증대 도모

Ⅲ. 결 론

(1) 노출콘크리트는 재료의 배합, 제조에서부터 품질조건을 갖추어야 하고 자재 및 인원
계획을 철저히 하여야 한다.
(2) 특히 Shop Drawing을 통하여 사전계획수립이 노출콘크리트의 품질확보에 중요하다.

Chapter 07 강구조

1 핵심정리

Ⅰ. 용접 접합 [KCS 14 31 20]

1. 용접방법의 종류

1) 피복 Arc 용접[KCS 14 31 20]

피복아크용접은 용접하려는 모재표면과 피복 아크용접봉의 선단과의 사이에 발생하는 아크열에 의해 모재의 일부를 용융함과 동시에 용접봉에서 녹은 용융금속에 의해 결합하는 용접 방법을 말한다.

[피복 Arc 용접]

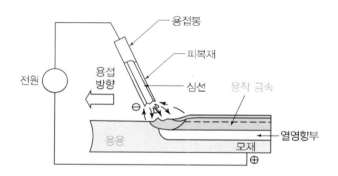

2) CO_2 아크(Arc) 용접

가스 실드 소요 전극식 아크용접법의 일종으로 MIG 용접의 불활성가스 대신에 값이 싼 CO_2 가스를 사용하는 용극식 방식의 용접방법을 말한다.

[CO_2 아크용접]

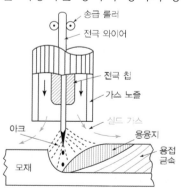

3) Submerged 아크(Arc) 용접 [KCS 14 31 20]

입상의 플럭스 속에 전극 와이어를 묻어서 모재와의 사이에서 생기는 아크 열로 용접하는 방법으로 주로 자동아크용접에 쓰여지며, 잠호용접이라고도 한다.

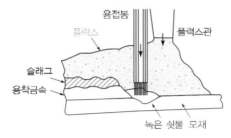

[Submerged Arc 용접]

4) 일렉트로 슬래그(Electro Slag) 용접 [KCS 14 31 20]

용융슬래그와 용융금속이 용접부에서 흘러나오지 않도록 에워싸 용융된 슬래그욕의 속에 용접 와이어를 연속적으로 공급하여, 주로 용융슬래그의 저항열에 의해 용접와이어와 모재를 용융하여, 순차상향 방향으로 용착금속을 위로 채워 넣는 용접을 말한다.

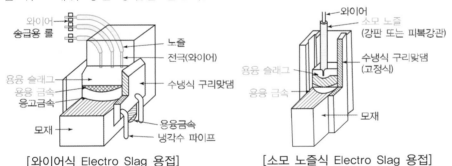

[와이어식 Electro Slag 용접]　　[소모 노즐식 Electro Slag 용접]

[Electro Slag 용접]

5) 맞댐용접(홈용접, Butt Weld) [KCS 14 31 10]

부재를 적당한 각도로 개선하여 마구리와 마구리를 맞대어 부재의 전단면 또는 일부분만 용접하면서 루트면을 두도록 하는 용접을 말한다.

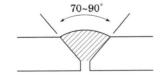

6) 모살용접(Fillet Welding) [KCS 14 31 10]

용접되는 부재의 교차되는 면 사이에 일반적으로 삼각형의 단면이 만들어지는 용접을 말하며, 응력의 전달이 용착금속에 의해 이루어지므로 용접살의 목두께의 관리가 중요하다.

2. 예열 [KCS 14 31 20]

1) 예열의 일반사항

① 다음의 경우는 예열을 해야 한다.

- 강재의 밀시트에서 계산한 탄소당량이 0.44%를 초과할 때
- 최고 경도가 370을 초과 할 때
- 모재의 표면온도가 0℃ 이하일 때

② 모재의 최소예열과 용접층간 온도는 강재의 성분과 강재의 두께 및 용접구속 조건을 기초로 하여 설정한다.

③ 최대 예열온도는 230℃ 이하로 한다.

④ 이종금속간에 용접을 할 경우는 예열과 층간온도는 상위등급을 기준으로 하여 실시한다.

⑤ 두꺼운 재료나 높은 구속을 받는 이음부 및 보수용접에서는 균열방지나 층상균열을 최소화하기 위해 규정된 최소온도 이상으로 예열한다.

⑥ 용접부 부근의 대기온도가 -20℃보다 낮은 경우는 용접을 금지한다.

2) 예열온도

① 예열은 용접선의 양측 100mm 및 아크 전방 100mm의 범위 내의 모재를 최소 예열온도 이상으로 가열한다.

② 모재의 표면온도가 0℃ 미만인 경우는 적어도 20℃ 이상 예열한다.

③ 특별한 시험자료에 의하여 균열방지가 확실히 보증될 수 있거나 강재의 용접균열 감응도 조건을 만족하는 경우는 강종, 강판두께 및 용접방법에 따라 최소예열온도 값을 조절할 수 있다.

④ 2전극과 다전극 서브머지드아크용접의 최소예열과 층간 온도는 공사감독자의 승인을 받아 조절할 수 있다.

3) 예열방법

① 전기저항 가열법, 고정버너, 수동버너 등에서 강종에 적합한 조건과 방법을 선정한다.

② 버너로 예열하는 경우에는 개선면에 직접 가열해서는 안 된다.

③ 온도관리는 용접선에서 75mm 떨어진 위치에서 표면온도계 또는 온도 쵸크 등에 의하여 온도관리를 한다.

④ 온도저하를 고려하여 아크발생 시의 온도가 규정 온도인 것을 확인하고
이 온도를 기준으로 예열직후의 계측온도로 설정한다.

4) 철골부재 변형교정 시 강재의 표면온도

강재		강재 표면온도	냉각법
조질강(Q)		750℃ 이하	공냉 또는 공냉 후 600℃ 이하에서 수냉
열가공제어강 (TMC, HSB)	Ceq > 0.38	900℃ 이하	공냉 또는 공냉 후 500℃ 이하에서 수냉
	Ceq ≤ 0.38	900℃ 이하	가열 직후 수냉 또는 공냉
기타강재		900℃ 이하	적열상태에서의 수냉은 피한다.

3. 결함

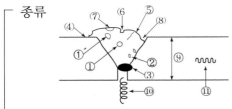

- 종류

- 원인 : 재료＋人＋기계＋기타
- 방지대책 : 원인 반대말＋α1(시공시 유의사항)＋α2(용접변형 방지대책)

1) 표면결함

종 류	형 태	원 인
Crack	고온균열 / 저온균열	• 저온균열 : 탄소, 망간량이 증가할 수록 발생, 열영향부에 주로발생 • 고온균열 : 황, 인 등 응고 직후 저융점의 불순물이 수축응력을 받을 경우 발생
Crater		• End Tab 미설치 • 용접 중 중단 • 용접 중심부에 불순물 함유
Root		• 용접 후 수소 유입 • 모재의 예열 부족

종 류	형 태	원 인
Fish Eye		• Blow Hole 및 Slag가 모여 생긴 반점
Pit	Pit	• 용융금속이 응고 수출할 때 표면에 생기는 구멍

2) 내부결함

종 류	형 태	원 인
Blow Hole		• 용접 시 잔존가스의 • 영향으로 생긴 기공
Slag Inclusion		• 용접전류가 낮거나 빠를 경우 • 발생 Slag가 용착금속 내 혼입
용입불량	용입 부족	• 홈의 형상이 좁거나 넓을 경우 발생 • 용접속도가 빠를 경우

3) 형상결함

종 류	형 태	원 인
Under Cut	Under Cut	• 용접봉각도, 운봉속도 불량 • 전류가 클 때 발생
Over Lap		• 전류가 약할 때 • 모재가 융합되지 않고 겹침
Over Hung		상향 용접시 용착금속이 밑으로 흘러내림

4. 시공시 유의사항

1) 예열(기상 고려)
① 모재의 표면온도가 0℃ 이하일 때
② 용접선의 양측 100mm 범위 내의 모재를 최소 예열온도 이상으로 가열

2) 리벳, 고장력 Bolt, 용접병용 : 고장력 Bolt 〉 용접

3) 개선정밀도 유지
① 용접부위를 70~90° 정도(V형)
② 연마기로 연마하여 평활도 유지
③ 용접부위의 전단면을 일체화

4) 잔류응력
① 잔류응력은 용접품질에 악영향을 미침
② 적절한 용접방법 및 순서로 잔류응력 최소화
③ 600℃±25℃ 용접부 재가열 → 잔류응력 제거

5) 뒤깎기(Gouging)

6) 돌림용접

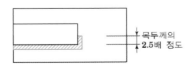

7) End Tab

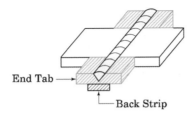

8) 용접재료 건조

9) 기온, 기후

[용접]

10) 용접순서

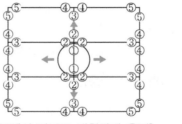

[중앙부에서 단부로 대칭하게 용접]

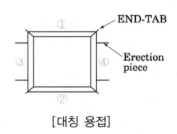

[대칭 용접]

11) 재해예방

5. 용접검사 [KCS 14 31 20]

1) 용접검사의 종류

① 육안검사 및 비파괴시험은 구조물의 중요도 및 용접의 종류 등에 따라 한다.

② 모든 용접은 전 길이에 대해 육안검사를 수행한다.

③ 표면 결함이 발견된 경우에는 필요에 따라 침투탐상시험(PT: Penertrating Test) 또는 자분탐상시험(MT : Magnetic Particle Examination) 등을 수행할 수 있다.

④ 품질관리 구분 '가'의 경우에는 용접부에 대한 비파괴시험이 요구되지 않으며, 품질관리 구분 '나', '다', '라'의 경우에는 비파괴시험을 수행해야 한다.

2) 육안검사

① 모든 용접부는 육안검사를 실시한다.

② 용접균열의 검사

③ 용접비드 표면의 피트 검사

④ 용접비드 표면의 요철 검사(비드길이 25mm 범위에서의 고저차)

품질관리 구분	가	나	다	라
요철 허용 값	해당 없음	4mm	4mm	3mm

⑤ 언더컷의 깊이 검사

언더컷의 위치	품질관리 구분			
	가	나	다	라
주요부재의 재편에 작용하는 1차응력에 직교하는 비드의 지단부	해당없음	0.5mm	0.5mm	0.3mm
주요부재의 재편에 작용하는 1차응력에 평행하는 비드의 지단부	해당없음	1.0mm	0.8mm	0.5mm
2차부재의 비드 지단부	해당없음	1.0mm	1.0mm	1.0mm

⑥ 오버랩 검사

⑦ 필릿용접의 크기 검사

　가. 필릿용접의 다리길이 및 목두께는 지정된 치수보다 작아서는 안된다.

　나. 용접선 양끝의 각각 50mm를 제외한 부분에서는 용접길이의 10%까지의 범위에서 −1.0mm의 오차를 인정한다.

3) 비파괴 검사

① 방사선 투과법

방사선 투과검사는 X−선과 감마선 등의 방사선을 시험체에 투과시켜 X−선 필름에 상을 형성시킴으로써 시험체 내부의 결함을 검출하는 검사방법이다.

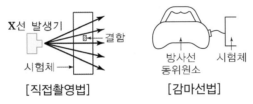

[직접촬영법]　　[감마선법]

[방사선 투과법]

② 초음파 탐상법

초음파의 진행방향과 진동방향의 관계에서 종파, 횡파, 표면파의 3종류가 발생하며, 철골 용접부에서는 횡파에 의한 사각탐상법을 사용하여 브라운관에 나타난 영상으로 판정한다.

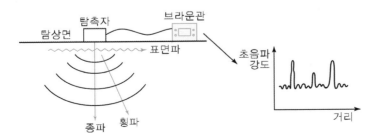

[초음파탐상법]

[자기분말탐상법]

[침투탐상법]

③ 자기분말탐상법

자분탐상검사는 표면 및 표면에 가까운 내부결함을 쉽게 찾아낼 수 있고 자성체의 검사에만 사용할 수 있으며 피검사체(철, 니켈, 코발트 및 이들의 합금)를 교류 또는 직류로 자화시킨 후 Magnetic Particle을 뿌리면 크랙 부위에 Particle이 밀집되어 검사하는 방법이다.

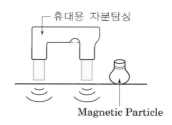

④ 침투탐상법

침투탐상검사는 부품 등의 표면결함을 아주 간단하게 검사하는 방법으로 침투액, 세척액, 현상액 3종류의 약품을 사용하여 결함의 위치, 크기 및 지시모양을 관찰하는 검사방법이다.

6. 용접변형

1) 종류

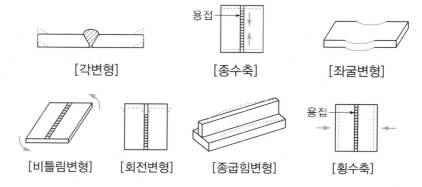

| [각변형] | [종수축] | [좌굴변형] |

| [비틀림변형] | [회전변형] | [종굽힘변형] | [횡수축] |

2) 원인

① 용융금속에 의한 모재의 열팽창, 소성변형

② 용접 열에 의한 경화과정의 온도 차이에 따른 모재의 소성변형

③ 용착금속의 냉각과정에서의 수축으로 변형

④ 선작업된 용접부의 잔류응력이 후작업에 미치는 영향으로 변형

3) 방지대책

① 억제법 : 응력발생 예상부위에 보강재 또는 보조판 부착

② 역변형법 : 변형발생부분을 예측하여 미리 역변형을 주어 제작

③ 냉각법 : 용접 시 냉각으로 온도를 낮추어 변형방지

④ 가열법 : 용접부재 전체를 가열하여 용접 시 변형을 흡수

⑤ 피닝법 : 용접부위를 두들겨 잔류응력의 분산 및 완화

⑥ 용접순서

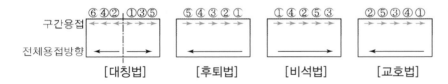

암기 point

억 척 같은 역 순 이
냉 가 슴 앓고 피 가 난다.

암기 point

후 대 비 교

2 단답형·서술형 문제 해설

1 단답형 문제 해설

01 모살용접(Fillet Welding) [KCS 14 31 10]

I. 정 의
용접되는 부재의 교차되는 면 사이에 일반적으로 삼각형의 단면이 만들어지는 용접을 말하며, 응력의 전달이 용착금속에 의해 이루어지므로 용접살의 목두께의 관리가 중요하다.

II. 허용오차

명칭	그림	관리허용차	한계허용차
T 이음의 틈새 (모살 용접 e		$e \leq 2mm$	$e \leq 3mm$ 다만, e가 2mm를 초과 하는 경우는 사이즈가 e만큼 증가한다.
모살용접의 사이즈 $\triangle S$		$0 \leq \triangle S \leq 0.5S$ 또한 $\triangle S \leq 5mm$	$0 \leq \triangle S \leq 0.8S$ 또한 $\triangle S \leq 8mm$
모살용접의 용접 덧살 높이 $\triangle a$		$0 \leq \triangle a \leq 0.4S$ 또한 $\triangle a \leq 4mm$	$0 \leq \triangle a \leq 0.6S$ 또한 $\triangle a \leq 6mm$

Ⅲ. 응력전달 기구

(1) 겹침용접인 경우

① 앞면 모살용접: 모재1,2와 용착금속 하여 응력방향의 직각 → 인장력

② 측면 모살용접: 모재1,2와 용착금속 하여 응력방향과 평행 → 전단력

→ 용접면의 관리와 목두께의 관리가 중요

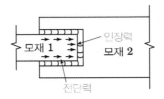

(2) T형 모살용접인 경우

인장력(P)을 가하면 목부분에서 파단이 일어남

→ 목두께의 관리가 중요

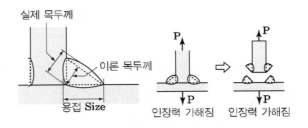

Ⅳ. 용접 시 유의사항

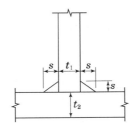

(1) 용접사이즈(S)는 용접되는 판 두께 중 얇은 판두께 이상

(2) 용접길이(L)은 요구되는 하중전달에 무리가 없도록 충분한 길이를 확보

(3) 모살용접은 가능한 한 볼록형 비드를 피할 것

(4) 한 용접선 양끝의 각 50mm 이외의 부분에서 용접길이의 10%까지 -1mm의 차를 허용하나 비드 형상이 불량한 경우에는 결함보수 기준에 따라 덧살용접으로 보수

02　용접부 비파괴검사 중 초음파탐상법

I. 정 의

초음파의 진행방향과 진동방향의 관계에서 종파, 횡파, 표면파의 3종류가 발생하며, 철골 용접부에서는 횡파에 의한 사각탐상법을 사용하여 브라운관에 나타난 영상으로 판정한다.

II. 개념도

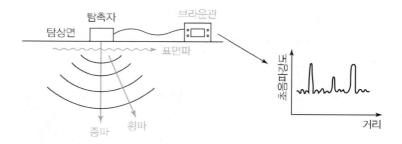

III. 특징

(1) 감도가 높아 미세한 결함의 검출에 용이
(2) 두꺼운 시험체의 검사도 가능
(3) 검사자의 폭넓은 지식과 경험이 요구
(4) 필름을 사용하지 않아 기록성이 없다.
(5) 맞댐용접, T형용접에 적용
(6) 검사장치가 소형이고 검사속도가 빠르다.

IV. 표본추출 및 검사결과

(1) 탐상작업 전에 시험편을 사용하여 브라운관의 횡축과 종축의 성능을 조정
(2) 1개의 검사로트당 표본 30개 추출
(3) 불합격 개소가 1개소 이하일 경우: 합격
(4) 불합격 개소가 2~3개소일 경우: 조건부 합격(30개 더 추출하여 검사하고 60개 중 4개소 이하일 경우)
(5) 불합격 개소가 4개소 이상일 경우: 불합격(전수검사 실시)

03 Scallop

[KCS 14 31 10]

I. 정 의

용접접합부에 있어서 용접이음새나 받침쇠의 관통을 위해 또한 용접이음새끼리의 교차를 피하기 위해 설치하는 원호상의 구멍으로, 용접접근공이라고도 한다.

II. 개선가공

(1) 스캘럽이 있는 경우

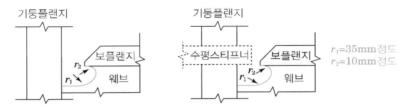

r_1=35mm정도
r_2=10mm정도

(2) 스캘럽이 없는 경우

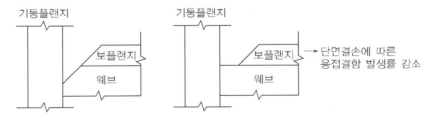

III. 스캘럽의 목적

(1) 용접균열방지
(2) 용접변형방지
(3) 슬래그 혼입물 등의 결함방지

지진 등
응력집중으로
균열발생

스캘럽

IV. 시공 시 주의사항

(1) 스캘럽의 반지름은 일반적으로 30~35mm 정도(단면도 높이가 150mm 미만일 경우는 20mm 정도)
(2) 지진, 반복과다 재하 시 스캘럽의 보 끝 접합부 균열발생
(3) 스캘럽의 원호의 곡선은 플랜지와 팔렛 부분이 둔각이 되도록 가공
(4) 불연속부가 없도록 용접

04 스티프너(Stiffener)

I. 정 의

스티프너는 하중을 분배하거나, 전단력을 전달하거나, 좌굴을 방지하기 위해 부재에 부착하는 ㄱ형강이나 판재 같은 구조요소를 말한다.

II. 종류

(1) 수평 Stiffener
 ① 재축에 수평으로 배치
 ② 휨 압축 좌굴방지
 ③ 보에 적용
 ④ 설치위치: 단면높이(d)의 0.2d
 ⑤ 단면적은 Web 단면적의 1/20 이상

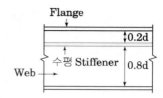

(2) 수직 Stiffener
 ① 재축에 직각으로 배치
 ② 전단좌굴방지
 ③ 집중하중이 작용하는 보에 사용
  : 하중점 Stiffener
 ④ 보의 중간에 사용: 중간 Stiffener

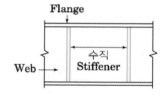

(3) 세로 Stiffener
 ① 재축에 수평으로 배치
 ② 기둥에 적용

III. 특징

(1) Web의 전단보강
(2) 철골보의 좌굴방지
(3) Web의 단면(춤)을 높일 수 있다.

IV. 시공 시 유의사항

(1) 보의 단면(춤)이 Web판 두께의 60배 이상이면 Stiffener 간격을 1.5배 이하로 사용
(2) Stiffener는 Web판에 대하여 양면에 대칭으로 설치
(3) 하중점 Stiffener는 좌굴이 예상되므로 큰 Stiffener를 설치
(4) 수직과 수평 Stiffener 2개 사용 시 단면이 동일한 것 사용

② 서술형 문제 해설

철골공사 시공 시 용접결함의 종류와 방지대책

Ⅰ. 개 요

철골공사 시 용접부의 결함은 구조체의 내력을 저하시키고, 또한 붕괴사고로 이루어질 수 있으므로 결함을 방지하여 품질관리를 철저히 해야 한다.

Ⅱ. 용접결함의 종류

(1) 표면결함

종 류	형 태	원 인
Crack	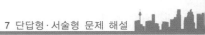	• 저온균열 : 탄소, 망간량이 증가할수록 발생, 열영향부에 주로 발생 • 고온균열 : 황, 인 등 응고 직후 저융점의 불순물이 수축응력을 받을 경우 발생
Crater		• End Tab 미설치 • 용접 중 중단 • 용접 중심부에 불순물 함유
Root		• 용접 후 수소 유입 • 모재의 예열 부족
Fish Eye		• Blow Hole 및 Slag가 모여 생긴 반점
Pit		• 용융금속이 응고 수축할 때 표면에 생기는 구멍

(2) 내부결함

종 류	형 태	원 인
Blow Hole		• 용접 시 잔존가스의 영향으로 생긴 기공
Slag Inclusion		• 용접전류가 낮거나 빠를 경우 발생 • Slag가 용착금속 내 혼입
용입불량	용입 부족	• 흠의 형상이 좁거나 넓을 경우 발생 • 용접속도가 빠를 경우

(3) 형상결합

종 류	형 태	원 인
Under Cut	Under Cut	• 용접봉각도, 운봉속도 불량 • 잔류가 클 때 발생
Over Lap		• 전류가 약할 때 • 모재가 융합되지 않고 겹침
Over Hung		• 흠의 형상이 좁거나 넓을 경우 발생 • 용접속도가 빠를 경우

(4) 기타

① Lamellar Tearing

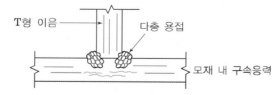

• 판두께 연심 문제
• 이음부 넓은 각

② 각장 부족

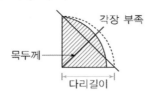

- 용접전류가 적을 때
- 용접전류가 빠를 때
- 미숙련공 작업

Ⅲ. 방지대책

(1) 예열(기상 고려)
① -20℃ 이하 용접금지
② 예열은 용접선 양측 100mm이내

(2) 개선정밀도 유지
① 용접부위를 70~90° 정도(V형)
② 연마기로 연마하여 평활도 유지
③ 용접부위의 전단면을 일체화

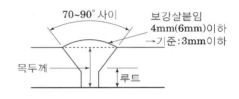

(3) 잔류응력
① 잔류응력은 용접품질에 악영향을 미침
② 적절한 용접방법 및 순서로 잔류응력 최소화
③ 600℃±25℃ 용접부 재가열 → 잔류응력 제거

(4) 돌림용접

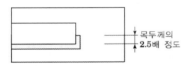

(5) End Tab

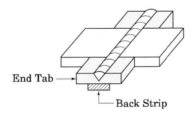

① End Tab → 용접 Bead의 처음과 끝 부위에 부착하여 용접단부의 결함방지
② Back Strip → 맞대 용접 시 루트 부위에 용입이 용이하도록 설치

(6) 용접방법, 용접속도

① 구조물에 적합한 공법 선정
② 형상에 따른 용접이음 선택
③ 일정한 용접속도 준수

(7) 용접순서 준수

① 평면일 경우

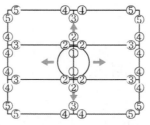

[중앙부에서 단부로 대칭하게 용접]

② Box Column

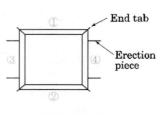

[대칭 용접]

(8) 적정재료 사용

① 용접봉은 건조상태에서 사용하여 적정제품을 사용
② 모재의 특성에 맞는 재질 선택

(9) 적정전류 유지

전류의 강, 약에 따라 일어나는 결함을 방지하기 위해 안전기 설치

(10) 청소 철저

① 용접부위의 Scale 및 기타 이물질 제거
② 건조한 상태에서 용접 실시

Ⅳ. 결 론

(1) 철골용접 접합부위 강도는 모재와 동등 이상의 강도 확보가 중요하다.
(2) 그러므로 생산의 자동화, 용접시공의 로봇화가 필요하며, 철저한 검사를 통하여 결함을 방지하여야 한다.

도로 포장공

Chapter 08

Chapter **08**

도로 포장공

1 핵심정리

Ⅰ. 포장의 종류

1. 종류

```
┌ 강성 포장          ┌ 줄눈 콘크리트 포장(JCP)
│ (시멘트 콘크리트 포장) ├ 보강 철근 콘크리트 포장(JRP)
│                   ├ 연속 철근 콘크리트 포장(CRCP)
│                   └ 프리스트레스 콘크리트 포장(PCP)
│
└ 가요성 포장        ┌ 일반 아스팔트 포장
  (아스팔트 포장)     ├ 개질 아스팔트 포장
                    └ 재생 아스팔트 포장
```

■ 가요성
탄성체 외부로부터 힘이
가해지면 휘는 성질

2. 포장 비교

구 분	아스팔트 포장	콘크리트 포장
주 행 성	좋다	–
평 탄 성	좋다	–
시 공 성	조기 개통	양생 기간 필요
유지관리비	크다	적다
내 구 성	–	좋다
미끄럼 저항	–	크다
보 수 공 사	용이하다	어렵다

Ⅱ. 아스팔트 포장(가요성 포장)

1. 개요

① 골재+역청재
② 표층, 기층, 보조기층 동상방지층으로 구성된다.
③ 포장면에 작용된 하중을 각층에서 분담하여 노상층에는 최소의 하중이
전달되도록 층구조로 된 포장

■ Asphalt 배합 시험 종류
밀도, 다짐도, 포화도,
공극률, 흐름도, 골재비중
Cold 혼합 입도 시험
Hot 혼합 입도 시험
석분 성분

2. 특징

1) 장점
① 주행 충격이 적다.
② 시공성이 좋다.(신속하다)
③ 평탄성이 우수하다.

2) 단점
① 내구성이 낮다.
② 유지 관리비가 크다.
③ 노반 공사비가 비싸다.

3. Asphalt 포장의 구조

1) 특징
① 하중에 대한 전단력 우수
② 휨에 대한 저항력이 적다.
③ 소성변형에 대한 복원성 우수

2) Asp 포장층 기능
① 표　　층 : 교통 하중을 분산시켜 하부층으로 전달
　　　　　　미끄럼 저항성과 평탄성 확보, 표면수 침입 방지
② 중간층 : 표층에 전달되는 하중을 균일하게 기층에 전달
③ 기　　층 : 표층에서의 전달된 하중을 지지하고, 보조기층에 하중을 전달
　　　　　　고품질 재료가 필요하며, 입도 조정과 안정 처리 방법 적용
④ 보조기층 : 기층에 전달하는 하중을 분산시켜 노상에 전달
　　　　　　노상 허용지지력 이하로 감소, 노상 용적 변화 감소, 동상
　　　　　　방지, 수분에 의한 연약함 방지
⑤ 동상 방지층 : 노상토 동결방지, 동결심도 고려하여 노상 위에 설치
⑥ 노　　상 : 포장층과 일체가 되어 교통하중을 지지

3) 구조
① 아스팔트 포장은 가요성 포장으로 하중 적용시, 하중을 각층(기층, 보조기층)에서 분담하여 노상에 허용지지력 이하의 하중이 작용하도록 층구조로 된 포장
② 상부층으로 갈수록 탄성계수가 큰 재료, 하부층 탄성계수 적은 재료
③ 각층간의 탄성계수의 조화와 노상 지지력이 중요하다.
　 – 지지력 평가(CBR, PBT, 동탄성계수, Proof Rolling)
④ Poisson's비 = 수직 변형 / 수평 변형

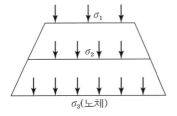

■ 아스팔트 감온성
　외부온도 변화에 따라 아스팔트 경도 및 점도 등이 변하는 성질

■ Black Base
　아스팔트 포장의 기층으로 아스팔트 안정처리 기층재

■ White Base
　아스팔트 포장의 기층으로 시멘트 콘크리트 슬래브

[아스팔트 휘니셔]

[마카담 로울러]

[타이어로울러]

[탄뎀 로울러]

■ 한냉기 시공
· 기온 5℃ 이하시 적용
· Asphalt 침입도 상향(1등급)
· 석분비 상향
· Asphalt 온도 상향
  (185℃ 이하)
· 시공 구간 축소 및 즉시
  다짐

■ Asphalt 품질 시험 종류
· 침입도 시험
· 신도 시험
· 점도 시험
· 비중 시험
· 인화점 시험
· 마살 안정도 시험

4. Asphalt 포장 시공

① 보조기층
- 입도 조절 기층, ϕ25~40mm
- 다짐도 95% 이상, K_{30}=2.5MPa 이상
- 적용 장비 : 트럭, 그레이더, 진동로울러, 타이어로울러

② 생산, 운반
- 생산 : Batch Plant (시간 : 40~60초, 온도 : 145℃~160℃, 최대 185℃ 이하)
- 운반 : 도착 온도 120℃ 이상

③ 포설
- 휘니셔 : 예열이 필요하며 연속 포설 시행
- 포설 속도 : 중간층 10m/min, 표층 6m/min
- 포설시 Asphalt 온도 110℃ 이하 되지 않도록 한다.

④ 기층, 표층
- ϕ40mm 이상(#78), ϕ19mm 이상(#467)
- 덤프 트럭, 휘니셔, 마카담 → 타이어 → 탄뎀 로울러
- 다짐 장비

1차 (초기)	110~140℃	2회 이상	2~3km/hr	마카담	전압	낮은쪽에서 높은쪽으로 다짐
2차 (중간)	70~90℃	8회 이상	6~10km/hr	타이어	맞물림	미세균열을 메운다
3차 (마무리)	60℃ 이상	2회 이상	2~3km/hr	탄뎀	평탄성	표면Roller 자국 제거

⑤ Prime, Tack Coating
- Prime Coating : 보조기층 유실 방지, 방수성 향상, 부착성 향상
- Tack Coating : 표층과의 부착력 향상
- 장비 : Sprayer Distributor(기름(유제) 뿌리개)

5. 시험

1) Marshall 안정도 시험 (AP함량 결정 방법)

① 개요 : 원추형 공시체를 측면으로 눕혀 하중을 가한 소성 변형에 대한 저항력 (공시체 제작 : 최대 입경 ϕ25mm 이하 혼합물로 다짐)

② 시험방법
- 수조에 30~40분 수침, 60±1℃ 유지
- 변형속도 50±5mm/min 압축
- 최대 하중 감소 시작 순간 흐름치를 $\frac{1}{100}$ cm 단위로 기록
- 시험시간 30초 이내

③ 결과 : 안정도, 흐름값 산정, 공시체 밀도, 공극률, 포화도를 계산할 수 있음

2) 평탄성 지수(PrI : Profile Index)
① 개요
    도로 중심선에서 직선 또는 평행하게 측정하여, 도로의 평탄성을 평가하기 위한 지수
② 특징
    • 측정 장비 : 프로파일 미터 L = 7.6m
    • 측정 속도 : 4km/hr(보도 속도)
    • 측정간격 : 세로방향 – 차로 우측부분에서 내측으로 80~100cm 중심선과 평행하게 측정
    • 가로방향 – 지정된 위치에서 중심선과 직각 방향으로 측정
③ PrI 측정
    상하 ±2.5mm를 벗어난 지역의 형적 높이를 총 측정 거리로 나눈 값

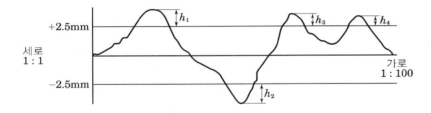

ㄱ PrI $= \dfrac{\Sigma(h1+h2+h3+h4\ \cdots\cdots)}{\text{총 측정 거리}}$ (cm/km)

ㄴ 기준
    • 세로 방향 ┬ Asphalt 포장 (PrI=10cm/km) 이하
              ├ 콘크리트 포장 (PrI=16cm/km) 이하
              └ 기타 : 곡선반지름 600m 이하, 종단경사 5% 이상
                  (PrI=24cm/km) 이하

    • 가로 방향 – 요철 5mm 이하
④ 대책
    • Asphalt 포장 도로 : Patching 또는 절삭 후 재시공
    • 콘크리트 포장 도로 : Grinding 등으로 불량 부위 제거

■ 차량 충격 흡수 장치
    • 철재 드럼
    • 모래 채우기 플라스틱 통
    • 하이드로 셀 샌드위치
    • 하이드로 셀 클러스터

■ 프로파일 미터

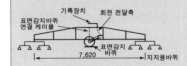

[평탄성 측정기]

Ⅲ. Asphalt 포장 파손 원인

1. 개요 : Asphalt 포장은 가요성으로 노상토의 지지력, 포장 구성 상태, 대형차 교통량의 균형이 깨어짐으로 일어난다.

2. 파손원인

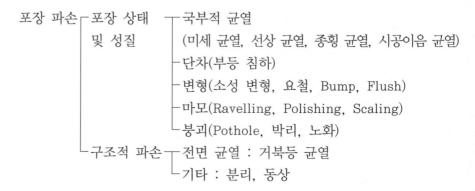

```
포장 파손 ┬ 포장 상태 ┬ 국부적 균열
          │ 및 성질   │  (미세 균열, 선상 균열, 종횡 균열, 시공이음 균열)
          │          ├ 단차(부등 침하)
          │          ├ 변형(소성 변형, 요철, Bump, Flush)
          │          ├ 마모(Ravelling, Polishing, Scaling)
          │          └ 붕괴(Pothole, 박리, 노화)
          └ 구조적 파손 ┬ 전면 균열 : 거북등 균열
                       └ 기타 : 분리, 동상
```

[선상 균열]

[종·횡균열]

[단차]

[Ravelling]

[Polishing]

1) 노면 성질과 상태에 관한 파손

① 국부적 균열 : 폭 5mm 이하 미세 균열이 종·횡 방향으로 생김
  • 미세 균열 : 혼합물 품질불량, 다짐 초기 균열(다짐 온도 부적당)
  • 선상 균열 : 시공 불량, 절성토 경계 부등침하, 기층 균열
  • 종횡방향 균열 : 노상, 보조기층 지지력 불균일
  • 시공이음 균열 : 포장 다짐 불량
② 단차 : 구조물 접속부나 지하 매설물 부분 요철 발생
  • 노상, 보조기층 혼합물 다짐 부족
  • 지반 부등침하(구조물 접속 부분)
③ 변형
  • 소성 변형 : 혼합물 품질 불량, 대형차 교통 하중에 의한 변형
  • 종횡 방향 요철 : 혼합 불량, 노상 보조기층 지지력 불균일
  • Corrugation(파장 짧은 요철), Bump(포장면 국부적 혹 모양)
    – Prime, Tack Coating 불량으로 발생
  • Flush : 포장면에 Asp가 흘러나오는 상태
    Prime, Tack Coating 불량, 혼합불량으로 발생
④ 마모 : 노면이 벗겨지거나 포장 표면이 벗겨진 상태
  • Ravelling(표면 골재 이탈로 거칠어진 상태) → 스노우 타이어, 체인 사용
  • Polishing(표면 마모로 미끄럽게 된 상태) → 혼합 불량(골재 품질)
  • Scaling(표면이 얇은층으로 벗겨진 상태) → 혼합 불량(다짐 부족)

⑤ 붕괴 : 표면 국부적 Hole, Asp와 골재 분리
  • Pot Hole : 표면 국부적 구멍 → 혼합 불량, 다짐 부족
  • 박리(혼합물에 침투한 수분으로 발생) → 골재와 Asp 친화력 부족
  • 노화 → Asp의 열화
⑥ 기타
  타이어 자국, 흠집, 표면 부풀음

2) 구조에 관한 파손
① 전면적 균열 : 거북등 모양 균열
  • 포장 두께 부족
  • 혼합물, 노상, 보조기층 다짐 부족
  • 교통 하중 증대(피로 파괴)
  • 우수 침투 지지력 약화
② 기타
  • 분리 : 포장 두께 부족
  • 동상 : 동상 방지층 두께 부족(토질일반 흙의 동해 참조)

[Pot hole]

[거북등 균열]

■ Rutting(바퀴자국)
  차량통행이 많은 위치에 凹
  모양으로 파이는 파괴현상

Ⅳ. Asphalt 포장 보수 공법

1. 개요

Asphalt 포장 파손을 종합적으로 평가하여 적절한 시기에 유지 보수를 실시해야 한다.
① PSI : 공용성지수(미국)
  3~2.1(양) : 표면처리, 2~1.1(가) : 덧씌우기, 1~0(불가) : 재포장
② MCI : 유지관리 지수(일본)
  3이하 : 긴급보수, 4이하 : 보수, 5이하 : 바람직한 관리
③ 노면, 상태에 따른 보수

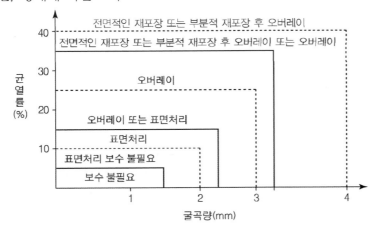

[Patching]

(a) Seal Coat 포장

(b) Fog Seal 포장

(c) Slurry Seal 포장

■ 브라운 아스팔트
· 일반 아스팔트를 가열(220~
250℃)하여 공기를 불어넣어
산화, 중합 등의 반응을 일으
켜 만든 아스팔트
· 단단하고 연화점이 높으며 온
도변화가 적어 방수공사, 전기
절연재료로 이용

[아스팔트 충진]

2. 보수 공법

1) Patching

① 개요 : 부분 균열, 침하, 단차 등을 응급적으로 채우는 공법
② 방법 : 임시적인 공법으로 불량 부분은 절삭하여 Asphalt층을 보수

2) 표면처리

① 개요

Asphalt 포장면이 균열, 변형, 마모 등 파손이 발생한 경우 기존 포장에 2.5cm 이하의 Sealing 층으로 보수하는 방법

② 방법

• Seal Coat : 포장 표면에 살포된 역청제 위에 모래 쇄석 부착 다짐
표면 내구성 향상, 미끄럼 방지 향상, 내수성 향상
• Armor Coat : Seal Coat 2회 이상 중복 시공법
• Fog Seal : (물 + 유화 Asp) 살포, 작은 균열 공극 메움
• Slurry Seal : (유화 Asp + 물 + 잔골재 + 석분) 상온에서 혼합하여
Slurry 모양을 얇게 포설
• 수지계 표면처리 : Epoxy 수지 살포하고 그 위 가벼운 골재로 고착
• Carpet Coat : 포장면에 가열 혼합물(1.5~2.5cm)을 포설한 후 다짐

3) 충진

① 개요 : 큰 성상 균열 등에 혼합물 메움
② 방법 : 균열부 청소 후 Asp Mortar, 브라운 Asp, Slurry 혼합분,
주입 줄눈재, Guss Asp 등으로 채움

4) 부분 재포장

파손이 심한 경우 표층, 기층 또는 노반부터 재포장

5) 절삭

① 요철 등 평탄성 불량시 → 기계로 깎아 평탄성 및 미끄럼 저항성 회복
② 소성 변형된 아스팔트에 주로 이용된다.
③ 상온식과 가열식(표면 가열 후 Rotary Cutting기가 부착된 기계로 절삭)

6) Flush(역청분이 블리딩되어 표층이 열화된 상태)

① 포장면에 건조된 쇄석을 살포하고, Roller 다짐 → 활동 저항성 회복
② 쇄석은 커트백 Asp, 유화 Asp로 Pre-Coat한 것을 사용하면 효과적이다.

7) Over Lay(덧씌우기) : 표층면 전체를 Asp로 덧씌우는 방법
  ① 균열이 많거나 부분 파손 많은 경우
  ② 전면적 파손이 예상되는 경우
  ③ 교통량의 증가로 두께 부족한 때 시행한다.

8) 절삭 재포장
  ① 소성변형, 거북등 균열 등 발생 즉시 Over Lay 해도 파손이 반복될 때
  ② 절삭 후 포설 표층 두께는 100m 노선마다 1개소 노상토 조사를 실시
    기존 포장 두께를 검토 결정한다.

9) 전면 재포장
  ① 파손으로 인한 보수공법으로는 노면을 유지할 수 없을 때
  ② 재포장 구조 설계 → 덧씌우기 설계에 준한다.

[덧씌우기]

[절삭 덧씌우기]

[재포장공법]

V. 콘크리트 포장

1. 개요
  ① 콘크리트 슬래브를 표층으로 중간층, 보조기층으로 구성된다.
  ② 강성 포장으로 표층이 모든 하중을 담당하며 보조기층은 표층을 지지한다.

2. 특징
1) 장점
  ① 내구성이 우수하다.
  ② 미끄럼 저항성이 크다.
  ③ 유지 보수비가 적다.

2) 단점
  ① 부분 보수가 어렵다.
  ② 평탄성이 아스팔트에 비해 낮다.
  ③ 양생 기간이 길다.

3. 콘크리트 포장의 구조
1) 특징
  ① 강성포장으로 교통하중을 Con'c Slab가 직접 지지한 포장
  ② 등분포 휨하중으로 Con'c Slab 두께가 중요하다.
  ③ 콘크리트 슬래브는 온도, 함수량 변화에 균열 발생
    (줄눈설치, 다웰바, 철망 등을 사용하여 예방)

■ 커트백 Asphalt
  Asphalt+휘발성 용재
  점성 및 유동성을 향상한
  아스팔트

■ 콘크리트 재료의 계량오차(%)
  물(1%)
  시멘트(1%)
  골재 및 혼화재(3%)

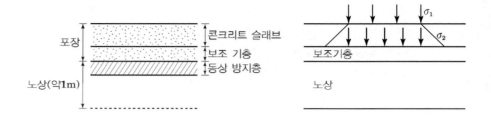

2) 콘크리트 포장층 기능

- ① Con'c Slab
  - ㉠ 교통하중을 직접 지지하는 층
  - ㉡ 콘크리트 휨강도에 의해 측정($\delta_b = 45 \text{kgf}/\text{cm}^2 = 4.5 \text{MPa}$ 이상)
- ② 보조기층
  - ㉠ Slab을 지지하며 전달된 교통하중을 분산하여 노상에 전달한다.
  - ㉡ 동상방지, 배수, 노상 수분 흡수·팽창방지
  - ㉢ 노상 지지력 계수는 설계 CBR을 기초로 설계한다.
- ③ 동상방지층 : Asp 포장과 동일
- ④ 노상 (도로포장공 Ⅷ.노상 참조)

4. 콘크리트 포장 시공

1) 포장종류

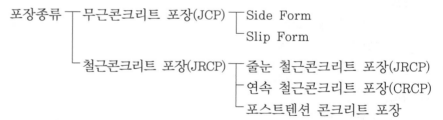

- ① 무근 콘크리트 포장(JCP)
  - ㉠ Side Form 공법 : 재래식 방법의 소규모 공사
  - ㉡ Slip Form 공법
    콘크리트 Slab작업(콘크리트 치기, 다짐, 표면 마무리)을 연속적으로 시공하는 공법

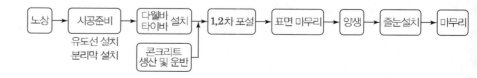

■ 포장 단면 두께 결정법
· 설계 CBR(노상)
· TA 설계법
· AASHTO 설계법

■ 포장용 시멘트 콘크리트 배합기준
· 설계휨강도 4.5MPa 이상
· 단위수량 150kg/m³ 이하
· 굵은골재 최대치수 40mm 이하
· 슬럼프 5.0cm 이하
· AE 콘크리트 공기량 4~6%

■ 콘크리트 휨 강도는 압축 강도의 1/5 ~ 1/8 정도

■ 분리막
무근콘크리트 포장Slab 바닥과 보조기층면 또는 빈 배합 콘크리트 층면과의 마찰저항을 감소시켜 슬래브의 팽창작용을 원활하게 하고, 콘크리트 몰탈 손실 방지 및 이물질 유입을 방지한다.

② Slip Form 시공
  ㉠ 시공 준비
    ㉮ 분리막 설치
     • 노상과 분리되도록 폴리에틸렌 필름 깔기
     • 가능한 이음이 없도록(가로 30cm, 세로 10cm 이상 겹이음)한다.
     • 슬래브 신축 작용 원활, 마찰 저항 감소 효과
    ㉯ 유도선
     • 포장 선형, 평탄성 유지
     • 처짐, 변형이 없도록 설치하며, 수시 점검 및 수정 필요하다.

[유도선]

  ㉡ 다웰바, 타이바 설치
    ㉮ 다웰바(하중 전달장치)
     수축줄눈, 팽창줄눈 등에 원형 강봉을 횡단 설치하여 하중 전달
     • 구조가 간단하며 설치가 용이하다. 콘크리트 내 삽입할 것
     • 하중 응력 적절히 분산할 것
     • 가로 줄눈부의 새로 방향 변위 구속하지 않을 것
     • 부식이 없는 재료, 추후 절단을 위해 위치 변동이 없을 것

[Dowel bar]

    ㉯ 타이바
     • 인접한 슬래브 면을 축방향으로 움직이지 않도록 견고하게 연결 장치
     • 최대 인장력에 저항할 수 있는 철근 사용

[Tie bar]

  ㉢ 포설
  포설능력을 고려하여 연장, 폭, 운반, 적하 포설, 다짐 등 장비 조합
  • 1차 포설(보조기층 위) : 스프레터
  • 2차 포설(1차포설 위) : 슬리폼 페이버

[Paver 콘크리트 포설]

  ㉣ 표면 마무리
    ㉮ 초벌 마무리
     • 슬리폼 페이버의 피니싱 스크리드 사용
     • 균일한 마무리(높이, 표면상태 정밀시공 → 평탄 마무리 영향)
    ㉯ 평탄 마무리
     • 표면 마무리 기계 사용
     • 마무리 작업 중 표면에 살수 금지

[초벌 마무리]

    ㉰ 거친면 마무리
     • 거친면 마무리 형성된 홈은 중심선에 직각이 되도록 실시한다.
     • 평탄 마무리 후 콘크리트 경화 직전 실시한다.
     • 마대 처리방법, Grooving, 칩핑, 브러쉬 등의 방법이 있다.
  ㉤ 양생 : 피막 양생, 차광막 양생, 습윤 양생 [콘크리트 양생 참조]

[평탄 마무리]

[Grooving작업]

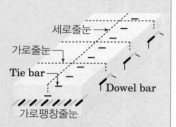

[줄눈의 종류]

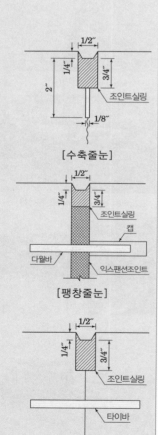

[수축줄눈]

[팽창줄눈]

[시공줄눈]

ⓑ 줄눈
- 콘크리트 불규칙한 균열 방지(구조적 결합되기 쉬운 곳)
- 초기 균열 사전 유도(콘크리트 타설 후 4~24시간 이내 절단)

③ 줄눈 종류

㉠ 수축줄눈

수분, 온도, 마찰에 의해 생기는 긴장력 완화

불규칙 생기는 균열 방지

㉮ 세로 수축줄눈
- 세로 방향 균열 방지
- 중앙선, 차선 구분 위치, 차도단부에 설치(차량 진행방향)

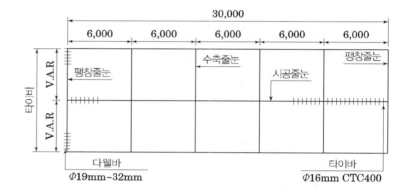

㉯ 가로 수축줄눈
- 콘크리트 Slab 수축응력 경감
- 연속 콘크리트 포장에서는 생략한다.

㉡ 팽창줄눈
- 콘크리트 압축응력에 의한 손상 방지
- 포장 형식 변경, 교차로 등에 설치

㉮ 가로 팽창줄눈
- 콘크리트 마감 지점에 설치
- 온도상승에 의한 Blow Up 방지
- 포장 좌굴현상 원인인 압축응력 발생 방지
- 차량의 직각 방향 설치

㉯ 세로 팽창 줄눈 : 다웰바 보강

㉢ 시공줄눈

시공 마무리 부분, 갑작이 포장공사 중지시(강우, 기계고장 등)

구조물, 아스콘 포장 연결부에 설치

④ 줄눈시공
　㉠ 절단시기
　　• 초기 균열방지 위해 가로 수축줄눈은 2~3 Block마다 초기 절단
　　• 2~3회 걸쳐 반복 절단(모서리 부분 파손 우려)
　　• 가로 줄눈 절단 후 세로 줄눈 절단
　　• 세로 방향 균열이 많이 발생됨으로 시간 내 절단(4~24시간 이내)

[시공줄눈]

　㉡ 줄눈재 설치
　　• 줄눈재 설치시 청소 철저(압축공기 등 이용 불순물이 없도록 한다)
　　• 백업재는 줄눈폭 20~30% 두꺼운 것 사용
　　• 주입 시기는 콘크리트 경화시 발생하는 알칼리 성분 없어진 후 시행(2주일 이상)
　　• 콘크리트 표면보다 3mm 낮게 시공(팽창에 따른 부풀음 현상)
　　• 차량 통행은 2~3일 후 시행(실란트 시공 부위 Tape 등으로 보양)

2) 특수포장
① 강섬유 보강 콘크리트 포장
　강섬유 + Con'c, 휨강도 상승 균열 저항(강섬유 : 길이 30mm, 단면적 $0.5mm^2$, 1~2%)

② 전압 콘크리트 포장(RCCP)
　낮은 슬럼프(건조수축 저하), 토공과 같이 다짐, 조기 개통 가능, 평탄 마무리 곤란하다.

③ 고무 아스팔트 포장
　스트레이트 아스팔트 + 고무(2~5%) 부착성, 마모성, 변형에 대한 저항성 향상

④ 진공 콘크리트 포장
　양생방법 개선, 대기압을 이용한 다짐공법, 조기강도가 크다. 경화수축이 적다, 마모 저항성 크다. 동결융해 저항성 크다.

⑤ 프리스트레스 포장(PCP)
　콘크리트 Slab + Prestress 적용 제작, 강성이 높다. 가용성으로 연약지반 터널용수 등 지지력 저하 예상구간 적용

⑥ 콘크리트 블록포장
　공장생산 블록 포장방법, 인력시공, 소규모

■ 초기균열 방지
  단위 시멘트량을 적게 사용
  단위수량을 적게
  블리딩을 가능한 적게 배합
  서중콘크리트 고려

■ 콘크리트 수축
  ·초기수축
   (침하수축, 소성수축)
  ·수화반응 수축
   (수화수축, 자기수축)
  ·경화후 수축
   (건조수축, 크리프)

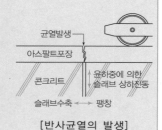

[반사균열의 발생]

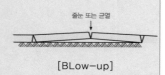

[BLow-up]

[콘크리트줄눈]

VI. Con'c 포장 균열(Con'c 균열 참조) 원인

1. 초기균열

콘크리트 포설 직후부터 양생기간 며칠 사이에 발생

① 침하균열

포설직후 침하에 방해되는 철근·철망 등에 발생되며 배합·기상 등의 복잡한 원인으로 발생된다.

② 플라스틱 균열

무근 콘크리트 포장시 표면에 직사광선, 급격한 온도 저하, 강풍에 의해 양생 불량 균열

③ 온도균열

온도·습도·바람·콘크리트 Slab 구속여건 등에 의해 발생

2. 리플렉션(반사) 균열

덧씌우기층 균열, 하부 기존층 균열이 전달되어 발생

① 윤하중 반복에 의해 발생

② 수직 변위가 큰 경우는 주입 공법이 효과적이다.

③ 줄눈 부위의 Con'c Slab 사이에 균열 방지재(철망, 비닐, 필름 등)으로 균열 감소 효과

3. Blow Up

① 콘크리트 포장에서 기온 상승시 콘크리트 팽창을 줄눈에서 지탱할 수 없을 때 생기는 좌굴 현상으로 콘크리트 표면이 솟아오르게 되어 발생하는 균열

② 교통 장비 및 사고 유발, 도로 기능 마비

③ 솟아 오른 부분을 제거 Asp로 메우거나 한쪽 Slab 제거 후 전단면 보수

VII. 콘크리트 포장 유지보수

1. 충진

① 줄눈, 균열에 우수가 유입되지 않도록 충진(보조기층, 노상 등 연약화 방지)

② 줄눈 충진(정기적 실시 1회/년)

③ 균열 발견 즉시 시행, 침투성 양호한 자재 사용

2. 주입

① 콘크리트 Slab나 보조기층에 공극, 공동에 주입

② 공사비가 저렴하며, 포장 수명 향상 기대, 많이 사용

③ Asp계 주입제 : 온도하강 즉시 교통 개방이 가능

3. Overlay

① 마모, 박리 균열 등이 많은 경우, 전면적 파손이 우려되는 경우 시행

② Asp계 Con'c계 (접착식, 분리식, 일체식)

4. 표면처리공법

굵은골재 탈락, 스케링, 마모, 미세균열, 경미한 단차 등 주행성(미끄럼성, 평탄성)이 나쁠 때 표면 그라인딩 시행

5. 전단면 보수

① 줄눈부 파손이 심한 경우나 다수 균열이 복합적으로 발생한 경우 시행

② 노면 결함이 심한 경우 슬래브를 깊게 제거한 후 시행

6. 재포장

지지층은 양호하나 포장층 보수가 어려운 경우 시행

VIII. 노 상

1. 개요

① 노상의 강도는 포장 두께와 구조를 결정하는데 중요한 요소이다.
   (기초 부분 약 H = 1m)

② 노상 지지력 판정 : 평판재하시험, CBR 시험에 의해 결정

2. 노상 강도 구하는 공법

① 노상토 성질에 의한 방법 : 군 지수

② 노상토 역학적 특성에 의한 방법 : CBR, 동탄성 계수

③ 노상토 지지력에 의한 방법 : K치, Proof Rolling

■ 화이트탑핑(Whitetopping)
  신속개방형 콘크리트 덧씌우기 공법으로 조강시멘트를 이용하여 교통개방시간을 12시간 이내로 줄여주는 콘크리트 강성포장공법

■ 노체 품질 관리시험
  흙의 함수량 시험
  다짐 시험
  현장 밀도 시험
  흙의 분류 시험
  CBR 시험
  평판재하 시험

3. 노상토 재료

노상의 두께는 1m 표준으로 하며, 1층의 시공 두께가 20cm 이하

구 분	상부노상	하부노상
두 께	40cm	60cm
최대입경	100m 이하	150mm 이하
No4 통과량	25~100%	–
No200 통과량	0~25%	50%
소성지수	10 이하	30 이하
수침 CBR	10 이상	5 이상

4. 노상 안정처리

1) 개요

노상토가 양호할 경우는 문제 없으나, 연약할 경우 안정처리공법으로 노반의 안정성과 내수성 및 내구성을 증가시킨다.

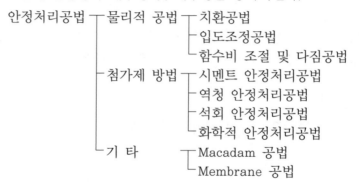

① 물리적 방법(CBR 값 3 이상)
  ㉠ 치환공법
   • 노상의 연약한 부분을 약 1m 이상
   • CBR 3 이상인 양질토로 치환
   • 불량개소를 양질의 재료로 치환, 연약층이 얕고(1~3m) 재료 구입이 용이할 때 가능
  ㉡ 입도조정 방법
   • 2종류 이상 재료를 혼합(부순돌, Sand, 슬래그) 다짐 공법
   • 입경 : 40mm, Interlocking 효과가 있고, 다짐이 용이하다.
   • 목표치 PI〈 4, CBR 〉60
  ㉢ 함수비 조절 및 다짐
   • 함수비 조절과 다짐에 의한 공법
   • 투수성 감소, 지하수위 상승에 의한 지지력 약화 방지, 침하방지 효과

■ 캔티 공법(Canty Method) 산지, 도시 하천변에 도로 확장시 일정한 폭의 구조물을 설치하여 절·성토량을 줄이면서 자연경관 파괴를 최소화하는 공법

[캔티 공법]

■ 연경도의 지수
 • 소성지수 PI(Plastic Index)
 • 액성지수 LI(Liquidity Index)
 • 수축지수 SI(Shrinkage Index)

② 첨가제 공법(CBR 값 3 이상)
  ㉠ 시멘트 안정처리 공법(Soil Cement)
    • 현지 흙이나 보조기층 재료에 시멘트 4%를 혼합하는 공법
    • 불투성을 증가시켜 습윤, 건조, 동결 등에 내구성 향상
    • 목표치 PI 〈 9,　$q_u \geq 25\mathrm{kgf/cm^2}(2.5\mathrm{MPa})$
  ㉡ 역청 안정처리
    • 흙 + 역청재료 혼합
    • 가요성, 내구성 확보
    • 목표치 PI 〈 9
    • 가열 혼합식, 상온 혼합식
  ㉢ 석회 안정처리
    • 흙 + 석회류 혼합
    • 재료 : 소석회, 생석회
  ㉣ 화학적 안정처리(약액 혼합 안정처리)
    • 불량개소가 많고 치환 공법보다 경제적일 경우 적용
    • 현지 재료 + 약액 + Cement
    • 차수성, 탄력성, 불투수성, 내수성 향상으로 지지력 증대
    • 재료 : 토사 #40체 통과, LI 〈 40, PI 〈 18
    • 방식 : 플랜트 혼합 방식, 현장혼합 방식
③ 기타
  ㉠ Macadam 공법
    • 각층에 단일 입경의 골재를 깔고 채움 골재를 이용,
      Interlocking 효과 기대
    • 골재에 따라 채움 골재, 쐐기 골재
    • 물다짐, 모래다짐
  ㉡ Membrane 공법
    • Sheet Plastic : 역청질막(합성수지 Sheet) 공법
    • Water Barrier 흙의 함수량 조절, 노반·노상 안정 공법

2) 노상 품질관리 검사
① 다짐도 시험
② 평판 재하시험(P·B·T)
③ Proof Rolling : 완성면에 롤러나 덤프트럭 등을 주행시켜 윤하중에 의한 표면의 침하량 측정
  (3회 이상, 속도 : 4km/hr, 노상 5mm 이하, 보조기층 3mm 이하)

■ 노상 품질관리 시험
 • 흙의 함수량 시험
 • 다짐 시험
 • 현장 밀도 시험
 • 흙의 분류 시험
 • CBR 시험
 • PBT 시험
 • Proof Rolling

④ 동탄성 계수 : 반복 하중에 따른 역학적 특성치

$$M_R(\text{동탄성계수 kgf/cm}^2) = \frac{\delta_d(\text{반복 축차응력 kgf/cm}^2)}{\epsilon_R(\text{회복변형률})}$$

⑤ CBR(노상 지지력비) : 노상토 또는 보조기층 두께, 지지력 측정

IX. 교면포장

1. 개요

주행성을 확보하고 하중에 대한 충격과 빗물 등의 기상 작용에 교량 슬래브를 보호하기 위해 실시하며, 방수 및 철근부식방지(산성비, 염화물, 바닷물)기능을 한다.

2. 교면포장의 요구사항

- 주행성(평탄성, 미끄럼저항)
- 배수성, 방수성
- 내구성(부착성, 내마모성, 내유동성)
- 부식 방지(산성비, 염화물, 바닷물)

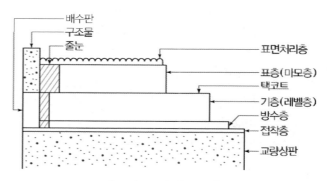

[교면 포장의 구성]

3. 구성

① 접착층 : slab와 방수층 접착, 피로저항 증가 내구성 향상
② 방수층 : 물의 침투 방지, Slab 내구성 향상
③ 기 층 : 레벨층, 평탄성 확보, 내구성, 안정성 향상
         구스 Asp, 개질 Asp 혼합물 사용
④ 택코트 : 표층·기층 접착, Slab 변형, 차량 제동에 의한 전단력 저항
         유화 Asp, 고무첨가 Asp 사용

⑤ 표　층 : 주행성 확보, 미끄럼 저항 유지기능
　　　　　개질 Asp 사용
　　　　　(하절기 소성변형에 대한 피로 저항성 등의 내구성 우수)
⑥ 줄　눈 : 방수성이 있도록 신축이음장치, 빗물받이 등 구조물 연결부위
　　　　　에 설치, 팽창 계수 차이에 의해 발생부위는 줄눈재로 흡수
⑦ 표면처리층 : 미끄럼 저항을 위해 4% 경사 오르막 또는 곡선부에 설치

4. 시공

준비 → 면처리 → 배수 → 접착면 방수층 → 하·상부층 포설

5. 교면포장의 종류

1) 아스팔트계
　① 가열 Asphalt 포장
　　• 밀입도 아스팔트 혼합물
　　• 두께 t=4(레벨층)+4cm(표층)
　② 구스 Asphalt 포장(교면포장)
　　㉠ 개요
　　　• 스트레이트 아스팔트(75%)+열가소성수지(25%),
　　　• 높은 온도(200~260℃) 가열 혼합물의 유동성을 이용하여 흘려 넣
　　　　는 방식
　　　• 휘니셔 또는 인력 시공
　　㉡ 특징
　　　• 불투성, 내구성, 내마모성, 미끄럼 저항, 접착성 우수
　　　• 강상판 교면 포장, Con'c 교면포장, 한냉지 포장
　　　• 장대교량 시공(영종대교, 가양대교, 광안대교, 성수대교 등)
　③ 고무 혼입Asphalt 포장
　　• 고무와 Slab와의 부착성, 내유동성, 내마모성, 미끄럼 저항성 우수
　　• 첨가재료는 SBS, SBR 등 사용
　④ SMA(Stone Mastic Asphalt) 포장
　　㉠ 개요
　　　골재의 맞물림을 최대로 하여 소성변형에 저항하고 Asp 함량을 높여
　　　균열과 탈리에 저항성 향상
　　㉡ 구성

굵은 골재 ＋ 채움재 ＋ 부순모래 ＋ ASP ＋ 셀룰로오스 화이버

■ 밀입도 아스팔트
　골재에 Filler(석분)를 섞어
　조밀한 아스팔트로 표층에
　사용

■ 조립도 아스팔트
　조골재분(65%이상)으로 기층
　사용

■ Filler(석분)효과
　시멘트량 감소,
　내구성, 향상,
　Interlocking 효과 증대,
　고밀도 아스팔트
　차수성, 강도증대
　재료분리 방지,
　박리현상 방지,
　지표수침입 방지,
　열화 방지,
　시공성 증대,

■ 폴리머(Polymer)
　동종 또는 비슷한 분자가 둘
　이상 모인 분자량이 큰 중합
　체로써　고농도의　응집재료
　사용됨

■ 계면활성제
　성질이 다른 두 물질이 맞닿
　을 때 경제면에 잘 달라붙어
　표면장력을 크게 감소시키는
　물질

ⓒ 시공
- 다짐순서 : 마카담 → 탄뎀순으로 다진다.

| 1차 | 마카담 Roller(12ton) | 왕복 3회 | 130~150℃ |
| 2차 | 탄뎀 Roller(12ton) | 왕복 3회 | 110~130℃ |

- 탄뎀 롤러를 가능한 높은 온도(170℃ 이하)에서 자국이 없어질 때까지 다진다.
- Asp 함량이 일반 Asp보다 높아 접착성이 좋고 온도 저하가 빠르므로 신속히 다진다.

2) 콘크리트 계
  ① Latex 포장(Latex 혼합 개질 콘크리트)
    ㉠ 개요

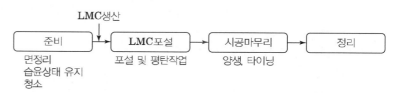

$$\boxed{\begin{array}{c}\text{Latex}\\ \text{물(50\%)+S/B Polymer(50\%)}\end{array}} + \boxed{\text{Concrete}} = \text{LMC}$$

    ㉡ 특징
    - 콘크리트 유동성 향상 → 작업성 향상, 재료 분리 저감
    - 휨·인장 강도 증가 → 균열 억제, 내구성 증대, 방수성 증가
    - 포장층 변형이 적어 평탄성 유리

[콘크리트 교면포장]

LMC생산

| 준비 | → | LMC포설 | → | 시공마무리 | → | 정리 |

면정리   포설 및 평탄작업   양생. 타이닝
습윤상태 유지
청소

  ② 기타
    ㉠ 에폭시 수지 포장
    - t = 0.3~1.0cm   Slab 부착성 주의 시공
    - 경화시간 3~12시간 정도
    ㉡ 아크릴 폴리머 포장

6. 교면방수

1) Sheet 방수
  합성수지, 고무, 플라스틱, Asphalt 등의 얇은(3~4mm) 쉬트를 접착
  ① 장점 : 규격화, 공기단축, 상온 시공 가능 운반이 용이하다.
  ② 단점 : 이음부 하자 발생 우려, 국부 보수가 곤란하다.
           거친 바닥 시공성 저하, 접착부분 단락에 따른 부풀음 현상

[교면방수]

2) 도막식 방수공법

콘크리트 Slab 표면에 2mm 방수막 형성

① 장점
- 복잡, 협소 지역 시공이 용이하다.
- 연속된 피막 형성 효과적이다.
- 신축성으로 미세균열 저항성이 크다.

② 단점
- 균일 두께 시공이 어렵다.
- 얇은 두께로 파손 위험이 있다.
- 바닥면 균열에서 방수층 파손 위험이 있다.
- Pin Hole, Air Pocket 발생 우려가 있다.
- 경화 전 강우에 의한 피막 유실이 있다.

3) 침투식 방수공법

실리콘 용해한 액성 방수제를 살포하여 방수막 형성

① 장점 : 시공이 간단하고, 반영구적이다.
② 단점 : 큰 균열에 저항 못함, 고강도 Con'c에는 침투가 곤란하다.

7. 강상판 교면 포장 방법

1) 시공

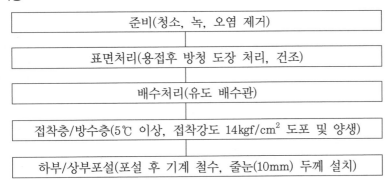

```
┌──────────────────────────────────────────────────────┐
│          준비(청소, 녹, 오염 제거)                      │
└──────────────────────────────────────────────────────┘
┌──────────────────────────────────────────────────────┐
│       표면처리(용접후 방청 도장 처리, 건조)              │
└──────────────────────────────────────────────────────┘
┌──────────────────────────────────────────────────────┐
│          배수처리(유도 배수관)                          │
└──────────────────────────────────────────────────────┘
┌──────────────────────────────────────────────────────┐
│  접착층/방수층(5℃ 이상, 접착강도 14kgf/cm² 도포 및 양생)│
└──────────────────────────────────────────────────────┘
┌──────────────────────────────────────────────────────┐
│ 하부/상부포설(포설 후 기계 철수, 줄눈(10mm) 두께 설치)  │
└──────────────────────────────────────────────────────┘
```

2) 특징

① 처짐에 대한 부착성, 휨저항 응력, 내마모성, 유동성 등이 양호해야 한다.
② 레벨층이 필요 없다.
③ 하절기에 가열 Asphalt를 강상판교 적용시에는 고온으로 인한 혼합물 유동성이 커짐으로 배합에 유의하여야 하며 필요시 구스아스팔트를 적용한다.
④ 강상판교 Guss Asphalt 포장시 Tack Coat로서 고무혼입유화 Asphalt 등 $0.1{\sim}0.3\ell/m^2$ 살포한다.
⑤ Epoxy 수지로 강상판 포장시에는, 기름이나 녹을 충분히 제거해야 한다.

■ 차선도색 시 휘도
[luminance, 輝度]
야간 운전자들의 안전을 위해 도로에 유리가루를 섞어 빛을 발산시키는 광도)의 기준

■ 차선도색 반사성능의 휘도 기준

(1) 도료형 노면표시 반사성능
(단위: mcd/m²·Lux)

조사각	88.76°(1.24°)
입사각	1.05°(2.29°)

구분	최소 재귀반사 성능			비고
	백색	황색	청색	
설치 시	240	150	80	기준
재설치 시기	100	70	40	권장
우천 (습윤) 시	100	70	40	권장

(2) 테이프식 노면표시 반사성능
(단위: mcd/m²·Lux)

입사각	88.76°
관찰각	1.05°

구분	반사성능		
	백색	황색	청색
설치 시	240	150	80

2 단답형·서술형 문제 해설

1 단답형 문제 해설

01 반사균열(Reflection Crack)

I. 개 요

콘크리트 포장 위에 아스팔트 덧씌우기 한 경우 줄눈이나, 균열부위에 나타나는 균열을 반사균열이라 한다.

II. 원 인

(1) 하중

줄눈이나 균열부위에 윤하중이 반복 작용하여 발생된 수직변위 균열이 상부로 전달

(2) 수축, 팽창 균열

콘크리트 포장체의 온도 변화에 따라 팽창, 수축으로 발생한 균열이 상부로 전달

(3) 강성부족

아스팔트 포장체 두께(강성) 부족으로 발생

[반사균열의 발생]

III. 대 책

(1) 주입 공법

콘크리트 포장체 수직 변위가 큰 경우는 주입공법 적용

(2) 균열 방지재(분리막)

줄눈 부분 아스팔트 덧씌우기와 Con'c Slab 사이에 균열 방지재(철망, 비닐, 필름 등)

(3) 강성 확보

밀입도 아스팔트, 개질 아스팔트로 시공 및 두께 증가

02 초기균열

Ⅰ. 개 요
콘크리트 포설 직후부터 초기 며칠 동안 사이에 발생하는 균열

Ⅱ. 초기 균열의 종류

(1) 침하균열
포설직후 침하에 방해가 되는 철근·철망 등에 의해 발생 되며, 배합, 기상 등의 원인으로 발생된다.

(2) 소성 수축 균열(플라스틱 균열)
무근콘크리트 포장시 표면에 직사광선, 급격한 온도저하, 강풍, 양생 불량 등에 의해 발생된다.

(3) 온도균열
콘크리트 온도, 습도, 바람 등의 자연조건과 콘크리트 구속조건 등에 의해 발생

Ⅲ. 초기 균열 대책

(1) 시공 대책(초기 양생에 유의)
(2) 배합(단위수량 적게, 단위 시멘트량 적게)
(3) Bleeding 적게
(4) 서중에 포설시 콘크리트 온도 35℃ 이하 유지
(5) 포설전 보조기층면 습윤상태 유지
(6) Dowel Bar(도로 중심선과 평행하게)
(7) 강풍시(양생 시기 빨리할 것)

03 타이바(Tie Bar)

I. 개 요

인접한 콘크리트 포장 Slab면을 축방향으로 움직이지 않도록 견고하게 연결할 목적으로 철근을 이용하여 최대 인장력에 저항할 수 있도록 한다.

II. 특 징

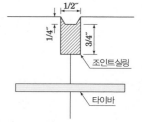

(1) 연속성 확보를 목적으로 이형철근을 사용한다.
(2) 신, 구 포장을 연결하는 역할을 한다.
(3) 타이바의 설치는 주로 차선에 위치한다.
(4) 타이바는 세로줄눈에 설치 전단전항과 구속 역활을 한다.
(5) 콘크리트가 수축작용시, 부등침하나 전체적인 형태의 변형을 막는다.

III. 시공법

(1) 신, 구 콘크리트 포장 Slab 타설시 연결부위에 설치한다.
(2) 시공줄눈에 직각되게 견고히 설치한다.
(3) 인장력이 좋은 이형 철근(길이 60~120cm, ϕ13~19mm)을 사용
(4) 콘크리트 Slab내 이형철근을 양쪽 모두 고정 되도록 설치한다.

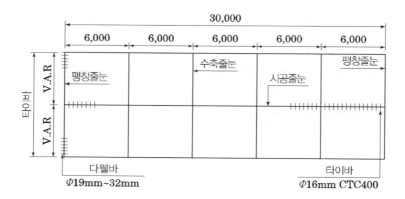

04 　다웰바(Dowel Bar)

Ⅰ. 개 요

콘크리트 포장 Slab의 하중을 전달을 목적으로 도로의 진행 방향으로 설치한다.
줄눈에 직각되게 원형봉강 한쪽은 고정, 한쪽은 자유로 설치한다.

Ⅱ. 시공법

(1) 수축줄눈, 팽창줄눈 등에 횡단하여 설치한다.
(2) 부식이 없는 원형 강봉(ϕ19mm~32mm)을 사용한다.
(3) 콘크리트 Slab내 원형봉강 한쪽은 고정, 한쪽은 자유
(4) 자유쪽은 방청페인트로 도포한다.
(5) 콘크리트에 직접 닿지 않도록 캡(뚜껑)을 씌운다.
(6) 캡속에는 구리스 등을 채우기도 한다.
　　(방청작용 및 콘크리트 타설시 뚜껑속으로 콘크리트의 침입 방지 효과)
(7) 추후 절단시 위치 변동이 없도록 견고하게 설치하여야 한다.

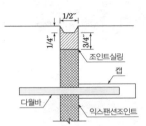

Ⅲ. 특 징

(1) 도로 진행 방향으로 설치한다.
(2) 하중 응력 적절히 분산 되어야 한다.
(3) 구조가 간단하며 설치가 용이하다.
(4) 가로 줄눈부의 세로 방향 변위를 구속하지 않아야 한다.
(5) 가로 줄눈 시공시 온도변화에 따른 수축, 팽창시 균열을 방지한다.
(6) 전단에만 저항하고 구속이 되지 않도록 자유롭게 하여야 한다.
(7) 응력전달을 목적으로 원형봉강 한쪽은 고정, 한쪽은 자유

② 서술형 문제 해설

---

01 | 아스팔트 콘크리트 포장공사에서 시험포장에 대하여 기술하시오.

I. 개요

본 포장 시행 전 배합설계 승인된 아스콘을 시험포장 및 품질 시험을 실시하여 승인된 배합의 적정성 검토와 시공방법을 검토하여 우수한 품질의 포장공사를 시공하고자 사전 시행하는 포장

II. 시험포장 개요

(1) 공사명 : 00000 공사
(2) 일 시 : 00년 00월 00일
(3) 위 치 : 000지역
(4) 면 적 : m²(L = 00m, B = 00m)

III. 아스콘 배합설계(공장)

(1) 품질시험 결과
   품질시험이 시방범위 적정성 검토
   ① 최적 A.P함량 : 3.0~6.0
   ② 안정도 : 350 이상(Kg)
   ③ 흐름값 : 10~40(1/100cm)
   ④ 공극률 : 3~10(%)

(2) 골재합성입도 결과

체크기	40mm	19mm	10mm	# 4	# 10	# 40	# 200
시방범위	100	55~90	40~70	28~55	17~40	5~23	1~7

IV. 시험포장 계획

각 공정별 관리 시방범위 내 시험 포장 계획을 세우고,
포장 두께 및 연장 인원 계획, 장비계획 등을 계획하여 시행한다.

(1) Prime Coating(RSC-3 적정 살포량 점검)

공종	장비	규격	소요 대수	투입 인원	살포량	속도	온도관리	재료
Prime Coating	Distri butor	3800ℓ	1	2	75ℓ/a	5km/hr	상온~70℃	RSC-3 유화아스팔트

(2) 운반

① 이물질이 혼합을 방지한다.

② 온도저하를 방지한다.(보온덮개 설치)

③ 장 비 : Dump Truck

④ 규 격 : 15TON

⑤ 소요대수 : 1대

(3) 포설(Ascon포설 및 고르기 작업)

① 반입된 혼합물의 온도를 측정하고

② 설계상 포설 다짐 후 두께를 고려하여 약 30% 가산하여 포설

③ 장 비 : Asphalt Finisher

④ 규 격 : 2.5 ~ 8m

⑤ 소요대수 : 1대

⑥ 투입인원 : 6명

(4) 전압

① 온도, 다짐횟수, 다짐장비, 다짐속도 고려하여 전압을 실시한다.

② 전압은 바깥쪽에서 중심부를 향하여 종방향으로 실시하며 아래와 같은 제원의 장비를 사용하여 다짐횟수를 변화시킨다.

공종	장비	규격	소요 대수	투입 인원	다짐횟수	다짐속도	온도관리
1차 (초기)	마카담	8~10 TON	1	2	2회 이상	2~3km/hr	110~140℃
2차 (중간)	타이어	12~15 TON	1	2	8회 이상	6~10km/hr	70~90℃
3차 (마무리)	탄뎀	6~8 TON	1	2	2회 이상	2~3km/hr	60℃ 이상

V. 품질관리 시험

Core 채취 및 전반적인 품질관리
① 시험항목 및 시험기구 준비현황
② 역청제 살포량 조사 및 결정
③ 다짐횟수별 코아를 채취하여 두께 및 밀도시험을 실시하고 설계 두께와 시방기준 밀도 96% 이상 확보될 수 있도록 포설 두께 및 다짐 횟수를 결정한다.
④ 투입 인원 : 2명

VI. 기 타

(1) 관련 사진
(2) 아스콘 온도 측정 결과
(3) 아스콘 두께, 밀도 시험 결과
(4) 투입자재(골재) 품질확인
(5) 배합설계 결과

02 아스팔트포장 소성 변형 원인 및 대책

Ⅰ. 개 요

(1) 소성변형은 반복되는 하중 즉, 중차량의 윤하중에 의해 노면이 탄성한계를 넘어 변형된 것으로 하중을 제거하여도 원상회복 되지 않는 변형을 말한다.

(2) 아스팔트 포장에서의 소성변형은 과적 및 더운 여름철에 아스팔트 도로의 온도가 상승하여 차륜의 주행방향으로 아스팔트 도로가 길게 파여 요철이 발생한다.

Ⅱ. 소성변형 문제점

(1) 주행성 저하

(2) 안정성 저하(핸들 조작 어려움)

(3) 강우시에 배수불량(수막현상)

(4) 미끄럼 저항성 저하(마찰력 감소)

Ⅲ. 소성변형 원인

(1) 내적원인

① 입도불량 : 골재의 최대 입경 작은 경우

② Asphalt(역청제) 함량 : 역청제 과다

③ 아스팔트의 불량 : 침입도가 큰 경우

④ 시공요인 : 다짐불량, 고온시공

⑤ 포장 덧씌우기 한지 1년 6개월 이하인 경우

(2) 외적원인

① 온도 : 고온시 포장체 자체의 온도상승

② 교통 하중 : 중차량의 통행이 많은 경우

③ 교통 정체 : 교통정체가 심한 경우

④ 도로 형태 요인 : 지형상 고갯길, 급커브길, 교차로 등

⑤ 포장 구조 : 단면 두께의 부족

Ⅳ. 대 책

(1) 재료 관리

① 골재배합 : 배합 설계(입도 관리 철저)

② 골재 입도 범위 내 최대 입경은 큰 것 사용

③ 골재는 입도, 강도, 마모성이 양호할 것

④ 이물질 없도록 관리(점토, 먼지 등)

⑤ Asphalt(역청제) 적정 함량 관리

⑥ 적정 침입도 상용(85~100) : 개질 Asphalt,특수Asphalt 사용

⑦ 마샬안정도 750kg 이상, Flow 25 이상

(2) 시공관리((4) 포설(시공법))

① 생 산

Batch Plant (시간 : 40~60초, 온도 : 145℃~160℃ (185℃ 이하)

② 운 반 : 도착온도 120℃ 이상

③ 포 설

- 5℃ 이하 포설금지
- 휘니셔 예열 : 연속포설, 포설 속도(중간층 10m/min, 표층 6m/min)
- 포설시 Asphalt 온도 110℃ 이하가 되지 않도록 한다.

④ 다 짐

1차 (초기)	110~140℃	2회 이상	2~3km/hr	마카담	전압	낮은 쪽에서 높은 쪽 으로 다짐
2차 (중간)	70~90℃	충분이상	6~10km/hr	타이어	맞물림	미세균열을 메운다
3차 (마무리)	60℃ 이상	2회 이상	2~3km/hr	탄뎀	평탄성	표면 roller 자국 제거

⑤ 포장시기

㉠ 여름철, 겨울철은 피하여 시공

㉡ 한냉기 시공시 주의사항

- 기온 5℃ 이하 시 적용
- Asphalt 침입도 상향(1등급) 조정
- 아스팔트량과 석분의 배합비 증가
- Asphalt 온도 상향(185℃ 이하)
- 시공구간 축소 및 즉시 다짐

V. 유지 보수공법

(1) 관리 기준

소성 변형의 유지 보수 관리기준

① 고속도로 10mm 이하 노면 절삭하고, 10mm 이상 노면 절삭 후 덧씌우기

② 자동차 전용도로 25mm

③ 일반도로 30~40mm

(2) 보수방법

① Patching

㉠ 개요 : 부분 균열, 침하, 단차 등을 응급적으로 채우는 공법

㉡ 방법 : 임시적인 공법으로 불량 부분은 절삭하여 Asphalt층을 보수

② 표면처리

㉠ 개요

Asphalt 포장면이 균열, 변형, 마모 등 파손이 발생한 경우 기존 포장에
2.5cm 이하의 Sealing 층으로 보수하는 방법

㉡ 방법

• Seal Coat : 포장 표면에 살포된 역청제 위에 모래 쇄석 부착 다짐
　　　　　　　　표면 내구성 향상, 미끄럼 방지 향상, 내수성 향상

• Armor Coat : Seal Coat 2회 이상 중복 시공법

• Fog Seal : (물 + 유화 Asp) 살포, 작은 균열 공극 메움

• Slurry Seal : (유화 Asp + 물 + 잔골재 + 석분) 상온에서 혼합하여 Slurry
　　　　　　　　모양을 얇게 포설

• 수지계 포면처리 : Epoxy 수지 살포하고 그 위 가벼운 골재로 고착

• Carpet Coat : 포장면에 가열 혼합물 (1.5~2.5cm)을 포설한 후 다짐

③ 충진

㉠ 개요 : 큰 성상 균열 등에 혼합물 메움

㉡ 방법 : 균열부 청소 후 Asp Mortar, 브라운 Asp, Slurry 혼합분,
　　　　　주입 줄눈재, Guss Asp 등으로 채움

④ 부분 재포장

파손이 심한 경우 표층, 기층 또는 노반부터 재포장

⑤ 절삭

㉠ 요철 등 평탄성 불량시 → 기계로 깎아 평탄성 및 미끄럼 저항성 회복

㉡ 소성 변형된 아스팔트에 주로 이용된다.

㉢ 상온식과 가열식(표면 가열 후 Rotary Cutting기가 부착된 기계로 절삭)

⑥ Flush(역청분이 블리딩되어 표층이 포화된 상태)

  ㉠ 포장면에 건조된 쇄석을 살포하고, Roller 다짐 → 활동 저항성 회복

  ㉡ 쇄석은 커트백 Asp, 유화 Asp로 Pre-Coat한 것을 사용하면 효과적이다.

⑦ Over Lay(덧씌우기) : 표층면 전체를 Asp로 덧씌우는 방법

  ㉠ 균열이 많거나 부분 파손 많은 경우

  ㉡ 전면적 파손이 예상되는 경우

  ㉢ 교통량의 증가로 두께 부족한 때 시행한다.

⑧ 절삭 재포장

  ㉠ 소성변형, 거북등 균열 등 발생 즉시 Over Lay 해도 파손이 반복될 때

  ㉡ 절삭 후 포설 표층 두께는 100m 노선마다 1개소 노상토 조사를 실시
    기존 포장 두께를 검토 결정한다.

⑨ 전면 재포장

  ㉠ 파손으로 인한 보수공법으로는 노면을 유지할 수 없을 때

  ㉡ 재포장 구조 설계 → 덧씌우기 설계에 준한다.

Ⅵ. 결 론

아스팔트 포장의 변형이 발생하면 주행성 저하 및 차량운행 중 핸들 조작의 어려움과 강우시 수막현상으로 인한 마찰력의 감소 등 교통사고 발생 위험이 높아진다.

아스팔트의 함량, 골재의 입도관리, 시공관리를 철저히 하여 소성변형이 최소화 하도록 하여야 하다. 또한 노면상태를 수시 측정하여 적기의 포장 보수 시행과, 내구성 증진을 위해 소성변형에 강한 포장공법 적용을 고려하여 안전한 도로가 되도록 노력해야 한다.

03 Asphalt 포장의 파손 원인 및 보수방법에 대하여 기술하시오.

Ⅰ. 개 요

Asphalt 포장은 계속되는 교통량과 자연적인 요건(우수 침투 등)으로 인해 노면의 성상(성질과 상태)에 변화가 생기고 이로 인한 주행성, 안정성, 쾌적성의 저하는 물론이고 끝내는 피로에 의해 파손이 된다. 그러므로 포장의 특성을 파악, 보수 방법을 강구하여 적절한 시기에 유지 보수를 하여야 한다.

Ⅱ. Asphalt 포장의 파손 원인

(1) 원인

① 노상토의 지지력
② 포장층의 구성 ⎞ 의 균형이 깨어짐으로 일어난다.
③ 대형차의 교통량 ⎠

(2) 포장파손의 종류

포장파손 ┬ 포장상태 ┬ 국부적 균열
　　　　　│ 및 성질 　│ (미세균열, 선장균열, 종횡균열, 시공이음 균열)
　　　　　│　　　　　├ 단차(부등 침하)
　　　　　│　　　　　├ 변형(소성변형, 요철, Bump, Flush)
　　　　　│　　　　　├ 마모(Ravelling, Polishing, Scaling)
　　　　　│　　　　　└ 붕괴(Pothole, 박리, 노화)
　　　　　└ 구조적 파손 ┬ 전면 균열 : 거북등 균열
　　　　　　　　　　　　└ 기타 : 분리, 동상(흙의 동상 참고)

① 노면 성질과 상태에 관한 파손
　　㉠ 국부적 균열 : 폭 5mm 이하 미세 균열이 종·횡 방향으로 생김
　　　　• 미세 균열 : 혼합물 품질불량, 다짐 초기 균열(다짐 온도 부적당)
　　　　• 선상 균열 : 시공 불량, 절성토 경계 부등침하, 기층 균열
　　　　• 종횡방향 균열 : 노상, 보조기층 지지력 불균일
　　　　• 시공이음 균열 : 포장 다짐 불량
　　㉡ 단차 : 구조물 접속부나 지하 매설물 부분 요철 발생
　　　　• 노상, 보조기층 혼합물 다짐 부족
　　　　• 지반 부등침하(구조물 접속 부분)

ⓒ 변형
- 소성 변형 : 혼합물 품질 불량, 대형차 교통 하중에 의한 변형
- 종횡 방향 요철 : 혼합 불량, 노상 보조기층 지지력 불균일
- Corrugation(파장 짧은 요철), Bump(포장면 국부적 혹 모양)
  - Prime, Tack Coating 불량으로 발생
- Flush : 포장면에 Asp가 흘러나오는 상태
    Prime, Tack Coating 불량, 혼합불량으로 발생

ⓔ 마모 : 노면이 벗겨지거나 포장 표면이 벗겨진 상태
- Ravelling(표면 골재 이탈로 거칠어진 상태) → 스노우 타이어, 체인 사용
- Polishing(표면 마모로 미끄럽게 된 상태) → 혼합 불량(골재 품질)
- Scaling(표면이 얇은층으로 벗겨진 상태) → 혼합 불량(다짐 부족)

ⓜ 붕괴 : 표면 국부적 Hole, Asp와 골재 분리
- Pot Hole : 표면 국부적 구멍 → 혼합 불량, 다짐 부족
- 박리(혼합물에 침투한 수분으로 발생) → 골재와 Asp 친화력 부족
- 노화 → Asp의 열화

ⓗ 기타
  타이어 자국, 흠집, 표면 부풀음

② 구조에 관한 파손
ⓐ 전면적 균열 : 거북등 모양 균열
- 포장 두께 부족
- 혼합물, 노상, 보조기층 다짐 부족
- 교통 하중 증대(피로 파괴)
- 우수 침투 지지력 약화

ⓑ 기타
- 분리 : 포장 두께 부족
- 동상 : 동상 방지층 두께 부족(토질일반 흙의 동해 참조)

Ⅲ. 보수공법

(도로포장공 Asphalt 포장 보수공법 참조)

Ⅳ. 결 론

(도로포장공 서술형 문제 02번 참조)

04 Asphalt 포장과 Concrete 포장의 차이점(구조적 차이)에 대하여 기술하시오.

Ⅰ. 개 요

포장은 포장체에 작용하는 수직응력의 처리 방법에 따라서 가요성포장, 강성포장으로 대별한다.

(1) 가요성 포장(Asphalt 포장)

포장면에 하중이 작용하면, 하중을 각층(기층, 보조기층)에서 서로 분담하게 되고, 이때 노상층에는 최소 하중이 전달된다.

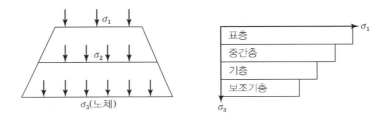

(2) 강성 포장

포장면에 하중이 작용하면 하중은 포장면(Concrete Slab)에 의해 등분포 하중으로 분산 된다.

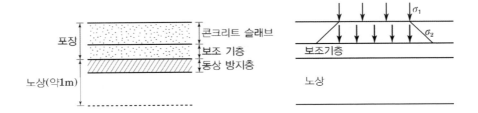

Ⅱ. 구조적 차이점

(1) Asphalt 포장

① Asphalt 포장은 가요성 포장으로 하중 작용시, 하중을 각층(기층, 보조기층)에서 분담, 노상에서 최소의 하중이 작용 하도록 층구조로 된 포장.

② 상부층으로 갈수록 탄성계수가 큰 재료 사용.

③ 각 층간의 탄성계수의 조화와 노상 지지력이 중요하다.

(2) 콘크리트 포장

① Concrete 포장은 강성 포장으로 하중 작용시 하중을 보조기층, 기층 또는 노상면 위에 놓인 얇은판(Concrete Slab)이 하중을 지지하도록 한 포장

② 작용 하중은 등분포 휨 하중으로 Concrete Slab에서 분산 시키므로 두께 균일이 중요하다.

③ Concrete 하중은 휨강도가 클수록 좋다.

Ⅲ. 설계상 차이점

(1) Asphalt 포장설계

① 상부층 탄성계수가 크다. 하부층 탄성계수가 적다.

② Poisson's 비 = 수직 변형/수평 변형률

③ 노상 지지력이 중요하므로 지지력 평가 시험 실시하여야 한다.
   (CBR, PBT, 동탄성계수, Proof Rolling)

④ 설계법 : AASHTO, TA설계법, 한국형 포장설계법

(2) Concrete 포장 설계

① 2차응력 최소화 방안이 관건이다.

② 수축, 팽창

③ Warping(휨) : Concrete 상·하부 온도차에 의한 뒤틀림 현상
   온도구배, Curling Upward(포장판 Conner부분 말리는 현상)

④ 설계법 : AASHTO, PCA, Cement Concrete 포장설계법

Ⅳ. 일반적 차이점

No	내용	Asphalt	Concrete
1	시공성	유리	불리
2	주행성	유리	불리
3	경제성	초기 건설비가 적다. 유지관리비가 크다.	초기 건설비가 크다. 유지관리비가 적다.
4	내구성	불리(10년)	유리(20년)
5	Rutting	불리	유리
6	미끄럼 저항성(결빙)	유리	불리
7	안정성(마모성)	불리	유리

V. 결 론

(1) Asphalt 포장과 Concrete 포장은 각각의 특징이 있으므로 어떤 포장이 우수하다고 할 수는 없다.

(2) 시공성, 주행성, 내구성, 경제성 등을 고려 선정해야 한다.

(3) Concrete 포장은 우리나라의 경우 대단위 포장은 지역과 환경을 고려할 때 문제점 이 있다.

(4) Asphalt 포장은 자원부족(석유제품)으로 Concrete 포장에 대한 내구성 증진, 주행성, 평탄성을 고려한 시공 및 유지에 관한 연구가 필요한 실정이다.

05 | Asphalt 포장의 품질관리에 대하여 기술하시오.

Ⅰ. 개 요

Asphalt 포장의 품질관리는 시방서 규격을 만족하고, 경제적으로 시공하기 위한 수단으로 다음과 같은 목적으로 실시된다.
(1) 포장 결점의 사전 방지
(2) 품질의 균일성
(3) 공사의 신뢰성
(4) 문제점 발견 및 대책 공법 선정

Ⅱ. 품질관리 순서

Ⅲ. 품질 관리 항목

품질관리는 규격관리와 품질관리로 대별할 수 있다.

(1) 품질관리
① 보조기층, 노상
㉠ 다짐 시험 : 재질 변화시마다 실시

$$Rc = \frac{현장 rd}{실험실 rd_{max}} \times 10(\%)$$

노상 95%, 노체 90% 이상이면 합격
㉡ 입도 시험
채 분석 시험이 원칙이나 품이 많이 든다.
$1000m^2$/1회 이상, 오전 오후 1회 실시
㉢ 함수량
• 최적 함수비 ± 2% 이내
• 작업 개시 전, $500m^3$ 마다 실시
• 강우시는 반드시 실시, 급속법 선택
㉣ LL· PL Test
㉤ CBR-Test : 30% 이상 합격
㉥ 현장 밀도 Test : $500m^3$ 또는 층별 200m(2차선) 실시

■ 보조기층 재료의
  품질규정
마모감량 50% 이하
소성지수 6% 이하
CBR치 30% 이상
액성한계 25% 이하

        ⓢ Proof-Rolling
- 불량 개소 파악 및 추가 다짐 효과를 위해 실시
- Dump Truck, Tire Roller 노상에서 주행
- 3회, 4km/hr, 변형량 5mm 이하(노상)

② Asphalt 기층, 표층

    ㄱ 포장용 Asphalt : 2000 Ton 마다 실시 (KS규정)

    ㄴ 골재 입도 : 1회/1일 합성입도

    ㄷ As 온도 : 1회/1시간, 기온 5℃ 이상, 휘니셔 포설온도 110℃, 다짐시 온도 90℃

    ㄹ 포설 밀도 : 표층 Core 채취, 10a 마다 실시

    ㅁ 플랜트 As함량, 플랜트 골재입도, 플랜트 마샬안정도, 플랜트 눈금검사
      (1회/1일 실시)
      플랜트 피막 박리 : 필요시 마다 실시

    ㅂ Proof-Rolling
      기층에 Pump Truck, Tire Roller로 주행 변형량 점검

(2) 규격관리

높이는 완성면 기준으로 Level을 측정하고 두께는 허용 범위 내에서 가능하도록 한다. 하층보다는 상층이 고가이므로 경제적인 시공이 되도록 정확하게 시공한다.

① 보조기층
- 기준고 : 20m 마다 1개소 ±30mm
- 폭 : ±10mm
- 두께 : 1000㎡/1개소, ± 10%

② 가열Asphalt 안정처리 기층
- 두께 : +10% ~ -5%, 1000㎡/1개소
- 요철 : 3mm, 3m 직선자

③ Asphalt 기층
- 두께 : +10% ~ -5%

④ Asphalt 표층
- 두께 : +10% ~ -5%
- 요철 : 1.5mm, 3m 직선자
- Profile Index : 10cm/km 이하(도로포장공 평탄성 지수 참조)

Ⅳ. 결 론

Asphalt 포장의 품질관리는 시방서의 요구대로 철저히 시공될 수 있도록 각종 시험을 통한 관리를 하여야 한다. 그리고 검사 기록은 하자 발생시 원인 규명이나 후속 공정 또는 타 공사에 Feed Back할 수 있도록 해야 할 것으로 사료된다.

06 Concrete 포장 양생에 대하여 기술하시오.

Ⅰ. 개 요

Concrete 포장 양생은 Concrete 포장 표면마무리 완료 후 교통이 개방될 때 까지 Concrete를 보호해서 충분히 경화할 수 있도록, 건조에 의한 응력을 적게 하고 초기 균열을 방지하기 위하여 충분히 양생시키는 것이 중요하다.

Ⅱ. 양생기간

(1) 시험에 의한 경우

공시체 휨 강도 4.5MPa(45kgf/cm²) 이상시 까지 한다.

(2) 시험에 의하지 않는 경우

① 보통 Cement → 14일

② 조강 Cement → 7일

③ 중용열 Cement → 21일

Ⅲ. 양생방법

(1) 초기양생

표면이 건조하면, 수분이 부족하여 경화작용이 불충분하게 되고, 수축 균열이 생기게 된다. 이를 방지하기 위해 초기양생을 실시하게 된다.

① 삼각 지붕 양생

표면 마무리 후 즉시 표면이 거칠어지지 않게 덮어서 보호한다.

㉠ 수분 증발 최소화 한다.

㉡ 일광이나 바람을 막는다.

㉢ 소나기 등을 피할 수 있다.

② 막 양생

표면에 막을 형성하는 양생제를 뿌려서 수분 증발 방지

㉠ 물을 뿌려 양생이 곤란한 경우

㉡ 양생제를 Spray로 살포, 종횡으로 반반씩 얼룩이 없도록 살포한다.

㉢ 살포 시기 → 표면에 물기가 없어진 후 살포

㉣ 살포량 : 비닐유제 1l/㎡, 원액 농도 0.07kgf/cm²

㉤ 거푸집 제거 후 측면에도 살포

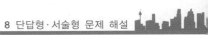

(2) 후기 양생

초기 양생 이후 경화가 잘되게 하는 조치로 수분 증발 방지를 목적으로 실시한다.

① 습윤양생

㉠ 두께 3cm 이상의 습한 모래, 흙, 대팻밥 등을 덮어서 양생

㉡ 마대를 덮고 표면에 Spray로 살수

② 보온양생

막양생, 삼각 지붕 덮개를 병용해서 실시

Ⅳ. 결 론

Concrete 포장은 초기 균열에 따른 양생이 중요하므로 초기양생을 특히 유념하여 시행하여야 한다.

07 | 도로 노상부 불량 부분(지지력 부족) 처리 방안에 대하여 기술하시오.

Ⅰ. 개 요

도로의 노상은 포장의 기초 부분으로 상부층을 통해 전달된 하중을 안전하게 지지해야 하므로 균질한 지지력이 확보 되어야 한다.

불량한 노상부에 포장을 시공할 경우 포장의 구조적 파손을 일으켜 안정성과 주행성을 저해하므로 불량 개소에 대해서는 면밀한 조사 → 대책 공법 선정 및 시공 → 품질관리를 해야 한다. 이에 대한 처리 방안을 다음과 같이 기술하고자 한다.

Ⅱ. 조 사

불량 개소에 대해서는 다음과 같은 방법으로 측정 평가한다.

(1) C·B·R(노상부 지지력비)

노상토 또는 보조기층 두께, 지지력 측정

$\dfrac{\text{시험단위하중}}{\text{표준단위하중}} \times 100(\%)$ CBR값 2 이하인 지반은 연약지반 처리 후 시공

(2) 평판 재하 시험(노반 반력 계수)

$$K = \frac{\text{하중강도} Kg/m^2}{\text{침하량} cm} (kgf/cm^3)$$

보조기층의 두께 결정, 콘크리트 포장의 설계 및 다짐도 관리에 쓰인다.

(3) Proof Rolling

시공시 사용한 다짐 기계와 동일한 다짐효과를 갖는 장비 사용. 윤하중에 의한 표면의 침하량 측정

(3회 이상, 속도 4km/hr, 노상 5mm 이하, 보조기층 3mm 이하)

(4) 동탄성 계수(M_R)

반복하중에 따른 역학적 특성치

축차응력 ÷ 회복변위

$$M_R(\text{동탄성계수} kgf/cm^2) = \frac{\delta_d(\text{반복 축차응력 } kgf/cm^2)}{\epsilon_R(\text{회복변형률})}$$

Ⅲ. 공법 선정과 시공

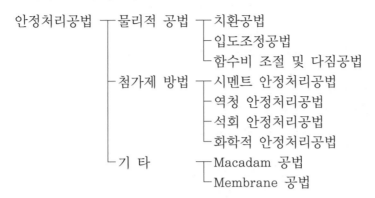

안정처리공법 ┬ 물리적 공법 ┬ 치환공법
│   ├ 입도조정공법
│   └ 함수비 조절 및 다짐공법
├ 첨가제 방법 ┬ 시멘트 안정처리공법
│   ├ 역청 안정처리공법
│   ├ 석회 안정처리공법
│   └ 화학적 안정처리공법
└ 기 타   ┬ Macadam 공법
                      └ Membrane 공법

Ⅳ. 품질관리

상기 공법 중 현장 여건에 맞는 공법 선택 후 아래와 같이 품질 확인을 한다.

(1) 다짐도, 상대다짐으로 규정하는 방법(건조밀도에 의한 방법)
함수비가 자연함수비 보다 큰 경우 사용 불가하다.

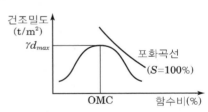

① $Rc = \dfrac{\text{현장에서 } rd}{\text{실험실에서의 } rd_{max}} \times 100(\%)$

(노상 95% 이상, 노체 90% 이상 합격)

② 적용성

• 도로 성토구간

• Rock Fill Dam

③ 적용이 곤란한 경우

• 토질 변화가 심한 곳. 습윤측 함수비 〉 자연 함수비

• 실험실 rd_{max}가 구하기 어려운 경우

• 함수비가 높아서 건조 비용이 과다한 경우

• 암버럭 치수가 큰 곳

(2) 상대밀도로 규정하는 방법
사질토(조립토)에서 규정하는 방법으로 시방값 이상이면 합격

$$Dr = \dfrac{e_{max} - e}{e_{max} - e_{min}} \times 100(\%)$$

(3) 포화도 또는 공기 함유율로 규정하는 방법
상대 다짐도의 적용이 곤란한 경우 규정하는 방법

① Gs $\cdot$ w = s $\cdot$ e

  e = 1 – 10%(합격)   S = 85~98%(합격)

② 공기 함유율 Va = 1~10%

  Va = Va/V × 100   공기 간극률(10~20%)

(4) 강도로 규정하는 방법

① C $\cdot$ B $\cdot$ R 값으로 규정

② 평판 재하 시험(P $\cdot$ B $\cdot$ T)의 K 값으로 규정

③ Vane-Test

④ 실험실의 일축압축, 삼축압축 테스트

⑤ 물의 침투로 강도저하가 적은 흙(암버럭, 호박돌)에서 사용

(5) 프루프 롤링(변형량)

① Dump Truck이나 Tier Roller를 노상면에 주행시켜 변형량을 체크

② 주행횟수 3회, 주행속도 4km/hr, 노상 7mm, 기층 3mm 이내 변형

(6) 다짐공법으로 규정하는 방법(암괴, 호박돌)

소요 다짐에 도달하기 위해 기준을 정하여 아래 사항을 규정하여 시공관리를 한다.

① 다짐 기종

② 다짐 회수

③ 다짐 두께

④ 다짐 폭

⑤ 다짐 속도

V. 결 론

노상지지력이 부족할 경우 포장 파손의 구조적 원인이 된다.

(1) 노상 지지력 평가 방법 시행(CBR, PBT, 동탄성 시험, Proof-Rolling 등)

(2) 지지력 평가에 따른 적정 공법의 선정 및 시공

(3) 노상의 지지력 확보를 위한 품질관리 시험을 실시하여야 한다.

08 교면포장 구성요소에 대하여 기술하시오.

I. 개 요

주행성을 확보하고 하중에 대한 충격과 빗물 등의 기상작용에 교량 슬래브를 보호하기 위해 실시하며, 방수 및 철근 부식방지(산성비, 염화물, 바닷물) 기능을 한다.

II. 교면포장의 요구사항

(1) 주행성(평탄성, 미끄럼 저항)
(2) 배수성, 방수성
(3) 내구성
    (부착성, 내마모성, 내유동성)
(4) 부식방지
    (산성비, 염화물, 바닷물)

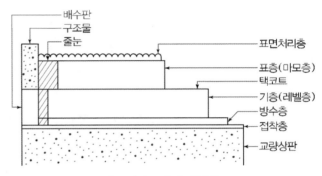

[교면 포장의 구성]

III. 교면포장 구성

(1) 접착층 : slab와 방수층 접착, 피로저항 증가 내구성 향상
(2) 방수층 : 물의 침투 방지, Slab 내구성 향상
(3) 기 층 : 레벨층 평탄성 확보, 내구성, 안정성 향상, 구질 Asp, 개질 Asp 혼합물 사용
(4) 택코트 : 표층, 기층 접착, Slab 변형, 차량 제동에 의한 전단력 저항
           유화 Asp, 고무첨가 Asp 사용
(5) 표 층 : 주행성 확보, 미끄럼 저항 유지 기능
           개질 Asp 사용
           (하절기 소성변형에 대한 피로 저항성 등의 높은 내구성 우수)
(6) 줄 눈 : 방수성이 있도록 신축이음장치, 빗물받이 등 구조물 연결부위에 설치,
           팽창 계수 차이에 의해 발생부위는 줄눈재로 흡수
(7) 표면처리층 : 미끄럼 저항을 위해 4% 경사 오르막 또는 곡선부에 설치

IV. 교면포장의 종류(도로포장공 교면포장의 종류 참조)

(1) 아스팔트계
    ① 가열 Asphalt 포장
       • 밀입도 아스팔트 혼합물
       • 두께 t = 4(레벨층) + 4cm(표층)

② 구스 Asphalt 포장(교면포장)

    ㉠ 개요

        • 스트레이트 아스팔트(75%) + 열가소성수지(25%)

        • 높은 온도(200~260℃) 가열 혼합물의 유동성을 이용하여 흘려 넣는 방식

        • 휘니셔 또는 인력 시공

    ㉡ 특징

        • 불투성, 내구성, 내마모성, 미끄럼 저항, 접착성 우수

        • 강상판 교면 포장, Con'c 교면포장, 한냉지 포장

        • 장대교량 시공(영종대교, 가양대교, 광안대교, 성수대교 등)

③ 고무 혼입Asphalt 포장

    • 고무와 Slab와의 부착성, 내유동성, 내마모성, 미끄럼 저항성 우수

    • 첨가재료는 SBS, SBR등 사용

④ SMA(Stone Mastic Asphalt) 포장

    ㉠ 개요

    골재의 맞물림을 최대로 하여 소성변형에 저항하고 Asp 함량을 높여 균열과 탈리에 저항성 향상

    ㉡ 구성

    굵은 골재 + 채움재 + 부순모래 + ASP + 셀룰로오스 화이버

    ㉢ 시공

        • 다짐순서 : 마카담 → 탄뎀순으로 다진다.

| 1차 | 마카담 Roller(12ton) | 왕복 3회 | 130~150℃ |
| 2차 | 탄뎀 Roller(12ton) | 왕복 3회 | 110~130℃ |

        • 탄뎀 롤러를 가능한 높은 온도(170℃ 이하)에서 자국이 없어질 때 까지 다진다.

        • Asp 함량이 일반 Asp보다 높아 접착성이 좋고 온도 저하가 빠르므로 신속히 다진다.

(2) 콘크리트 계

① Latex 포장(Latex 혼합 개질 콘크리트)

    ㉠ 개요

$$\boxed{\frac{\text{Latex}}{\text{물(50\%)+S/B Polymer(50\%)}}} + \boxed{\text{Concrete}} = \text{LMC}$$

ⓛ 특징
- 콘크리트 유동성 향상 → 작업성 향상, 재료 분리 저감
- 휨·인장 강도 증가 → 균열 억제, 내구성 증대, 방수성 증가
- 포장층 변형이 적어 평탄성 유리

② 기타
ⓐ 에폭시 수지 포장
- t = 0.3~1.0cm   Slab 부착성 주의 시공
- 경화시간 3~12시간 정도
ⓑ 아크릴 폴리머 포장

09 Tining과 Grooving

Ⅰ. 개 요

콘크리트 도로는 미끄러짐을 막기 위해 일정한 간격으로 홈을 파는 표면 처리를 한다.
이 방법은 타이닝(Tining) 또는 그루빙(Grooving)이라는 공법이다.
타이닝은 굳지 않은 콘크리트 표면을 빗이나 갈퀴 모양의 기계로 긁어 홈을 만들고, 그루빙은 양성 후 딱딱하게 굳은 표면을 깎아낸다.

Ⅱ. 특 징

(1) 미끄럼 방지 효과
(2) 타이어와 노면 사이의 수막 현상 방지
(3) 배수성 향상(최대 10배 증대)
(4) 배수성이 좋아져 미끄럼 방지 효과
(5) 결빙도 억제 효과
(6) 소음도 감소 효과(0.86~1.3dB가량 감소)
(7) 주행 안전성 향상

Ⅲ. 시공방안

(1) 종방향 시공

① 커브, 경사면, 옆바람을 받기 쉬운 직선도로에 적합
② 커브 등에서는 노면과의 접지력을 높이고 안전성 향상
③ 옆바람에 대한 저항력을 가져 미끄럼 사고를 방지
④ 소음 감소 효과
⑤ 세로 방향 타이닝 시공 기준은 3mm(폭)×3mm(깊이)×18mm(간격)

(2) 횡방향 시공

① 타이어로부터 전달되는 음과 진동에 의해 졸음운전 방지, 감속 경고 등 사용
② 우천 시 제동거리 단축에 사용된다.

V. 적용성

(1) 도로선형(선형/특성)

① 도로선형의 연속성 불량 구간
② 직선구간 후 연속되는 급곡선 구간
③ 종단구배가 급한 내리막의 곡선 구간
④ 우천시 배수가 불량한 구간
⑤ 옆바람의 영향을 많이 받는 구간

(2) 교통사고 다발지역

① 교통사고 통계치의 사고 다발구간
② 빗길 교통사고 발생 다발 구간
③ 기타 위험지역으로 분류된 구간

(3) 타당성 검토

① 포장재 및 교통 하중 고려하여 선정
② 도로선형 및 운전습관에 맞는 설계
③ 재포장 시기를 고려한 경제성 검토

Ⅳ. 문제점 및 대책

■ 그루빙 완더링(Grooving Wandering) 현상

① 주행중 휘청거리는 현상으로 홈들이 타이어 패턴과 맞물리면서 발생
② 차량의 고속주행으로 인한 미끄러짐 정도 증대
③ 타이닝의 선형과 홈의 간격, 깊이가 일정하지 않은 불량시공
④ 홈 간격을 최대한 축소
⑤ 홈 파기 수직, 수평, 평행이 흐트러지지 않도록 시공
⑥ 다양한 패턴의 기능성 타이어 사용

memo

Chapter 09

Chapter 09 교량공

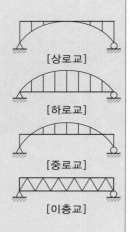

[상로교]

[하로교]

[중로교]

[이층교]

1 핵심정리

I. 교량의 분류

1. 상판위치에 따른 분류

① 상로교 : 상판이 거더나 트러스보다 상부에 위치한 교량
② 하로교 : 상판이 거더나 트러스보다 아래에 위치한 교량
③ 중로교 : 상판이 거더나 트러스보다 중간에 위치한 교량
④ 이층교 : 도로·철도 등을 하나의 교량으로 건설시 이용된다.

2. 구조 형식에 의한 분류

1) Slab교

상부 구조가 Slab로 구성, 짧은 구간 (10~15m)에 사용된다.
RC 슬래브교, 중공 Slab교(자중 감소), PSC 슬래브교

2) 라멘교(Ramen)

상부 구조와 하부 구조가 일체로 된 교량, 단지간 교량에 주로 이용된다.

3) 거더교(Girder)

차량 방향(종방향)으로 가설한 교량

① T형교

짧은 지간(약 30m), 차량주행 방향은 주형플랜지, 반대 직직방향은 슬래브로 작용한다.

② 판형교(Plate Girder교) I형 거더 상부에 슬래브를 얹은 형태의 교량

③ 강상형교(Plate Box Girder)

• 강제 Box 형태 위에 Slab 설치, 지간장 L = 50~60m
• 강교중 가장 많이 사용된다.
• 강합성 상형교(슬래브와 거더 합성구조+상자형 거더)라고도 함

④ 강상판형교

• 상부 Sslab를 철판으로 제작하여 자중을 감소, 지간장 L = 70~80m
• 진동이 있는 단점이 있다.

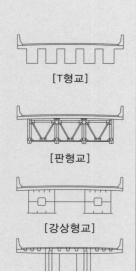

[T형교]

[판형교]

[강상형교]

[강상판형교]

⑤ PSC 박스 거더교
- 콘크리트 Box 거더에 Pre-Stress를 적용한 교량
- 가설방법에 따라 FCM, ILM, FSM, PSM으로 분류된다.

⑥ PSC Beam교
- I형 Prestress Con'c Girder 위에 Slab 설치한 교량
- 지간장 L = 20~40m, 공사비가 저렴하다.

[PSC 박스 가더교]

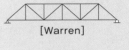
[PSC Beam교]

4) Truss교

한 평면내 연속된 삼각형 구조로 조립한 교량으로, 트러스를 사용한 교량
① Warren 트러스 : 단지간(L = 60m) 교량형 곡선
② Howe 트러스 : 사재가 인장력을 받도록 배치
③ Pratt 트러스 : 사재가 인장력을 받도록 배치 L = 45~50m
④ Parker 트러스 : 상현재가 Arch형 곡선, L = 55~110m
⑤ K 트러스 : 외관이 나쁨, 2차응력 작은 장점 L = 90m 이상

[Warren]

[Howe]

[Pratt]

5) Arch교

양단을 수평방향으로 고정하여 이동할 수 없게 지지한 형식
① 2힌지 Arch교 : 많이 사용, 미관, 경제성 우수 L = 300m
② 3힌지 Arch교 : 사용 안함, 내구성 저하
③ 고정 Arch교 : 가장 경제적 형태, 지반 견고시 사용 가능
　　　　　　　　양단받침이 고정으로 된 아치교
④ 타이드 아치교 : 경제성 불리, 지반상태 불량시 사용가능
　　　　　　　　반원형 양끝을 연결재로 이은 아치교

[Parker]

[K-Tress]

[2힌지]

[3힌지]

6) 사장교(Harp형, Pan형, Semmi-Pan형)

케이블 장력을 이용하여 교량 상부하중을 지지하는 형식
L = 150~400m

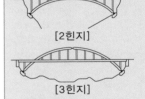
[고정 아치교]

[타이드 아치교]

7) 현수교(Suspension Bridge)

주탑과 앵커리지에서 주케이블을 연결하고 그 케이블에
현수재를 매달아서 지지하는 형식, L = 400m 이상 가능
① 타정식(Earth Anchored) 현수교
　　교량 시종점부. 앵커리지에 주케이블 고정
② 자정식(Self Anchored) 현수교
　　주 케이블을 직접 보강형(Stiffening Girder)에 연결

[현수교]

8) Extradosed 교량 : 거더교 + 사장교

[Extradosed 교량]

[사장교]

■ 교량등급

구분	1등교	2등교	3등교
하중 W(tonf)	DB-24	DB-18	DB-13.5
총중량 1.8W(tonf)	43.2	32.4	24.3
전륜하중 0.1W(kgf)	2,400	1,800	1,350
중륜하중 0.4W(kgf)	9,600	7,200	5,400
후륜하중 0.4W(kgf)	9,600	7,200	5,400

구조
형태
- Slab교
- Rahmen
- Girder ┬ T형교
        ├ 강관형교 (Plate-Girder)
        ├ 강상형교 (Plate-box Girder)
        ├ 강상판형교
        └ PSC Beam교량
- Truss
- Arch
- 사장교
- 현수교

[교좌장치]

3. 지지형식에 의한 분류

1) 단순교(Simple Beam)
주형이 분리된 정정 구조 교량으로 처짐이 커서 단지간에 적용

2) 연속교
주형이 연속된 연속교는 부정정 교량으로 처짐이 작고, 거더의 높이를 낮게 할 수 있어 긴지간에 적용
경간 수에 따라 3경간, 4경간 연속보라 한다.

3) 게르버교(Gerber)
연속형교에 내부힌지를 넣은 부정정 교량

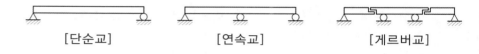

[단순교]　　　　　　[연속교]　　　　　　[게르버교]

Ⅱ. 교량의 구성

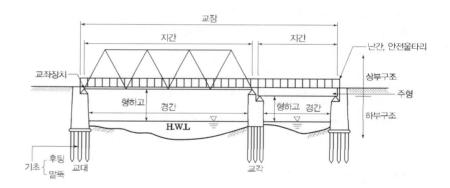

1. 상부구조
교대, 교각 위에 위치하며 주형 Girder와 Slab로 구성된다.
부속시설로 교좌장치, 신축이음, 난간, 보호울타리, 배수, 조명, 점검시설이 있다.

1) 주형(Girder)과 Slab

2) 교좌장치
상하부의 연결접점에 위치하여 하중을 전달하고 지진, 바람, 온도 등 외부 변위를 흡수한다.
① 기능
㉠ 하중전달 기능 : 상부의 활하중, 사하중을 하부구조에 전달 기능

ⓛ 신축 기능 : 상부 하중재하, 온도, 콘크리트 크리프, 건조수축 등
신축이나 지진, 바람등 상·하부 구조간 변위 흡수 기능

ⓒ 회전 기능 : 하중에 의해 발생된 처짐의 회전 변위 흡수 기능

3) 신축이음 장치(Expansion Joint)

온도 변화에 따른 상부구조 수축, 팽창, Con'c Creep, 건조수축 및 활하중, 이동하중 등의 변위와 변형 방지장치로서 2차응력을 줄이고, 평탄성 유지

[교량 신축이음]

4) 난간·보호울타리

① 난간 : 보행자 안전장치 H = 1.1m 이상, 하단 수평부재 H = 15cm 이하 설치

② 보호 울타리

ⓖ 차량 안전유도 장치(차선 탈선방지)

ⓛ 운전자의 시선유도와 보행자 안전 확보

ⓒ 사고 후 교통 장애가 없어야 한다.

[난간]

5) 배수시설

교량 노면 배수를 위한 시설

환경 발생을 고려하여 근처 차집관로에 유입(비점 오염원)한다.

6) 점검설비

교량의 주기적인 관리를 위하여 교량의 위치, 형식, 교폭 하부지지 조건 등을 고려하여 설치한다.

[중앙 분리대]

7) 조명설비, 교통안전표지시설

2. 하부 구조

1) 교대(Abutment)

상부구조의 하중과 배후의 토압을 지지하여 교량과 도로를 연결하는 구조물이다.

① 직벽교대 : 경제적, 세굴우려, 유수가 없는 지역 사용된다.

② U형교대 : 철도 교대, 세굴우려, 보호공이 필요하다.

③ T형교대 : 교대가 높아지고 측벽이 커질 때 유리하다.

④ 익교대 : 날개벽이 배면 토사를 보호하고, 교대 부근의 세굴을 방지한다.

⑤ 라멘식 교대 : 횡방향 토압이 큰 경우 유리. 고가교에 사용된다.

[교대]

2) 교각(Pier)

상부에서 전달되는 하중을 지지하여 기초에 전달하는 구조물

① 코핑 : 교좌 장치가 설치되는 부분

② 구체와 기둥 : 원형, 타원형 등 통수단면이 유리하게 설치

[Climbing Form]

[Sliding Form 공법]

⊙ Climbing Form 공법

1 Lot(H = 2.5~3.0mm) 타설 후 유압잭이나 크레인을 이용하여 수직
방향으로 반복적 이동 타설하는 방법

ⓒ Sliding Form 공법

거푸집을 일정 속도(10~17km/hr)를 유지하면서 상승, 시공속도(3.6 ~5m/일),
콘크리트 경화시간(4~6시간)하면서 연속적 Con'c 타설

③ 기초 (기초일반 참조)

3. PSC교량 분류

교량 시공은 동바리, 거푸집을 설치하고 현장 콘크리트 타설방법과 프리케
스트(Precast) 부재를 제작하고 현장에서 가설장비로 조립하는 방법으로
구분한다.

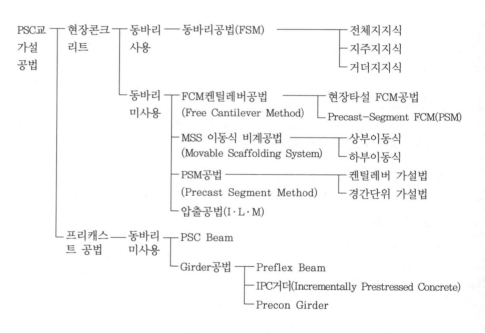

[전체 지지식]

[지주 지지식]

1) 현장 콘크리트 타설 방법

① 동바리공법(FSM, Full Staging Method)

지지력 양호하고 높이 낮은 일반적인 교량에 적용

㉠ 전체 지지식

지반이 평탄하고 높이가 낮은(H=10m) 교량

㉡ 지주 지지식

지반 불량, 장애물이 있는 경우

ⓒ 거더 지지식

지반 불량한 하천, 입체 교차로 구간

② 동바리 미사용

㉠ FCM 켄틸레버 공법(Free Cantilever Method)

• 이동식 가설차 또는 가설용 트러스를 이용하여 교각에서 좌우 평형을
유지하면서 거더(3~5m)를 순차적으로 조립

• 계곡, 해상 등 장경간 교량에 적용

• PC Box거더교, 사장교, 아치교

㉮ 현장타설 FCM 공법

시공 단계별 오차 수정가능, 작업능률이 좋다.

콘크리트 품질관리가 필요하다.

㉯ Precast Segment FCM 공법(PSM 공법)

공기단축, 콘크리트 품질 확보가 유리하다. 야적장 필요, 오차수정
곤란하다.

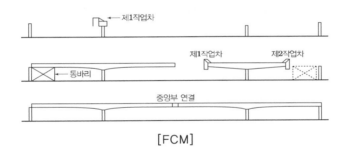

[FCM]

㉡ MSS 이동식 비계공법(Movable Scaffolding System)

거푸집이 부착된 이동식 비계를 이용. 상부구조를 1경간씩, 시공

㉮ 특징

• 신속하고, 안전하다.

• 기계화 시공으로 시공관리가 좋다.

• 하부 지상 조건에 관계없이 시공이 가능하다.

• 제작 비용이 고가로 재사용 등을 고려한 제작이 필요하다.

㉯ 형식

• 상부 이동식 : 거푸집이 매달린 형식

• 하부 이동식 : 주형으로 거푸집을 받쳐주는 형식

[거더 지지식]

[FCM]

[상부이동식 MSS공법]

[하부이동식 MSS공법]

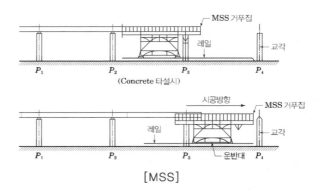

[MSS]

ⓒ PSM(Precast Segment Method)공법

세그먼트를 공장 제작하여 상부로 운반, 가설한 후 강선을 인장 연결하는 공법

제작장과 야적장, 운반 등의 추가 비용이 소요되나 공기가 단축되는 장점이 있다.(원효대교 다비닥공법)

㉮ 켄틸레버 가설법(Balance Cantilever Method)

크레인으로 인양하고 교각을 중심으로 양측으로 Segment를 시공

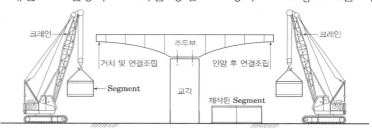

[켄틸레버 가설법]

㉯ 경간단위 가설법(Span by Span Method)

가설 트러스를 교각 사이에 설치 경간 단위로 시공

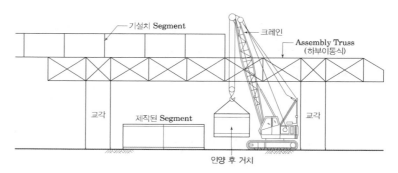

[경간단위 가설법]

[Segment]

[켄틸레버 가설법]

[경간단위 가설법]

ㄹ ILM(연속압출공법 Incremental Launching Method)

일정한 길이의 거더를(단위 부재 : L = 10~16m Precast Segment)
교대 후면에서 제작 양생한 후 선두에 Launching Nose가 부착된 압
출장치를 이용하여 교각 방향으로 밀어내는 방법

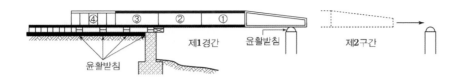

2) 프리캐스트공법(동바리 미사용)

① PSC Beam

ㄱ 콘크리트 Beam을 제작 후, 강선을 삽입하여 긴장된 Beam을 가설한
후 Slab를 타설하는 방법

ㄴ 철근콘크리트 + P.C 강선

ㄷ 단경간(L = 25~30m)에 적용

ㄹ 균열 발생이 적어 유지관리 양호, 가설시 전도 방지공 필요하다.

② 거더공법

ㄱ Preflex Beam

• 철근콘크리트 + I형 거더

• 중경간(L = 30~50m)에 적용

• 구조적 우수, 가설시 안전하다.

ㄴ IPC 거더

(Incrementally Prestressed Concrete)

• 단계적 긴장력 도입

ㄷ Precon Girder

• 강재 + 콘크리트 합성교

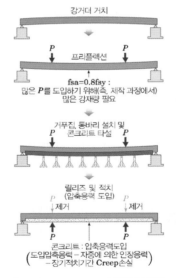

[Preflex Beam 제작과정]

4. 강교 가설공법

1) 개요

① 강교는 Con'c 교량과 달리 박판을 보강한 구조체이다.

② 강교는 보강부의 파손, 연결재의 불량 등에 의해 과도한 변형이 발생되
어 손상이 발생된다.

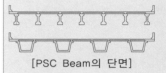

[PSC Beam의 단면]

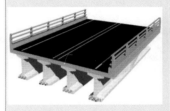

[PSC Beam 교량]

[Preflex Beam가설]

[Preflex Beam제작]

[강교 가설]

③ 강교 가설은 부재의 조립과정과 현장이음 설치과정으로 구분하며, 가설 방법에 따라 완성 후 응력상태가 변화하므로 안정성 확보가 필요한 가 설공법을 선정하여야 한다.

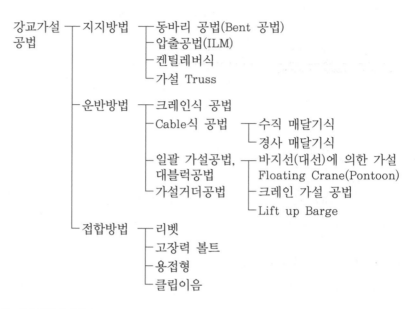

강교가설 공법		
지지방법	동바리 공법(Bent 공법)	
	압출공법(ILM)	
	켄틸레버식	
	가설 Truss	
운반방법	크레인식 공법	
	Cable식 공법	수직 매달기식
		경사 매달기식
	일괄 가설공법, 대블럭공법	바지선(대선)에 의한 가설 Floating Crane(Pontoon)
	가설거더공법	크레인 가설 공법
		Lift up Barge
접합방법	리벳	
	고장력 볼트	
	용접형	
	클립이음	

2) 가설공법 분류

① 지지방법 : 동바리 공법, 압출 공법, 가설 Truss, 켄틸레버식
② 운반방법 : 크레인식, Cable 공법, 일괄 가설공법, Pontoon
③ 접합방법 : 리벳, 고장력 볼트, 용접

3) 지지 공법별 특징

① 동바리 공법(Bent 공법)

Bent는 교각처럼, 상부를 받치는 보나 기둥을 말한다.

목재, H형강, L형강 등을 Bent식으로 조립하여 그 위에 거더를 올려서 지지하는 공법

[Bent 강교 가설]

② 압출 공법(ILM)

㉠ 개요 : 2지간 이상 교체를 연결한 후 균형을 유지하면서 압출가설

㉡ 종류

• 런칭 코(Nose) 부착에 의한 가설(가장 많이 사용)

• 이동식 Bent(동바리)에 의한 가설

• 대선에 의한 가설

㉢ 시공

압출시 종단선형 유지, 압출거더의 선형, 제작, 소음 주의, 압출시 반력에 따른 복부와 Flange Plate, 용접강도, 좌굴 안정 검토

[Launching Nose]

③ 켄틸레버식
- 동바리의 설치가 곤란하고, 교각이 많은 곳 유리하며, 교각을 중심으로 양쪽 켄틸레버의 끝에 이동 크레인을 설치 강상형(Box) 거더를 운반설치
- 특징 : 시공속도가 빠르고 가설중 좌·우균형 유지관리, 가설물 중량, 철저한 관리 필요
- 연속 Box 거더, Plate Grider, Truss교 적용

④ 가설 Truss
한 지간에 가설 Truss를 만들고, 그 위에 대형 크레인으로 Truss를 조립 전진 설치하는 공법

[수직 매달기식]

4) 운반방법
① 크레인식 공법
- 한 지간을 제작하여 대형 크레인으로 한 번에 들어올리는 공법
- 공사 속도가 빠르고 경제적이다.
- 안정성 높다.
② Cable식 공법
ㄱ 주탑 등에 케이블을 걸치고 부재를 매달아서 가설하는 방법
- 수직 매달기식
- 경사 매달기식
ㄴ 수심이 깊고, 유속이 빠르며 하부공간이 높을 때 적용
③ 일괄 가설공법(대블럭공법)
제작된 Beam을 임시 받침을 이용하여 일괄 가설하는 방법
- Floating Crane(Pontoon)
- 바지선(대선)에 의한 가설
- Lift up Barge 공법
- 크레인 가설
④ 가설거더공법
강상형교(Box 거더) 또는 Truss를 보조거더(Trolly)를 이용하여 설치한다. 가설 지간이 긴 경우 공사비가 비싸며, 가설 거더 처짐 발생시 교량 솟음(Camber)조정 곤란
L=55m, Frolly 30t

[경사 매달기식]

[바지선(대선) 가설]

[가설 거더공법]

5) 강구조(접합방법)
용접(강구조 참조), Bolt, 리벳

6) 강교 가조립공사 (교량공 서술형 01번 참조)

사(斜) 비스듬하다.
장(張) 베풀다(길게 매단다)
교(矯) 다리

[사장교]

■ 풍동시험
현수교, 사장교, 기타의 장대교
(長大橋) 및 특수한 단면 형상
을 가진 교량에 대해서는 바람
에 의한 영향을 고려하여 설계
의 신뢰성(내풍(耐風) 설계) 및
안정성 확보
·부분 모형시험 : 각각의 공
력 특성을 비교함으로써 최
적의 단면을 구한다.
·전체 모형시험 : 완성시 및
가설시의 변형이나 진동 상태
를 실측. 구조물 전체의 내풍
안정성을 확인

5. 사장교

1) 개요
사장교는 케이블의 장력을 이용하여 교량 상부의 하중을 지지하는 형식으로 장경간 시공이 가능한 장점을 가지고 있다.

2) 특징
① 경사진 케이블 사용으로 켄틸레버 가설이 쉽다.
② 지간장 적용 범위가 넓다.
③ 지간 분할 제약이 비교적 적다.

3) 구조형식
① 자정식 : 주형에 압축력 작용
② 부정식 : 주탑 근처 주형 압축력 작동, 기타부분 인장력 작용
③ 완정식 : 주형부분 인장력 작용

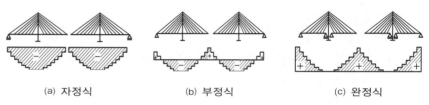

(a) 자정식   (b) 부정식   (c) 완정식

[주형 지지방식에 의한 사장교의 분류]

4) 구성요소
① 주탑 : 압축부재
② 보강형 단면 : 1면 케이블 형식, 2면 케이블 형식
③ 케이블 : 인장부재
④ 케이블 형식 : 방사형, 하프형, 펜형

5) 시공법
케이블을 경사지게 매달고 Jack(센터홀 Jack)으로 원하는 장력까지 인장하면서 케이블의 길이 조정하며 가설한다.

① 주탑
주탑은 구조, 크기 용량 등을 고려하여 Floating Crane을 이용 단기간에 가설한다.

② 보강형 : 시공조건, 주형, 케이블 등을 고려하여 가설한다.
   켄틸레버 공법, 스테이징 공법

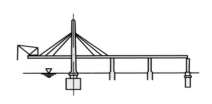

[캔틸레버 공법]   [밸런스드(균형) 캔틸레버 공법]

③ 케이블 가설
   ㉠ 케이블 전송작업   ㉡ 장력도입 작업

6. 현수교

주탑과 주탑 사이를 케이블로 연결하고 그 케이블에 행거를 보강형, 보강트러스에 매단 형태의 교량. 장대교(400m 이상)에 이용되며 풍하중에 약하다.

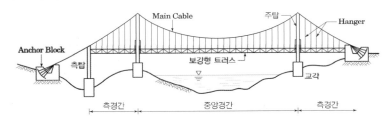

① 구성
  • 주탑 : 2기
  • 주케이블 : 사하중과 활하중 등 외력을 주탑과 앵커리지에 전달
  • 행어(Hanger)(현수재)
  • 앵커 블록 : 2기, 보강형
② 구조형식
  • 타정식 : 교량 하중을 다른 고정체에 연결시켜 지지
            주탑 → 케이블 가설 → 행어 설치 → 보강형 완성
  • 자정식 : 교량 스스로의 균형에 의해 지지하는 방식
            주탑, 가교설치 → 보강형 가설 → 케이블 가설 → 행어 설치

7. 교량 받침(Bearing = Shoe = 지승)

1) 개요 : 상부구조의 하중은 하부구조로 전달하는 연결부분

2) 종류
  ① 가동 받침 : 수평으로 가동

[현수교]

현수교	사장교
–	케이블 강성 우수
대규모 장착 장치 필요	–

현(懸) : 매달다
수(垂) : 드리우다, 늘어뜨리다
교(橋) : 다리

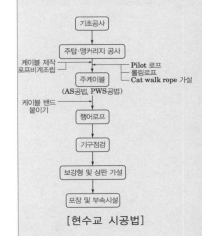

[현수교 시공법]

[교좌장치]

② 힌지 받침 : 회전 변위 가동

③ 고정 받침 : 이동 및 회전 불가능

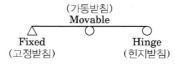

3) 선정 고려사항

　① 하중 : 상재하중, 이동하중 고려

　② 회전 : 회전량, 회전방향 고려

　③ 마찰계수 고려

　④ 경제성 : 내구성, 경제성, 유지 보수성 고려

　⑤ 교량 형식과 조화 고려

8. 신축이음(Expansion Joint)

1) 개요

　상부구조의 온도변화에 의한 수축팽창 및 콘크리트 Creep, 건조수축 및 활하중 변화에 대한 주행에 지장이 없도록 하는 시설

2) 종류

　① 고무계

　　• 수밀성 우수, 방수, 방음 효과, 주행성 양호, 내구성 불리

　　• 지지형 고무 Joint

　② 강재계

　　• 내구성 우수, 중량이 무겁고, 시공성 나쁨, 유지관리, 주행성 나쁨

　　• 강재 Finger Joint 방식, 강재 겹침 방식 등이 있다.

　③ 혼합형

　　• 교량이 크고, 신축성이 큰 교량 작용

　　• 강재 고무 혼합 Joint 방식

3) 설치시 온도

　① 봄, 가을 : 15℃

　② 여름 : 25℃

　③ 겨울 : 5℃

9. 공법별 시공법

[교량 신축이음]

시공법	FCM공법 Free Cantilever Method	MSS공법 Movable Scaffolding System	PSM공법 Precast Segment Method	ILM공법 Incremental Launching Method
공사개시	자유로운/한쪽만 고정된 보/공법	이동가능한/비계/장치	미리/분할된/공법	연속/압출/공법
하부공	조사, 시험, 측량 등	동일	동일	동일
	기초공, 교각공	동일	동일	동일
상부공 준비	주두부 및 가시설공, 고정장치	Bearing Pad 설치 이동식 비계설치	세그먼트 제작 운반	압출준비(런칭노즈, 설비)
상부공	세그먼트 가설(현장타설) 형틀⇒철근⇒쉬스관⇒콘크리트⇒양생⇒강선인장⇒그라우팅⇒탈형	내·외부 형틀설치 외부형틀을 바닥, 복부 철근⇒레일설치⇒내부 형틀을 강봉설치⇒강선삽입⇒콘크리트⇒양생⇒1차 강선인장⇒외부 형틀 탈형⇒그라우팅⇒탈형	세그먼트 가설 • 렌털레커식 : 크레인(인양기)을 이용하여 교각 중심부터 가설 • 정간단위 가설 : 교각 사이로 가설트러스를 설치 그 위해 세그먼트 연결	세그먼트제작, 압출 정착구 설치⇒강선인장⇒그라우팅⇒영구반침설치
상부공 완료	1 Stage별 반복작업⇒연결부 시공	1 Stage별 반복작업⇒연결부 시공	1 Stage별(경간별) 반복작업⇒연결부 시공	1 Stage별(경간별) 반복작업⇒연결부 시공
교면공	교면포장, 신축이음 안전시설 등	동일	동일	동일
완료	배수시설, 조명, 점검시설 등	동일	동일	동일

2 단답형·서술형 문제 해설

1 단답형 문제 해설

01	교량의 받침(Bearing)

Ⅰ. 개 요

교량의 받침(Bearing)은 상부구조에 작용하는 하중을 하부구조로 전달하는 연결부분이다.
Bearing의 종류는 아래와 같이 나눈다.

(1) 가동 받침 : 수평으로 가동
(2) 힌지 받침 : 회전 범위만 가동
(3) 고정 받침 : 이동 및 회전 불가능

Fixed (고정받침) Movable (가동받침) Hinge (회전받침)

강교에서는 주로 가동 받침, 힌지받침이 사용되고,
RC교에서 가끔 고정 받침을 볼 수 있다.
실무에서는 Roller 받침은 가동 받침(Movable Bearing)이라고 하고
힌지 받침을 고정 받침(Fixed Bearing)이라 지칭 하고 있다.

Ⅱ. Bearing 선정 시 고려 사항

(1) 하중 : 상재하중, 이동량, 이동방향
(2) 회전 : 회전량 회전 방향
(3) 마찰계수
(4) 경제성 : 내구성, 경제성, 유지보수 용이성
(5) 교량형식 과의 조화
(6) 재료 선정 시 고려 사항 : 허용 지압 응력 300~7000kg/㎡

Ⅲ. 구조세목

(1) 상부 받침과 하부 받침은 수평이 되도록 한다.
(2) 내진 설계시 이동 제한 장치 설치 (Stopper, Side Block)
(3) 지진 등 부반력에 의한 보의 이동 낙하 방지
(4) Bearing은 온도변화, 건조수축, Creep 및 지진시 이동 등에 의한 신축에 방해되지 않아야 한다.
(5) 교좌 받침 Mortar는 → 무수축 Mortar 사용(중심 두께 3cm, 폭 5cm 이상)

Ⅳ. 받침의 기능 및 종류

기능 \ 종류	고정받침(Fixed Bearing)	가동받침(Movable Bearing)	비고
회전에 의한 것 (Rolling)	선 Bearing Pivot Bearing	선 Bearing 롤러 또는 록커 받침	
미끄럼에 의한 것 (Sliding)	Pin Bearing Bearing Plate	Bearing Plate	
전단변형에 의한 것 탄성변형에 의한 것	고무 받침 Pot Bearing	고무 받침 Pot Bearing	탄성변형 + 미끄럼

Ⅴ. 결 론

(1) 설계시 받침 용량 정확히 계산
　　→ 계산이 잘못되면 교대나 교각에 심한 균열 발생
(2) 적정 기능에 의한 Bearing 사용

02   FSM 공법(Full Staging Method) - 동바리 공법

Ⅰ. 개 요

교각 사이에 동바리를 세워 교대를 지지하면서 가설 조립하는 공법으로 지지력 양호하고 높이 낮은 일반적인 교량에 적용한다. PS콘크리트 가설공법 중 가장 일반적인 공법으로 동바리 자재는 목재, H형강, L형강 등이 사용되고 있다.

Ⅱ. 특 징

(1) 장비의 비용이 저렴하다.
(2) 간편하고 적당한 높이의 짧은 교량 유리하다.
(3) Pipe 동바리 사용가능(H=300cm 이하)
(4) Camber 관리가 쉽다.
(5) 동바리 하부지지 기초가 필요하다.

Ⅲ. 공법 종류

(1) 전체 지지식
   지반이 평탄하고 H = 10m 이하 교량

(2) 지주 지지식
   지반 불량, 장애물이 있는 경우

(3) 거더 지지식
   지반 불량한 하천, 입체 교차로 구간

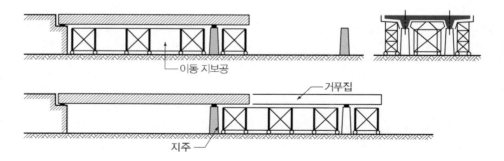

Ⅳ. 시공 시 유의사항

(1) 하천부지를 이용할 경우 홍수와 하천법 검토가 필요하다.

(2) 기초형식은 지반의 지지력에 의해 결정되므로 기초지반 내력, 동바리 구조 등 가시설 검토가 필요하다.

(3) 가설 구조의 인상되는 높이를 고려하여 동바리 높이 확인이 필요하다.

(4) 시공순서

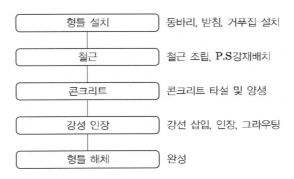

03 FCM 공법(Free Cantilever Method)

I. 개요

미리 시공한 교각 및 Deck slab 위에서 이동식 작업차(Form Traveller/Truss)를 이용하여 교각을 중심으로 하여 좌우대칭으로 1 Segment씩 현장에서 콘크리트를 타설한 후 Prestress를 도입하면서 전진 가설하는 공법이다.

II. 조사사항

(1) 지반조건 : 토질 및 Trafficability
(2) 시공조건 : 공기, 공사비, 작업장 유무, 지형조건
(3) 구조물조건 : 규모, 형태, Segment 길이

III. FCM 공법의 특징

(1) 장점
  ① 동바리가 필요 없어 깊은 계곡, 하천, 항만 횡단공사시 유용하다.
  ② 반복 작업으로 노무비 절감, 공기단축, 작업 능률이 향상된다.
  ③ 시공오차 수정용이(2~5m씩 Segment로 나누어 시공으로 변단면 시공가능)
  ④ Span이 길 때 경제적인 공법
  ⑤ 기상조건에 무관하게 시공가능(이동식 작업차 내에서 작업)
  ⑥ 장대교량의 시공(Form Traveller 이용)이 가능하다.

(2) 단점
  ① 가설을 위하여 불필요한 추가 단면이 필요
  ② 좌우 불균형 Moment에 대한 대책수립
  ③ 작업이 교각상부에서 이루어지므로 안전 유의

IV. 공법 종류

(1) 가설공법 분류
  ① Form Traveller
  ② 이동 지보공법(이동 Truss방식)

(2) 시공법 분류
  ① 현장타설공법
  ② Precast Segment Method

(3) 구조형식 분류
　① 라멘 구조식(Hinged Type) – 원효대교
　② 연속보식(Continuous Type) – 강동대교

Ⅴ. 시공방법

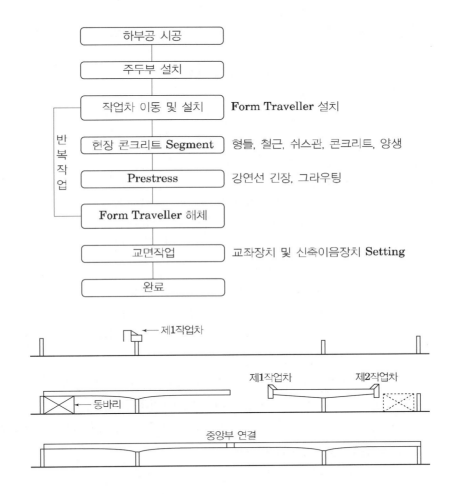

Ⅵ. 시공 유의사항

(1) Form Traveller(이동식 거푸집 보유 작업차)
　① Form Traveller는 기 시공된 Deck에 부착(Anchoring) 등 고정상태 확인
　② 이동 설치시 주의사항
　　• 좌우 균등 유지
　　• 작업차 정위치 및 수평유지

・레일 고정 확인

・풍속 주의(14m/sec 이하 시 시공)

(2) 주두부 시공

① Temporary Prop(가 Bent)를 설치하여 불균형 Moment 처리

② Pier Table은 현장타설 또는 Precast로 제작하여 거치

③ 불균형 Moment 처리

ㄱ 원인

・시공오차에 따른 좌우측 Segment의 자중 차이

・한쪽 Segment만 선시공시

・상방향의 풍하중작용

ㄴ 대책

・Stay Cable 설치

・임시 받침(가 Bent) 설치

・주두부 고정(Fixation Bar)

④ Sand Jack 시공

・Steel Prop와 Pier Table 사이에 설치

・역할 : 하중전달, 해체시 간격 제공

・모래상태(완전 건조상태 및 최대 다짐상태)

(3) 강재긴장(prestressing)

① Longitudinal Tendon(상하부 Slab 내에 위치하는 긴장재)

② Shear Tendon(벽체에 위치, 전단력에 저항)

③ Transfer Tendon(확보구간 등에서 적용하는 긴장재)

(4) 처짐관리(Camber Control)

① 처짐요소 : Con'c 탄성변형, Creep 변형, 건조수축, Prestress 손실, Segment자중, 작업하중

② Camber관리 : 처짐량 계산으로 미리 예정량만큼 상방향의 솟음을 둔다.

(5) Key Segment 접합

① 중앙 접합부의 연결 Segment 시공

② Diagonal(대각선) Bar 양끝단 연결(오차 수정 고정장치)

③ 종방향 버팀대 : 상부 · 하부 버팀대로 구분

Ⅶ. 결 론

FCM의 적용시 지반조건, 시공조건, 구조물 조건 등을 고려한 사전 조사와 주두부 고정장치, Form Traveller의 선정, Camber 계산, Key Segment 접합, 불균형 Moment 대처방안 등 각 시공 단계별 사항에 대한 많은 조사와 검토가 필요하다.

04 PSM 공법 (Precast Span Method)

I. 개 요

P.S.M 공법은 일정한 길이로 상부 구조(Segment)를 제작장에서 제작하여 가설 현장으로 이동한 후 가설장비(Lifting Device 및 Launching Girder)를 이용하여 거치한 후 Post-Tension 방식으로 연결하여 상부 구조를 완성하는 공법이다.

II. 공법의 종류

(1) 켄틸레버 가설법(Balance Cantilever Method)
   크레인으로 인양하고 교각을 중심으로 양측으로 Segment를 시공

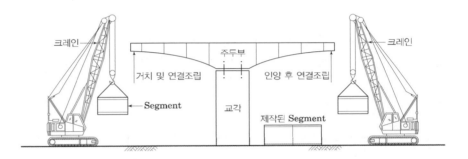

(2) 경간단위 가설법
   가설 트러스를 교각사이에 설치 경간 단위로 시공

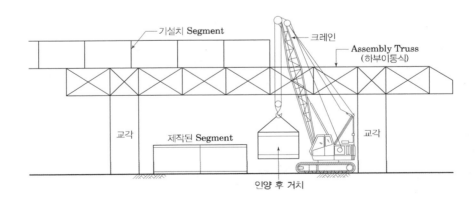

Ⅲ. 특 징

(1) 장점

① 공기 단축(하부구조와 세그먼트 병행 시공)

② 하부 지상조건에 관계없이 시공 가능하다.

③ 별도 제작장에서 세그먼트 제작으로 품질 및 시공 관리가 유리하다.

연속적으로 제작하므로 인력관리 및 거푸집 전용이 가능하다.

반복 작업으로 공기단축, 공사비 유리하다.

④ 세그먼트 충분한 양생기간으로 품질향상

(2차응력 해소 : 온도응력, 건조수축, 크리프현상 등)

(2) 단점

① Segment의 운반, 가설을 위해 비교적 대형 장비가 필요하다.

② Segment의 제작 및 야적을 위한 넓은 장소가 필요하다.

③ Segment의 운반, 가설을 위하여 대형장비가 필요하다.

④ 접합면 에폭시 작업시 온도가 기후에 많은 영향을 받는다.

⑤ 접합면에 철근이 연속되어 있지 않으므로 인장응력에 한계를 갖는다.

Ⅳ. 시공법

Segment를 Cross Beam에 의하여 지지되는 Launching Girder 위에 거치, 이동 및 배열한 후 Prestressing 작업으로 하나의 Span이 완성되며 위의 작업을 반복 수행하여 교량을 건설한다.

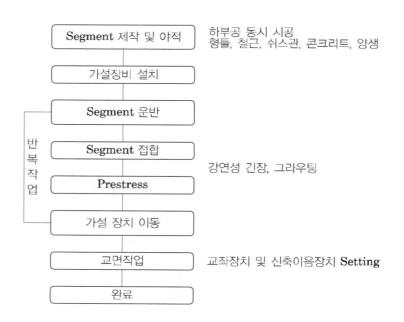

Ⅴ. 유의사항

(1) Segment의 운반, 가설시 고도의 정밀시공 요구된다.

(2) Prestressing시 콘크리트 28일 강도의 85% 이상 시 시행해야 한다.

(3) Prestressing시 중심부에서 외측으로 시행한다.

(4) Prestressing시 편심이니 되지 않도록 시행한다.

Ⅵ. 결 론

PSM 공법은 Segment 제작, 운반, 설치 등 고도의 정밀이 요구 되는 공법이다.

시공시 지반조건, 시공조건, 구조물 조건 등을 고려한 사전 조사와 Segment 제작, 운반, 설치, Prestress 검토 등 각 시공 단계별 사항에 대한 조사와 검토가 필요하다.

Ⅰ. 개 요

MSS공법은 교량의 상부 구조를 시공할 때 지상의 동바리를 없애는 대신 기계화된 비계와 거푸집을 이용하여 현장치기로 한 경간씩 이동하면서 교량을 가설하는 공법이다.

Ⅱ. 조사사항

(1) 지반조건 : 토질 및 Trafficability
(2) 시공조건 : 공기, 공사비, 작업장 유무, 지형조건
(3) 구조물조건 : 규모, 형태, 경간장 길이

Ⅲ. MSS 공법의 특징

(1) 장점

① 기계화 시공으로 신속, 안전시공이 가능하며, 공사비와 공사기간을 단축할 수 있다.
② 반복 작업으로 공기단축, 공사비 유리하다.
③ 동바리공이 필요 없다.
④ 하부 지상조건에 관계없이 시공이 가능하다.
⑤ 지붕을 설치하면 우천 시공이 가능하다.
⑥ 장대교 일수록 장비의 전용이 많아져 경제적이며 재활용이 반영구적이다.
⑦ 교각의 높이가 높을수록 경제적이다.

(2) 단점

① 이동식 비계는 무겁고, 초기 제작비가 크다.
② 경간이 적은 교량이나 교량이 짧은 교량에는 비경제적이다.
③ 단면 변화시 적용이 곤란하다.

Ⅳ. 공법의 종류

(1) 상부 이동식(Above Type) : 거푸집을 매다는 구조 형식

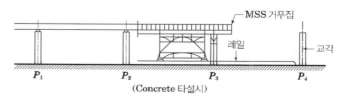

(Concrete 타설시)

(2) 하부 이동식(Below Type) : 주형으로 거푸집을 받쳐주는 형식

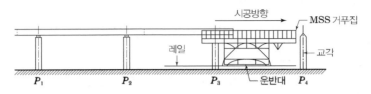

Ⅴ. 시공법

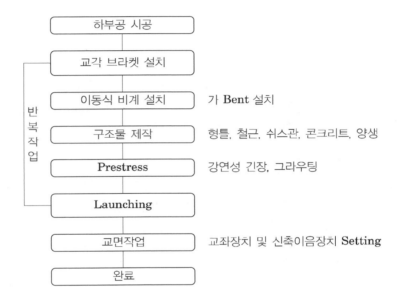

Ⅵ. 시공 유의사항

(1) 트러스 구조 안정검토
(2) 가설 트러스 고정장치 안정검토
(3) 시공 단계별 처짐관리(유압잭으로 조정)
(4) 이동 유압 System 적정 검토
(5) Prestress 관리

Ⅶ. 결 론

MSS공법 적용시 지반조건, 시공조건, 구조물 조건 등을 고려한 사전조사와 트러스 구조 안정검토, 가설 트러스 고정장치 안정검토, 처짐관리, 이동 유압 System 적정 검토 등 각 시공 단계별 사항에 대한 많은 조사와 검토가 필요하다.

06 ILM 공법 (Incremental Launching Method) – 연속 압출공법

Ⅰ. 개 요

Incremental(연속) Launching(압출) Method(공법)의 영문 첫 글자로 명명한 공법이다.
ILM은 교대 후방 제작장에서 Segment로 나누어 첫 번째 Segment에 추진코(Nose)를
부착하여 교량 경간을 통과할 수 있는 평행 압축력을 Post-Tension방법에 의거 미리
제작된 상부 구조물에 Prestress를 한 후 압출장치를 이용하여 압출하는 공법이다.

Ⅱ. 특 징

(1) 장점
① 동바리 적용이 어려운 곳 시공 가능하다.
② 반복 공정(원가관리, 공정관리, 안전관리, 품질관리 유리)
③ 연속교로 주행성 유리하다.

(2) 단점
① 직선, 단일곡선 구간만 시공이 가능(가변구간, 상하향구간 시공 곤란)하다.
② 현장 내 작업장 부지 확보가 필요하다.
③ 교장이 짧은 경우 비경제적이다.

Ⅲ. 시공법

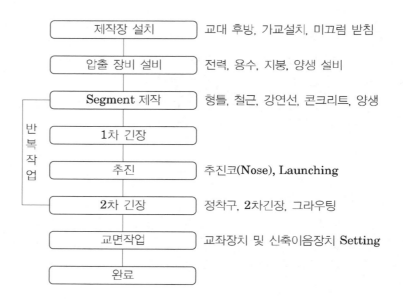

제작장 설치 → 교대 후방, 가교설치, 미끄럼 받침

압출 장비 설비 → 전력, 용수, 지붕, 양생 설비

Segment 제작 → 형틀, 철근, 강연선, 콘크리트, 양생

1차 긴장

추진 → 추진코(Nose), Launching

2차 긴장 → 정착구, 2차긴장, 그라우팅

(반복작업)

교면작업 → 교좌장치 및 신축이음장치 Setting

완료

Ⅳ. 유의사항

(1) Segment 제작

① 청소(거푸집에 이물질 등이 떨어지지 않도록)
  형틀은 박리가 잘 될 수 있도록 관리한다.

② 콘크리트의 타설 관리
  • 콘크리트의 타설은 재료의 분리를 일으키지 않도록 한다.
  • 콜드 조인트(Cold Joint)를 만들지 않도록 한다.
  • 가능한 한 콘크리트 혼합 후 단기간에 타설하도록 한다.
  • 다짐 관리가 필요하다.
  • 표면 마무리 관리가 필요하다.

③ 양생
  • 초기 경화 시점부터 2~4시간 이후부터 증기양생
  • 증기양생(60~70℃, 36시간 이상 상대습도가 100% 유지)
  • 급속가열, 감열 금지(시간당 20도)
  • 온도관리 철저(온도계 비치)
  • 증기가 직접 콘크리트에 닿지 않도록 한다.
  • 양생 후 직사광선 차단
  • 살수 양생(대기와의 온도차에 의한 수축균열을 방지)

(2) 압출 관리(Launching)

① 측량
  선형과 높이가 가장 중요하므로, 여러 방향에서 조사 측량을 계속 실시하여야 한다.

② 압출 노즈(Launching Nose)
  상부와의 연결 작업시 정확한 위치, 연결부재의 품질, Bolt의 조임 등 차질이 없어야 한다.

③ 압출공법 종류
  ㉠ Lift & Pushing 방법
    • 집중 압출방법
    • 분산 압출방법
  ㉡ Pulling 방법

④ 압출 계획
- 거푸집 하강
- 압출용 패드 준비
- 압출장비 점검 및 선형 확인

(3) 프리스트레싱 관리

Plastic Tube를 넣어 쉬스관의 변형이 생기지 않도록 한다.
콘크리트 구조물에는 유해한 응력이 발생하지 않도록 한다.
단면의 중심부로부터 외측으로 프리스트레싱을 한다.
① 인장장비 준비 및 점검한다.
② 강연선 꼬임 유의한다.
③ 인장력, 신장량 관리(±5% 이내 관리)한다.

(4) 그라우팅 관리

프리스트레싱 인장재의 보호와 인장재와 콘크리트 사이의 접착 효과를 증대
(과대 하중이나 극한 모멘트 증가시 발생되는 균열의 분배를 조절 효과)
① 배합비를 준수한다.
② 혼합시간을 유지한다.
③ 적정 압력 및 주입시간을 유지한다.
④ 쉬즈관 내의 빈 공간을 전부 가득 채워서 인장선이 일체가 되도록 한다.

② 서술형 문제 해설

01 강교 가조립 공사의 목적과 순서 및 가조립 시 유의사항에 대해 설명하시오.

Ⅰ. 개 요

강교의 가조립은 공장에서 도장 전 설치하려는 현장의 제원과의 적정성 여부 검사와 조립 후 확인 검사하는 과정을 말한다. 가조립은 원칙적으로 무응력 가조립을 하며, 필요시 응력 가조립을 하고 경제성을 고려하여 시뮬레이션으로 대체하기도 한다.

Ⅱ. 목 적

(1) 현장 조건과의 문제점 사전 파악
(2) 제작된 부재의 확인(치수, 형상, 규격)
(3) 설계도서 및 시방 일치 확인
(4) Camber 조정
(5) 시공오차 조정
(6) 현장설치 여건 조정

Ⅲ. 순 서

(1) Ground Marking(정밀도 유지)
(2) Support Setting
(3) Box Girder 배열 및 Setting
(4) 가로보, 세로보 조립
(5) 각 연결 볼트 체결
(6) 가조립 검사

Ⅳ. 유의사항

(1) 현장 가설 순서를 지킨다.
(2) 구조물 솟음과 경사는 설계도서와 일치시킨다.
(3) 가조립대 H=70~75cm 유지
(4) 자조립 구조물 받침부에는 반드시 지지대 설치
(5) 가조립 실시는 일몰 일출 30분전 실시
(6) 각부재 무응력 상태 유지
(7) Ground Marking(정밀도 유지)
(8) 가조립 연결은 드리프트핀 또는 볼트(고장력 볼트 25% 이상 사용)

02 강교 가설공법에 대하여 기술하시오.

I. 개 요

강교는 연결부 접합 불량, 용접 불량, 초기변형 등 가설방법에 따라 응력의 상태가 변하므로 안정성을 고려하여 선정하여야 한다.

(1) 강교는 Con'c 교량과 달리 박판을 보강한 구조체이다.

(2) 강교는 보강부의 파손, 연결재의 불량 등에 의해 과도한 변형이 발생되어 손상이 발생된다.

(3) 강교가설은 부재의 조립과정과 현장이음 설치과정으로 구분하며 가설방법에 따라 완성 후 응력상태가 변화 하므로 안정성 확보가 필요한 가설공법을 선정하여야 한다.

II. 가설공법 선정 고려사항

(1) 지형조건(지반, 해상) 　　　　(2) 시공성(공사시기, 접근성)

(3) 교량 형식(구조물 길이, 경간장) 　(4) 환경성

(5) 경제성

III. 공법 분류

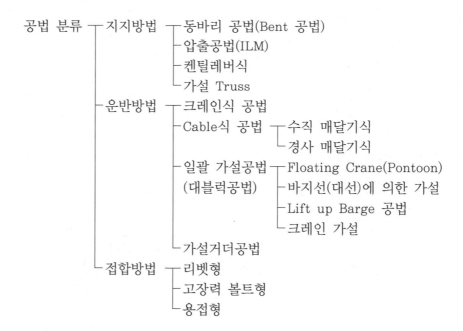

공법 분류 ┬ 지지방법 ┬ 동바리 공법(Bent 공법)
　　　　　│　　　　├ 압출공법(ILM)
　　　　　│　　　　├ 켄틸레버식
　　　　　│　　　　└ 가설 Truss
　　　　　├ 운반방법 ┬ 크레인식 공법
　　　　　│　　　　├ Cable식 공법 ┬ 수직 매달기식
　　　　　│　　　　│　　　　　　　└ 경사 매달기식
　　　　　│　　　　├ 일괄 가설공법 ┬ Floating Crane(Pontoon)
　　　　　│　　　　│ (대블럭공법)　├ 바지선(대선)에 의한 가설
　　　　　│　　　　│　　　　　　　├ Lift up Barge 공법
　　　　　│　　　　│　　　　　　　└ 크레인 가설
　　　　　│　　　　└ 가설거더공법
　　　　　└ 접합방법 ┬ 리벳형
　　　　　　　　　　├ 고장력 볼트형
　　　　　　　　　　└ 용접형

Ⅳ. 강교가설공법

(1) 가설공법 분류
① 지지방법 : 동바리 공법, 압출 공법, 가설 Truss, 켄틸레버식
② 운반방법 : 크레인식, Cable 공법, 일괄 가설공법, Pontoon
③ 접합방법 : 리벳, 고장력 볼트, 용접

(2) 지지 공법별 특징
① 동바리 공법(Bent 공법)
Bent는 교각처럼, 상부를 받치는 보나 기둥을 말한다.
목재, H형강, L형강 등을 Bent식으로 조립하여 그 위에 거더를 올려서 지지하는 공법
② 압출 공법(ILM)
㉠ 개요 : 2지간 이상 교체를 연결한 후 균형을 유지하면서 압출가설
㉡ 종류
  • 런칭 코(Nose) 부착에 의한 가설(가장 많이 사용)
  • 이동식 Bent(동바리)에 의한 가설
  • 대선에 의한 가설
㉢ 시공
압출시 종단선형 유지, 압출거더의 선형, 제작, 소음 주의, 압출시 반력에 따른 복부와 Flange Plate, 용접강도, 좌굴 안정 검토
③ 켄틸레버식
㉠ 동바리의 설치가 곤란하고, 교각이 많은 곳 유리하며, 교각을 중심으로 양쪽 켄틸레버의 끝에 이동 크레인을 설치 강상형(Box) 거더를 운반설치
㉡ 특징 : 시공속도가 빠르고 가설 중 좌·우균형 유지관리, 가설물 중량, 철저한 관리 필요
㉢ 연속 Box 거더, Plate Grider, Truss교 적용
④ 가설 Truss
한 지간에 가설 Truss를 만들고, 그 위에 대형 크레인으로 Truss를 조립 전진 설치하는 공법

(3) 운반방법
① 크레인식 공법
㉠ 한 지간을 제작하여 대형 크레인으로 한 번에 들어올리는 공법
㉡ 공사 속도가 빠르고 경제적이다.
㉢ 안정성 높다.

② Cable식 공법

　　㉠ 주탑 등에 케이블을 걸치고 부재를 매달아서 가설하는 방법

　　　• 수직 매달기식

　　　• 경사 매달기식

　　㉡ 수심이 깊고, 유속이 빠르며 하부공간이 높을 때 적용

③ 일괄 가설공법(대블럭공법)

　제작된 Beam을 임시 받침을 이용하여 일괄 가설하는 방법

　㉠ Floating Crane(Pontoon)

　㉡ 바지선(대선)에 의한 가설

　㉢ Lift Up Barge 공법

　㉣ 크레인 가설

④ 가설거더공법

　㉠ 강상형교(Box 거더) 또는 Truss를 보조거더(Trolly)를 이용하여 설치한다.

　㉡ 가설 지간이 긴 경우 공사비가 비싸며, 가설 거더 처짐 발생시 교량

　㉢ 솟음(Camber)조정 곤란

　㉣ $L = 55m$, Frolly 30t

(4) 강구조(접합방법)

용접(강구조 참조), Bolt, 리벳

Chapter 10 터널공

1 핵심정리

Ⅰ. 개 요

지반 중 목적이나 용도에 따라 만드는 공간 구조물로 철도·도로 등 교통에 이용하거나, 광산터널, 저장용터널과 관개용수로 이용하는 수로터널 등이 있다.

Ⅱ. 터널의 지질

본바닥 성질, 지질구조, 지하수, 용수 상황 등의 정확한 파악이 필요하다.

1. 지질구조

■ 습곡(Fold)
화성암, 변성암, 퇴적암에서 변형 전 평면에 가까운 면들이 변형에 의하여 물결처럼 굽어 있는 구조

1) 습곡(Fold)
횡압으로 인하여 지층이 주름진 모양의 굴곡이 형성된 지층으로, 터널 설치는 피하여야 한다.

2) 단층(Fault)
지각 변동으로 지층이 끊어져서 발생되는 지층으로 면밀한 조사와 대책 필요하다.

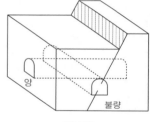

[단층]

■ 단구
단(段) : 구분(층계)
구(丘) : 언덕

3) 단구(Bench)
물이 쓸려간 흙, 모래가 하천이나 바다에 쌓여서 이루어진 지층으로, 굴착이 곤란하거나, 용수로 인해 공사를 못 할 경우가 있으니 주의하여야 한다.

불량　　　　불량　　　　양호

[단구터널]

4) 애추(Talus Cone)

지층의 풍화작용으로 낭떠러지나 산기슭에 모인 암석 부스러기가 퇴적하여 생긴 반원뿔형 모양의 퇴적물.
불안정 지층으로 터널 설치는 피하여야 한다.

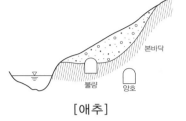

[애추]

2. 지하수와 대용수

지하수나 대용수 용출시 공사에 막대한 지장을 초래함으로 사전 조사와 대책을 신중히 세워야 한다.

■ 대용수 대책
- 본갱에 평행으로 물빼기 도갱을 판다.
- 대구경 물빼기 보링을 설치한다.
- 약액 주입에 의하여 지수시킨다.
- 동결공법으로 지수한다.

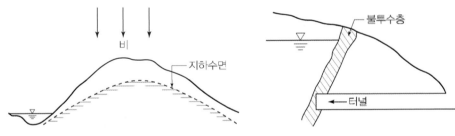

[지하수 분포, 이상수압 발생]

3. 이상지압

이상지압 발생으로 동바리공이나, 복공이 파괴가 발생하기도 한다.
① 편압 : 터널 토피가 적고, 지형이 급경사인 경우 발생, 압성토, 보호절취, 복공콘크리트로 시공한다.

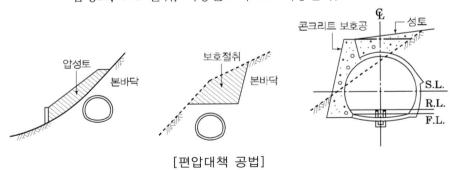

[편압대책 공법]

■ 애추(붕적토)
  애(崖) : 벼랑
  추(錐) : 송곳

■ 용수(Spring out)
  터널의 굴착면으로부터 흘러 나오는 지하수

■ 층리
  (Stratification, Bedding)
  퇴적암이 생성될 때 퇴적조건의 변화에 따라 퇴적물 속에 생기는 층을 이루는 구조

■ 엽리(Foliation)
  변성암에 나타나는 지질구조로 암석이 재결정 작용을 받아 같은 광물이 판상으로 또는 일정한 띠를 이루며 형성된 지질구조

■ 편압
  (Declinating Pressure
  터널의 좌우 또는 전후 방향으로 불균등하게 작용하는 지반압력

■ 사문암
  마그네슘을 함유하는 규산염 광물인 사문석으로 이루어진 암석

② 본바닥 팽창 : 팽창성이 있는 지질의(벤트나이트, 사문암) 급속한 풍화시 발생
③ 잠재응력의 해방 : 지압이 크고 터널내부 저항이 적을 때,
터널 내의 경암이 돌연 빠져 나오는 붕괴현상

4. 터널선형

1) 평면선형
편압 예상구간이나 (습곡, 애추, 용출수 등) 안정성이 우려되는 단층,
단구 지역 등은 피하여 선정한다.

2) 종단선형
주행 안정성이 확보되는 완만한 경사(0.2~0.3%)로 고려한다.

3) 터널간격
병렬터널의 경우 상호영향이 없도록 중심간격은 굴착폭의 2배,
연약지반에서는 5배 확보하여 영향이 없도록 한다.

4) 터널갱구부
갱구부는 토피가 적어 불안정함으로 비탈면의 붕괴, 낙석, 토석류,
홍수, 눈, 안개 등을 고려하여 선정한다.

5. 터널단면
시설공간(환기, 방재, 조명, 내장) 확보 및 안정성, 시공성, 주행을 고려

1) 단면형상 : 원형, 계란형, 마제형

2) 단면구성
① 시설 한계높이 : H = 4.8m 이상 확보
② 차로 폭 : 연속성, 안정성 고려
③ 측대 : 안정성 고려 확보
④ 배수구 : 용출수, 노면수, 청소수 등 처리시설
⑤ 측방 여유폭 : 길어깨와 같은 폭
시설대는 비상시설, 조명시설 고려하여 설치
⑥ 공동구 : 각종 설비 설치(전기, 소화전, 배수, 통신관) 등
⑦ 검사원 통로 : 노면보다 1m 위에 설치 최소폭 B=0.75m
보행공간은 노면 2m 위 설치
⑧ 환기설비 : 0.3~0.2% 완만경사
종류식(Jet Fan)은 고정식과 자유매달기식이 있으며
반횡류식과 횡류식이 있다.

[병렬터널]

[터널갱구부]

[환기 시설]

■ 환기설비
(Ventilation Performance)
터널 내 공기질을 유지하기 위하여 신선공기를 유입 또는 급기하거나 오염공기를 배출하기 위한 설비

■ 공사 중 환기(자연환기)
· 송기식
· 배기식
· 흡인식

■ 공사 후 환기(강제환기)
· 종류식(Jet Fan)
· 횡류식
· 반횡류식

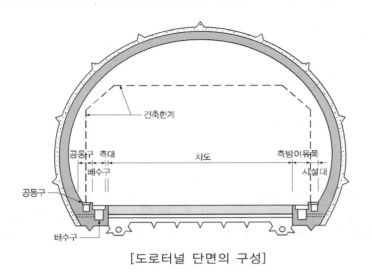

[도로터널 단면의 구성]

■ 카렌시안 공법
터널에서 토피 부족 구간 시공시 상부토피를 반개착하여 Box 형태나 아치 형태의 상부구조물은 선시공하고 하부터널을 시공하는 공법

■ 피암터널
불안정한 사면에서의 낙석, 토사 등의 붕괴방지, 절취면 최소화, 경관보존 등을 위한 터널

■ 터널길이에 따른 기준
짧은터널 1000m 미만
장대터널 1,000m~5000m
초 장대터널 5000m 이상

6. 피난 대피시설

1) 피난 연결통로
병렬 터널에서 반대 터널로 피할 수 있는 연결통로로 비상조명, 위치표시, 유도 표시등을 설치한다.
① 일반통행 터널에서는 대인용은 간격 250m 이하, 차량용은 간격 750m 이하에 1개소씩 연결통로를 설치한다.
② 1200m 이하 터널에서는 간격을 300m로 할 수 있다.

2) 피난 대피시설
대피자의 연기 유입을 막는 가압설비 및 공기공급이나 연기 차단문 설치

3) 피난 대피소
① 대피시설이 없는 임시 대피소
② 비상조명, 전화, 소화기, CCTV, 축전지(3시간 이상)

4) 비상주차대 : 750m마다 1개소
대면 터널 경우 차량 회전가능 하도록 터널 양측에 설치

[터널굴착 cycle]

측량
↓
천공
↓
발파
↓
환기
↓
버력처리
↓
부석제거
↓
지보공 — ┌ 강지보재
         ├ **Rock Bolt**
         └ 숏크리트

■ 지지코어(Support core)
토사지반 또는 연약한 지반
에서 터널굴착 시 막장면(굴
진면)의 밀려나옴을 억제하
기 위하여 막장면 중앙부에
일부 남겨둔 미굴착 부분

[굴착 천공]

[장약]

7. 터널굴착방법

1) 인력굴착

H=1.5m 내외 소규모 단면, 착암기, 소형 B/K 사용

2) 기계굴착 : 토사~연·경암 지반 적용

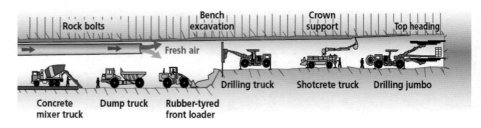

[발파굴착공법]

① 셔블(Shovel) 굴착 : 토사 굴착, 견고한 지반 굴착속도 저하
② 브레이커(B/K) 굴착 : 토사~풍화암 굴착, 굴착 속도가 느림
③ 로드헤더(Road Header) 굴착
  • 전방 : 커터헤드(Pick) 부착
  • 전방 후부 : 버력 수집, 벨트 콘베어로 후방으로 이동
  • 연암 이상시 Pick 경제성 저하
  • 분진발생으로 보건위생(환기, 살수)필요
④ TBM
  • Open TBM : 연암~경암 굴착
  • 쉴드 TBM : 토사~풍화암 굴착

8. 발파굴착(발파공법) (토공 암석 발파공 참조)
  ① 폭약을 이용한 굴착으로 시공성 경제성 양호
  ② 진동, 소음 대책 검토

9. 파쇄굴착
  ① 정적파쇄 : 유압에 의한 팽창 → 균열 → B/K
  ② 동적파쇄 : 미소 충격으로 자유면 확장
  ③ 2차 파쇄(B/K)시 소음 및 작업 효율성이 저하된다.

10. 터널굴착 방식

1) 도갱을 설치하지 않는 방식
① 전단면 굴착 : 암질이 양호한 구간 적용
- 중소 단면 터널 적용
- 굴착면 형상 균일
- 단순 반복 작업으로 기계화 시공성 향상

② 상부 반단면공법
상부 반단면을 터널 전장에 걸쳐 굴착한 후 하부 굴착시 계단 모양 굴착(Bench Cut)

2) 수평 분할굴착(Bench Cut)
두 개의 자유면 발파로 암반 굴착시 계단 모양 굴착
① 개요 : 지반이 양호한 대단면 터널
지반이 불량한 경우 굴착 자립성 높이기 위해 적용
② 종류 : 롱벤치, 숏벤치, 미리벤치, 다단벤치, 가 Invert굴착, 링컷굴착

3) 연직 분할굴착
하반면 지반조건은 양호하나 상반면 지반조건이 불량한 경우 및 침하량 억제 필요시 적용

4) 선진 도갱 굴착
대단면 지반이 불량한 경우 및 침하량 억제 필요시 적용

Ⅲ. 여 굴

1. 개요
숏크리트 계획선의 외측보다 크게 굴착된 부분으로 버럭량, 콘크리트 채움 등 공사비 증가 원인이 된다.

2. 원인
① 천공 각도에 의해 불가피하게 발생
② 천공 난이도에 따라 측벽보다 천정부가 많다.
③ 천공 숙련도에 따른 과다 발생
④ 긴 천공시 드릴 롯드의 휨에 따른 불규칙 여굴 발생
⑤ 대발파에 따른 지반손상으로 여굴발생

■ 도갱
· 터널단면 중 먼저 굴착하는 부분
· 굴착위치에 따라 저설도갱, 정설도갱, 중앙도갱, 측벽도갱 등이 있음

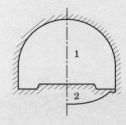

[전단면 굴착]

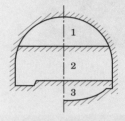

[수평 분할 굴착]

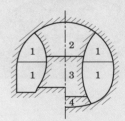

[연직 분할굴착]

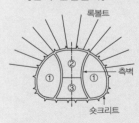

[측면 선진 도갱공법]

■ 필러(Pallar)
굴착면 사이에 남아 있는 기둥이나 벽 모양의 지반

3. 허용기준

① 아치부 t=15~20cm

② 측변부 t=10~15cm

4. 방지대책

① 정밀폭약 및 제어발파

② 발파 후 초기 보강(숏크리트) 조속 실시

③ 숙련공 및 천공장비 활용

④ 연약지반 예상시 선진 그라우팅 실시

5. 버력처리(Mucking)

① 버력처리는 터널공기 30%의 영향이 미치므로 효율적인 장비 조합이 필요

② 버력 반출량 : 굴착량×(1+여굴률)×용적변화율

③ 버력 운반장비 : 레일식(소규모), 타이어식, 크롤라식, Dump Truck

Ⅳ. 지보공

1. 개요

터널굴착으로 새롭게 발생된 응력은 터널 주변의 지반과 안정 상태가 되도록 하여야 한다.

• 3축 응력상태가 2축 응력상태로 변화하면 이로 인해 상실된 지중응력으로 인해 굴착면 접선응력이 크게 증가하고 굴착면에 변위가 발생되는데 이때 지반에 지보공을 설치하여 지반응력이 평형상태가 되도록 하는 것이다.

2. 종류

1) 동바리

① 목재 동바리공 : 최근에는 사용하지 않는다.

② 강제 동바리공(강지보공)

굴착 후 무지보 상태의 굴착면을 일시적으로 지지하여 숏크리트와 Rock Bolt가 소요강도 발휘 전까지 지보효과를 가져야 한다.

㉠ 재질 : 구조용 강재(SS400), H형강, U형강, 격자지보

㉡ 설치

• 설치높이 : 굴착 영향을 고려 5~15cm 높게 설치

• 시기 : 굴착 후 즉시 설치, 배면 숏크리트 완전 밀폐

[버력처리]

[강지보공]

2) 숏크리트(Shotcrete)

굴착단면에 압축공기를 이용 모르타르 또는 콘크리트를 뿜어 붙이는 방법으로 굴착 후 빠른 시일 내 밀착하여 조기강도를 얻을 수 있다.

[숏크리트 타설작업]

① 구비조건
- 조기강도가 발현되어 하중을 지지할 것
- 부착성, 내구성이 클 것
- 수밀성이 양호할 것
- 반발률(Rebound)과 분진발생이 적을 것

② 효과(기능)
- 부착력, 전단력에 의한 저항효과
- 휨, 압축력에 의한 저항효과(내압효과)
- 지반응력 배분효과(암반 하중 보강)
- 약층 보강 효과(공극 메움으로 응력 집중 방지)
- 피복 효과(풍화, 지수, 세립자 유출방지)

③ 종류
　㉠ 건식공법
- 시멘트, 굵은골재, 잔골재 등을 노즐까지 보내고 노즐에서 물을 썩어 뿜어 붙이는 방식
- 비산먼지, 분진 등은 작업환경 열악, 품질확보 곤란, 공사비 불리
- 장거리 압속가능(약 200m)
- 리바운드량이 많음(30~50%)
- 장비가 소형이며, 보수가 용이하다.

　㉡ 습식공법
- 시멘트, 잔골재, 굵은골재와 물을 Mixing한 후 압축공기를 이용하여 뿜어 붙이는 방식
- 비산먼지, 분진 등이 적고, 품질관리 양호, 경제적이다.
- 장거리 압송 부적합(약 80m)하다.
- 리바운드량(10~20%)
- 장비가 대형이고 보수(청소)가 곤란하다.

　㉢ 배합
- 강도 : $\sigma_1 \geq 10MPa$, $\sigma_{28} \geq 21MPa$
- 재료 : 포틀랜드 시멘트, 잔골재 $\geq 0.6mm$, 굵은골재 $\leq 10mm$
　　　　급결제(시멘트 5~10%)
　　　　응결경화촉진, 부착성 향상, 강재부식이 없음, 장기강도 확보

■ 휨인성
(Flexural toughness)
숏크리트에 균열이 발생한 후 숏크리트가 하중을 지지할 수 있는 능력을 말하며 에너지 흡수능력이라고도 함.

■ 고강도 숏크리트
설계기준강도
σ 28 ≥ 35MPa
최종 마감시 암반 부착강도
σ 28 ≥ 0.5MPa
숏크리트 부착강도
σ 28 ≥ 1.0MPa

■ 숏크리트 조강제
· 탄산소다 (Na_2CO_3)
· 수산화칼슘($Ca(OH)_2$)
· 알무민산소다($NaAlO_2$)
· 염화칼슘($CaCl_2$)

ㄹ 숏크리트 두께

사용목적, 지반조건, 단면크기에 따라 전단력을 확보할 수 있도록 하여야 한다.

토사 : 20~25cm, 풍화암 15~20cm, 연암 10~15, 경암 5~10cm

ㅁ 시공

- 타설이 박리되지 않도록 부착면 청소, 느슨한 암석을 제거한다.
- 부석 제거 후 즉시 시행한다.
- 노즐면과 굴착면 거리 1m, 직각일 때 리바운드량이 작다.
- 측면부에서 아치부를 시공한다.
- 1회 타설 두께 10cm 이하
- 두께 측정판 설치하고, 토사는 최소두께, 암반은 평균두께로 관리한다.
- 지보공 사이를 밀착하게 타설한다.
- 용수대책

  배수 Pipe를 이용하여 유도하거나 소량의 경우 시멘트, 급결재 등을 이용한다.

② 섬유보강 Con'c

ㄱ 개요

- 인강 강도 증가, 균열억제
- 숏크리트+강섬유
- 갱구부 파쇄대 등 지반조건 불량한 지역
- 구조적 큰 응력이 작용하는 경우에 사용

  강섬유, 합성섬유 또는 기타섬유의 적용이 요구되는 경우는 국내외 연구성과 및 현장적용사례를 충분히 검토하여 적용여부를 결정하고, 공사감독자의 승인을 받아야 한다.

ㄴ 특성

- 빠른 시간 보강으로 안정성, 휨인장성 증대
- 하중분산 우수, 발파에 대한 내충격성 양호
- 습식에서 사용, 혼합 불량시 강도 저하
- 강섬유에 의한 부직포, 방수포 파손 우려
- 단순 작업으로 품질 및 안정성 향상

③ Wire Mesh + 숏크리트

숏크리트의 강도와 부착 향상을 위해서 철망 설치 후 타설

■ 강섬유 보강 숏크리트의 휨강도

$\sigma 28 \geq 4.5$MPa

■ 휨인성을 나타내는 등가휨강도

$\sigma 28 \geq 3.0$MPa

■ 철망 겹이음
터널 종방향으로 100mm, 횡방향으로 200mm 이상

■ 철망의 최소 숏크리트의 피복두께는 20mm 이상

■ 막장면 숏크리트의 두께는 최소 30mm 이상

3) 록 볼트(Rock Bolt)

① 개요
지반과 일체가 되어 지보 효과가 발휘 되도록 지반 거동에 대한 보강

② 사용목적
균열, 층리, 절리가 발달된 불연속이 있는 암에 사용. 암반의 봉합과 지반보강

㉠ 봉합 및 매달음 : 낙반, 균열, 절리 봉합

㉡ 보형성 작용 : 전단력을 전달하며 합성보로 거동

㉢ 내압작용 : 2축 응력상태를 3축 응력상태의 변화 효과

㉣ 아치형성 작용 : 지반 내공측으로 일정하게 변형, 내하력이 큰 아치형성

㉤ 지반 보강 작용 : 전단 저항력 증가, 지반 내하력과 잔류 강도 증가

③ 종류

㉠ 선단접착형
- 쐐기형, 확장형, 선단접착형
- 록볼트 선단을 암반에 정착한 후 너트로 고정한다.
- 경암, 보통암에 이용

㉡ 전면접착형
- 수지형, 충전형, 주입형
- 수지, 시멘트, 모르타르 등으로 정착
- 락볼트 전체를 지반에 정착
- 경암에서 팽창성 지반까지 광범위하게 이용

㉢ 혼합형
- 확대형 + 시멘트 그라우팅, 선단정착형 + 시멘트 그라우팅
- 기계적으로 선단에 락볼트 정착 후 시멘트 밀크 주입 또는 급결용 캡슐 충진
- 프리스트레스 하거나 전면접착형을 선단에 급결 충진 방법
- 급결 부족으로 정착력 부족할 경우가 있다.

㉣ 마찰형
- 설치 동시에 지보 가능
- 천공 삽입 후 높은 압력으로 볼트 팽창

- 록볼트 항복강도
  350MPa 이상의 강재

- 록볼트 정착재용 시멘트
  모르타르의 물과 시멘트의
  비는 40~50%

- 인발시험 빈도
  터널연장 20m 마다 3개소
  시험위치는 천장부, 어깨부,
  측벽부 각 1개소

[Rock Bolt]

■ 록볼트 배치 및 길이
「한국철도시설공단」
· 철도설계지침 및 편람
터널지 보재(20.6.10)
· 철도터널설계 선진화용역
성과반영(기술심사처-2334)

4) 록볼트 배치

① 개요

굴착에 따른 응력이완 영역을 보강하기 위해 설치한다.

② 록볼트 길이와 간격

록볼트 길이와 간격은 경험적, 실험적 산정식에서 구할 수 있으며, Rabcewicz, Barton, 노르웨이 IFF에 의한 식, 미공병단에 의한 식 등이 있다.

㉠ 록볼트의 길이 (L)

ⓐ $L \geq (\dfrac{W}{3} - \dfrac{W}{5})$ 또는 $L \geq t$ (Rabcewicz)

　 B : 터널단면폭(m),　 t : 막장면과 지보구간의 거리(m)

㉡ 록볼트의 간격(P)

ⓑ $P \leq 0.5 \times L$ 또는 (Rabcewicz)

ⓒ $P \leq 3.0 \times D$ (Rabcewicz)

　 L : 록볼트 길이(m),　 D : 블럭화할 암괴의 평균치수

식ⓐ의 조건은 이완이 생길 영역에 대한 조건이고, 식ⓑ의 조건은 록볼트의 영향 범위가 중첩되기 위한 추정이며, 식ⓒ의 조건은 각 블록 상호간의 볼팅 작용으로써 서로 관련시킬 수 있는 조건이다.

③ 배치방법

㉠ Random Bolting : 굴착 단면의 상태를 판단하여 보강
㉡ System Bolting : 굴착단면 상태 및 암반 등급과 정해진 형식에 따라 보강

㉮ 봉합효과 : 연암 중 경암의 아치부에 암괴를 봉합하여 붕락방지
㉯ 내압 및 아치형성
　· 연암, 풍화암의 아치부, 측벽부에 내압 및 보 형성 효과
　· 팽창성 지반 인버트에 설치
㉰ 전단저항
　· 토사 등 연약한 지반의 아치 천단부를 제외한 측벽부 전단파괴 방지

④ Rock Bolt 시공

버력 및 부석 제거 후 조기 시공하여, 안정상태 유지하도록 한다.
경암 등 지반이 양호한 경우 2~3 cycle 지연 시공 가능

　　㉠ 천공 : 직경, 깊이, 방향, 만곡 등 고려(아치부 ±10°, 직면부 ±5°)

　　㉡ 천공깊이

　　　　• 확대형 : 볼트 길이보다 길게

　　　　• 쐐기형, 레진형 : 볼트 길이보다 짧게

　　㉢ 충진 : 캡슐 형태의 레진형, 사용 용이함

　　　　　　　전면접착식 : 천공 → 삽입 → 주입 연속 시행

　　㉣ 지압판 : Rock Bolt와 숏크리트 일체화

　　　　　　　지압판 두께는 6mm를 표준으로 하되 터널 변형이 큰 조건
　　　　　　　에서는 9mm 이상의 두께를 사용할 수 있다.

　⑤ 록볼트의 타설 형식

　　㉠ 일반형 : 터널에서 사용하는 가장 기본적 형태이다.

　　㉡ 경사볼트 : 막장부에 코어를 남겨 록볼트 작업공간이 부족하나 록볼
　　　　트를 조기에 시공할 필요가 있는 경우 등에 적용하며, 경사각은 통
　　　　상 45° ~ 60°로 해야 한다.

　　㉢ 훠폴링 : 막장부 천단부의 안정을 위하여 적용하며 경사각은 통상
　　　　15° 미만으로 해야 한다.

　　㉣ 막장볼트 : 막장부 안정을 위해 적용하며, 유리섬유(GlassFiber) 재
　　　　질의 록볼트를 사용할 수 있다.

V. 굴착 보조공법

1. 개요

안정성 확보, 주변지반 전단강도 증진, 압축성 개선, 투수성 저하 등을 방
지하기 위해 적용. 부족시 2~3개 공법 병용 시행

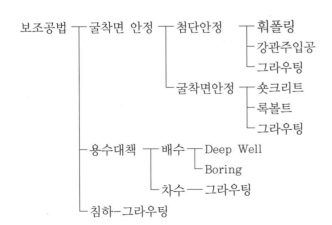

[Forepoling공법의 중첩 효과]

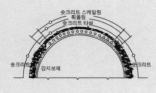

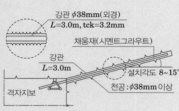

[Forepoling 배치]

2. 훠폴링

① 개요
- 굴착 전 종방향으로 철근 또는 강관을 설치하여 굴착면 전방의 지반보호와 국부적 낙반방지

② 길이 : 굴진장 2~3배

③ 간격 : 굴진장, 지반하중, 지반조건에 따라 고려한다.
- 횡방향 간격 0.3~0.8m 이내
- 종방향 간격 좌우 30~60° 이내
- 설치각도 15° 이내(여굴방지)

④ 재료 : 철근 $\phi 25$ 강관 Pipe 30~40mm

⑤ 시공 후 이완을 고려 천공부 공간에 모르터르 채움, 그라우팅 실시
- 방사형 Bolt : 굴착면 전방 45~60 각도 체계적 타설
- 굴착면 안정Bolt : 굴착면에 록볼트로 구속력을 가한다.
- 자천공 록Bolt : 록볼트 삽입 곤란한 경우 2~5m(천공 및 그라우팅)

3. 파이프 루프 공법

굴착 전 파이프를 수평으로 삽입하여 루프와 지보 역할을 동시에 만족하는 공법으로 연직이나 경사 방향으로도 강관설치가 가능하여, 큰 하중 조건에서도 지반침하를 억제할 수 있다. 모든 지반에서 무소음, 무진동 시공이 가능한 무공해 공법이다.

4. 강관그라우팅

① 개요
천단부 암 피복이 얇거나 파쇄가 심하여 강도 및 자립도가 낮은 지반에서 터널을 굴착하는 경우 지반보강 및 차수를 목적으로 시행하는 터널 굴착 보조공법

② 시공법
- 지반에서 굴착전에 천단부 지반을 강관(50mm 이상)과 그라우트를 이용하여 광범위하게 보강한다.
- 시공순서
천공 → 강관삽입 → 코킹 → 씰재 주입 및 겔화시간(23h±1) → 그라우트재 주입(1~1.5Mpa) → 양생(18h±1)

Ⅵ. 배수 및 방수

1. 개요

터널은 대부분 지하수 이내 존치하고 있어 터널 자체가 배수구 역할을 하게 된다. 지반 침하 등에 의해 누수가 발생되면 내구성 저하, 유지관리비 등이 소요됨으로 방수공 설치가 필요하다.

2. 배수 형식

1) 배수형식

① 배수형 터널 : 현장타설 라이닝 주변 지반에 유도 배수관으로 배수를 유도하여 라이닝 수압을 받지 않도록 하는 형식

② 비배수형 터널 : 현장타설 라이닝 주변을 막아 내부로 지하수가 침투하지 못하도록 하는 형식

2) 시공 중 배수

① 유도배수 ┬ 파이프 삽입(ϕ20~100mm)
           ├ 반할관 집수
           ├ 부직포와 다발관
           └ Drain Board 집수

② 숏크리트 타설 후 – PVC 쉬트나 방수막 이용

③ 집수 및 배수 ┬ 상향 집수 배수 : 측구설치
              └ 하향 집수 배수 : Pump 이용

3. 방수공

라이닝 내면부에 체류된 지하수는 수압이 작용하여 불리하게 한다.

1) 방수형식

① 배수형 방수공

  ㉠ 개요

    • 라이닝 배면의 배수시설에서 유도 배수하여 라이닝에 수압의 영향이 없도록 하는 형식

    • 자유배수 가능하고 지질이 양호할 때 적용

  ㉡ 특징

    • 보수가 용이

    • 시공비 적게 소요

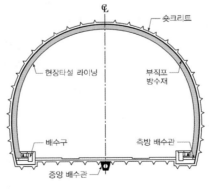

[배수형 터널]

■ 방수재료
  인장강도 16MPa 이상,
  인열강도 60N/mm 이상,
  신도 600% 이상
  가열신축량
  신장 2.0mm 이하
  수축 4.0mm 이하
  두께 2mm 이상

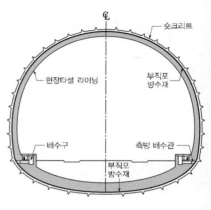

[비배수형 터널]

- 유지관리비 과다(집수 용량이 큼)
- 지반 침하 등 주변에 영향
② 비 배수형 방수공
  ㉠ 개요
  - 라이닝 배면에 방수층까지 지하수의 터널 내 유입을 차단하는 형식
  - 지하수위가 높은 경우 지질 불량한 경우 적용
  ㉡ 특징
  - 주변 지반에 영향 적다.
  - 유지관리비 적게 소요
  - 시공비 비쌈(2차 라이닝 구조적 안정 필요)
  - 누수시 보수 곤란
  - 내부가 청결하고 유지관리 용이

2) 방수 System
  ① 쉬트방식 기능
  - 방수기능
  - 라이닝 균열 억제 기능
  - 완충기능
  - 배수기능
  ② 특징 : 숏크리트면(요철 수정), 록볼트 부위 정리필요, 쉬트이음부 구조적 취약, 콘크리트 타설시 정착강도 및 수밀성 확보

3) 누수처리방법
  ① 지수공법 : 누수량이 적고, 수압이 낮은 경우
  - V-cut + Mortar
  - 우레탄, 실리콘 도포
  - 모르타르 지수
  ② 도수공법 : 누수량이 많고, 지수공법이 곤란한 경우
               절개공법, 통수공법이 있다.
  ③ 배면 처리공법 : 누수량 많고 집중적으로 분출하는 경우

4) 방수 시공 유의사항
  ① 배수로 형성
  ② 여굴(요철)이 심한 곳, 공극을 메운 후 쉬트를 포설한다.
  ③ 숏크리트 면정리(요철, 철선, 돌출부위)
  ④ 지하수 유입 처리 후 부직포를 포설한다.

[방수쉬트 설치작업]

[방수쉬트+철근설치]

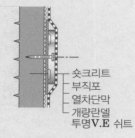

숏크리트
부직포
열차단막
개량란델
투명V.E 쉬트

[방수쉬트 단면]

■ 방수막 보수시
진공시험기의 압력은 20kPa
로 한다.

⑤ 하부 유공관 설치 부분은 토립자 유출 없도록 부직포 처리한다.

⑥ 렌델(부직포 고정) : 2.5개/m² 설치 후 부직포 포설, 천정부는 조밀시공

⑦ 방수 쉬트 파손이나 구조물에 영향 없도록 느슨하게 설치한다.

⑧ 방수 쉬트 용접시 란델 위에서 시행. 겹이음 8cm 이상

⑨ Con'c 타설 중 강도에 의해 란델과 방수 쉬트가 손상되지 않도록 한다.

⑩ 공기압 Test 0.15~0.2MPa, 4~5분 실시한다.

⑪ 방수 쉬트 손상부위는 열융착 보강 후 검사 시험을 시행한다.

⑫ 라이닝 이음부 쉬트 보호대 (B=50cm) 설치한다.

Ⅶ. 라이닝(복공)

1. 개요

터널의 지반상태, 환경조건, 주보재의 지보능력 등을 고려한 안정성 확보와 누수 등의 원인으로 강도의 변화가 없는 내구성 구조로서 내구연한, 구조적 안정기능, 미관기능, 내부시설물 보호 기능, 점검 및 보수 관리 기능을 가지고 있어야 한다.

[라이닝]

2. 시공법

1) 시공시기(콘크리트 타설시기)

① 장기간 방치시 지반 및 지보재 내구성 저하 발생 우려(안정성 저하)

② 계측을 통한 지반 변위가 수렴된 후 타설한다.

③ 팽창성 지반 경우 평창압에 의한 지반 변형을 고려하여 결정한다.

[터널내 조립]

2) 콘크리트

① 무근·철근콘크리트 강섬유, 유리섬유 보강 콘크리트(인장력 향상)

② 일반 콘크리트 : $\sigma 28 = 21\sim24MPa$

수밀 콘크리트 : $\sigma 28 \geq 27MPa$

③ 압송 타설 : 압력, 진동에 견딜 수 있는 구조

④ 일반 타설 : 벨트 컨베이어, 슈트타설, 과도한 타설이 되지 않도록 주의

⑤ 용수 대책 : 라이닝 배면 집수매트, 유공관 설치, 방수 쉬트 포설

[터널외부 조립]

3) 거푸집

① 조립식, 이동식(전단면형, 반단면형)

② 갱내가 협소함으로 순서에 따라 거푸집을 반입한다.

③ 궤도, 지반 불량시 부등침하로 인한 부재 접합 불량 발생주의
(조립 및 타설시 안전사고 주의)

④ 외부조립 반입 경우는 현장이동 조건 고려(크레인 능력, 강도)

⑤ 1회 콘크리트 타설량, 길이, 속도를 고려한다.

[인버트 시공]

■ 팽창성 지반
(Swelling ground)
터널굴착에서 팽창으로 인하
여 문제를 일으키기 쉬운 지
반으로서, 제3기층의 열수
변질을 받은 화산분출물, 팽
창성 이암 및 온천 여토 등.

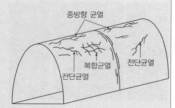

[콘크리트 라이닝의 균열 형태]

3. Invert

팽창성 지반, 압축성 지반, 지반·지형 조건상 편압으로 안정성에 문제 발생 예상 구간에 설치한다.

① 지반불량 : 숏크리트에 의한 Invert 부분의 보강 변형 억제

② 편압 구간은 인버트 형상을 곡선으로 적용한다.

③ 인버트는 측벽과 일체가 되어 안전하게 저항한다.

④ 시공성, 경제성 검토

4. 천정부 채움

① 주재료 : 모르타르, 신축성이 적은 재료 선정한다.

② 주입시 주입관 및 배기관을 설치하여 공극이 발생하지 않도록 밀실하게 채운다.

③ 채움에 따른 배수나 구조물 손상이 없도록 주입한다.

5. 균열

① 원인
  • 온도신축(콘크리트 경화 온도강하, 터널 내 온도 변화)
  • 건조수축(터널 내 습도 저하)

② 대책
  • 신축이음을 설치(온도 영향 많이 받는 구간)한다.
  • 숏크리트와 Con'c 라이닝의 평활한 접속
  • 콘크리트 타설 순서의 조정(좌우 Balance)
  • 수화열 건조수축 감소(팽창제, 혼화제, 유동화제 이용)
  • 균열 유발 줄눈을 설치(누수대책)한다.
  • 습윤 양생을 실시한다.
  • 섬유보강 Con'c를 사용(인장력 향상)한다.

③ 종류
  • 수직균열
  • 종균열, 횡균열
  • 전단균열, 복합균열, 불규칙 균열

Ⅷ. 계 측(Monitoring)

1. 개요

터널 굴착에 따른 지반 거동과 지보재의 효과 파악과 공사의 안전성 및 경제성 확보를 위해 적용한다.

1) 안정성 확인
 ① 주변 지반의 움직임 확인
 ② 지보재의 효과 확인
 ③ 자동차(기차)등 반복적인 하중에 대한 터널 안전성 확인
 ④ 주변 구조물 영향 파악

2) 경제성 확인
 ① 계측 결과에 따른 경제성 확보
 ② 향후 공사시 기초 자료
 ③ 분쟁(소송, 민원) 근거 자료

2. 계측 계획

터널의 용도, 지반조건, 환경, 시공방법을 고려한 계획 수립

1) 계획 수립
 ① 터널의 규모, 주변여건, 지반조건, 시공방법 등 예상되는 문제점을
   고려한 계측 계획 수립
 ② 계측 항목, 위치, 빈도 결정
 ③ 계측 목적에 맞는 계측기 선정
 ④ 계측 결과 적용 관리 기준
   긴급시 신속 대응, 분석 및 조치 내용 범위 선정

2) 계측 항목
 계측 결과에 따른 활용목적, 평가방법을 명확히 설정한 후 계측항목 선정
 ① 일상계측(시공관리상 필수 항목)
   ㉠ 갱내 관찰조사
    • 굴진 막장마다 실시, 1일 1회 이상 시행
    • 막장 안정성 확인, 지질 변화대 확인, 지반의 재분류 및 평가
    • 기시공 구간 관찰(Rock Bolt, 숏크리트, 강지보재 등)
   ㉡ 내공 변위, 천단침하
    • 터널 내공 및 천단의 변위 측정하여 터널의 거동 및 안정성 판단
    • 내공 변위, 천단 침하는 동일한 단면 설치
    • 간격 : L=20cm, 갱구부 50m, 터널 직격 2배 이하 구간 10m
    • 측선 배치 형태
      전단면 3측선, 반단면 4측선, 반단면 6측선,
      내공 변위가 큰 경우 또는 편압예상구간 절대 변위량 측정
    • 시기 : 숏크리트 타설 직후 설치, 초기치 측정 중요
    • 측정기간 : 계측기기 설치 후 변위 수렴 확인 시까지 한다.
    • 라이닝 타설 시기 판단

■ 일상계측
 (Daily Monitoring)
 일상적인 시공관리를 위하여
 실시하는 계측을 말하며, 지
 표침하, 천단침하, 내공변위
 측정 등이 포함됨.

■ 천단침하
 (Crown settlement)
 터널굴착으로 인하여 발생하
 는 터널 천단의 연직방향 침
 하를 말하며, 기준점에 대한
 하향의 절대 침하량을 양(+)
 의 천단침하량

■ 측선(survey line)
 계측을 위하여 설정한 측점
 사이의 최단거리에 해당하는
 가상의 선

■ 지표침하
(Surface settlement)
터널굴착으로 인하여 발생하는 지표면의 침하
지표침하는 터널의 종단 및 횡단방향으로 여러 곳에 침하판을 설치하여 터널굴착시 변화되지 않는 기준점에 대한 상대적인 침하량 측정

ⓒ 지표 침하 측정
지상에서 굴착 영향 범위 파악, 절대 침하량 측정, 침하구배(S)를 구하여 구조물 안정성 파악
측정빈도 : 1회 / 1~2일
위치 : 막장으로부터 2D~5D

② Rock Bolt 인발시험
㉮ 정착 효과 판정을 위한 시험, 굴착 초기단계에서 갱구 부근 실시
㉯ 고려사항
• 정착재료 및 재령, 록볼트 형상 및 재질, 길이, 직경, 천공경의 관계, 천공방법, 프리스트레싱 유무, 숏크리트에 부착되지 않게 할 것
• 볼트에 휨이 발생되지 않도록 인발 방향을 Rock Bolt 축에 일치시킨다.
㉰ 시험
• 인발시험 평균 재하속도 10kN/m (1ton/분)
• 하중-변위 곡선으로 인발 내력 평가
• 하중을 결정하기 위하여 P-S 분석법 이외에도 $P-\Delta S/\Delta \log(t)$ 도해법을 활용할 수 있다.
• 인발시험 빈도는 터널연장 20m 마다 3개소로 하며, 시험위치는 천장부, 어깨부, 측벽부 각 1개소 씩으로 하여야 한다.

② 정밀계측(지반조건에 따라 추가 항목)

■ 정밀계측
(Precise Measurement)
정밀한 지반거동 측정을 위하여 실시하는 계측을 말하며, 계측항목이 일상계측보다 많고 주로 종합적인 지반거동 평가와 설계의 개선 등을 목적으로 수행

ㄱ 지중 변위 측정
주변 지반의 이완 영역의 범위 판단
ㄴ 지중침하 측정
터널 굴착에 따른 지표 및 지중 침하량 측정, 주변 구조물 영향, 평가
ㄷ 지반 팽창성 측정
인버트의 필요성, 효과 판정
ㄹ 수평 변위 측정
수직갱 또는 작업갱의 발파 및 굴착 등으로 인한 자중의 심도별 수평 변위량 조정

■ 지중변위
(Ground displacement)
터널굴착으로 인하여 발생하는 굴착면 주변 지반의 터널 반경방향의 변위

ㅁ 지반 진동 측정
발파 진동 측정
ㅂ Rock Bolt 축력 측정
Rock Bolt의 축력 측정에 의한 보강 효과 확인 및 록 볼트 시공 타당성 평가

■ 지중침하
(Ground settlement)
터널을 굴착시 굴착면 인접 지반에는 침하가 발생하며 터널 천장부를 기점으로 하여 지표로 갈수록 각 지층의 침하량은 깊이별로 서로 다르게 나타나는데 이때의 깊이별 침하

ㅅ 라이닝 응력 측정
숏크리트, 콘크리트 라이닝 모두 측정
라이닝 내부 응력 상태 측정을 통한 터널의 안정성 평가

◎ 강지보재 응력 측정

강지보재의 응력 측정에 의한 강지보재의 치수, 형상, 설치 간격
결정 강지보재에 작용하는 토압 크기, 방향, 측압계수 등 추정

ⓩ 갱내 탄성파 측정

이완 영역의 변위 측정
균열대 변질 정도 측정

■ 이완영역(Loosened zone)
터널굴착으로 인하여 터널주
변의 지반응력이 재분배되어
지반이 다소 느슨한 상태로
되는 범위

IX. 터널 갱구부

1. 개요

터널 입구를 말하며 갱문 구조물 배면으로부터 아치 형성이 가능한 터널
직경의 1~2배 범위 또는 터널 직경의 1.5배 이상의 토피 확보하는 구간

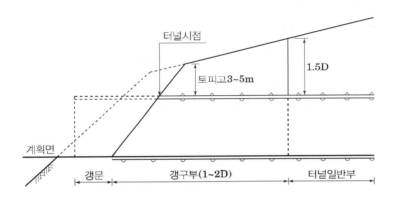

[터널갱구부]

2. 위치선정

터널 중심선을 기준으로

① 지형 비탈면 직교형 : 이상적인 위치
② 지형 비탈면 경사 교차형 : 편토압 검토 필요
③ 지형 비탈면 평행형 : 토피가 적고, 편토압 검토 필요
④ 지형 능선 평행형 : 갱구부 토피가 적음
⑤ 계곡 진입형 : 지하수위, 단층대, 낙석, 산사태 등 자연재해 우려

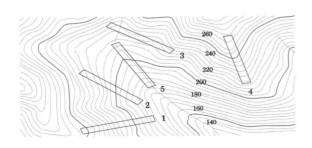

[면벽형 터널 갱문]

[돌출형 터널 갱문]

3. 시공 주의 사항

지반이 불안정하고 지지구조가 취약하며 시공시 붕괴 위험에 대하여 주의하여야 한다.

① 붕괴위험 : 주변 지반보다 지지구조 취약
　　　　　　　　일반터널보다 강한 지보재 사용(숏크리트 라이닝)

② 배수계획 : 누수, 결빙 우려, 산마루 측구, 도·배수로 설치

③ 지내력확보 : 토피가 적어 갱구부 보강 필요

④ 보강공법 : 지표의 과다 침하, 지표 함몰시 보조공법 검토 적용
　　　　　　　　사면 안정 및 낙석주의

4. 갱문형식

① 면벽형
 • 중력식, 날개식
 • 시공이 용이하다.(터널 상부 되메우기, 배수 처리 유리)
 • 직각형태로 운전시 위압감, 주변 경관 부조화

② 도출형
 • 파라페르식, 원통 깎기식, 벨 마우스식
 • 갱구 시공이 어려움(공기가 길어짐)
 • 주변과 자연스러운 조화

X. 침매터널

1. 개요

해저에 트렌치 굴착하고 육상에서 분할 제작된 침매함을 설치 위치에 침설시키고 접합 후 되메우기, 보호공 설치하여 완성시킨다.

2. 특징

① 장점
 • 단면 형상이 자유롭고, 큰 단면 시공 가능하다.
 • 육상 제작(세그먼트)으로 구조물 신뢰도가 높다.
 • 공사기간을 줄일 수 있다.
 • 수중에 설치함으로 연약 지반 시공 가능하다.

② 단점
 • 유속이 심한 경우 거치 및 운반이 곤란하다.
 • 암초가 있을 경우 트렌치 굴착이 어렵다.

③ 세그먼트 조인트(Segment Joint) 설치
 • 고무계 재질로 철근과 연결되지 않도록 설치. 약간의 신축 허용

[침매터널 세그먼트]

④ 연결부 거동

• 시공오차, 온도변화, 외부하중, 조인트 이완, 지반 부등침하 등의 발생에 따른 Joint Opening에 대한 안정성 확보가 필요하다.

3. 시공 순서

해상 | 육상
트렌치 굴착 | 세그먼트 제작
↓ | ↓
바닥면 정리 | 가벽설치
↓ | ↓
← 진수·이동
거치
↓
접합
↓
Pumping
↓
되메우기 덧보호공

XI. 쉴드공법(Shield 공법)

1. 개요

강제 원통을 굴진하고자 하는 곳에 위치하고 전방의 막장 부분의 흙을 파내면서 전진시키고, 후방에서 1차 라이닝하면서 굴진시키는 공법 L=2km

2. 특징

• 용수를 동반한 연약지반 터널에 유리하다.
• 하천, 바다 등의 연약 지반이나, 대수층 지반 터널로 개발
• 최근 도심지 터널에 많이 사용(상하수도, 전기, 통신, 지하철) 한다.
① 장점
  • 심도가 깊은 곳 시공이 가능하다.
  • 공사 중 노면 점유, 진동, 소음이 적다.
  • 주·야 시공 가능, 연약지반 시공이 유리하다.
  • 지반 변위가 거의 없다.
② 단점
  • 급경사, 곡선 구간 시공 어렵다.
  • 단면의 변화 변경이 어렵다.(치수 형상)
  • 심도 낮은 곳은 시공이 곤란하다.

[쉴드 TBM구성]

[쉴드터널 발진작업기지]

3. 종류

개방형 ┬ 전면 개방형 ── 인력, 반기계, 기계식
　　　　└ 부분 개방형

밀폐형 ┬ 토압식 ─ 토압식, 이토압식
　　　　├ 이수가입식
　　　　└ 압축공기식

4. Shield 구성

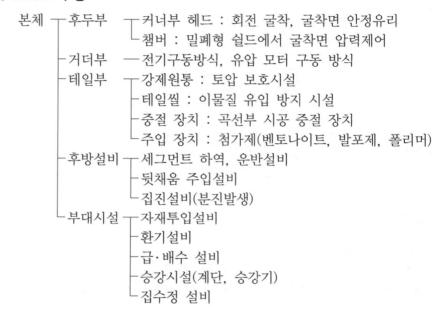

본체 ┬ 후두부 ┬ 커너부 헤드 : 회전 굴착, 굴착면 안정유리
　　　│　　　　└ 챔버 : 밀폐형 쉴드에서 굴착면 압력제어
　　　├ 거더부 ── 전기구동방식, 유압 모터 구동 방식
　　　├ 테일부 ┬ 강제원통 : 토압 보호시설
　　　│　　　　├ 테일씰 : 이물질 유입 방지 시설
　　　│　　　　├ 중절 장치 : 곡선부 시공 중절 장치
　　　│　　　　└ 주입 장치 : 첨가제(벤토나이트, 발포제, 폴리머)
　　　├ 후방설비 ┬ 세그먼트 하역, 운반설비
　　　│　　　　　├ 뒷채움 주입설비
　　　│　　　　　└ 집진설비(분진발생)
　　　└ 부대시설 ┬ 자재투입설비
　　　　　　　　　├ 환기설비
　　　　　　　　　├ 급·배수 설비
　　　　　　　　　├ 승강시설(계단, 승강기)
　　　　　　　　　└ 집수정 설비

5. 시공순서

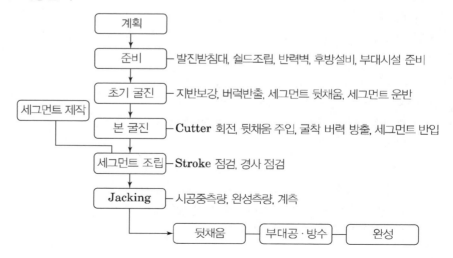

- 계획
- 준비 ── 발진받침대, 쉴드조립, 반력벽, 후방설비, 부대시설 준비
- 초기 굴진 ── 지반보강, 버럭반출, 세그먼트 뒷채움, 세그먼트 운반
- 세그먼트 제작
- 본 굴진 ── Cutter 회전, 뒷채움 주입, 굴착 버럭 방출, 세그먼트 반입
- 세그먼트 조립 ── Stroke 점검, 경사 점검
- Jacking ── 시공중측량, 완성측량, 계측
- 뒷채움 ── 부대공·방수 ── 완성

카피커터(Copy cutter)
곡선부에서 쉴드TBM의 원활한 추진을 위하여 내측곡선 부분에서 곡선반경방향으로 확대 굴착하기 위하여 쉴드 TBM 커터헤드의 측면에 설치한 커터

커터비트(Cutter bit)
토사를 굴착하기 위하여 쉴드TBM의 커터헤드에 부착하는 칼날형의 고정식 비트를 말하며, 본체와 팁으로 구성됨.

케이블볼트(Cable bolt)
굴착지반의 보강이나 지지를 위해 시멘트 그라우트된 천공 홀에 강연선을 삽입한 보강재

**터널의 토피고는 가급적 굴착외경의 1.5배 이상이 되도록 선형을 계획하고 1.5배 미만인 경우에는 안정성 검토 및 대책 수

XII. TBM(Tunnel Boring Machine 공법)

1. 개요

전단면을 기계로 굴착하는 공법으로 지반 변형이 최소화 하여 안정성 확보와 소음, 진동에 의한 환경 피해가 적고, 갱내 작업환경이 청결하여 작업자의 보건 환경에도 유리하다.

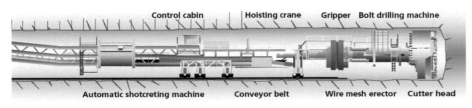

Control cabin Hoisting crane Gripper Bolt drilling machine

Automatic shotcreting machine   Conveyor belt   Wire mesh erector   Cutter head

[TBM 공법(기계식 굴착)]

2. 종류

1) 암쇄 방식(Robins Type)

① 경암(1000~1500MPa) 파쇄에 적합

② 막장면을 누르며 회전하여 갈면서 전단파쇄

2) 절삭 방식(Wohlmeyer Type)

① 연암(700~800MPa), 풍화암(30~80MPa)

② 막장면을 경사각으로 누르면서 절삭

3. 특징

1) 장점

① 소음·진동이 적다

② 안전하다, 작업량이 청결하다.

③ 여굴이 적다.

④ 버력 반출이 용이하다.

⑤ 작업자 보건 환경이 좋다.

2) 단점

① 장비가 고가이다. 초기투자가 크다.

② 장비의 범용성이 낮다.

③ 장비제작 및 운영 전문가 필요

④ 지반 여건에 따른 제약이 많다. (지하 매설물)

■ 개방형 TBM(Open TBM)
무지보 상태에서 기기전면에 장착된 커터의 회전과 주변 암반으로부터 추진력을 얻어 터널전단면을 절삭 또는 파쇄하여 굴진하는 터널굴착기계

■ Read Head 공법
· 연약 암반 중 굴착향상
· 유압 실린더가 상하 좌우로 움직이면서 나선형 회전에 의해 굴착
· 소형, 경량, 이동성, 범용성이 좋다.

[TBM 발진터널]

[TBM 조립장]

■ 요잉(Yawing)
TBM 장비의 진행 수직축 방향인 연직 축에 대한 장비의 좌우 방향 왕복 회전현상

■ 피칭(Pitching)
TBM 장비의 진행 축방향으로부터 수평축에 대한 장비의 상하 방향의 회전현상

■커터(Cutter)
  TBM의 커터헤드에 토사 또
  는 암반의 굴착을 위하여 부
  착하는 금속재질의 소모품을
  말하며, 디스크커터, 커터비
  트, 카피커터 등이 있음.

■디스크커터(Disk cutter)
  TBM 등의 기계굴착기에 부
  착되어 회전력과 압축력에
  의하여 암반을 압쇄시키는
  원반형의 커터

■커터헤드(Cutter head)
  TBM의 맨 앞부분에 배열 장
  착되는 디스크커터 또는 커
  터비트 등 각종 커터를 부착
  하여 회전·굴착하는 부분

■이렉터(Erector)
  쉴드TBM의 구성요소로서 세
  그먼트를 들어올려 링으로
  조립하는데 사용하는 장치

■측벽부(Wall)
  터널어깨 하부로부터 바닥부
  에 이르는 구간

■추력(Thrust force)
  TBM 굴진을 위하여 커터헤
  드에서 굴진면으로 가해지는
  추진력

■막장면
  (굴진면, Tunnel face)
  터널굴진방향에 대한 굴착면
  을 말하며, 거의 연직에 가
  깝다.

■막장부
  (굴착부, 굴진구역과 굴착구
  역을 포함한 구간)
  막장면(굴진면) 후방의
  20 ~ 30m 구간

  f : 막장면(굴진면)
  L : 막장부(굴착부)
  L₁ : 굴진구역
  L₂ : 굴착구역
  L₃ : 후방구역

4. TBM 구성

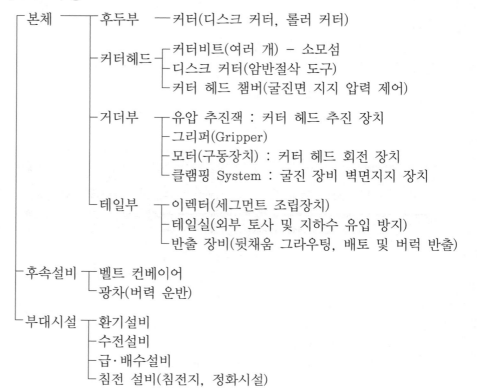

5. 시공순서

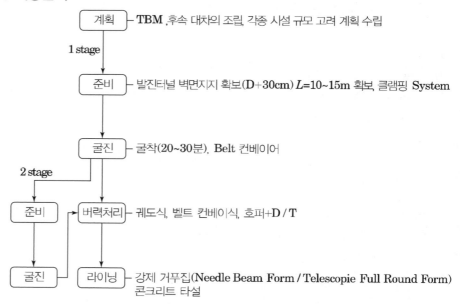

XIII. NATM

1. 개요

터널을 발파 굴진하면서 빠른 시간 내 숏크리트와 Rock Bolt를 실시 원지반의 이완 방지 및 지지력 증대 시켜, 지보공 없이 원지반이 지보의 역할 하도록 한 공법

2. 특징

① 굴진속도가 재래식 보다 **빠르다.**
② 지질에 영향이 적다.
③ 지주가 없어도 주변 암반으로 하중을 지지한다.
④ 단면이 작고, 단면이동 효율이 높다.(수로 터널 유리)
⑤ 터널 선형에 관계없이 시공 가능
⑥ 터널 연장에 관계없다.

3. 보강공법 검토

① 터널 보조 지보재 (터널공 Ⅳ. 지보공 참조)
② 터널 보조공법 (터널공 Ⅴ. 굴착보조공법 참조)

4. 계측 (터널공 Ⅷ. 계측 참조)

5. 시공 순서

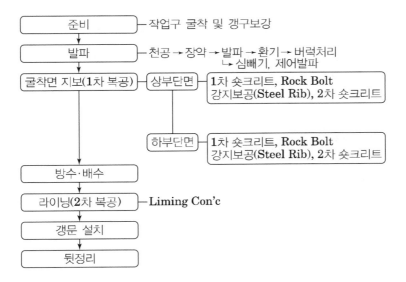

■ 1차응력 : 굴착전 상태의 응력
 2차응력 : 굴착후 굴착면 주변
  응력(굴착 후 지압)

■ Arching Effect
 변형하려는 약한 지반이 주변의 강한 지반으로 응력을 전달시켜 자체의 전단 강도가 커지는 현상 이러한 응력전이 현상을 Arching Effect라 한다. 굴착된 단면의 Arching Effect로 변형이 억제되는 것을 이용하여 NATM 터널을 시공한다.

2 단답형·서술형 문제 해설

1 단답형 문제 해설

01 Shotcrete

Ⅰ. 개 요

Mortar이나 콘크리트 + 급결제를 시공면에 뿜어 붙이는 것으로 Tunnel Lining이나 기타 구조물에 적용한다.

Ⅱ. 특 징

(1) 거푸집이 필요 없다.
(2) 숙련공에 의한 시공
(3) 밀도가 낮고, 수밀성이 낮다
(4) 수축균열이 생기기 쉽다.
(5) 표면이 거칠다.
(6) 시공시 분진 발생된다.
(7) 적은 W/C로 시공가능하다.

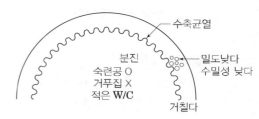

[암기를 위한 그림 작성 예]

Ⅲ. 공 법

(1) 건식

Cement + 골재가 Nozzle 가까이 왔을 때 여기서 물을 Mixing하고 압축공기를 주입한다.
수송거리 길다. 분진이 많다. Rebound가 많다, 숙련도 요함

(2) 습식

Cement + 골재 + 물을 Mixing 후 Nozzle로 운반하고 압축공기를 주입한다.
(수송거리 짧다, 분진이 적다. 품질 변화가 적다. Rebound가 적다).
품질이 균일하다.

IV. 재 료

(1) 골재

① 잔골재 → 많을 경우 시공성 양호 → 건조수축 크다

② 굵은 골재 → 호스 직경 고려 최대 치수 산정

③ 최대치수 → 10~16cm가 크면 (단위 Cement 감소, Rebound량이 많아진다)

④ S/a(잔골재율) → 55~75%(막힘 방지, 강도) 향상

(2) Cement

① 많을 경우 : 압송, 경화열, 건조수축 등 문제 발생이 우려된다.

② 적은 경우 : Rebound량이 많다.

③ W/C 40~60%

V. 시 공

(1) 준비작업

면정리(습윤 상태 유지, 용수처리, 이물질 제거)

(2) 뿜어붙이기

① Pin설치, T(두께) 검측한다.

② Nozzle을 면에 직각으로 뿜칠 시공한다.

③ 철근, 철망 사용시 이동 없게 고정한다.

④ 10℃ 이하, 건조(일광)시 중단한다.

(3) 양생 : 표면 피막 보온 살수

② 서술형 문제 해설

---

01   Tunnel의 용수 대책에 대하여 기술하시오.

Ⅰ. 개 요

터널 굴착에는 다소의 용수가 따르나 용수가 심한 경우에는 여러 문제점이 있다.

(1) 지반의 열화로 자립성 저해

(2) 지보공 침하에 의한 지압 증가 및 편압 작용

(3) 지보공 기초의 느슨함에 의한 지지력 저하

(4) 지표부의 갈수나 배수처리 등 수리용이나 환경문제

(5) 완성 후 라이닝공에서 압력·분리·누수 등 유지관리 문제

(6) 붕괴 사고 발생

Ⅱ. 문제점

사전 조사 실시하여 Route 선정 시 피하는 것이 중요하지만 Tunnel 목적상 피할 수 없는 경우가 많으며 배수나 지수 등의 대책을 취하여 시공한다.

Ⅲ. 용수 공법의 종류

(1) 물빼기 갱

  ① 적용성 : 단층 파쇄대처럼 부분적으로 물이 모여 있는 지역을 통과하는 경우 적용

  ② 시공법

    • Tunnel 굴진이 용수로 불가능한 경우 Tunnel 갱내에서 분기 우회갱을 굴진 체 수지내로 들어가 용수를 배수 지하수위 저하시키는 공법

    • 1개라도 전방에 통과되면 Tunnel과 연결하거나 경우에 따라서는 본터널을 역향 돌진한다.

    • 갱도를 많이 파기 위해서 바탕을 느슨하게 할 우려가 있다.

(2) 물빼기 Boring

  ① 적용성 : 경질 균일성 지반으로 용수 구간이 길다고 예상 되는 경우

  ② 시공법

    • 갱내에서 갱속 물이 있는 지대까지 Boring하여 지하수위를 저하

    • 최근 대구경 수평 Boring의 개발로 발전 물빼기 유력한 수단이 되고 있음 ($\phi 65 \sim \phi 140mm$)

(3) Well Point(강제 배수 공법), Deep Well(중력 배수 공법)

토피가 적은 경우나, 적은 용수에도 유동화하려는 지반에서 Tunnel 내외에서 적용

(4) 지반 주입 공법
① 적용성

지형, 지질상 물빼공에 의한(지하 수위 저하 공법) 용수 처리가 불가능한 경우

② 개요

- 고결성 방수제 주입하여 용수 정지 효과
- 지반 강화하여 투수성 감소
- 해저 Tunnel 경우 → 지반 강화 목적

③ 주입재료 : Grout Cement 계, Cement 약액계, 약액계

Ⅳ. 결 론

Tunnel 용수 대책에 대하여 기술하였다.

사전조사로 어느 정도의 용수량 예측이 가능하여도 Tunnel 목적상 피할 수 없는 경우가 많고, 또한 용수에 대한 판단 어렵다.

Tunnel 굴착시는 굴착 대상이 집합체인 지반을 고려하여 종합적인 면, 입체적인 사고에 의해 적절한 공법을 채용 시행하여야 한다.

02 터널 방수 공법에 대하여 기술하시오.

I. 개 요

양질의 Concrete는 수밀성이 양호하나 Concrete 자체의 물성이나, 시공 부주의 등으로 인해 누수가 발생하게 되어 구조물(Tunnel)의 기능 저하 및 내구성에 영향을 미친다.
Hair Crack은 현실적으로 완전히 없애는 것은 불가능하나 적절한 방수 공법을 채택하여 내구성 향상을 하여야 한다.

II. Concrete 방수에 영향을 미치는 요인

(1) Concrete 자체 물성
① Bending Moment에 약하다.
- 압축 강도는 강하나 휨Moment에 약해 Hair Crack이 발생 한다.
② 자체 공극에 따른 누수
- 골재 자체가 가지고 있는 공극
- 철근, 굵은골재 아랫면에 생기는 수막(수로 현상)
- Bleeding에 의한 수막 형성

(2) 시공상 원인
① 시공 이음부의 부주의 및 불량 시공
② 경화 후 균열 발생(Creep 균열)

III. 누수 시 문제점

(1) 유지보수 하기가 어렵다.
(2) 미관을 해친다.
(3) 구조물 기능 저하 및 내수성 저하
① 내구성 저하 : 유해수(산성, 염분)가 누수시 철근의 부식을 촉진하여 내구성 저하
　　　　　　　　　 누수 경로를 따라 있는 물의 동해로 균열 부분 진행.
② 내부에 있는 재료의 부식 및 파손
③ 전기 재료 열화 및 누전

Ⅳ. 대 책

(1) 방수형식

① 배수형식

ㄱ) 배수형 터널 : 콘크리트 라이닝 주변 지반에 유도 배수관으로 배수를 유도하여 라이닝 수압을 받지 않도록 하는 형식

ㄴ) 비배수형 터널 : 라이닝 주변을 막아 내부로 지하수가 침투하지 못하도록 하는 형식

② 시공 중 배수

ㄱ) 유도배수 ┬ 파이프 삽입(ϕ20~100mm)
├ 반할관 집수
├ 부직포와 다발관
└ Drain Board 집수

ㄴ) 숏크리트 타설 후– PVC 쉬트나 방수막 이용

ㄷ) 집수 및 배수 ┬ 상향 집수 배수 : 측구설치
└ 하향 집수 배수 : Pump 이용

(2) 방수공법

① 도포방수

ㄱ) Mortar 방수

㉮ 재료 : 시멘트 + 방수재(염화칼슘, 실리카, 규산소다 등)

㉯ 시공법 : 시멘트에 방수재를 혼합하여 콘크리트면에 도포하여 모르타르 자체 방수성을 갖는다.

㉰ 특징

• 값이 싸다.

• 바탕면에 요철이 있거나, 습윤상태에서 시공이 가능하다.

• 도포재료의 균열, 박리 현상이 일어나기 쉽고, 일부분 균열로 방수효과가 전부 소멸 된다.(넓은 면적 부적당)

ㄴ) 침투성 방수

㉮ 재료 : 유기질계 플리머

㉯ 시공법 : 콘크리트면에 도포하거나, 뿜어 붙이기만 하면 계면활성 작용에 의해 콘크리트 내부로 침투하여 방수층을 형성.

㉰ 장점

• 바탕면이 요철이나 습윤 상태에서 시공이 가능하다.

• 값이 다소 고가이다.

• 구조체 균열시 방수성 저하된다.

② 방수막공

　㉠ Asphalt 방수

　　㉮ 재료 : Asphalt, 브라운Asphalt, 루핑Asphalt Compound

　　㉯ 시공법 : 가열 용융한 Asphalt를 적층해서 방수 피막형성

　　㉰ 특징

　　　• 적층에 의한 시공으로 하자가 적다

　　　• 산업 안전 관리 및 환경에 문제가 있다(Asphalt 가열시)

　　　• 급경사 부분은 시공이 곤란하다(흘러내림)

　　　• 온도에 따른 변화가 심하다(고온시 처짐, 저온시 취약)

　　　• 바탕면 거칠어도 시공 가능하다.

　　　• 내후성, 내약성 좋다

　㉡ 고분자계

　　㉮ 재료

　　　• 합성수지(열 가소성)

　　　• 합성고무(열 경화성)

　　㉯ 특징

　　　• 내수성 내동해성, 내약품성에 좋다.

　　　• 신장률이 좋다(온도 변화에 강하다)

③ 도막 방수

　㉠ 도막 방수

　　㉮ 재료 : 폴리우레탄

　　㉯ 시공법 : 주제 + 경화제 배합 도포층 형성

　　㉰ 특징

　　　• 시공성이 좋다(복잡구조, 협소구역시 유리)

　　　• 계량 오차에 주의해야 한다.

　　　• 바탕면이 평활하고 건조상태를 유지하여야 한다.

　㉡ Sheet 방수

　　㉮ 재료 : 폴리 염화 비닐계

　　㉯ 시공법

　　　• Sheet 방수재를 접착제를 이용하여 부착 방수층을 만든 후
　　　　그 위에 보호몰탈(Concrete)타설 보호하는 방법

　　㉰ 특징

　　　• 시공면이 매끈해야 한다.(요철, 단차, Rock Bolt 등이 없어야 한다)

　　　• 시간이 경과됨에 따라 수축이 크다.

　　　• 내후(썩지 않는 성질), 내약품성이 좋다.

    • 바탕면에 균열이 있어도 방수가 된다.

    • 마감면이 좋다

㉣ 시공 순서 : 부착 → 접합 → 말단처리 → 점검

㉤ 시공 유의사항

    • 보호몰탈(Concrete) 시공시 Sheet에 손상 방지

    • 바탕면과 Sheet 사이에 공극(물)이 완전배수 보호 몰탈(Concrete) 시공시 수압이 없도록 해야 한다.

㉥ 재료 선정시 유의사항

    • 수밀성 및 접합이 양호할 것

    • 경제적일 것

    • 화재시 유독 Gas 발생이 적을 것

    • 구조물과 동등이상 내구성이 있을 것

03 NATM 공법에서 보조 공법에 대하여 기술하시오.

I. 개 요

NATM 공법의 시공은 굴착 후 Shotcrete를 즉시 시공하게 되나 여러 가지 사유로 특히 용수 등에 의해 자립이 어렵게 되어 Shotcrete 시공이 곤란한 경우가 있다. 따라서 보조 공법이 필요하게 된다.

II. 보조 공법

(1) 막장의 안정

　① 천단의 안정

　　㉠ Rock Bolt

　　　• 적용성 : 연암 등에서 절리층이 발달된 곳에서 지주로 천단의 안정도모

　　　• 시공법

　　　　원지반 Shotcrete → 강지보공 → 천공 → Rock Bolt

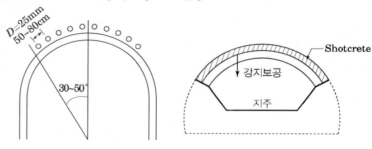

　② Mini Pipe Roof 공법

　　㉠ 개요

　　　㉮ Tunnel 굴착 단명 외측을 따라 Pipe를 삽입

　　　㉯ Tunnel 형상대로 Roof를 형성하여 원지반 이완방지 및 지표면 변형 억제

　　　㉰ 큰 하중에서도 적용 가능하다.

　　　㉱ 강관 수평 경사 면적 모든 방향 설치 가능

　　㉡ 시공법

　　　㉮ Boring Type

　　　　• Rotary Boring Machine

　　　　• $\phi 84 \sim 300mm$

　　　　• 극히 연약지반 제외 모든 지반 적용

　　　　• 협소한 곳에서 시공 가능

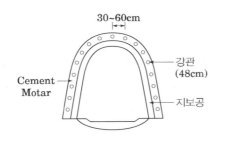

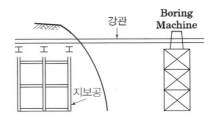

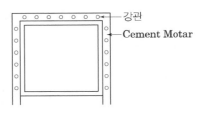

④ Augar Boring
- $\phi 200\sim1200mm$
- 점성토, 사질토에 이용
- 강성이 크므로 큰 하중 지지

③ 강철판 방법

원지반이 불량한 경우, 강철판 타입이 가능할 때 이용한다.

(2) 사면 안정

① Shotcrete
- 지반을 조기에 안정시킨다.
- 응력 집중 해소, Shotcrete 전단 저항력으로 억제
  효과 기대, 용수시 대책을 세운 후 시공

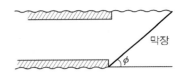

② 막장 안정구매
- 원지반이 심하게 파쇄되어 Core의 형태를 유지할 수 없는 경우 안식각(θ)을 확보 굴착시키는 방법

③ Core를 남기는 방법 : Ring-Cut과 비슷한 방법

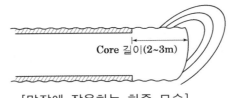

[막장에 작용하는 하중 모습]

④ 1회 굴진장을 짧게 한다. : 막장이 작용하는 하중을 줄이는 방법

(3) 용수대책

① 지반주입공법 : 용수처리 불가능할 경우

㉠ 약액주입, 동결공법, 압기공법 등이 있으나 설비규모가 커서 사용하기 어려움

㉡ 고결성 방수제 주입 용수 정지효과

㉢ 지반 강화 및 투수성 감소 효과

② 배수 공법 : 수위 저하공법

㉠ 물빼기 갱 : 부분적으로 물이 모여 있는 지역을 통과할 경우

㉡ 물빼기 Boring : 경질의 균일성 지반으로 용수구간이 긴 경우

㉢ Deep Well, Well Point : 적은 용수에도 유동화하려는 지반에 대해 Tunnel 내외서 시공

(4) 지반침하 대책

① 약액주입

② 지중 연속벽(Slurry Wall)

③ Sheet Pile

Ⅲ. 결 론

시공 중 Tunnel 공사 붕괴사고는 특히 보조 공법의 시공 불량에서 그 원인이 되는 경우가 있다.

Tunnel의 시공은 공사 시기가 중요하다.

집합체, 지반인 것을 염두에 두고 본공사와 병행하여 빠르고 정밀하게 시공 하는 것이 중요하다.

항만 및 매립(준설)

Chapter 11

Chapter 11 항만 및 매립(준설)

1 핵심정리

Ⅰ. 항만

풍랑을 막아주며, 선박이 안전하게 운행 및 정박할 수 있도록 하여 사람과 화물들을 싣고, 내리기 편리하게 한 시설

Ⅱ. 방파제

1. 개요

외항에서부터 오는 파(波) 에너지를 막아, 항내 출입, 정박, 하역을 안전하게 하기 위한 시설물

2. 종류

1) 경사식 방파제

[방파제]

① 쇄석이나 콘크리트 등을 경사지게 쌓아 파도 에너지를 경사면에서 분산시킨다.

② 파도 에너지가 큰 경우, 외부 표면에 중량이 큰 쇄석 또는 콘크리트 블록으로 보강한다.

③ 상부는 월파에 대비하여 콘크리트로 보강한다.

④ 파도가 약하고 수심 낮은 지역에 적용, 가장 많이 사용한다.

⑤ 사석식, 콘크리트 블록식, 사석 + 콘크리트 블록식 등이 있다.

2) 직립식 방파제

① 콘크리트 구조물 벽체를 이용하여, 파도 에너지를 반사시킨다.

② 수심이 얕고 경제적이다. 공기단축, 강한 파력에도 견딜 수 있다.

③ 육상 제작으로 공사기간이 단축된다.

④ 케이슨식, 콘크리트 블록식, 셀 블록식, 콘크리트 단괴식

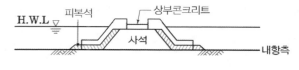

3) 혼성식 방파제
  ① 상부는 직립식 + 하부는 경사식
  ② 수심이 깊은 곳 적용한다.
  ③ 케이슨 혼성식, 콘크리트 블록 혼성식, 셀 블록 혼성식

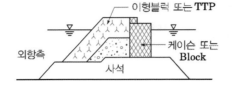

4) 특수 방파제
  ① 공기 방파제
    • 수중에 공기 발생관을 설치하여 기포를 발생시켜 파도 에너지를 상쇄시킨다.
    • 배 운행에 따른 침입파 방지에 유효하다.
  ② 부양 방파제
    • 해면에 부양제를 연속적으로 띄워 파력을 해소시킨다.
    • 임시 방파제 가설에 이용한다.

Ⅲ. 안 벽

1. 개요
선박에서 화물이나 사람을 타고 내리는 시설로 배가 접안할 때 측압에 견딜 수 있도록 만든 시설물을 말한다.

2. 종류
중력식과 널말뚝식, 선반식이 있다.

1) 중력식 안벽
안벽 자중이 배면 토사의 토압을 지지하여 구조가 견고하고 선박 충격이 강하다.
  ① 케이슨식
  ② 콘크리트 블록식
  ③ L형 옹벽식
  ④ Cell 블록식

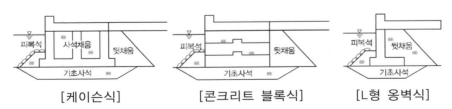

[케이슨식]   [콘크리트 블록식]   [L형 옹벽식]

2) 널말뚝식 안벽

해저에 널말뚝을 박고, 타이롯드로 상부를 고정. 벽면에 작용하는 토압을 지지한다.

① 일반 널말뚝식

② 2중 널말뚝식

③ 자립 널말뚝식

④ 경사 버팀 널말뚝식

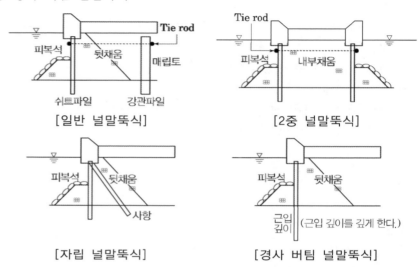

[일반 널말뚝식] [2중 널말뚝식]

[자립 널말뚝식] [경사 버팀 널말뚝식]

Ⅳ. 계선부표

■ 계선 부표
계(繫) : 메다
선(船) : 배
부(浮) : 뜨다
표(標) : 표시하다

1. 개요

외항에 정박한 배가 바람, 조류, 파도 등으로부터 안전하게 정박지에 있도록 해저에 고정하고, 연결고리를 해상에 부표로 띄워서 움직이지 않도록 한 고정 시설물

2. 종류

돌핀식 체인 케이블식, Pier식, Tension Leg식이 있다.

Ⅴ. 돌 핀

1. 개요

대형 선박이 항내 수심이 낮아 계류하기 어려운 경우, 수심이 깊은 곳에 별도의 접안시설에서 하역할 수 있도록 육지와 도교를 연결한 해상 시설물

[돌핀]

2. 종류

① 말뚝식 : 준설, 매립이 필요하지 않아 시공이 용이하며 공사비가 저렴하다.

② 강제셀식

③ 케이슨식

3. 구성

접안용 돌핀, 하역 작업장, 계류용 돌핀, 연락교, 도교

Ⅵ. 잔 교

1. 개요

해안선 육지에서 직각 또는 일정한 각도로 돌출된 접안시설

2. 종류

① 보통 잔교 - 해안선과 평형

② 돌출 잔교 - 해안선에서 돌출

3. 구조 : 직항식, 사항식

4. 재료 : 철근콘크리트 말뚝식, 강말뚝식

5. 특징

① 연약지반에 적합하다.

② 내진력이 크다.

③ 수심이 높아도 여유를 두어 설치 가능하다.

④ 접안 용이하다.(방해파, 반사파가 적다)

⑤ 상재 하중에 제한이 있다.

[Finger pier]

Ⅶ. 부잔교

1. 개요

대형 선박과 부두 사이에서 조위와 상관없이 선박이 접안할 수 있도록 일시적으로 설치하는 시설물

2. 특징

① 조수 간만의 차이가 큰 경우 적용

② 수심이 깊고, 지반 불량하여 안벽 설치가 곤란한 경우 적용

③ 정온한 수면에 적용

3. 구조 : 폰툰(Pontoon) + 체인으로 고정

① 폰툰 1~3개 정도 연결

② 육지축을 힌지로 가동 로울러를 설치 조수 간만의 차에 따라 이동 가능

③ 돌출식, 평행식(조류, 좁은 수역시)

④ 폰툰과 폰툰을 연결한 도교, 폰툰과 육지를 연결한 연락교가 있다.

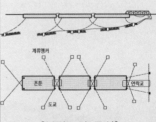

[부잔교의 구성]

[부잔교]

[방충시설]

Ⅷ. 기타 접안시설

1. 방충시설
접안시 충격에 대비하여 안벽을 보호하는 시설

2. 계선주
배를 정박 할 수 있도록 로프를 매는 시설로 직주와 곡주가 있다.

3. 기타
사다리, 계단, 안전 사다리, 하역기계

Ⅸ. 항만 기초공

1. 기초처리
① 원지반의 안정, 침하, 지진시의 액상화 등을 고려한다.
② 불안정할 경우 말뚝기초, 지반 개량공법의 적용 등을 고려하여야 한다.

2. 기초굴착
① 준설 후 조류나 해류에 의해 메워지지 않도록 한다.
② 지반이 연약할 경우 해사나 사석 등으로 치환하여 유지한다.

3. 기초사석 포설
① 상부 구조물의 하중 분산과 세굴 방지를 한다.
② 평편하고, 견고하며, 폭은 2배 이상, 길이는 3배 이상 필요하다.
③ 투입은 1단계 : 계획고보다 1.0~1.5m 낮게 투하
　　　　　　 2단계 : 고르기 작업을 고려하여 투하

4. 사석 고르기
① 본체의 수평력에 저항과 파도에 산란되지 않도록 한다.
② 본고르기 : 허용 오차±5cm
③ 막고르기 : 상단±10cm, 하단±30cm, 속채움±50cm

5. 피복공
① 쇄파나 파도에 세굴되지 않도록 한다.
② 사석 노출 부분은 돌이나 이형블록 등으로 보호한다.
③ 구성
　• 피복석 : 자연시설 1Ton/개, 고르기면 오차±30~50cm
　• 피복블록 : TTP 등 이형 블록, 1m³ 이상, 인양시 강도(σ_{ck} =7~12MPa)

■ 소파공
　제체의 안정성, 월파 감소
　를 위해 T·T·P 등과 같은
　이형블록으로 시공한다.

■ 근고블록
　밑다짐 블록
　10~50(Ton)/개
　본체의 기초부분이 파도에
　의해 세굴, 이동에 보호

[파쇄공(TTP)]

[피복석 쌓기]

X. 블록(Block)의 시공

1. 개요

소규모 시설에 적합하며, 경제성, 시공성은 우수하나 Block간 결합이 부족하여 부등침하에 따른 문제점 발생 우려가 있다.

2. 종류

① 일반블록 : 50~60톤 무근 Con'c

② 셀블록 : 바닥없는 케이슨 형태 10~100톤

③ L형블록 : L형 Type으로 뒷채움 중량으로 안정 유지

④ 직립블록 : 내부가 없는 형태로 소파공, 방파제 호안에 이용

[블록공]

3. 제작

형태, 규격, 작업조건 등을 고려하여 제작장 선정

4. 설치

① 해상조건, 기상, 작업전반의 조건을 고려하여 설치한다.

② 설치방법 : 수평쌓기, 경사쌓기

③ 이탈방지 : Key나 철근으로 결합하고, 블록상부 1~2m Con'c 설치

XI. 케이슨(Caisson)

1. 개요

철근콘크리트 구조물로 대략 2000~5000톤 중량의 내부가 비어있는 함(Caisson)을 육상에서 제작 → 진수 → 운반 → 거치 → 속채움을 하여 토압에 저항할 수 있도록 한 시설물

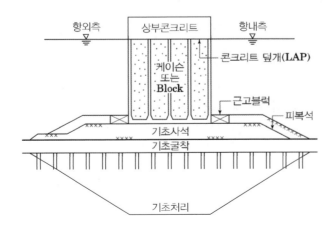

[케이슨]

[케이슨 제작장]

[건선거 방식]

[케이슨 달아내림]

[보조 조금구]

2. 제작방법(진수방법)

케이슨은 진수하는 방법을 고려하여 제작 방법을 선정하여야 한다.

1) 사로식
① 경사로식 : 케이슨을 경사진 곳에서 제작한 후 자중을 이용하여 하강시켜 진수하는 방법으로 하강시 가속도의 위험과 제작장의 한계로 수량에 제한이 있다.

② 대차식 : 케이슨을 윈치에 의해 진수하는 방법

2) 도크식(Dock)
① 건 선거(Dry Dock)

케이슨을 도크장내에서 제작 후 도크의 문을 열어 케이슨을 띄운 후 인출하는 방법

안전하게 진수되며 도크장내 자재 투입이 용이하다.

② Floating Dock
- 움직이는 도크란 표현으로 배의 모양을 갖춘 선체에 위에서 케이슨을 제작하며, 제작 후 선체를 침하시켜 케이슨을 진수시킨다.
- 기동성이 좋으며 소량 제작이 적합하다.
- 제작 위치가 평온한 수심과 거푸집 철근 등 작업장이 인근에 있어야 한다.

3) 크레인 이용 방법
해안 인근에서 케이슨을 제작한 후 대형기중기를 이용하여 달아내리는 방법으로 제작장의 하중에 따른 안전과 달아올릴 때 케이슨이 파손되지 않도록 강제틀을 이용하여 리프팅하여 진수하게 된다.

4) 싱크로 리프트 방법
해안 인근에서 제작하고 레일을 이용하여 해면까지 미끄러지도록 한 후 유압기를 이용하여 수직하강 진수한다.

5) 홀수 조정 방식
① Floating Dock에서 케이슨을 제작하며, 제작시 각 타설 단계별 무게에 따라 홀수 가능 범위까지 제작한 후, 거치 장소로 이동하여 케이슨을 거치한다.

② 수심이 낮고, 대형 케이슨 제작도 가능하다.

6) 가물막이 방식
가물막이 축조 후 케이슨을 제작하고, 가물막이를 철거한 후 진수한다.

3. 케이슨 설치

진수 → 예항 → 설치 → 속채움 → 콘크리트 덮개

1) 진수

① 육상에서 해상으로 이동시키는 것으로 해면이 평온한 시기를 고려하여 예인선, 압선을 배치하고 케이슨 안쪽으로 물이 들어올 경우를 대비하여 Pump 및 거치에 따른 충격 보호재 등을 준비 한다.

② 리프트 방식의 경우

- 콘크리트 강도 검토
- Wire의 횡력이 발생되어 깨지지 않도록(전단파괴) 강재를 제작
- Lift시 Wire의 꼬임에 주의해야 한다.

2) 예항 및 회항

케이슨을 진수하여 거치 장소까지 이동하고 되돌아오는 과정을 말한다.

예인선 속도 : 2~3노트(예항 & 회항)

3) 설치

① 예항이 완료된 후 정확한 거치 위치를 확인한 후 객실에 균등하게 물을 주입한다.

② 물을 주입(주수)한 후 대형 크레인을 이용하여 조금씩 이동하면서 정확한 위치에 고정시킨다. 이때 케이슨까지 충격에 의한 파손이 되지 않도록 완충제를 이용하며, 진수시와 같이 Lift시 전단파괴가 일어나지 않도록 강제틀(보조 조금구)을 사용한다.

③ 주수 : 케이슨 하부의 밸브를 열어서 물을 주입하여 가라앉히는 작업

- 케이슨 침강속도 8~10cm/분
- 편심이 없도록 수위 확인
- 최종 위치 확인 후(10~20cm 전) 최종 주수
- 외부 4개소 흘수 확인

4) 속채움

활동, 전도에 저항을 크게 하기 위해서 모래, 자갈, 쇄석 등을 채움

① 시기 : 거치 후(10~15일 후) 초기 변위 완료 후

② 변화가 예상되는 조류, 파랑 지역은 조속히 시행한다.

③ 속채움시 편심이 없도록 균등하게 채운다.

④ 편심으로 과다 변위시 부상 재거치한다.

⑤ 1회 채움 높이는 1/3H씩 나누어 실시

■ 하이브리드 케이스
- 강철+콘크리트 합성구조 형식
- 바닥판 : 철골콘크리트
- 측벽 : 합성판
- 격벽 : 강철

[케이슨 예항]

5) 덮개
① 현장타설 방법과 Precast 방식으로 현장 조건을 고려하여 선정한다.
② 속채움 재료가 유출되지 않도록 즉시 덮개를 설치하여야 한다.

6) 상부콘크리트
① 본체와 상부를 현장 콘크리트로 타설하여 일체가 되도록 한다.
② 계선주, 방충재, 안전사다리, 계단 등의 시설을 설치한다.

XII. 매립공사(Reclamation)

1. 개요
임해지역의 부지확보를 위하여 제방이나 호안 등을 축조한 후 내면을 토사로 채워 용지를 조성하는 것

2. 매립공사 검토
① 기상, 해상, 토질 지형 등 자연적 조건 검토
② 매립지 조건 검토(면적, 깊이, 용도 등)
③ 시공 조건 검토(구조물, 운반로, 운반방법, 재료구입(토량) 등)
④ 관련 법규 검토(공유수면 매립, 환경, 안전, 오염방지법 등)

3. 매립 방법

1) 준설토 매립
① Pump선 직송매립
- 준설선에 의해 준설한 토사를 배사관을 통해 이송
- 매립시 물과 같이 이송함으로 집수정 설치하여 유실 방지
- 매립 완료 후 압밀 또는 다짐 필요하다.

② 토운선 매립
준설토를 토운선으로 운반 매립(사토 공법)

2) 육상토 매립
매립지 인근의 토취장에서 D/T 등을 이용한 운반 매립

3) 폐기물 매립
① 방수성 호안 완성 후 폐기물 매립
② 가스 발생으로 Gas 배기시설 필요하다.
③ 오염방지에 주의해야 한다.
④ 매립 후 이용 시기까지 대기시간 필요하다.

[펌프 준설선에 의한 매립작업]

[배사관의 설치]

[토운선에 의한 준설토 투기]

4) 매립 호안

① 개요 : 매립지 확보를 위한 외부시설로 외부조건(풍랑, 조류, 토질조건, 매립높이 등)을 고려하여 계획 되어야 한다.

② 호안의 종류(시설위치나 이용 목적상 분류)

• 매립 호안 : 매립토의 토압과 전면에서 작용되는 파력을 견디는 호안

• 방파 호안 : 외력(파도)에 견디도록 한 호안

• 접속 호안 : 선박을 접안하기 위한 계류시설(안벽, 물양장)호안

• 가호안 : 간이 시설로 가마니 쌓기, 토제, 목책, 사석 등으로 설치

• 도류제 : 가호안 개념으로 시공 공구 분할이나, 세로 방지를 위해 설치

③ 물막이공

• 호안 축조 마지막 단계 연결하는 작업

• 통수폭이 적어 유속이 매우 빨라 세굴, 기존 구조물 유실 등이 발생

• 최종 물막이는 최저 간조위 때 실시한다.

• 통수단면, 유속, 장비, 기상, 해상 등을 고려하여 위치를 선정해야 한다.

④ 부대시설

ㄱ 집수정

• Pump 준설시 투기장내로 보내진 준설토 중 침강속도를 고려하여 흙은 남도록 하고 물만 배출되도록 한다.

• 높이는 준설계획고보다 높게 한다.

ㄴ 여수토

• 준설토가 안정된 후 남은 준설수와 유출수가 매립구역 외부로 유출되는 유출구

• 세립토가 많이 함유되어 있어 매립 후 중요시설이 아닌 곳에 설치한다.

[매립호안]

[방파호안]

[가호안]

[호안의 물막이공사]

XIII. 준설 공사

1. 개요

부두 및 항로 수중의 토사, 모래, 암 등을 굴착하여 다른 곳(투기장)으로 이동하는 것으로 육상굴착과 수중굴착이 있다.

2. 목적

① 수심유지(항로, 정박지 조성)

② 항만공사(방파제, 안벽) 기초공사

③ 매립공사를 위한 토사 확보(토취장)

④ 환경보존을 위한 오니 제거(청소)

3. 준설선 선정 검토

① 토질, 토량, 공기

② 기상(비, 바람, 안개) 및 지리적 지형적(구조물) 여건,
   해상조건(파도, 조류), 선박운항 조건의 검토

③ 준설 깊이, 수심, 폭

④ 준설토 처분 방법(투기장)

⑤ 준설선 조합

⑥ 준설선 확보 검토

⑦ 준설선 대피 및 정박장 검토

⑧ 환경오염 검토

4. 준설선의 종류

① 그랩 준설선

• 크레인에 그랩 버킷을 장착하여 개폐하면서 굴착한다.

• 자항식 준설선(적재형)과 비자항식(토운선에 적재)

• 작업심도 : 1~5m, 버킷용량 : 0.8~25m³

• 협소 장소 굴착 용이, 준설 단가 고가이다.

② 버킷 준설선

• 선체에 래더를 고정하고 해저로 내린 후 버킷라인을 회전시켜 굴착한다.

• 래더 Hoist Winch에 의해 하부를 상하로 움직여 깊이를 조정한다.

• 준설능력이 크다. 대규모 준설공사에 적합하다.

• 암반이나 굳은 지반은 작업이 곤란하다.

• 버킷 체인 속도(6~10m/분), 작업심도 5~35m

③ Pump 준설선

• 토사를 커터로 굴착한 후 Pump로 흡입하여 배사관을 통해 이송한다.

• 배송거리에 따라 경제성이 차이가 있다.

• 준설 깊이의 한계가 있음. 오탁수 발생. 해양조건에 민감하다.

• 작업심도 : 1~35m

④ Dipper 준설선(Back Hoe)

• 굴삭기를 선체에 고정하고 굴착하는 방법으로

• 바깥쪽 굴착 → 디퍼식

• 안쪽으로 굴착 → 백호식

• 토운선과 예인선이 필요하다.

• 작업 능력이 나쁘다. 굳은 지반에서 시공이 가능하다.

• 작업심도 : 디퍼 3.5~20m, 백호 1.0~10m

[Grab에 의한 굴착]

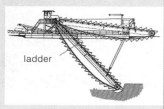

[버킷 준설선]

[펌프 준설선]

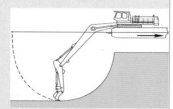

[Back Hoe Type]

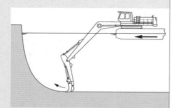

[Dipper Type]

5. 부속선

① 쇄암선

- 중추식 : 무거운 추의 자유낙하를 이용 암반을 파쇄
  Drop Hammer 30~70ton, 작업수심 50~60m
- 충격식 : B/K나 특수 비트(Bit)를 장착, 굳은 암반 파쇄

[쇄암선]

② 양묘선

기중기선, 준설선 등의 작업선을 해상에 계류하기 위한 앵커를 설치.
이설, 철수하는 작업선

③ 토운선(Barge)

- 흙과 모래를 실어 나르는데 쓰이는 배
- 보통 선창의 밑문을 개폐하여 토사를 싣거나 버림

④ 예인선(Tug Boat)

- 비 자항식(스스로 움직이지 못하는) 작업선의 이동이나, 토운선 등을
  끌고가는 배
- 100~300ton 큰 것은 1000ton 정도 있음

⑤ 압선(Pusher Tug) : 토운선 등의 배를 미는 배

⑥ 바지선 : 운하, 하천, 항구 내에서 화물을 운반하는 배

⑦ 기타 : 급유선, 대선선, 급수선, 연락선

XIV. 해안침식

1. 해안침식의 원인

① 해안에 공급되는 토사량이 감소
   (댐 건설, 하천 토사 채취, 개수로 인한 유출토사량 감소)

② 연안표사(沿岸漂砂) 저지

- 해안구조물(항만·어항의 건설 및 방파제, 도류제 등) 설치에 따른
  연안표사 저지
- 연안표사 : 해안선에 평행한 방향으로 모래가 이동하는 현상.

2. 해안침식 방지대책

해안호안, 돌제군, 이안제, 헤드랜드(Head Land), 양빈공,
백사장내 투수층 설치 공법, 인공리프공법

2 단답형·서술형 문제 해설

1 단답형 문제 해설

01 소파공

I. 개 요

항만 구조물을 보호를 목적으로 외항으로부터 오는 파 에너지를 감쇄하며, 반사파를 감소시켜 수역을 평온하게 하는 해양 구조물

II. 특 징

(1) 방파제의 안정성 향상(파 에너지 감소)
(2) 수역의 정온 (반사파 감소)
(3) 월파의 감소

III. 종 류

(1) 구조물 : 소파블록, 유공케이슨
(2) 피복석 : 자연사석($1m^3$ 이하), 인공사석(TTP $1m^3$ 이상)

IV. 시공 유의사항

(1) 소파공 높이는 설계조위 이상으로, 직립부와 상단높이를 맞춘다.
(2) 굴곡이 없게 서로 맞물리도록 설치한다.
(3) 현장 조건에 맞는 형태 및 구조를 선정한다.
(4) 해양 환경오염 방지를 고려한다.

2 서술형 문제 해설

| 01 | 안벽의 종류와 특징 |

Ⅰ. 개 요
선박에서 화물이나 사람이 타고 내리는 시설로 배가 접안할 때 측압에 견딜 수 있도록 만든 시설물을 말한다.

Ⅱ. 종 류

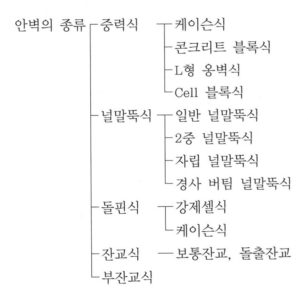

(1) 중력식
안벽 자중이 배면 토사의 토압을 지지, 구조가 견고하고 선박 충격에 강하다.
① 케이슨식 : 외력 저항에 강하다. 시공이 단순하다. 대규모 안벽에 유리
② 콘크리트 블록식 : 작업공정 단순, 소규모 안벽에 유리
③ L형 옹벽식 : 수심 얕은 곳 유리, 연약지반 부적합
④ Cell 블록식 : 블록내부 속채움으로 벽체 조성, 설비간단, 마찰저항 크다.

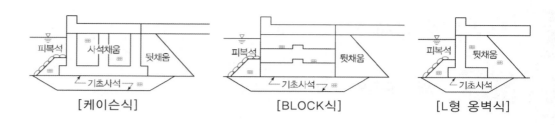

[케이슨식]   [BLOCK식]   [L형 옹벽식]

(2) 널말뚝식 안벽

해저에 널말뚝을 박고, 타이롯드로 상부를 고정, 벽면에 작용하는 토압을 지지한다.

① 일반 널말뚝식 : 설비 간단, 공사비 저렴

② 2중 널말뚝식 : 지수성 우수, 양측 이용 가능

③ 자립 널말뚝식 : 안벽 배후면적이 좁은 경우 유리, 널말뚝 길이가 길다.

④ 경사 버팀 널말뚝식 : 안벽 배후 면적이 좁은 경우 가능, 경사 정밀도 주의

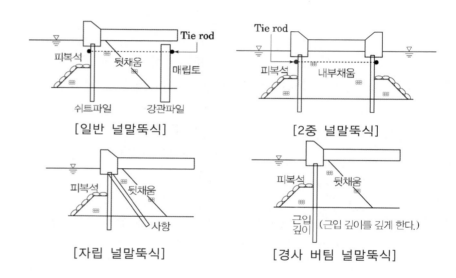

[일반 널말뚝식]   [2중 널말뚝식]

[자립 널말뚝식]   [경사 버팀 널말뚝식]

(3) 돌핀

수심이 낮아 계류하기 어려운 경우, 깊은 곳에서 접안시설할 수 있도록 육지와 도교를 연결한 해상 시설물

① 말뚝식 : 준설, 매립이 필요하지 않아 시공 용이, 공사비 저렴

② 강제셀식 : 원형강관을 연결한 구조

③ 케이슨식

(4) 잔교

해안선 육지에서 직각 또는 일정한 각도로 돌출된 접안시설

① 보통 잔교 : 해안선과 평형

② 돌출 잔교 : 해안선에서 돌출
③ 구조 : 직항식, 사항식
④ 재료 : 철근콘크리트 말뚝식, 강말뚝식
⑤ 특징
- 연약지반에 적합하다.
- 내진력이 크다.
- 수심이 높아도 여유를 두어 설치 가능하다.
- 접안용이(방해파, 반사파가 적다)
- 상재하중에 제한이 있다.

(5) 부잔교
조위에 상관없이 선박이 접안할 수 있도록 일시적으로 설치하는 시설물
① 조수 간만의 차이 큰 경우
② 수심이 깊고, 지반 불량하여 안벽 설치가 곤란한 경우
③ 정온한 수면에 적용

02 방파제(혼성) 시공(항만 시공)

Ⅰ. 개 요

방파제는 내항의 정온 상태를 유지하여 항만시설인 안벽의 접안 기능과 선박의 정박시 안전하게 하기 위해 외곽에 설치하는 시설이다.

기초 지반, 상부 구조물의 안전, 유지관리 등을 고려한 시공이 이루어져야 한다.

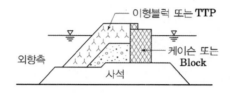

Ⅱ. 시공 시 고려사항

(1) 기초지반의 안정 : 지지력, 사석의 재료, 규격 등
(2) 세굴방지를 위한 사면의 안정(파 에너지 검토)
(3) 케이슨 및 블록의 제작 설치
(4) 상부공 시공 관리

Ⅲ. 항만 기초공

1. 기초처리

① 원지반의 안정, 침하, 지진시의 액상화 등을 고려한다.
② 불안정할 경우 말뚝기초, 지반 개량공법의 적용 등을 고려하여야 한다.

2. 기초굴착

① 준설 후 조류나 해류에 의해 메워지지 않도록 한다.
② 지반이 연약할 경우 해사나 사석 등으로 치환하여 유지한다.

3. 기초사석 포설

① 상부 구조물의 하중 분산과 세굴 방지를 한다.
② 평편하고, 견고하며, 폭은 2배 이상, 길이는 3배 이상 필요하다.
③ 투입은 1단계 : 계획고보다 1.0~1.5m 낮게 투하
        2단계 : 고르기 작업을 고려하여 투하

4. 사석 고르기

① 본체의 수평력에 저항과 파도에 산란되지 않도록 한다.

② 본고르기 : 허용 오차±5cm

③ 막고르기 : 상단±10cm, 하단±30cm, 속채움±50cm

5. 피복공

① 쇄파나 파도에 세굴되지 않도록 한다.

② 사석 노출 부분은 돌이나 이형블록 등으로 보호한다.

③ 구성
- 피복석 : 자연시설 1Ton/개, 고르기면 오차±30~50cm
- 피복블록 : TTP 등 이형 블록, 1m³ 이상, 인양시 강도(σ_{ck} =7~12MPa)

Ⅳ. 케이슨

(1) 개요

철근콘크리트 구조물로 대략 2000~5000톤 중량의 내부가 비어 있는 함

육상에서 제작 → 진수 → 운반 → 거치를 완료한 후 속 중량물(쇄석 자갈, 모래 등)로 채움을 하여 토압에 저항할 수 있도록 한 시설물

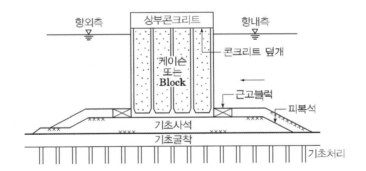

(2) 제작

케이슨은 여건에 따른 진수하는 방법을 고려하여 제작 방법을 선정하여야 한다.

```
┌ 사로식 ┬ 경사로식
│        └ 대차식
├ 도크식 ┬ 건 선거(Dry Dock)
│ (Dock) └ Floating Dock
├ 크레인 이용 방법
├ 싱크로 리프트 방법
├ 홀수 조정 방식
└ 가물막이 방식
```

① 사로식
- 경사로식 : 케이슨을 경사진 곳에서 제작한 후 자중을 이용 하강시켜 진수하는 방법
- 대차식 : 케이슨을 윈치에 의해 진수하는 방법

② 도크식(Dock)
- 건 선거(Dry Dock) : 케이슨을 도크장내에서 제작
- Floating Dock : 배의 모양을 갖춘 선체에 위에서 케이슨을 제작

③ 크레인 이용 방법 : 대형 기중기를 이용하여 달아 내리는 방법

④ 싱크로 리프트 방법 : 레일을 이용, 해면까지 이동한 후 유압기를 이용하여 진수

⑤ 홀수조정방식 : 프로링 도크에서 케이슨을 단계별 무게에 따라 홀수 가능 범위까지 제작

⑥ 가물막이 방식 : 가물막이 내에서 제작하고 가물막이를 철거한 후 진수한다.

(3) 케이슨 설치

진수 → 예항 → 설치 → 속채움 → 콘크리트 덮개

① 케이슨 진수 : 해면이 평온 시기를 고려하여 예인선, 암선을 배치하고 Pump 및 충격 보호제 등을 준비

※ 리프트 방식의 경우 주의사항
- 콘크리트 강도 검토
- Wire의 횡력이 발생되어 깨지지 않도록(전단파괴) 강재틀 제작
- Lift시 Wire의 모임에 주의요망

② 예항 및 회항 : 예인선 속도 : 2~3노트(예항 & 회항)

③ 설치
㉠ 정확한 거치 위치를 확인한 후 객실에 균등하게 물을 주입한다.
㉡ 크레인을 이용하여 약간식 이동하면서 정확한 위치에 고정시킨다.
  이때 케이슨까지 충력에 의한 파손되지 않도록 한다.
㉢ 주수 : 케이슨에 하부의 밸브를 열어서 물을 주입하여 가라앉히는 작업

④ 속채움
㉠ 활동, 전도에 저항하기 위해 중량을 크게 하기 위해서 모래, 자갈, 쇄석 채움
㉡ 시기 : 거치 후(10~15일 후)초기 변위 완료 후
㉢ 변화가 예상되는 조류, 파랑 지역은 조속히 시행한다.
㉣ 속채움시 편심이 없도록 균등하게 채움
㉤ 변위 진행시 반대쪽을 먼저 채움을 실시하며 과다 변위시 부상 재거치한다.
㉥ 1회 채움 높이는 1/3H씩 나누어 실시

⑤ 덮개
㉠ 속채움 재료가 유출되지 않도록 즉시 덮개를 설치하여야 한다.
㉡ 상부공 안벽이나 방파제의 본체와 상부가 일체가 되도록 한다.
㉢ 계선주, 방충재, 안전사다리, 계단 등의 시설을 설치한다.

V. 블록(Block)의 시공

(1) 개요

소규모 시설에 적합하며, 경제성, 시공성 우수, 부등침하 우려가 있다.

(2) 종류

① 일반블록 : 50~60톤 무근 Con'c

② 셀블록 : 바닥없는 케이슨 형태 10~100톤

③ L형블록 : L형 Type으로 뒷채움 중량으로 안정 유지

④ 직립블록 : 내부가 없는 형태로 소파공, 방파제 호안, 이용

(3) 제작

형태, 규격 등을 고려한 제적장을 선정한다.

(4) 설치

해상조건, 기상, 작업선반의 조건을 고려하여 설치한다.

(5) 설치방법

수평쌓기, 경사쌓기, 상부 Con'c 설치

Ⅵ. 상부공

(1) 캡 콘크리트 : 속채움재 유출방지, 제방과 일체가 되도록 설치한다.

(2) 상부 콘크리트 : 월류에 대비한 파라펫트 설치(전단면형, 파라펫트형)

memo

Professional Engineer Civil
Engineering Execution

하천 및 댐·상하수도

Chapter 12

Chapter **12**

하천 및 댐·상하수도

제 1 절 하천

1 핵심정리

I. 개 요

강수를 통해 지표에 공급된 물이 물길을 형성하며 지표면에서 일정한 물길을 따라 흐르는 것을 하천(河川, Stream, River)이라 한다.

하천을 이루고 있는 일정한 물길을 하도(河道, Channel)라고 하며, 하천에 의해 형성된 또는 하천이 흐르는 낮은 골짜기를 하곡(河谷, River, Valley)이라 하고, 암석이나 토사로 이루어진 하천의 바닥 부분을 하상(河床, Riverbed)이라 한다.

하천에 물을 공급하는 구역을 유역 또는 유역분지(流域盆地, Drainage Basin)라고 하며, 유역의 경계를 이루는 선을 분수계(分水界, Water Shed)라고 한다.

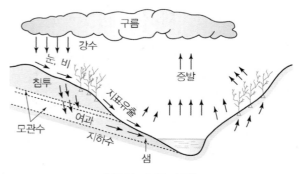

[물의 순환과정]

II. 유수전환처리(가배수로)

1. 개요

댐 등 하천공사시 공사의 지장이 없도록 하천 유수를 분류시키는 시설물

2. 가배수로 처리방법 선정시 고려사항

① 지형, 지질, 하상의 형태 및 크기
② 댐의 규격 및 형식

③ 유입되는 홍수량

④ 여수로, 방수로 등 부속시설의 공정

⑤ 가물막이 설치 시기

3. 종류(유수전환 방식)

1) 전면 물막이(가배수 터널)

① 하천이 좁은 계곡 지형

② 상부, 하부에 제방(물막이) 설치

③ 가배수 터널 설치

2) 부분 물막이(반 하천 체절공)

① 하천의 절반을 막고 공사한 후, 잔여 구간의 절반을 시공

② 콘크리트 댐, 표면 차수형 댐 시공시 유리

③ 홍수시 대책 강구가 필요하다.

3) 가배수 방식

① 하천이 넓고 유량이 적은 곳에 유리하다.

② 공기가 짧고 공사비가 저렴하다.

③ 암거식, 개거식이 있다.

Ⅲ. 가물막이(가체절공)

1. 개요

하천 시설물을 건조상태에서 작업을 하기 위하여 일시적으로 물을 배제하는 공사

2. 종류

① 간이 가물막이

인근 재료를 이용하여 수심과 굴착깊이가 얕은 곳에 축조한다.

② 흙댐식 가물막이

가장 간단하며, 수심에 비해 넓은 부지가 필요하다.

③ 한겹 널말뚝식 가물막이

널말뚝 강성으로 수압을 저항하는 방법, 켄틸레버식, Sturt식이 있다.

④ 두겹 널말뚝식 가물막이

내·외벽 널말뚝 2개를 병렬하여 양 널말뚝은 Tie rod로 연결하고
토사를 채워, 널말뚝과 토사가 일체가 되어 외력에 저항하는 방법

■ 유수지 : 평상시 공간을 확보하였다가 집중 강우 시 저류할 수 있는 공간

■ 강변여과수
(River Bank Filtration)
하천 주변에 집수정을 만들어 유입되는 지하수를 취수, 오염물질 제거 기능이 우수하여 취수원으로 사용한다. 하천에 충분한 양이 있어야 한다.

[가물막이공(흙댐식)]

[가물막이(두겹 널말뚝식)]

[가물막이공 셀식(Cell Type)]

⑤ 셀(Cell)식 가물막이
강 널말뚝을 원통형으로 막고 그 속에 토사를 채운 Cell을 병렬로 연결하여 연속된 벽체로 설치하는 방법
단기간 시공 가능, 안정성 우수, 깊은 수심에 경제적이다.

Ⅳ. 제 방

1. 개요
홍수시 유수의 원활한 소통을 유지시키고 제내지를 보호하기 위하여 하천을 따라 흙으로 축조한 공작물

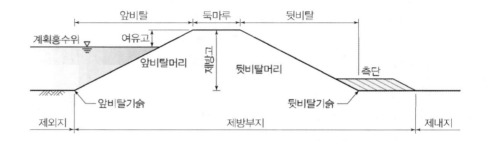

2. 재료
① 통일 분류법상 세립분(점토, 실트)을 함유해야 한다.
② 재료 최대 치수 100mm
③ 콘지수(qu) = 400kPa(4.0kgf/cm²) 이상
   *콘지수(qu) : Sounding 방법 중 원추형 Cone을 지중에 관입하여 심도와 저항값 측정, 깊이, 방향, 토양의 성상과 알 수 있는 정적관입시험
④ 투수계수 $K = 1 \times 10^{-3}$cm/sec 이하
⑤ 구조물 뒷채움 재료 및 시공단면은 양질 성토재, 누수 안전 확보
⑥ 흙은 수축, 팽창이 적어야 한다.
⑦ 시공이 용이해야 한다.(운반, 파괴, 포설, 다짐 등)
⑧ 높은 제방은 야적 후 함수비 낮아진 후 사용한다.
⑨ 유기물이나 용해되는 물질이 없을 것

3. 시공 주의사항

1) 굴착 주의사항
기존 유로 특성 변화를 최소화 하여 굴착한다.
① 유심부 바닥 굴착 방지

■ 수위(Water Height)
통상 평균 해수면을 기준으로 수로 바닥에서 수위까지 깊이

■ 계획홍수위
(High Water Level)
홍수시 수위(국가하천 약 100빈도, 지방하천 50~80년 빈도)

■ 평수위(Normal Water Level)
평상시 수위, 1년에 180일(6개월) 정도

■ 갈수위(Droughty Water Level)
가뭄수위, 1년에 10일 정도

■ 저수위(Low Water Level)
하천이 가장 낮은 때 수위 90일(3개월) 정도

■ 계획 하상고
하천의 수위, 구조물, 하상고, 유속 등을 감안하여 평형 하상 상태를 고려한 계획고

■ 굴입하도
계획홍수위가 제내 지반고보다 낮거나 둑마루나 흉벽 마루에서 제내 지반까지의 높이가 0.6m 미만인 하도

■ 하도
평상시 혹은 홍수시 유수가 유하하는 공간이면서 수생생태가 서식하는 공간

② 상시 수로폭 확대 방지
③ 하천 환경 최소화
④ 이수, 치수 시설물 안전 고려

2) 흙의 배분
① 운반 거리를 짧게 배분한다.
② 개수 구역 전반에 걸쳐 계획한다.
③ 토량 변화율을 고려하여 계획한다.
④ 공사비가 최소가 되도록 한다.(현장조건, 규모, 장비선정)

3) 흙쌓기
① 제체의 침투, 사면활동, 침하 등 안정성 검토
② 경사도 1 : 4 이상일 경우 층따기 실시 활동 방지
③ 기존제방 연결시 B = 0.5~1.0 층따기 실시
④ 장비 작업 공간 확보

4) 다짐
① 일반구간 90% 이상, 두께 30cm 이하
② 구조물 되메움 95% 이상, 두께 20cm 이하
③ 수정 CBR 2.5 이상
④ 횡단 구조물은 층다짐(t = 10~20cm), 좌우 대칭 다짐
⑤ 다짐도 검사 : 토질 변화시, 1000m³, 500m당 1회 실시

5) 더돋기(여성)
제체 및 기초지반의 장기적인 압밀을 고려하여 더돋기를 시행한다.

제방높이	더돋기(여성)
3m 이상	10~20cm
3~5m 이상	20~30cm
5~7m 이상	30~40cm
7m 이상	40~50cm

6) 누수방지
① 유선망, 침투압, 제방의 안정성, 파이핑 현상을 고려한다.
② 누수방지공은 시공 후 담수시험, 양수시 실험과 홍수시 관측공 또는 원위치 시험을 통해 수두를 측정한다.

■ 도류제(Training Dike)
물의 흐름을 원하는 방향으로 유도하고, 일정한 속도로 조절하기 위해 만든 구조물
하천 합류지점, 호수, 바다로 흘러 들어가는 지역 등에 설치

■ 통수능(通水能(Discharge Capacity))
수로에 물이 얼마나 흐를 수 있는지를 나타내는 능력으로 수로단면이 클수록, 조도계수가 작을수록 큰 값을 가진다. 개수로 등류에 대한 유량(Q)은 Manning의 식을 이용하여 연속방정식의 형태로 나타내면, 유량(Q)는 다음과 같다.
$Q=A \cdot 1/n \cdot R^{2/3} I^{1/2}=K \cdot I^{1/2}$
여기서 K는 통수능이다.

■ 하천의 하상계수(河狀系數)
하천의 최소 유수량에 대한 최대 유수량의 비율로 하황계수(河況係數)라고도 한다. 이 수치가 1에 가까우면 하황이 양호한 것이고 수치가 크면 클수록 하천의 유량 변화가 큰 것이다.

③ 누수방지

㉮ 제체 침투 보강공법 ┬ 단면 확대공법
└ 앞 비탈면 피복공법

㉯ 기초지반 침투 보강공법 ┬ 차수공법
└ 고수부 침투공법

V. 호 안

1. 개념

제방 또는 하안을 유수에 의해 파괴와 침식으로부터 보호하기 위해 제방
비탈면에 설치하는 구조물

2. 구조

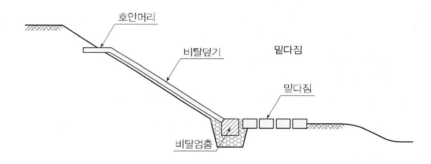

1) 비탈 덮기공(사면안정 참조)
① 떼 붙임공
잔디공, 토사층 완류하천 평수위 이상 부위에 적용
② 돌 붙임공
조약돌, 호박돌 : 조도계수가 크고, 공사비 저렴, 완류부에 사용
③ 콘크리트 붙임공, 콘크리트 쌓기공
④ ASP 붙임공 : 제방 불투수가 요구될 때
⑤ 돌망태공
철선 망태에 돌을 채운 형태
표면 조도계수가 크고, 작업이 용이하며 내구성이 적다.
⑥ 돌 쌓기공 : 급류부에 적용

[돌망태공]

[식생블록]

■ 조도계수
유수에 접하는 면의 거친 정
도를 표현한 계수

2) 비탈 멈춤공(비탈면 덮기공 받침)
  ① 말뚝기초
  ② 강널말뚝(Sheet Pile)
  ③ 콘크리트 기초
  ④ 콘크리트 블록 공법
  ⑤ 방틀공, 바자공(Hurdle Work)

3) 밑 다짐공(호안공의 기초 부분)
  ① 사석공법 : 입도 분포가 좋은 재료, 시공과 보수가 용이,
          유수의 소류력에 안정하다.
  ② 돌 망태 공법 : 큰 사이즈 석재가 없을 때 사용한다. 내구성이 적다.
  ③ 침상층 : 섶 침상(유속이 적은 곳), 목공침상(유속이 큰 곳)에 적용
  ④ Con'c Block 말뚝공법

3. 호안의 종류
  ① 고수호안 : 홍수시 비탈면 보호
  ② 저수호안 : 고수부지 세굴 방지, 저수조의 난류 방지
  ③ 제방호안 : 고수 호안 중 제방에 설치하여 제방을 직접 보호한다.
          홍수시 수충부가 되는 호안부, 과거 파괴 구역, 급류 하천
          고수부지 없는 곳

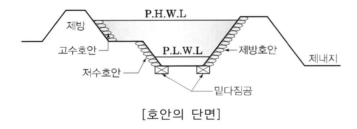

[호안의 단면]

VI. 수제공

1. 개요
  하천의 흐름을 분산시켜 토사 유실방지, 유로의 변경, 수위상승 등 제방을
  보호하는 역할을 한다.

2. 종류
1) 섶 침상 수제공
  저수위 이하의 높이로 섶 침상을 쌓아올린 것으로 완류 하천에 적용

■ 바자
  갈대, 싸리 따위를 엮어
  울타리를 만든 것

■ 방틀
  통나무나 각재를 모양으로
  짠 틀

■ 소수력(Tractive Force)
  하천 흐름이 하상 바닥을
  쓸면서 내려가는 힘

■ 층류
  몰입자가 정연하게 흐르는
  상태

■ 난류
  몰입자가 불규칙하게
  소용돌이 상태로 흐르는
  상태

■ 섶 : 볏짚, 갈대 등

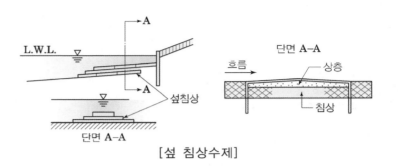

[섶 침상수제]

[수제목]

2) 목공 침상 수제공
급류 하천 목공 침상에 돌로 채우는 방법

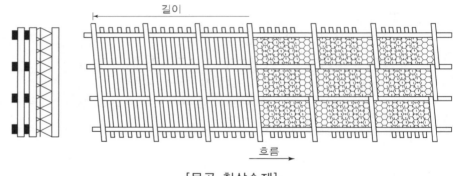

[목공 침상수제]

3) 말뚝 상치 수제공
섶 침상위에 말뚝을 박고 침상 위 조약돌을 놓은 공법

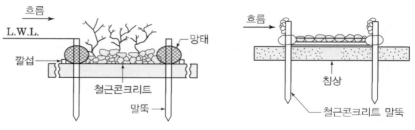

[말뚝 상치 수제]

4) 콘크리트 방틀 수제공
침석이나 방틀재를 콘크리트로 대체

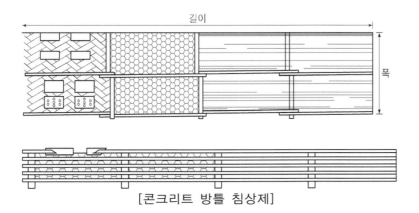

[콘크리트 방틀 침상제]

5) 사석수제, 돌망태식 수제, 제방식 수제

3. 호안과 수제의 차이점

호안	수제
• 직접 호안을 보호한다.	• 물의 흐름을 제어한다.
• 침식을 직접적으로 방지	• 토사의 퇴적과 유속 감소 효과적
• 유속 감소 효과가 적다.	• 생태계 및 경관 보전 효과
• 호안 상하부에 침식 및 세굴발생	• 수제 선단 부분 세굴

Ⅶ. 보

1. 개요
① 수위를 높여 수심을 유지 및 농업용 공급
② 흐름의 역류 방지를 위해 하천 횡단에 설치하는 구조물

2. 종류
1) 고정보
① 본체
② 물받이 : 물받이 → 철근콘크리트
　　　　　　연결조인트 → 수밀성 확보, 부등침하에 안전한 구조
③ 바닥 보호공 : 보 상·하류의 하상 세굴방지(사석, Con'c, 돌망태)
④ 차수공

■ 보(Barrage)
유수를 막아 수위를 높이고, 용수를 취하거나 유량 조절 기능이 있는 수리구조물

■ 사방댐
산사태, 산림피해 예방을 위해 설치 토사유입 예상지역 설치하는 소규모 댐
·평상시 : 저수조로 이용
·집중호우시 : 산사태, 홍수
　　　　　　방지용으로 이용

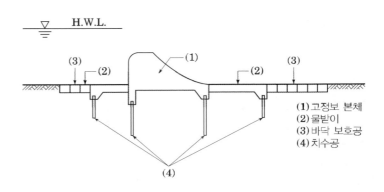

(1) 고정보 본체
(2) 물받이
(3) 바닥 보호공
(4) 치수공

[가동보]

2) 가동보

① 가동보의 상판공은 상부 하중 지지, 수문 수밀성을 보장하고 보, 기둥
사이의 물받이공 효용을 달성할 수 있는 구조

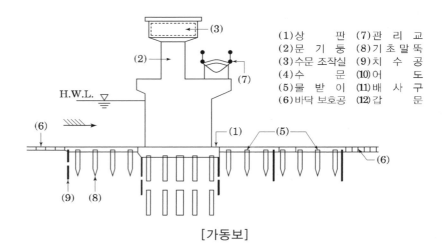

(1) 상   판   (7) 관 리 교
(2) 문 기 둥   (8) 기 초 말 뚝
(3) 수문 조작실 (9) 치 수 공
(4) 수   문   (10) 어   도
(5) 물 받 이 (11) 배 사 구
(6) 바닥 보호공 (12) 갑   문

[가동보]

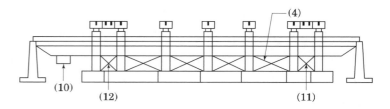

② 종류

㉠ 인양식 수문

㉡ 개량식 보 : 상단 전도식, 하단 배출식

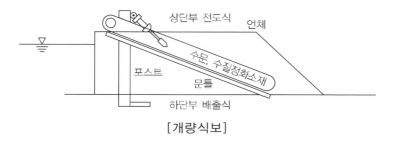

[개량식보]

[개량식가동보]

ⓒ 고무보(Rubber 보)

합성고무를 상판에 고정하여 공기 또는 물을 주입 타원형 단면을 형성

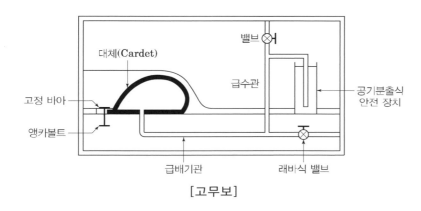

[고무보]

[고무보]

ⓔ 합성식 보 : 상부 전도식 + 고무보

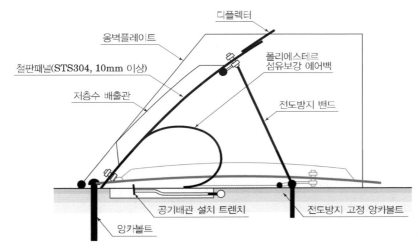

[합성식보]

2 단답형·서술형 문제 해설

1 단답형 문제 해설

01 유수전환방식

I. 개 요

유수전환 공사는 DAM공사의 전체공기에 크게 좌우되는 매우 중요한 공종으로 하천의 특성에 따라 전면물막이, 부분물막이, 가배수 방식으로 구분된다.

II. 특 징(종류)

(1) 전면 물막이(가배수 터널)
① 하천이 좁은 계곡 지형
② 상부, 하부에 제방(물막이) 설치
③ 가배수 터널 설치

(2) 부분 물막이(반 하천 체절공)
① 하천의 절반을 막고 공사한 후, 잔여 구간의 절반을 시공
② 콘크리트 댐, 표면 차수형 댐 시공시 유리
③ 홍수시 대책 강구가 필요하다.

(3) 가배수 방식
① 하천이 넓고 유량이 적은 곳에 유리하다.
② 공기가 짧고 공사비가 저렴하다.
③ 암거식, 개거식이 있다.

III. 고려사항

(1) 유수전환 유량의 검토
(2) 주변 구조물 검토(주면의 댐, 보, 저류시설 등)
(3) 주변 환경 검토(지질, 만곡도, 하폭, 홍수특성, 수질오염 등)
(4) 댐이 공사기간(홍수기 횟수), 규모, 형식의 검토
(5) 유수전환 방식은 시공 중 큰 재해 요인이 될 수 있다. 안정성, 경제성, 공기 등을 고려하여 가능한 갈수기를 선택하여 시행하는 것이 유리하다.

2 서술형 문제 해설

01 하천 제방의 누수원인과 방지대책을 설명하시오.

Ⅰ. 개 요

제방의 누수는 제외측의 하천 수위가 상승하므로 제체 및 기초지반을 통한 침투수가 제내측에 누출하는 현상을 의미하며 침투수 누출에 의한 Piping은 제방 붕괴의 원인이 된다.

Ⅱ. 원 인(누수 구분)

(1) 제체누수

제외측 하천 수위 상승과 제체내에 발생하는 침투수가 누출하는 누수

(2) 기초지반 누수

제외측 하천 수위 상승과 기초지반 발생하는 침투수가 제내측 지반에 용출하는 누수

Ⅲ. 공법 선정 시 검토사항

(1) 지수효과
(2) 시공성, 경제성, 신뢰성
(3) 주변 영향

Ⅳ. 대 책(누수방지공법)

(1) 투수층 내 지수벽 설치 방법
　① 강 널 말뚝공
　　• 가장 많이 사용. 시공성 양호
　　• 초기누수 우려 2차 Filtering. 작용
　　• 최소 50cm 이상 근입
　② 콘크리트 널 말뚝공
　　• 강널말뚝보다 시공성이 좋다.
　　• 누수 우려 별로 없다.
　　• 널말뚝 길이 제한 받는다.

③ 심벽공

　　㉠ 점토벽공

　　　• 연속 벽체 누수 우려가 적다.

　　　• 수중 공사 우려

　　㉡ 콘크리트 벽공

　　　• 누수방지공으로 이용 실적이 적다.

　　　• Bentonite, Soil Cement 이용가능

　　㉢ 화학약제 주입공

　　　• 약액 지반 주입 → 투수성 감소 공법

　　　• 지수성, 내구성, 신뢰성 확실하지 않다.

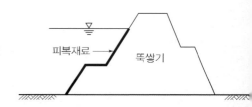

(2) 제방 부지 확폭 방법

① 투수 경로 길이를 길게 한다.

② 수류완만 → Piping Action 제어시키는 공법

③ 확폭은 제방, 앞턱, 뒤턱 너비를 조정

(3) 피복재 설치방법

제방 앞 비탈변에 불투성 재료를 피복시켜 Piping
현상 제어하는 방법

(4) 배수우물 배수구 설치방법

침수층 내에 배수용 집수정, 도랑 설치하여 제어하는 방법

① 집수정 직경 및 간격

　　• 침투압, 누수량 검토

　　• Quick Sand 현상 조사 및 검토

② 지수용 도랑(Drain Trench)

　　기초 지반 투수층 두께나 표토 두께가 얇을 경우 설치

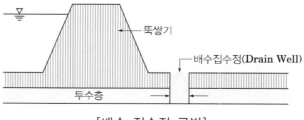

[배수 집수정 공법]

(5) 제방 앞 비탈사면 보강 공법

   ① 제방 쌓기용 고수부지 굴착

   ② 하천 단면 확대용 저수로 확폭은 침투로 길이 짧다.

   ③ 저수호안 설치 → Piping 현상 제어

(6) Blanket 설치 방법

제외지 투수층 지반위에 불투수성 흙, 아스팔트 등을 피복시켜 침투수와 수두 감소방법

   ① 지수효과, 시공성 좋다.

   ② 유지관리 용이

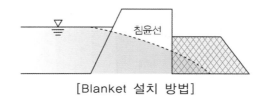

[Blanket 설치 방법]

V. 누수방지시험

(1) 담수실험

   ① 제체 누수 대책공의 지수효과 판정

   ② 침윤선 변화 검측 → 지수효과 판정

(2) 양수실험

   ① Well Point 등에 의해 강제적 수위 저하

   ② 대책공 전면의 수위저하 관측

(3) 홍수시 검측

   ① 제체 및 기초지반 대책붕괴의 지수효과 판정

   ② 홍수시 관측공, 지반 내 수두 측정

VI. 결 론

누수의 주된 원인은 Piping 현상이므로 설계 시공시 검토가 중요하다.

대책으로는

① 지수벽 설치

② 침투로 길이 증대

③ 투수 계수 줄여 Piping 현상 방지

④ 침투수 신속히 배제시킴 등으로 누수에 따른 시공대책이 필요하다.

02 하상 굴착 공법에 대하여 기술하시오.

I. 개 요

하천은 자연 그대로 방치하게 되면 유속이 느린 곳에서는 퇴적되는 경향을 가지고 있다.
하천의 퇴적은 유수소통에 지장을 주게 되어 홍수시에는 제방의 범람, 하천 공작물의
피해를 주게 된다. 하상 굴착은 다음과 같은 목적으로 준설 또는 굴착하게 된다.

(1) 통수유량 확보 (유수의 원활한 통로 설치)

(2) 수로의 정리 또는 신설 수로 설치 시

(3) 축제용 토사 채취

(4) 골재 채취

II. 하상 굴착 시 유의 사항

(1) 하천 제방은 피한다

하상 굴착시 생기는 단차로 제방 손실이 있을 수 있다.

(2) 과다한 굴착은 하지 않는다

① 기존 설정되어 있는 하상 단면의 Level 이하로 굴착하지 않는다.

→ 전체적인 유수 소통에 문제가 될 수 있다.

② 굴착면을 평활하게 굴착한다.

→ 물의 흐름에 지장이 있을 수 있다.

(3) 저수로 굴착

① 하류에서 상류로 진행 → 유수 방향을 크게 교란시키지 않게

② 상류에서 하류 굴착시 문제점

→ 흐름의 방향이 크게 변화되어 세굴이 발생

(4) 가로 방향 굴착시

① 물흐름 방향으로 나란히 구간을 설정한다.

② 유심부로부터 외부로 굴착한다.

(5) 함수비가 높은 흙의 대책

① 굴착부 표면 배수 촉진

② 배수 도랑을 파서 함수비 낮춘다.

III. 결 론

하상 굴착시는 물의 흐름에 지장이 없도록 하여 교란, 세굴이 발생하지 않게 하류에서
상류로 유심부에서 외부로 굴착하는 것이 원칙이다. 또한 굴착에 따른 수질오염이나
기타 환경에 영향이 없도록 시공에 유의해야 할 것이다.

memo

Chapter **12**

하천 및 댐·상하수도

제 2 절 댐

1 핵심정리

I. 개 요

댐은 저수, 도수, 조절, 발전 등을 목적으로 강이나 하천에 물의 흐름을 막기 위해 흙, 돌, 콘크리트 등으로 쌓아올린 둑

II. 댐의 종류

1. 종류

```
┌Rock Fill Dam ┬표면 차수형
│             ├내부 차수형
│             └중앙 차수형
├Earth Fill Dam ┬균일형
│              ├존 형(Zone 형)
│              └Core형-심벽형
└콘크리트 Dam ┬중력식 댐(중공 중력식 댐)
            ├아치형 댐
            ├부벽식 댐
            └RCC 댐
```

■ Earth Fill DAM 〉 토사 50%

■ Rock Fill Dam 〉 암 50%

[Rock Fill 댐]

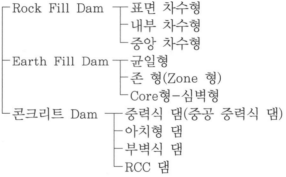

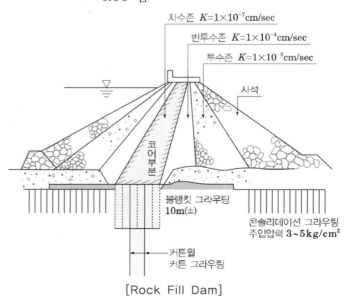

[Rock Fill Dam]

2. Fill Dam의 안정조건
① 제체 활동에 안정할 것
② 댐의 저수가 넘지 않을 것
③ 사면이 안정되어 있을 것
④ 댐 재료와 기초지반이 압축에 안정할 것

3. Fill Dam의 재료
① 투수층 : 전단강도가 크고, 내구성, 변형이 작은 재료(암)
투수계수 $K = 1 \times 10^{-2}$cm/sec 이하
② Filter 층 : 점착성이 있는 세립토 5% 이하 포함(ϕ200체 통과)
투수계수 $K = 1 \times 10^{-4}$cm/sec 이하 압축성 적은 재료

• 파이핑 방지 목적 :
$$5 \, \langle \, \frac{F15(\text{필터재료의 } 15\% \text{ 통과입경})}{B15(\text{필터로 보호되는 재료의 } 15\% \text{ 통과입경})}$$

• 필터의 투수성 확보 :
$$5 \, \rangle \, \frac{F15(\text{필터재료의 } 15\% \text{ 통과입경})}{B15(\text{필터로 보호되는 재료의 } 85\% \text{ 통과입경})}$$

③ 차수존 불투수성 세굴(점성토)
투수계수 $K = 1 \times 10^{-7}$이하 재료

Ⅲ. 부속설비

1. 여수로(여수토, Spill Way)
① 개요 : 댐의 저수용량 초과시 물을 하류로 방류시켜 월류를 방지하는 시설
② 구성 : 접근수로, 조절부, 급경사 수로, 감세공, 방수로
③ 종류
• 개수로형 : 월류형, 측수로형, 자유낙하형
• 관수로형 : 사이폰형, 나팔형, 터널형, 암거형
④ 비상여수로 : 최대 홍수량 유입시 댐의 안전 확보 역할

2. 검사랑(Inspection Galley)
중력댐의 안정관리, 검사 등을 목적으로 댐 내부에 설치한다.
균열검사, 온도측정, 간극수압측정, 양압력측정, 수축량 검사, 댐 내부 누수 및 배제, 그라우팅 이용 등을 목적으로 설치

■ 댐 성토 시험 종류
· 다짐 시험
· 투수 시험
· 전단 시험
· 입도 시험
· 함수비 시험
· 1축압축 시험

■ 흙댐 사면이 가장 위험한 경우
① 상류측
시공직후, 수위 급강하시
② 하류측
시공직후, 정상 침투시

[여수로(Spill Way)]

■ 감세공
수로 방류부에서 발생하는 고유속의 흐름시 세굴 방지를 위해 설치하는 시설물
· 정수지형
· 플립 버킷형
· 잠수 버킷형

[수문]

[어도(Fish Way)]

3. 수문

4. 취수 및 방류설비

5. 배사설비 : 침사지 및 배사시설

6. 어도

Ⅳ. DAM 기초처리

1. 개요

댐 축조 후 기초의 침하량 증대로 지반 지질과 지형에 따라 변형이 발생될 수 있다. 이에 따른 지반의 강도와 차수성 확보를 위해 시행하게 된다.

2. 처리 목적

① 지반강도 확보(안정성 확보)

② 차수성 확보(Piping 현상 방지, 저수량 확보)

③ 변형억제 확보(지반의 일체화)

3. 종류

4. Grouting

1) Grouting 종류

① Consolidation Grouting(압밀 그라우팅)

• 기초암 균질성 확보(단층대 전리층)

• 변형 억제

• 암반 지지력 증가 및 수밀성 증대

② Curtain Grouting(차수 그라우팅)
- 기초 암반 침투성 방지
- 저수율 증대
- 파이핑 현상 방지(세굴 방지)
- 위치 : DAM 기초 상류측 병풍 모양으로 압밀 그라우팅보다 깊게 시공
- 심도 : $d = \dfrac{H}{3} + C$ (d : 심도(m), H : 최대수심(m), C : 정수 8~23)
- 간격 :

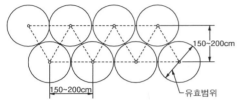

보통 Dam 1~2 Lugeon
Fill Dam 2~5 Lugeon

[주입공의 배치]

③ Contact Grouting
경사부의 차수, 지지력 증대
콘크리트 제체와 지반사이의 공극 채움

④ Rim Grouting
Dam 주변 암반 지수 목적

⑤ Blanket Grouting
투수성 지반 누수방지, 코어부 전면적 H=5~10m 심도

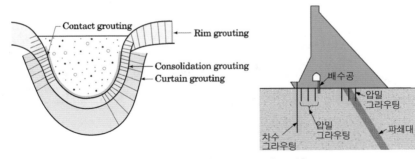

[댐 기초에 적용하는 주입공법]

2) 기초 배수공
① 코어 트렌치 용수
- 코어 트렌치 굴착시 침투수가 많아 굴착면 형성이 어려운 경우 가물막이 기초부에 차수 Grouting을 실시한다.
- 코어 트렌치 내 용수 유공관 설치하여 배수한다.

■ 수압파쇄
(Hydraulic Fracturing)
Fill Dam에 담수시 제체내의 응력이 저수지 수압보다 적은 경우 제체내의 미세한 균열로 물이 침투되어 균열 확장으로 제체가 찢어지는 현상으로 부등침하나 응력전이로 응력이 감소시 발생됨

② 댐 부지 내 용수

- 댐 외부로 유도 배수한다.
- 용수가 많을 경우 유공관 설치 집수하여 배수 처리한다.

3) 연약 지반 처리(기초 암반 보강)

① 콘크리트 치환

지수 목적으로 연약층을 제거하고, Con'c로 치환하여 강도증대, 변형억제

② Doweling

- 단층에 콘크리트 보강, 전단 마찰 저항력 개선한다.
- 연약부 일부 콘크리트 치환한다.
- 기초 암반내의 불규칙한 면처리

③ 암반 Pre Stressing

암반 변형 개량, 강선, 강봉, Rock Bolt 등을 사용한다.

④ 단층처리(취력 전달 구조물)

콘크리트 + 그라우팅을 단층에 설치하여 심층(암반층)에 전달되도록 기초 지반에 설치한다.

4) Grouting 공법

① 재료

- 시멘트 밀크 : 벤토나이트와 점토와의 용액
- 아스팔트제 : 화학 주입제의 유동성 있는 Milk재

② 종류 ┌ 단단식
　　　　└ 다단식 ┬ 스테이지식 Grouting
　　　　　　　　└ 팩커식 Grouting

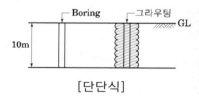

[단단식]

　㉠ 단단식 : 전 깊이에 대하여 일시적으로
　　　　　　　주입

　㉡ 다단식

　　㉮ 스테이지 Grouting

- 주입을 5~10m로 나누어 천공 → 주입을 반복
- 절리가 많은 암반에 적용(균열이 심할 때) 공사비가 많이 든다.

　　㉯ 팩커식 Grouting

- 계획 심도까지 천공 후 아래부터 시공한다.
- 균열 정도가 양호할 경우 공사비가 적게 든다.

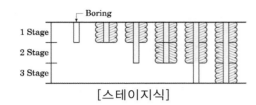

[스테이지식]

[팩커식]

5) Grout 기초 처리

① 형상 : 사면, 트렌치 요철(凹凸)부 형성

② Grout

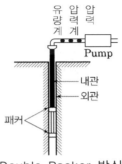

Double Packer 방식

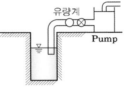

입갱을 사용한 방식

ㄱ 루전 맵(Lugeon Map)
  - 기초 암반의 투수도(1루전 이하시 적용)
  - H/2 까지

ㄴ Lugeon Test(암반투수시험)
  암반 투수시험으로 투수계수 K를 구하는 방법
  댐 기초 처리시 그라우팅 주입 전후 루전
  Test를 비교하여 개량효과를 판정한다.
  1루전 $Q = 1\ell/min$
  $P = 10kgf/cm^2$, $r = 2.5cm$, $L = 1m$
  1루전의 투수계수(k) $= 10 \times 10^{-4 \sim -5} cm/sec$

③ 암반시험
  암반의 탄성 한계, Grouting시 최고 압력 확보

V. 접합부 시공관리

차수 존과 기초암반 접속부의 정밀시공이 미비한 경우 누수 원인이 된다.

1. 기초암반 접속부

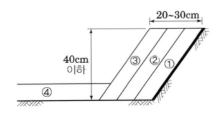

[접합부 시공]

■ RCC댐(Roller Compacted Concrete)

빈배합 콘크리트를 진동 Roller로 층 다짐(50~75cm)하여 댐축조 수화열이 없고, 건조수축, Creep 등에 변화가 적다.
월류, 지진 등에 대해 안정적이다.
Con'c 생산 → 운반 → 포설 → 다짐 및 줄눈시공 → 양생

구 분	A材 ①	B材 ②, ③	차수 材 ④
함수비	OMC + 5% 이상	OMC 보다 습윤측	–
최대입경	15mm 이하	60mm 이하	150mm 이하
두께	8~12cm	10cm	20cm
소정지수	15 이상	15 이상	
다짐 방법	Tamper	Tamper 4회	진동 Roller 6회

2. 차수존

1) 입도관리

#200체 통과율 ┬ 상한 : 강도규제
            └ 하한 : 투수성 규제

2) 함수비 관리(OMC)

−1.0 ~ + 3.0%

3) 다짐밀도관리

$$RC = \frac{현장다짐\ rd}{실내실험\ rd_{max}} \times 100\% \ (95\% \ 이상 \ 합격)$$

Ⅵ. 콘크리트댐(Concrete Dam)

1. 준비작업 및 굴착 : 사전계획, 현지조사, 가설비 공사, 유수전환 굴착 등 Fill Dam과 동일

2. 기초처리 (댐의 기초처리 참조)

3. 콘크리트 타설

배합, 생산, 운반 등을 고려하여 타설계획을 수립해야 한다.
타설방법 : Block 별 타설
         Layer(층) 타설

4. 접합부(취약부)관리

① 배합이 다른 Con'c 접합부
  배합이 다른 Con'c 타설시 경계선에서 Con'c가 잘 혼입 되도록 타설

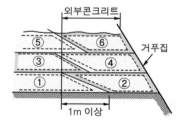

[배합이 다른 콘크리트 경계면 처리]

[콘크리트(후버댐)아치댐]

[콘그리트댐(스위스 콘트라댐)]

② 얇은 지역이 없도록 Con'c 타설
③ Con'c 치환
  • 불량한 암반 부위는 콘크리트 치환하여 지지력 증대
  • 그라우팅 실시하여 누수방지

[완만한 경사면의 콘크리트 타설]

5. 양생(콘크리트 양생참조)
Pre Cooling
Post(Pipe) Cooling

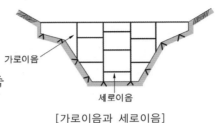

[가로이음과 세로이음]

6. Con'c 이음
Con'c 댐은 온도균열 방지를 위하여 수축이음(가로, 세로), 시공이음 등을 설치한다.

■ 사방댐
토사의 유실이 심한 상류에 토사가 흘러 내려가지 못하게 하기 위해 인공적으로 설치하는 댐.

Ⅶ. DAM 시공순서

Rock Fill Dam	Con'c 댐	표면 차수형 석괴댐 (Con'c Face Rock Fill Dam)
준비 가도로, 가배수로 가설공, 토취장, 사토장 가물막이공	좌동	좌동
굴착 굴착면 정리	좌동	좌동
기초처리 기초 그라우팅 –	좌동 좌동 Cap Con'c(흙과 Con'c 부착)을 위해 타설	좌동 좌동 Plinth(토대) 설치 (견고한 암반에 설치)
본체 차수존 필터층 투수층	본체 : Con'c 타설 관리 단계별 타설(Block 등) Mass Con'c 양생 취약부 타설, Joint 시공	본체 : Fill Dam과 동일 상류면 면(숏크리트) 차수벽(÷30cm)
제체, 여수로, 취수설비	좌동	좌동
뒷정리 가배수로 철거 등	좌동	좌동
담수	좌동	좌동

Ⅷ. 계 측(Monitoring)

1. 개요
시공 중 관리 및 완공 후 안전과 저수지 조작 등을 위하여 시행한다.

2. 종류
1) Fill Dam
    ① 시공시 : 간극수압(기초 및 댐의 변형, 토압)
    ② 완료후 : 침투수, 변형에 대한 안정성(누수)

2) Con'c Dam
    ① 시공시 : 온도, 이음부 측정
    ② 완료후 : 간극수압(안정성), 누수량(침투수), 양압력(기초, 접속면 시공
       이음) 변형(외력에 대한 변형), 응력(콘크리트 발생 응력)
       연직도(담수시 응력 변화)

3. 빈도
1) 시공관리
    ① Con'c 타설 후 1개월 동안 : 매일 1회
    ② Con'c 타설 후 1개월부터 2차 냉각까지 : 주 1회
    ③ 2차 냉각부터 이음부 주입 종료까지 : 매일 1회

2) 완료후
    ① 1기 : 만수 후 3개월
       누수 1일 1회, 양압력, 침윤선 1주 1회
    ② 2기 : 1기후 안정까지(3년정도)
       누수 1주 1회, 양압력, 침윤선 1개월 1회
    ③ 3기 : 2기후
       누수 1개월 1회, 양압력, 침윤선 3개월 1회

2 단답형 · 서술형 문제 해설

1 단답형 문제 해설

01 루전 테스트(Lugeon Test)

I. 개 요

(1) 암반 투수시험의 투수계수 K를 구하는 방법으로 시추공 1m마다 10kgf/cm²의 압력에서 1ℓ/min의 물이 암반내 압입되었을때의 투수도를 1 Lugeon이라고 한다.

(2) 댐 기초 처리시 그라우팅 주입 전후 Lugeon Test를 비교하여 개량효과를 판정한다.

II. 특 징

(1) 암반을 천공 한 후 주 수압을 가압하여 물의 투수성을 이용하여 암반의 균열 상태를 파악한다.

(2) 주입압(10kgf/cm²)으로 투수구간 1m당, 주입량이 1L/분일 때를 1루전이라고 한다.

(3) 암반의 투수 상태를 Lugeon치로 나타낸다.

(4) Lugeon

$$Lu = \frac{10Q}{Pl} = (1/\min/m)$$

Lu : Lugeon치

$10Q$: 10kgf/cm²의 수압일 때 주수량(1)

P : 주수시간(min)

l : 천공길이(m)

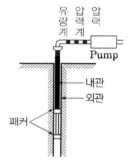

Double Packer 방식

III. 시험 방법

(1) 천공 : 댐 수위의 0.5~1배까지의 천공

(2) 장비설치 : 급수 Tank 설치, 가압 Pump, 수압계 유량계

(3) Test 실시 : 게이지 점검, 주입압 유지(10kgf/cm²)

(4) Lugeon Map 작성 : 댐 기초 처리시 Grouting 전후 Lugeon Test 실시하여 암반을 개량 효과를 판정

2 서술형 문제 해설

01 Fill Dam 누수원인과 대책(파괴원인 및 대책)에 대하여 기술하시오.

I. 개 요

Fill Dam의 누수는 아래와 같은 경로로 생기게 된다.

(1) 기초 암반부(기초 시공 불량으로 인한 누수)

(2) 접합부(본체와 기초암반부 경계면을 통한 누수)

(3) 차수 Zone(본체의 균열을 통한 누수)

(4) 기타(자연적인 원인)

누수의 진행은 Piping 현상으로 발전하여 Dam의 파괴 원인이 되므로 조사 → 설계 → 계획 → 시공 → 유지관리 등을 철저히 하여 누수가 발생되지 않도록 해야 한다.

II. 누수의 원인

(1) 기초 암반부

기초 암반 시공시 아래 사항을 소홀히 할 경우 누수의 원인이 된다.

① 기초굴착과정

    ㉠ 1차굴착 : 화약발파로 굴착. 기초바닥 +50cm까지, 상향에서 하향으로 굴착

    ㉡ 2차굴착 : 인력으로 굴착 기초바닥(+0cm)까지 하향에서 상향으로 굴착

② 기초 처리 과정

    ㉠ 성형 : 사면, 트렌치 요철부의 성형

    ㉡ Grout

        ㉮ 루전 맵(Lugeon Map)

            • 기초 암반의 투수도 (1루전 이하시 적용), H/2까지

            • Lugeon Test

                1루전 : $Q=1l$/분 $(P=10kgf/cm^2,\ r=2.5cm\ L=1m)$

                1루전의 투수계수 $K=1\times10^{-4\sim-5}m/sec$

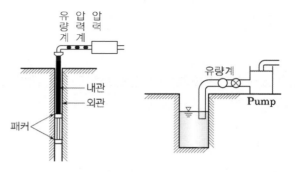

ⓑ 암반시험

암반의 탄성한계 Grouting시 최고 압력 확보

ⓒ Grouting

- Consolidation Grouting : 기초암, 균질성 확보, 변형억제
- Curtain Grouting : 기초암반 침투수 방지, 저수율 증대, 안정성 Dam 축 방향 기초 상류측 병풍모양(Consolidation Grouting)보다 깊게

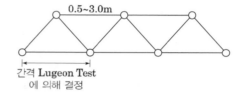

심도 $\dfrac{Dam\,H}{3} + (5-15m)$

보통 Dam → 1~2 Lugeon

Fill Dam → 2~5 Lugeon

- Contact Grouting

  경사부의 치수 지지력 증대를 목적

- Rim Grouting

  Dam 주변 암반 지수 목적

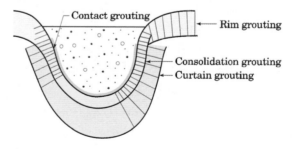

ⓓ Grouting 공법

- 단단식

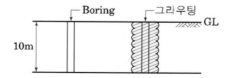

- 다단식
- Stage식
  - 공사비가 크다.
  - 균열이 심할 때 적용

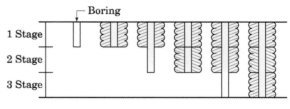

- 팩커스
  - 공사비가 적다.
  - 균열전도가 양호할 때

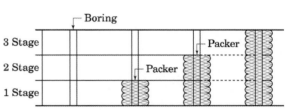

③ 기초 암반 보강
  ㉮ Concrete 치환 : 지지력증대, 변형 억제, 수밀성 증대
  ㉯ Rock Bolt : 암반 변형 개량 방식

(2) 접합부
차수존과 기초암반 접속부를 정밀시공 미비할 경우 누수원인이 된다.

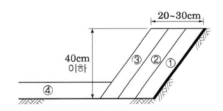

구분	A재①	B재 ②,③	치수재④
함수비	OMC+5% 이상	OMC보다 습윤측	
최대입경	15mm 이하	60mm 이하	150mm 이하
두께	8~12m	10m	20m
소정지수	15 이상	15 이상	
다짐 방법	Tamper	Tamper	진층 Roller 6회

(3) 차수존
① 입도관리(#200체 통과율)
  - 상한 : 강도 규제
  - 하한 : 투수성 규제

② 함수비 관리 OMC: −1.0 ~ +3.0%

③ 다짐밀도관리 $Rc = \dfrac{\text{현장다짐 } rd}{\text{실내실험 } rd_{\max}} \times 100\%$ 95% 이상 합격

(4) 기타 : 자연적 요인(쥐, 두더지, 나무뿌리 등)

Ⅲ. 누수 대책

(1) 누수 원인 규명 (설계, 시공, 재료)

① 원인 조사

제방, 측제, 재료, 토질조사 등

② 유선망 작도 누수량 Check

제체 중의 자유수면으로 다수 유선 중 최상한의 유선을 침윤선이라 한다.

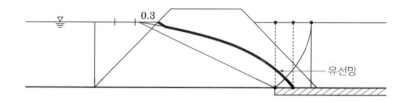

(2) 누수 대책 공법

① 차수벽 설치

제체 또는 기초 지반에 불투수층 차수벽 설치

• Grouting 공법, 주입공법

• Sheet Pile 또는 Core Zone 치환

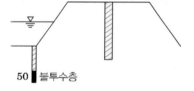

② 침윤선이 낮아지도록 제방폭을 넓게

• 제내지에서 Piping이 되지 않도록 한다.

• 제방 내외 수위차 경감

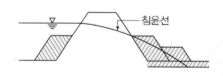

③ 표면 차수

불투성 재료로 하여 표면 차수가 되도록 한다.

점토, 토목섬유에 의한 치수 및 사면 안정 도모

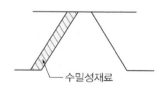

02 **Dam 공사의 시공계획에 대하여 기술하시오.**

I. 개 요

Dam 공사는 여러 가지 복잡한 공종으로 다년간에 걸쳐서 복합적으로 하천에서 시행되는 공사이다.

Dam의 형식, 규모, 공사조건 등 아래와 같은 사항을 고려하여 적절한 시공계획을 수립 하여야 한다.

(1) 기상조건 : 온도, 강수량 → 시공 가능일수 검토

(2) 홍수처리 : 유수처리 방법, 유량 검토

(3) 시공관리 : •형식에 따른 자재 관리

　　　　　　　•Fill Dam 경우 (자연재료 불균일 → 입도, 함수비 개량, 성토 속도 제한)

(4) 시공의 경제성

II. 사 전 계 획

(1) 설계 도서의 검토

　① 설계시 각종 조사의 검토

　② 세부 설계 내용 검토

　　•Dam 및 각종 부대 시설의 형식 검토

　　•구조 및 규모

　　•공사위치와 현장 주변 구조물 연관 여부 검토

　　•설계 및 시공의 특성 파악

(2) 현지 조사

　① 기상 조사 : 작업 가능 일수 산정 자료

　　•기온, 일조시간

　　•강수량 : 홍수시기 및 홍수량 검토

　　•수질 : 수온, 탁도, BOD

　　•풍향, 풍속, 습도

　② 지형, 지질조사

　　•지형 측량 : 공사용 도로, 가설비 위치계획

　　•지질조사 : 위험 예견 장소 재 조사

　③ 용지 보상 현황(수몰 지구 보상)

　④ 전기 및 용수 공급 조사

　⑤ 장비, 자재운반, 수송 체계 조사

　⑥ 환경 및 법률 제도

Ⅲ. 세부계획

(1) 기본 공정계획 : 시공설비계획, 보상기준검토

공정 \ 년도	1	2	3	4	5
가시설		12월			
유수전환		9월			
기초처리 1차굴착 사면		9월			
기초처리 1차굴착 하면		9 ─ 1월			
기초처리 2차굴착					6월말
기초처리 기초처리					6월말
댐 축조			□	□	□

Fill Dam 기본계획공정표

(2) 가설비 공사 계획

① 부대 설비 계획

　공사용 건물, 창고, 통신, 급수, 전기, 숙소 등

② 진입로 및 공사용 도로

③ 가물막이 계획

　간이 가체절 방식, 널말뚝 가체절 방식(한겹, 두겹)

　흙댐식 가체절 방식, 셀식 가체절 방식

(3) 유수 전환 계획

① 가배수 Tunnel 방식 : 하폭이 적은 경우 적용

② 반 하천 체절 방식 : 유량이 많고, 하폭이 큰 경우 적용

③ 가배수(개수로) 방식 : 하폭이 넓고, 유량이 적은 경우 적용

(4) 기초처리 계획

① 1차 처리 : 상 → 하, +50cm 발파굴착

② 2차 처리 : 하 → 상 ±0m, 인력, 기계굴착

③ 기초처리 : 성형, Grout, 콘크리트 치환

④ 기초 암반 접속부 처리

(5) 댐 축조 계획

① Fill Dam의 경우

　• 성토 가능 일수, 성토 시험, 용토 계획 등

· Rock Fill Dam
　〉암 50%
· 표면차수형:
　CFRD, AFRD,
　SFRD
· Earth Fill Dam
　〉토사 50%
· 심벽형 – zone형

- 차수 Zone의 성토 : 입도 관리, 함수비, 다짐도 관리
- 반투수존(Filter)의 성토 : 재료분리가 일어나지 않도록 관리
- 투수Zone의 성토
- 댐 법면 보호공

② 콘크리트 Dam의 경우

(기초 처리 계획 중 암반 접속부 처리 전까지는 Fill Dam과 동일하고 댐 축조에 따른 콘크리트 Dam 시공 계획에 대하여는 별도로 기술)

- 가시설 계획 : 재료 운반 설비
- 배합 : 내구성과 특히 수밀성이 양호하도록 배합
- 타설계획

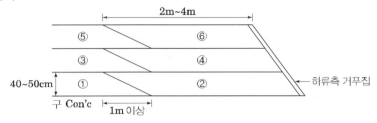

- 이음부 처리 계획 : 구 콘크리트와의 이음부는 확실히 실시하고 특히 이음부에 대한 Grouting 계획을 세워야 한다.
- 양생 계획 : Dam 콘크리트는 대형(Mass)으로서 경화열 발생이 크므로 Pre-Cooling 이나 Post(Pipe) Cooling등의 시공 계획을 세워야 한다.

(6) 본댐 담수 계획

① 이설도로, 이주대책, 수몰 지역 내 청소
② 시험담수 각종 계측

Ⅳ. 결 론

Dam 공사는 협소한 하천 구역에서 수년간에 걸쳐 시행하게 되므로 하천유량 특히 홍수시 주의해야 한다.

공사시 월류에 의한 붕괴가 25% 정도로 발생 빈도가 높다 좀 더 철저한 시공계획을 수립하여 우기 전에 공사 진척을 많이 할 수 있도록 우기와 연계한 시공 계획 입안이 중요하다.

Chapter 12

하천 및 댐·상하수도

제 3 절 상하수도

1 핵심정리

Ⅰ. 상수도

1. 상수도의 구성

2. 상수도 기본계획

1) 수원

① 천수 : 비, 눈, 우박

② 지표수 : 하천수, 호소수

③ 지하수 : 천정수, 심층수, 용천수, 복류수

2) 취수시설 : 수원에서부터 취수하는 시설(취수문, 취수관로, 취수탑 등)

3) 취수장 : 취수한 물을 정수장으로 보내는 시설

4) 도수관로 : 취수장에서 정수장으로 보내는 관로, 개수로 사용이 유리

5) 정수장 : 수원으로부터 취수된 원수를 정수하는 시설

6) 송수관로 : 정수된 물을 이송하는 관로, 오염방지를 위해 관수로를 사용

7) 배수지 : 수요가에게 안정적인 상수도 공급을 위한 시설

8) 급수관로 : 배수지로부터 공급 되는 물을 수요까지 운송하는 관로

3. 상수 관로(도수, 송수, 급수관로)

1) 관로 방식 : 자연유하식, 펌프압송식

2) 관로의 종류

① 개수로 : 자유수면을 가진 수로로 중력에 의해 이송된다.

② 관수로 : 자유수면이 없는 수로로 만수인 상태에서 압력에 의해 이송된다.

3) 접합 방식

소켓접합, 메커니컬 접합, 타이튼접합, 플렌지 접합, 강관용접, KP접합

■ 수격작용
펌프의 급정지, 급가동 급폐쇄
하면 관로내 유속의 급격한 변
화로 관로내 압력이 급상승 또
는 급강하하는 현상

4. 배수시설

1) 배수지

① 배수방식 : 자연유하식, 가압식

② 구조형식 : 콘크리트, Steel, 강화프라스틱 등 내구성, 수밀성 구조물

③ 유효용량 : 계획1일 최대급수량의 8~12시간 량을 기준으로 최소6시간 이상

④ 유효수심(3~6m), 여유고(50cm) 신축이음(20m 간격)

⑤ 유지관리를 위한 구간 분할 및 ByPass 설치

2) 배수탑, 고가수조

3) 배수관

① 배치방식

　ㄱ 격자식

　　그물망 모양의 배수관로 배치로, 단수지역이 없고, 유지관리(수압) 유리, 공사비 고가, 관망해석이 어렵다.

　ㄴ 수지상식

　　간선을 기준으로 손가락 형태로 배분 하는 형식으로 비경제적이며, 단수지역의 발생이 쉽고, 관말지역의 물의 정체로 관리가 필요

② 관망해석 : 등치관법(하젠-윌리엄스), 반복근사해법(Hardy-Cross법)

5. 급수관로

배수관로에서 분기하여 수요가까지 연결하여 급수전까지 공급하는 관로

① 급수장치 : 급수관, 계량기, 급수전

② 급수방식

　ㄱ 직결식 : 수압을 이용하여 급수

　ㄴ 탱크식 : 수압이 부족하여 직접급수가 불가능한 경우, 저장 후 급수

6. 정수장

1) 정수처리 방법

① 간이처리 : 원수가 양호하여 염소소독 처리하는 방식

② 완속여과 : 원수가 비교적 양호, 소량의 탁질, 미량의 유기물 제거

③ 급속여과 : 여재에 부착이나, 체거름으로 미립자 제거

④ 고도정수처리 : 활성탄, 오존 등으로 부가 처리 방법

[정수 과정]

■ 부(不)단수 공법

　상수관로에 활정자관과 제수 밸브를 조합한 후 천공기로 기존배관을 천공한 후 제수 밸브를 닫고, 천공기를 철거 한 후 배관을 연결하는 공법 으로 단수에 따른 주민의 불편 을 절감하기 위해 많이 사용 한다.

■ 배수관 배치방식

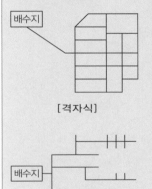

[격자식]

[수지상식]

■ 침전형태

· Ⅰ형침전 : 독립입자의 침전

· Ⅱ형침전 : 응결입자의 침전

· Ⅲ형침전 : 지역침전, 방해침전

· Ⅳ형침전 : 압축 침전

2) 침전

물 보다 비중이 큰 입자는 중력에 의해 침강하고, 상부의 물은 정수

3) 여과

여재층(모래, 섬유등)을 설치하여 침전으로 제거되지 않는 미립자 제거

① 완속여과(4~5m/day)

모래층 표면에서 불순물 포착하여 생물학적 반응(산화, 분해) 정수방법

② 급속여과(120~150m/day)

여과층에 비교적 빠른 속도로 물을 통과시켜 잔류부유물질 등을 여재에
부착이나 체거름으로 제거하는 방법.
용해성(암모니아·취기·망간 등) 제거시설 추가 필요

4) 소독

수중의 세균이나, 바이러스, 원생동물 등의 미생물을 살균 하는 것
염소살균, 오존살균, 자외선, 요오드 살균등 이 있다,

7. 수질 관련 용어

1) pH (수소이온 농도)

용액 속의 수소이온 또는 옥소늅이온의 농도 값이 클수록 알칼리성이 강하
고 작을수록 산성이 강하다

2) DO (용존산소)

물 또는 용액 속에 녹아 있는 분자상태의 산소

3) BOD (생물학적 산소 요구량)

호기성(好氣性) 미생물이 일정기간 물속의 유기물을 산화 및 분해할 때
소비하는 용존산소량 단위는 피피엠(ppm)이다.

4) COD (화학적 산소 요구량)

물의 오염정도를 나타내는 지표(指標), 물속의 유기물(有機物)을 산화제로
산화 하는데 소비되는 산소의 양으로 측정하며, 수치가 클수록 오염이 크
다. 단위는 피피엠(ppm)이다.

5) SS (부유 고형물 – Suspended Solids)

물 속에 떠다니는 고체상태의 물질. 콜로이드 입자부터 상당히 큰 현탁 물질
까지 여러 가지 형태가 포함된다.

Ⅱ. 하수도

1. 하수도의 구성

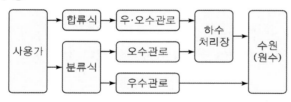

2. 하수도 기본계획

1) 하수관거

우수, 우수를 배제하기 위한 관거(암거와 개거 / Pipe & Culvert)와
맨홀, 우수토실, 토구, 물받이(오수, 빗물 및 집수받이) 및 연결관 등을
총칭하여 말한다.

2) 하수 처리장

사용가부터 배출된 오수나, 우수를 하천 방류수 배출기준에 맞도록 처리
하는 시설

3. 하수관로

1) 배제방식

① 합류식 : 우(비, 눈, 우박 등)와 오수(가정오수, 공장폐수)를 공동설치
② 분류식 : 오수관로와 우수관로를 각각 설치

2) 배수계통

직각식, 차집식, 방사식, 집중식, 평행식, 선형식

3) 계획 하수량

구 분		계획 하수량		비고
		분류식 하수도	합류식 하수도	
관거 시설	오수관거	계획시간 최대오수량	–	
	우수관거	계획 우수량	–	
	합류관거	–	계획시간최대오수량 + 계획우수량	
	차집관거	계획시간 최대오수량	우천시 계획오수량	

[벼개동목기초]

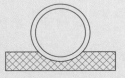

[쇄석기초]

[콘크리트기초]

[철근콘크리트기초]

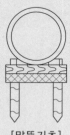

[말뚝기초]

[모래기초]

4) 유속 및 경사기준

① 유속은 하류방향으로 갈수록 점차 커지고, 관거의 경사는 점차 작아지도록 계획한다.

② 우수관거 및 합류관거
   계획우수량에 대하여 최소 0.8m/sec, 최대 3.0m/sec

③ 오수관거
   계획시간 최대오수량에 대하여 최소 0.6m/sec, 최대 3.0m/sec

④ 오수관거, 우수관거 및 합류관거 에서의 이상적인 유속은 1.0~1.8m/sec

⑤ 초기 오수관 최소경사 설치기준

구 분	연성관(mm)				흄관(mm)	
	200	250	300	400	300	400
최소경사(‰)	3.0	3.3	3.5	4.0	6.0	6.5

⑥ 관거의 최소관경

구 분	본 관	연결관	최소토피
오수관거	250mm	150mm	관거 1.0m
우수 및 합류관거	450mm	250 (단지내200mm)	차도 1.2m 보도 1.0m

5) 관거 기초공

① 강성관거의 기초공
   기초 조건에 따라 모래, 쇄석(또는 자갈), 콘크리트 등으로 실시하며, 지반이 양호한 경우에는 이들 기초를 생략할 수가 있다.
   ㉠ 벼개동목기초
   ㉡ 모래기초 및 쇄석기초
   ㉢ 콘크리트기초 및 철근콘크리트기초
   ㉣ 콘크리트 + 모래기초

② 연성관거의 기초공
   경질염화비닐관 등의 연성관거는 자유받침 모래기초를 원칙으로 하며, 조건에 따라 말뚝기초 등을 설치한다.

구분	경질토/보통토	연약토	극연약토
강성관	• 벼개동목기초 • 쇄석기초 • 모래기초	• 콘크리트 기초 • 쇄석기초	• 말뚝기초 • 철근콘크리트 기초
연성관	• 모래기초	• 벼개동목기초 • 베드토목섬유기초 • 소일시멘트기초	• 베드토목섬유기초 • 소일시멘트기초 • 사다리동목기초 • 말뚝기초 • 콘크리트+모래기초

6) 관거의 접합

① 일반적인 접합방법

• 배수구역내 노면의 종단경사, 다른 매설물, 방류하천의 수위 및 관거의 매설깊이를 고려하여 가장 적합한 방법을 선정해야 한다.

• 특별한 경우를 제외하고는 원칙적으로 관경변화 또는 관거 합류의 경우 수면접합 또는 관정접합으로 하는 것이 좋다.

　ㄱ 수면 접합

　　수리학적으로 대개 계획수위를 일치시켜 접합시키는 것으로서 양호한 방법이다.

　ㄴ 관정 접합

　　• 관정을 일치시켜 접합하는 방법, 유수 흐름이 원활하다.

　　• 굴착깊이가 증가됨으로 공사비가 증대되고 펌프로 배수하는 지역에서는 양정이 높게 되는 단점이 있다.

　ㄷ 관중심 접합

　　관중심을 일치시키는 방법으로, 수면접합과 관정접합의 중간적인 방법이다. 이 접합 방법은 계획하수량에 대응하는 수위를 산출할 필요가 없어 수면접합에 준용되는 경우가 있다.

　ㄹ 관저접합

　　• 관거의 내면 바닥이 일치되도록 접합하는 방법이다.

　　• 굴착깊이를 얕게 함으로 공사비용을 줄일 수 있으며, 수위상승을 방지하고 양정고를 줄일 수 있어 펌프로 배수하는 지역에 적합하다. 그러나 상류부에서는 동수경사선이 관정보다 높이 올라 갈 우려가 있다.

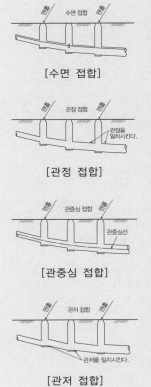

[수면 접합]

[관정 접합]

[관중심 접합]

[관저 접합]

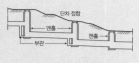

[단차접합]

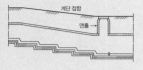

[계단접합]

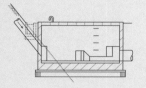

[감세공]

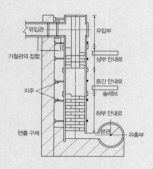

[드롭샤프트]

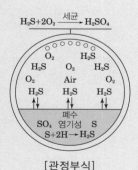

[관정부식]

② 경사가 급한 경우 접합방법

지표의 경사가 급한 경우 관내의 유속 조정과 하류측의 최소 흙두께를 유지하기 위해서, 또 상류측 굴착깊이를 줄이기 위해서 지표경사에 따라서 단차접합 또는 계단접합으로 한다.

㉠ 단차접합

1개소당 단차는 1.5m 이내로 하고, 단차가 0.6m 이상일 경우 합류관 및 오수관에는 부관을 사용한다.

㉡ 계단접합

· 대구경관거 또는 현장타설관거에 설치한다.

· 계단의 높이는 1단당 0.3m 이내 정도로 하는 것이 바람직하다.

· 단차접합이나 계단접합의 설치가 곤란한 경우 유속의 억제를 목적으로 하는 감세공의 설치를 검토한다.

· 간선관거의 접속 등 고낙차에서 관거를 접합할 필요가 있는 경우에는 맨홀저부의 세굴방지 및 하수의 비산방지를 목적으로 드롭샤프트 등의 설치를 검토한다.

③ 관거가 합류하는 경우의 중심교각은 되도록 60° 이하로 하고 곡선으로 합류하는 경우의 곡률반경은 내경의 5배 이상으로 한다.

7) CCTV 검사

① CCTV 검사 : 우수관 D1000mm 미만, 오수관 D1000mm 미만
　　　　　　　　　　설계량의 100% 적용

② 육안검사 : D1000mm 이상 관로

8) 수밀검사

① 적용 : 분류식 오수관 관경 D1000mm 이하 적용,
　　　　　합류식관 전체 설계량의 100%를 적용

② 종류 : 침입수시험, 누수시험, 공기압시험

9) 관정부식(Crown Corrosion)

콘크리트관내에 하수, 폐수의 부식으로 발생되는 산이 관거 상부콘크리트의 칼슘, 철 등과 결합하여 발생된 황산염에 의한 콘크리트 부식

4. 하수처리장

1) 하수처리방법

① 1차처리 : 부유물 처리의 물리적 처리(스크린, 침사, 침전, 여과 등)

② 2차처리 : 수용성 유기물, 무기물의 생화학적 처리
  - 생물학적(BOD, 콜로이드 제거) 처리방법으로 호기성, 혐기성, 임의성 처리방법이 있다.
  - 화학적 처리(산화, 환원, 소독 등)

③ 3차처리 : 고도처리, 난 분해성 물질, 질소, 인 제거

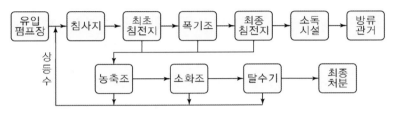

2) 시설 개요

① 수처리 공정

  ㉠ 유입펌프장 : 유입되는 하수를 소정의 위치까지 펌프로 이송

  ㉡ 침사지 : 부유물질 제거(스크린, 분쇄기 등) 평균유속 0.3m/sec
  　　　　　 체류시간 30~60초, 유효수심 2.5~3.5m

  ㉢ 최초침전지 : 1차 침전 가능한 부유물질(SS)제거
  　　　　　　 체류시간 2~4시간, 유효수심 2.5~4.5m

  ㉣ 폭기조 : 산기관(판)을 설치하여 용존유기물질에 공기(호기)를 주입,
  　　　　　 호기성 미생물에 의한 유기물 섭취 분해

  ㉤ 최종침전지 : 생물학적처리의 슬러지와 처리수 분해(2차침전)
  　　　　　　 체류시간 2~5시간, 유효수심 2.5~4.5m

  ㉥ 소독시설 : 오존, 염소, 자외선 살균 등

  ㉦ 방류관거 : 하천까지의 방류관거(암거형, 관로형)

② 슬러지처리

  유기물제거, 살균, 부피 감량을 목적으로 시행한다.

  ㉠ 농축조 : 2차 침전지에서 생성된 슬러지의 함수율을 저감하여 부피를
  　　　　　 감소(중력식, 부상식, 원심분리식)

  ㉡ 소화조 : 1차분해, 2차침전하여 슬러지 양의 감소, 탈수, 건조 능력 향상

  ㉢ 탈수기 : 함수율(90%)의 슬러지를 70~80%로 탈수, 부피 감소
  - 자연적방법 – 슬러지 건조상, 슬러지 라군
  - 기계적방법 – 진공여과법, 원시탈수법, 가압탈수법

  ㉣ 최종처분 : 소각, 매립, 퇴비화

2 단답형·서술형 문제 해설

1 단답형 문제 해설

01 하천의 자정작용

I. 개 요

하천 또는 호수에 오염물질이 유입되었을 때 인근 수질은 악화되지만 시간이 지남에 따라 수질이 물리적, 화학적 및 생물학적 작용에 의해 회복되는 현상

II. 특 징

(1) 자정계수(Self Purification Factor)

여기서, K_1 : 탈산소 계수(day-1), K_2 : 재포기 계수(day-1)

※ f ≥ 1 : 하천 자정능력 큼, f < 1 : 하천 자정능력 없음

(2) 자정계수에 크게 해주는 인자
① 수온이 낮을수록 값이 커진다.
② 하천의 유속이 클수록 값이 커진다.
③ 하천의 수심이 얕을 것
④ 하상이 자갈, 모래 등으로 바닥구배가 클 것
⑤ 하상이 불규칙할 것
⑥ 저수지보다 하천에서 값이 크게 나타난다.

III. 자정작용

(1) 물리적 작용
① 물의 희석, 확산, 혼합, 침전, 흡착 여과 등으로 수중 오염물질의 농도가 저하하거나 폭기에 의한 유기물의 분해가 촉진된다.
② 자정작용 중 침전은 가장 큰 요소이다.

(2) 화학적 작용

물속의 산소(용존산소)에 의해서 철(Fe)이나 망간(Mn) 등이 수산화물이 되어 자연적으로 응집 침전되는 것으로서 이를 산화(Oxidation)라고 한다.

(3) 생물학적 작용
① 생물학적 작용은 물의 자정작용에서 가장 중요하다.
② 생물학적 환경여건은 온도, pH, 용존산소(DO), 햇빛 등이 있다.

■ 성충현상
· 물은 4℃에서 최대 밀도가 된다.
· 겨울철 호수 내부 수온이 4℃ 정도 이고 표면이 4℃ 보다 작을 경우는 4℃ 물의 밀도가 최대이고 위로 올라갈수록 밀도가 낮아지므로 수직 혼합이 일어나지 않는다.
· 여름철 호수 내부 수온이 4℃ 정도이고, 표면이 그보다 높아지므로 수직혼합이 일어나지 않고 층을 이루는 현상

02 관정부식(Crown Corrosion)

I. 개 요

콘크리트관내에 하수, 폐수의 부식으로 발생되는 산이 관거 상부콘크리트의 칼슘, 철 등과 결합하여 발생된 황산염에 의한 콘크리트 부식

II. 특 징(부식과정)

① 하수내의 용존산소 부족으로 혐기성
상태에서 혐기성 세균(박테리아)이 황화합물(황산염)을 분해하여 환원시키기 때문에 인체에 해로운 황화수소(H_2S)가 발생된다.

② H_2S가 하수관 내의 공기 중으로 올라가면 호기성 미생물에 의해 산화되어, SO_2 또는 SO_3가 된다.

③ 이러한 황산화물이 관정부의 물방울에 녹아 황산(H_2SO_4)이 된다.

④ H_2SO_4가 콘크리트관 내에 있는 Fe, Ca, Al 등과 반응하여 황산염이 되면서 콘크리트관이 부식된다.

III. 관정부식의 원인 및 대책

① 하수관내 유기물질의 퇴적을 방지- 하수의 유속을 증가.

② 하수관내 황화물질을 감소 - 용존산도 농도를 증가.

③ 하수관내 미생물을 제거 - 염소 등의 소독제를 주입
  황화합물의 변환 메커니즘을 파괴

④ 하수관내 Fe, Ca, Al 등과 반응 제거
  – PVC나 기타 물질로 피복(라이닝)하고 이음부분은 합성수지로 처리

03 하수관 보수공법에 대하여 기술하시오.

Ⅰ. 개요

굴착이 어려운 현장이나, 하수도 일부구간의 파손으로 지하시설물의 안전이 우려 될 경우 경제성, 시공성 등 종합적인 현장여건을 고려하여 적정한 보수공법을 이용하여 적용하여야 한다.

Ⅱ. 비굴착 보수보강 방법

(1) 비굴착 하수관거 보수보강 방법

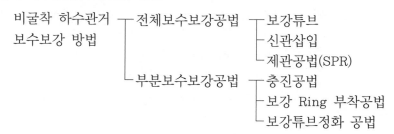

Ⅲ. 굴착 부분보수 공법

(1) 관 접합에 따른 공법

① 수밀밴드 공법

기존 파손 부위를 절단하여 제거하고, 신설하수관을 수밀밴드를 이용하여 연결 보수하는 공법

② 보강거푸집 공법

기존 파손 부위를 절단하여 제거하고, 신설하수관에 수밀밴드를 설치한 후 몰탈을 주입하여 보수하는 공법

(2) 폐공 보수

부분보수시 하수관 교체 및 절단없이 시공 가능하며 내구성 증대된다.

단순 폐공시 관 철거에 따른 불편 지양하여 작업시간및 공사비가 적다.

① 폐공거푸집+몰탈 공법

② 폐공캡(코크형) 공법

(3) 하수이음관 공법 : 기존 소켓연결부위 수밀성 확보

(4) 기타 공법 : 환봉분리형 연결구, PE수밀밴드, 흄관연결 PE밴드, 일반수밀밴드

2 서술형 문제 해설

01 부영양화(Eutrophication)에 대하여 기술하시오.

Ⅰ. 개 요

① 호소에 영양염류의(C, N, P)는 조류(이끼, 수생식물)는 번식에 영양분이 된다.
② 영양물질이 적은상태를 빈영양, 많은 상태를 부영양 상태라고 한다.
③ 영양염류가 유입이 많으면 조류(Algae)의 과대 번식으로 인한
④ 수질저하(악취, 수질저하, 용존산소 감소 등)로 물의 이용가치가 현저히 감소하는
현상

[부영양화단계의 판정기준]

수질항목	빈영양	중영양	부영양
총인(T-P, $\mu g/1$)	⟨ 10	10~20	⟩ 20
클로로필-a($\mu g/1$)	⟨ 4	4~10	⟩ 10
투명도(m)	⟩ 4	2~4	⟨ 2
심수층의 DO	⟩ 80	10~80	⟨ 10

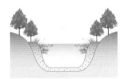

[빈영양호]　　　　[부영양호]　　　　[습원]

Ⅱ. 부영양화의 특징

① 죽은 조류의 분해작용에 의한 심층수로 부터 용존산소(DO)가 줄어든다. 따라서,
염소요구량이 증가한다.
② 조류합성에 의한 유기물의 증가로 COD가 증가되며 조류번식에 의해 물에 맛과
냄새가 발생한다.
③ 수심이 낮은 곳에서 나타나며, 한번 부영양화가 되면 회복되기가 어렵다.
④ 투명도가 저하된다.
⑤ 상수원으로 사용하기가 어렵다.

■ 비점원오염
(非点源汚染)
(Non–Point Source
Pollution)
오염물질이 일정 수
계로 유입되는데 있
어서 어느 지역 또는
시간으로 특별히 한
정되지 않는 경우의
오염.

Ⅲ. 부영양화 현상의 방지대책

1) 호소외 대책(오염부하량 감소대책)

① 하폐수처리 : 3차처리로 인이나 질소의 유입을 방지한다.

② 비점오염원 감소(축산폐수(N) 유입 방지, 비료(P)사용 제한

③ 합성세제사용 금지

2) 호소내 대책(호소관리 대책)

① 물리적 대책(폭기, 물의교환, 준설)

② 화학적 대책 (황산동($CuSO_4$)살포, 영양염류 불활성화)

③ 생물학적 대책(조류제거, 큰 식물로 대체)

■ 적조현상[赤潮現象]
편모충류 등의 이상 번식으로 **바닷물**이 붉게 물들어 보이는 현상. 바닷물이 부패하기 때문에 어패류가 크게
해를 입는다.

■ 녹조 현상[綠潮現象]
영양 염류의 과다로 강이나 **호수**에 남조류가 대량으로 발생하였을 때 물이 녹색으로 변하는 현상.

02 하수관거의 접합에 대하여 서술하시오.

I. 개 요
관거의 접합시 고려할 사항

(1) 일반적인 접합방법
배수구역내 노면의 종단경사, 다른 매설물, 방류하천의 수위 및 관거의 매설깊이를 고려하여 가장 적합한 방법을 선정해야 한다. 특별 한 경우를 제외하고는 원칙적으로 관경변화 또는 관거 합류의 경우 수면접합 또는 관정접합으로 하는 것이 좋다.

(2) 경사가 급한 경우 접합방법
지표의 경사가 급한 경우 관내의 유속 조정과 하류측의 최소 흙두께를 유지하기 위해서, 또 상류측 굴착깊이를 줄이기 위해서 지표경사에 따라서 단차접합 또는 계단접합으로 한다.

(3) 관거가 합류하는 경우의 중심교각은 되도록 60° 이하로 하고 곡선으로 합류하는 경우의 곡률반경은 내경의 5배 이상으로 한다.

II. 관거의 접합방법

(1) 일반적인 접합방법
  ① 수면 접합
    수리학적으로 대개 계획수위를 일치시켜 접합시키는 것으로서 양호한 방법이다.

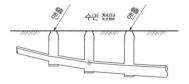

  ② 관정 접합
    관정을 일치시켜 접합하는 방법, 유수 흐름이 원활하다.
    굴착깊이가 증가됨으로 공사비가 증대되고 펌프로 배수하는 지역에서는 양정이 높게 되는 단점이 있다.

  ③ 관중심 접합
    관중심을 일치시키는 방법으로 수면접합과 관정접합의 중간적인 방법이다.
    이 접합 방법은 계획하수량에 대응하는 수위를 산출한 필요가 없어 수면접합에 준용되는 경우가 있다.

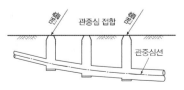

④ 관저접합

관거의 내면 바닥이 일치되도록 접합하는 방법이다. 굴착깊이를 얕게 함으로 공사비용을 줄일 수 있으며, 수위상승을 방지하고 양정고를 줄일 수 있어 펌프로 배수하는 지역에 적합하다.

그러나 상류부에서는 동수경사선이 관정보다 높이 올라갈 우려가 있다.

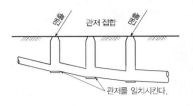

(2) 경사가 급한 경우 접합방법

① 단차접합

1개소당 단차는 1.5m 이내로 하고, 단차가 0.6m 이상일 경우 합류관 및 오수관에는 부관을 사용한다.

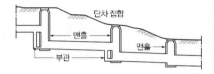

② 계단접합

- 대구경 관거 또는 현장타설관거에 설치한다. 계단의 높이는 1단당 0.3m 이내 정도로 하는 것이 바람직하다.
- 단차접합이나 계단접합의 설치가 곤란한 경우 유속의 억제를 목적으로 하는 감세공의 설치를 검토한다.
- 간선관거의 접속 등 고낙차에서 관거를 접합할 필요가 있는 경우에는 맨홀저부의 세굴방지 및 하수의 비산방지를 목적으로 드롭샤프트 등 의 설치를 검토한다.

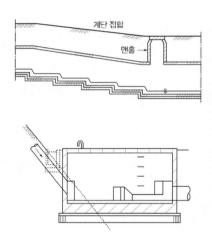

Ⅲ. 접합부 검사

(1) 수밀검사

1) 적 용

분류식 오수관 관경 D1000mm 이하 적용, 합류식관 전체 설계량의 100%를 적용

① 중력식 하수관거는 되메우기 전에 누수시험으로 수밀검사

② 수밀검사를 위한 누수시험은 관경 800mm미만에 대하여 실시.

③ 당해 공사 최소한 50% 이상 실시.

2) 종 류

가) 수밀시험

① 관로내부 이물질 제거및 청소

② 관로의 Stopper 정착및 버팀목 설치

③ 관로내 기포 없도록 물로 채움

④ Pipe가 포화될 때까지 유지(특히 콘크리트관)

⑤ 수두가 1.0m유지 하도록 물을 채운 후 10분간 허용누수량 측정

허용 누수량					
관경(mm)	200	250	300	400	600
허용누수량 (ℓ /m·10분)	0.033	0.042	0.050	0.067	0.100

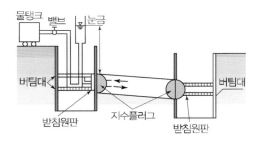

예) 10분간 허용 누수량($\triangle \ell$)

$$\triangle \ell = D(m)/6 \times L(m)$$

관경 300mm, 길이 50m 일 때

$$\triangle \ell = 0.3/6 \times 50 = 2.5\ell /10분$$

나) 누수

침입수 (양수)시험 – 지하수보다 관거가 낮은 경우

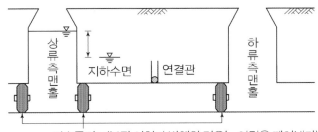

지수플러그(본관 시험과 병행할 경우는 이것을 떼어낸다)

다) 기타

누수 (침출수 시험 , 맨홀누수시험), 공기압시험, 수압시험

(2) 접합검사

   1) 내부 검사

      ① 본관 : 이음부 불량, 관침하, 파손변형

      ② 연결관 : 돌출, 접합부 이상, 오접, 관침하, 파손

      ③ 토사퇴적, 이물질(몰탈, 폐유, 공사자재 등)

   2) 조사방법

      ① CCTV 검사 : 오,우수관 D1000mm 미만, 설계량의 100% 적용

      ② 육안검사 : D1000mm 이상 관로

      ③ 연막검사 : 연기를 이용하여 배수관의 오접을 확인한다

(3) 경사검사

   1) 관거 부설후 되메우기전 수준측량 실시

     10m/1회, 허용범위 ±3cm

   2) 관 측선 변동허용오차

     10m마다 관거중심선 좌우 10cm 이하

   3) 되메우기 완료후 거울 및 광파나 레이저를 비춤으로서 측정

03 비굴착(추진공법)에 대하여 기술하시오

I. 개요
비굴착 방법으로 하수관을 매설하는 공법으로 추진기지에 유압잭을 설치하여 원심력 철근콘크리트관, 강관 등을 소정의 지중에 압입하여 관거를 설치하는 공법이다.

II. 적용
(1) 적용공법
쉴드공법 : 관경 3,000mm 이상
추진공법, 세미쉴드공법 : 관경 3,000mm 이하

(2) 최소 흙 피복
시공법 등을 고려하여 일반적으로 1.0~1.5D(D: 관외경)
원칙적으로 1.5m 이상에서 시공된다.

(3) 추진(중압) 공법의 적용추진연장

호 칭 경(mm)	600~800	900~1000	1200~1650	1800~3000
적용추진연장(m)	15~40	20~50	20~60	20~70

III. 비 굴착(추진공법) 종류

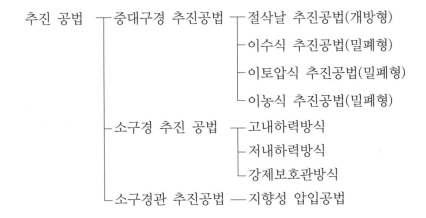

추진 공법
- 중대구경 추진공법
  - 절삭날 추진공법(개방형)
  - 이수식 추진공법(밀폐형)
  - 이토압식 추진공법(밀폐형)
  - 이농식 추진공법(밀폐형)
- 소구경 추진 공법
  - 고내하력방식
  - 저내하력방식
  - 강제보호관방식
- 소구경관 추진공법
  - 지향성 압입공법

Ⅳ 추진공법의 장·단점

(1) 장점

① 주위 환경이나, 지하매설물, 도로점용상 개착공법 불가능한 경우

② 궤도, 하천, 간선도로 등의 횡단이 용이하다.

③ 공사에 의한 소음, 진동이 비교적 적다.

④ 매설깊이가 깊거나, 소규모인 가설공으로 시공되기 때문에 경제적이다.

(2) 단점

① 추진관이 깊은 경우 설치관 과의 접합이 어렵다.

② 시공연장이나 곡선시공에 한계가 있다.

③ 토질, 지하매설물, 지하수위 등의 조사가 불충분하면 시공이 어렵다.

④ 추진중 지장물, 지표면 침하, 연약지반시 관 침하 등 우려가 있다.

⑤ 정밀시공이 필요하다.

V. 추진 공법 비교

구분	Semi Shield 공법	유압식 추진공법	타격식 추진공법
개 요 도			
공법	• 커터를 회전하며 추진 • 토사굴착 및 이수배토	• 추진기지 반력판 이용 • 유압잭으로 관추진	• 항타에 의해 강관 압입 • 관내토 배토
특징	• 시공속도 및 　막장 안정 유리 • 소음·진동 적고 　정밀시공가능 • 토사, 암반 추진 가능	• 정밀시공 가능 • 시공속도 느림 • 막장 붕괴 우려	• 정밀성 결여 • 소음·진동 발생 • 추진 길이가 짧음

| 04 | 지하안전관리에 관한 특별법에 따른 지하안전영향평가 대상의 평가항목 및 평가방법 |

I. 개 념

① 지하안전관리에 관리 특별법
  법률 제13749호 공포일 2016.01.07. 시행일 2018. 01. 01 재정
② 지하를 안전하게 개발하고 이용하기 위한 안전관리체계를 확립함으로서 지반 침하로 인한 위해를 방지하고 공공의 안전확보를 목적으로 한다.

II. 적용성 (지하안전관리에 관리 특별법)

① 지하공간을 개발하는 사업자가 인허가기관의 승인을 받기 전 지반침하에 대한 사전 안전성을 분석하고 지하안전 확보방안을 마련하도록 하는 제도
② 〈지하 안전법〉 제정에 따라 도입되는 각종 평가제도

구분	지하안전영향평가	소규모 지하안전영향평가	사후 지하안전영향조사	지반침하 위험도평가
대상	지하굴삭 심도 20m 이상 또는 터널공사 포함 사업	지하굴착 심도 10m 이상 사업	지하안전평가 대상사업	지하시설물 및 주변지반
시기	사업계획의 인가 또는 승인 전	사업계획의 인가 또는 승인 전	굴착공사 완료 후	지반침하 우려가 있는 때
실시자	지하개발사업자	지하개발사업자	지하개발사업자	지하시설물관리자
대행자	전문기관	전문기관	전문기관	전문기관

III. 항목별 평가 방법

① 지반 및 지질 현황
  기존 자료와 시추조사, 투수시험, 지하물리탐사 등의 현장조사 평가.
② 기존 자료의 경우
  국가공간정보체계(국토지반정보 포털시스템), 지반 및 지질조사보고서, 기본 및 실시설계자료 등을 이용
③ 지하물리탐사
  지표 투과레이더, 탄성파 탐사, 전기비저항 탐사 등을 이용한다.
  • 탄성파 탐사는 지표 부근에 인공적으로 지진파를 발생, 지진파의 전파시간, 파형을 분석하여 지질구조를 결정

- 전기비저항 탐사는 전류를 흘려, 특정 지점간의 전위차를 이용 지하의 전기적 물성을 추정한다.
④ 지하수 변화 영향 조사

  기존 관측망 자료와 지하수 조사 시험의 수리특성과 지하수 흐름 분석을 수행 평가.
⑤ 지반안전성

  굴착공사에 따른 지반안전성 영향분석과 주변 시설물의 안전성 분석으로 평가.
⑥ 공동조사

  지표 투과레이더(GPR)와 같은 지하물리탐사를 통해 공동(空洞)의 위치, 크기 및 지반침하 예상구간 등을 파악.

  공동이 존재시 내시경카메라를 이용해 공동의 규모와 위치를 확인한다.

05 우수조정지의 설치목적 및 구조형식, 설계·시공 시 고려사항에 대하여 설명하시오.

Ⅰ. 개요

우수저류시설(雨水貯留施設, rainwater impound facilities)은 집중호우가 내릴 때 저류시설에 빗물을 저장해 하수도나 하천 등 수로를 통해 흐르는 빗물의 양을 일시적으로 줄여 저지대나 하류에서 홍수피해가 발생되지 않도록 설치하는 시설로서, 우수저류시설에 모인 빗물은 비가 그친 후에 하천의 사정을 염두에 두고 서서히 배출된다. 우수저류시설은 저지대에서 주택 밀집도가 높고 배수능력이 부족하여 상습적으로 침수피해가 발생되는 경우에 설치한다.

Ⅱ. 특징

(1) 설계시 고려사항

우천시 계획 우수량 이상우수 유입시 유출 유량을 일시 저류하는 시설로 우수유출시에 초기우수처리, 오염부하량의 감소 등 효과적인 기능을 할 수 있는 용량 및 구조 등으로 한다.

① 하류관거 유하능력이 부족한 곳
② 하류지역 펌프장 능력이 부족한 곳
③ 방류수로 유하능력이 부족한 곳

(2) 형식 및 방류(조절) 형식

1) 댐식

제방높이 15m 미만의 흙댐 또는 콘크리트댐에 의해서 우수를 저류하는 형식으로 자연 방류한다.

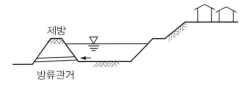

2) 굴착식

평탄지를 굴착하여 우수를 저류하는 형식으로 자연 방류식, 펌프 및 게이트 조작에 의한 배수한다.

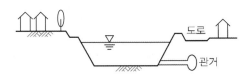

3) 저하식

관내 저류 방식등 일시적으로 지하의 저류탱크 또는 관거 등에 우수를 저류하여 우수조정지로서 기능을 갖도록 하는 형식으로 펌프에 의한 배수한다.

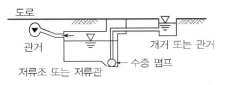

4) 기타

공원, 교정, 건물, 사이, 지붕 등을
현지에 내린 우수를 현지 저류하는
시설로에 관거의 상류측에 설치한다.

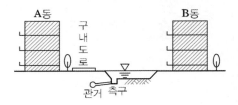

① 공원內 저류
- 공원녹지 등을 저류시설로 활용
- 공원 기능, 이용자 안전 등을 고려하여 저류장소, 용량설정
- 공원內 운동장, 야외공연장 등을 조합하여 대용량 저류 가능

② 단지內(건물 사이의 공간) 저류
- 비교적 넓은 개발면적의 공원, 학교, 운동장, 주차장, 동 주택단지 등의 공간 및 지하공간을 이용
- 지역外 저류시설보다 면적당 저류가능량은 낮으나, 이미 개발된 시가지에서 보다 경제적, 실용적인 효과를 보임
- 소규모 저류시설로는 가정 및 건물 옥상, 화단저류 등도 가능

③ 학교 운동장 저류
- 학교 옥외운동장 사용 중에 사용자 안전을 고려한 수심 설정
- 운동장 기능은 강우종료 후 신속히 회복되도록 설계
- 투수포장, 침투측구 및 트렌치, 침투통 등과 조합 가능

Ⅲ. 기대효과

① 홍수유출량 저감 및 첨두유출시간 지체로 저지대 침수예방
② 하천의 홍수부담 경감
③ 빗물의 재활용 및 대체수자원을 확보하여 하천 유지수, 정원용수, 농업용수, 청소용수 등으로 활용
④ 물순환의 건전화로 도시열섬현상 완화
⑤ 빗물 침투를 통한 지하수 함양으로 도시 물순환 개선

가설공사

Chapter 13

Chapter 13 가설공사

1 핵심정리

I. 안전시설공법

1. 통로의 구조 [산업안전보건기준에 관한 규칙]

1) 가설통로 기준 [제23조]

① 견고한 구조

② 경사는 30도 이하로 할 것. 다만, 계단을 설치하거나 높이 2m 미만의 가설통로로서 튼튼한 손잡이를 설치한 경우에는 그러하지 아니하다.

③ 경사가 15도를 초과하는 경우에는 미끄러지지 아니하는 구조

④ 추락할 위험이 있는 장소에는 안전난간을 설치

⑤ 수직갱에 가설된 통로의 길이가 15m 이상인 경우에는 10m 이내마다 계단참을 설치

⑥ 건설공사에 사용하는 높이 8m 이상인 비계다리에는 7m 이내마다 계단참을 설치

[가설통로]

2) 사다리식통로 기준 [제24조]

① 견고한 구조

② 심한 손상·부식 등이 없는 재료를 사용

③ 발판의 간격은 일정하게 할 것

④ 발판과 벽과의 사이는 15cm 이상의 간격을 유지

⑤ 폭은 30cm 이상

⑥ 사다리가 넘어지거나 미끄러지는 것을 방지하기 위한 조치

⑦ 사다리의 상단은 걸쳐놓은 지점으로부터 60cm 이상 올라가도록 할 것

⑧ 사다리식 통로의 길이가 10m 이상인 경우에는 5m 이내마다 계단참을 설치

⑨ 사다리식 통로의 기울기는 75도 이하 다만, 고정식 사다리식 통로의 기울기는 90도 이하로 하고, 그 높이가 7m 이상인 경우에는 바닥으로부터 높이가 2.5m 되는 지점부터 등받이울을 설치

⑩ 접이식 사다리 기둥은 사용 시 접혀지거나 펼쳐지지 않도록 철물 등을 사용하여 견고하게 조치

[사다리식 통로]

2. 시스템비계의 구조 [KCS 21 60 10]

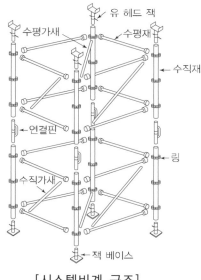

[시스템비계 구조]

[받침철물 물림길이]

[시스템 비계]

1) 수직재

① 수직재와 수평재는 직교되게 설치, 체결 후 흔들림이 없을 것.

② 수직재를 연약 지반에 설치할 경우에는 수직하중에 견딜 수 있도록 지반을 다지고 두께 45mm 이상의 깔목을 소요폭 이상으로 설치하거나, 콘크리트, 강재표면 및 단단한 아스팔트 등의 침하 방지 조치

③ 시스템 비계 최하부에 설치하는 수직재는 받침 철물의 조절너트와 밀착되도록 설치하여야 하며, 수직과 수평을 유지. 이 때 수직재와 받침철물의 겹침길이는 받침 철물 전체길이의 1/3 이상이 되도록 할 것.

④ 수직재와 수직재의 연결은 전용의 연결조인트를 사용하여 견고하게 연결하고, 연결 부위가 탈락 또는 꺾어지지 않도록 할 것.

2) 수평재

① 수평재는 수직재에 연결핀 등의 결합 방법에 의해 견고하게 결합되어 흔들리거나 이탈되지 않도록 할 것.

② 안전 난간의 용도로 사용되는 상부수평재의 설치높이는 작업 발판면으로부터 0.9m 이상이어야 하며, 중간수평재는 설치높이의 중앙부에 설치(설치높이가 1.2m를 넘는 경우에는 2단 이상의 중간수평재를 설치하여 각각의 사이 간격이 0.6m 이하가 되도록 설치) 할 것.

3) 가새

① 대각으로 설치하는 가새는 비계의 외면으로 수평면에 대해 40° ~60° 방향으로 설치하며 수평재 및 수직재에 결속

[가새]

[연결부]

[안전난간1]

[안전난간2]

② 가새의 설치간격은 시공 여건을 고려하여 구조검토를 실시한 후에 설치

4) 벽 이음

① 벽 이음재의 배치간격은 제조사가 정한 기준에 따라 설치

3. 안전난간 [KCS 21 70 10/산업안전보건기준에 관한 규칙 제13조]

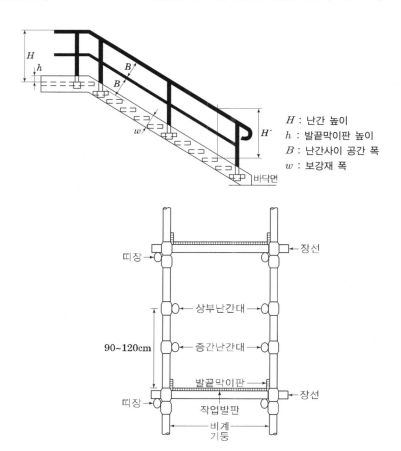

H : 난간 높이
h : 발끝막이판 높이
B : 난간사이 공간 폭
w : 보강재 폭

1) 안전난간의 구조 [KCS 21 70 10]

① 근로자가 추락할 우려가 있는 통로, 작업 발판의 가장자리, 개구부 주변, 경사로 등에는 안전난간을 설치

② 비계에 설치하는 안전난간은 비계기둥의 안쪽에 설치하는 것을 원칙

③ 안전난간의 각 부재는 탈락, 미끄러짐 등이 발생하지 않도록 견고하게 설치하고, 상부 난간대가 회전하지 않도록 할 것.

④ 상부 난간대는 바닥면, 발판 또는 통로의 표면으로부터 0.9m 이상

⑤ 상부 난간대의 높이를 1.2m 이하로 설치하는 경우에는 중간 난간대는 상부 난간대와 바닥면 등의 중간에 설치하여야 하며, 1.2m를 초과하여

설치하는 경우에는 중간 난간대를 2단 이상으로 균등하게 설치하고 난간의 상하 간격은 0.6m 이하

⑥ 발끝막이판은 바닥면 등으로부터 100mm 이상 높이로 설치

⑦ 안전난간은 구조적으로 가장 취약한 지점에서 가장 취약한 방향으로 작용하는 100kg 이상의 하중에 견딜 수 있는 강도

⑧ 상부 난간대와 중간 난간대는 난간길이 전체를 통하여 바닥면과 평행을 유지

⑨ 난간기둥의 설치간격은 수평거리 1.8m를 초과하지 않는 범위에서 상부 난간대와 중간 난간대를 견고하게 떠받칠 수 있도록 적정 간격을 유지

⑩ 안전난간을 안전대의 로프, 지지로프, 서포트, 벽 연결, 비계, 작업 발판 등의 지지점 또는 자재운반용 걸이로서 사용하지 않을 것.

⑪ 안전난간에 자재 등을 기대두거나, 난간대를 밟고 승강하지 않을 것.

⑫ 안전난간에는 근로자의 작업복이 걸려 찢어지거나 상해를 방지하기 위하여 돌출부가 외부로 향하거나, 매립형 또는 돌출부에 덮개를 설치

⑬ 상부 난간대와 중간 난간대로 철제 벤딩이나 플라스틱 벤딩을 사용하지 말 것.

2) 안전난간의 구조 [산업안전보건기준에 관한 규칙 제13조]

① 상부 난간대, 중간 난간대, 발끝막이판 및 난간기둥으로 구성

② 상부 난간대는 바닥면·발판 또는 경사로의 표면으로부터 90cm 이상 지점에 설치하고, 상부 난간대를 120cm 이하에 설치하는 경우에는 중간 난간대는 상부 난간대와 바닥면등의 중간에 설치하여야 하며, 120cm 이상 지점에 설치하는 경우에는 중간 난간대를 2단 이상으로 균등하게 설치하고 난간의 상하 간격은 60cm 이하가 되도록 할 것. 다만, 계단의 개방된 측면에 설치된 난간기둥 간의 간격이 25cm 이하인 경우에는 중간 난간대를 설치하지 아니할 수 있다.

③ 발끝막이판은 바닥면등으로부터 10cm 이상의 높이를 유지

④ 난간기둥은 상부 난간대와 중간 난간대를 견고하게 떠받칠 수 있도록 적정한 간격을 유지

⑤ 상부 난간대와 중간 난간대는 난간 길이 전체에 걸쳐 바닥면등과 평행을 유지

⑥ 난간대는 지름 2.7cm 이상의 금속제 파이프나 그 이상의 강도가 있는 재료

⑦ 안전난간은 구조적으로 가장 취약한 지점에서 가장 취약한 방향으로 작용하는 100kg 이상의 하중에 견딜 수 있는 튼튼한 구조

[작업발판1]

[작업발판2]

4. 작업발판의 기준 [KCS 21 60 15/산업안전보건기준에 관한 규칙 제56조]

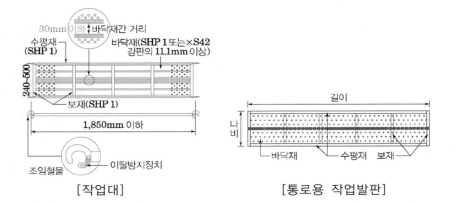

[작업대] [통로용 작업발판]

① 높이가 2m 이상인 장소

② 비계의 장선 등에 견고히 고정

③ 전체 폭은 0.4m 이상, 재료를 저장할 때는 폭이 최소 0.6m 이상, 최대 폭은 1.5m 이내

④ 이탈되거나 탈락하지 않도록 2개 이상의 지지물에 고정

⑤ 발판 사이의 틈 간격이 발판의 너비를 넓히기 위한 선반브래킷이 사용된 경우를 제외하고 30mm 이내

⑥ 작업발판을 겹쳐서 사용할 경우 연결은 장선 위에서 하고, 겹침 길이는 200mm 이상

⑦ 중량작업을 하는 작업발판에는 최대적재하중을 표시한 표지판을 비계에 부착

⑧ 작업이나 이동 시의 추락, 전도, 미끄러짐 등으로 인한 재해를 예방할 수 있는 구조로 시공

⑨ 작업발판 위에는 통행에 유해한 돌출된 못, 철선 등이 없앨 것

⑩ 작업발판 위에는 통로를 따라 양측에 발끝막이판을 설치(100mm 이상, 비계기둥 안쪽에 설치)

⑪ 작업발판에는 재료, 공구 등의 낙하에 대비할 수 있는 적절한 안전시설을 설치

5. 가설계단의 구조 [KOSHA GUIDE C-11-2012]

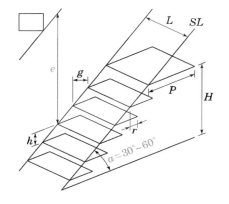

SL : 경사선
H : 계단 높이
L : 발판 폭
P : 계단참
g : 발판 너비
h : 발판 높이
r : 겹침
e : 발판위 머리공간
a : 경사각

[가설계단]

① 계단의 지지대는 비계 등에 견고하게 고정
② 계단 및 계단참을 설치하는 경우 매 m²당 500kg 이상의 하중에 견딜 수 있는 강도를 가진 구조, 안전율은 4 이상
③ 계단 폭은 1m 이상
④ 발판 폭(L) 350mm 이상, 발판 너비(g) 180mm 이상, 발판 높이(h) 240mm 이하로 각각 너비와 높이는 같은 크기
⑤ 높이 7m 이내마다와 계단의 꺾임 부분에는 계단참을 설치(높이가 3미터를 초과하는 계단에 높이 3m 이내마다 너비 1.2m 이상의 계단참을 설치: 산업안전보건 기준에 관한 규칙)
⑥ 디딤판은 항상 건조상태를 유지하고 미끄럼 방지효과가 있는 것이어야 하며, 물건을 적재하거나 방치하지 않을 것
⑦ 계단의 끝단과 만나는 통로나 작업발판에는 2m 이내의 높이에 장애물이 없을 것.
⑧ 높이 1m 이상인 계단의 개방된 측면에는 안전난간을 설치
⑨ 수직구 및 환기구 등에 설치되는 작업계단은 벽면에 안전하게 고정될 수 있도록 설계하고 구조전문가에게 안전성을 확인한 후 시공
⑩ 계단에 손잡이 외의 다른 물건 등을 설치하거나 쌓지 말 것
⑪ 발판의 겹침(r)은 평면상 발판 : $r \geqq 0\text{cm}$, 판모양발판 : $r \geqq 1\text{cm}$

6. 개구부 수평보호덮개 [KCS 21 70 10]

[개구부 방호조치]

[개구부 덮개]

① 수평개구부에는 12mm 합판과 45mm × 45mm 각재 또는 동등 이상의 자재를 이용하거나, 슬래브 철근을 연장하여 배근하고 개구부 수평보호덮개를 설치

② 차도 및 운송로 등에 위치한 수평보호덮개는 해당 현장에서 가장 큰 운송수단의 2배 이상의 하중을 견딜 수 있도록 설치

③ 수평보호덮개는 근로자, 장비 등의 2배 이상의 무게를 견딜 수 있도록 설치

④ 개구부 단변 크기가 200mm 이상인 곳에는 수평보호덮개를 설치

⑤ 상부판은 개구부를 덮었을 경우 개구부에 밀착된 스토퍼로부터 100mm 이상을 본 구조체에 걸쳐져 있을 것

⑥ 철근을 사용하는 경우에는 철근간격을 100mm 이하의 격자모양

⑦ 스토퍼는 개구부에 2면 이상을 밀착시켜 미끄러지지 않을 것

⑧ 자재 등을 개구부에 덮어놓거나, 자재 등으로 개구부가 가려지지 않도록 할 것

7. 와이어로프(Wire Rope) 사용금지 기준

1) 달비계의 사용금지 기준 [KCS 21 60 10/산업안전보건기준에 관한 규칙 제63조]

① 이음매가 있는 것

② 와이어로프의 한 꼬임에서 끊어진 소선의 수가 10% 이상인 것

③ 지름의 감소가 공칭지름의 7%를 초과하는 것

④ 변형이 심하거나, 부식된 것

⑤ 꼬인 것

⑥ 열과 전기충격에 의해 손상된 것

[와이어로프]

이음매가
있는 것

소선수가
10%이상
절단된 것

공칭지름 **7%**
초과 감소된 것

꼬인 것

심하게 변형,
부식된 것

2) 타워크레인 등 건설지원장비의 사용금지 기준 [KCS 21 20 10]

   ① 와이어로프 한 꼬임의 소선파단이 10% 이상인 것

   ② 직경감소가 공칭지름의 7%를 초과하는 것

   ③ 심하게 변형 부식되거나 꼬임이 있는 것

   ④ 비자전로프는 끊어진 소선의 수가 와이어로프 호칭지름의 6배 길이 이
내에서 4개 이상이거나 호칭지름 30배 길이 이내에서 8개 이상인 것

8. 보호구 지급 [산업안전보건기준에 관한 규칙 제32조]

   ① 물체가 떨어지거나 날아올 위험 또는 근로자가 추락할 위험이 있는 작
업: 안전모

   ② 높이 또는 깊이 2m 이상의 추락할 위험이 있는 장소에서 하는 작업:
안전대(安全帶)

   ③ 물체의 낙하·충격, 물체에의 끼임, 감전 또는 정전기의 대전(帶電)에
의한 위험이 있는 작업: 안전화

   ④ 물체가 흩날릴 위험이 있는 작업: 보안경

   ⑤ 용접 시 불꽃이나 물체가 흩날릴 위험이 있는 작업: 보안면

   ⑥ 감전의 위험이 있는 작업: 절연용 보호구

   ⑦ 고열에 의한 화상 등의 위험이 있는 작업: 방열복

   ⑧ 선창 등에서 분진(粉塵)이 심하게 발생하는 하역작업: 방진마스크

   ⑨ 섭씨 영하 18도 이하인 급냉동어창에서 하는 하역작업: 방한모·방한
복·방한화·방한장갑

[안전모]

[안전대]

Ⅱ. 가설기자재

1. 정의

1) 건설기술진흥법령상 정의

   어떤 작업 또는 공사를 수행하기 위해서 설치했다가 그 작업이나 공사가
완료된 후에 해체하거나 철거하게 되는 가설구조물 또는 설비와 이들을
구성하는 부품 및 재료

   * 근거 : "건설공사 품질관리 업무지침"(국토교통부 고시) 제2조제21호

[안전화]

2) 산업안전보건법령상 정의

추락·낙하 및 붕괴 등의 위험방호에 필요한 가설기자재

* 근거 : 「산업안전보건법 시행령」 제74조제1항제2호아목 및 "방호장치 안전인증 고시"(고용노동부 고시) 제8장 제1절 제35조

2. 안전인증

1) 근거

– 「산업안전보건법」 제84조,「산업안전보건법 시행령」제74조제1항제2호아목, "방호장치 안전인증 고시" 제8장 제1절 제35조 및 "안전인증·자율안전확인신고의 절차에 관한 고시" 제2조제1항 관련 별표1

2) 대상

구분	세부 대상	구성 및 내용
파이프서포트 및 동바리용 부재	파이프 서포트	단품 사용 동바리(압축강도 180KN 이상 강관동바리 제외)
	틀형 동바리용 부재	주틀(수직재, 횡가재, 보강재), 가새재로 조립
	시스템 동바리용 부재	수직재, 수평재, 가새재로 조립
조립용 비계용 부재	강관 비계용 부재	단관비계용 강관을 강관조인트와 클램프 등으로 조립
	틀형 비계용 부재	주틀(수직재, 횡가재, 보강재), 교차가새, 띠장틀로 조립
	시스템 비계용 부재	수직재, 수평재, 가새재로 조립
이동식 비계용 부재	이동식 비계용 주틀	수직으로 조립되는 주틀
	발바퀴	주틀의 기둥재에 삽입되는 바퀴
	이동식 비계용 난간틀	상부 작업발판에 설치되는 난간틀
	이동식 비계용 아웃트리거	비계 전도방지 지지대
작업 발판	작업대	걸침고리가 발판에 일체화되어 제작된 작업발판
	통로용 작업발판	걸침고리가 없는 작업발판
조임 철물	클램프	강관과 강관을 연결하는 조임 철물
	철골용 클램프	강관과 형강을 체결하는 조임 철물
받침 철물 (비계 및 동바리 상하부 설치)	조절형 받침 철물	높이 조절이 가능한 받침 철물
	피벗형 받침 철물	경사진 부분의 높이 조절이 가능한 받침 철물
조립식 안전난간	기둥재와 수평난간대가 현장에서 조립·설치되는 난간	수평난간대와 안전난간 기둥이 일체식으로 구성된 안전난간은 제외

	띠장틀	주틀 5단 이내마다 횡가재에 결합되는 부재
기타	벽연결용 철물	비계 또는 동바리를 구조체에 연결 지지하는 부재
	연결조인트	주틀간의 상하 연결/시스템 동바리 · 비계 수직재간 연결
	강관조인트	단관비계용 강관 2개를 이음 · 연결하는 부재
	트러스	보 하부 거푸집의 멍에 또는 장선을 지지하는 부재

3) 안전인증 표시 확인

   ① 근거 : 「산업안전보건법」제85조, 「산업안전보건법 시행규칙」제114조 및 제121조 관련 별표14(안전인증의 표시)

   ② 표시 : 각인(Ⓚ 또는 ⓔ)

     2008.12.31. 이전(성능검정제도)은 ⓔ 마크를 확인

     2009.1.1. 이후(안전인증제도)는 Ⓚ 마크를 확인

   ③ 증빙서류 확인 : 안전인증서 또는 성능인정서 보유여부 확인

3. 자율안전확인

1) 근거

   – 「산업안전보건법」제89조, 「산업안전보건법 시행령」제77조제1항제2호, "방호장치 자율안전기준 고시" 제9장 제16조, 제16조의2 및 "안전인증 · 자율안전확인신고의 절차에 관한 고시" 제2조제2항 관련 별표2

2) 대상

구분	세부 대상	구성 및 내용
선반지주		비계기둥에 부착하여 작업발판을 설치하기 위하여 사용하는 지주
단관비계용 강관		작업장에서 조립하여 설치하는 강관비계 또는 가설울타리에 사용되는 수직재, 띠장재 및 장선재용 부재
고정형 받침 철물		강관비계기둥의 하부에 설치하여 비계의 미끄러짐과 침하를 방지하기 위하여 사용하는 받침철물

달비계용 부재	달기체인	바닥에서부터 외부비계 설치가 곤란한 높은 곳에 달비계를 설치하기 위한 체인형식의 금속제 인장부재
	달기틀	작업공간 확보가 곤란한 고소작업에 필요한 작업 발판의 설치를 위하여 철골보 등의 구조물에 매달아 사용하는 틀
방호선반		비계 또는 구조물의 외측면에 설치하여 낙하물로부터 작업자나 보행자의 상해를 방지하기 위하여 설치하는 선반
엘리베이터 개구부용난간틀		작업자가 작업 중 엘리베이터 개구부로 추락하는 것을 방지하기 위하여 설치하는 기둥재와 수평 난간재가 일체형으로 제작된 안전난간
측벽용 브래킷		공동주택 공사의 측벽 등에 강관비계 조립을 목적으로 본 구조물에 볼트 등으로 부착하는 쌍줄용 브래킷

3) 안전인증 표시 확인
- 근거 : 「산업안전보건법」제85조, 「산업안전보건법 시행규칙」제114조 및 제121조 관련 별표14(안전인증의 표시)
- 표시 : 각인(🔖 또는 ⓔ)

4. 재사용 가설기자재
* 근거 : 「산업안전보건법」제84조 및 제89조, "재사용 가설 기자재 성능기준에 관한 지침"(KOSHA GUIDE)

1) 정의
- 1회 이상 사용하였거나 사용하지 않은 신품이라도 장기간 보관(종류별 3년, 5년, 8년)으로 강도의 저하가 우려되는 가설 기자재

2) 시험체 선정
- 재사용으로 판정된 가설 기자재 모집단에서 무작위 선정
- 시험빈도는 "건설공사 품질관리 업무지침" 중 가설 기자재 항목 준용

5. 품질시험
1) 건설기술진흥법령상 가설기자재 품질시험기준
- 근거 : "건설공사 품질관리 업무지침" 제8조제1항 관련 별표2

[강재파이프서포트]

[건설공사 품질시험기준]

종별		시험종목	시험방법	시험빈도	비고
강재 파이프서포트		평누름에 의한 압축 하중	KS F 8001 또는 산업안전보건 법에 따른 안전인증기준	• 제품규격마다 (3개) • 공급자마다	최대사용길이가 4m를 초과 하는 제품과 알루미늄 합 금재 제품은 「방호장치안 전인증고시」의 시험방법 적용
강관 비계용 부재	비계용 강관	인장 하중	KS F 8002	• 제품규격마다 (3개) • 공급자마다	
	강관 조인트	휨 하중			
		인장 하중			
		압축 하중			
조립형 비계 및 동바리 부재	수직재	압축 하중	KS F 8021 또는 산업안전보건 법에 따른 안전인증기준	• 제품규격마다 (3개) • 공급자마다	안전인증 기준의 종별 명칭은 시스템 비계 또는 시스템동바리 임
	수평재	휨 하중			
	가새재	압축 하중			
	트러스	휨 하중			
	연결 조인트	압축 하중			
		인장 하중			
일반 구조용 압연 강재 (KS D 3503) * 흙막이용 자재 로 제한		치수	KS D 3503	• 제품규격마다 • 공급자마다	• 공사시방서(또는 설계 도서)에 명시된 제품과 동등 이상 여부 확인 • 치수는 두께만 시험
		인장 강도			
		항복 강도			
		연신율			
용접 구조용 압연 강재(KS D 3515) * 흙막이용 자재 로 제한		겉모양, 치수, 무게	KS D 3515	• 제품규격마다 • 공급자마다	• 공사시방서(또는 설계도 서)에 명시된 제품과 동 등 이상 여부 확인 • 치수는 두께만 시험
		항복점 또는 항복강도			
		인장강도			
		연신율			
일반구조용 용접 경량 H형강 (KS D 3558) * 흙막이용 자재 로 제한		치수	KS D 3558	• 제품규격마다 • 공급자마다	• 공사시방서(또는 설계도 서)에 명시된 제품과 동 등 이상 여부 확인 • 치수는 평판부분의 두께만 시험
		인장 강도			
		항복 강도			
		연신율			
일반구조용 각형 강관(KS D 3568) * 거푸집 및 동바 리 구조물에 사 용하는 멍에 또 는 장선용 자재 로 제한		치수	KS D 3568	• 제품규격마다 • 공급자마다	• 공사시방서(또는 설계도 서)에 명시된 제품과 동 등 이상 여부 확인 • 치수는 평판부분의 두께만 시험
		인장 강도			
		항복 강도			
		연신율			

[강관비계]

[조립형 비계]

[구조용 압연 강재]

[각형강관]

[열간압연강 널말뚝]

[복공판]

[거푸집용 합판]

열간압연강 널말뚝 (KS F 4604)	인장 강도	KS F 4604	• 제품규격마다 • 공급자마다	• 치수는 평판부분의 두께만 시험
	항복 강도			
	연신율			
	모양, 치수, 단위질량			
복공판	외관상태 및 성능	공사시방서에 따름	• 제품규격별 200개 마다(단, 200개 미만은 1회) • 공급자마다 • 설치후 1년이내 마다	국가건설기준 코드의 설계하중 기준에 만족
콘크리트용 거푸집 합판	겉모양 및 치수	KS F 3110	제품규격별	강재틀 합판거푸집 (KS F 8006) 제외
	휨강성 변형량			
	도막 및 피복재와 바탕합판의 접착성(표면가 공 거푸집용 합판에 한함)			
	함수율	KS F 3110	필요시	
	밀도			
	접착성			
	폼알데하이드 방출량	KS M 1998		

2) 산업안전보건법령상 가설기자재 성능기준 및 시험방법
  – 근거
    "방호장치 안전인증 고시" 제36조 관련 별표16~22
    "방호장치 자율안전기준 고시" 제16조 관련 별표 8, 별표8의2

2 단답형·서술형 문제 해설

1 단답형 문제 해설

---

01 **GPS(Global Positioning System) 측량기법**

I. 정의

인공위성을 이용하여 정확한 위치를 알고 있는 위성에서 발사한 전파를 수신하고 관측점까지의 소요시간을 관측하여 관측점의 위치를 구하는 범지구 위치 결정 체계이다.

II. GPS 장, 단점

장점	단점
• 기상조건에 무관 • 야간에도 관측이 가능 • 관측점 간의 시통이 불필요 • 장거리도 측정 가능 • 3차원 측량을 동시에 가능 • 24시간 상시 높은 정밀도 유지 • 실시간 측정 가능	• 우리나라 좌표계에 맞게 변환할 것 • 위성의 궤도 정보가 필요 • 전리층 및 대류권에 관한 정보 필요 • 임계고도각이 15 이상 • 고압선이나 고층건물은 피할 것

III. GPS 측량기법

1. 단독 위치 결정(절대관측방법): 1점 위치 결정

4개 이상의 위성으로부터 수신한 신호 가운데 C/A코드(SPS: Standard Positioning System)를 이용해서 실시간으로 수신기의 위치를 결정하는 방법

2. 상대 위치 결정(상대관측방법)

1) 정적 측량

① 1대는 기지점에 설치, 다른 한 대는 미지점에 설치

② 기준점측량에 주로 사용

2) 이동 측량
   ① 수신기 1대는 기지점에 설치하고 다른 수신기는 많은 미지점상에 세워 일정시간
      동안 수신
   ② 지형측량에 사용

3) 신속 정지 측량
   기준점 측량에 주로 이용

4) 실시간 이동 측량
   RTK(Real Time Kenetic)측량이라고도 하며, 수신기를 이동시켜 실시간으로 위치파
   악하는 측량

02 시스템비계 [KCS 21 60 10]

I. 정의

수직재, 수평재, 가새재 등 각각의 부재를 공장에서 제작하고 현장에서 조립하여 사용하는 조립형 비계로 고소작업에서 작업자가 작업장소에 접근하여 작업할 수 있도록 설치하는 작업대를 지지하는 가설 구조물을 말한다.

II. 현장시공도

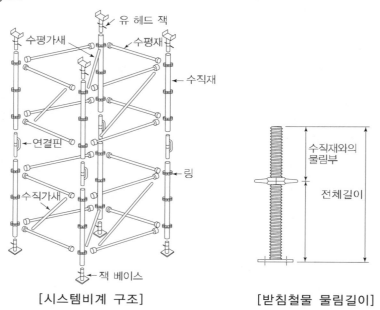

[시스템비계 구조] [받침철물 물림길이]

III. 시스템비계의 구조

1. 수직재

① 수직재와 수평재는 직교되게 설치, 체결 후 흔들림이 없을 것.

② 수직재를 연약 지반에 설치할 경우에는 수직하중에 견딜 수 있도록 지반을 다지고 두께 45mm 이상의 깔목을 소요폭 이상으로 설치하거나, 콘크리트, 강재표면 및 단단한 아스팔트 등의 침하 방지 조치

③ 시스템 비계 최하부에 설치하는 수직재는 받침 철물의 조절너트와 밀착되도록 설치하여야 하며, 수직과 수평을 유지. 이 때 수직재와 받침 철물의 겹침길이는 받침 철물 전체길이의 1/3 이상이 되도록 할 것.

④ 수직재와 수직재의 연결은 전용의 연결조인트를 사용하여 견고하게 연결하고, 연결 부위가 탈락 또는 꺾어지지 않도록 할 것.

2. 수평재
① 수평재는 수직재에 연결핀 등의 결합 방법에 의해 견고하게 결합되어 흔들리거나 이탈되지 않도록 할 것.
② 안전 난간의 용도로 사용되는 상부수평재의 설치높이는 작업 발판면으로부터 0.9m 이상이어야 하며, 중간수평재는 설치높이의 중앙부에 설치(설치높이가 1.2m를 넘는 경우에는 2단 이상의 중간수평재를 설치하여 각각의 사이 간격이 0.6m 이하가 되도록 설치) 할 것.

3. 가새
① 대각으로 설치하는 가새는 비계의 외면으로 수평면에 대해 40°~60° 방향으로 설치하며 수평재 및 수직재에 결속
② 가새의 설치간격은 시공 여건을 고려하여 구조검토를 실시한 후에 설치

4. 벽 이음
① 벽 이음재의 배치간격은 제조사가 정한 기준에 따라 설치

Ⅳ. 시스템비계의 조립 작업 시 준수사항
(1) 비계 기둥의 밑둥에는 밑받침 철물을 사용하여야 하며, 밑받침에 고저차가 있는 경우에는 조절형 밑받침 철물을 사용하여 시스템 비계가 항상 수평 및 수직을 유지
(2) 경사진 바닥에 설치하는 경우에는 피벗형 받침 철물 또는 쐐기 등을 사용하여 밑받침 철물의 바닥면이 수평을 유지
(3) 가공전로에 근접하여 비계를 설치하는 경우에는 가공전로를 이설하거나 가공전로에 절연용 방호구를 설치하는 등 가공전로와의 접촉을 방지하기 위하여 필요한 조치
(4) 비계 내에서 근로자가 상하 또는 좌우로 이동하는 경우에는 반드시 지정된 통로를 이용하도록 주지시킬 것
(5) 비계 작업 근로자는 같은 수직면상의 위와 아래 동시 작업을 금지
(6) 작업발판에는 제조사가 정한 최대적재하중을 초과하여 적재해서는 아니되며, 최대 적재하중이 표기된 표지판을 부착하고 근로자에게 주지시키도록 할 것

2 서술형 문제 해설

01 가설공사 계획 시 고려사항

I. 개 요

(1) 가설공사란 건축물을 완성하기 위해 설치되는 임시설비로서 건축물 공사시 품질향상과 능률적 시공을 하기 위해 가설적인 제반시설의 반복사용, 가설재 강도, 가설재 관리 등 기본방침을 세운다.

(2) 가설공사에는 공통가설과 직접가설공사가 있다.

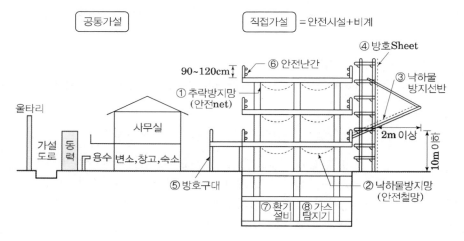

II. 계획시 고려사항

(1) 시공계획 및 사전조사 수립
① 주변환경, 지반조사 등 시공계획수립 철저
② 사전조사 부족으로 전체공사의 공기지연 발생

(2) 설치위치 선정
① 본공사의 진행상 지장이 없는 위치 선정
② 전체 현장이 보일 수 있는 위치 선정
③ 후속작업에 지장이 없는 위치 선정

(3) 설치시기 조정
① 가급적 조기에 시공
② Buffer 유지

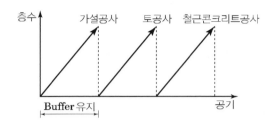

(4) 전용성 고려
① 가설공사의 전용성을 고려한 자재 선정
② 원가절감을 고려한 자재 선정 → 전용성 검토

(5) 가설설비의 조립 및 해체
① 가설재의 조립 및 해체가 용이할 것
② 본공사를 고려하여 가설재의 조립방법 설정

(6) 가설설비의 규모 검토
① 본공사의 규모에 따라 가설규모 결정
② 일반적으로 총공사비의 10% 정도
③ 가설장비, 설비, 성능을 본공사에 지장 없도록 선정

(7) 본공사와 간섭 유무
① 후속공정과 간섭 유무를 파악할 것
② 버퍼유지로 간섭을 최소화할 것

(8) 후속작업과의 마찰

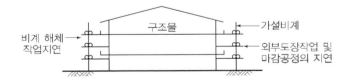

(9) 안전성 고려
① 가설공사 계획수립시 안전관리체계 수립
② 안전관리의 조직운영 및 정기점검 강화로 안전관리 책임체제 확립

(10) 경제성 고려
① 가설공사의 면밀한 계획수립을 통한 원가 절감
② 가설재의 개발로 시공성 향상에 따른 노무비 절감

(11) 시공성 고려
① 구체와 연결철물을 고려한 시공성 확보
② 동선을 고려한 가설재의 설치로 본공사의 시공성 향상 도모

(12) 공기단축 고려
① 시공장비의 효율성과 적용성에 따라 본공사의 공기에 영향
② 공사의 입지적 조건에 따라 가설물 설치, 배치 철저

(13) 품질확보 고려
① 가설공사의 항목부적합시 품질확보에 영향
② 각종 시험에 따라 영향
③ 시공장비 선택 및 시공시설에 따라 영향

(14) 인력절감 고려
자동화, Robot화를 통한 인력절감 도모

Ⅲ. 결 론
(1) 가설공사의 경제성, 시공성, 안전성 등에 대한 검토와 가설재의 끊임없는 연구개발로 합리적이고 능률적인 계획이 이루어져야 한다.
(2) 가설재의 개발 방향

```
┌ 강재화
├ 경량화
└ 3S : 표준화, 단순화, 전문화
```

02 | 가설공사가 전체공사에 미치는 영향

I. 개 요

(1) 가설공사란 건축물을 완성하기 위해 설치되는 임시설비로서 건축물 공사시 품질향상과 능률적 시공을 하기 위해 가설적인 제반시설의 반복 사용, 가설재 강도, 가설재 관리 등 기본방침을 세운다.

(2) 가설공사에는 공통가설과 직접가설공사가 있다.

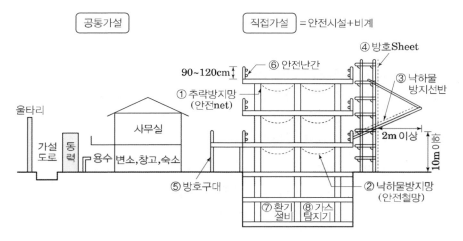

II. 전체 공사에 미치는 영향

(1) 시공계획 및 사전조사 철저
  ① 주변환경, 지반조사 등 시공계획수립 철저
  ② 사전조사 부족으로 전체공사의 공기지연 발생

(2) 설치위치에 따른 영향
  ① 본공사의 진행상 지장이 없는 적정위치 선정
  ② 설치위치의 선정에 따라 공기에 영향을 초래

(3) 설치시기에 따른 영향

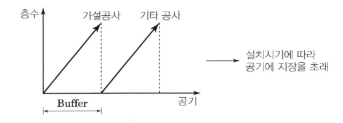

(4) 설치규모와 성능 파악

① 본공사의 규모에 따라 가설규모 결정

② 일반적으로 총공사비의 10% 정도

③ 가설장비, 설비, 성능은 본공사에 지장 없게 선정

(5) 가설재의 안전성 검토

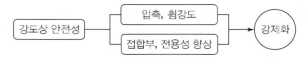

(6) 시공장비의 반출입 검토

현장 내의 가설도로 및 진입로의 확충은 가설공사 및 본공사의 공기단축 가능성을 제시

(7) 환경보존설비 시설 검토

① 철저한 사전조사로 공해요소를 사전에 제거

② 공해발생 → 민원증대 → 공기지연

③ 기업의 이미지에 손상

(8) 공기면

① 시공장비의 효율성과 적용성에 따라 본공사의 공기에 지장

② 공사의 입지적 조건에 따라 가설물 설치, 배치 철저

(9) 품질면

① 가설공사의 항목부적합시 품질관리 측면에 영향

② 각종시험에 따라 영향

③ 시공장비선택 및 시공시설에 따라 영향

(10) 공사비 측면

① 가설공사의 면밀도로 계획수립을 통한 원가 절감

② 가설재의 개발로 시공성 향상에 따른 노무비 절감

Ⅲ. 결 론

(1) 가설공사의 경제성, 시공성, 안전성 등에 대한 검토와 끊임없는 연구개발로 전체 공사에 미치는 영향을 최소화해야 한다.

(2) 가설재의 개발 방향

┌ 강재화
├ 경량화
└ 3S : 표준화, 단순화, 전문화

Professional Engineer Civil
Engineering Execution

과년도 기출문제

부록

117회 기출문제(2019. 1. 27. 시행) 토목시공기술사 기출문제

제1교시　다음 문제 중 10문제를 선택하여 설명하시오. (각10점)

1. 터널의 편평율
2. Arch교의 Lowering공법
3. 민간투자사업의 추진방식
4. 통수능(通水能(discharge capacity))
5. 부마찰력(Negative Skin Friction)
6. 관로의 수압시험
7. 건설공사의 사후평가
8. 스트레스 리본 교량(Stress Ribbon Bridge)
9. 준설선의 종류 및 특징
10. 터널변상의 원인
11. 히빙(Heaving)과 보일링(Boiling)
12. 교량 내진성능향상 방법
13. 포러스 콘크리트(Porous Concrete)

제2교시　다음 문제 중 4문제를 선택하여 설명하시오. (각25점)

1. 터널 굴착 시 진행성 여굴의 원인과 방지 및 처리대책에 대하여 설명하시오.
2. 도로공사 시 비탈면 배수시설의 종류와 기능 및 시공 시 유의사항에 대하여 설명하시오.
3. 하천제방의 누수원인과 방지대책에 대하여 설명하시오.
4. 콘크리트 구조물에서 초기균열의 원인과 방지대책에 대하여 설명하시오.
5. 건설공사의 클레임 발생원인 및 유형과 해결방안에 대하여 설명하시오.
6. 엑스트라도즈드교(Extradosed Bridge)에서 주탑 시공 시 품질확보 방안에 대하여 설명하시오.

제3교시　다음 문제 중 4문제를 선택하여 설명하시오. (각25점)

1. 일반적으로 댐 공사의 시공계획에 대하여 설명하시오.
2. 강교의 현장용접 시 발생하는 문제점과 대책 및 주의사항에 대하여 설명하시오.
3. 도로공사에 따른 사면활동의 형태 및 원인과 사면안정 대책에 대하여 설명하시오.
4. 한중(寒中)콘크리트의 타설 계획 및 방법에 대하여 설명하시오.
5. 친환경 수제(水制)를 이용한 하천개수 공사 시 유의사항에 대하여 설명하시오.
6. 대규모 단지공사의 비산먼지가 발생되는 주요공정에서 비산먼지 발생저감 방법에 대하여 설명하시오.

제4교시　다음 문제 중 4문제를 선택하여 설명하시오. (각25점)

1. 터널 준공 후 유지관리 계측에 대하여 설명하시오.
2. 상수도 기본계획의 수립 절차와 기초조사 사항에 대하여 설명하시오.
3. 화재 시 철근콘크리트 구조물에 발생하는 폭렬현상이 구조물에 미치는 영향과 원인 및 방지대책에 대하여 설명하시오.
4. 시멘트 콘크리트 포장 시 장비선정, 설계 및 시공 시 유의사항에 대하여 설명하시오.
5. 항만공사 시공계획 시 유의사항에 대하여 설명하시오.
6. 공정·공사비 통합관리 체계(EVMS(Earned Value Management System))의 주요 구성 요소와 기대효과에 대하여 설명하시오.

118회 기출문제(2019. 5. 5. 시행) 토목시공기술사 기출문제

제1교시　다음 문제 중 10문제를 선택하여 설명하시오. (각10점)

1. 비용분류체계(cost breakdown structure)
2. 마일스톤 공정표(milestone chart)
3. 과다짐(over compaction)
4. 피어기초(pier foundation)
5. 수팽창지수재
6. 내식콘크리트
7. 일체식교대 교량(integral abutment bridge)
8. 말뚝의 시간경과효과
9. 개질아스팔트
10. 용접부의 비파괴 시험
11. 어스앵커(earth anchor)
12. 막(膜)양생
13. 교량의 새들(saddle)

제2교시　다음 문제 중 4문제를 선택하여 설명하시오. (각25점)

1. 토목 BIM(building information modeling)의 정의 및 활용분야에 대하여 설명하시오.
2. 급경사지 붕괴방지공법을 분류하고, 그 목적과 효과에 대하여 설명하시오.
3. 말뚝재하시험법에 의한 지지력 산정방법에 대하여 설명하시오.
4. 아스팔트 콘크리트의 소성변형 발생원인 및 방지대책에 대하여 설명하시오.
5. 강(鋼)교량 시공 시, 상부구조의 케이블가설(cable erection) 공법과 종류에 대하여 설명하시오.
6. 콘크리트 압송(pumping) 작업 시 발생할 수 있는 문제점과 대책에 대하여 설명하시오.

제3교시　다음 문제 중 4문제를 선택하여 설명하시오. (각25점)

1. 기계화 시공 시 일반적인 건설기계의 조합원칙과 기계결정 순서에 대하여 설명하시오.
2. 흙막이공사에서의 유수처리대책을 분류하고 설명하시오.
3. 강상판교의 교면포장공법 종류 및 시공관리방법에 대하여 설명하시오.
4. 항만 준설과 매립 공사용 작업선박의 종류와 용도에 대하여 설명하시오.
5. 고장력볼트 이음부 시공방법과 볼트체결 검사방법에 대하여 설명하시오.
6. 콘크리트 이음을 구분하고 시공방법에 대하여 설명하시오.

제4교시　다음 문제 중 4문제를 선택하여 설명하시오. (각25점)

1. 근접시공의 시공방법 결정 시 검토사항에 대하여 설명하시오.
2. 슬러리 월(Slurry Wall) 공법의 특징과 시공 시 유의사항에 대하여 설명하시오.
3. 열 송수관로 파열원인 및 파열방지 대책에 대하여 설명하시오.
4. 터널 라이닝 콘크리트의 누수원인과 대책에 대하여 설명하시오.
5. 토목현장 책임자로서 검토하여야 할 안전관리 항목과 재해예방대책에 대하여 설명하시오.
6. 교량의 신축이음장치 설치 시 유의사항과 주요 파손원인에 대하여 설명하시오.

119회 기출문제(2019. 8. 10. 시행) 토목시공기술사 기출문제

제1교시 다음 문제 중 10문제를 선택하여 설명하시오. (각10점)

1. 토량변화율
2. 습식 숏크리트
3. 시추주상도
4. 무리말뚝 효과
5. 합성교에서 전단연결재(Shear Connector)
6. 쇄석매스틱아스팔트(Stone Mastic Asphalt)
7. 강재기호 SM 355 B W N ZC 의 의미
8. 수압파쇄(Hydraulic Fracturing)
9. 토질별 하수관거 기초의 종류 및 특성
10. 철도 선로의 분니현상(Mud Pumping)
11. 철근의 롤링마크(Rolling Mark)
12. 비용구배(Cost Slope)
13. 시설물의 안전 및 유지관리에 관한 특별법상 대통령령으로 정한 중대한 결함의 종류

제2교시 다음 문제 중 4문제를 선택하여 설명하시오. (각25점)

1. 기초의 침하 원인에 대하여 설명하시오.
2. 기존교량의 받침장치 교체 시 시공순서 및 시공 시 유의사항에 대하여 설명하시오.
3. 아스팔트콘크리트 배수성 포장에 대하여 설명하시오.
4. 도로 성토 다짐에 영향을 주는 요인과 현장에서의 다짐관리방법에 대하여 설명하시오.
5. 하수관거의 완경사 접합방법 및 급경사 접합방법에 대하여 설명하시오.
6. 지하안전관리에 관한 특별법에 따른 지하안전영향평가 대상의 평가항목 및 평가방법, 안전점검 대상 시설물을 설명하시오.

제3교시 다음 문제 중 4문제를 선택하여 설명하시오. (각25점)

1. 현장타설 콘크리트말뚝 시공 시 콘크리트 타설에 대하여 설명하시오.
2. 구조물 접속부 토공 시 부등침하 방지대책에 대하여 설명하시오.
3. 기존 교량의 내진성능평가에서 직접기초에 대한 안전성이 부족한 것으로 평가되었다. 이 때, 내진성능 보강공법을 설명하시오.
4. 여름철 이상기온에 대비한 무근 콘크리트 포장의 Blow-up 방지대책에 대하여 설명하시오.
5. 건설공사의 진도관리를 위한 공정관리 곡선의 작성방법과 진도평가 방법을 설명하시오.
6. 건설공사를 준공하기 전에 실시하는 초기점검에 대하여 설명하시오

제4교시 다음 문제 중 4문제를 선택하여 설명하시오. (각25점)

1. 토공사 준비공 중 준비배수에 대하여 설명하시오.
2. 터널지보재의 지보원리와 지보재의 역할에 대하여 설명하시오.
3. 콘크리트 구조물의 방수에 영향을 미치는 요인과 대책에 대하여 설명하시오.
4. P.S.C BOX GIRDER 교량 가설공법의 종류와 특징, 시공 시 유의사항에 대하여 설명하시오.
5. 장마철 배수불량에 의한 옹벽구조물의 붕괴사고 원인과 대책에 대하여 설명하시오.
6. 건설기술진흥법에서 안전관리계획을 수립해야 하는 건설공사의 범위와 안전관리계획 수립기준에 대하여 설명하시오.

120회 기출문제(2020. 2. 1. 시행) 토목시공기술사 기출문제

제1교시 다음 문제 중 10문제를 선택하여 설명하시오. (각10점)

1. ISO 14000
2. 건설공사의 공정관리 3단계 절차
3. 하도급계약의 적정성심사
4. 공대공 초음파 검층(Cross-hole Sonic Logging; CSL) 시험(현장타설말뚝)
5. 현장타설말뚝 시공 시 슬라임 처리
6. 터널 인버트 종류 및 기능
7. 도수로 및 송수관로 결정 시 고려사항
8. 소파공
9. 필댐의 트랜지션존(Transition Zone)
10. 아스팔트의 스티프니스(Stiffness)
11. 사장교의 케이블 형상에 따른 분류
12. PSC BOX 거더 제작장 선정 시 고려사항
13. 철근부식도 시험방법 및 평가방법

제2교시 다음 문제 중 4문제를 선택하여 설명하시오. (각25점)

1. 연약지반에 흙쌓기를 할 때 주요 계측항목별 계측목적, 활용내용 및 배치기준을 설명하시오.
2. 건설공사의 공동도급 운영방식에 의한 종류와 공동도급에 대한 장점 및 문제점을 설명하고, 개선대책을 제시하시오.
3. 기존 콘크리트 포장을 덧씌우기할 때 아스팔트를 덧씌우는 경우와 콘크리트를 덧씌우는 경우로 구분하여 설명하시오.
4. 콘크리트 댐의 공사착수 전 가설비공사 계획에 대하여 설명하시오.
5. 건설현장에서 건설폐기물의 정의 및 처리절차와 처리 시 유의사항을 설명하고 재활용 방안을 제시하시오.
6. 얕은 기초 아래에 있는 석회암 공동지반(Cavity) 보강에 대하여 설명하시오.

제3교시 다음 문제 중 4문제를 선택하여 설명하시오. (각25점)

1. 교량받침(Shoe)의 배치와 시공 시 유의사항에 대하여 설명하시오.
2. 수로터널에서 방수형 터널공, 배수형 터널공, 압력수로 터널공에 대하여 비교 설명하시오.
3. 우수조정지의 설치목적 및 구조형식, 설계·시공 시 고려사항에 대하여 설명하시오.
4. 해안 매립공사를 위한 매립공법의 종류 및 특징에 대하여 설명하시오.
5. 매입말뚝공법의 종류별 시공 시 유의사항에 대하여 설명하시오.
6. 건설업 산업안전보건관리비 계상기준과 계상 시 유의사항 및 개선대책을 설명하시오.

제4교시 다음 문제 중 4문제를 선택하여 설명하시오. (각25점)

1. 건설재해의 종류와 원인 그리고 재해예방과 방지대책에 대하여 설명하시오.
2. 사장교 보강거더의 가설공법 종류 및 공법별 특징을 설명하시오.
3. 도로 포장면에서 발생되는 노면수 처리를 위해 비점오염 저감시설을 설치하려고 한다.
   비점오염원의 정의와 비점오염 물질의 종류, 비점오염 저감시설에 대하여 설명하시오.
4. 해상에 자켓구조물 설치 시 조사항목 및 설치방법에 대하여 설명하시오.
5. 해양콘크리트의 요구성능, 시공 시 문제점 및 대책에 대하여 설명하시오.
6. 터널 TBM공법에서 급곡선부의 시공 시 유의사항에 대하여 설명하시오.

121회 기출문제(2020. 5. 9. 시행) 토목시공기술사 기출문제

제1교시   다음 문제 중 10문제를 선택하여 설명하시오. (각10점)

1. 숏크리트 및 락볼트(Rock Bolt)의 기능과 효과
2. 차선도색 휘도기준
3. 1, 2종시설물의 초기치
4. 빗물저류조
5. 건설공사비지수
6. FCM Key Segment 시공시 유의사항
7. 거푸집 존치기간 및 시공시 유의사항
8. 횡단보도에서의 시각 장애인 유도블럭 설치방법
9. 부주면마찰력 검토조건, 발생시 문제점 및 저감대책
10. 댐관리시설 분류 및 시설내용
11. 순극한지지력과 보상기초
12. 하수배제방식   1) 합류식   2) 분류식
13. 시설물의 성능평가 항목

제2교시   다음 문제 중 4문제를 선택하여 설명하시오. (각25점)

1. 기초지반의 지지력을 확인하기 위하여 현장에서 실시되는 평판재하시험에 대하여 설명하시오.
2. 노후 상수도관의 갱생공법에 대하여 설명하시오.
3. 건설산업기본법 시행령상의 공사도급계약서에 명시해야 할 내용으로 규정된 사항에 대하여 설명하시오.
4. 고유동 콘크리트의 굳지 않은 콘크리트 품질 만족 조건 및 시공시 유의사항에 대하여 설명하시오.
5. 강교현장조립을 위한 강구조물 운반 및 보관시 유의사항, 현장조립시 작업준비사항 및 안전대책에 대하여 설명하시오.
6. 오수전용 관로의 접합방법과 연결방법에 대하여 구분하여 설명하시오.

제3교시   다음 문제 중 4문제를 선택하여 설명하시오. (각25점)

1. 하천시설물의 유지관리 개념과 시설물별 유지관리방법에 대하여 설명하시오.
2. 쌓기 비탈면 다짐방법과 깍기 및 쌓기 경계부 시공시 발생하는 부등침하에 대한 대책 방법을 설명하시오.
3. 터널의 붕락 형태를 다음의 굴착단계별로 구분하여 설명하시오.
   1) 발파 직후 무지보 상태에서의 막장 붕락   2) 숏크리트 타설 후 붕락   3) 터널 라이닝 타설 후 붕락
4. 공정관리시스템을 관리적 측면과 기술적 측면으로 구분하고 각각에 대하여 설명하시오.
5. 콘크리트 비파괴 압축강도시험방법의 활용방안과 각 시험방법별 주의사항에 대하여 설명하시오.
6. 교량의 안정성 평가 목적 및 평가방법에 대하여 설명하시오.

제4교시   다음 문제 중 4문제를 선택하여 설명하시오. (각25점)

1. Fill Dam의 안정조건을 설명하고 축조단계별 시공시 유의사항에 대하여 설명하시오.
2. 콘크리트구조물의 균열 측정방법과 유지관리방안에 대하여 설명하시오.
3. 하천정비사업의 일환으로 무제부(無堤部)에 신설제방을 축조하고자 한다. 시공단계별 유의사항에 대하여 설명하시오.
4. 연약지반 개량공법으로 쇄석말뚝공법을 적용하고자 한다. 말뚝의 시공조건에 따른 쇄석말뚝의 파괴거동에 대하여 설명하시오.
5. 동바리를 사용하지 않고 가설하는 PSC 박스 거더 공법을 열거하고 설명하시오.
6. 흙의 동결융해 작용에 의하여 일어나는 아스팔트 포장의 파손 형태와 보수 방법 및 파손 방지 대책에 대하여 설명하시오.

122회 기출문제(2020. 7. 4. 시행) 토목시공기술사 기출문제

다음 문제 중 10문제를 선택하여 설명하시오. (각10점)

1. 터널 막장 전방 탐사(Tunnel Seismic Prediction, TSP)
2. 용적 팽창 현상(Bulking)
3. 제어 발파(Control Blasting)
4. 붕적토(Colluvial Soil)
5. LCC 분석법 중 순현가법(순현재가치법, Net Present Value, NPV)
6. 건설 통합 시스템(Computer Integrated Construction, CIC)
7. 국가계약법령상의 추정가격
8. 역(逆)타설 콘크리트 이음방법
9. 일부타정식 또는 부분정착식 사장교(Partially Anchored Cable Stayed Bridge)
10. 섬유강화폴리머(Fiber Reinforced Polymer, FRP) 보강근
11. 상수도관의 부(不)단수 공법
12. 연안시설에서의 복합방호방식(複合防護方式)
13. 롤러다짐 콘크리트 중력댐의 확장레이어공법(Extended Layer Construction Method, ELCM)

다음 문제 중 4문제를 선택하여 설명하시오. (각25점)

1. 배수형 터널과 비배수형 터널의 특징 및 적용성에 대하여 설명하시오.
2. 지하구조물에 발생하는 양압력의 원인 및 대책공법에 대하여 설명하시오.
3. 비용성과지수(Cost Performance Index, CPI)와 공정성과지수(Schedule Performance Index, SPI) 및 두 지표의 상관관계에 대하여 설명하시오.
4. 설계변경에 의한 계약금액 조정에 대하여 설명하시오.
5. 지반조사 시 표준관입시험으로 얻어진 N값의 문제점과 수정방법에 대하여 설명하시오.
6. 필댐에 사용되는 계측설비의 설치 목적 및 필요 계측 항목과 설치되어야 할 계측기기에 대하여 설명하시오.

다음 문제 중 4문제를 선택하여 설명하시오. (각25점)

1. 지반 굴착공사 공법의 종류와 공법 선정 시 고려 사항에 대하여 설명하시오.
2. 폐기물관리법령 및 자원의 절약과 재활용 촉진에 관한 법령에 규정된 건설폐기물의 종류와 재활용 촉진방안에 대하여 설명하시오.
3. 강 바닥판 교량의 교면 구스 아스팔트 포장 시의 열 영향과 시공 시 유의사항에 대하여 설명하시오.
4. 콘크리트 제품의 촉진양생 방법을 분류하고 각 양생 방법에 대하여 설명하시오.
5. 마리나 계류시설 중 부잔교의 제작, 설치 및 시공 시 고려사항에 대하여 설명하시오.
6. 도로포장 공법 중 화이트탑핑(Whitetopping)공법의 특징과 시공방법에 대하여 설명하시오.

다음 문제 중 4문제를 선택하여 설명하시오. (각25점)

1. S.C.P(Sand Compaction Pile)공법과 진동다짐공법(Vibro-Flotation)을 비교하여 설명하시오.
2. 공사계약 일반조건 제51조(분쟁의 해결)상의 협의(Negotiation)와 조정(Mediation), 그리고 중재(Arbitration)에 대하여 설명하시오.
3. 콘크리트 엑스트라도즈드(Extradosed) 교량 상부구조를 캔틸레버 가설공법으로 가설하기 위한 시공계획과 가설장비에 대하여 설명하시오.
4. CRM(Crumb Rubber Modified) 아스팔트 포장공법의 특징과 시공방법에 대하여 설명하시오.
5. 건설현장 계측의 불확실성을 유발하는 인자와 그로 인해 발생하는 측정오차의 유형 및 오차의 원인에 대하여 설명하시오.
6. 하수도시설기준상의 관거 기초공의 종류를 제시하고 각 기초공의 특징과 시공방법에 대하여 설명하시오.

123회 기출문제(2021. 1. 30. 시행) 토목시공기술사 기출문제

제1교시 다음 문제 중 10문제를 선택하여 설명하시오. (각10점)

1. 건설기술 진흥법에 의한 시방서
2. 건설공사 시 업무조정회의
3. 공기단축기법
4. 액상화(Liquefaction)
5. 유토곡선(Mass curve)
6. 히빙(Heaving) 방지대책
7. 길어깨 포장
8. 거더교의 종류
9. 용접부의 잔류응력
10. 콘크리트 탄산화 현상
11. 펌프준설선의 작업효율의 합리적 결정방법
12. 전해부식과 부식방지대책
13. 물양장(Lighters wharf)

제2교시 다음 문제 중 4문제를 선택하여 설명하시오. (각25점)

1. 연약지반 위에 2.0 m 이하의 흙쌓기공사 시 예상되는 문제점 및 연약지반개량방법에 대하여 설명하시오.
2. 터널 공사 시 진행성 여굴이 발생하였을 때 시공 중 대책과 차단방법에 대하여 설명하시오.
3. 건설공사의 공사계약 방법 중 실비정산보수 가산계약을 설명하시오.
4. 교량의 교좌장치 손상원인과 선정 시 고려사항에 대하여 설명하시오.
5. 콘크리트구조 설계(강도설계법)에서 규정한 콘크리트의 평가와 사용 승인에 대하여설명하시오.
6. 홍수 시 하천제방 하안에 작용하는 외력의 종류와 제방의 안정성을 저해하는 원인에 대하여 설명하시오.

제3교시 다음 문제 중 4문제를 선택하여 설명하시오. (각25점)

1. 흙막이 벽 지지구조의 종류와 장·단점을 설명하시오.
2. 상수도관의 종류와 장·단점을 설명하고 관로 되메우기 시 유의사항에 대하여 설명하시오.
3. PS강재 긴장 시 주의사항에 대하여 설명하시오.
4. 철근콘크리트 구조물에서 철근과 콘크리트의 부착작용과 부착에 영향을 미치는 인자에 대하여 설명하시오.
5. 최근 급속히 확대되고 있는 스마트건설기술과 관련하여 토공 장비 자동화기술(Machinecontrol system, Machine guidance)에 대하여 설명하시오.
6. 사방댐 설치 및 시공 시 고려사항에 대하여 설명하시오.

제4교시 다음 문제 중 4문제를 선택하여 설명하시오. (각25점)

1. 연약지반처리를 위한 연직배수공법 중 PBD(Plastic board drain)공법의 시공 시 유의사항에 대하여 설명하시오.
2. 매스콘크리트의 온도균열 발생원인과 온도균열 제어 대책에 대하여 설명하시오.
3. 지반 함몰 발생원인 및 저감대책에 대하여 설명하시오.
4. 공사 관리의 목적과 공사 4대 관리에 대하여 설명하시오.
5. 저토피 연약지반에 선지보 터널공법으로 터널을 시공할 때 지반보강효과 및 공법의 특징을 설명하시오.
6. 콘크리트포장에서 컬링(Curling)현상에 대하여 설명하시오.

124회 기출문제(2021. 5. 23. 시행) 토목시공기술사 기출문제

제1교시 다음 문제 중 10문제를 선택하여 설명하시오. (각10점)

1. 건설공사의 시공계획서
2. 하천 횡단 교량의 여유고
3. 구조적 안전성 확인 대상 가설구조물
4. 암석 발파시 비산석(Fly Rock) 경감대책
5. 비탈면의 소단 설치 기준
6. 콜드 조인트(Cold Joint)
7. 교량의 면진설계
8. 상수도관의 접합방법
9. 건설기술 진흥법의 안전관리비 비용 항목
10. 보강토 옹벽의 장점 및 단점
11. 순환골재의 특성
12. 항만공사 시 토사의 매립방법
13. 방파제 종류

제2교시 다음 문제 중 4문제를 선택하여 설명하시오. (각25점)

1. 공사기간 단축기법 중 작업촉진에 의한 공기 단축에 대하여 설명하시오.
2. 흙막이 설계 시 건설기술 진흥법에 의한 설계안전성검토(Design for Safety, DFS)사항과 시공 시 주변지반 침하원인과 유의사항에 대하여 설명하시오.
3. 사질토 지반의 하천을 횡단하는 장대교를 가설하고자 할 경우 기초 형식으로 선정한 현장 타설말뚝 공법의 장·단점과 시공 시 유의사항에 대하여 설명하시오.
4. 콘크리트의 압축강도에 영향을 미치는 요인에 대하여 설명하시오.
5. 댐 시공 시 기초처리 공법 및 선정 시 고려사항에 대하여 설명하시오.
6. 이동식 비계(MSS, Movable Scaffolding System)공법에서 작업 수립단계와 설치작업 시단계별 조치사항에 대하여 설명하시오

제3교시 다음 문제 중 4문제를 선택하여 설명하시오. (각25점)

1. 표준안전난간(강재)의 구조 및 설치 시 현장관리 주의사항에 대하여 설명하시오.
2. 하수의 배제 방식 및 하수관거의 배치 방식에 대하여 설명하시오.
3. 기초에 사용하는 복합말뚝의 특징에 대하여 설명하시오.
4. 강박스 거더교(Steel Box Girder Bridge)의 특징, 적용성 및 시공 시 유의사항에 대하여 설명하시오.
5. 도심지 지하수위가 높은 연약지반에 굴착 및 지반 안정을 고려하여 지하연속벽(SlurryWall) 공법으로 시공하고자 한다. 지하연속벽(Slurry Wall) 공법의 시공순서와 시공 시 유의사항에 대하여 설명하시오.
6. NATM 터널 공사 시 발파진동 영향 및 저감대책에 대하여 설명하시오.

제4교시 다음 문제 중 4문제를 선택하여 설명하시오. (각25점)

1. 도심지나 계곡부 저토피 구간을 통과하는 NATM 터널의 시공단계별 붕락 형태, 붕락이 발생하는 원인과 보강공법의 종류에 대하여 설명하시오.
2. 하도급 적정성 검토사항에 대하여 설명하고, 건설사업관리자가 조치해야 할 내용에 대하여 설명하시오.
3. 시멘트콘크리트 포장에서 주요 파손의 종류별 발생 원인과 보수방법에 대하여 설명하시오.
4. 준설선의 종류와 특징 및 선정 시 고려사항에 대하여 설명하시오.
5. 댐(Dam) 여수로의 구성 요소 및 종류를 설명하고, 급경사 여수로의 이음 및 감세공의 형식별 특징에 대하여 설명하시오.
6. 교량기초의 세굴심도 측정방법 및 세굴 방지대책에 대하여 설명하시오.

125회 기출문제(2021. 7. 31. 시행) 토목시공기술사 기출문제

제1교시   다음 문제 중 10문제를 선택하여 설명하시오. (각10점)

1. 토목 시설물의 내용년수
2. 암반 분류법 중 Q-system
3. 배수성 포장
4. 교량의 등급
5. 워커빌리티(workability)
6. 콘크리트 구조물의 보강방법
7. 교좌장치(Shoe)
8. 하수관로 검사방법
9. 콘크리트 중력식 댐의 이음
10. 총 비용(Total cost)과 직접비 및 간접비와의 관계
11. 말뚝의 시간 효과(Time Effect)
12. 토목공사 현장의 설계와 시공에서 지반조사의 순서와 방법
13. 도로의 배수시설

제2교시   다음 문제 중 4문제를 선택하여 설명하시오. (각25점)

1. 해안가 사질토 지반의 굴착공사 시 적용되는 흙막이 공법의 종류와 굴착저면의 지반이 부풀어 오르는 현상(Boiling)을 방지하기 위한 대책에 대하여 설명하시오.
2. 터널 라이닝 콘크리트에 발생하는 균열의 종류와 특성, 균열 발생원인 및 균열저감대책에 대하여 설명하시오.
3. 지반내 그라우팅공법에서 약액주입 공법의 목적, 주입재의 종류 및 특징에 대하여 설명하시오.
4. 프리캐스트 세그멘탈공법(PSM)의 특징 및 시공방법에 대하여 설명하시오.
5. 콘크리트 구조물의 건조수축에 의한 균열 발생원인 및 균열제어 방법에 대하여 설명하시오.
6. 도로포장에 적용되는 아스팔트 콘크리트 포장(Aspalt Concrete Pavement)과 시멘트콘크리트 포장(Cement Concrete Pavement)의 특징을 비교하고, 각각의 파손원인 및 대처방안에 대하여 설명하시오.

제3교시   다음 문제 중 4문제를 선택하여 설명하시오. (각25점)

1. 건설공사 중 발생되는 공사장 소음·진동에 대한 관리기준과 저감대책에 대하여 설명하시오.
2. 말뚝기초공사에서 정재하시험 종류와 방법, 해석 및 판정법에 대하여 설명하시오.
3. 터널공사에서의 암반의 불연속면 정의, 종류 및 특성에 대하여 설명하시오.
4. 교량하부 구조인 교각 구조물에 대하여 구체형식, 시공방법 및 시공 시 유의사항에 대하여 설명하시오.
5. 복잡한 도심 주거지역 도로에 매설된 노후하수관 교체공사를 시행할 경우 공사관리계획의 필요성 및 주안점에 대하여 설명하시오.
6. 연약지반 심도가 깊은 해저에 사석기초 방파제 시공시 유의사항에 대하여 설명하시오.

제4교시   다음 문제 중 4문제를 선택하여 설명하시오. (각25점)

1. 토목현장의 공사착수단계에서 건설사업관리 책임자의 업무에 대하여 설명하시오.
2. 터널시공 계측관리에 대하여 설명하시오.
3. 매스콘크리트 균열발생 원인 및 균열제어 방법에 대하여 설명하시오.
4. 아스팔트 포장도로의 포트홀(Pot Hole) 발생 원인과 방지대책에 대하여 설명하시오.
5. 강교량 가설공사의 설계부터 시공까지 수행공정 흐름도(Flow Chart)를 상세하게 작성하고, 강교량 가설공법의 종류와 특징에 대하여 설명하시오.
6. 수중기초의 세굴의 종류 및 발생원인과 방지대책에 대하여 설명하시오.

126회 기출문제(2022. 2. 3. 시행) 토목시공기술사 기출문제

제1교시 다음 문제 중 10문제를 선택하여 설명하시오. (각10점)

1. 교면포장
2. 댐 관리시설 분류와 시설내용
3. 시설물의 성능평가 방법(시설물의 안전 및 유지관리에 관한 특별법)
4. 사방댐
5. 터널의 배수형식
6. 흙막이 가시설의 버팀보(Strut)공법과 어스앵커(Earth Anchor)공법의 비교
7. 숏크리트 리바운드(NATM)
8. 시멘트콘크리트 포장의 줄눈 종류와 특징
9. 프리스트레스트콘크리트(PSC)의 긴장(Prestressing)
10. 건설공사의 위험성평가
11. 표준관입시험(SPT, Standard Penetration Test)
12. 유선망(Flow Net)
13. 가설구조물 설계변경 요청대상 및 절차(산업안전보건법)

제2교시 다음 문제 중 4문제를 선택하여 설명하시오. (각25점)

1. 하수관거 공사 시 접합방법(완경사, 급경사)과 검사방법에 대하여 설명하시오.
2. 하저(河底)에 터널을 시공 할 경우, 굴착공법인 NATM과 쉴드TBM의 적용성을 비교 · 설명하고, 쉴드TBM으로 선정 시 시공 유의사항에 대하여 설명하시오.
3. 방파제를 구조형식에 따라 분류하고 설계, 시공 시 유의사항에 대하여 설명하시오.
4. 절토사면의 시공관리 방안과 붕괴원인에 대하여 설명하시오.
5. 콘크리트 구조물의 시공 중 발생하는 균열원인과 방지대책에 대하여 설명하시오.
6. 심층혼합처리공법(DCM, Deep Cement Mixed Method)의 특성 및 시공관리방안에 대하여 설명하시오.

제3교시 다음 문제 중 4문제를 선택하여 설명하시오. (각25점)

1. 필댐(Fill Dam)의 안정조건과 본체에 설치하는 계측항목에 대하여 설명하시오.
2. 비탈면 녹화공법 시험시공 시 계획수립, 수행방법에 대하여 설명하시오.
3. 한중콘크리트의 배합설계와 시공 시 유의사항에 대하여 설명하시오.
4. 점성토지반에서 연직배수공법의 종류, 특징 및 시공 시 유의사항에 대하여 설명하시오.
5. 공장제작 콘크리트 제품의 특성 및 품질관리 항목과 이를 현장에서 설치 시 유의사항에 대하여 설명하시오.
6. 흙의 다짐원리와 세립토(점성토)의 다짐특성에 대하여 설명하시오.

제4교시 다음 문제 중 4문제를 선택하여 설명하시오. (각25점)

1. 철근콘크리트 3경간 연속교의 시공계획 및 시공 시 유의사항에 대하여 설명하시오.
2. 하천 제방의 종류와 제방의 붕괴원인 및 방지대책을 설명하시오.
3. 굳지 않은 콘크리트의 성질과 워커빌리티(workability) 향상대책에 대하여 설명하시오.
4. 노천(露天)에서 암(岩)발파공법의 종류와 시공 시 유의사항에 대하여 설명하시오.
5. 미고결(未固結) 저토피(低土皮) 터널 시공 시 지표 침하원인 및 저감대책을 설명하시오.
6. 중대재해 처벌 등에 관한 법률에서 중대산업재해 및 중대시민재해의 정의, 사업주와 경영책임자등의 안전 및 보건 확보의무에 대하여 설명하시오.

127회 기출문제(2022. 4. 18. 시행) 토목시공기술사 기출문제

제1교시 다음 문제 중 10문제를 선택하여 설명하시오. (각10점)

1. PTM공법(Progressive Trenching Method)
2. 옹벽의 이음(Joint)
3. 말뚝머리와 기초의 결합방법
4. 굳지 않은 콘크리트의 구비 조건
5. 제방의 파이핑(Piping) 검토 방법
6. 교량받침의 유지관리
7. 댐 감쇄공
8. 시공상세도
9. 카린시안공법(Carinthian cut and cover method)
10. PSC교량의 솟음(Camber) 관리
11. 토취장(Borrow-pit) 선정 조건
12. 방파제의 종류 및 특징
13. 이중벽체구조 2열 자립식 흙막이 공법(BSCW, Buttres type Self supporting Composite Wall)

제2교시 다음 문제 중 4문제를 선택하여 설명하시오. (각25점)

1. 연약지반의 판단기준과 개량공법 선정 시 고려사항에 대하여 설명하시오.
2. 사면보강공법 중 소일네일링(Soil-nailing)공법에 대하여 설명하시오.
3. 거푸집동바리 붕괴 유발요인과 안정성 확보방안에 대하여 설명하시오.
4. 연속압출공법(ILM, Incremental Launching Method)의 특징과 시공 시 유의사항에 대하여 설명하시오.
5. 토피가 얕은 도심지 구간의 터널 공사 시 지표면 침하방지 대책에 대하여 설명하시오.
6. 도심지에서 개착공법에 의한 관로부설이 곤란한 경우 적용되는 비개착공법에 대하여 설명하시오.

제3교시 다음 문제 중 4문제를 선택하여 설명하시오. (각25점)

1. 해사를 이용한 콘크리트 구조물 건설 시 문제점 및 대책에 대하여 설명하시오.
2. 터널이나 사면처리 등에 이용되는 제어발파 시공방법에 대하여 설명하시오.
3. 하천공사 중 하도 개수계획에 대하여 설명하시오.
4. 가시설 흙막이 구조물의 계측 시 고려사항과 계측관리에 대하여 설명하시오.
5. 네트워크(Network) 공정표의 특징과 PERT, CPM 기법에 대하여 설명하시오.
6. 항만공사에서 준설선 선정 시 고려사항과 준설선의 종류 및 특징에 대하여 설명하시오.

제4교시 다음 문제 중 4문제를 선택하여 설명하시오. (각25점)

1. 중점 품질관리 공종 선정 시 고려사항 및 건설사업관리기술인의 효율적인 품질관리 방안에 대하여 설명하시오.
2. 연약지반 개량공사 시 지하수위 저하 공법에 대하여 설명하시오.
3. 교량공사 기초 말뚝 시공 시 지지력 평가방법에 대하여 설명하시오.
4. 건설공사 시 발생하는 수질 및 대기오염의 최소화 대책에 대하여 설명하시오.
5. 하절기 콘크리트 포장 시 예상되는 문제점과 시공관리 방안에 대하여 설명하시오.
6. 댐 시공을 위한 조사내용과 위치 결정시 고려할 사항을 설명하시오.

128회 기출문제(2022. 7. 4. 시행) 토목시공기술사 기출문제

제1교시 다음 문제 중 10문제를 선택하여 설명하시오. (각10점)

1. 건설공사 단계별 적용 스마트건설기술
2. 시설물의 안전 및 유지관리에 관한 특별법상 안전점검의 종류
3. 기대기옹벽의 정의와 설계 시 고려하중
4. 기성말뚝기초의 건전도 및 연직도 측정
5. Smear Effect(교란효과)의 문제점 및 대책
6. 하수의 배제방식
7. 부잔교
8. 호안(護岸)의 종류와 구조
9. 하천구조물의 공동현상(Cavitation)
10. 피암터널
11. 항타기 및 항발기 시공 시 주의사항
12. 고유동콘크리트의 분류
13. 전문시방서와 표준시방서의 비교·설명

제2교시 다음 문제 중 4문제를 선택하여 설명하시오. (각25점)

1. 건설공사 시공계획서(개요, 종류, 포함내용, 검토 및 승인 절차, 검토항목 및 내용 등)에 대하여 설명하시오.
2. 흙막이 시설인 철근콘크리트 옹벽 중에서 L형 옹벽과 역T형 옹벽의 적용성과 차이점을 설명하시오.
3. 연약지반 위에 설치된 교대의 측방유동 발생 시 문제점과 측방유동 발생이후의 안정화 대책에 대하여 설명하시오.
4. 지반의 동상현상이 건설구조물에 미치는 영향과 발생원인, 방지대책에 대하여 설명하시오.
5. 표면차수벽형(CFRD) 댐 시공 시 설치해야 할 계측기의 종류와 내용 및 계측빈도에 대하여 설명하시오.
6. 쉴드 또는 TBM 터널시공에서 세그먼트 라이닝 시공기준, 재질별 조립 허용오차 및 제작 시 고려사항에 대하여 설명하시오.

제3교시 다음 문제 중 4문제를 선택하여 설명하시오. (각25점)

1. 「건설업 산업안전보건관리비 계상 및 사용기준」(시행 2022. 6. 2, 고용노동부)에서 일부 개정된 내용에 대하여 설명하시오.
2. 현장타설 콘크리트말뚝 시공에서 콘크리트 타설시 유의사항 및 내부결함 판정기준에 대하여 설명하시오.
3. Fill Dam의 파이핑현상 원인과 방지대책에 대하여 설명하시오.
4. 도로현장의 노체에 암버력을 활용하여 성토 시 다짐방법과 다짐도 평가방법을 제시하고, 시공 시 유의사항에 대하여 설명하시오.
5. 사장교의 이점 및 가설공법의 종류에 대하여 설명하시오.
6. 말뚝공법 중에서 RCD(Reverse Circulation Drill)공법의 장·단점 및 시공 시 유의사항에 대하여 설명하시오.

제4교시 다음 문제 중 4문제를 선택하여 설명하시오. (각25점)

1. 터널공사 시 용수가 많은 지반에서는 환경이 불량해지고 시공성이 저하되므로 이를 방지하기 위한 지반과 굴착면 용수처리 대책에 대하여 설명하시오.
2. 기초공사에서 말뚝기초 재하시험의 종류와 시험결과의 해석(평가)에 대하여 설명하시오.
3. 「중대재해 처벌 등에 관한 법률」에서 중대산업재해의 정의와 적용대상, 안전보건교육에 포함하여야 하는 사항에 대하여 설명하시오.
4. 아스팔트 콘크리트 포장(Asphalt Concrete Pavement)과 시멘트 콘크리트 포장(Cement Concrete Pavement)의 구조적 차이점에 대하여 설명하시오.
5. 강교량 제작 시 용접이음의 종류와 용접자세에 대하여 설명하시오.
6. 노후된 상수관의 문제점과 관로상황에 따른 갱생방법에 대하여 설명하시오

129회 기출문제(2023. 2. 4. 시행) 토목시공기술사 기출문제

다음 문제 중 10문제를 선택하여 설명하시오. (각10점)

1. 암(버력)쌓기 시 유의사항
2. 건설사업관리자의 시공단계 예산검증 및 지원업무
3. 사면붕괴의 내적·외적 발생원인
4. 과다짐(Over Compaction)
5. SMA아스팔트포장(내유동성 아스팔트포장)
6. 도복장강관의 용접접합
7. 사장현수교
8. 하천 수제(水制)
9. 감압 우물(Relief Well)
10. 근접 터널시공에 따른 기존 터널의 안전영역(Safe Zone)
11. 숏크리트(Shotcrete) 시공관리
12. 철근콘크리트의 연성파괴와 취성파괴
13. 공동도급(Joint Venture)의 종류 및 책임한계

다음 문제 중 4문제를 선택하여 설명하시오. (각25점)

1. 지반굴착공사 시 건설안전관리를 위한 스마트계측의 필요성 및 활용방안에 대하여 설명하시오.
2. 비탈면 보강공사 등에 사용되는 그라운드 앵커(Ground Anchor)의 초기 긴장력 결정에 대하여 설명하시오.
3. 도로현장의 동상 깊이 산정방법 및 방지 대책에 대하여 설명하시오.
4. 터널 지보재의 종류와 기대효과에 대하여 설명하시오.
5. 콘크리트 시공이음(Construction Joint) 설치 목적 및 시공 시 유의사항에 대하여 설명하시오.
6. 기존 하수암거의 주요 손상 원인 및 보수공법에 대하여 설명하시오.

다음 문제 중 4문제를 선택하여 설명하시오. (각25점)

1. 건설공사 중 설계변경으로 계약금액을 조정할 수 없는 경우 및 공사계약일반조건에 명시된 설계변경의 요건에 대하여 설명하시오.
2. 항타말뚝과 매입말뚝 시공 시 각각의 지반의 거동변화 양상 및 장·단점에 대하여 설명하시오.
3. 도로에 시공되는 2-Arch 터널의 누수 및 동결 방지대책에 대하여 설명하시오.
4. 암반사면 붕괴 원인의 공학적 검토 방법에 대하여 설명하시오.
5. 교량 하부구조물에 발생하는 세굴 발생원인 및 방지대책에 대하여 설명하시오.
6. 하천공사 시 시공되는 가물막이 공법의 종류 및 시공 시 유의사항에 대하여 설명하시오.

다음 문제 중 4문제를 선택하여 설명하시오. (각25점)

1. 시공 후 단계의 업무인 건설사업관리자의 '시설물 안수·인계 계획 검토 및 관련 업무, 하자보수 지원'에 대하여 설명하시오.
2. 콘크리트 구조물의 부등 침하 원인과 방지 대책에 대하여 설명하시오.
3. 암반 구간의 포장단면 구성에 대하여 설명하시오.
4. 케이블로 가설된 현수교와 사장교의 계측 모니터링 시스템에 대하여 설명하시오.
5. 가설 잔교 시공계획 시 고려사항에 대하여 설명하시오.
6. 하수 관로의 관종(강성관, 연성관)에 따른 기초 형식의 종류 및 시공 시 고려사항에 대하여 설명하시오.

130회 기출문제(2023. 5. 20. 시행)토목시공기술사 기출문제

제1교시 다음 문제 중 10문제를 선택하여 설명하시오. (각10점)

1. 마일스톤 공정표(Milestone Chart)
2. 공공(公共) 건설공사의 공사 기간 산정 및 연장 검토 사항
3. 하천관리유량
4. 준설매립선의 종류 및 특징
5. 토공사 준비에서 시공기면(Formation Level, Formation Height)
6. 철근콘크리트 교량 바닥판 손상의 종류
7. 교좌장치의 기능 및 설치 시 주의사항
8. 계류시설(繫留施說)
9. 머신가이던스(Machine Guidance)와 머신컨트롤(Machine Control)
10. 도로의 예방적 유지보수
11. 암반의 불연속면(Discontinuities in Rock Mass)
12. 시방서 종류 및 작성방법
13. 도수 및 송수관로의 매설위치와 깊이

제2교시 다음 문제 중 4문제를 선택하여 설명하시오. (각25점)

1. 댐의 제체 및 기초지반의 누수원인과 방지대책에 대하여 설명하시오.
2. 흙 쌓기 성토 재료 구비 조건과 시공 방법에 대하여 설명하시오.
3. 연약지반 공사 시 발생하는 사고유형과 대책방안에 대하여 설명하시오.
4. 콘크리트 구조물의 온도균열 발생원인과 제어방법에 대하여 설명하시오.
5. 저토피구간 터널굴착 시 보강대책에 대하여 설명하시오.
6. 스마트건설 실현을 위한 BIM(Building Information Modeling)의 건설산업적용에 따른 도입효과 및 BIM 활용방안에 대하여 설명하시오.

제3교시 다음 문제 중 4문제를 선택하여 설명하시오. (각25점)

1. 현장 타설 말뚝 시공법 중 PRD(Percussion Rotary Drill)공법에 대하여 설명하시오.
2. 쉴드 TBM 터널의 변형 원인 및 유지 관리 방법에 대하여 설명하시오.
3. 『시설물의 안전 및 유지관리에 관한 특별법』의 토목분야 제3종시설물에 대한 대상범위 및 안전관리 절차와 안전점검 방법에 대하여 설명하시오.
4. 건설사업 진행 시 발생하는 클레임(Claim)의 종류, 처리 절차 및 예방대책에 대하여 설명하시오.
5. 돌핀(Dolphin) 배치 시 고려사항과 돌핀(Dolphin)의 종류별 장·단점에 대하여 설명하시오.
6. 아스팔트포장에서 발생하는 소성변형의 특징, 발생원인 및 방지대책에 대하여 설명하시오.

제4교시 다음 문제 중 4문제를 선택하여 설명하시오. (각25점)

1. 서중 환경이 콘크리트에 미치는 영향과 서중콘크리트 관리 및 대책에 대하여 설명하시오.
2. 하수관로 공사 시 비점오염저감시설 중 침투형 시설에 대하여 설명하시오.
3. 임해지역 부지확보를 위해 연안이나 하천 등 공유수면 매립 공사 시 공사계획, 순서 및 방법에 대하여 설명하시오.
4. 기계화 시공 시 건설기계의 조합 원칙 및 기계 결정 순서에 대하여 설명하시오.
5. 아스팔트포장의 포트홀 저감 대책에 대하여 설명하시오.
6. 최근 건설현장에서 거푸집 및 동바리 붕괴로 인한 대형사고가 발생해 사회적 문제가 되고 있다. 거푸집 붕괴사고 요인 중 하나인 콘크리트 타설 시 거푸집 측압에 영향을 주는 요소 및 최대 측압을 도식하고, 붕괴사고 예방 대책에 대하여 설명하시오.

131회 기출문제(2023. 8. 26. 시행)토목시공기술사 기출문제

제1교시   다음 문제 중 10문제를 선택하여 설명하시오. (각10점)

1. 8D BIM(Building Information Modeling)
2. 터널 콘크리트라이닝의 역할
3. 건설분야 디지털트윈(Digital Twin)의 필요성 및 적용방안
4. 아스팔트콘크리트 포장 시 포설 및 다짐장비의 종류와 특징
5. 발파장약 판정
6. 부주면마찰력
7. 지진격리받침
8. 철근의 이음 종류
9. 진공 콘크리트(Vacuum Concrete)
10. 방파제(防波堤)의 구조형식과 기능에 따른 분류
11. 사방(砂防)호안공
12. NATM과 Shield TBM 공법의 비교
13. 노후 상수도관 갱생공법

제2교시   다음 문제 중 4문제를 선택하여 설명하시오. (각25점)

1. 사질토의 연약지반 개량공법으로 동다짐공법을 적용하고자 한다. 이때 충격에너지에 의한 공학적 특성에 대하여 설명하시오.
2. 토공 하자 종류 및 방지대책에 대하여 설명하시오.
3. 교량구조물에서 지진하중을 제어하는 시스템에 대하여 설명하시오.
4. 미고결 지반의 공학적 특징 및 미고결 저토피 터널의 공학적인 문제점과 대책에 대하여 설명하시오.
5. 하상유지공의 분류와 시공 시 유의사항에 대하여 설명하시오.
6. 공용중인 교량의 성능저하 현상과 내하성능 시험방법에 대하여 설명하시오.

제3교시   다음 문제 중 4문제를 선택하여 설명하시오. (각25점)

1. 하천제방 파괴 시 응급대책공법에 대하여 설명하시오.
2. 아스팔트콘크리트 포장공사의 평탄성 관리기준 및 평탄성 측정방법에 대하여 설명하시오.
3. PSC 박스거더의 손상유형과 원인 및 대책에 대하여 설명하시오.
4. 해양콘크리트 구조물의 강재 방식대책에 대하여 설명하시오.
5. 수원(Water Source)의 종류와 특성에 대하여 설명하시오.
6. 특수교량 스마트 유지관리 시스템의 구성과 세부기술에 대하여 설명하시오.

제4교시   다음 문제 중 4문제를 선택하여 설명하시오. (각25점)

1. 지하수위저하(De-Watering)공법에 대하여 설명하시오.
2. 바이브로플로테이션(Vibroflotation)공법의 기본원리 및 장·단점에 대하여 설명하시오.
3. 터널굴착공법 선정 시 고려사항에 대하여 설명하시오.
4. 토석류로 인한 시설물의 피해방지를 위한 토석류 차단시설별 시공방법과 시공시 준수사항에 대하여 설명하시오.
5. 하천인근에서 하수처리장을 완전 지하화 하여 시공하고자 할 때, 하수처리장의 부상(浮上) 발생원인 및 대책에 대하여 설명하시오.
6. 홍수 시 하천제방에 작용하는 외력의 종류와 제방의 피해 형태 및 원인에 대하여 설명하시오.

김 무 섭
토목시공기술사

- 학력
  중앙대학교 공과대학 토목공학사
  중앙대학교 건설대학원 공학석사
- 주요자격증
  토목시공기술사, CVP(건설VE전문가)
- 주요경력
  현) (주) 삼안 부사장
  현) 조달청 설계검토 자문위원
  현) 건설기준 전문위원
  현) 인천광역시, 경기도 설계VE 심의위원
  현) 한솔아카데미 집필위원
  현) QNA교육원 토목시공기술사 교수
  현) (재)건설산업교육원 외래강사
  전) 환경관리공단 설계 자문위원
  전) 경상북도 지방건설심의위원회 심의위원
  전) 인천광역시 지방건설심의위원회 심의위원
  전) LH공사 설계VE 및 자재공법 선정 자문위원

조 민 수
토목시공기술사

- 학력
  부산대학교 대학원 공학석사
- 주요자격증
  토목시공기술사, 건축시공기술사, CMP(건설사업관리사),
  CVS(국제공인VE전문가), CVP(건설VE전문가)
- 주요경력
  현) (주)아이티엠 전무
  현) LH 건설안전 자문위원
  현) 인천시 공동주택 품질검수위원
  현) 인천시 도시철도 자문위원
  현) 수원시 설계VE 검토위원(VE 리더)
  현) 한솔아카데미 집필위원
  현) QNA교육원 건축 및 토목시공기술사 교수
  현) (재)건설산업교육원 외래강사
  전) 국토관리청 기술자문위원회 위원
  전) SH 서울주택도시공사 품질/안전 전문위원
  전) 인천시 및 한국농어촌공사 설계 VE 검토위원
  전) (주)한일개발 등 국내·외 시공 및 감리 등 40년

토목시공기술사

定價 60,000원

저 자 김 무 섭
　　　조 민 수

발행인 이 종 권

2018年　3月　6日　초 판 발 행
2018年　11月　20日　2차개정발행
2019年　11月　4日　3차개정발행
2020年　12月　23日　4차개정발행
2022年　2月　16日　5차개정발행
2024年　3月　6日　6차개정발행

發行處　(주) 한솔아카데미

(우)06775 서울시 서초구 마방로10길 25 트윈타워 A동 2002호
TEL : (02)575-6144/5　　FAX : (02)529-1130
〈1998. 2. 19 登錄 第16-1608號〉

ISBN 979-11-6654-310-4 13530